“十二五”职业教育国家规划教材
经全国职业教育教材审定委员会审定
高等职业教育技能型紧缺人才培养教材

电工电子技术基础

（第四版）

主　编　邹建华　彭宽平　姜新桥

华中科技大学出版社
中国·武汉

内容简介

本书内容包括电路的基本知识、电路的过渡过程、正弦交流电路、磁路与变压器、异步电动机及其控制、半导体二极管和三极管、交流放大电路、集成运算放大电路、直流稳压电源、门电路与组合逻辑电路、触发器和时序逻辑电路、电力电子技术、电子电路仿真软件EWB的应用等内容，共计13章。每章后均附有小结和习题，书末还附有部分习题参考答案。

为了方便教学，本书还配有教学用的电子课件，如有需要，可向华中科技大学出版社索取（电话：027-81339688转587；邮箱：171447782@qq.com）。

本书可作为高职高专机械制造、机电一体化、数控及其相关专业的电工电子技术课程的教材，也可供相关工程技术人员阅读参考。

图书在版编目(CIP)数据

电工电子技术基础/邹建华，彭宽平，姜新桥主编. —4版. —武汉：华中科技大学出版社，2014.6

ISBN 978-7-5680-0170-0

Ⅰ.①电… Ⅱ.①邹… ②彭… ③姜… Ⅲ.①电工技术-高等职业教育-教材 ②电子技术-高等职业教育-教材 Ⅳ.①TM ②TN

中国版本图书馆CIP数据核字(2014)第135701号

电工电子技术基础(第四版) 邹建华 彭宽平 姜新桥 主编

策划编辑：万亚军 封面设计：刘 卉
责任编辑：刘 飞 责任校对：马燕红
责任监印：张正林
出版发行：华中科技大学出版社(中国·武汉) 电话：(027)81321913
武汉市东湖新技术开发区华工科技园 邮编：430223
录 排：华中科技大学惠友文印中心
印 刷：武汉华工鑫宏印务有限公司
开 本：710mm×1000mm 1/16
印 张：25.5
字 数：510千字
版 次：2013年7月第3版 2019年9月第4版第5次印刷
定 价：45.00元

高等职业教育技能型紧缺人才培养教材

数控技术应用专业系列教材编委会

序

为实现全面建设小康社会的宏伟目标，使国民经济平衡、快速发展，迫切需要培养大量不同类型和不同层次的人才。因此，党中央明确地提出人才强国战略和“造就数以亿计的高素质劳动者，数以千万计的专门人才和一大批拔尖创新人才”的目标，要求建设一支规模宏大、结构合理、素质较高的人才队伍，为大力提升国家核心竞争力和综合国力、实现中华民族的伟大复兴提供重要保证。

制造业是国民经济的主体，社会财富的60%～80%来自于制造业。在经济全球化的格局下，国际市场竞争异常激烈，中国制造业正由跨国公司的加工组装基地向世界制造业基地转变。而中国经济要实现长期可持续高速发展，实现成为“世界制造中心”的愿望，必须培养和造就一批掌握先进数控技术和工艺的高素质劳动者和高技能人才。

教育部等六部委启动的“制造业和现代服务业技能型紧缺人才培训工程”，是落实党中央人才强国战略，培养高技能人才的正确举措。针对国内数控技能人才严重缺乏、阻碍了国家制造业实力的提高、数控技能人才的培养迫在眉睫的形势，教育部颁布了《两年制高等职业教育数控技术应用专业领域技能型紧缺人才培养指导方案》(以下简称《两年制指导方案》)。对高技能人才培养提出具体的方案，必将对我国制造业的发展产生重要影响。在这样的背景下，华中科技大学出版社策划、组织华中科技大学国家数控系统技术工程研究中心和一批承担数控技术应用专业领域技能型人才培养培训任务的高等职业院校编写两年制高等职业教育数控技术应用专业系列教材，为《两年制指导方案》的实施奠定基础，是非常及时的。

与普通高等教育的教材相比，高等职业教育的教材有自己的特点，编写两年制高等职业教育教材更是一种新的尝试，需要创新、改革，因此，希望这套教材能够做到:

体现培养高技能人才的理念。教育部部长周济院士指出：高等职业教育的主要任务就是培养高技能人才。何谓“高技能人才”？这类人才既不是“白领”，也不是“蓝领”，而是应用型“白领”，可称之为“银领”。这类人才既要能动脑，更要能动手。动手能力强是高技能人才最突出的特点。本套系列教材将紧扣该方案中提出的教学计划来编写，在使学生掌握“必需、够用”理论知识的同时，力争在学生技能的培养上有所突破。

突出职业技能培养特色。“高职高专教育必须以就业为导向”，这一点已为人们所广泛共识。目前，能够对劳动者的技能水平或职业资格进行客观公正、科学规范评价和鉴定的，主要是国家职业资格证书考试。随着我国职业准入制度的完善和劳动就业市场的规范，职业资格证书将是用人单位招聘、录用劳动者必备的依据。以“就业为导向”，就是要使学校培养人才与企业需求融为一体，互相促进，能够使学生毕业时就具备就业的必备条件。这套系列教材的内容将涵盖一定等级职业考试大纲的要求，帮助学生在学完课程后就有能力获得一定等级的职业资格证书，以突出职业技能培养特色。

面向学生。高等职业教育要使学生建立起能够满足工作需要的知识结构和能力结构，一方面，充分考虑高职高专学生的认知水平和已有知识、技能、经验，实事求是，另一方面，力求在学习内容、教学组织等方面给教师和学生提供选择和创新的空间。

两年制教材的编写是一个新生事物，需要不断地实践、总结、提高。欢迎广大师生对本系列教材提出宝贵意见。

高等职业教育数控技术应用专业系列教材编委会主任

国家数控系统技术工程研究中心主任 陈吉红

华中科技大学教授、博士生导师

2004年8月18日

第四版前言

根据《教育部关于“十二五”职业教育教材建设的若干意见》和制造大类的相关专业的教学标准，我们对教材《电工电子技术基础》（第三版）进行了较全面的修改。在保持第三版深入浅出、简单明了、易教易学特色的基础上，适当增加了实训的内容，并把原来单独成章的电工电子技术典型实训的内容分散到各章，这样更加便于教师在教学过程中选用和学生在学习过程中理解。

本次修订由第三版的 14 章减少为 13 章。各章分别为：电路的基本知识、电路的过渡过程、正弦交流电路、磁路与变压器、异步电动机及其控制、半导体二极管和三极管、交流放大电路、集成运算放大器、直流稳压电源、门电路与组合逻辑电路、触发器和时序逻辑电路、电力电子技术简介，电子电路仿真软件 EWB 的应用。教师可根据相关专业的标准适当地选用本教材的内容。根据我们的教学实践，对于偏重机械的专业，一般选用第 1、5、6、7、8、9 章的内容，安排在一个学期共 60 课时。偏重电的专业，安排两个学期共 120 课时，第一学期选用第 1、2、3、4、5 章的内容，第二学期选用第 6、7、8、9、10、11 章的内容，第 12、13 章作为拓展内容。

本教材由武汉职业技术学院的邹建华、彭宽平、姜新桥任主编。本次修订的具体分工为：第 1、2、3、4、5 章及实验实训部分由邹建华负责，第 6、7、8、9、10、11 章由彭宽平负责，第 12、13 章由姜新桥负责。全书由邹建华、彭宽平、姜新桥统稿和定稿。

在本次修订中，华中科技大学的郑小年教授和武汉职业技术学院的蔡建国副教授提出了许多宝贵的建议和意见，在此一并表示衷心的感谢。

尽管我们在这次修订中作出了许多努力，但由于水平所限，书中不妥之处在所难免，敬请使用本教材的教师和广大读者批评指正。

编　者

2014 年 11 月

目　　录

第 1 章　电路的基本知识

本章主要介绍电路模型、电路的基本物理量和电路的基本元件，重点讨论基尔霍夫定律、叠加定理、戴维宁定理以及支路电流法。

1.1　电路和电路模型

1.1.1　实际电路的组成和作用

人们在生产和生活中使用的电器设备，如电动机、电视机、计算机等都由实际电路构成。实际电路的结构组成包括电源、负载和中间环节。其中：电源的作用是为电路提供能量，如利用发电机将机械能或核能转化为电能，利用蓄电池将化学能转化为电能等；负载则将电能转化为其他形式的能量加以利用，如利用电动机将电能转化为机械能，利用电炉将电能转化为热能等；中间环节起连接电源和负载的作用，包括导线、开关、控制线路中的保护设备等。图 1.1 所示的手电筒电路中，电池作电源，白炽灯作负载，导线和开关作为中间环节将白炽灯和电池连接起来。

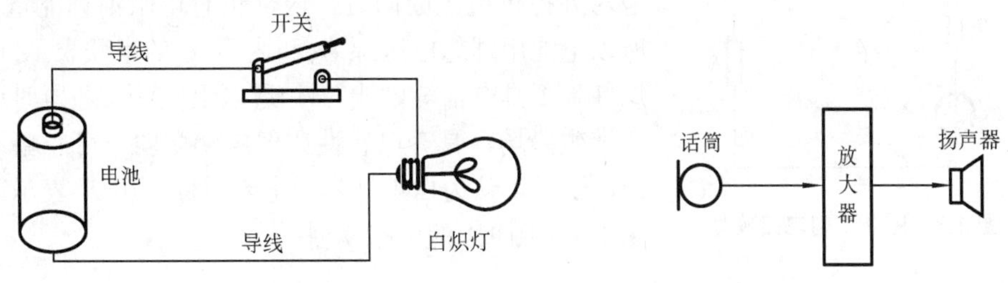

图 1.1　手电筒电路　　　　图 1.2　扩音机工作过程

在电力系统、电子通信、计算机以及其他各类系统中，电路有着不同的功能和作用。电路的作用可以概括为以下两个方面。①实现电能的传输和转换。如图 1.1 中，电池通过导线将电能传递给白炽灯，白炽灯将电能转化为光能和热能。②实现信号的传递和处理。如图 1.2 所示为一个扩音机的工作过程，话筒将声音的振动信号转换为电信号，即相应的电压和电流，经过放大处理后，通过电路传递给扬声器，再由扬声器还原为声音。

1.1.2　电路模型

实际电路由各种作用不同的电路元件或器件所组成。实际电路元件种类繁多，且电磁性质较为复杂。如图 1.1 中的白炽灯，它除了具有消耗电能的性质外，当电流通过时，还具有电感性。为便于对实际电路进行分析和数学描述，需将实际电路元件用能够代表其主要电磁特性的理想元件或它们的组合来表示，称为实际电路元件的模型。反映具有单一电磁性质的元件模型称为理想元件，包括电阻、电感、电容、电源等。表 1.1 所列的是电工技术中常用的几种理想电路元件及其图形符号。

表 1.1　常用的几种理想电路元件及其图形符号

元件名称	图 形 符 号	元件名称	图 形 符 号
电阻	R	电池	E
电感	L	理想电压源	U_S
电容	C	理想电流源	I_S

由理想元件所组成的电路称为实际电路的电路模型，简称电路。将实际电路模型化是研究电路问题的常用方法。在图 1.1 中，电池对外提供电压的同时，内部也有电阻消耗能量，所以电池用理想电压源 U_S 和内阻 R_S 的串联表示；白炽灯除了具有消耗电能的性质(电阻性)外，通电时还会产生磁场，具有电感性。但电感微弱，可忽略不计，于是可认为白炽灯是一电阻元件，用 R 表示。图 1.3 是图 1.1 的电路模型。

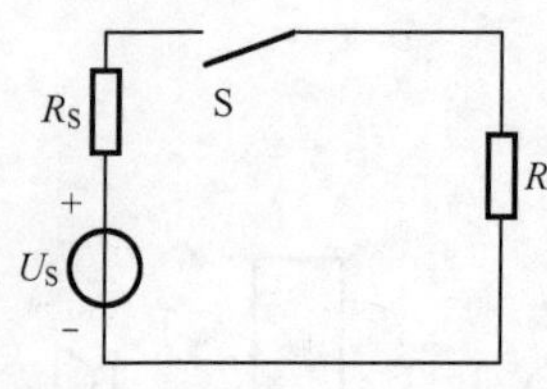

图 1.3　图 1.1 的电路模型

1.1.3　电路的工作状态

电路有三种工作状态：通路、开路和短路。通路就是接通的电路，如果将图 1.3 的开关 S 合上，这时电路就处于接通状态。开路是指电源与负载没有构成闭合的路径，如果图 1.3 的开关 S 没有合上而是断开时，这时电路就处于开路状态。短路就是电源的两端直接用导线连接起来了而没有通过负载，这时电源的功率全部由电源的内阻消耗，容易引起电源烧坏甚至火灾，因此短路是一种电路事故，必须避免发生。

1.2　电路的基本物理量

电路的基本物理量有电流、电压、电位、功率等，在分析电路之前，先来介绍一下这些物理量。

1.2.1　电流及其参考方向

在图 1.1 中，当开关合上时，会有电荷移动形成电流。在电场的作用下，正电荷与负电荷向不同的方向移动，习惯上规定正电荷的移动方向为电流的方向(事实上，金属导体内的电流是由带负电的电子的定向移动产生的)。

电流的大小为单位时间内通过导体横截面的电量，用公式表示为

$$i = \frac{q}{t} \tag{1.1}$$

式中，i 为电流，q 为电量或电荷量，t 为时间。国际单位制中，q 的单位为库[仑](C)，电流的单位为安[培](A)，规定 1 s 内通过导体横截面的电量为 1 C 时的电流为 1 A。常用的电流单位还有毫安(mA)、微安(μA)。

大小和方向都不随时间变化的电流称为直流电流，用大写字母 I 表示，如图 1.4(a)所示；大小和方向都随时间变化的电流称为交流电流，由于交流电的大小是随时间变化的，故常用小写字母 i 或 $i(t)$表示其瞬时值，如图 1.4(b)所示。

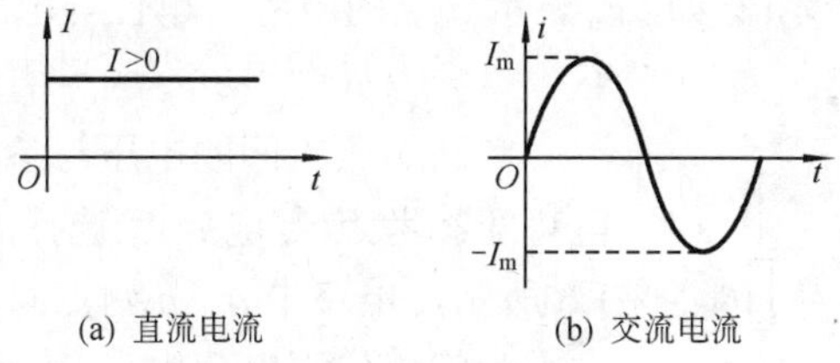

(a) 直流电流　　(b) 交流电流

图 1.4　直流电流与交流电流

分析简单电路时，可由电源的极性判断电路中电流的实际方向，但分析复杂电路时，一般不能直接判断出电流的实际方向，而是先任意假定一个方向作为电路分析和计算时的参考，我们称之为电流的参考方向。在参考方向下，通过电路定律或定理解得的电流如果为正值，表明电流的实际方向与参考方向相同；如果为负值，则实际方向与参考方向相反。

图 1.5 中，方框 A 与 B 均为对外引出两个端钮的元件，把它们称为二端元件。电阻元件、电感元件和电容元件均为无源二端电路元件。图 1.5 中用带箭头的虚线表示电流的实际方向，用带箭头的实线表示电流的参考方向。在图 1.5(a)中的参考方向下，通过元件 A 的电流为 5 A，说明实际电流的大小为 5 A，实际方向与参考方向相同。在图 1.5(b)中的参考方向下，通过元件 B 的电流为－3 A，说明

实际电流的大小为 3 A，实际方向与参考方向相反。

在分析电路时，电路图中标出的电流方向一般都指参考方向。电流的方向一般用箭头表示，也可用双下标表示，如 I_{ab} 表示电流方向由 a 到 b。

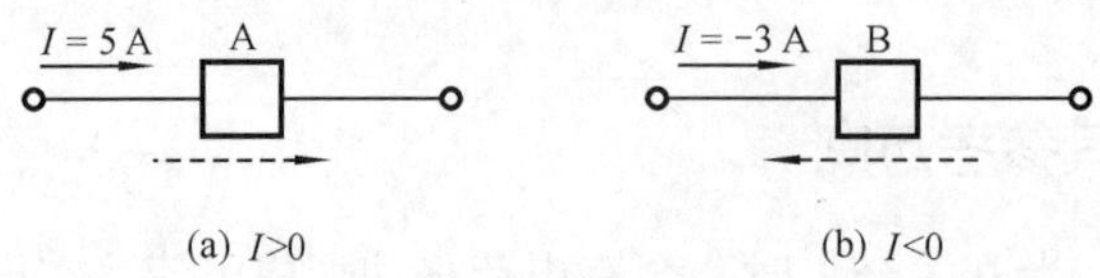

图 1.5　电路中的电流方向

1.2.2　电压及参考方向

电荷在电场力作用下形成电流。在这个过程中，电场力推动电荷运动做功。电压就是用来表示电场力对电荷做功能力的一个物理量。

电压的单位是伏[特](V)，规定电场力把 1 C 的正电荷从一点移到另一点所做的功为 1 J 时，该两点间的电压为 1 V。常用的电压单位还有千伏(kV)、毫伏(mV)和微伏(μV)。通常直流电压用大写字母“U”表示，交流电压用小写字母“u”表示。

电压也称电势差(或电位差)。一般把电路中任一点与参考点(规定电势能为零的点)之间的电压，称为该点的电势。也就是该点对参考点所具有的电势能。某点的电势用 V 加下标表示(例如，V_a 表示 a 点的电势)，单位与电压相同，用伏[特](V)表示。参考点的电势为零可用符号“⊥”表示。

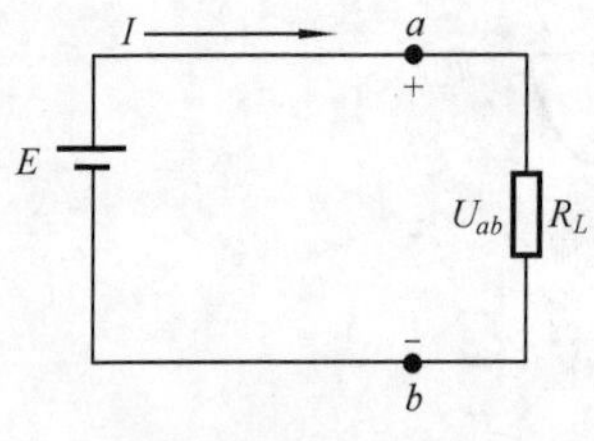

图 1.6　电压的概念

电路中两点间的电压与参考点的选择无关，而电势随参考点(零电势点)选择的不同而不同。如图 1.6 所示，电路中 a、b 两点间的电压用 U_{ab} 表示，大小为将单位正电荷由点 a 移动到点 b 所需要的能量，即

$$U_{ab} = V_a - V_b = \frac{\mathrm{d}w}{\mathrm{d}q} \tag{1.2}$$

电路中的电流和电压由电源电动势维持。电源电动势定义为电源内部把单位正电荷从低电势移动到高电势电源力所做的功。电源电压在数值上与电源电动势相等。

电路中，电压的实际方向定义为电场力移动正电荷的方向，也就是电势降低或称电压降低的方向，可用极性“+”和“－”表示，其中“+”表示高电势，“－”表示低电势；也可用一个箭头或双下标表示，如 U_{ab} 表示电压的方向为由 a 到 b。电源电动势的实际方向，规定为从电源内部的“－”极指向“+”极，即电势升高的方向。

同电流一样，分析电路时也需先假定电压的参考方向。选定电压的参考方向后，经分析计算得到的电压值也是有正负之分的代数量。在图 1.7(a)中的参考方向下，元件 A 两端的电压为 6 V，表示元件 A 两端实际电压的大小为 6 V，方向由 a 到 b，与参考方向相同。在图 1.7(b)中的参考方向下，元件 B 两端的电压为 −6 V，表示元件 B 两端实际电压的大小为 6 V，方向由 b 到 a，与参考方向相反。

在分析电路时，电路图上标出的电压方向一般都是参考方向。当电流、电压的参考方向一致时，称为关联方向，见图 1.7(a)；否则为非关联方向，见图 1.7(b)。

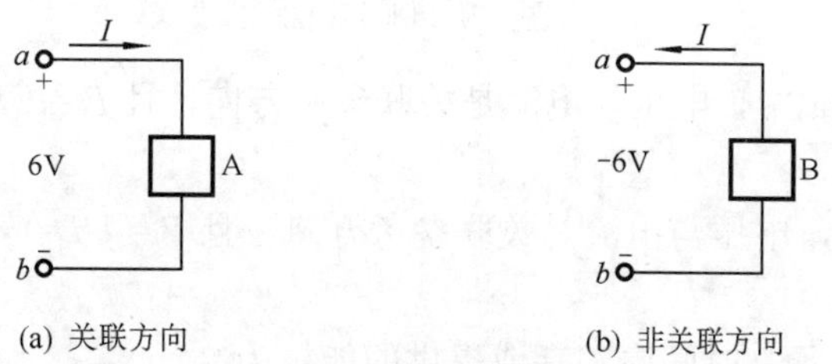

(a) 关联方向　　(b) 非关联方向

图 1.7　电压的参考方向

例 1.1　在图 1.8 中，已知 $U_{ac}=3\text{ V}$，$U_{bc}=2\text{ V}$，试计算各点电势及 ab 间的电压。

解　因为选择 c 点为参考点，即 c 点电势为 0，因此

$$V_c = 0\text{ V}$$

$$V_b = U_{bc} = 2\text{ V}$$

$$V_a = U_{ac} = 3\text{ V}$$

$$U_{ab} = V_a - V_b = (3-2)\text{ V} = 1\text{ V}$$

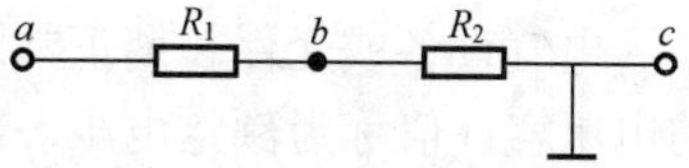

图 1.8　例 1.1 图

1.2.3　功率

电能量对时间的变化率，也就是电场力在单位时间内所做的功，称为功率。设电场力在 dt 时间内所做的功为 dw，则功率可表示为

$$p = \frac{\mathrm{d}w}{\mathrm{d}t} \tag{1.3}$$

式中，p 表示功率。国际单位制中，功率的单位是瓦[特](W)，规定元件 1 s 内提供或消耗 1 J 能量时的功率为 1 W。常用的功率单位还有千瓦(kW)。

将式(1.3)等号右边的分子、分母同乘以 dq 后，变为

$$p = \frac{\mathrm{d}w}{\mathrm{d}q} \times \frac{\mathrm{d}q}{\mathrm{d}t} = ui \tag{1.4}$$

所以，元件吸收或发出的功率等于元件上的电压乘以元件上的电流。直流电路里这一公式写为

$$P=UI$$

关联方向下，如果 $P>0$，表明元件消耗功率，此时该元件称为负载；如果 $P<0$，表明元件发出功率，此时该元件称为电源。非关联方向下的结论与此相反。

例 1.2 试判断图 1.9 中元件是发出功率还是消耗功率。

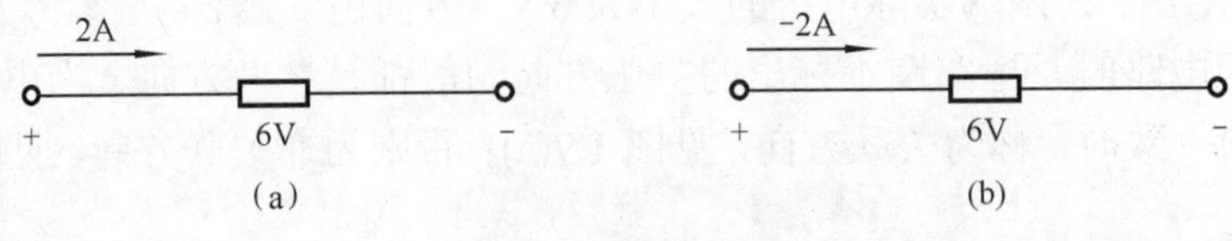

图 1.9 例 1.2 图

解 在图 1.9(a)中，电压与电流是关联参考方向，且 $P=UI=12\ \text{W}>0$，元件消耗功率。

在图 1.9(b)中，电压与电流是关联参考方向，且 $P=UI=-12\ \text{W}<0$，元件发出功率。

电路元件在 t_0 至 t 时间内消耗或提供的能量为

$$w=\int_{t_0}^{t}p\mathrm{d}t=\int_{t_0}^{t}ui\mathrm{d}t \tag{1.5}$$

通常电业部门用 kW·h(千瓦·时)测量用户消耗的电能。1 kW·h(或 1 度电)是功率为 1 kW 的元件在 1 h 内消耗的电能。

$$1\ \text{kW}\cdot\text{h}=3\ 600\ 000\ \text{J}$$

电气设备或元件长期正常运行的电流容许值称为额定电流，其长期正常运行的电压容许值称为额定电压，额定电压和额定电流的乘积称为额定功率。通常电气设备或元件的额定值标在产品的铭牌上。如一白炽灯上标有“220 V 40 W”，表示它的额定电压为 220 V，额定功率为 40 W。如果通过实际元件的电流过大，会导致元件温度升高使元件的绝缘材料损坏，甚至使导体熔化；如果电压过大，会击穿绝缘体，所以必须对电压和电流加以限制。

1.3 电阻元件、电感元件和电容元件

1.3.1 电阻元件

电阻元件是耗能的理想元件，如电炉、白炽灯等，用来描述电阻元件特性的基本参数称为电阻。

1. 电阻

电流通过导体时要受到阻碍作用，反映这种阻碍作用的物理量称为电阻，用 R 表示。在电路图中常用理想电阻元件来反映导体对电流的这种阻碍作用。电阻元件的图形符号如图 1.10 所示。

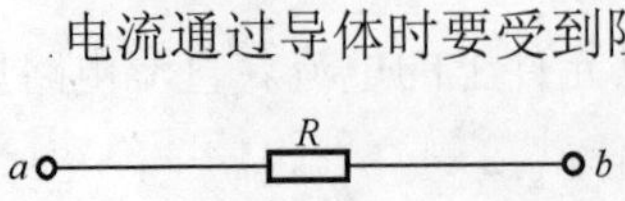

图 1.10 电阻元件的图形符号

导体的电阻是由它本身的物理条件决定的。不同的导体对电流的阻碍作用不同。

$$R=\rho\frac{l}{A} \tag{1.6}$$

式中，l 为导体长度(m)，A 为导体截面积(m^2)， ρ 为导体的电阻率(Ω·m)。

电阻 R 的单位是欧[姆](Ω)，常用的电阻单位还有千欧(kΩ)和兆欧(MΩ)。

电阻的倒数称为电导，用 G 表示，即 $G=1/R$，电导的单位为西[门子](S)。

2. 电阻元件的电压、电流关系

欧姆定律反映了电路中电流、电压及电阻间的依存关系。实验证明，电阻两端的电压与通过它的电流成正比，这就是欧姆定律。如图 1.11(a)所示，欧姆定律可用公式表示为

$$u=Ri \tag{1.7}$$

注意：通过电阻元件的电流和加在电阻元件两端的电压的实际方向总是一致的，因此，只有电压与电流为关联方向时式(1.7)才成立。电压与电流为非关联方向时，如图 1.11(b)所示，则欧姆定律应用式(1.8)表示为

$$u=-Ri \tag{1.8}$$

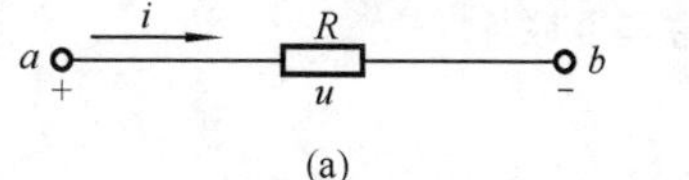

(a)

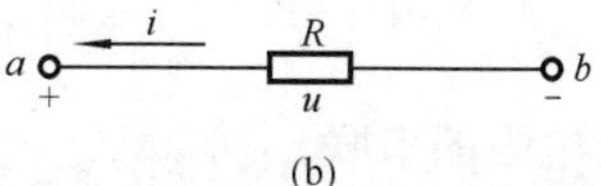

(b)

图 1.11　欧姆定律

除了上述表达式外，电阻元件的电压、电流关系还可以用图形表示。在直角坐标系中，如果以电压为横坐标，电流为纵坐标，可画出电阻的 U-I 关系曲线，这条曲线被称为电阻元件的伏安特性曲线，如图 1.12 所示。

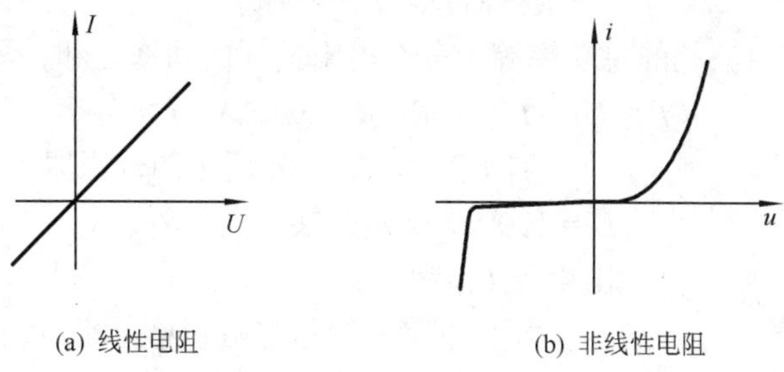

(a) 线性电阻　　(b) 非线性电阻

图 1.12　电阻元件的伏安特性曲线

电阻元件的伏安特性曲线是直线时(见图 1.12(a))，此电阻元件称为线性电阻，即此电阻元件的电阻值可以认为是不变的常数，直线的斜率的倒数表示该电阻元

件的阻值。如果伏安特性曲线不是直线，则此电阻元件称为非线性电阻(如半导体二极管)，如图 1.12 (b)所示。通常所说的电阻均是指线性电阻。

3. 电阻的串联与并联

电阻的串联是指将两个以上的电阻依次相连，使电流只有一条通路的连接方式，如图 1.13(a)所示。

电阻的并联是指将两个以上的电阻并列地连接在两点之间，使每个电阻两端都承受同一电压的连接方式，如图 1.13(b)所示。

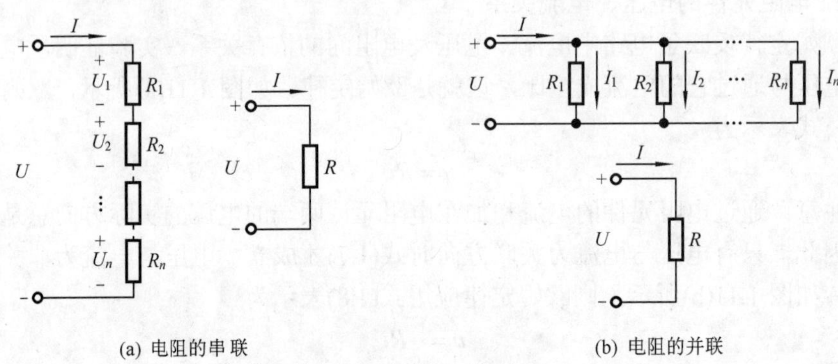

(a) 电阻的串联　　(b) 电阻的并联

图 1.13　电阻的串联与并联

(1) 电阻的串联。

电流：流过各电阻的电流相同，即

$$I_1 = I_2 = I_3 = \cdots = I_n = I \tag{1.9}$$

电压：电路两端的总电压等于各个电阻两端电压之和，即

$$U = U_1 + U_2 + U_3 + \cdots + U_n \tag{1.10}$$

等效电阻：电路的等效电阻等于各串联电阻之和，即

$$R = R_1 + R_2 + R_3 + \cdots + R_n \tag{1.11}$$

功率：电路中消耗的总功率等于各个电阻消耗的功率之和，即

$$P = UI = I^2(R_1 + R_2 + R_3 + \cdots + R_n) = I^2R \tag{1.12}$$

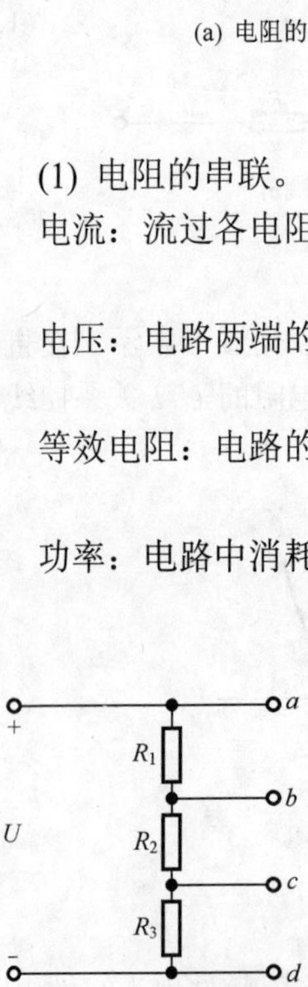

例 1.3　如图 1.14 所示的分压器中，已知输入电压 $U = 120$ V，d 是公共节点，$R_1 = R_2 = R_3 = 20$ kΩ，求输出电压 U_{cd} 和 U_{bd}。

图 1.14　例 1.3 图

解　电路中的总电阻和总电流为

$$R = R_1 + R_2 + R_3 = 60\ \text{k}\Omega$$

$$I = \frac{U}{R} = \frac{120}{60 \times 10^3}\ \text{A} = 2 \times 10^{-3}\ \text{A}$$

$$U_{cd} = R_3 I = (20 \times 10^3 \times 2 \times 10^{-3})\ \text{V} = 40\ \text{V}$$

$$U_{bd} = (R_2+R_3)I = 40\times10^3\times2\times10^{-3}\ \text{V}= 80\ \text{V}$$

(2) 电阻的并联。

电流：电路中的总电流等于各电阻中的电流之和，即

$$I = I_1+I_2+I_3+\cdots+I_n \tag{1.13}$$

电压：各个电阻两端的电压相同，即

$$U = U_1 = U_2 = U_3 = \cdots = U_n \tag{1.14}$$

等效电阻：电路等效电阻的倒数等于各个电阻的倒数之和，即

$$\frac{1}{R}=\frac{1}{R_1}+\frac{1}{R_2}+\cdots+\frac{1}{R_n} \tag{1.15}$$

为了书写方便，电路等效电阻与各并联电阻之间的关系常写成

$$R = R_1 // R_2 //\cdots// R_n$$

功率：电路中消耗的总功率等于各个电阻消耗的功率之和，即

$$P=UI=\frac{U^2}{R_1}+\frac{U^2}{R_2}+\cdots+\frac{U^2}{R_n}=\frac{U^2}{R} \tag{1.16}$$

并联电阻中，各电阻流过的电流与电阻值成反比，即

$$I_K=\frac{U}{R_K} \tag{1.17}$$

两个电阻的并联，如图 1.15 所示，有如下关系表达式

等效电阻

$$R=\frac{R_1R_2}{R_1+R_2} \tag{1.18}$$

支路电流

$$\begin{cases} I_1=\dfrac{R_2}{R_1+R_2}I \\ I_2=\dfrac{R_1}{R_1+R_2}I \end{cases} \tag{1.19}$$

式(1.19)为两个电阻并联的分流公式，较常使用。

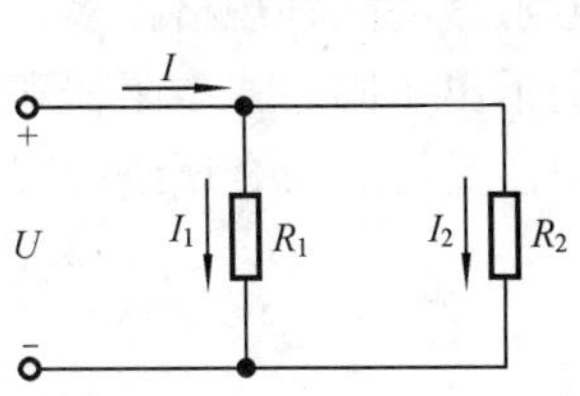

图 1.15　两个电阻的并联

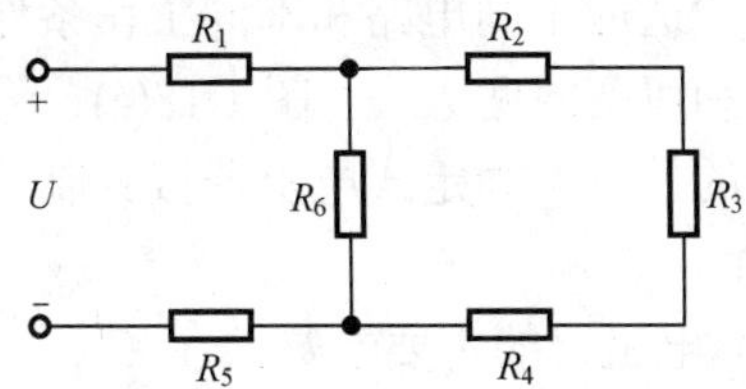

图 1.16　电阻的混联

(3) 电阻的混联。

电路中电阻元件既有串联，又有并联的连接方式，称为混联，如图 1.16 所示。

对于混联电路的计算，只要按串、并联的计算方法，一步步将电路化简，最后就可求出总的等效电阻。

例 1.4 求图 1.17(a)所示电路 ab 间的等效电阻 R，其中 $R_1 = R_2 = R_3 = 2\ \Omega$，$R_4 = R_5 = 4\ \Omega$。

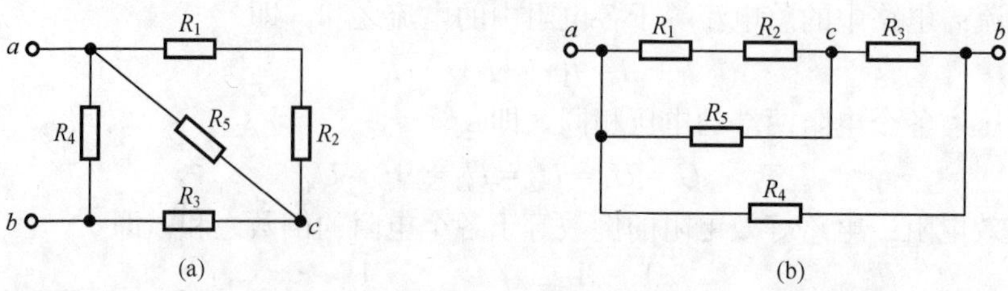

图 1.17 例 1.4 图

解 将图 1.17(a)根据电流的流向进行整理。总电流分成三路：一路经 R_4 到达 b 点；另两路分别经过 R_5、R_1 和 R_2 到达 c 点，电流汇合后经 R_3 到达 b 点，故画出等效电路图 1.16(b)。由等效电路可求出 ab 间的等效电阻，即

$$R_{12} = R_1 + R_2 = (2+2)\ \Omega = 4\ \Omega$$

$$R_{125} = R_5 // R_{12} = \frac{R_{12}R_5}{R_{12}+R_5} = \frac{4\times 4}{4+4}\ \Omega = 2\ \Omega$$

$$R_{1253} = R_{125} + R_3 = (2+2)\ \Omega = 4\ \Omega$$

$$R_{ab} = R_{1253} // R_4 = \frac{4\times 4}{4+4}\ \Omega = 2\ \Omega$$

4. 电阻的选用

在生产实际中，利用导体对电流产生阻碍作用的特性而专门制造的一些具有一定阻值的实体元件，称为电阻器，电阻器又简称电阻。这样，“电阻”一词既表示元件，又表示一个物理量。

(1) 电阻器的作用和分类。

电阻器是一种耗能元件，在电路中用于控制电压、电流的大小，或与电容器和电感器组成具有特殊功能的电路等。

为了适应不同电路和不同工作条件的需要，电阻器的品种规格很多，可分为固定式和可变式两大类，图 1.18(a)、图 1.18(b)分别示出了固定式电阻器和可变式电阻器的外形。固定式电阻器按其制造材料的不同，又可分为金属绕线式和膜式两类。

(2) 电阻器的主要参数。

电阻器的参数很多，在实际应用中，一般应当考虑标称阻值、允许误差和额定功率三项参数。

电阻器的标称阻值是指电阻器表面所标的阻值，它是按国家规定的阻值系列标注的，因此，选用电阻器时，必须按国家对电阻器的标称阻值范围进行选用。

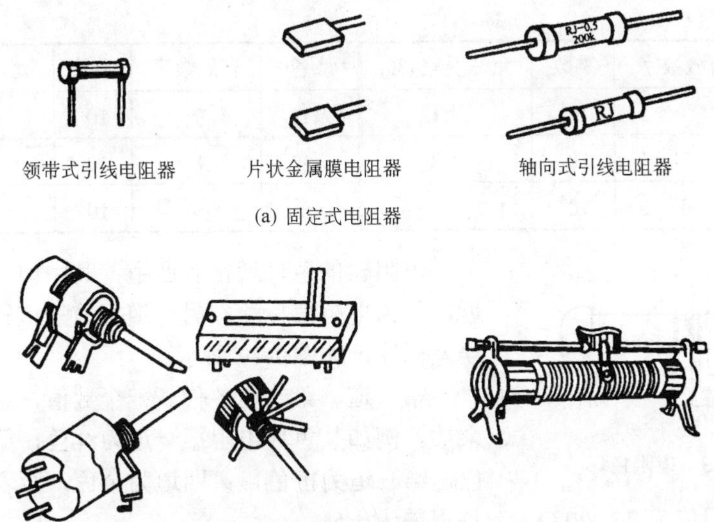

(a) 固定式电阻器

(b) 可变式电阻器

图 1.18 几种常用电阻器的外形

电阻器的实际阻值并不完全与标称阻值相等，存在误差。实际阻值对于标称值的最大允许偏差范围称为电阻器的允许误差。通用电阻的允许误差等级为±5%、±10%、±20%。

电阻器的标称功率也称为额定功率，它是指在规定的气压、温度条件下，电阻器长期连续工作所允许消耗的最大功率。一般情况下，所选用电阻器的额定功率应大于实际消耗功率的两倍左右，以保证电阻器的可靠工作。

(3) 电阻器的标注方法。

标称阻值、允许误差、额定功率等电阻器的参数一般都标注在电阻体的表面上。电阻器的标注方法常用文字符号法和色标法两种。文字符号法是指将电阻器的主要参数用数字和文字符号直接在电阻体表面上标注出来的方法。色标法是用颜色表示电阻器的各种参数，并直接标示在产品上的一种方法。它具有颜色醒目、标志清晰等特点，在国际上被广泛使用。

各种固定式电阻器色标如表 1.2 所示。

表 1.2 电阻值的色标符号

颜色	有效数字	乘数	允许误差/(%)	颜色	有效数字	乘数	允许误差/(%)
银色	—	10^{-2}	±10	黄色	4	10^4	—
金色	—	10^{-1}	±5	绿色	5	10^5	±0.5
黑色	0	10^0	—	蓝色	6	10^6	±0.2

续表

颜色	有效数字	乘数	允许误差/(%)	颜色	有效数字	乘数	允许误差/(%)
棕色	1	10^1	±1	紫色	7	10^7	±0.1
红色	2	10^2	±2	灰色	8	10^8	—
橙色	3	10^3	—	白色	9	10^9	+5～−20

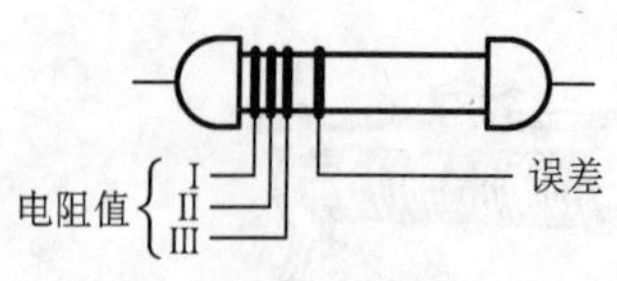

图 1.19 电阻色环

电阻器的色环通常有四道，其中前三道相距较近，作为电阻值标注；另一道距前三道较远，作为误差标注，如图 1.19 所示。

第一道、第二道各代表一个数值，第三道表示乘数。例如某色环电阻第一道为红色，第二道为蓝色，第三道为橙色，第四道为金色，查表可知，此电阻器的阻值为 26 000 Ω，允许误差为±5%。

1.3.2 电感元件

电感元件是一种能够储存磁场能量的元件，是实际电感器的理想化模型。电感器是用绝缘导线在绝缘骨架上绕制而成的线圈，所以也称电感线圈。

线圈通以电流就会产生磁场，磁场的强弱可用磁通量Φ来表示，方向可用右手螺旋定则判断。如图 1.20(a)所示。磁通量Φ与线圈匝数 N 的乘积称为磁链($\psi = N\Phi$)。当磁通量Φ和磁链ψ的参考方向与电流 i 的参考方向之间满足右手螺旋定则时，有

$$\psi = Li \tag{1.20}$$

式中，L 为自感系数，又称电感量，简称电感。它反映了一个线圈在通以一定的电流 i 后所能产生磁链ψ的能力，电感是表明线圈电工特性的一个物理量。

$$L = \frac{\psi}{i} \tag{1.21}$$

在国际单位制中，磁通量Φ和磁链ψ的单位是韦[伯](Wb)，电感 L 的单位是亨[利](H)。当电感是常数时，称为线性电感，电感的图形符号如图 1.20(b)所示。

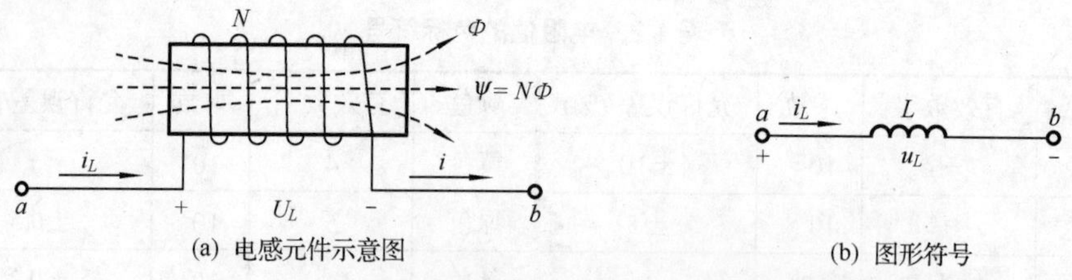

(a) 电感元件示意图 (b) 图形符号

图 1.20 电感元件示意图及图形符号

当电感元件两端电压 u_L 与通过电感元件的电流 i_L 在关联参考方向下，根据楞次定律有

$$u_L = \frac{\mathrm{d}\psi}{\mathrm{d}t}$$

把式(1.20)代入上式，有

$$u_L = L\frac{\mathrm{d}i_L}{\mathrm{d}t} \tag{1.22}$$

从式(1.22)可以看出，在任何时刻，线性电感元件的电压与该时刻电流的变化率成正比。当电流不随时间变化时(直流电流)，即电感电压为零，这时电感元件相当于短接。

当电感元件两端电压与通过电感元件的电流在关联参考方向下，从 0 到 τ 的时间内电感元件所吸收的电能为

$$w_L = \int_0^{\tau} p\mathrm{d}t = \int_0^{\tau} ui\mathrm{d}t = L\int_0^{\tau} i\frac{\mathrm{d}i}{\mathrm{d}t}\mathrm{d}t = L\int_{i(0)}^{i(\tau)} i\mathrm{d}i = \frac{1}{2}Li^2(\tau) - \frac{1}{2}Li^2(0)$$

假定 $i(0)=0$ 则

$$w_L = \frac{1}{2}Li^2(\tau) \tag{1.23}$$

式(1.23)表明，电感元件是储能元件，储能的多少与其电流的二次方成正比。当电流增大时，储能增加，电感元件吸收能量；当电流减小时，储能减少，电感元件释放能量。

常用电感器的外形及图形符号如图 1.21 所示。

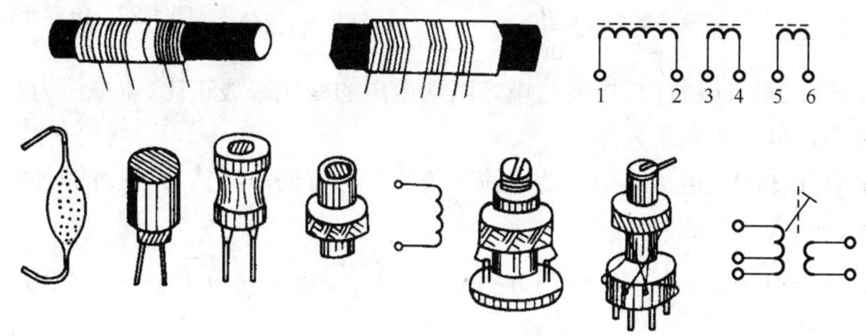

图 1.21　常用电感器的外形及图形符号

1.3.3　电容元件

电容元件是一种能够储存电场能量的元件，是实际电容器的理想化模型。

1. 电容

两块金属导体中间以绝缘材料相隔，并引出两个极，就形成了平行板电容器，

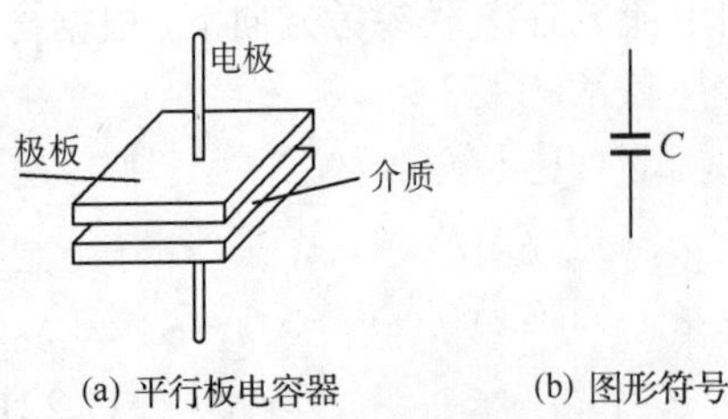

图 1.22　平行板电容器及图形符号

如图 1.22(a)所示，图中的金属板称为极板，两极板之间的绝缘材料称为介质。图 1.22(b)为电容器的一般表示符号。

如果将电容器的两个极板分别接到直流电源的正、负极上，则两极板上分别聚集起等量异种电荷，与电源正极相连的极板带正电荷，与电源负极相连的极板带负电荷，这样极板之间便产生了电场。实践证明，对于同一个电容器，加在两极板上的电压越高，极板上储存的电荷就越多，且电容器任一极板上的带电荷量与两极板之间的电压的比值是一个常数，这一比值就称为电容量，简称电容，用 C 表示。其表达式为

$$C=\frac{q}{U} \tag{1.24}$$

在国际单位制中，电荷量的单位是库[仑](C)，电压的单位是伏[特](V)，电容的单位是法[拉](F)。在实际使用中，一般电容器的电容量都较小，故常用较小的单位微法(μF)和皮法(pF)。

当电容两端的电压 u_C 与流入正极板的电流 i_C 在关联参考方向下，如图 1.23 所示，有

$$i_C=\frac{\mathrm{d}q}{\mathrm{d}t} \tag{1.25}$$

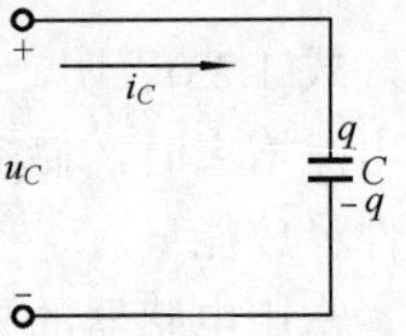

把式(1.24)代入式(1.25)，得

$$i_C=C\frac{\mathrm{d}u}{\mathrm{d}t} \tag{1.26}$$

图 1.23　电容元件电路

从式(1.26)可以看出，电流与电容两端电压的变化率成正比。当电压为直流时，电流为零，电容相当于开路。

电容元件两端电压与通过的电流在关联参考方向下，从 0 到 τ 的时间内，电容元件所吸收的电能为

$$w_C=\int_0^{\tau}p\mathrm{d}t=\int_0^{\tau}ui\mathrm{d}t=C\int_0^{\tau}u\frac{\mathrm{d}u}{\mathrm{d}t}\mathrm{d}t=C\int_{u(0)}^{u(\tau)}u\mathrm{d}u=\frac{1}{2}Cu^2(\tau)-\frac{1}{2}Cu^2(0)$$

假定 $u(0)=0$，则

$$w_C=\frac{1}{2}Cu^2(\tau) \tag{1.27}$$

式(1.27)表明,电容元件是储能元件，储能的多少与电压的二次方成正比。电压增高时，储能增加，电容元件吸收能量；当电压降低时，储能减少，电容元件释放能量。

2. 电容的串联与并联

电容器的串联是指将几只电容器的极板首尾依次相接，连成一个无分支电路的连接方式，如图 1.24(a)所示。电容器的并联是指将几只电容器的正极连在一起，负极也连在一起的连接方式，如图 1.24(b)所示。在电路分析时，电容器的串、并联也可等效成类似于电阻器串、并联一样的电路，如图 1.24(c)所示。

(1) 电容的串联。

在电容串联时，由于静电感应，每个电容器带的电荷量都相等。总电压等于各个电容器上的电压之和，即

$$U = U_1+U_2+\cdots+U_n \tag{1.28}$$

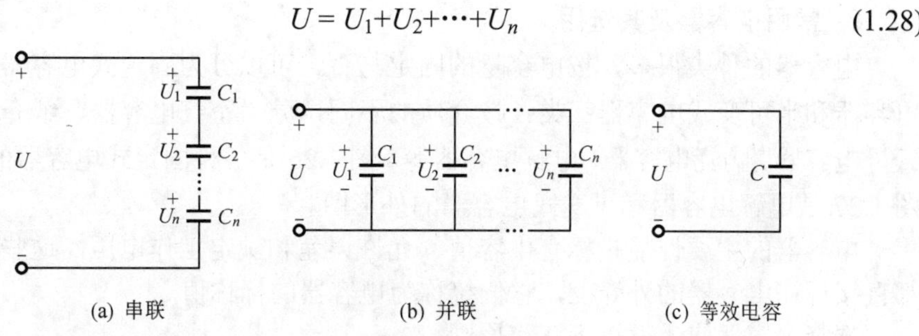

图 1.24　电容的串联与并联

等效电容 C 的倒数等于各个电容器的倒数之和，即

$$\frac{1}{C}=\frac{1}{C_1}+\frac{1}{C_2}+\cdots+\frac{1}{C_n} \tag{1.29}$$

(2) 电容的并联。

电容器并联时，每个电容器两端的电压相等。各电容器储存的总电荷量 q 等于各个电容器所带电荷量之和，即

$$q = q_1+q_2+\cdots+q_n \tag{1.30}$$

等效电容 C 等于各个电容器的电容之和，即

$$C = C_1+C_2+\cdots+C_n \tag{1.31}$$

例 1.5　如图 1.25 所示，已知：C_1=20 μF，C_2= C_3=10 μF，三个电容器的耐压值是 U_n = 50 V。试求：(1)等效电容；(2)混联电容器组合端电压不能超过多少伏？

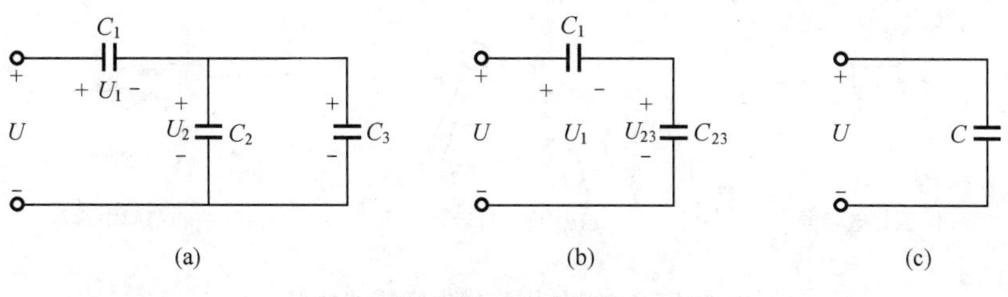

图 1.25　例 1.5 图

解 (1) 先求 C_2、C_3 的等效电容：

$$C_{23} = C_2 + C_3 = (10+10)\ \mu\text{F} = 20\ \mu\text{F}$$

再将 C_1 与 C_{23} 串联，如图 1.25(b)所示。

$$C = \frac{C_1 C_{23}}{C_1 + C_{23}} = \frac{20 \times 20}{20 + 20}\ \mu\text{F} = 10\ \mu\text{F}$$

(2) 因为 C_1 和 C_{23} 串联，而且 $C_1 = C_{23}$，所以 C_1 和 C_{23} 承受的电压相同，而 C_1 和 C_{23} 的耐压值都是 50 V，因此，该混联组合端电压不能超过

$$U = U_1 + U_{23} = (50+50)\ \text{V} = 100\ \text{V}$$

3. 常用电容器及其选用

电容器的种类很多，按电容量的固定与否，可以分为固定式电容器、可变式电容器和半可变式电容器三类；按介质的不同，分为空气电容器、纸介电容器、云母电容器、陶瓷电容器、电解电容器等。图 1.26 是各种固定式电容器的外形图，图 1.27 是电解电容器和可变式电容器的外形图。

电容器的主要性能指标有电容值、允许误差和额定工作电压，这些数值一般都直接标在电容器的外壳上，它们统称为电容器的标称值。

选择电容器应遵循以下几点原则。

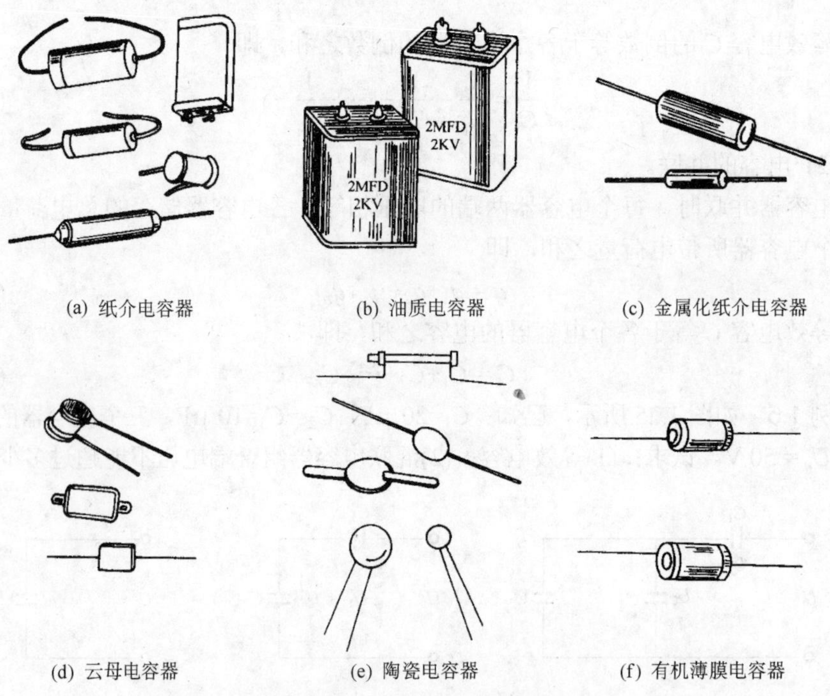

(a) 纸介电容器　(b) 油质电容器　(c) 金属化纸介电容器

(d) 云母电容器　(e) 陶瓷电容器　(f) 有机薄膜电容器

图 1.26　各种固定式电容器的外形

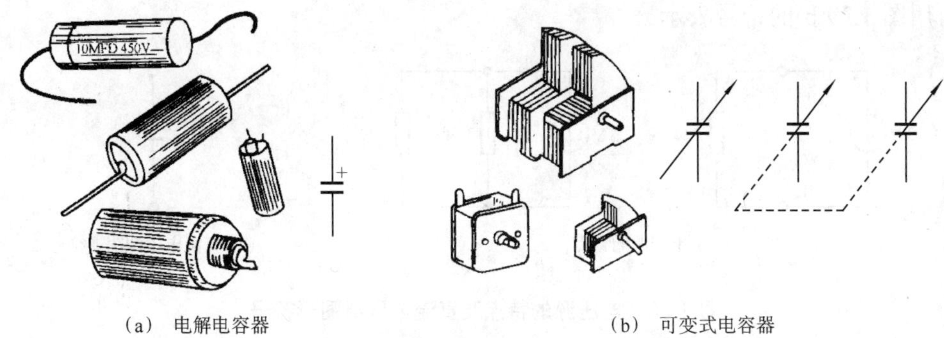

（a） 电解电容器　　　　（b） 可变式电容器

图 1.27　电解电容器和可变式电容器的外形及图形符号

(1) 应满足电性能要求，即电容量、允许误差及额定工作电压符合电路要求。

(2) 应考虑电路的特殊要求及使用环境。如用于改善功率因数时，则就选用高电压、大容量的电容器；用于电源滤波时，则选用大容量的电解电容器。

(3) 应考虑电容器的装配形式和成本等。

1.4　电压源、电流源及其等效变换

电路中要有电流通过，就必须要在它的两端保持电压；要产生和保持电压，就必须有能够提供电能的电源。电源是将其他形式能量转换成电能的装置，它可用两种不同的电路模型表示：用电压形式表示的称为电压源；用电流形式表示的称为电流源。

1.4.1　电压源

理想电压源的特点是能够提供确定的电压，即理想电压源的电压不随电路中电流的改变而改变，所以理想电压源也称恒压源。电池和发电机都可以近似看做恒压源。图 1.28(a)表示的是电压源的符号，图 1.28(b)是直流电压源伏安特性。

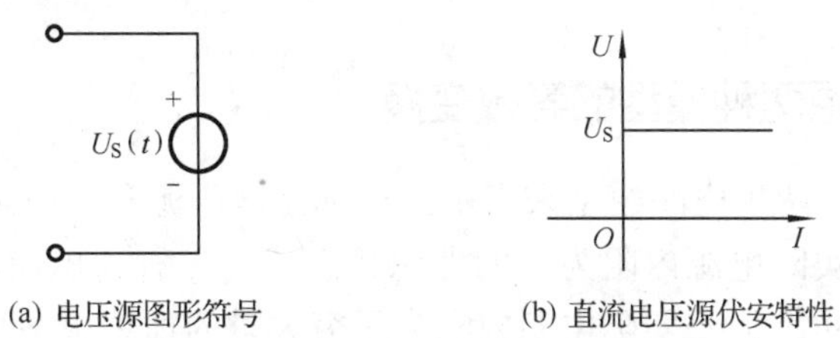

(a) 电压源图形符号　　　　(b) 直流电压源伏安特性

图 1.28　电压源及其伏安特性

从图 1.29(a)可看出电压源两端电压不随外电路的改变而改变。直流电压源也

可用图 1.29(b)的符号表示。

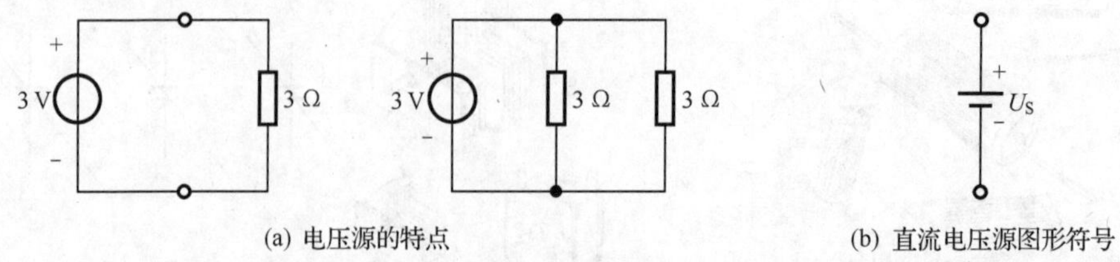

图 1.29　电压源的特点及直流电压源图形符号

当电流流过电压源时，如果从低电位流向高电位,则电压源向外提供电能；当电流流过电压源时，如果从高电位流向低电位，则电压源吸收电能，如电池充电的情况。

1.4.2　电流源

电流源的特点是能够提供确定的电流，即理想电流源的电流不随电路中电压的改变而改变，所以理想电流源也称恒流源。图 1.30(a)是电流源的图形符号，它既可以表示直流恒流源又可以表示交流恒流源，其中箭头指示电流的方向。图 1.30(b)表示了直流电流源的伏安特性。

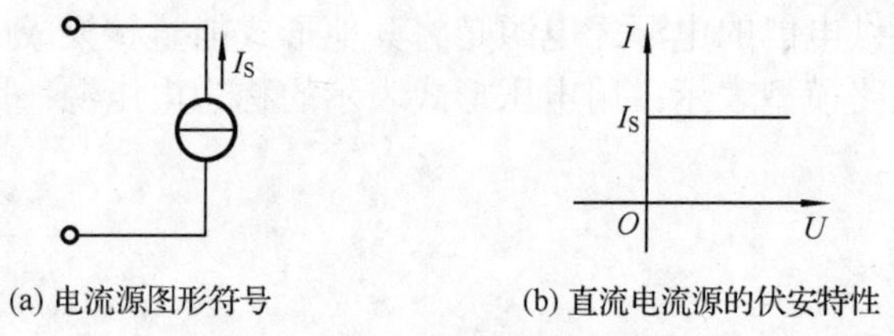

图 1.30　电流源及其伏安特性

同电压源一样，电流源不仅能够为电路提供能量，也有可能在电路中消耗能量。

1.4.3　实际电源两种模型的等效变换

实际电源可用两种电路模型来表示：一种为电压源和一电阻(内阻 R_0)的串联模型，电压源是实际电源内阻为零的理想状态；另一种为电流源和一电阻(内阻 R_0)的并联模型，电流源是实际电源内阻为无穷大时的理想状态，如图 1.31 所示。

实际电源的这两种模型，在电路分析计算中，是能够等效互换的。所谓等效，即变换前后对负载而言，端口处的伏安关系不变，也就是对电源的外电路而言，它的端电压 U 和提供的电流 I 无论大小、方向及它们之间的关系都保持不变。

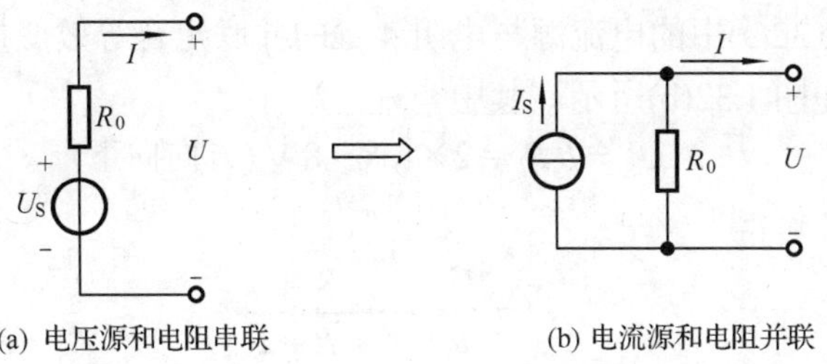

(a) 电压源和电阻串联　　(b) 电流源和电阻并联

图 1.31　实际电源的两种电路模型及变换

由图 1.31(a)可得

$$I = \frac{U_S}{R_0} - \frac{U}{R_0}$$

由图 1.31(b)可得

$$I = I_S - \frac{U}{R_0}$$

相比较可见，要保持 U、I 关系不变，两式的对应项应相等，即

$$I_S = \frac{U_S}{R_0} \tag{1.32}$$

电阻 R_0 数值不变，只是换了位置。总结其变换条件如下。

(1) 由实际电压源变换为等效实际电流源：$I_S = U_S / R_0$ (方向与 U_S 相反)，R_0 与电流源并联。

(2) 由实际电流源变换为等效实际电压源：$U_S = I_S R_0$ (方向与 I_S 相反)，R_0 与电压源串联。

应当指出，实际电源的等效变换理论可以推广到一般电路，即 R 不一定特指电源内电阻，只要是电压源和一个电阻的串联组合，就可以等效为电流源和同一电阻的并联组合。

例 1.6　如图 1.32(a)所示电路，已知 $U = 2$ V，求电阻 R。

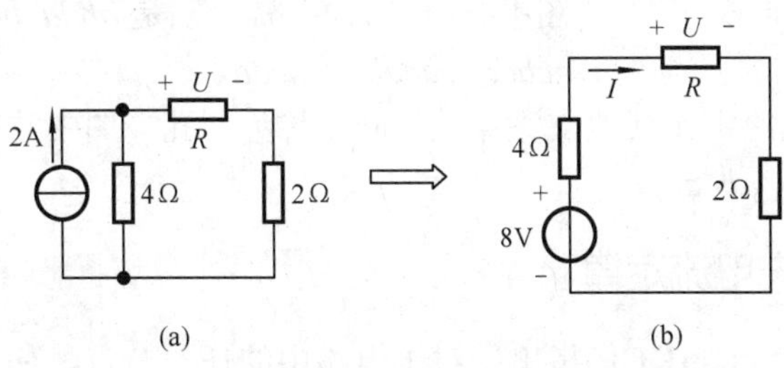

图 1.32　例 1.6 图

解 将图 1.32(a)中的电流源与电阻 4 Ω的并联组合等效变换成电压源与电阻的串联组合，如图 1.32(b)所示。其中

$$U_S = I_S R_0 = 2\times 4\ \text{V} = 8\ \text{V}\ (\text{方向向下})$$

由欧姆定律可得

$$I = \frac{U}{R} = \frac{8}{4+R+2}$$

将 $U=2$ V 代入就可求出 $R=2\ \Omega$。

1.5 基尔霍夫定律

基尔霍夫定律是电路中的基本定律，不仅适用于直流电路，也适用于交流电路，它包括基尔霍夫电流定律(Kirchhoff's current law，简称 KCL)和基尔霍夫电压定律(Kirchhoff's voltage law，简称 KVL)。基尔霍夫电流定律是针对节点的，而基尔霍夫电压定律是针对回路的。

1.5.1 术语

在具体讲述基尔霍夫定律之前，我们以图 1.33 为例介绍电路中的几个基本概念。

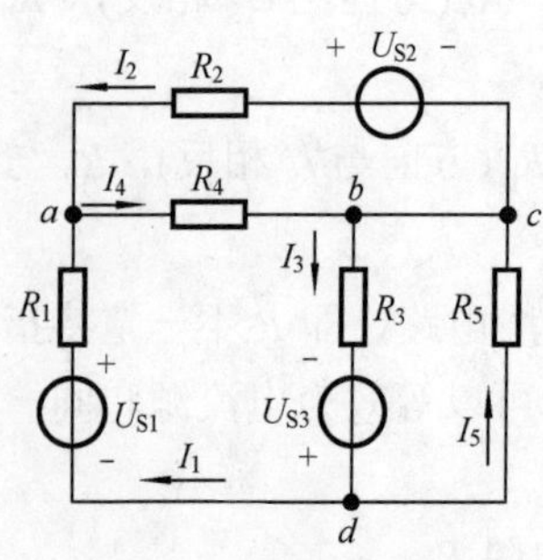

图 1.33 举例电路

(1) 支路：电路中至少有一个电路元件且通过同一电流的路径称为支路，图中共有 5 条支路，分别是 *ab*、*bd*、*cd*、*ac*、*ad*。*bc* 之间没有元件，不是支路。

(2) 节点：电路中三条或三条以上支路的连接点称为节点。图中共有 3 个节点，分别是节点 *a*、节点 *b* 和节点 *d*。因为 *bc* 不是一条支路，所以 *b*、*c* 实际上是一个节点。

(3) 回路：电路中的任一闭合路径称为回路。图中共有 7 条回路，分别是 *abda*、*bcdb*、*abca*、*abcda*、*acbda*、*acdba*、*acda*。

(4) 网孔：电路中无其他支路穿过的回路称为网孔。图中共有 3 个网孔，分别是 *abda*、*bcdb*、*abca*。

1.5.2 基尔霍夫电流定律

基尔霍夫电流定律(KCL)指出：对于电路中的任一节点，任一瞬时流入(或流出)该节点电流的代数和为零。我们可以选择电流流入时为正，流出时为负；或流

出时为正，流入时为负。电流的这一性质也称为电流连续性原理，是电荷守恒的体现。

KCL 用公式表示为

$$\sum i = 0 \tag{1.33}$$

式(1.33)称为节点的电流方程。由此也可将 KCL 理解为流入某节点的电流之和等于流出该节点的电流之和。

下面以图 1.33 电路中的节点 a、b 为例，假设电流流入时为正，流出时为负，列出节点的电流方程。

对于节点 a 有

$$I_1+I_2-I_4=0 \quad 或 \quad I_1+I_2=I_4$$

对于节点 b 有

$$I_4+I_5-I_2-I_3=0 \quad 或 \quad I_4+I_5=I_2+I_3$$

KCL 不仅适用于电路中的任一节点，也可推广到包围部分电路的任一闭合面(因为可将任一闭合面缩为一个节点)。可以证明流入或流出任一闭合面电流的代数和为 0。图 1.34 中，当考虑虚线所围的闭合面时，应有

$$I_1+I_2-I_3=0$$

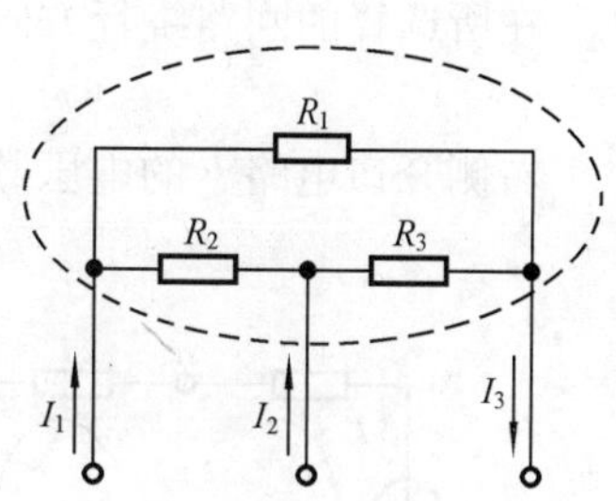

图 1.34　电路中的闭合面

1.5.3　基尔霍夫电压定律

基尔霍夫电压定律(KVL)指出：对于电路中的任一回路，任一瞬时沿该回路绕行一周，则组成该回路元件的各段电压的代数和恒等于零。可任意选择顺时针或逆时针的回路绕行方向，各段电压的正、负与绕行方向有关。一般规定当元件电压的方向与所选的回路绕行方向一致时为正，反之为负。

KVL 用公式表示为

$$\sum u = 0 \tag{1.34}$$

式(1.34)称为回路的电压方程。

下面以图 1.35 所示电路为例，列出相应回路的电压方程。当选择了某一个回路时，应在回路内画一个环绕箭头，表示选择的回路的绕行方向。图 1.35 中，在两个网孔中分别选择了顺时针和逆时针的绕行方向。

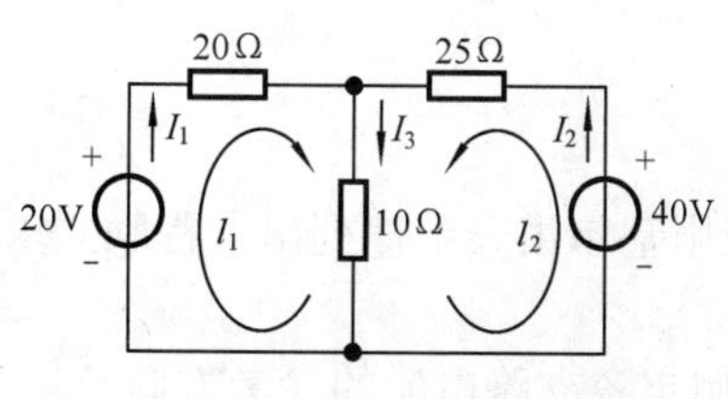

图 1.35　举例电路

对于回路 l_1，电压数值方程为

$$20I_1+10I_3-20=0$$

对于回路 l_2，电压数值方程为

$$25I_2+10I_3-40=0$$

上式也可写成

$$25I_2+10I_3=40$$

其意义为在直流电路里，KVL 可以表述为回路中电阻的电压之和(代数和)等于回路中的电源电压之和，写成公式即

$$\sum(IR)=\sum U_\mathrm{S}$$

注意：应用 KVL 时，首先要标出电路各部分的电流、电压的参考方向。列电压方程时，一般约定电阻的电流方向和电压方向一致。

KVL 不仅适用于闭合电路，也可推广到开口电路。图 1.36 中，a、b 点的左侧电路部分和右侧电路部分都可看做开口电路。

在所选择的回路绕行方向下，左侧开口电路 l_1 的电压数值方程为

$$U=-4I+10$$

右侧开口电路 l_2 的电压数值方程为

$$U=2I+4$$

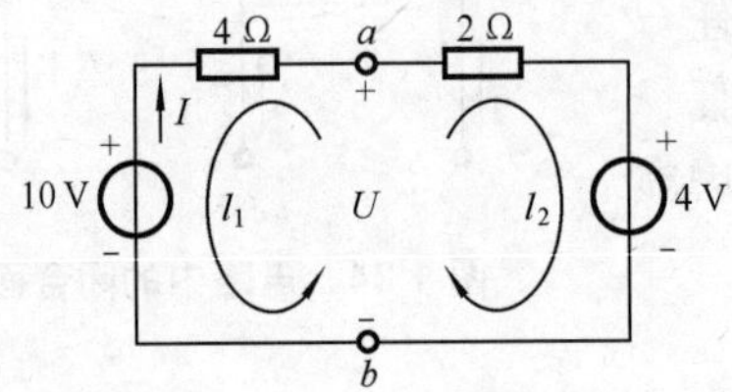

图 1.36　举例电路

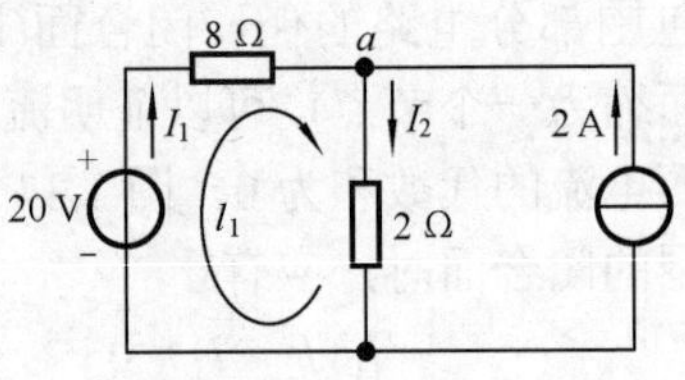

图 1.37　例 1.7 图

例 1.7　求图 1.37 电路中的 I_1 和 I_2。

解　选回路 l_1 的绕行方向如图 1.37 所示，列节点 a 的电流方程为

$$I_1+2-I_2=0$$

列回路 l_1 的电压方程为

$$-20+8I_1+2I_2=0$$

联立上面两个方程求解得

$$I_1=1.6\ \mathrm{A},\qquad I_2=3.6\ \mathrm{A}$$

1.6　复杂电路的分析与计算

1.6.1　支路电流法

支路电流法是以各条支路电流为未知量，应用基尔霍夫定律列出方程联立求解的分析方法。支路电流法的解题步骤如下：

(1) 确定电路节点个数 n 和支路个数 m，并假定各支路电流的参考方向；

(2) 应用 KCL 列出 $n-1$ 个独立的节点电流方程；

(3) 选定回路的绕行方向，应用 KVL 列出 $m-(n-1)$个独立的回路电压方程式；

(4) 代入数据，求解 m 个独立的联立方程，确定各支路的电流。

例 1.8 如图 1.38 所示电路，用支路电流法计算各支路电流。

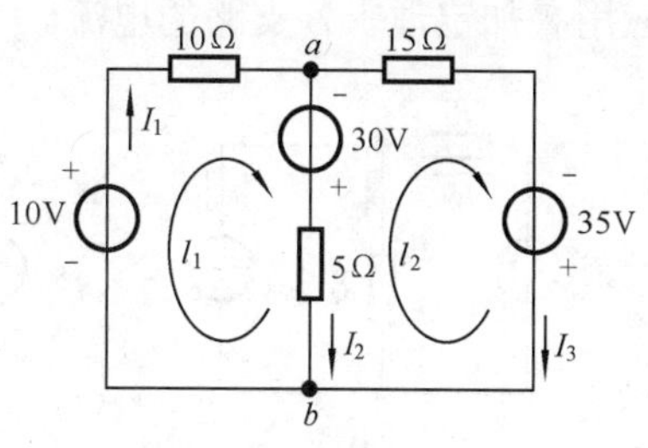

图 1.38 例 1.8 图

解 (1) 假定每一条支路电流的参考方向，并用箭头标在电路图上，如图中的I_1、I_2、I_3。电路中有三条支路(即 $m=3$)，两个节点(即 $n=2$)。

(2) 电路中有两个节点，独立的节点电流方程个数为 $n-1=2-1=1$，任选一个节点，列出电流方程

$$I_1-I_2-I_3=0$$

(3) 前面已按KCL列出了一个独立方程，因此只需选 $m-1=3-1=2$ 个回路，应用 KVL 列出两个独立的方程式求解。这里选择回路 l_1 和回路 l_2，绕行方向如图 1.38 所示，可列出以下两个方程

$$10I_1-30+5I_2-10=0$$

$$15I_3-35-5I_2+30=0$$

(4) 求解上述三个联立方程式，得

$$I_1=3\text{ A},\qquad I_2=2\text{ A},\qquad I_3=1\text{ A}$$

计算结果中 I_1、I_2、I_3 均为正值，说明它们的实际电流方向与参考方向相同。

需要强调的是：对于例 1.8，不能直接应用三个回路电压方程式来求解三个未知电流。这是因为在三个回路方程式中，只有两个是独立的，另一个可以从其他两个方程式中导出。应用 KVL 列回路方程式时，为保证方程式的独立性，要求每列一个回路方程式都要包含一条新支路的电流或电压。

支路电流法的优点是比较直接，所求即所得，但它也有缺点，即当电路支路数目较多时，需要的方程数也会相应增加，计算较烦琐。

1.6.2 叠加定理

叠加定理是线性电路的一种重要的分析方法，其内容是：在由多个电源和线性电阻组成的线性电路中，任一支路中的电流(或电压)等于各个电源单独作用时在此支路中所产生的电流(或电压)的代数和。

当某独立电源单独作用于电路时，应该除去其他独立电源，称为“除源”。对电压源来说，令其电源电压 $U_S=0$，相当于短路；对电流源来说，令其电源电流 $I_S=0$，相当于开路。

应当注意：叠加定理只能用来求电路中的电流或电压，而不能用来计算功率。

例 1.9 如图 1.39 所示电路，已知 $U_S = 12$ V，$I_S = 3$ A，$R_1 = 3\ \Omega$，$R_2 = 6\ \Omega$，应用叠加定理求各支路的电流。

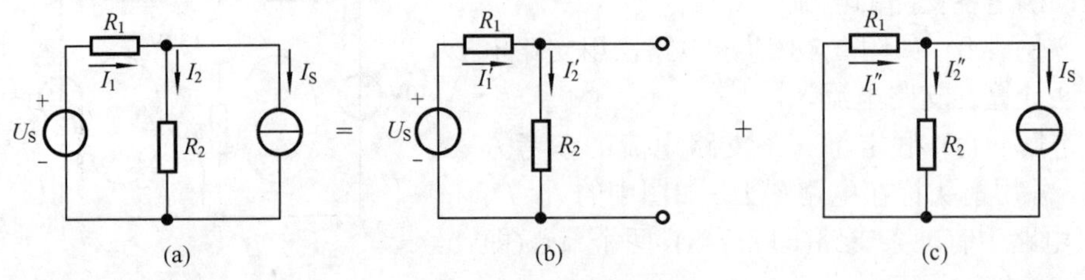

图 1.39 例 1.9 图

解 (1) 分别作出一个电源单独作用时的分图，另一电源作“除源”处理(对理想电压源，用短路替代；对理想电流源，用开路替代)，如图 1.39(b)、(c)所示。

(2) 按电阻串、并联的计算方法，分别求出每个电源单独作用下的支路电流，对于图 1.39(b)，各支路电流为

$$I_1' = I_2' = \frac{U_S}{R_1 + R_2} = \frac{12}{3+6}\ \text{A} = \frac{4}{3}\ \text{A} \approx 1.33\ \text{A}$$

对于图 1.39(c)，各支路电流为

$$I_1'' = \frac{R_2}{R_1 + R_2} I_S = \frac{6}{3+6} \times 3\ \text{A} = 2\ \text{A}$$

$$I_2'' = I_1'' - I_S = (2-3)\ \text{A} = -1\ \text{A}$$

(3) 求出各电源在各支路中产生的电流(或电压)的代数和，这些电流(或电压)就是各电源共同作用时在各支路中产生的电流(或电压)。在求和时，要注意各电流(或电压)的正、负值。

$$I_1 = I_1' + I_1'' = \left(\frac{4}{3} + 2\right)\text{A} = \frac{10}{3}\ \text{A} \approx 3.33\ \text{A}$$

$$I_2 = I_2' + I_2'' = \left[\frac{4}{3} + (-1)\right]\text{A} = \frac{1}{3}\ \text{A} \approx 0.33\ \text{A}$$

1.6.3 戴维宁定理

对于一个复杂的电路,有时并不需要了解所有支路的情况，而只要求出其中某一支路的电流或电压，这时应用戴维宁定理非常方便。

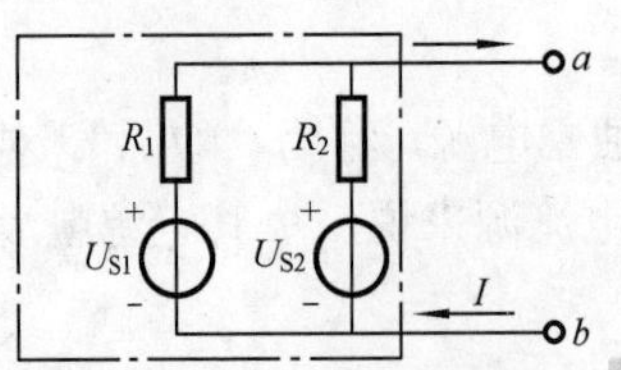

图 1.40 有源二端网络

首先介绍一下二端网络的概念。电路又称为电网络或网络，任何具有两个出线端的部分电路都称为二端网络。含有电源的二端网络称为有源二端网络；不含电源的二端网络称为无源二端网络。图 1.40 所示电路为有源二端网络。

戴维宁定理叙述为：任何一个线性有源二端网络都可以用一个理想电压源与一个电阻串联的二端网络来代替，该电压源的电压等于二端网络的开路电压 U_{oc}，串联电阻 R_0 等于将有源二端网络看做无源网络(理想电压源短路，理想电流源开路)后从两端看进去的电阻，如图 1.41 所示(三个部分)。

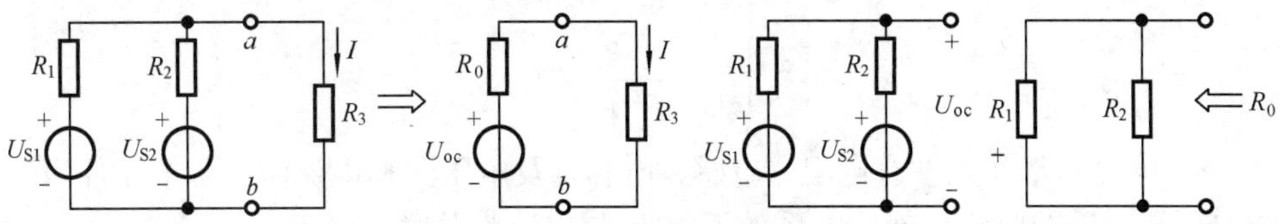

图 1.41　戴维宁定理

例 1.10　用戴维宁定理求图 1.42 所示电路的电流 I。

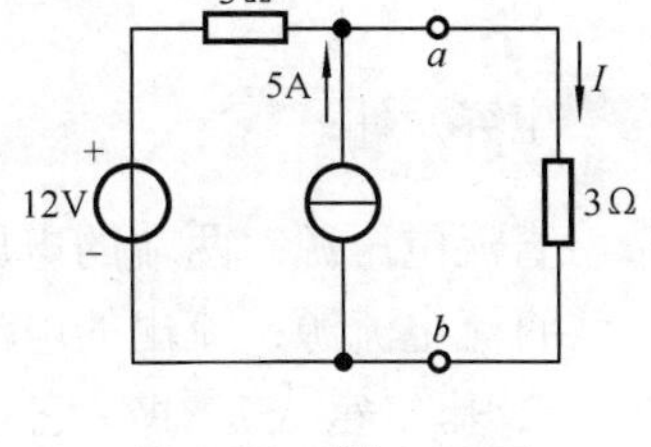

图 1.42　例 1.10 图

解　(1) 求开路电压 U_{oc}，如图 1.43(a)所示。

$$U_{oc} = (5\times3+12)\ \text{V} = 27\ \text{V}$$

(2) 求入端电阻 R_0(电压源短路，电流源开路，从 ab 两端看进去的电阻)，如图 1.43(b)所示。

$$R_0 = 3\ \Omega$$

(3) 求电流 I，如图 1.43(c)所示。

$$I = \frac{27}{3+3}\ \text{A} = 4.5\ \text{A}$$

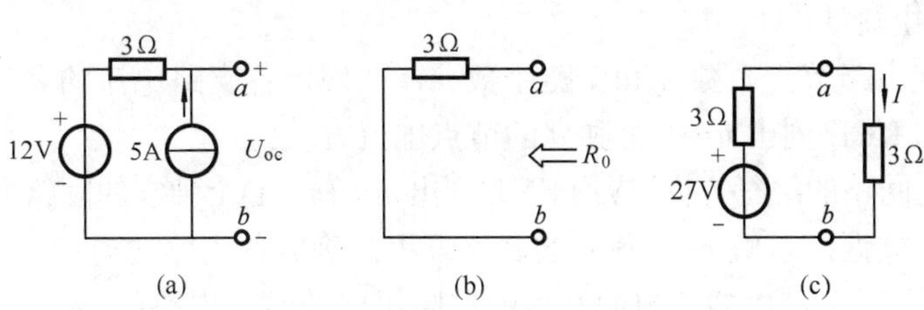

图 1.43　例 1.10 解答图

本 章 小 结

1. 电路的组成包括电源、负载和中间环节。电路的作用为：①实现电能的传输和转换；②实现信号的传递和处理。

2. 电路的基本物理量有电流、电压、电位、功率等。在分析电路时，应先标出电流、电压的参考方向。当其参考方向与实际方向一致时，取正号；反之，取负号。

3. 电阻串联时，流过每个电阻的电流相同；电阻并联时，每个电阻上的电压相同。两个电阻并联的等效电阻为 $R=\dfrac{R_1R_2}{R_1+R_2}$，分流公式为

$$\begin{cases} I_1=\dfrac{R_2}{R_1+R_2}I \\ I_2=\dfrac{R_1}{R_1+R_2}I \end{cases}$$

4. 电路的基本元件有电阻、电感、电容以及电压源和电流源。各个元件两端的电压和通过的电流之间的关系如下(电压与电流为关联方向下)。

电阻元件：$$u_R=Ri_R$$

电感元件：$$u_L=L\frac{\mathrm{d}i_L}{\mathrm{d}t}$$

电容元件：$$i_C=C\frac{\mathrm{d}u}{\mathrm{d}t}$$

直流电压源：两端的电压 U 不变，通过的电流可以改变。

直流电流源：流出的电流 I 不变，两端的电压可以改变。

5. 基尔霍夫定律　它包括基尔霍夫电流定律(KCL)和基尔霍夫电压定律(KVL)。

KCL：$$\sum i=0$$

KVL：$$\sum u=0$$

6. 支路电流法

(1) 确定电路节点个数 n 和支路个数 m，并假定各支路电流的参考方向。

(2) 应用 KCL 列出 $n-1$ 个独立的节点电流方程。

(3) 选定回路的绕行方向，应用 KVL 列出 $m-(n-1)$个独立的回路电压方程式。

(4) 代入数据，求解 m 个独立的联立方程，确定各支路的电流。

7. 叠加定理　在由多个电源和线性电阻组成的线性电路中，任一支路中的电流(或电压)等于各个电源单独作用时在此支路中所产生的电流(或电压)的代数和。

当某独立电源单独作用于电路时，其他独立电源应该除去，方法是：对电压源来说，令其电源电压 $U_S=0$，相当于短路；对电流源来说，令其电源电流 $I_S=0$，相当于开路。

8. 戴维宁定理　任何一个线性有源二端网络都可以用一个理想电压源与一个电阻串联的二端网络来代替，该电压源的电压等于二端网络的开路电压 U_{oc}，串联电阻 R_0 等于有源二端网络化为无源网络(理想电压源短路，理想电流源开路)后，从两端看进去的电阻。

习　题

1.1　已知某元件的电流参考方向如题 1.1 图(a)、(b)所示，试说明图中电流的实际方向。

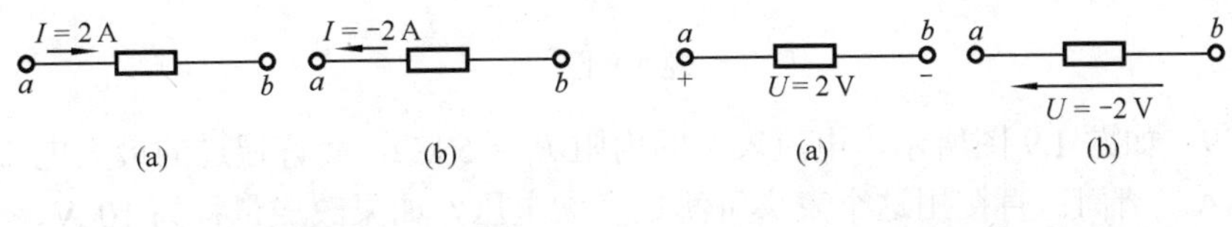

题 1.1 图　　　　题 1.2 图

1.2　已知某元件的电压参考方向如题 1.2 图(a)、(b)所示，试说明图中电压的实际方向。

1.3　求题 1.3 图所示元件 A、B 的功率，并说明元件是电源还是负载。

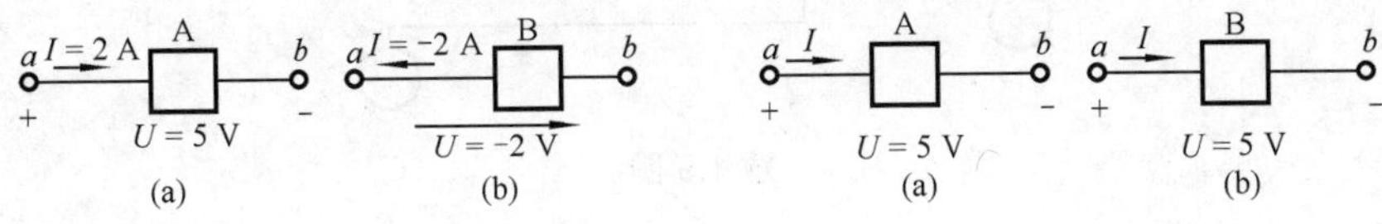

题 1.3 图　　　　题 1.4 图

1.4　如题 1.4 图所示，已知元件 A 吸收功率 10 W，元件 B 提供功率 20 W，求元件 A、B 中流过的电流的大小和实际方向。

1.5　如题 1.5 图(a)、(b)所示，求图(a)、(b)中的电流 I。

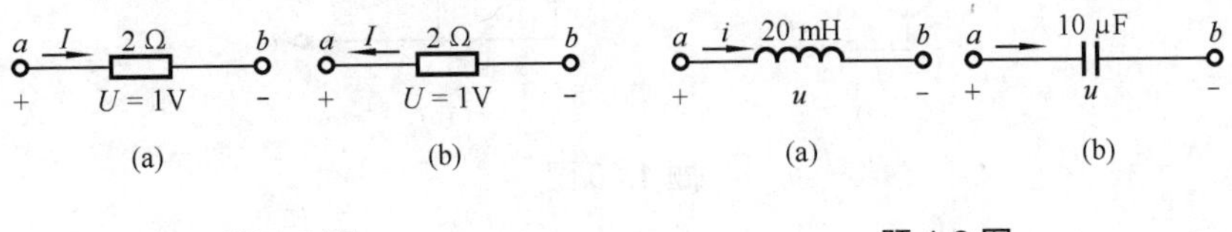

题 1.5 图　　　　题 1.6 图

1.6　在指定电压 u 和电流 i 的参考方向下，写出题 1.6 图所示电感元件和电容元件的约束方程。

1.7　如题 1.7 图所示，求 a、b、c、d 各点的电位。

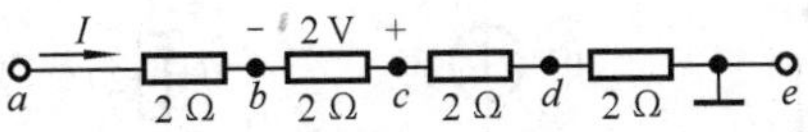

题 1.7 图

1.8　如题 1.8 图所示，求 ab 两端的等效电阻。

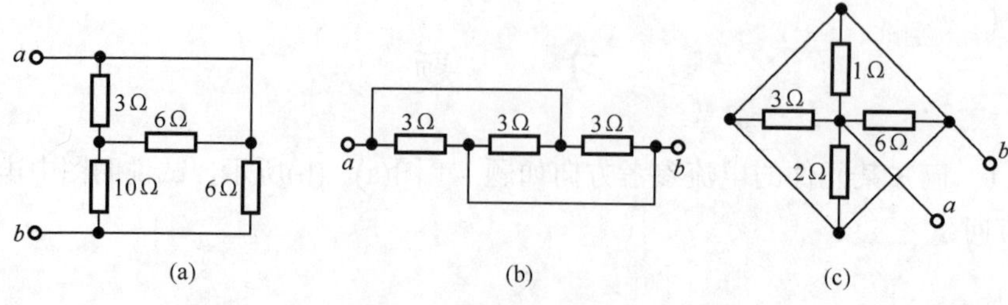

题 1.8 图

1.9 如题 1.9 图所示，电流表头的内阻 $R_g = 5\ \text{k}\Omega$，允许通过的最大电流 $I_g = 200\ \mu\text{A}$。请问：直接用这个表头可测量多大电压？如果改成量程为 10 V、50 V 的电压表进行测量，求分压电阻 R_1 和 R_2。

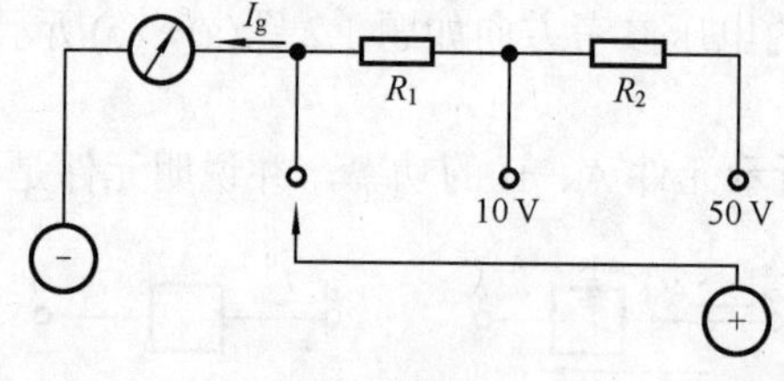

题 1.9 图

1.10 写出题 1.10 图中各端钮的伏安关系。

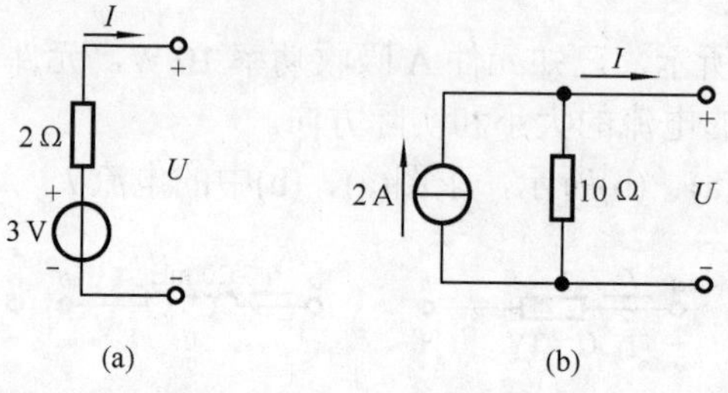

题 1.10 图

1.11 某电路的一部分如题 1.11 图所示，试求电流 I 和电压 U。

1.12 电路如题 1.12 图所示，试求图(a)、(b)中的电流 I 和电压 U。

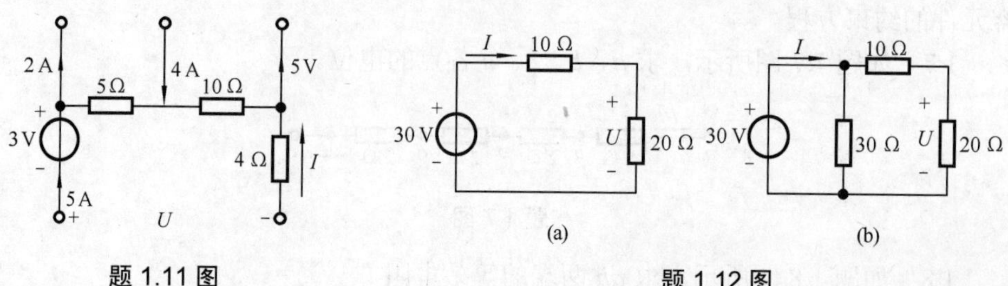

题 1.11 图　　题 1.12 图

1.13　电路如题 1.13 图所示，试求电流 I 和电压 U。

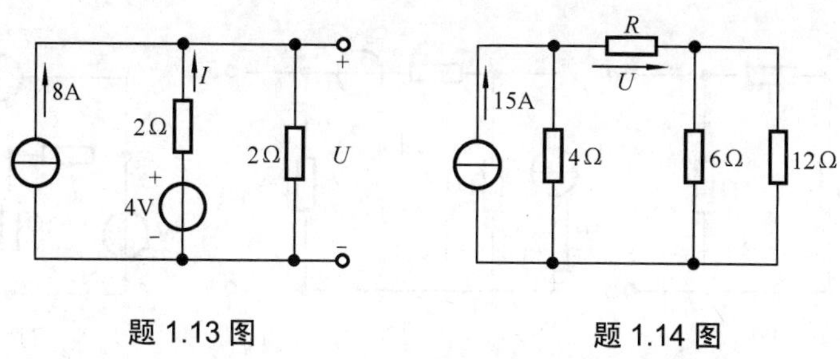

题 1.13 图　　　　题 1.14 图

1.14　电路如题 1.14 图所示，已知 $U = 28\ \text{V}$，求电阻 R。

1.15　电路如题 1.15 图所示，已知 $U_S = 3\ \text{V}$，$I_S = 2\ \text{A}$，求电压 U 和电流 I。

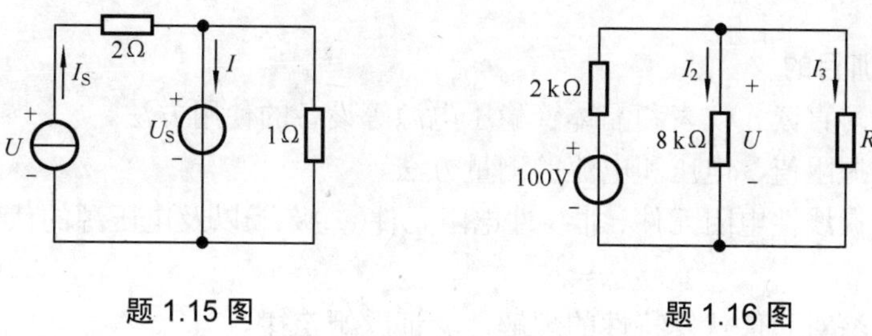

题 1.15 图　　　　题 1.16 图

1.16　电路如题 1.16 图所示，在下列几种情况下，分别求电压 U 和电流 I_2、I_3：

(1) $R = 8\ \text{k}\Omega$;

(2) $R = \infty$ (开路);

(3) $R = 0$ (短路)。

1.17　电路如题 1.17 图所示，试用叠加定理求电压 U。

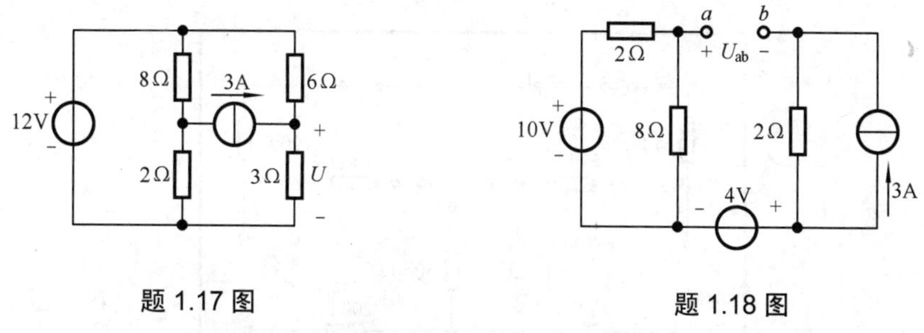

题 1.17 图　　　　题 1.18 图

1.18　求题 1.18 图所示电路的开路电压 U_{ab}。

1.19　电路如题 1.19 图所示，试利用戴维宁定理求二端网络的戴维宁电路。

1.20　求题 1.20 图所示电路中的电压 U。

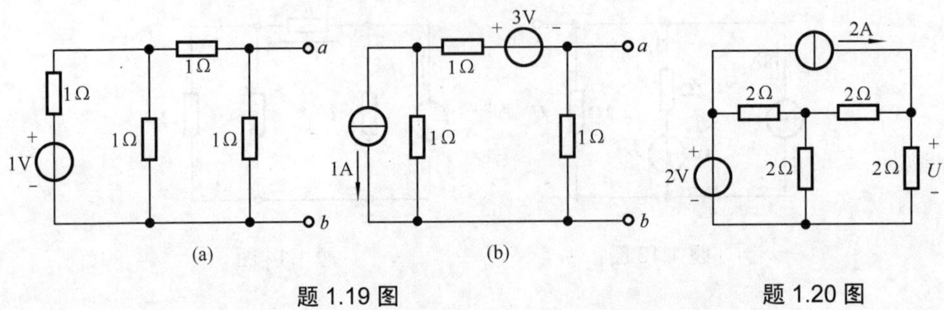

题 1.19 图　　　　　　　　　　　　　　题 1.20 图

实训一　元件伏安特性的测定

1. 实训目的

(1) 学习直读式仪表和晶体管稳压电源等设备的使用方法。

(2) 掌握阻值、电压和电流的测量方法。

(3) 掌握线性电阻元件、非线性电阻元件(二极管)以及电压源的伏安特性的测试技能。

(4) 加深对元件伏安特性的理解，验证欧姆定律。

(5) 学会正确读数的方法。

2. 实训仪器与设备

双路直流稳压电源　　1 台

数字万用表　　　　　1 块

晶体管万用表　　　　1 块

直流电路实验板(一)　1 块

直流电路实验板如实训图 1.1 所示。

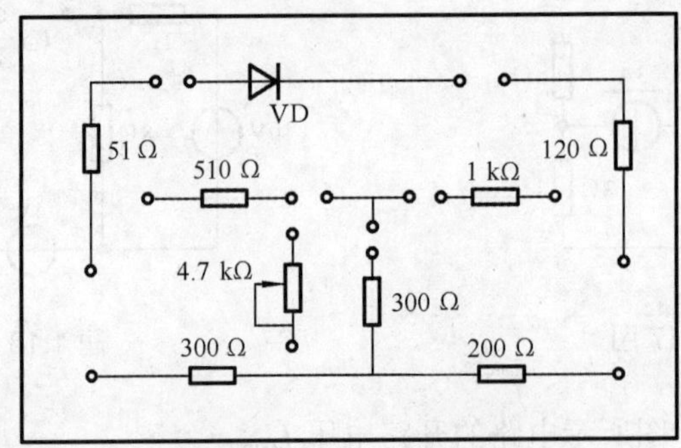

实训图 1.1　直流电路实验板

3. 实训原理

(1) 万用表的使用方法。

万用表是测量电阻、电压、电流和音频电平等的仪表。

① 电阻的测量。

在测量电阻时，应在标有“Ω”的刻度上看读数(由于通过表头的电流与被测电阻不是成正比关系，所以表盘上的电阻标度尺是不均匀的)。被测电阻的实际值等于标度尺上的读数乘以旋钮所指的倍数。在测量前，应先将两表笔短接，转动调零电位器，使指针在 0Ω 的位置，然后选择合适的挡位以保证测量的准确。每换一个量限，都要重新调零。另外，电阻的测量，一定要在无源及无其他并联支路的情况下进行。

电阻(或电流)测量完毕后，应将转换开关旋至高电压挡位，这是防止误用欧姆表(或电流挡) 测电压的良好习惯。

② 直流电压、电流的测量。

读数时应看“DC”或“V・mA”符号的刻度表，此时旋钮所指的数值即直流电压或电流的最大量限(量程)。测量前应先估计被测量值的大小，再将转换开关转到适当量限的挡位上。按比例可读出测量值的大小。

测电路上两点间电压时，红色测试笔应接高电位点，黑色测试笔应接低电位点。

测直流电流时，要把电流表串入支路中，所以必须先把被测支路断开。如果没有断开支路就把两支表笔搭到支路的两端点上去，实际上是用电流表去测电压，电表即被烧毁。

(2) 线性电阻与非线性电阻的伏安特性。

线性电阻的阻值是常数，通过电阻的电流与其两端的电压成正比，其伏安特性曲线是一条通过原点的直线，如实训图 1.2 所示。

实训图 1.2 所示的特性曲线表明了线性电阻的 u、i 的比值 R 是一个常数，其大小与 u 和 i 的大小及方向均无关系，这说明线性电阻对不同方向的电流或不同极性的电压其性能是一样的，这种性质称为双向导电性。

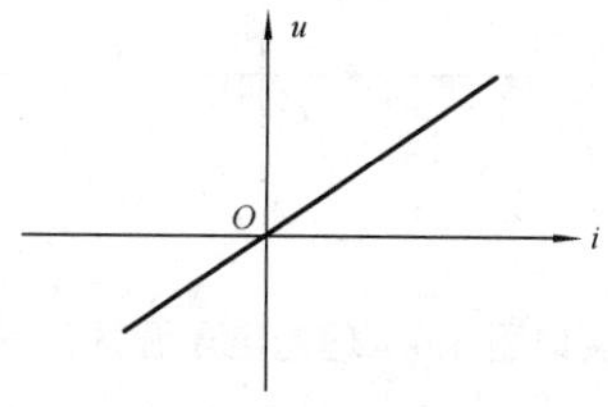

实训图 1.2　线性电阻的伏安特性曲线

非线性电阻的阻值不是常数，如整流二极管、齐纳二极管、隧道二极管、辉光二极管等都可抽象为一个非线性电阻元件，它们的伏安特性曲线不是直线而是曲线，分别如实训图 1.3 中的(a)、(b)、(c)、(d)所示。

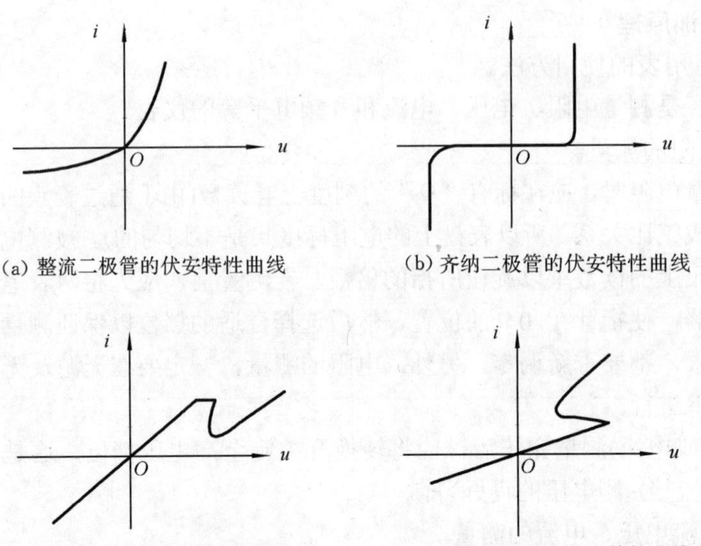

(a) 整流二极管的伏安特性曲线　(b) 齐纳二极管的伏安特性曲线

(c) 隧道二极管的伏安特性曲线　(d) 辉光二极管的伏安特性曲线

实训图 1.3　非线性电阻的伏安特性曲线

(3) 理想电压源的伏安特性。

理想电压源的端电压是固定的函数，无论负载如何变化，其端电压保持一定，而与通过它的电流无关。它的伏安特性曲线是一条平行于电流坐标轴的直线(对直流电压源而言)，如实训图 1.4 所示。

(4) 实际电压源的伏安特性。

实际电压源的模型可以看成是一个理想电压源与一个电阻的串联组合，它的伏安特性曲线如实训图 1.5 所示。

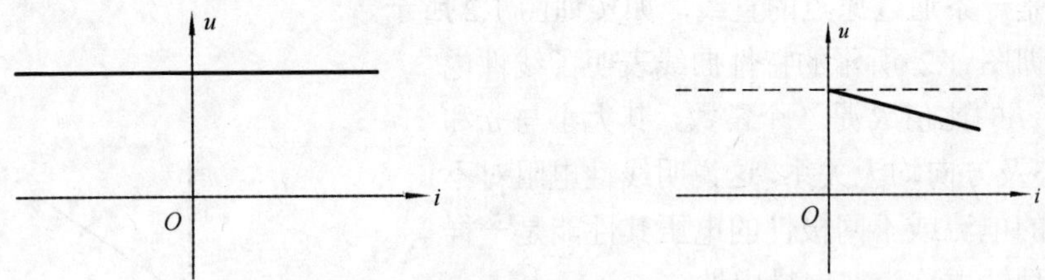

实训图 1.4　理想电压源的伏安特性曲线　　实训图 1.5　实际电压源的伏安特性曲线

4. 实训内容与步骤

(1) 测阻值。

用万用表的电阻挡测量 6 只电阻的阻值记录于实训表 1.1 中，并将电阻的标称值与测量值进行比较，根据允许误差范围，判断各电阻的等级(误差在 5%以下的为Ⅰ级品、5%～10%为Ⅱ级品、10%～20%为Ⅲ级品)。

实训表 1.1　电阻值测量记录表

电阻	R_1	R_2	R_3	R_4	R_5	R_6
标称阻值/Ω						
测量阻值/Ω						
误差						
等级						

(2) 测量线性电阻的伏安特性。

取实验板上 $R=1\ \mathrm{k}\Omega$ 的电阻作为被测元件，并按实训图 1.6 接好线路。

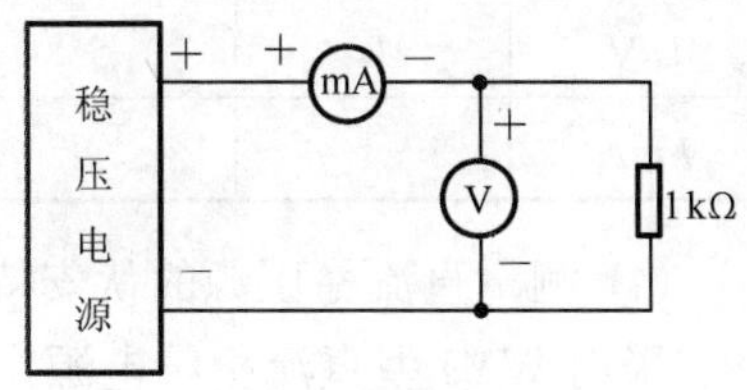

实训图 1.6　测量电阻的电路

注意：在使用稳压电源时切勿将其输出端短路。

经指导老师检查无误后，打开电源开关，依次调节直流稳压电源的输出电压分别为实训表 1.2 中所列数值，并将相对应的电流值记录在实训表 1.2 中。

实训表 1.2　伏安特性测量记录表

U/V	0	2	4	6	8	10
I/mA						

(3) 测定半导体二极管的伏安特性。

① 正向特性。按实训图 1.7(a)接好线路，经检查无误后，开启稳压电源，将输出电压调至 2 V，调节可变电阻器使电压表读数分别为实训表 1.3 中数值，并将相对应的电流表读数记入实训表 1.3 中，为了便于作图，在弯曲部分适当多取几个测量点。

实训表 1.3　正向特性测量记录表

U/V	0	0.1	0.15	0.20	0.22	0.25	0.27	0.30	0.35
I/mA									

② 反向特性。按实训图 1.7(b)接好线路，经检查无误后开启电源，将其输出

电压调至 30 V，调节可变电阻器使电压表的读数分别为实训表 1.4 中所列数值，并将相应的电流值记入实训表 1.4 中。

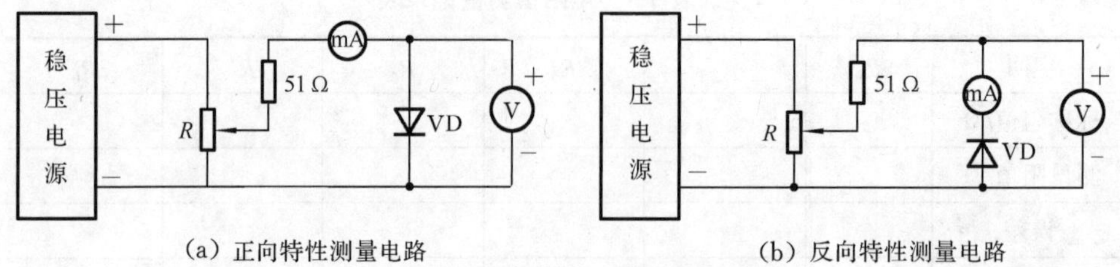

（a）正向特性测量电路　　　　（b）反向特性测量电路

实训图 1.7　二极管伏安特性的测量电路

实训表 1.4　反向特性测量记录表

U/V	0	5	10	15	20	25
I/mA						

(4) 测量直流稳压源的伏安特性。

采用 WYJ 型直流稳压电源作为理想电压源，在其内阻和外电路电阻相比可以忽略不计的情况下，其输出电压基本保持不变，因此，可视为理想电压源。实验电路如实训图 1.8 所示，其中，R_1=200 Ω，为限流电阻，R_2=2.2 kΩ，为可变电阻器。

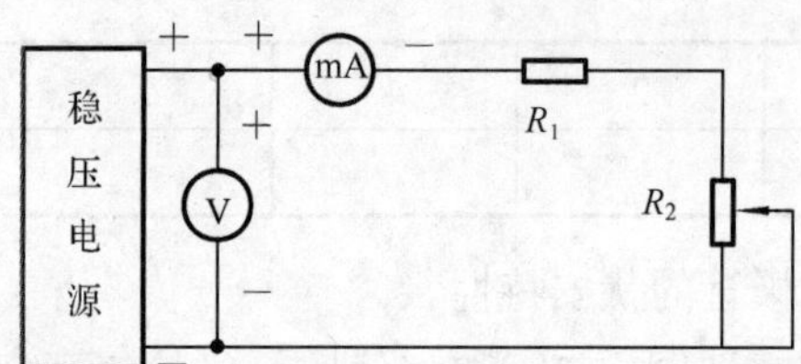

实训图 1.8　直流稳压电源伏安特性的测量电路

按实训图 1.8 接好线路，开启电源，并调节稳压电源的输出电压 U_S =10 V，由大到小调节可变电阻器 R_2，使电流表的读数分别为实训表 1.5 中的数值，将相应的电压表读数记入实训表 1.5 中。

实训表 1.5　直流稳压电源伏安特性测量记录表

I/mA	0(开路)	5	10	15	20	25
U/V						

(5) 测定实际电压源的伏安特性。

在实验板上选 51 Ω 电阻作为实际电源的内阻，与稳压电源相串联组成一个实际的电压源。其实验电路如实训图 1.9 所示，其中 R 为可变电阻器的阻值。

实验步骤与前项相同，将所得数据填入实训表 1.6 中。

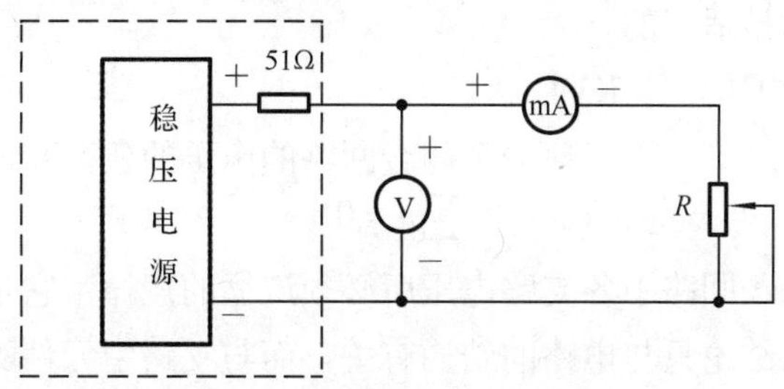

实训图 1.9　实际电压源伏安特性的测量电路

实训表 1.6　实际电压源伏安特性测量记录表

I/mA	0	5	10	15	20	25
U/V						

5. 实训报告

(1) 根据实验中所得数据，在坐标纸上绘制线性电阻、半导体二极管、理想电压源和实际电压源的伏安特性曲线。

(2) 分析实验结果，并得出相应的结论。

(3) 试说明实训图 1.7(a)和实训图 1.7(b)中，电压表和电流表两种接法的区别？为什么？

(4) 如果误用电流表去测电压，将会产生什么后果？

实训二　基尔霍夫定律的验证

1. 实训目的

(1) 验证基尔霍夫定律。

(2) 加深对参考方向和实际方向以及电压、电流正负的认识。

2. 实训原理

基尔霍夫定律是电路中最基本的定律，也是最重要的定律。它概括了电路中电流和电压分别应遵循的基本规律。基尔霍夫定律的内容包括基尔霍夫电流定律和基尔霍夫电压定律。

(1) 基尔霍夫电流定律(KCL)。

电路中，任意时刻，通过任一节点的电流的代数和为零。即

$$\sum i = 0$$

上式表明：基尔霍夫电流定律规定了节点上支路电流的约束关系，而与支路上元件的性质无关，不论元件是线性的还是非线性的、含源的或无源的、时变的还是非时变的等都是适用的。

(2) 基尔霍夫电压定律(KVL)。

电路中，任意时刻，沿任何一个闭合回路的电压的代数和恒等于零。即

$$\sum u = 0$$

上式表明：任一回路中各支路电压所必须遵循的规律，它是电压与路径无关的反映。同样这一结论只与电路的结构有关，而与支路中元件的性质无关，适用于任何情况。

3. 实训仪器与设备

双路直流稳压电源　　1 台

数字万用表　　1 块

晶体管万用表　　1 块

直流电路实验板(一)　　1 块

4. 实训内容与步骤

(1) 验证基尔霍夫电流定律。

在直流电路实验板上，按实训图 2.1 接好线，检查无误后，开启电源，调节稳压源输出使 U_{S1}=1.5 V，U_{S2}＝5 V，然后用毫安表(自选适当的量程)先后分别代替 1～1′，2～2′，3～3′ 连接导线，串入电路中，依次按图上所标的参考方向测得各支路电流(注意电流的正负)，记录于实训表 2.1 中。

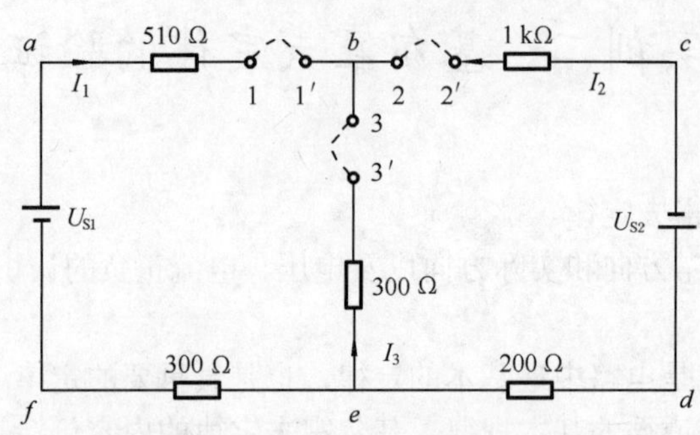

实训图 2.1　基尔霍夫电流定律验证电路图

实训表 2.1　验证 KCL 定律的测量记录表

	测 量 值	理论计算值	误　　差
I_1/mA			
I_2/mA			
I_3/mA			
$\sum I$/mA			

(2) 验证基尔霍夫电压定律。

测定电流后，电路恢复如实训图 2.1 所示，用电压表依次读取回路Ⅰ(*abefa*)的支路电压 U_{ab}、U_{be}、U_{ef}、U_{fa}，以及回路Ⅱ(*abcdefa*)的支路电压 U_{ab}、U_{bc}、U_{cd}、U_{de}、U_{ef}、U_{fa}，并将结果记录于实训表 2.2 中，注意电压值的正负。

实训表 2.2　验证 KVL 定律的测量记录表

U/V	U_{ab}	U_{bc}	U_{cd}	U_{de}	U_{ef}	U_{fa}	U_{be}	回路Ⅰ $\sum U$	回路Ⅱ $\sum U$

5. 实训报告

(1) 利用测量结果验证基尔霍夫定律。

(2) 计算各支路的电压、电流，并计算各值的相对误差，分析产生误差的原因。

(3) 思考题：

① 电压和电位有什么区别?

② 如何确定电压、电流的实际方向?

第 2 章　电路的过渡过程

本章主要讨论动态电路的过渡过程、换路定律、一阶电路的零输入、零状态响应以及用三要素法求一阶电路的全响应。

2.1　过渡过程和换路定律

2.1.1　过渡过程

在现实中，各种事物的运动过程通常是在稳定状态和过渡过程中进行的。例如，驾驶一辆汽车，当汽车还没启动时其速度为零，是一种稳定的状态；当汽车启动后，速度从零开始加速，达到所需的速度(比如 80 km/h)后稳定运行，则是另一种稳定状态。而汽车从静止加速到所需的速度稳定运行，必须经过一定的时间，在这段时间内汽车的运行过程称为过渡过程。这样的现象在电路中也存在。

我们来观察一个实验，实验电路如图 2.1 所示。

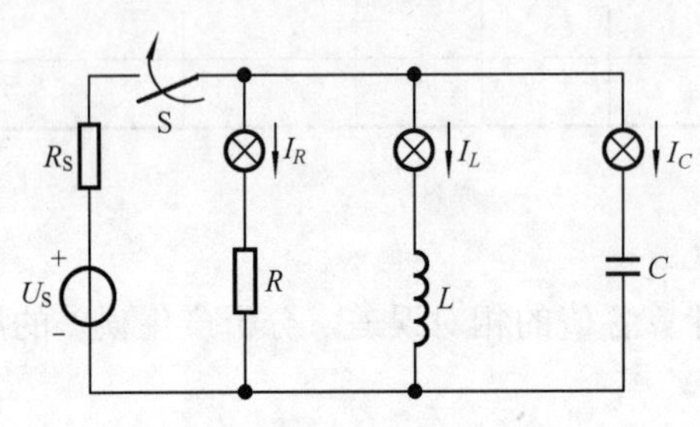

图 2.1　过渡过程实验电路

开关 S 未合上时，三只灯泡全不亮，即 $I_R = I_L = I_C = 0$，为稳定状态。

当开关 S 合上的瞬间，电阻 R 支路和电容 C 支路上的灯亮，电感 L 支路上的灯不亮，即 $I_L = 0$。

当开关 S 合上很久以后，电阻 R 支路上灯的亮度不变，电感 L 支路上的灯最亮，电容 C 支路上的灯不亮，即 $I_C = 0$。这是另一种稳态。

实验表明，开关 S 合上后，I_R 未变，I_L 由小变大，I_C 由大变小，最后达到稳定。这种电路从一种稳定状态变化到另一种稳定状态的中间过程叫做电路的过渡过程。

由实验可知，只含有电阻的支路从一种稳定状态到新的稳定状态可以突变并不需要过渡过程。而含有电容、电感的支路在从一种稳定状态到新的稳定状态需要一个过渡过程。在过渡过程中，电路的电压、电流是处在变化之中的，但变化的时间短暂。因此，通常把处于过渡过程中的电路工作状态称为瞬态或动态，把电感和电容称为动态元件，而把含有动态元件的电路称为动态电路。

2.1.2 换路定律

电路的过渡过程是在电路发生变化时才出现的，我们把电路的改变(如接通、断开、短路等)，电信号的突然变动，电路参数突然变化等统称为电路的换接，简称为换路。

电容两端的电压不能发生突变。这一点可以通过电容上的电压、电流关系 $i_C = C\dfrac{\mathrm{d}u_C}{\mathrm{d}t}$ 来理解，如果电压 u_C 突变，则 i_C 趋于无穷大，这对实际电路是不可能的。

对于电感元件，根据 $u_L = L\dfrac{\mathrm{d}i_L}{\mathrm{d}t}$ 也能知道 i_L 不能发生突变，否则 u_L 将趋于无穷大。

通过上述分析可知，电容的电压 u_C 和电感的电流 i_L 不可能发生突变，即 u_C 和 i_L 在换路后的一瞬间仍然维持前一瞬间的值，不仅大小不变，而且方向也不变，然后才开始逐渐变化，这就是换路定律。

一般把换路发生的时间作为计算时间的起点，记为 $t = 0$，则换路前一瞬间记为 $t = 0_-$，换路后一瞬间记为 $t = 0_+$。换路是在瞬间完成的，于是可写出换路定律的数学表达式

$$u_C(0_-) = u_C(0_+) \tag{2.1}$$

$$i_L(0_-) = i_L(0_+) \tag{2.2}$$

式中，$u_C(0_-)$ 和 $i_L(0_-)$ 是换路前的稳态值，而 $u_C(0_+)$和 $i_L(0_+)$则是换路后瞬态过程开始的初始值，两者相等，它是换路后进行计算的初始条件。

应当注意，换路定律说明了 u_C 和 i_L 不可能发生突变，是因为它们与储能元件的储能直接有关；而与储能无关的量，如 u_L 和 i_C 则可以突变，即换路前后，u_L 和 i_C 都有可能发生突变。

例 2.1 如图 2.2 所示电路，已知 $U_S = 12$ V，$R_1 = 4$ kΩ，$R_2 = 8$ kΩ，$C = 1$ μF。求当开关 S 闭合后 $t = 0_+$时，各支路电流及电容电压的初始值。

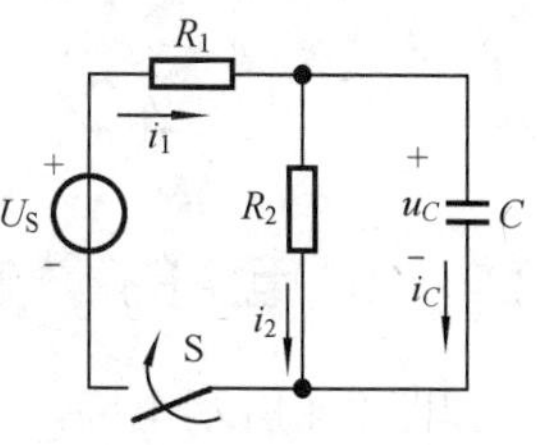

图 2.2 例 2.1 图

解 已知在开关 S 闭合前，$u_C(0_-) = 0$(换路前电容上无电压)。根据换路定律

$$u_C(0_+) = u_C(0_-) = 0$$

由于 R_2 与 C 并联，故有

$$i_2(0_+) = \frac{u_C(0_+)}{R_2} = 0$$

为求 $i_1(0_+)$，可根据 KVL 列出回路电压方程，即

$$i_1(0_+)R_1 + i_2(0_+)R_2 - U_S = 0$$

$$i_1(0_+) = \frac{U_S - i_2(0_+)R_2}{R_1} = \frac{12-0}{4\times10^3}\text{ A} = 3\times10^{-3}\text{ A} = 3\text{ mA}$$

根据 KCL 有

$$i_C(0_+) = i_1(0_+) - i_2(0_+) = (3-0)\text{mA} = 3\text{ mA}$$

例 2.2 如图 2.3(a)所示，$U_S = 9$ V，$R_1 = 3\ \Omega$，$R_2 = 6\ \Omega$。$t = 0$ 时，开关由位置 1 扳向位置 2，在 $t<0$ 时，电路处于稳定，求初始值 $i_1(0_+)$、$i_2(0_+)$和 $u_L(0_+)$。

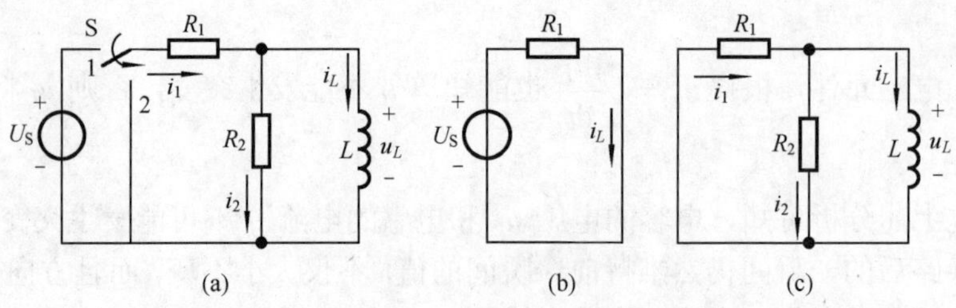

图 2.3 例 2.2 图

解 在换路前，即 $t = 0_-$时，电感相当于短路，如图 2.3(b)所示，即

$$i_L(0_-) = \frac{U_S}{R_1} = \frac{9}{3}\text{ A} = 3\text{ A}$$

换路之后的电路图如图 2.3(c)所示，根据换路定律有

$$i_L(0_+) = i_L(0_-) = 3\text{ A}$$

$$i_1(0_+) = \frac{R_2}{R_1+R_2}i_L(0_+) = \frac{6}{3+6}\times3\text{ A} = 2\text{ A}$$

$$i_2(0_+) = i_1(0_+) - i_L(0_+) = (2-3)\text{ A} = -1\text{ A}$$

$$u_L(0_+) = i_2(0_+)R_2 = 6\times(-1)\text{ V} = -6\text{ V}$$

2.2 RC 串联电路的过渡过程

2.2.1 RC 电路的零输入响应

如图 2.4 所示电路，开关 S 原合于位置 1，RC 电路与直流电源连接，电源通过电阻器 R 对电容器充电到 U_0，此时电路已处在稳态。在 $t = 0$ 时，开关 S 由位置 1 扳向位置 2，这时 RC 电路脱离电源，电容器便通过电阻器 R 放电，电容器上电压逐渐减小，放电电流随之逐渐下降，我们把这种外施电源为零时，仅由电容元件初始储存的能量在电路中产生的电压 u_C 和电流 i 称为电路的零输入响应。

按图 2.4 所示的电压电流参考方向，根据 KVL 有

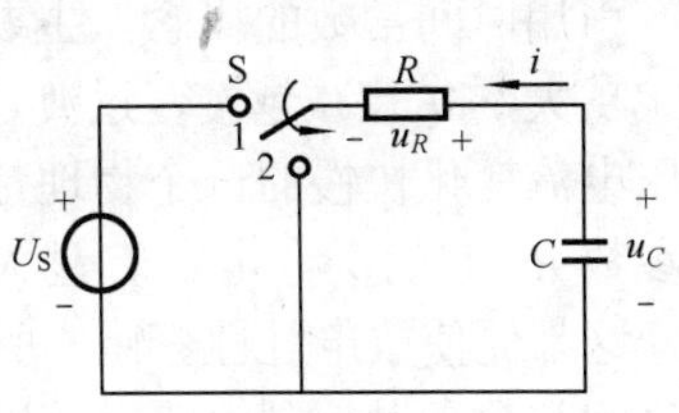

图 2.4　RC 电路的零输入响应

$$u_C - u_R = 0$$

式中，$u_R = iR$。以 $i = -C\dfrac{du_C}{dt}$ (u_C与 i 的参考方向相反)代入上式得

$$RC\frac{du_C}{dt} + u_C = 0$$

这是一阶常系数齐次微分方程，此方程的通解为 $u_C = Ae^{pt}$，代入上式得

$$RCpAe^{pt} + Ae^{pt} = 0$$

于是有

$$p = -\frac{1}{RC}$$

则

$$u_C = Ae^{-\frac{t}{RC}} \tag{2.3}$$

式中，常数 A 由初始条件确定。在 $t=0$ 时，开关 S 合于位置 2，有

$$u_C(0_+) = u_C(0_-) = U_0$$

代入式(2.3)有

$$U_0 = Ae^{-\frac{0}{RC}}$$

所以

$$A = U_0$$

得

$$u_C = U_0 e^{-\frac{t}{RC}} \tag{2.4}$$

而电流的变化规律为

$$i = -C\frac{du_C}{dt} = \frac{U_0}{R}e^{-\frac{t}{RC}} \tag{2.5}$$

电阻上的电压变化规律为

$$u_R = u_C = U_0 e^{-\frac{t}{RC}} \tag{2.6}$$

式中，RC 称为时间常数，用 τ 来表示。τ 是反应一阶电路过渡过程特性的一个量，由电路参数 R、C 的大小确定，单位为 s。表 2.1 列出了电容放电时，电容电压 u_C 随时间的变化情况。

表 2.1　u_C 随时间变化情况表

t	0	τ	2τ	3τ	4τ	5τ
$e^{\frac{t}{\tau}}$	1	0.368	0.135	0.050	0.018	0.007
u_C	U_0	$0.368U_0$	$0.135U_0$	$0.050U_0$	$0.018U_0$	$0.007U_0$

可以看出经过 3～5 τ 时间后，指数项衰减到 5%以下，可以认为过渡过程已经基本结束。

引用时间常数的概念，主要是为了反映电路中过渡过程进程的快慢，时间常数 τ 越大，u_C 衰减越慢，过渡过程的时间也就越长。因此，τ 是表示过渡过程中电压电流变化快慢的一个物理量，它与换路情况及外加电源无关，而仅与电路元件参数 R、C 有关。电容 C 越大，电容储能就越多；电阻 R 越大，放电电流就越小，这都促使放电过程变慢。所以，改变电路中 R 和 C 的数值，就可以改变电路的时间常数，以控制电路过渡过程的快慢。

u_C 和 i 随时间的变化曲线如图 2.5 所示。

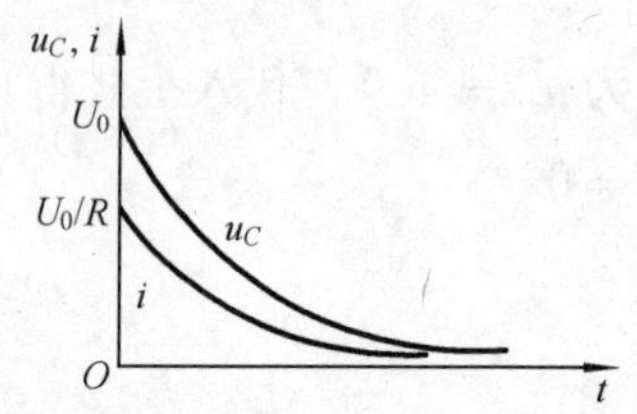

图 2.5　u_C 和 i 随时间的变化曲线

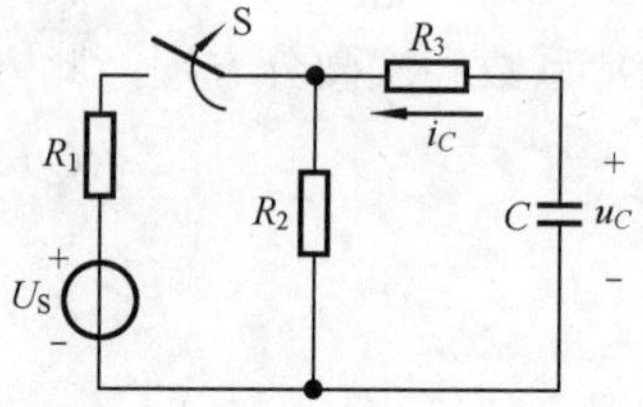

图 2.6　例 2.3 图

例 2.3　图 2.6 中,开关 S 打开前电路已达稳定，已知 $U_S = 12$ V，$R_1 = 1$ kΩ，$R_2 = 3$ kΩ，$R_3 = 2$ kΩ，$C = 4$ μF，求打开后的 u_C 和 i_C。

解　开关 S 打开前电路已达稳定，电容器可视为开路，故可求得

$$u_C(0_-) = U_S \cdot \frac{R_2}{R_1 + R_2} = 12 \times \frac{3}{1+3}\ \text{V} = 9\ \text{V}$$

由换路定律得
$$u_C(0_+) = u_C(0_-) = 9\ \text{V}$$

在 $t = 0_+$ 换路后，RC 电路脱离电源，电容器的初始储能将通过电阻放电，电容电压逐渐下降。求电路的时间常数

$$\tau = RC = (R_2+R_3)\,C = (3+2)\times 10^3 \times 4 \times 10^{-6}\ \text{s} = 2\times 10^{-2}\ \text{s}$$

由式(2.5)可得

$$u_C = U_0 \mathrm{e}^{-\frac{t}{\tau}} = 9 \times \mathrm{e}^{-\frac{t}{2\times 10^{-2}}}\ \text{V} = 9\mathrm{e}^{-50t}\ \text{V}$$

由式(2.6)可得

$$i_C = \frac{U_0}{R}\mathrm{e}^{-\frac{t}{\tau}} = \frac{9}{(3+2)\times 10^3}\mathrm{e}^{-50t}\ \text{mA} = 1.8\mathrm{e}^{-50t}\ \text{mA}$$

2.2.2　RC 电路的零状态响应

如图 2.7(a) 所示，开关 S 闭合前，电容器没有充电，称电路处于零状态，$u_C(0_-) = 0$。在零状态下，开关 S 闭合后直流电源 U_S 经电阻器对电容器充电，电路中产生的 u_R、i 及 u_C 称为零状态响应。

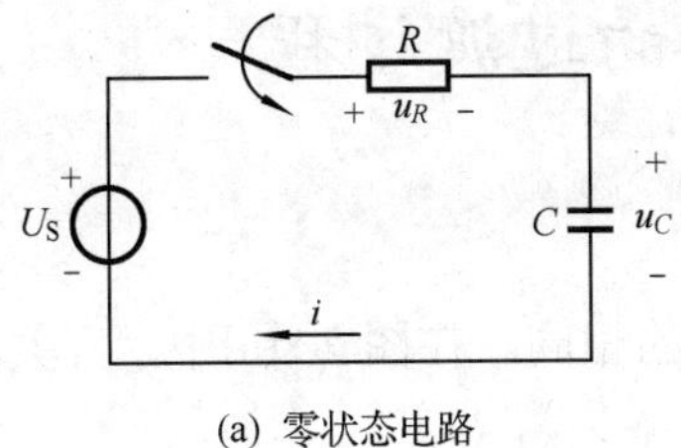

(a) 零状态电路

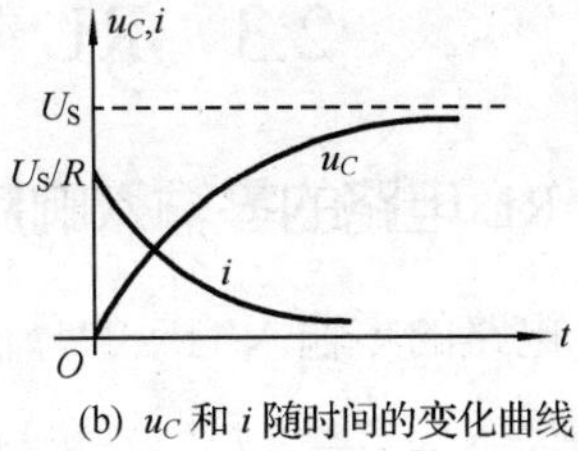

(b) u_C 和 i 随时间的变化曲线

图 2.7　RC 电路零状态响应

在 $t=0$ 时开关闭合，根据 KVL 有

$$u_R+u_C=U_S$$

或者

$$Ri+u_C=U_S$$

因为 $i=C\dfrac{du_C}{dt}$，代入上式得

$$RC\frac{du_C}{dt}+u_C=U_S$$

这是一阶常系数线性非齐次微分方程，该微分方程的解为 $u_C=u_C'+u_C''$，其中 u_C' 是特解，u_C'' 为通解。因为过渡过程结束，达到稳态，$u_C=U_S$，故有特解

$$u_C' = U_S$$

而其通解 u_C'' 取决于齐次方程

$$RC\frac{du_C}{dt}+u_C=0$$

可得通解

$$u_C''=Ae^{-\frac{t}{RC}}$$

因此

$$u_C=U_S+Ae^{-\frac{t}{RC}} \tag{2.7}$$

式中的常数 A 由初始条件确定，因为

$$u_C(0_+)=u_C(0_-)=0$$

代入式(2.7)有

$$0=U_S+Ae^{-\frac{0}{RC}}$$

得

$$A=-U_S$$

所以

$$u_C=U_S-U_Se^{-\frac{t}{RC}}=U_S(1-e^{-\frac{t}{\tau}}) \tag{2.8}$$

$$i=C\frac{du_C}{dt}=\frac{U_S}{R}e^{-\frac{t}{\tau}} \tag{2.9}$$

u_C、i 随时间的变化曲线如图 2.7(b)所示。

2.3 RL 串联电路的过渡过程

2.3.1 RL 电路的零输入响应

RL 电路的零输入响应的分析与 RC 电路的相同。在图 2.8(a)中，开关由 1 合向 2 之前，$i_L = \dfrac{U_S}{R_1} = I_0$，在 $t = 0$ 时，开关由 1 合向 2。

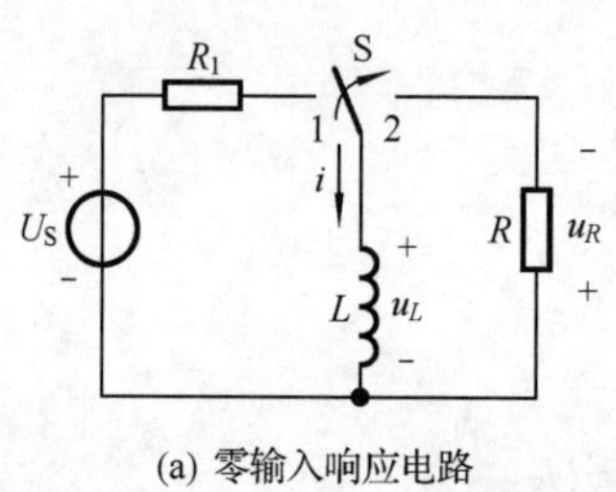

(a) 零输入响应电路

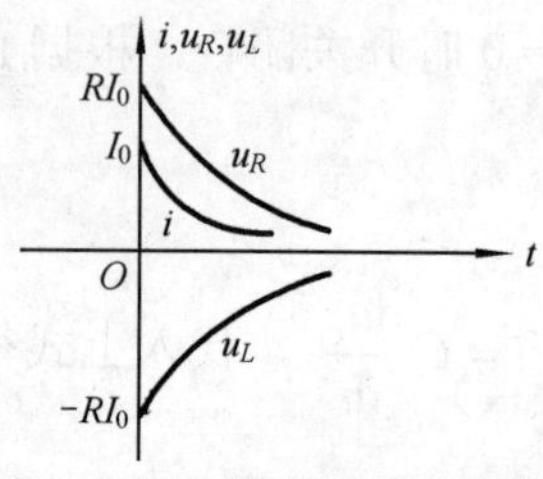

(b) i、u_R、u_L 随时间的变化曲线

图 2.8 RL 串联电路零输入响应

根据 KVL 有
$$u_R + u_L = 0$$
或
$$Ri + u_L = 0$$

因为 $u_L = L\dfrac{\mathrm{d}i}{\mathrm{d}t}$，代入上式得

$$L\frac{\mathrm{d}i}{\mathrm{d}t} + Ri = 0$$

此式为一阶线性常系数齐次微分方程，此方程的通解为 $i = A\mathrm{e}^{pt}$，代入后得

$$LpA\mathrm{e}^{pt} + RA\mathrm{e}^{pt} = 0$$

得
$$p = -\frac{R}{L}$$

则
$$i = A\mathrm{e}^{-\frac{R}{L}t}$$

根据 $i_L(0_+) = i_L(0_-) = I_0$，代入上式可得 $A = I_0$

得
$$i = I_0\mathrm{e}^{-\frac{R}{L}t}$$

定义 $\tau = \dfrac{L}{R}$ 为时间常数，则有

$$i = I_0\mathrm{e}^{-\frac{t}{\tau}} \tag{2.10}$$

$$u_L = L\frac{\mathrm{d}i}{\mathrm{d}t} = -RI_0\mathrm{e}^{-\frac{t}{\tau}} \tag{2.11}$$

$$u_R = Ri = RI_0 \mathrm{e}^{-\frac{t}{\tau}} \tag{2.12}$$

i、u_L及u_R的变化曲线如图 2.8(b)所示。

例 2.4 如图 2.9 所示，已知 $U_S = 100$ V，$R_0 = 30$ Ω，$R = 20$ Ω，$L = 5$ H，求 $t = 0$ 时，断开开关后的 i 和 u_L。

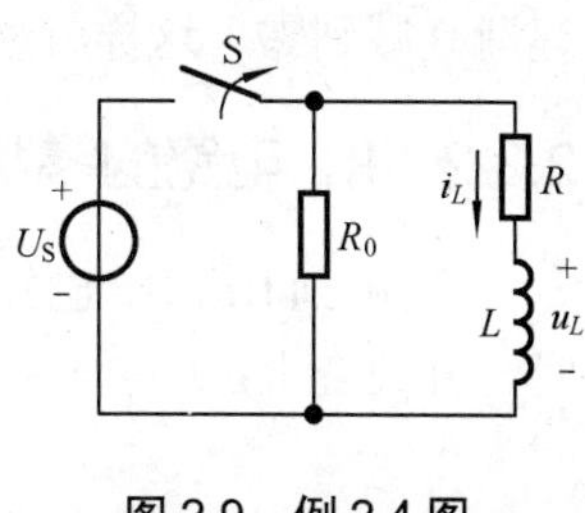

图 2.9 例 2.4 图

解 开关断开前电感中的电流

$$I_0 = i(0_-) = \frac{U_S}{R} = \frac{100}{20}\ \mathrm{A} = 5\ \mathrm{A}$$

换路后的时间常数

$$\tau = \frac{L}{R} = \frac{5}{20+30}\ \mathrm{s} = 0.1\ \mathrm{s}$$

将 I_0 和 τ 代入式(2.10)和式(2.11)中，得

$$i = 5\mathrm{e}^{-\frac{t}{0.1}}\ \mathrm{A} = 5\mathrm{e}^{-10t}\ \mathrm{A}$$

$$u_L = L\frac{\mathrm{d}i}{\mathrm{d}t} = -RI_0\mathrm{e}^{-\frac{t}{\tau}} = -(30+20)\times 5\mathrm{e}^{-10t}\ \mathrm{V} = -250\mathrm{e}^{-10t}\ \mathrm{V}$$

在开关 S 断开的瞬间，$i(0_+)$不能发生突变，如果回路电阻过大，则电感会产生很高的电压，严重时会使电感线圈绝缘击穿，或者使开关触点击穿而产生电弧放电，引起人身及设备事故，这一点要特别引起注意。

例 2.5 如图 2.10(a)所示，电感线圈两端并联一量程为 50 V 的电压表，内阻 $R_V = 20$ kΩ，已知电源电压 $U_S = 36$ V，$R = 10$ Ω，开关 S 打开前电路已处于稳态，求开关断开瞬间电压表两端所承受的电压。

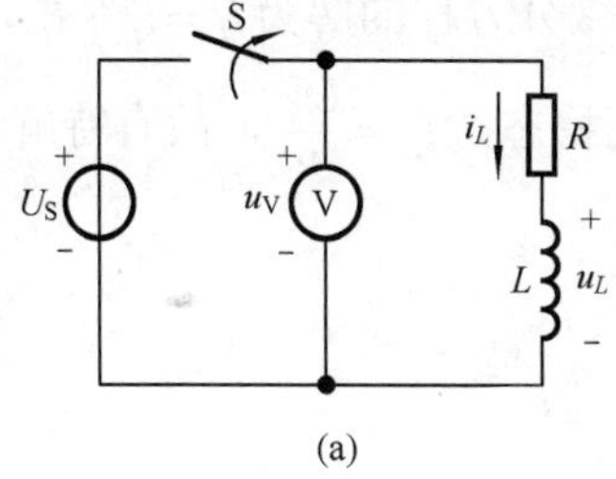

(a)

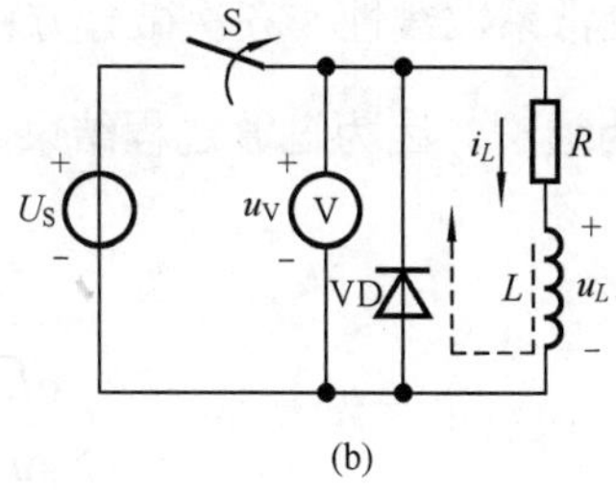

(b)

图 2.10 例 2.5 图

解 开关打开前电路已处于稳态，这时线圈中的电流

$$i_L(0_-) = \frac{U_S}{R} = \frac{36}{10}\ \mathrm{A} = 3.6\ \mathrm{A}$$

开关打开瞬间,由于电感线中的电流不能突变，故 $i_L(0_+) = 3.6$ A。该电流要流过电压表，由于电压的内阻 R_V 很大，故换路瞬间，电压表两端承受的电压

$$u_V = -i_L(0_+)\cdot R_V = -3.6\times 20\times 10^3\ \mathrm{V} = -72\times 10^3\ \mathrm{V} = -72\ \mathrm{kV}$$

而此电压将使电压表损坏。为防止断开电感电路时所产生的高压，常在电感线圈两端并联一个二极管，如图 2.10(b)所示。开关 S 打开前，二极管处于反向截止状态不导通；开关断开时，电感线圈中电流通过二极管向电阻放电，而按指数规律逐渐衰减到零，这样就避免了产生高压，这个二极管又称续流二极管。

2.3.2 RL 电路的零状态响应

在图 2.11(a)中，已知电感线圈在开关合上前，电流的初始值 $i_L(0_-)=0$，在 $t=0$ 时，开关合上。

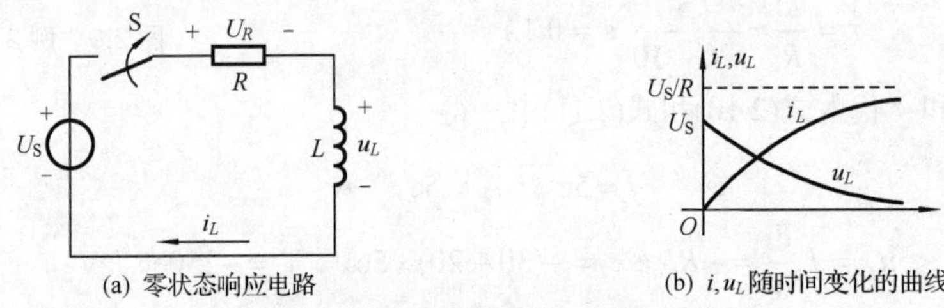

(a) 零状态响应电路　　(b) i, u_L 随时间变化的曲线

图 2.11　RL 串联电路的零状态响应

根据 KVL 有
$$u_L + u_R = U_S$$

因为 $u_L = L\dfrac{\mathrm{d}i_L}{\mathrm{d}t}$，代入上式得

$$L\frac{\mathrm{d}i_L}{\mathrm{d}t} + Ri_L = U_S$$

上式是一阶常系数线性非齐次微分方程，该微分方程的解为 $i_L = i_L' + i_L''$，其中 i_L' 是特解，i_L'' 为通解。因为过渡过程结束，达到稳态，$i_L = \dfrac{U_S}{R}$，故有特解

$$i_L' = \frac{U_S}{R}$$

而其通解 u_C'' 取决于齐次方程
$$L\frac{\mathrm{d}i_L}{\mathrm{d}t} + Ri_L = 0$$

可得通解
$$i_L'' = Ae^{-\frac{R}{L}t}$$

因此
$$i_L = \frac{U_S}{R} + Ae^{-\frac{R}{L}t}$$

式中的常数 A 由初始条件确定，因为

$$i_L(0_+) = i_L(0_-) = 0$$

所以
$$0 = \frac{U_S}{R} + Ae^{-\frac{R}{L}\times 0}$$

得
$$A=-\frac{U_S}{R}$$

所以
$$i_L=\frac{U_S}{R}-\frac{U_S}{R}\mathrm{e}^{-\frac{R}{L}t}$$

或
$$i_L=\frac{U_S}{R}(1-\mathrm{e}^{-\frac{t}{\tau}}) \tag{2.13}$$

电感上的电压响应为
$$u_L=L\frac{\mathrm{d}i_L}{\mathrm{d}t}=U_S\mathrm{e}^{-\frac{t}{\tau}} \tag{2.14}$$

u_L、i_L随时间的变化曲线如图 2.11(b)所示。

2.4 一阶电路的全响应

假如一阶电路的电容或电感的初始值不为零，同时又有外加电源的作用，这时电路的响应为一阶电路的全响应。

前面对 RC 串联电路和 RL 串联电路进行分析时，用的都是经典法，即对零输入或零状态(外接直流电源)的电路首先列出一阶微分方程，把解电路换成求解这个微分方程。实际上通过研究发现，对于只含一种储能元件的一阶电路，可以不列出求解微分方程，而可以直接写出响应随时间的变化情况，这一方法叫做一阶电路的三要素法。

从前面 RC 串联电路和 RL 串联电路分析可知，对于一阶电路的过渡过程，电路中的电流、电压都是随时间按指数规律变化的，从初始值逐渐增加或逐渐衰减到稳定值，而且同一电路中各支路的电压和电流都是以相同的时间常数 τ 变化的，因此在过渡过程中，电路中各部分的电压或电流均由初始值、稳态值和时间常数三个要素确定。若以 $f(0_+)$表示初始值，$f(\infty)$表示稳态值，电路的时间常数为 τ，则 $t=0$ 换路后的电压、电流便可按三要素公式来计算：

$$f(t)=f(\infty)+[f(0_+)-f(\infty)]\,\mathrm{e}^{-\frac{t}{\tau}},\quad t\geqslant 0 \tag{2.15}$$

式中的 τ：对于 RC 电路，$\tau=RC$；对于 RL 电路，$\tau=L/R$。

这里，R 是指换路后($t\geqslant 0$)，从储能电容器或电感两端看进去的电路其余部分的戴维宁等效电路的等效电阻。即计算 R 时，应将 C 或 L 断开，并将电路化为无源网络(电压源短接，电流源断路)，求出入端电阻。

必须指出，三要素法只适用一阶线性电路，且只适用于零输入、直流激励、正弦激励及阶跃激励；对于二阶电路则不适用。

例 2.6 电路如图 2.12 所示 $t=0$ 时，开关闭合前，电路已达稳态，求开关闭合后的电压 $u_C(t)$和电流 $i_C(t)$，并绘出曲线。

解 用三要素法求解。

开关 S 闭合前电路已达稳态

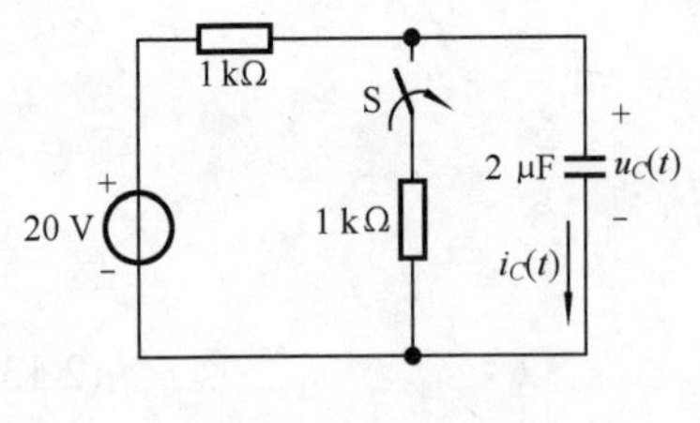

图 2.12 例 2.6 图

$$u_C(0_-) = 20\ \text{V}$$

开关闭合瞬间

$$u_C(0_+) = u_C(0_-) = 20\ \text{V}$$

电路在开关闭合后 $t=\infty$ 时

$$u_C(\infty) = \frac{20}{1+1} \times 1\ \text{V} = 10\ \text{V}$$

用戴维宁定理求电路等效电阻

$$R = \frac{1\times 1}{1+1}\ \text{k}\Omega = 0.5\ \text{k}\Omega$$

$$\tau = RC = 0.5 \times 10^3 \times 2 \times 10^{-6}\ \text{s} = 10^{-3}\ \text{s}$$

得到

$$u_C(t) = \left[10 + (20-10)\text{e}^{-\frac{t}{10^{-3}}}\right]\text{V} = (10 + 10\text{e}^{-1000t})\ \text{V}$$

$$i_C(t) = C\frac{\text{d}u_C}{\text{d}t} = 2 \times 10^{-6} \times (-1000) \times 10\text{e}^{-1000t}\ \text{A} = -0.02\text{e}^{-1000t}\ \text{A}$$

$u_C(t)$和 $i_C(t)$的变化曲线如图 2.13 所示。

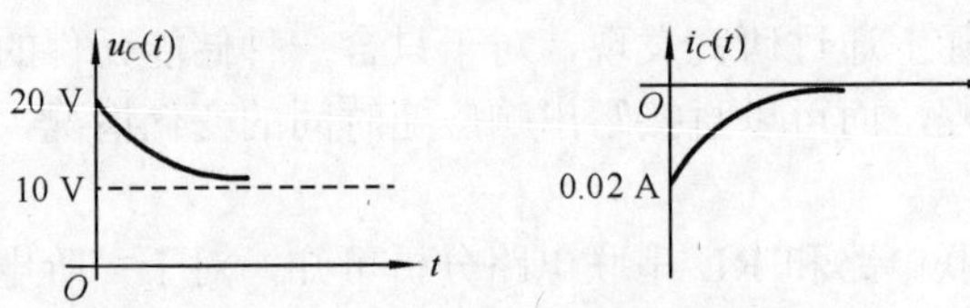

图 2.13 $u_C(t)$和 $i_C(t)$的变化曲线

本 章 小 结

1. 含有动态电感和电容的电路称为动态电路。电路从一种稳定状态变化到另一种稳定状态的中间过程叫做电路的动态过渡过程。

2. 换路定律的数学表达式

$u_C(0_-) = u_C(0_+)$，表示电容上的电压不能突变；

$i_L(0_-) = i_L(0_+)$，表示电感中的电流不能突变；

而电容电流 i_C 及电感电压 u_L 却是可以突变的。

3. 过渡过程的快慢由电路的时间常数 τ 来决定，在 RC 电路中， $\tau = RC$；在 RL 电路中，$\tau = \dfrac{L}{R}$，单位为 s。

4. 含有一个储能元件的一阶电路的过渡过程，可以用经典法即根据 KVL 列出对应的微分方程，然后求解微分方程。也可以用三要素法求解。

其关系式为 $$f(t)=f(\infty)+[f(0_+)-f(\infty)]\,e^{-\frac{t}{\tau}},\quad t\geqslant 0$$
式中，$f(\infty)$为待求量的稳态值，$f(0_+)$为待求量的初始值，τ是电路的时间常数。求τ时，涉及求电路的等效电阻，一般用戴维宁定理来求解。

习　　题

2.1　题2.1图所示电路中，已知$U_S=100$ V，$R_1=20\ \Omega$，$R_2=30\ \Omega$，求开关闭合以后$u_C(0_+)$，$i_C(0_+)$及$u_C(\infty)$，$i_C(\infty)$。

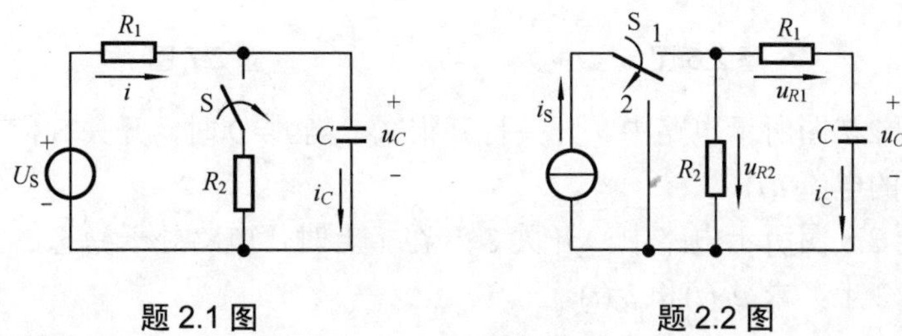

题2.1图　　题2.2图

2.2　题2.2图所示电路中，已知$i_S=2$ A，$R_1=3\ \Omega$，$R_2=5\ \Omega$，求开关由1合向2后的u_C，i_C及u_{R1}，u_{R2}的初始值。(换路前电路处于稳态)

2.3　题2.3图所示电路中，已知$U_S=10$ V，$R_1=2\ \Omega$，$R_2=8\ \Omega$，$L=1$ H，求开关闭合后的$i_L(0_+)$，$i(0_+)$，$u_L(0_+)$及$i_L(\infty)$，$i(\infty)$，$u_L(\infty)$。

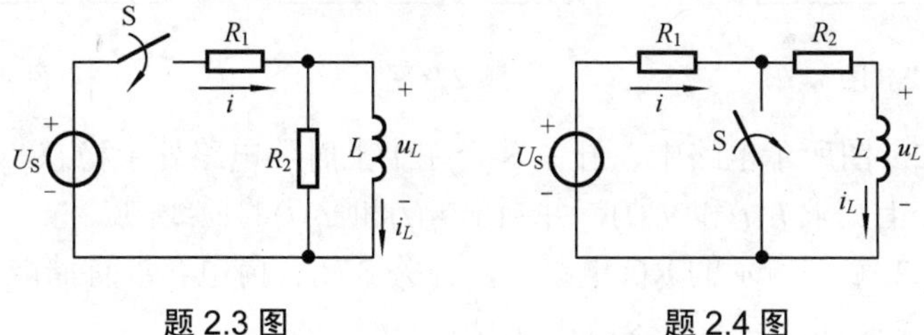

题2.3图　　题2.4图

2.4　题2.4图所示电路中，已知$U_S=12$ V，$R_1=2\ \Omega$，$R_2=4\ \Omega$，$L=10$ mH，求开关闭合后的$i_L(0_+)$，$i(0_+)$，$u_L(0_+)$及$i_L(\infty)$，$i(\infty)$，$u_L(\infty)$。

2.5　求题2.5图所示各电路中，换路后的时间常数。

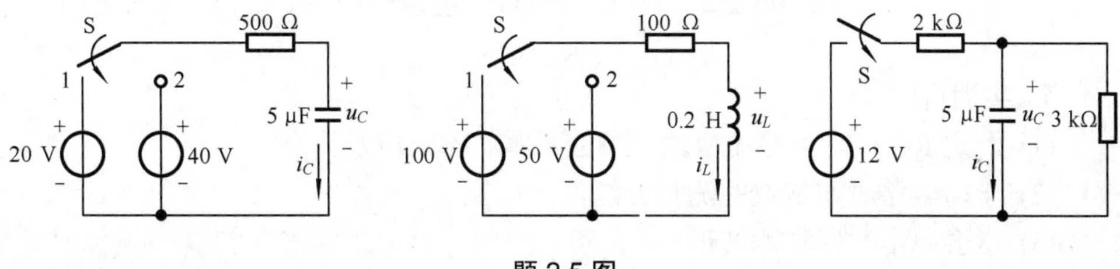

题2.5图

2.6　题 2.6 图所示电路中，已知 $U_S = 100$ V，$R_1 = R_2 = R_3 = 10\ \Omega$，$C = 50\ \mu$F，开关 S 打开前,电路处于稳态，当 $t = 0$ 时，开关 S 打开，求 $u_C(t)$，$i_C(t)$，并画出其波形图。

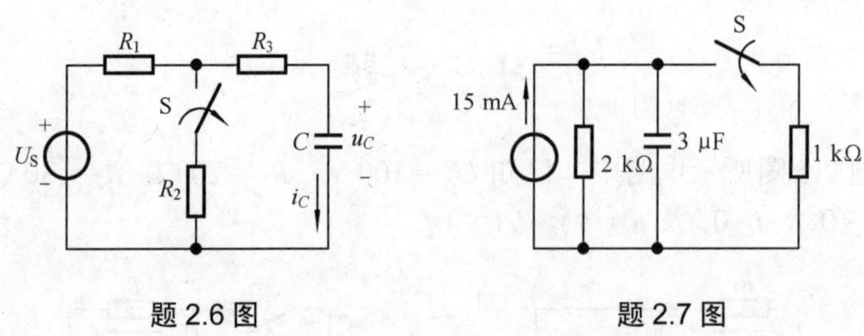

题 2.6 图　　　　题 2.7 图

2.7　题 2.7 图所示电路中，开关打开很久，当 $t = 0$ 时，开关 S 闭合，求值为 1 kΩ电阻中的电流 $i(t)$。

2.8　题 2.8 图所示电路中，开关 S 合在 1 上时，电路处于稳态。当 $t = 0$ 时，开关 S 合在 2 上，求 $u_C(t)$和 $i_C(t)$。

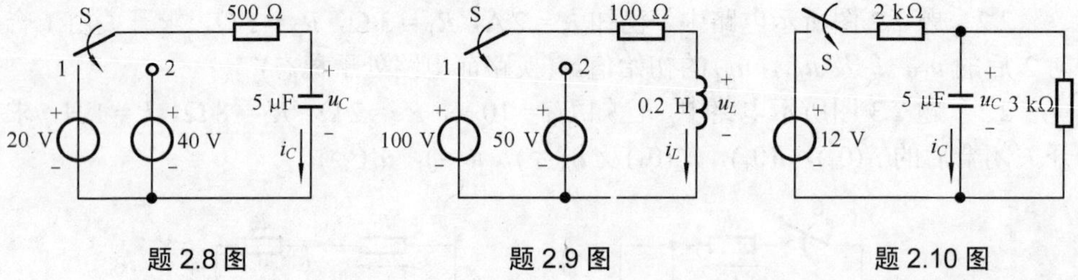

题 2.8 图　　　　题 2.9 图　　　　题 2.10 图

2.9　题 2.9 图所示电路中，开关 S 合在 1 上时，电路处于稳态。当 $t = 0$ 时，开关 S 合在 2 上，求 $i_L(t)$和 $u_L(t)$，并画出 $i_L(t)$和 $u_L(t)$的曲线图。

2.10　题 2.10 图所示的 RC 电路中，开关 S 闭合前电容没有储能，求：

(1) 当开关 S 闭合后，电容电压 $u_C(t)$；

(2) 当开关 S 闭合后，电路达到稳态，求将开关 S 打开后的电容电压 $u_C(t)$；

(3) 定性地画出 $u_C(t)$的波形图。

实训三　RC 一阶电路响应

1. 实训目的

(1) 测定 RC 一阶电路的零输入响应、零状态响应及完全响应。

(2) 学习电路时间常数的测量方法。

(3) 学会用示波器观测波形。

2. 实训原理

(1) 动态网络的过渡过程是十分短暂的单次变化过程。要用普通示波器观察过渡过程和测量有关的参数，就必须使这种单次变化的过程重复出现。为此，我们得用信号发生器输出的方波来模拟阶跃信号，即利用方波输出的上升沿作为零状态响应的正阶跃激励信号；利用方波的下降沿作为零输入响应的负阶跃激励信号。只要选择方波的重复周期远大于电路的时间常数 τ，那么电路在这样的方波序列脉冲信号的激励下，它的响应就和直流电接通与断开的过渡过程是基本相同的。

(2) 如实训图 3.1(b)所示的 RC 一阶电路的零输入响应和零状态响应分别按指数规律衰减和增长，其变化的快慢取决于电路的时间常数 τ。

(3) 时间常数 τ 的测定方法：用示波器测量零输入响应的波形如实训图 3.1(a)所示，根据一阶微分方程的求解得知 $u_C = U_m e^{-\frac{t}{\tau}}$。当 $t=\tau$ 时，$u_C(\tau)=0.368U_m$。此时所对应的时间就等于 τ。亦可用零状态响应波开增加到 $u_C(\tau)=0.632U_m$ 所对应的时间测得，如实训图 3.1(c)所示。

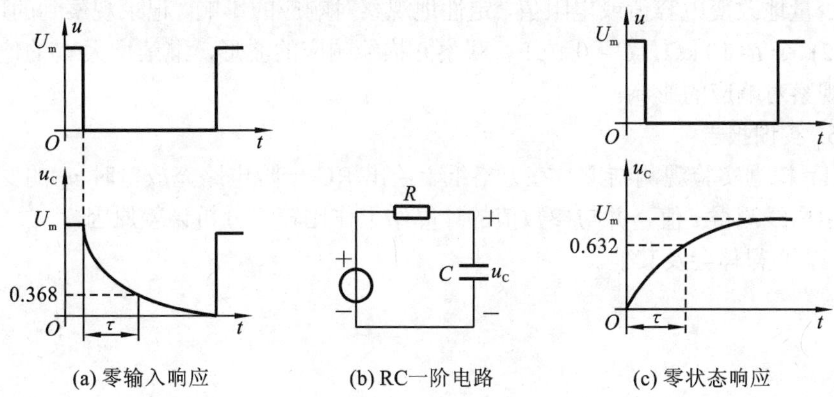

(a) 零输入响应　　(b) RC一阶电路　　(c) 零状态响应

实训图 3.1　RC 电路的响应

3. 实训设备

(1) 函数信号发生器 1 台。

(2) 双踪示波器 1 台。

(3) 动态电路实验板 1 块(见实训图 3.2)。

4. 实训内容与步骤

实验线路板的器件组件如实训图 3.2 所示，请认清 R、C 元件的布局及标称值、各开关的通断位置。

(1) 从电路板上选择 R=10 kΩ，C = 6800 pF 组成如实训图 3.1(b)所示的 RC 充放电电路。u_i 为脉冲信号发生器输出的 U_m=3 V、f=1 kHz 的方波电压信号，并通

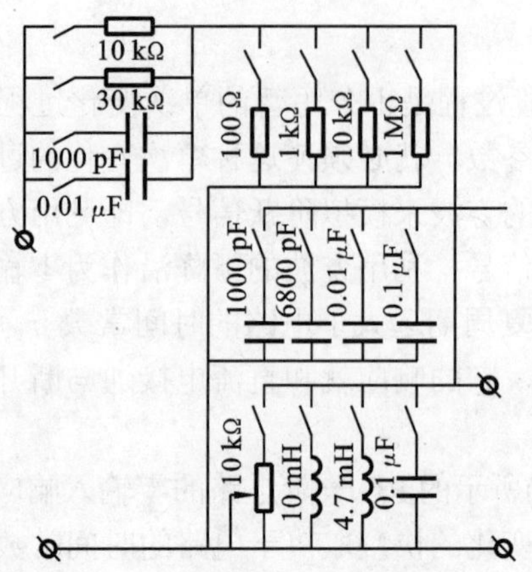

实训图 3.2　动态电路、选频电路实验板

过两根同轴电缆线，将激励源 u_i 和响应 u_C 的信号分别连至示波器的两个输入端 Y_A 和 Y_B。这时可在示波器的屏幕上观察到激励与响应的变化规律，请计算出时间常数 τ，并用方格纸按 1∶1 的比例绘制波形。

少量地改变电容值或电阻值，定性地观察对响应的影响，记录观察到的现象。

(2) 令 R=10 kΩ，C = 0.1 μF，观察并描绘响应的波形，继续增大 C 的值，定性地观察对响应的影响。

5. 实训报告

(1) 根据实验观测结果，在方格纸上绘出 RC 一阶电路充放电时 u_C 的变化曲线，由曲线测得 τ 值，并与参数值的计算结果作比较，分析误差原因。

(2) 心得体会及其他。

第 3 章　正弦交流电路

交流发电机产生的电动势大多是正弦交流电。正弦交流电很容易用变压器改变电压，便于输送和使用。因此，在生产及日常生活中，正弦交流电应用最为广泛。本章主要讨论正弦交流电路的基本概念、基本规律、引入相量对正弦交流电路进行分析计算。讨论谐振电路的特点以及提高电路功率因数的方法。讨论三相电路不同连接时的电流、电压关系。

3.1　正弦交流电的三要素

正弦交流电是指大小和方向都随时间按正弦规律周期变化的电流、电压、电动势的总称。因此，无论是正弦交流电的电流、电压或电动势都可用一个随时间变化的函数表示。这个函数式有时又被称为正弦交流电的瞬时表达式。例如一个正弦交流电压可表示为

$$u(t) = U_{\mathrm{m}}\sin(\omega t + \phi_u) \tag{3.1}$$

它的波形可用图 3.1 表示。

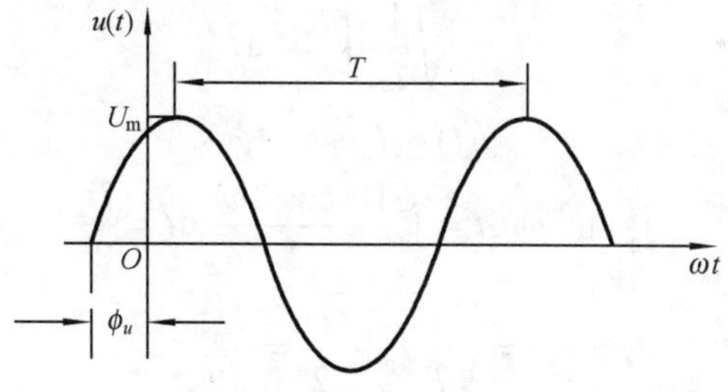

图 3.1　正弦电压

由数学知识可知，一个正弦量的特征可由它的频率(或周期)、幅值和初相位来表示，这三个量称为正弦函数的三要素。一个正弦交流电也可以由这三个要素唯一确定。

3.1.1　频率和周期

正弦量的每个值在经过一定的时间后会重复出现(见图 3.1)，再次重复出现所需的最短时间间隔称为周期，用 T 表示，单位为 s。

每秒钟内重复出现的次数称为频率，用 f 表示，单位是赫[兹](Hz)。显然

$$f=\frac{1}{T} \tag{3.2}$$

正弦量的变化快慢还可以用角频率 ω 来表示。正弦量在一个周期内变化的角度为 2π 弧度，因此

$$\omega=\frac{2\pi}{T}=2\pi f \tag{3.3}$$

ω 的单位为弧度/秒(rad/s)。例如，我国电力标准频率是 50 Hz，习惯上称为工频，它的周期和角频率分别为 0.02 s 和 314 rad/s。

3.1.2 幅值和有效值

正弦量在任一瞬间的值称为瞬时值，用小写字母表示，如 u 和 i 分别表示电压和电流的瞬时值。瞬时值中最大的值称为幅值或最大值(见图 3.1)，用带下标“m”的大写字母表示，如 U_m、I_m 分别表示电压、电流的幅值。

交流电的幅值不适宜用来表示交流电做功的效果，常用有效值来表示交流电的大小。交流电的有效值是根据交流电的热效应来规定的，让交流电与直流电同时分别通过同样阻值的电阻，如果它们在同样的时间内产生的热量相等，即

$$\int_0^T i^2 R\mathrm{d}t = I^2 RT$$

那么，这个交流电流的有效值在数值上就等于这个直流电流的大小。

由上式可得交流电流 i 的有效值为

$$I=\sqrt{\frac{1}{T}\int_0^T i^2\mathrm{d}t}$$

对于正弦交流电流 $$i(t)=I_m\sin\omega t$$

因为 $$\int_0^T\sin^2\omega t\mathrm{d}t=\int_0^T\frac{1-\cos 2\omega t}{2}\mathrm{d}t=\frac{T}{2}$$

所以 $$I=\sqrt{\frac{1}{T}I_m^2\cdot\frac{T}{2}}=\frac{I_m}{\sqrt{2}} \tag{3.4}$$

同理正弦电压的有效值为

$$U=\frac{U_m}{\sqrt{2}} \tag{3.5}$$

习惯规定，有效值都用大写字母表示。通常所讲的正弦电压或电流的大小，都是指的有效值。例如，交流电压 220 V，其最大值为 $\sqrt{2}\times 220\ \mathrm{V}=311\ \mathrm{V}$。通常使用的交流电表也是以有效值来作为刻度的。

3.1.3 初相位

从式(3.1)可以看出，反映正弦量的初始值($t=0$ 时)为

$$u(0) = U_{\mathrm{m}}\sin\phi_u$$

这里，ϕ_u 反映了正弦电压初始值的大小，称为初相位，简称为初相，$\omega t+\phi_u$ 称为相位或相位角。初相 ϕ_u 和相位$(\omega t+\phi_u)$用弧度作单位，工程上也常用度作单位。

不同的相位对应不同的瞬时值，因此，相位反映了正弦量的变化进程。

在正弦电路中，经常遇到同频率的正弦量，它们只在幅值及初相上有所区别。如图 3.2 所示。

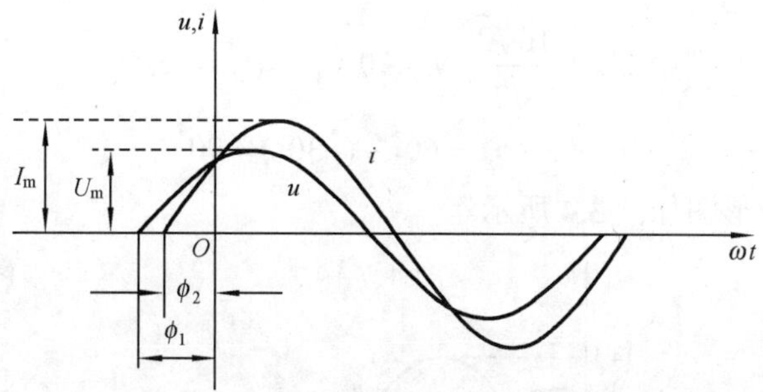

图 3.2　两个频率相同初相不同的电压和电流

这两个频率相同，幅值和初相不同的正弦电压和电流分别表示为

$$u(t) = U_{\mathrm{m}}\sin(\omega t + \phi_1)$$

$$i(t) = I_{\mathrm{m}}\sin(\omega t + \phi_2)$$

初相不同，表示它们随时间变化的步调不一致。例如，它们不能同时达到各自的最大值或零。图中 $\phi_1 > \phi_2$，电压 u 比电流 i 先达到正的最大值，称电压 u 比电流 i 超前$(\phi_1-\phi_2)$角，或称电流 i 比电压 u 滞后$(\phi_1-\phi_2)$角。

两个同频率的正弦量相位之差称为相位差，用 ψ 表示，即

$$\psi = (\omega t + \phi_1) - (\omega t + \phi_2) = \phi_1 - \phi_2 \tag{3.6}$$

可见，两个同频率正弦量之间的相位差等于它们的初相角之差，与时间 t 无关，在任何瞬间都是一个常数。

图 3.3 表示两个同频率正弦量的两种特殊的相位关系。

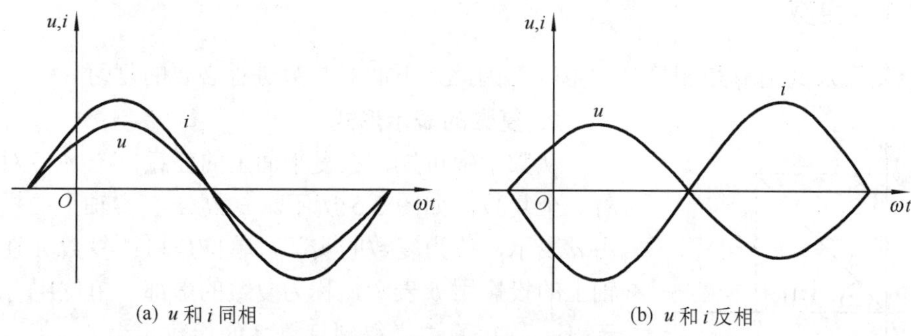

(a) u 和 i 同相　　(b) u 和 i 反相

图 3.3　两个同频率正弦量的相位关系

在图 3.3(a)中，$\psi = \phi_1 - \phi_2 = 0$，电压 u 和电流 i 同相位。在图 3.3(b)中，$\psi = \phi_1 - \phi_2 = \pi$，电压 u 和电流 i 反相。

例 3.1 已知电压 $u_A = 10\sin(\omega t + 60^\circ)$ V 和 $u_B = 10\sqrt{2}\sin(\omega t - 30^\circ)$ V，指出电压 u_A、u_B 的有效值、初相、相位差，画出 u_A、u_B 的波形图。

解

$$U_A = \frac{10}{\sqrt{2}}\ \text{V} = 5\sqrt{2}\ \text{V} = 7.07\ \text{V}, \quad \phi_A = 60^\circ$$

$$U_B = \frac{10\sqrt{2}}{\sqrt{2}}\ \text{V} = 10\ \text{V}, \quad \phi_B = -30^\circ$$

$$\phi_A - \phi_B = 60^\circ - (-30^\circ) = 90^\circ$$

u_A、u_B 的波形图如图 3.4 所示。

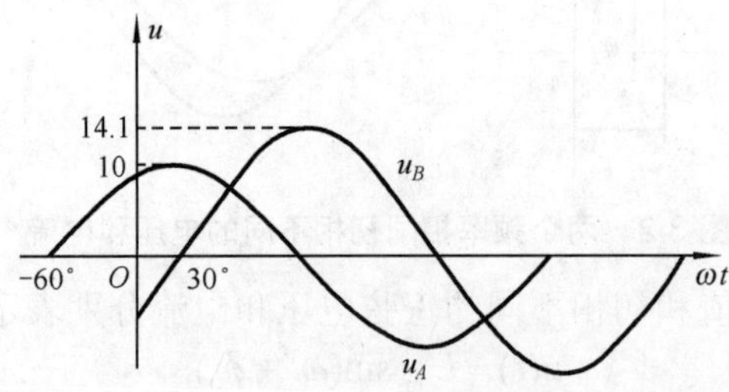

图 3.4 u_A、u_B 的波形图

3.2 正弦量的相量表示法

如果直接用正弦量的瞬时表达式或波形图来分析计算正弦交流电路，将是非常烦琐和困难的。因此，工程中通常采用复数来表示正弦量，把正弦量的各种运算转化为复数的代数运算，从而使正弦量的分析与计算得以简化，我们把这种方法称为正弦量的相量表示法。

3.2.1 复数

复数及其运算是相量法的基础，因此，下面对复数进行必要的复习。

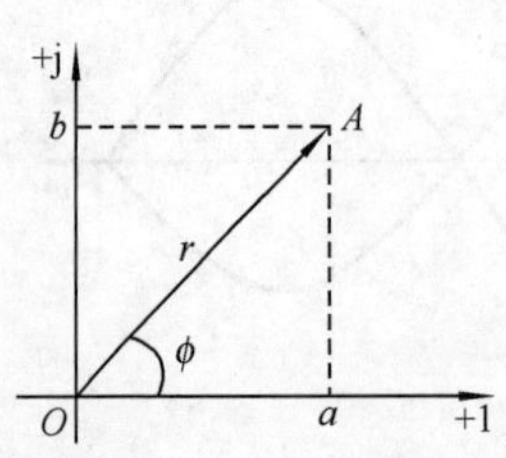

图 3.5 复数的矢量表示

1. 复数的表示形式

从数学中可知，在复平面上的任意一个 A 点对应着一个复数，如图 3.5 所示。复数 A 在实轴上的投影用 a 表示，称为复数的实部，单位是+1；复数 A 在虚轴上的投影用 b 表示，称为复数的虚部，单位用+j 表示($\text{j} = \sqrt{+1}$)。这样得到复数 A 的代数式为

$$A = a + \text{j}b \tag{3.7}$$

复数在复平面上也可以用有向线段来表示。在图 3.5 中，把直线 OA 长度记作 r，称作复数的模。把 OA 与实轴的夹角记作ϕ，称为复数的辐角。于是式(3.7)又可表示成

$$A = a + \mathrm{j}b = r\cos\phi + \mathrm{j}r\sin\phi = r(\cos\phi + \mathrm{j}\sin\phi)$$

上式称为复数 A 的三角函数形式。利用欧拉公式

$$\mathrm{e}^{\mathrm{j}\phi} = \cos\phi + \mathrm{j}\sin\phi$$

可得

$$A = r\mathrm{e}^{\mathrm{j}\phi} \tag{3.8}$$

式(3.8)称为复数 A 的指数形式。工程上常把此式记作

$$A = r\angle\phi \tag{3.9}$$

式(3.9)称为复数 A 的极坐标形式。

2. 复数的四则运算

两个复数相加或相减就是把它们的实部和虚部分别相加和相减。

设两个复数为

$$A_1 = a_1 + \mathrm{j}b_1, \quad A_2 = a_2 + \mathrm{j}b_2$$

则

$$A_1 \pm A_2 = (a_1 \pm a_2) + \mathrm{j}(b_1 \pm b_2)$$

用复数的极坐标形式表示，乘除运算比较方便。

设

$$A_1 = r_1\angle\phi_1, \quad A_2 = r_2\angle\phi_2$$

则

$$A_1 \cdot A_2 = r_1 \cdot r_2\angle(\phi_1 + \phi_2)$$

$$\frac{A_1}{A_2} = \frac{r_1}{r_2}\angle(\phi_1 - \phi_2)$$

例 3.2 $A = 3 + \mathrm{j}4$，$B = 10\angle 36.9^\circ$，求 $C = A + B$。

解 将 B 化成复数式

$$B = 10\angle 36.9^\circ = 10\cos 36.9^\circ + \mathrm{j}10\sin 36.9^\circ = 8 + \mathrm{j}6$$

$$C = A + B = (3 + \mathrm{j}4) + (8 + \mathrm{j}6) = 11 + \mathrm{j}10 = 14.86\angle 42.27^\circ$$

例 3.3 $A = 6 + \mathrm{j}8$，$B = 3 - \mathrm{j}4$，求 $C = A/B$。

解 将 A、B 化成复数的极坐标形式

$$A = 6 + \mathrm{j}8 = 10\angle 53.1^\circ$$

$$B = 3 - \mathrm{j}4 = 5\angle(-36.9^\circ)$$

$$C = \frac{A}{B} = \frac{10\angle 53.1^\circ}{5\angle(-36.9^\circ)} = 2\angle 90^\circ$$

3.2.2 相量

任意一个正弦量都可以用旋转的有向线段表示，如图 3.6 所示。有向线段的

长度表示正弦量的幅值；有向线段(初始位置)与横轴的夹角表示正弦量的初相位；有向线段旋转的角速度表示正弦量的角频率。正弦量的瞬时值由旋转的有向线段在纵轴上的投影表示。

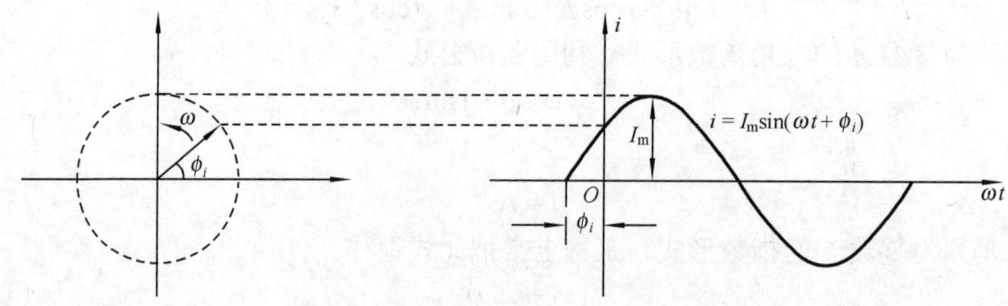

图 3.6　正弦量用旋转的有向线段表示

一个正弦量可以用旋转的有向线段表示，而有向线段可以用复数表示，因此正弦量可以用复数来表示，表示正弦量的复数称为相量。用大写字母表示，并在字母上加一点。

复数的模表示正弦量的幅值或有效值，复数的辐角表示正弦量的初相位。

正弦电流 $i(t) = I_m \sin(\omega t + \phi_i)$ 的相量形式为：

幅值相量　$\dot{I}_m = I_m(\cos\phi_i + j\sin\phi_i) = I_m e^{j\phi_i} = I_m\angle\phi_i$　(3.10)

有效值相量　$\dot{I} = I(\cos\phi_i + j\sin\phi_i) = Ie^{j\phi_i} = I\angle\phi_i$　(3.11)

相量 $\dot{I}_m$ 包含了该正弦电流的幅值和初相位两个要素。给定角频率 ω，就可以完全确定一个正弦电流。

相量在复平面上的图示称为相量图(见图 3.7)。经常把几个正弦量的有向线段画在一起，它可以形象地表示出各正弦量的大小和相位关系。如可以从图中看到，电压 $\dot{U}_m$ 超前电流 $\dot{I}_m$，$\psi = \phi_u - \phi_i$，但要注意，只有同频率的正弦量才能画在一张相量图上。

必须指出，相量只能表示正弦量，但相量并不等于正弦量，即

$$\dot{I}_m \neq i(t),\quad \dot{U}_m \neq u(t)$$

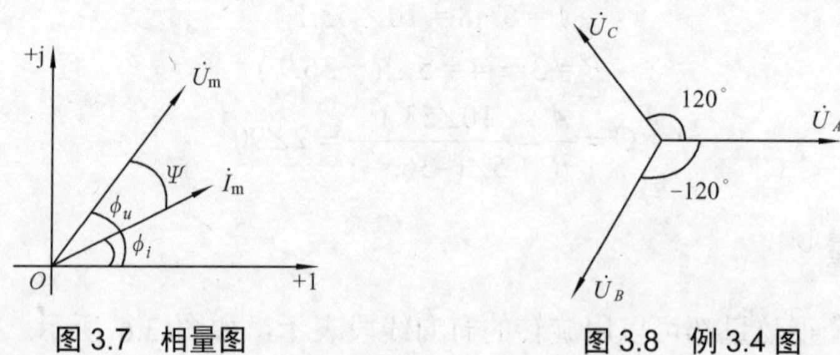

图 3.7　相量图　　图 3.8　例 3.4 图

例 3.4 写出表示 $u_A = 220\sqrt{2}\sin 314t$ V，$u_B = 220\sqrt{2}\sin(314t-120^\circ)$ V，$u_C = 220\sqrt{2}\sin(314t+120^\circ)$ V 的相量，并画出相量图。

解 用有效值相量表示

$$\dot{U}_A = 220\angle 0^\circ \text{ V},\quad \dot{U}_B = 220\angle(-120^\circ)\text{ V},\quad \dot{U}_C = 220\angle 120^\circ \text{ V}$$

相量图如图 3.8 所示。

例 3.5 已知两个正弦电压分别为 $u_1 = 3\sqrt{2}\sin(314t+30^\circ)$，$u_2 = 4\sqrt{2}\sin(314t-60^\circ)$，求 $u = u_1+u_2$。

解 这是两个同频率的相量，相加运算可以转换成对应的相量相加。先求出两个正弦量的对应相量

$$\dot{U}_1 = 3\angle 30^\circ \text{ V} = (2.6 + \text{j}1.5)\text{ V}$$

$$\dot{U}_2 = 4\angle(-60^\circ)\text{ V} = (2 - \text{j}3.46)\text{ V}$$

所以 $\dot{U} = \dot{U}_1 + \dot{U}_2 = [(2.6+2)+\text{j}(1.5-3.46)]\text{ V} = (4.6-\text{j}1.96)\text{ V} = 5\angle(-23^\circ)\text{ V}$

$$u = 5\sqrt{2}\sin(314t-23^\circ)\text{ V}$$

3.3 单相交流电路

单相交流电路是日常生活中遇见最多的电路，比如照明电路以及各种家用电器电路几乎都是单相交流电路。单相交流电路的负载可归结为电阻性、电感性或电容性负载。本节从最简单的纯电阻、纯电感和纯电容电路开始，对单相交流电路进行讨论。

3.3.1 纯电阻电路

在图 3.9(a)中的电阻器两端施加正弦交流电压

$$u_R = \sqrt{2}U_R\sin(\omega t + \phi_u)$$

在图示参考方向下，根据欧姆定律，流过电阻器的电流为

$$i_R = \frac{u_R}{R} = \frac{\sqrt{2}U_R}{R}\sin(\omega t + \phi_u) = \sqrt{2}I_R R\sin(\omega t + \phi_i)$$

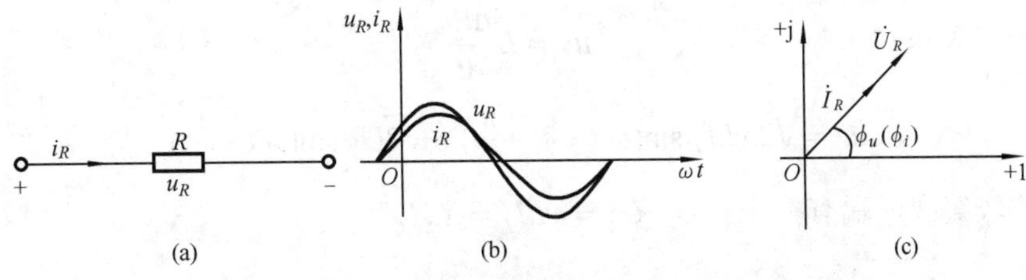

图 3.9 电阻元件的交流电路

比较等式两端有
$$I_R = \frac{U_R}{R} \tag{3.12}$$
$$\phi_i = \phi_u \tag{3.13}$$
电阻元件上电压 u_R 和电流 i_R 的波形图如图 3.9(b)所示。从式(3.13)和波形图上可看出纯电阻电路中的电流和电压同相。

用相量表示
$$\dot{U}_R = U_R \angle \phi_u$$
$$\dot{I}_R = \frac{U_R}{R} \angle \phi_u = \frac{\dot{U}_R}{R} \tag{3.14}$$
用相量图表示如图 3.9(c)所示。

同理，幅值相量表示为
$$\dot{I}_{R\mathrm{m}} = \frac{\dot{U}_{R\mathrm{m}}}{R}$$

例 3.6 在交流电路中接有一段电热丝，已知电热丝的电阻 $R = 100\ \Omega$，交流电压的表达式为 $u_R = 220\sqrt{2}\sin(314t + \frac{\pi}{3})$ V，求：(1)电路中电流有效值的大小；(2)写出通过电热丝的电流瞬时表达式。

解 由题意得
$$U_R = 220 \text{ V}$$
所以
$$I_R = \frac{U_R}{R} = \frac{220}{100} \text{ A} = 2.2 \text{ A}$$
电热丝可看做纯电阻电路，电流与电压同相，故所求表达式为
$$i_R = 2.2\sqrt{2}\sin(314t + \frac{\pi}{3}) \text{ A}$$

3.3.2 纯电感电路

在图 3.10(a)中，假定在任何瞬间，电压 u_L 和电流 i_L 在关联参考方向下，设流过电感的电流为
$$i_L = \sqrt{2} I_L \sin(\omega t + \phi_i)$$
根据关系式
$$u_L = L\frac{\mathrm{d}i_L}{\mathrm{d}t}$$
$$u_L = \sqrt{2}\omega L I_L \sin(\omega t + \phi_i + \frac{\pi}{2}) = \sqrt{2} U_L \sin(\omega t + \phi_u)$$
比较等式两端有
$$U_L = \omega L I_L = X_L I_L \tag{3.15}$$
$$\phi_u = \phi_i + \frac{\pi}{2} \tag{3.16}$$

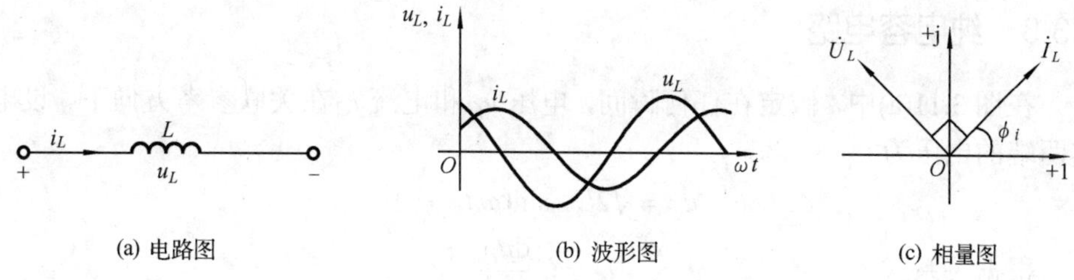

图 3.10 电感元件的交流电路

式(3.13)中

$$X_L = \frac{U_L}{I_L} = \omega L = 2\pi f L \tag{3.17}$$

X_L 称为感抗，感抗与频率成正比。当频率的单位是 Hz、电感的单位是 H 时，感抗的单位为Ω。

电感元件上电压 u_L 和电流 i_L 的波形图如图 3.10(b)所示。从式(3.16)和波形图上可看出纯电感电路中的电压超前电流$\frac{\pi}{2}$。

用相量表示

$$\dot{I}_L = I_L \angle \phi_i$$

$$\dot{U}_L = \omega L I_L \angle (\phi_i + \frac{\pi}{2}) = \omega L \angle \frac{\pi}{2} \cdot I_L \angle \phi_i$$

因为$1\angle\frac{\pi}{2} = +\mathrm{j}$，所以上式可写为

$$\dot{U}_L = \mathrm{j}\omega L \dot{I}_L = \mathrm{j} X_L \dot{I}_L \tag{3.18}$$

用相量图表示如图 3.10(c)所示。

例 3.7 已知某线圈的电感 $L = 2.5$ mH，加在线圈两端的电压为 $u_L = 15\sqrt{2}\sin\ (1\,570\,t + \frac{\pi}{3})$ V，求：(1)线圈的感抗 X_L 和通过线圈的电流有效值 I_L；(2)写出通过线圈的电流瞬时表达式。

解 (1) 由题意得

$$X_L = \omega L = 1\,570 \times 2.5 \times 10^{-3}\ \Omega = 3.925\ \Omega$$

线圈中电流的有效值为

$$I_L = \frac{U_L}{X_L} = \frac{15}{3.925}\ \mathrm{A} = 3.82\ \mathrm{A}$$

(2) 因为

$$\phi_i = \phi_u - \frac{\pi}{2} = \frac{\pi}{3} - \frac{\pi}{2} = -\frac{\pi}{6}$$

所以

$$i_L = 3.82\sqrt{2}\sin(1\,570\,t - \frac{\pi}{6})\ \mathrm{A}$$

3.3.3 纯电容电路

在图 3.11(a)中，假定在任何瞬间，电压 u_C 和电流 i_C 在关联参考方向下，设电容两端的电压为

$$u_C = \sqrt{2}U_C \sin(\omega t + \phi_u)$$

根据关系式

$$i_C = C\frac{\mathrm{d}u_C}{\mathrm{d}t}$$

$$i_C = \sqrt{2}\omega CU_C \sin(\omega t + \phi_u + \frac{\pi}{2}) = \sqrt{2}I_C \sin(\omega t + \phi_i)$$

比较等式两端有

$$I_C = \omega CU_C = \frac{U_C}{X_C} \tag{3.19}$$

$$\phi_i = \phi_u + \frac{\pi}{2} \tag{3.20}$$

式(3.13)中

$$X_C = \frac{U_C}{I_C} = \frac{1}{\omega C} = \frac{1}{2\pi fC} \tag{3.21}$$

X_C 称为容抗，感抗与频率成反比。当频率的单位是 Hz、电容的单位是 F 时，容抗的单位为Ω。

电容元件上电压 u_C 和电流 i_C 的波形图如图 3.11(b)所示。从式(3.20)和波形图上可看出纯电容电路中的电流超前电压$\frac{\pi}{2}$。

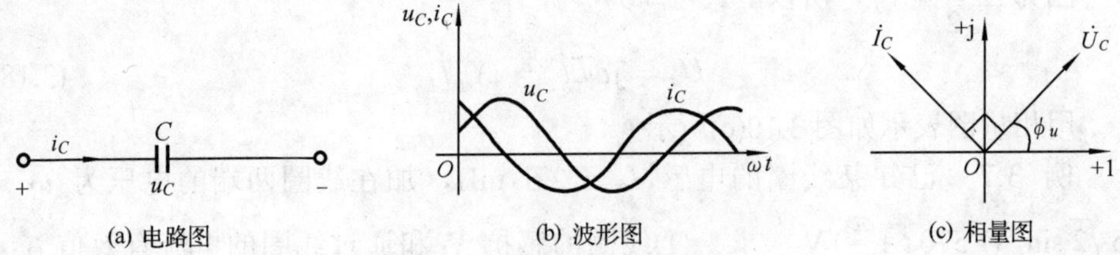

(a) 电路图　　(b) 波形图　　(c) 相量图

图 3.11　电容元件的交流电路

用相量表示

$$\dot{U}_C = U_C\angle\phi_i$$

$$\dot{I}_C = \omega CU_C\angle\left(\phi_u + \frac{\pi}{2}\right) = \omega C\angle\frac{\pi}{2} \cdot U_C\angle\phi_u$$

因为$1\angle\frac{\pi}{2} = +\mathrm{j}$，所以上式可写为

$$\dot{I}_C = \mathrm{j}\omega C\dot{U}_C = \frac{\dot{U}_C}{-\mathrm{j}X_C} \tag{3.22}$$

用相量图表示如图 3.11(c)所示。

例 3.8　已知 $C = 75\ \mu\text{F}$，接通正弦电压为 $u_C = 380\sqrt{2}\sin(314t + 52^\circ)\ \text{V}$，求电容的容抗 X_C 和流过电容的电流 i_C。

解　由题意得

$$X_C = \frac{1}{\omega C} = \frac{1}{314 \times 75 \times 10^{-6}}\ \Omega = 42.46\ \Omega$$

由式(3.22)得

$$\dot{I}_C = \frac{\dot{U}_C}{-\text{j}X_C} = \frac{380\angle 52^\circ}{42.46\angle(-90^\circ)}\ \text{A}$$

$$= 8.95\angle 142^\circ\ \text{A}$$

所以

$$i_C = 8.95\sqrt{2}\sin(314t + 142^\circ)\ \text{A}$$

3.3.4　正弦交流电路的一般分析方法

将正弦交流电路中的电压、电流用相量表示，元件参数用阻抗来代替。运用基尔霍夫定律的相量形式和元件欧姆定律的相量形式来求解正弦交流电路的方法称为相量法。运用相量法分析正弦交流电路时，直流电路中的结论、定理和分析方法同样适用于正弦交流电路。

1. 基尔霍夫定律的相量形式

基尔霍夫电流定律的相量形式：对于电路中的任一节点在任一时刻有

$$\sum \dot{I} = 0 \tag{3.23}$$

该式表示在任一时刻，流经电路任一节点的电流相量的代数和为零。

基尔霍夫电压定律的相量形式：在电路中，任一时刻沿任一闭合回路有

$$\sum \dot{U} = 0 \tag{3.24}$$

该式表示在任一时刻，沿任一闭合回路的各支路电压相量的代数和为零。

例 3.9　如图 3.12 所示，流过元件 A、B 的电流分别为 $i_\text{A} = 6\sqrt{2}\sin(\omega t + 30^\circ)\ \text{A}$，$i_\text{B} = 8\sqrt{2}\sin(\omega t - 60^\circ)\ \text{A}$，求总电流 i。

解

$$\dot{I}_\text{A} = 6\angle 30^\circ = (5.196 + \text{j}3)\ \text{A}$$

$$\dot{I}_B = 8\angle(-60^\circ) = (4 - \text{j}6.928)\ \text{A}$$

根据 KCL 的相量形式有

$$\dot{I} = \dot{I}_\text{A} + \dot{I}_\text{B} = (5.196 + \text{j}3 + 4 - \text{j}6.928)\ \text{A}$$

$$= (9.196 - \text{j}3.928)\ \text{A}$$

$$= 10\angle(-23.1^\circ)\ \text{A}$$

$$i = 10\sqrt{2}\sin(\omega t - 23.1^\circ)\ \text{A}$$

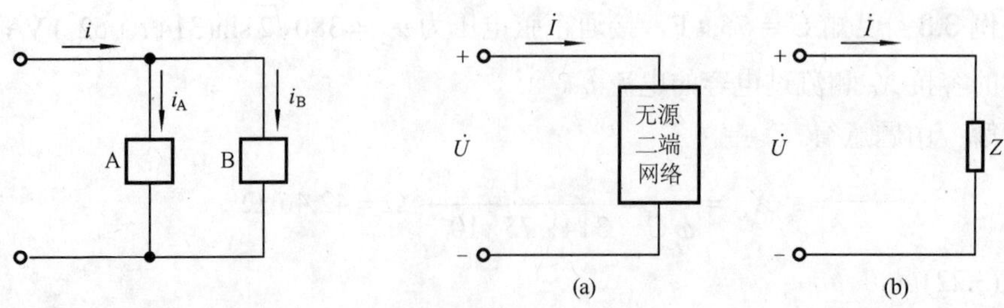

图 3.12　例 3.9 图　　　　图 3.13　阻抗的定义

2. 阻抗及欧姆定律的相量形式

(1) 阻抗的定义。

无源二端网络端口电压相量和端口电流相量的比值为该无源二端网络的阻抗(见图 3.13)，用符号 Z 表示，即

$$Z = \frac{\dot{U}}{\dot{I}} \tag{3.25}$$

这个式子也可写成 $\dot{U} = Z\dot{I}$，它与直流电路欧姆定律相似，称为欧姆定律的相量形式。

(2) 阻抗的串联与分压。

如图 3.14(a)所示，两个阻抗串联，有

$$Z = Z_1 + Z_2 \tag{3.26}$$

$$\dot{U}_1 = \frac{Z_1}{Z_1 + Z_2}\dot{U}, \quad \dot{U}_2 = \frac{Z_2}{Z_1 + Z_2}\dot{U} \tag{3.27}$$

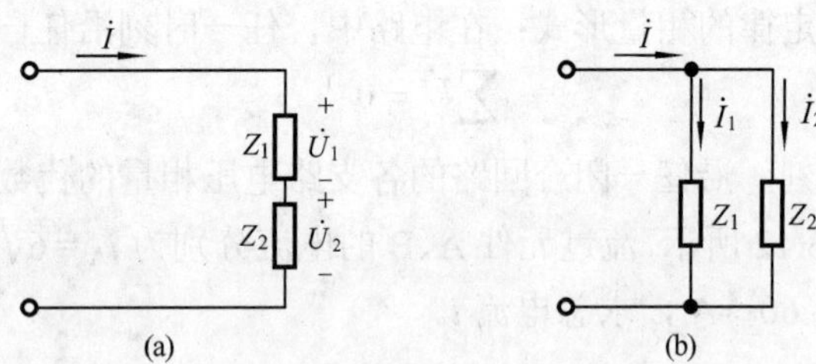

图 3.14　阻抗的串联与并联

(3) 阻抗的并联与分流。

如图 3.14(b)所示，两个电阻并联，有

$$Z = \frac{Z_1 Z_2}{Z_1 + Z_2} \tag{3.28}$$

$$\dot{I}_1 = \frac{Z_2}{Z_1 + Z_2}\dot{I}, \quad \dot{I}_2 = \frac{Z_1}{Z_1 + Z_2}\dot{I} \tag{3.29}$$

例 3.10 如图 3.14(b)所示，两个阻抗 $Z_1 = (3+j4)\ \Omega$，$Z_2 = (8-j6)\ \Omega$，并联在 $\dot{U} = 220\angle 0^\circ$ V 的电源上，计算各支路的电流和总电流。

解 $Z_1 = (3+j4)\ \Omega = 5\angle 53^\circ \Omega$，$Z_2 = (8-j6)\ \Omega = 10\angle(-37^\circ)\ \Omega$

$$Z = \frac{Z_1 Z_2}{Z_1 + Z_2} = \frac{5\angle 53^\circ \times 10\angle -37^\circ}{3 + j4 + 8 - j6}\ \Omega = \frac{50\angle 16^\circ}{11 - j2}\ \Omega = \frac{50\angle 16^\circ}{11.8\angle(-10.5^\circ)}\ \Omega$$

$$= 4.47\angle 26.5^\circ\ \Omega$$

$$\dot{I}_1 = \frac{U}{Z_1} = \frac{220\angle 0^\circ}{5\angle 53^\circ}\ \text{A} = 44\angle(-53^\circ)\ \text{A}$$

$$\dot{I}_2 = \frac{U}{Z_2} = \frac{220\angle 0^\circ}{10\angle -37^\circ}\ \text{A} = 22\angle 37^\circ\ \text{A}$$

$$\dot{I} = \frac{\dot{U}}{Z} = \frac{220\angle 0^\circ}{4.47\angle 26.5^\circ}\ \text{A} = 49.2\angle(-26.5^\circ)\ \text{A}$$

验算方法：$\dot{I}_1 + \dot{I}_2 = \dot{I}$ 是否成立。

3.3.5 RLC 串联电路

由电阻、电感、电容元件串联组成的电路称为 RLC 串联电路，如图 3.15(a)所示。由于这种电路包含了 R、L、C 三个不同的电路参数，所以是最具一般意义的串联电路。常用的串联电路，都可认为是它的特例。下面分析电阻、电感和电容串联电路。

在串联电路中，通过各元件的电流相同，所以，对串联电路一般选择电流为参考正弦量，电流与各元件电压的参考方向如图 3.15(a)所示。

假设电流为

$$i = \sqrt{2} I \sin \omega t$$

根据 KVL 有

$$u = u_R + u_L + u_C$$

把正弦量的代数运算转换为对应的相量的代数运算，如图 3.15(b)所示。

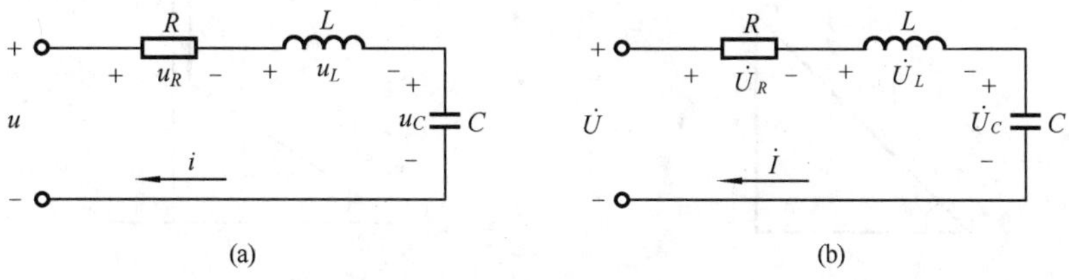

图 3.15 RLC 串联交流电路

$$\dot{U}=\dot{U}_R+\dot{U}_L+\dot{U}_C$$

已知
$$\dot{U}_R=R\dot{I}_R,\quad \dot{U}_L=\mathrm{j}\omega L\dot{I}_L,\quad \dot{U}_C=\frac{1}{\mathrm{j}\omega C}\dot{I}_C$$

在串联电路中，通过电阻、电感、电容元件中的正弦电流 $\dot{I}$ 相同，所以有

$$\begin{aligned}\dot{U}&=R\dot{I}+\mathrm{j}\omega L\dot{I}+\frac{1}{\mathrm{j}\omega C}\dot{I}\\&=[R+\mathrm{j}(\omega L-\frac{1}{\omega C})]\dot{I}\end{aligned}$$

$$\dot{U}=Z\dot{I} \tag{3.30}$$

式(3.30)为欧姆定律的向量形式。式中，Z 为 RLC 串联电路的复阻抗，单位是Ω。

$$\begin{aligned}Z&=R+\mathrm{j}(\omega L-\frac{1}{\omega C})\\&=R+\mathrm{j}(X_L-X_C)\\&=R+\mathrm{j}X\end{aligned} \tag{3.31}$$

或
$$Z=|Z|\angle\phi=\sqrt{R^2+(X_L-X_C)^2}\angle\arctan\frac{X_L-X_C}{R} \tag{3.32}$$

即
$$|Z|=\sqrt{R^2+(X_L-X_C)^2},\quad \phi=\arctan\frac{X_L-X_C}{R} \tag{3.33}$$

复阻抗 Z 的实部是电阻 R，虚部 $X=X_L-X_C$ 是感抗和容抗的代数和，称为电抗。复阻抗是复数可用阻抗三角形来表示，如图 3.16 所示。

由式(3.33)可得

(1) 当 $X_L=X_C$ 时，$\phi=0$，$Z=R$，电路呈现电阻性。

(2) 当 $X_L>X_C$ 时，$\phi>0$，电路呈现电感性。

(3) 当 $X_L<X_C$ 时，$\phi>0$，电路呈现电容性。

利用相量图，可求出总电压与各元件电压、总电压与总电流的关系。下面介绍用多边形法则画相量图，如图 3.17 所示。

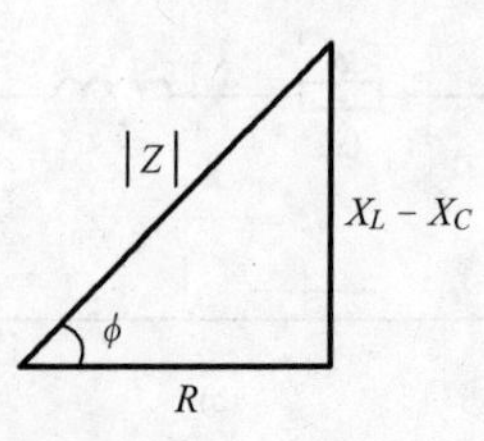

图 3.16　阻抗三角形

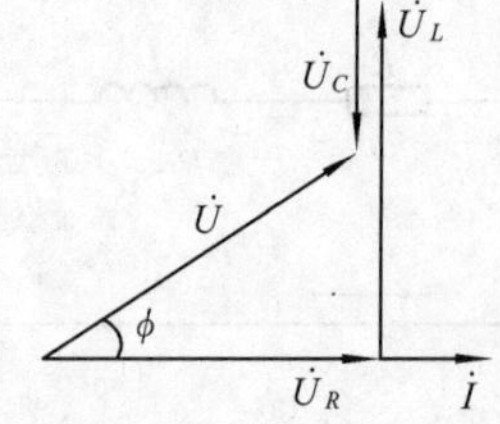

图 3.17　RLC 电路相量图

(1) 先画出参考正弦量即电流相量$\dot{I}$的方向；

(2) 画出相量$\dot{U}_R$与相量$\dot{I}$同相；

(3) 在相量$\dot{U}_R$的末端作相量$\dot{U}_L$超前相量$\dot{I}$为90°；

(4) 在相量$\dot{U}_L$的末端作相量$\dot{U}_C$滞后相量$\dot{I}$为90°；

(5) 从相量$\dot{U}_R$始端到相量$\dot{U}_C$末端作相量$\dot{U}$，即为所求电压相量。

从相量图上可以看出，总电压相量$\dot{U}$与总电流相量$\dot{I}$的相位差为

$$\phi = \arctan\frac{U_L - U_C}{U_R} = \arctan\frac{X_L - X_C}{R} \tag{3.34}$$

例 3.11 有一个 RLC 串联电路，已知 $R = 15\ \Omega$，$L = 30\ \text{mH}$，$C = 20\ \mu\text{F}$，外接电压 $u = 100\sqrt{2}\sin(\omega t + 30^\circ)\ \text{V}$，电压频率 $f = 300\ \text{Hz}$。求电路中的电流 i。

解 电路中 X_L、X_C 及 Z 分别为

$$X_L = 2\pi fL = 2\pi \times 300 \times 30 \times 10^{-3}\ \Omega = 56.52\ \Omega$$

$$X_C = \frac{1}{2\pi fC} = \frac{1}{2\pi \times 300 \times 20 \times 10^{-6}}\ \Omega = 26.54\ \Omega$$

$$Z = R + \text{j}(X_L - X_C) = [15 + \text{j}(56.52 - 26.54)]\ \Omega = (15 + \text{j}29.98)\ \Omega = 33.52\angle 63.42^\circ\ \Omega$$

已知

$$\dot{U} = 100\angle 30^\circ\ \text{V}$$

所以

$$\dot{I} = \frac{\dot{U}}{Z} = \frac{100\angle 30^\circ}{33.52\angle 63.42^\circ}\ \text{A} = 2.98\angle(-33.42^\circ)\ \text{A}$$

$$i = 2.98\sqrt{2}\sin(\omega t - 33.42^\circ)\ \text{A}$$

3.3.6 正弦交流电路中的谐振

具有电阻、电感和电容的电路，在一定条件下，电路的端口电压与电流出现了相位相同的情况，即整个电路呈阻性。通常把此时电路的工作状况称为谐振。

发生在串联电路中的谐振称为串联谐振，发生在并联电路中的谐振称为并联谐振。

1. 串联谐振

由式(3.31)可知，RLC 串联电路的总阻抗为

$$Z = R + \text{j}(\omega L - \frac{1}{\omega C}) = R + \text{j}(X_L - X_C) = R + \text{j}X$$

式中，电抗 $X = X_L - X_C$ 是角频率ω的函数，X随ω变化的情况如图 3.18 所示。由图可知，当$\omega = \omega_0$时

$$X = X_L - X_C = 0$$

即

$$\omega_0 L - \frac{1}{\omega_0 C} = 0$$

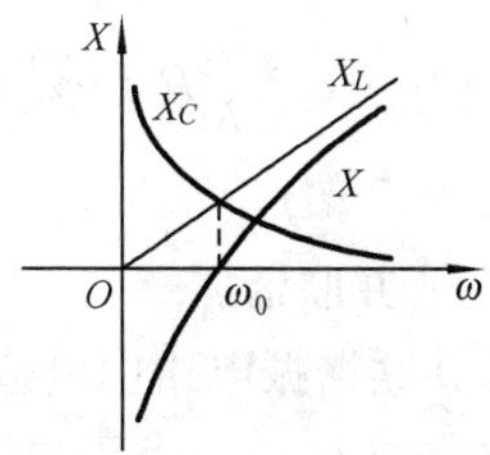

图 3.18 电抗 X 与角频率 ω 的关系

所以 $$\omega_0 = \frac{1}{\sqrt{LC}}$$

或谐振频率 $$f_0 = \frac{1}{2\pi\sqrt{LC}} \tag{3.35}$$

谐振时电抗 $X=0$，感抗 X_L 和容抗 X_C 相等。但 X_L 和 X_C 本身不为零。复阻抗 $Z=R$，阻抗最小。当外加电压不变时，电流最大。

谐振时的感抗和容抗称为谐振电路的特性阻抗，记为 ρ，即

$$\rho = \omega_0 L = \frac{1}{\omega_0 C} = \sqrt{\frac{L}{C}} \tag{3.36}$$

特性阻抗的单位是Ω。它是一个仅由电路的参数 L 和 C 决定的量，与频率高低无关。

把特性阻抗与电阻的比值称为谐振电路的品质因数。

$$Q = \frac{\omega_0 L}{R} = \frac{1}{\omega_0 CR} = \frac{1}{R}\sqrt{\frac{L}{C}} \tag{3.37}$$

例 3.12 如图 3.19 所示电路，已知 $L = 30\ \mu\text{H}$、$C = 200\ \text{pF}$、$R = 10\ \Omega$，端口电压 $U = 100\ \text{mV}$，求：(1)电路的谐振频率；(2)电路的特性阻抗；(3)电路的品质因数；(4)电容上的输出电压。

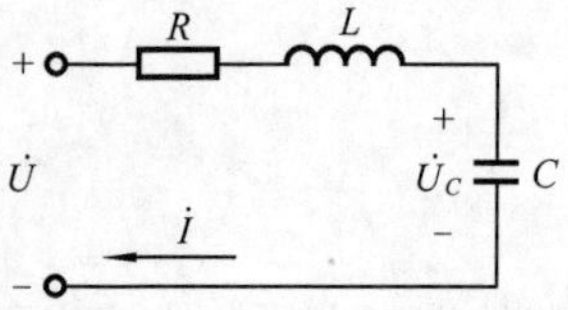

图 3.19 例 3.12 图

解 (1) $$f_0 = \frac{1}{2\pi\sqrt{LC}}$$

$$= \frac{1}{2\times 3.14\sqrt{30\times 10^{-6}\times 200\times 10^{-12}}}\ \text{Hz}$$

$$= 2.05\times 10^{6}\ \text{Hz} = 2.05\ \text{MHz}$$

(2) $$\rho = \sqrt{\frac{L}{C}} = \sqrt{\frac{30\times 10^{-6}}{200\times 10^{-12}}}\Omega = 387\ \Omega$$

(3) $$Q = \frac{\rho}{R} = \frac{387}{10} = 38.7$$

(4) $U_C = \dfrac{U}{R}\rho = UQ = 100\times 10^{-3}\times 38.7\ \text{V} = 3.87\ \text{V}$ (电容输出电压是电源输入电压的 38.7 倍)

2. 并联谐振

并联谐振电路由电感线圈和电容构成，如图 3.20 所示。电感线圈和电容的复阻抗分别为

$$Z_L = R + \text{j}\omega L,\quad Z_C = \frac{1}{\text{j}\omega C}$$

电路的复阻抗为

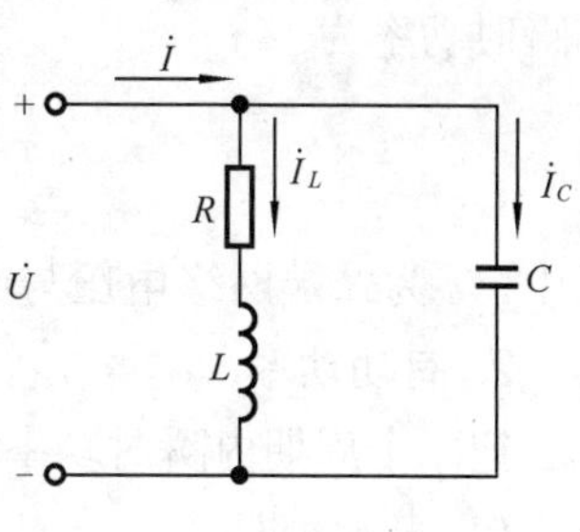

图 3.20　并联谐振电路

$$Z = Z_L // Z_C = \frac{(R + \mathrm{j}\omega L)\dfrac{1}{\mathrm{j}\omega C}}{R + \mathrm{j}\omega L + \dfrac{1}{\mathrm{j}\omega C}}$$

电感线圈的电阻一般较小，特别是在频率较高时，$\omega L >> R$，于是有

$$Z = \frac{\dfrac{L}{C}}{R + \mathrm{j}\omega L + \dfrac{1}{\mathrm{j}\omega C}} = \frac{1}{\dfrac{RC}{L} + \left(\mathrm{j}\omega C - \dfrac{1}{\omega L}\right)}$$

谐振时，复阻抗的虚部为零，即

$$\omega_0 C - \frac{1}{\omega_0 L} = 0$$

$$\omega_0 = \frac{1}{\sqrt{LC}},\quad f_0 = \frac{1}{2\pi\sqrt{LC}} \tag{3.38}$$

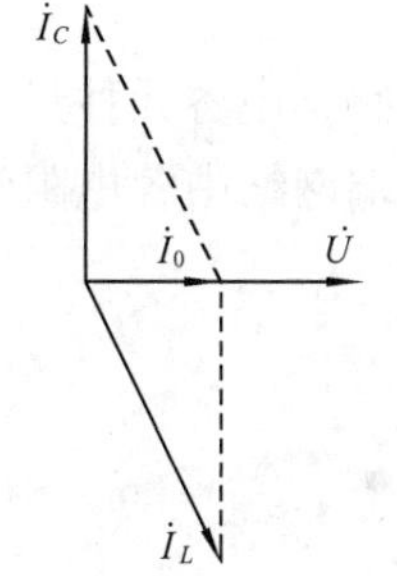

图 3.21　并联谐振时电流相量

在 $\omega L >>R$ 的情况下，从式(3.38)中可以得到并联谐振与串联谐振的谐振频率相同。并联谐振时，电压、电流同相位，阻抗最大，$Z_0 = \dfrac{L}{RC}$。在谐振时，通过电感线圈和电容的电流远远大于电路的总电流，如图 3.21 所示。

电路的谐振广泛应用在电子技术中，例如，电视机和收音机的信号接收电路、振荡电路、中频放大电路等。但在电力工程系统中，电路发生谐振的话，有可能产生高电压或强电流，使系统

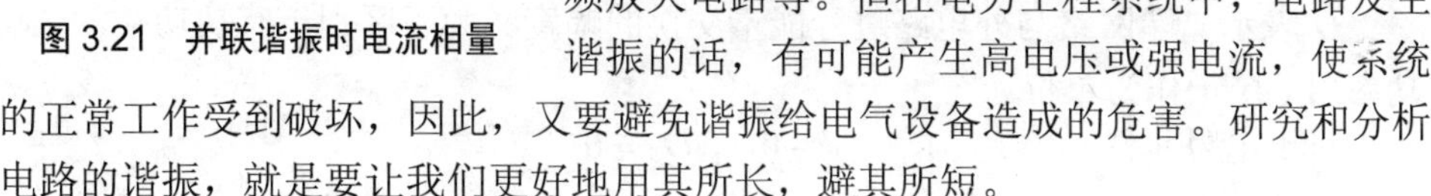

的正常工作受到破坏，因此，又要避免谐振给电气设备造成的危害。研究和分析电路的谐振，就是要让我们更好地用其所长，避其所短。

3.3.7　正弦交流电的功率

1. 瞬时功率

设有一无源二端网络，如图 3.22 所示。其电流、电压分别为

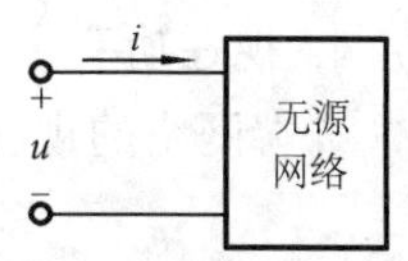

图 3.22　无源二端网络

$$i = \sqrt{2}I\sin\omega t$$

$$u = \sqrt{2}U\sin(\omega t + \phi)$$

则瞬时功率为

$$
\begin{aligned}
p = ui &= 2UI\sin(\omega t + \phi)\sin\omega t \\
&= UI[\cos\phi - \cos(2\omega t + \phi)]
\end{aligned}
\tag{3.39}
$$

式中，ϕ为二端网络电压与电流的相位差。

2. 有功功率

把一个周期内瞬时功率的平均值称为“平均功率”或称为“有功功率”，用字母“P”表示，即

$$
\begin{aligned}
P &= \frac{1}{T}\int_0^T p\mathrm{d}t = \frac{1}{T}\int_0^T UI[\cos\phi - \cos(2\omega t + \phi)]\,\mathrm{d}t \\
&= UI\cos\phi
\end{aligned}
\tag{3.40}
$$

式(3.40)表明，正弦电路的平均功率不仅取决于电压和电流的有效值，而且还与它们的相位差有关，其中，$\cos\phi$ 称为电路的功率因数，ϕ 称为功率因数角。

对于电阻元件：　$\phi=0$，　$P_R = U_R I_R = I_R^2 R \geqslant 0$

对于电感元件：　$\phi = \frac{\pi}{2}$，　$P_L = U_L I_L \cos\frac{\pi}{2} = 0$

对于电容元件：　$\phi = -\frac{\pi}{2}$，　$P_C = U_C I_C \cos\left(-\frac{\pi}{2}\right) = 0$

可见，在正弦交流电路中，电阻总是消耗电能的；电感、电容元件只与电源进行能量交换，实际不消耗电能。有功功率实际上就是二端网络中各电阻消耗的功率之和，其单位是瓦[特](W)。

3. 无功功率

二端网络的无功功率定义为

$$Q = UI\sin\phi \tag{3.41}$$

Q 表示二端网络与外电路进行能量交换的幅度。为了区别于有功功率，无功功率用乏(var)作为单位。

对于电阻元件：　$\phi = 0$，　$Q_R = 0$

对于电感元件：　$\phi = \frac{\pi}{2}$，　$Q_L = U_L I_L > 0$

对于电容元件：　$\phi = -\frac{\pi}{2}$，　$Q_C = -U_C I_C < 0$

4. 视在功率

二端网络的视在功率定义为

$$S = UI \tag{3.42}$$

S 表示电源向二端网络提供的总功率。为了与有功功率、无功功率相区别，

视在功率用伏·安(V·A)作为单位。

根据对有功功率、无功功率和视在功率的分析，可以得到式(3.43)

$$S^2 = P^2 + Q^2 \tag{3.43}$$

由上面的分析很容易作出功率三角形，功率三角形如图 3.23 所示。

例3.13 已知一阻抗Z上的电压、电流分别为$\dot{U} = 220\angle 30^\circ\ \text{V}$，$\dot{I} = 5\angle(-30^\circ)\ \text{A}$，且电压和电流的参考方向一致，求$Z$，$\cos\phi$，$P$，$Q$，$S$。

解

$$Z = \frac{\dot{U}}{\dot{I}} = \frac{220\angle 30^\circ}{5\angle(-30^\circ)}\ \Omega = 44\angle 60^\circ\ \Omega$$

$$\cos\phi = \cos 60^\circ = 0.5$$

$$P = UI\cos\phi = (220\times 5\times 0.5)\ \text{W} = 550\ \text{W}$$

$$Q = UI\sin\phi = 220\times 5\times\frac{\sqrt{3}}{2}\ \text{var} = 550\sqrt{3}\ \text{var}$$

$$S = \sqrt{P^2 + Q^2} = \sqrt{550^2 + (550\sqrt{3})^2}\ \text{V·A} = 1\ 100\ \text{V·A}$$

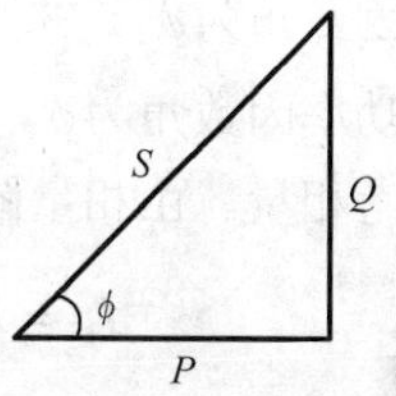

图 3.23 功率三角形

5. 功率因数的提高

为了充分利用电气设备的容量和减少线路损失，就需要提高功率因数。功率因数不高主要是由于大量感性负载的存在。工厂生产中广泛使用的三相异步电动机就相当于感性负载。在额定负载时，功率因数为 0.7～0.9，轻载或空载时功率因数常常只有 0.2～0.3。为了提高功率因数，常用的方法就是在感性负载的两端并联适当大小的电容器，其电路图和相量图如图 3.24 所示。

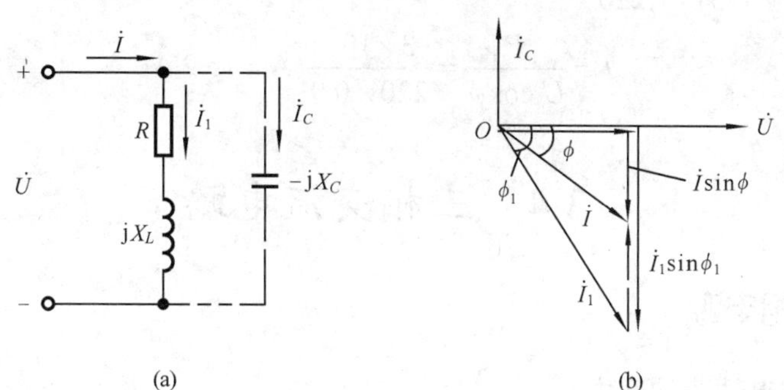

图 3.24 电感性负载并联电容的电路图和相量图

例 3.14 把一台功率$P = 3\ \text{kW}$的感应电动机接于工频电压为 220 V 的电源上，电动机的功率因数等于 0.5。问：

(1) 使用时，电源供给的电流是多少？无功功率Q是多少？

(2) 现在要把线路的功率因数提高为 0.9，问需要在电动机两端并联多大电容的电容器？这时电源供给的电流是多少？

解 (1) $P = UI\cos\phi$，$I_1 = \dfrac{P}{U\cos\phi_1} = \dfrac{3\times10^3}{220\times0.5}\ \text{A} = 27.3\ \text{A}$

$$Q = UI\sin\phi_1 = 220\times27.3\times\frac{\sqrt{3}}{2}\ \text{var} = 5\ 196\ \text{var} = 5.196\ \text{kvar}$$

(2) 根据图 3.24(b)可知，电动机通过的电流为 $\dot{I}_1$，没并联电容之前电路的功率因数角为ϕ_1。并联电容后，电容支路通过的电流为 $\dot{I}_C$，总电流 $\dot{I} = \dot{I}_1 + \dot{I}_C$，电路的功率因数角为$\phi$。由于两支路为并联关系，所以,电路相量图中以端电压 $\dot{U}$ 作为参考相量。由相量图分析可得

$$I_C = I_1\sin\phi_1 - I\sin\phi = \left(\frac{P}{U\cos\phi_1}\right)\sin\phi_1 - \left(\frac{P}{U\cos\phi}\right)\sin\phi$$

$$= \frac{P}{U}(\tan\phi_1 - \tan\phi)$$

又
$$I_C = \omega CU$$

所以
$$C = \frac{P}{\omega U^2}(\tan\phi_1 - \tan\phi)$$

代入数据
$$\cos\phi_1 = 0.5,\quad \tan\phi_1 = 1.732$$
$$\cos\phi = 0.9,\quad \tan\phi = 0.484$$

$$C = \frac{3\times10^3}{314\times220^2}(1.732 - 0.484)\ \text{F} = 246.3\times10^{-6}\ \text{F} = 246.3\ \mu\text{F}$$

$$I = \frac{P}{U\cos\phi} = \frac{3\times10^3}{220\times0.9}\ \text{A} = 15.2\ \text{A}$$

3.4 三相交流电路

3.4.1 三相电源

1. 单相电动势的产生

如图 3.25(a)所示，在两个磁极之间放一个线圈，让线圈以 ω 的角速度旋转。根据右手定则可知，线圈中会产生感应电动势，其方向是 A→X。合理设计磁极形状，使磁通量按正弦规律分布，线圈两端便可得到单相交流电动势。

$$e_{\text{AX}} = \sqrt{2}E\sin\omega t$$

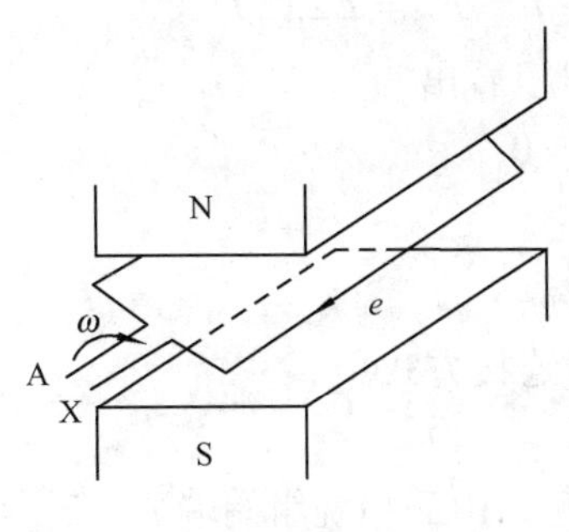

(a) 磁极与线圈

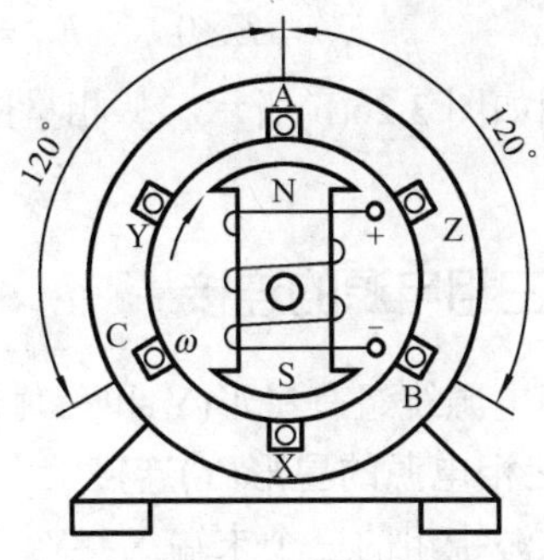

(b) 三相发电机示意图

图 3.25 三相电动势的产生

2. 三相电动势的产生

图 3.25(b)所示的是三相发电机的示意图，图中 AX、BY、CZ 是完全相同而彼此空间位置相差 120°的三个定子绕组，分别称为 A 相、B 相和 C 相绕组，其中 A、B、C 分别为始端，X、Y、Z 分别为末端。当转子上装有磁极并以ω角速度匀速旋转时，三个线圈中便产生三个单相电动势。

$$e_{XA}=\sqrt{2}E\sin\omega t$$
$$e_{YB}=\sqrt{2}E\sin(\omega t-120^{\circ})$$
$$e_{ZC}=\sqrt{2}E\sin(\omega t-240^{\circ})$$
$$=\sqrt{2}E\sin(\omega t+120^{\circ})$$

这三个单相电动势幅值和频率相同，彼此间相位差为120°。把这样三个单相交流电的组合称为对称三相交流电。其波形图如图3.26(a)所示。从波形图上可以看出任意时刻有

$$e_{XA}+e_{YB}+e_{ZC}=0$$

若用相量来表示这三个单相电动势，有

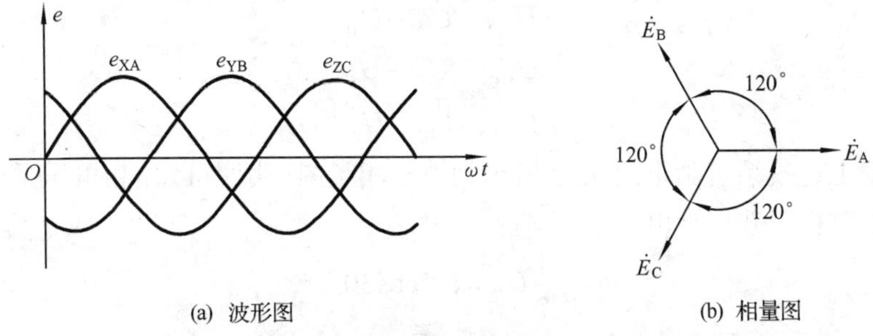

(a) 波形图 (b) 相量图

图 3.26 三相电动势的波形图和相量图

$$\dot{E}_A = E\angle 0^\circ,\quad \dot{E}_B = E\angle(-120^\circ),\quad \dot{E}_C = E\angle 120^\circ$$

其相量图如图 3.26(b)所示。从相量图上同样可以看出

$$\dot{E}_A + \dot{E}_B + \dot{E}_C = 0$$

3.4.2 三相电源的连接

三相电源绕组有星形(Y)和三角形(△)两种连接方式。

1. 三相电源的星形(Y)连接

把电源绕组的三个末端 X、Y、Z 连在一起，由三相绕组始端 A、B、C 向外引出三条输出线，这种连接方式称为星形连接，如图 3.27 所示。三相绕组的末端连接点称为电源的中性点，在电路图上用“N”标示。从中性点引出的导线称为中性线(或零线)，简称中线。由三个始端 A、B、C 向外引出的三条输电线称为相线，俗称火线。电路图上常用“L_1、L_2、L_3”标示。这种具有中线的三相供电线路，称为三相四线制。

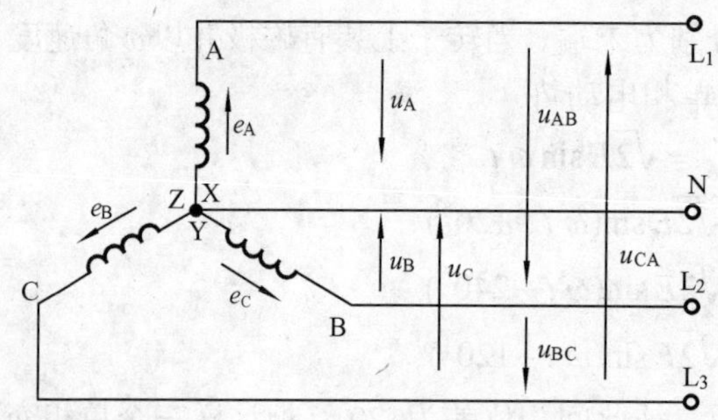

图 3.27 三相绕组的星形连接

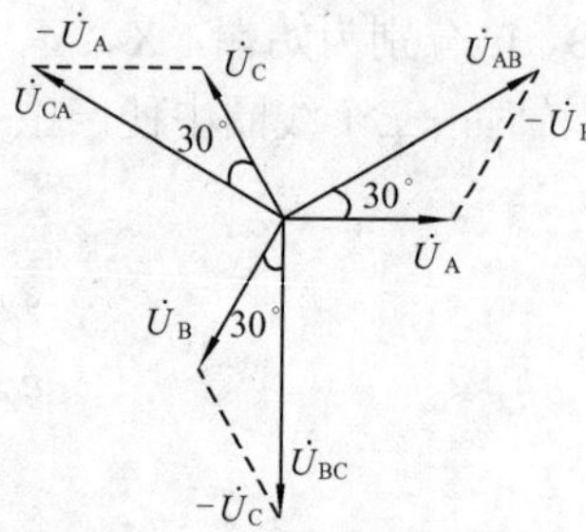

图 3.28 星形连接电压相量图

图 3.27 中，三条相线与中线间的电压称为相电压，有效值用 U_A、U_B、U_C 表示。当三个相电压对称时，可用 U_p 表示。任意两根相线之间的电压称为线电压，有效值用 U_{AB}、U_{BC}、U_{CA} 表示，对称的线电压可用 U_l 表示。很显然

$$\dot{U}_{AB} = \dot{U}_A - \dot{U}_B$$

$$\dot{U}_{BC} = \dot{U}_B - \dot{U}_C$$

$$\dot{U}_{CA} = \dot{U}_C - \dot{U}_A$$

根据上述关系可画出图 3.28 所示的电压相量图，由图可知，相电压是对称的，线电压也对称，并可推出

$$\frac{1}{2}U_l = U_p \cos 30^\circ$$

即

$$U_l = \sqrt{3}U_p \tag{3.44}$$

从式(3.44)可知,线电压有效值 U_l 为相电压有效值的 $\sqrt{3}$ 倍,并且线电压超前其相对应的相电压 30°。即

$$\dot{U}_{AB}=\sqrt{3}\dot{U}_A\angle 30^\circ,\quad \dot{U}_{BC}=\sqrt{3}\dot{U}_B\angle 30^\circ,\quad \dot{U}_{CA}=\sqrt{3}\dot{U}_C\angle 30^\circ$$

由此可知，当电源绕组接成星形时，可向负载提供两种电压。通常低压供电系统中，相电压为 220 V，线电压为 380 V。

2. 三相电源的三角形(△)连接

将三相绕组的一相的末端与另一相的始端依次相连，再从端点 A、B、C 向外引出三条输出线 L_1、L_2、L_3 给用户供电，这种连接方式称为三相三线制的三角形连接，如图 3.29 所示。

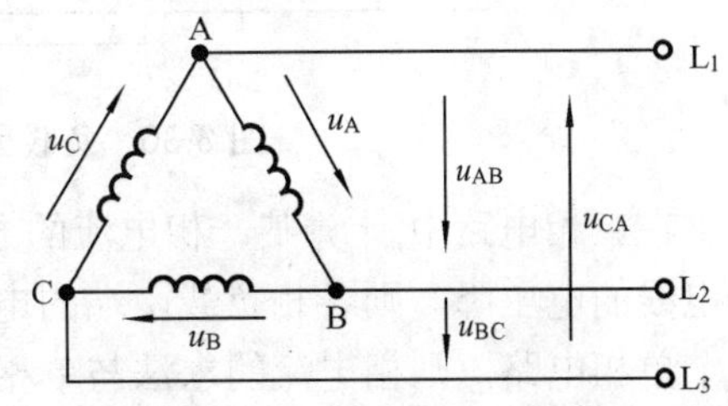

图 3.29　三相电源的三角连接

从图上可清楚地看出，电源作三角形连接时，线电压等于相应的相电压，即

$$u_{AB}=u_A,\quad u_{BC}=u_B,\quad u_{CA}=u_C$$

用相量表示有

$$\dot{U}_{AB}=\dot{U}_A,\quad \dot{U}_{BC}=\dot{U}_B,\quad \dot{U}_{CA}=\dot{U}_C$$

或

$$\dot{U}_{l\triangle}=\dot{U}_{p\triangle}$$

三相电源作三角形连接时，应特别注意各相绕组的始末端不能接错，如果接错，$\dot{U}_A+\dot{U}_B+\dot{U}_C\neq 0$，引起的环流将会把电源烧毁。

3.4.3　三相负载的连接

三相负载的连接方式和三相电源的连接方式一样，也有星形(Y)连接和三角形(△)连接两种。

1. 负载的星形(Y)连接

三相负载的星形连接方式如图 3.30 所示。三个负载 Z_A、Z_B、Z_C 的一端连接在一起接到三相四线制的供电电源的中线上，另一端分别与三根相线的 A、B、C 端相连。

三相电路中，各相负载中通过的电流称为三相交流电路的相电流，如图 3.30 中的 $\dot{I}_{AN}$、$\dot{I}_{BN}$、$\dot{I}_{CN}$；把相线上通过的电流称为线电流，如图 3.30 中的 $\dot{I}_A$、$\dot{I}_B$、$\dot{I}_C$。容易看出，在星形连接方式下，各线电流等于相应的相电流。即

$$\dot{I}_A=\dot{I}_{AN},\quad \dot{I}_B=\dot{I}_{BN},\quad \dot{I}_C=\dot{I}_{CN}$$

若用 I_l 表示线电流，I_p 表示相电流，则有

$$I_l=I_p \tag{3.45}$$

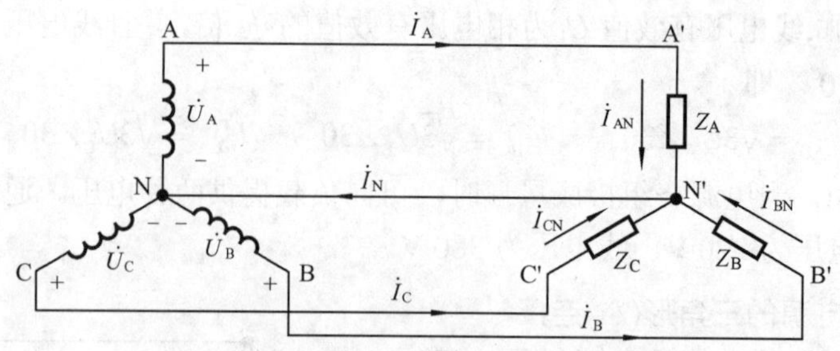

图 3.30 负载星形连接的三相电路

在三相电路中,计算某一相电流的方法与计算单相电路的电流一样，如果忽略输电线的电压降，则各相负载两端的电压就等于电源相电压。把每相负载都作为一个单相电路，则相电流的求法与单相交流电路相同，即

$$\dot{I}_A = \frac{\dot{U}_A}{Z_A},\quad \dot{I}_B = \frac{\dot{U}_B}{Z_B},\quad \dot{I}_C = \frac{\dot{U}_C}{Z_C} \tag{3.46}$$

中线上通过的电流,可根据相量形式的 KCL 得出

$$\dot{I}_N = \dot{I}_A + \dot{I}_B + \dot{I}_C \tag{3.47}$$

当 $Z_A = Z_B = Z_C = |Z| \angle \phi$ 时，称为对称负载。由于星形连接的各负载的相电压是对称的，由公式(3.46)可知，当负载对称时，相电流也是对称的，因此，线电流也是对称的三相电流，此时的中线电流为

$$\dot{I}_N = \dot{I}_A + \dot{I}_B + \dot{I}_C = 0 \tag{3.48}$$

在实际应用中三相异步电动机、三相电炉和三相变压器等都属于对称三相负载。对称三相电路由于中线电流为零，因此，可把中线省略而不会影响电路的工作，这样三相四线制就变为三相三线制。

当三相负载中有任何一相阻抗与其他两相阻抗的模值或幅角不同时，就构成了不对称的三相负载。不对称的负载只有采用三相四线制供电方式才能保证负载正常工作。

例 3.15 有一三相用电器，已知每相的电阻 $R = 6\ \Omega$，感抗 $X_L = 8\ \Omega$。电源电压对称，设 $u_{AB} = 380\sqrt{2}\sin(\omega t + 30^\circ)$V，试求三相电流。

解 因为负载对称，只需计算一相。

$U_A = \frac{U_{AB}}{\sqrt{3}} = \frac{380}{\sqrt{3}}$ V = 220 V，u_A 比 u_{AB} 滞后 30°。所以

$$u_A = 220\sqrt{2}\sin\omega t\ \text{V}$$

$I_A = \frac{U_A}{|Z_A|} = \frac{220}{\sqrt{6^2 + 8^2}}$ A = 22 A，i_A 滞后于 u_A。

$$\phi = \arctan\frac{X_L}{R} = \arctan\frac{8}{6} = 53^\circ$$

所以
$$i_A = 22\sqrt{2}\sin(\omega t - 53^\circ)\ \text{A}$$

因为电流对称，所以

$$i_B = 22\sqrt{2}\sin(\omega t - 53^\circ - 120^\circ)\ \text{A} = 22\sqrt{2}\sin(\omega t - 173^\circ)\ \text{A}$$

$$i_C = 22\sqrt{2}\sin(\omega t - 53^\circ + 120^\circ)\ \text{A} = 22\sqrt{2}\sin(\omega t + 67^\circ)\ \text{A}$$

例 3.16 某三相三线制供电线路上，电灯负载接成星形连接，如图 3.31(a)所示，设线电压为 380 V，每组电灯负载的电阻是 1 000 Ω，试计算：

(1) 正常工作时，电灯负载的电压和电流为多少？

(2) 如图 3.31(b)所示一相断开时，其他两相负载的电压和电流为多少？

(3) 如图 3.31(c)所示一相发生短路时，其他两相负载的电压和电流为多少？

(4) 如图 3.31(d)所示采用三相四线制供电，试重新计算一相断开时或一相短路时，其他各相负载的电压和电流。

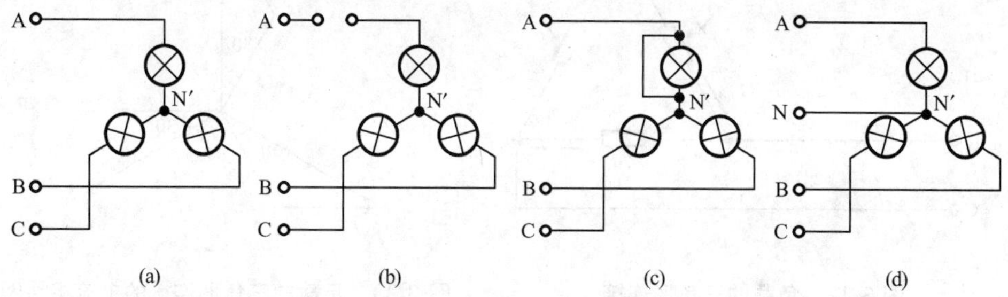

图 3.31 例 3.16 图

解 (1) 正常情况下，三相负载对称，有

$$U_p = \frac{U_1}{\sqrt{3}} = \frac{380}{\sqrt{3}}\ \text{V} = 220\ \text{V}$$

$$I_1 = I_p = \frac{220}{1000}\ \text{A} = 0.22\ \text{A}$$

(2) 一相断开，有

$$U_{BN'} = U_{CN'} = \frac{380}{2}\ \text{V} = 190\ \text{V}$$

$$I_B = I_C = \frac{190}{1000}\ \text{A} = 0.19\ \text{A}\ \ (\text{灯变暗})$$

$I_A = 0$，B、C 相电灯的端电压低于额定电压，电灯不能正常工作。

(3) 一相短路，有

$$U_{BN'} = U_{CN'} = 380\ \text{V}$$

$$I_B = I_C = \frac{380}{1000}\ \text{A} = 0.38\ \text{A}$$

B、C 相电灯两端电压超过额定电压，电灯将被损坏。

④ 采用三相四线制，则

一相断开，其他的 B、C 两相$U_{BN'} = U_{CN'} = 220\ \text{V}$，负载正常工作。

一相短路，其他的 B、C 两相$U_{BN'} = U_{CN'} = 220\ \text{V}$，负载仍能正常工作。这就是三相四线制供电的优点。为了保证每相负载都能正常工作，中性线不能断开。中性线是不允许接入开关或熔断器(俗称保险丝)的。

2. 负载的三角形(△)连接

三相负载的三角形连接方式如图 3.32 所示。三个负载 Z_A、Z_B、Z_C 的始末端依次连接一个闭环，再由各相相线的始端分别接到电源的三根相线上。

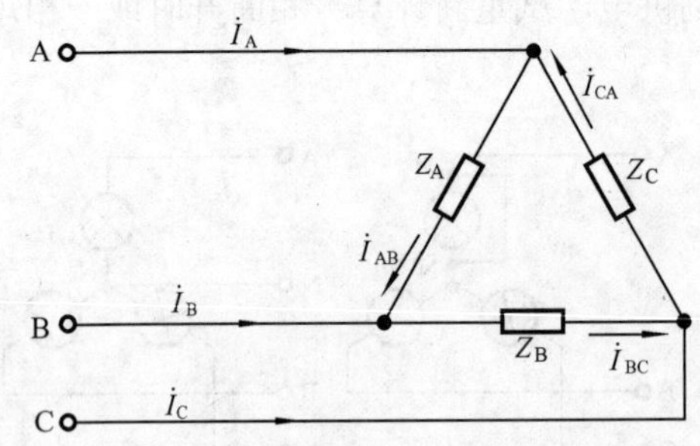

图 3.32　负载的三角形连接

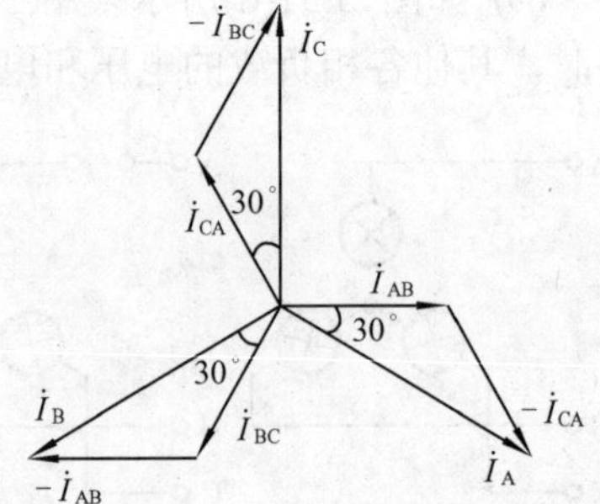

图 3.33　负载的三角形连接的电流相量图

由图 3.32 可见，不论负载是否对称，各相负载的相电压均为电源的线电压，它们是对称的。即

$$U_p = U_l \tag{3.49}$$

在对称负载时，各相电流也是对称的，而线电流分别为

$$\dot{I}_A = \dot{I}_{AB} - \dot{I}_{CA}$$
$$\dot{I}_B = \dot{I}_{BC} - \dot{I}_{AB}$$
$$\dot{I}_C = \dot{I}_{CA} - \dot{I}_{BC}$$

由图 3.33 可以看出，线电流也是对称的，以 I_l 表示线电流的有效值，I_p 表示相电流的有效值，则满足关系

$$\frac{1}{2} I_1 = I_p \cos 30^\circ$$

$$I_1 = \sqrt{3} I_p \tag{3.50}$$

从图 3.33 还可以看出，在相位上，线电流比相电流滞后 30°。

例 3.17 三相对称负载，每相等效电阻 $R = 12\ \Omega$，等效感抗 $X_L = 16\ \Omega$，接到线电压为 380 V 的三相四线制电源上。试分别计算负载星形连接和三角形连接时的相电流和线电流的有效值。

解 (1) 负载星形连接时，有

$$U_{\mathrm{p}} = \frac{U_1}{\sqrt{3}} = \frac{380}{\sqrt{3}}\ \mathrm{V} = 220\ \mathrm{V}$$

$$I_{\mathrm{p}} = \frac{U_{\mathrm{p}}}{\left|Z_{\mathrm{p}}\right|} = \frac{220}{\sqrt{12^2 + 16^2}}\ \mathrm{A} = 11\ \mathrm{A}$$

$$I_1 = I_{\mathrm{p}} = 11\ \mathrm{A}$$

(2) 负载三角形连接时，有

$$U_{\mathrm{p}} = U_1 = 380\ \mathrm{V}$$

$$I_{\mathrm{p}} = \frac{U_{\mathrm{p}}}{\left|Z_{\mathrm{p}}\right|} = \frac{380}{\sqrt{12^2 + 16^2}}\ \mathrm{A} = 19\ \mathrm{A}$$

$$I_1 = \sqrt{3} I_{\mathrm{p}} = 1.73 \times 19\ \mathrm{A} = 33\ \mathrm{A}$$

此例说明，同一负载，在同一电源线电压的情况下，如果采取不同的连接方式，加在负载两端的电压就会不同，通过各相负载的电流也会不同。连接时应注意负载的额定电压是多少，根据额定电压值确定连接方式，不能随意连接，否则就会出现欠压或过压和过流的情况，使负载无法正常工作。

3.4.4 三相电路的功率

三相交流电路可以看成是三个单相交流电路的组合。因此，三相交流电路的有功功率可用下式来计算。

$$\begin{aligned} P &= P_{\mathrm{A}} + P_{\mathrm{B}} + P_{\mathrm{C}} \\ &= U_{\mathrm{pA}} I_{\mathrm{pA}} \cos\phi_{\mathrm{A}} + U_{\mathrm{pB}} I_{\mathrm{pB}} \cos\phi_{\mathrm{B}} + U_{\mathrm{pC}} I_{\mathrm{pC}} \cos\phi_{\mathrm{C}} \end{aligned}$$

ϕ_1、ϕ_2、ϕ_3 分别是 A 相、B 相、C 相的相电压与相电流之间的相位差。

当三相负载对称时，无论负载是星形连接还是三角形连接，各相功率都是相等的，因此，三相有功功率是每相有功功率的 3 倍，即

$$P = 3U_{\mathrm{p}} I_{\mathrm{p}} \cos\phi = \sqrt{3} U_1 I_1 \cos\phi \tag{3.51}$$

同理，对称三相负载的无功功率和视在功率分别为

$$Q = \sqrt{3} U_1 I_1 \sin\phi \tag{3.52}$$

$$S = \sqrt{3} U_1 I_1 \tag{3.53}$$

例 3.18 三相对称负载，每相负载的电阻 $R = 5\ \Omega$，感抗 $X_L = 8.7\ \Omega$，接到 380 V 三相三线制的电源上，求：(1)负载接成星形和三角形两种情况的各种功率；(2)两种

接法的线电流之比和功率之比。

解 (1) 每相阻抗

$$Z=(5+\mathrm{j}8.7)\,\Omega=10\angle 60^\circ\ \Omega，\qquad |Z|=10\,\Omega$$

负载为星形连接时

$$U_1=380\ \mathrm{V}，\qquad U_{\mathrm{p}}=\frac{U_1}{\sqrt{3}}=220\ \mathrm{V}$$

$$I_1=I_{\mathrm{p}}=\frac{U_{\mathrm{p}}}{|Z|}=\frac{220}{10}\ \mathrm{A}=22\ \mathrm{A}$$

三相有功功率为

$$P=\sqrt{3}U_1I_1\cos\phi=\sqrt{3}\times 380\times 22\times\cos 60^\circ\ \mathrm{W}=7\,240\ \mathrm{W}$$

三相无功功率为

$$Q=\sqrt{3}U_1I_1\sin\phi=\sqrt{3}\times 380\times 22\times\sin 60^\circ\ \mathrm{var}=12\,540\ \mathrm{var}$$

三相总视在功率为

$$S=\sqrt{3}U_1I_1=\sqrt{3}\times 380\times 22\ \mathrm{V\cdot A}=14\,480\ \mathrm{V\cdot A}$$

负载为三角形连接时

$$U_{\mathrm{p}}=U_1=380\ \mathrm{V}$$

$$I_{\mathrm{p}}=\frac{U_{\mathrm{p}}}{|Z|}=\frac{380}{10}\ \mathrm{A}=38\ \mathrm{A}$$

$$I_1=\sqrt{3}I_{\mathrm{p}}=1.73\times 38=65.7\ \mathrm{A}$$

三相有功功率为

$$P=\sqrt{3}U_1I_1\cos\phi=\sqrt{3}\times 380\times 65.7\times\cos 60^\circ\ \mathrm{W}=21\,660\ \mathrm{W}$$

三相无功功率为

$$Q=\sqrt{3}U_1I_1\sin\phi=\sqrt{3}\times 380\times 65.7\times\sin 60^\circ\ \mathrm{var}=37\,516\ \mathrm{var}$$

三相总视在功率为

$$S=\sqrt{3}U_1I_1=\sqrt{3}\times 380\times 65.7\ \mathrm{V\cdot A}=43\,320\ \mathrm{V\cdot A}$$

(2) 三角形连接线电流 $I_{1\triangle}$与星形连接线电流 $I_{1\mathrm{Y}}$之比

$$\frac{I_{1\triangle}}{I_{1\mathrm{Y}}}=\frac{\sqrt{3}\times 38}{22}=3$$

三角形连接有功功率 $P_\triangle$与星形连接有功功率 P_{Y}之比

$$\frac{P_\triangle}{P_{\mathrm{Y}}}=\frac{21\,660}{7\,240}=3$$

本 章 小 结

1. 正弦交流电的电流、电压、电动势可由三个要素唯一确定，这三个要素是有效值(或幅值)、频率(或周期)和初相。

幅值与有效值的关系： $U_{\mathrm{m}}=\sqrt{2}U$， $I_{\mathrm{m}}=\sqrt{2}I$

2. 相量是用复数表示正弦量的数学模型，它把正弦量的有效值和初相两个要素统一表示出来，便于用复数来分析正弦量。

正弦量 $u(t)=\sqrt{2}U\sin(\omega t+\phi)$，则其相量表达式为 $\dot{U}=U\angle\phi$。

3. 电阻、电感和电容元件伏安关系的相量形式

$$\dot{U}_R=R\dot{I}_R,\quad \dot{U}_L=\mathrm{j}\omega L\dot{I}_L,\quad \dot{U}_C=\frac{1}{\mathrm{j}\omega C}\dot{I}_C$$

RLC 串联电路的伏安关系的相量形式

$$\dot{U}=[R+\mathrm{j}(\omega L-\frac{1}{\omega C})]\dot{I}$$

4. 将正弦交流电路中的电压、电流用相量表示，元件参数用阻抗来代替，就可以用直流电路中的结论、定理和分析方法来分析正弦交流电路。

5. RLC 串联电路的谐振条件、特征。

条件： $$f_0=\frac{1}{2\pi\sqrt{LC}}$$

特征：谐振时电抗 $X=0$，感抗 X_L 和容抗 X_C 相等。但 X_L 和 X_C 本身不为零。复阻抗 $Z=R$，阻抗最小。当外加电压不变时，电流最大 $\dot{I}=\dfrac{\dot{U}}{R}$。电压、电流同相位。

6. 正弦交流电路的功率。

有功功率 $P=UI\cos\phi$，表示负载消耗的功率即电路中所有电阻消耗的功率之和。

无功功率 $Q=UI\sin\phi$，表示电路与电源互换能量的规模。

视在功率 $S=UI$，表示电源或设备的容量。

三者之间的关系 $$S^2=P^2+Q^2$$

功率因数 $\cos\phi=\dfrac{P}{S}$，ϕ 表示电路(或网络)的总电压与总电流的相位差。

7. 对称三相电源连接的特点。

星形连接 $$U_1=\sqrt{3}U_{\mathrm{p}}$$

三角形连接 $$U_1=U_{\mathrm{p}}$$

对称三相负载连接的特点

星形连接　　　　　　$U_1=\sqrt{3}U_p$，　$I_1=I_p$

三角形连接　　　　　$U_1=U_p$，　$I_1=\sqrt{3}I_p$

对称三相电路中，三相负载的总功率

$$P=\sqrt{3}U_1I_1\cos\phi$$

ϕ 是相电压与相电流之间的相位差。

习　题

3.1　计算下列正弦量的周期、频率和初相：

(1) $8\sin(314t+60^\circ)$；

(2) $5\cos(\pi t+30^\circ)$。

3.2　正弦交流电 $i=I_m\sin(\omega t+120^\circ)$ A，已知在 $t=0$ 时，电流的瞬时值为 $i_0=0.433$ A，试求该电流的有效值。

3.3　计算下列各正弦量间的相位差：

(1) $u=8\sin(314t+45^\circ)$ V 与 $i=6\sin(314t-30^\circ)$ A；

(2) $u_1=5\cos(\omega t+15^\circ)$ V 与 $u_2=8\sin(\omega t-30^\circ)$ V。

3.4　设 $u_1=3\sin\omega t$ V，$u_2=4\sin(\omega t+90^\circ)$ V，作出它们的相量图，并求出 $u=u_1+u_2$ 的瞬时表达式。

3.5　写出下列正弦量的相量表达式：

(1) $i=10\sqrt{2}\sin(\omega t-30^\circ)$ A；

(2) $u=110\sqrt{2}\cos(314t-45^\circ)$ V。

3.6　写出下列相量对应的正弦量：

(1) $\dot{U}=50\sqrt{2}\angle 45^\circ$ V；

(2) $\dot{I}=(100-\mathrm{j}50)$ A。

3.7　题 3.7 图所示电路元件 P 两端电压和通过的电流分别如下，试问：P 分别为什么元件?

(1) $\begin{cases}u=10\sin(100t+90^\circ)\text{ V},\\ i=5\cos100t\text{ A};\end{cases}$

(2) $\begin{cases}u=10\sin100t\text{ V},\\ i=5\cos100t\text{ A};\end{cases}$

(3) $\begin{cases}u=-10\sin100t\text{ V},\\ i=-5\cos100t\text{ A}。\end{cases}$

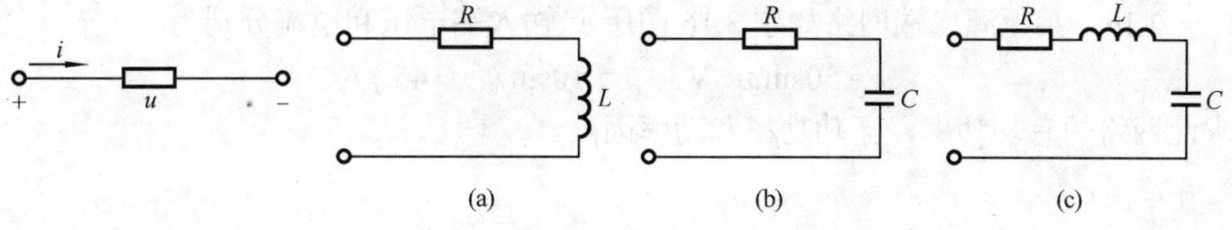

题 3.7 图　　　　题 3.8 图

3.8　计算题 3.8 图所示二端口输入阻抗，并说明端口正弦电压与电流的相位关系。

(a) $R=5\ \Omega$，$L=10^{-3}$ H，$\omega=10^4$ rad/s；

(b) $R=100\ \Omega$，$C=100\ \mu\text{F}$，$\omega=500$ rad/s；

(c) $R=1\ \Omega$，$L=1$ H，$C=0.05$ F，$\omega=4$ rad/s。

3.9　有一个额定值为 220 V、3 kW 的电阻炉，接在电压为 220 V 的交流电源上，求该电阻炉的阻值和工作电流。

3.10　一个电感线圈(电阻忽略不计)接在 100 V、50 Hz 的交流电源上，通过的电流为 2 A。如果把它接在 150 V、60 Hz 的交流电源上，问通过的电流为多大？

3.11　把 $C=140\ \mu\text{F}$ 的电容器接在 220 V、50 Hz 的交流电源上，试求容抗 X_C 和电流 I_C，并画出电压与电流的相量图。

3.12　把一个电感线圈接于 24 V 的直流电源上，电流为 2 A。若改接在 220 V、50 Hz 的交流电源上，电流为 10 A，试求线圈的电阻和电感。

3.13　将一个电阻 $R=15\ \Omega$，电感 $L=12$ mH 的电感线圈与一个理想电容器串联，电容器的电容 $C=5\ \mu\text{F}$，今把这个电路接到电压为 $u=100\sin 500t$ V 的电源上，试求电路中电流的最大值；电容器、电感线圈上电压的最大值。

3.14　题 3.14 图所示电路是利用功率表、电流表测量交流电路参数的方法，现测得功率表的读数为 940 W，电压表读数为 220 V，电流表读数为 5 A，电源频率为 50 Hz，试求 R 和 L 的数值。

3.15　有一并联电路如题 3.15 图所示，已知 $I_1=3$ A，$I_2=4$ A，试求总电流 I，并写出瞬时值的表达式。

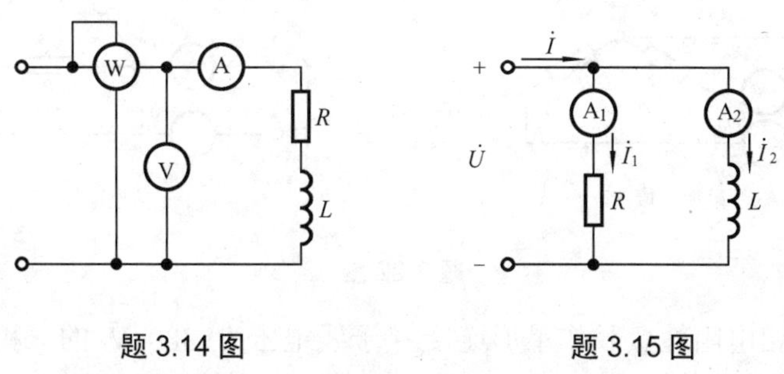

题 3.14 图　　　　题 3.15 图

3.16　某无源二端网络如题 3.16 图所示，输入端电压和电流分别为

$$u = 50\sin\omega t\ \text{V},\quad i = 10\sin(\omega t + 45^\circ)\ \text{A}$$

求此网络的有功功率，无功功率和功率因数。

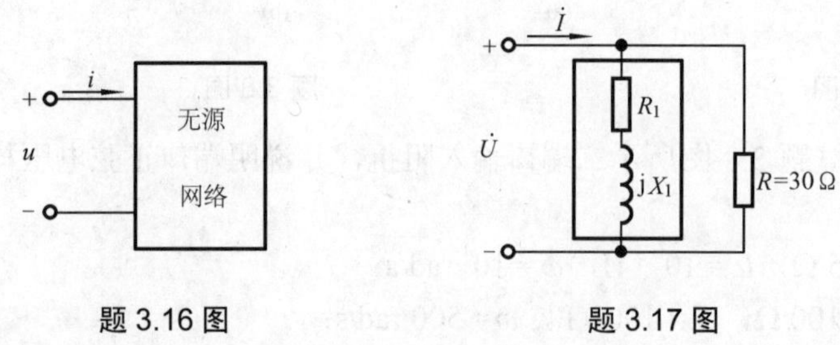

题 3.16 图　　　　题 3.17 图

3.17　在题 3.17 图所示电路中，输入电压为 220 V，有一只电炉和一台满载电动机并联，电炉为纯电阻，负载 $R = 30\ \Omega$，电动机为感性负载，它的额定功率 $P = 13.2$ kW，$\cos\phi = 0.8$，求总电流。

3.18　将一感性负载接于 110 V、50 Hz 的交流电源时，电路中的电流为 10 A，消耗功率 $P = 600$ W，求负载的 $\cos\phi$、R、X。

3.19　一只 40 W 的日光灯，镇流器电感为 1.85 H，接到 50 Hz、220 V 的交流电源上。已知功率因数为 0.6，求灯管的电流和电阻，要使 $\cos\phi = 0.9$，需并联多大的电容？

3.20 已知一 RLC 串联电路，$R = 10\ \Omega$，$L = 0.01$ H，$C = 1\ \mu$F，求谐振角频率和电路的品质因数。

3.21　某收音机的输入电路中，其中 $R = 10\ \Omega$，电感 $L = 0.26$ mH，当电容器调到 $C = 100$ pF 时发生谐振，求该电路的谐振频率 f_0 及品质因数 Q。

3.22　设有一对称电阻负载，每相电阻 $R = 10\ \Omega$，接在线电压为 380 V 的电源上，如题 3.22 图所示，问作星形连接和三角形连接后各电流表的读数分别是多大?

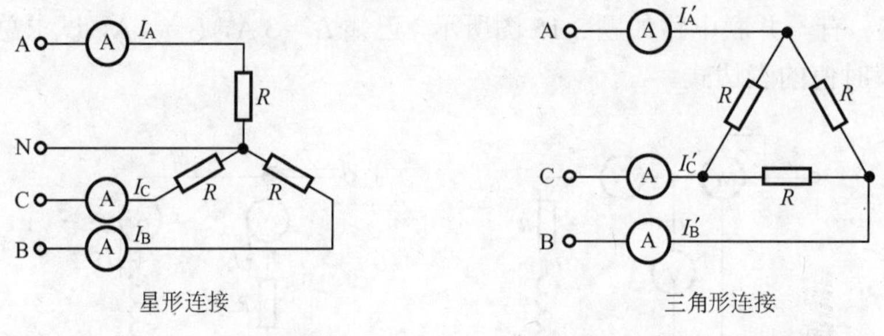

题 3.22 图

3.23　三相电阻性负载作星形连接，接于线电压为 380 V 的三相四线制电源

上，各相电阻分别为 $R_a = R_b = 110\ \Omega$，$R_c = 40\ \Omega$，求各相电流，线电流及中线电流。

3.24　对称相电源线电压 220 V，各相负载 $Z = (18+j24)\ \Omega$，试求：

(1) 星形连接对称负载时，线电流及总功率；

(2) 三角形连接对称负载时，线电流、相电流及总功率。

3.25　题 3.25 图所示电路，对称负载为三角形连接，已知三相电源对称线电压等于 220 V，电流表读数等于 17.3 A，每相负载的有功功率为 1.5 kW，求每相负载的电阻和感抗。

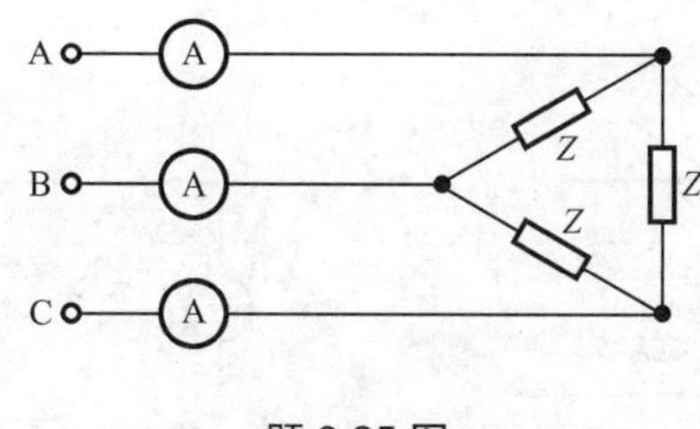

题 3.25 图

实训四　电阻、电感、电容的阻抗频率特性

1. 实训目的

(1) 验证电阻、感抗、容抗与频率的关系，测定 R-f，X_L-f 与 X_C-f 特性曲线。

(2) 加深理解阻抗元件端电压与电流间的相位关系。

2. 实训原理

(1) 在正弦交变信号作用下，电阻、电感、电容在电路中的抗流作用与信号的频率有关，如实训图 4.1 所示。三种电路元件伏安关系的相量形式分别如下。

① 纯电阻元件的伏安关系为 $\dot{U} = R\dot{I}$，阻抗

$$Z = R$$

上式表明：电阻两端的电压 $\dot{U}$ 与流过的电流 $\dot{I}$ 同相位，阻值 R 与频率无关，其阻抗频率特性曲线实际上不为一条曲线，而是一条平行于 f 轴的直线。

② 纯电感元件的伏安关系为 $\dot{U}_L = \mathrm{j}X_L\dot{I}$，感抗

$$X_L = 2\pi fL$$

上式表明：电感两端的电压 $\dot{U}_L$ 超前于电流 $\dot{I}$ 一个 90° 的相位，感抗 X_L 随频率而变，其阻抗频率特性曲线是一条过原点的直线。电感对低频电流呈现的感抗较小，而对高频电流呈现的感抗较大，对直流电 $f=0$，则感抗 $X_L=0$，相当于“短路”。

③ 纯电容元件的伏安关系为$\dot{U}_C = -\mathrm{j}\dot{X}_C\dot{I}$，容抗

$$X_C = \frac{1}{2\pi fC}$$

上式表明：电容两端的电压$\dot{U}_C$落后于电流$\dot{I}$ 90°的相位，容抗x_C随频率而变，其阻抗频率特性曲线是一条曲线。电容对高频电流呈现的容抗较小，而对低频电流呈现的容抗较大，对直流电$f=0$，则容抗$X_C\to\infty$，相当于“断路”，即所谓“隔直、通交”的作用。

三种元件阻抗频率特性的测量电路如实训图 4.2 所示。

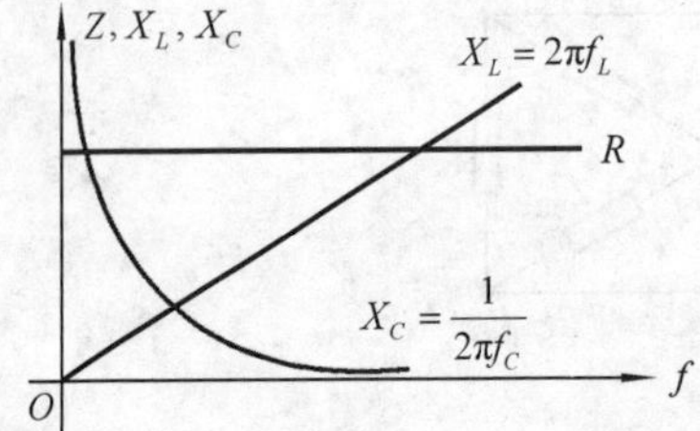

实训图 4.1　R、L、C 元件的阻抗频率特性曲线

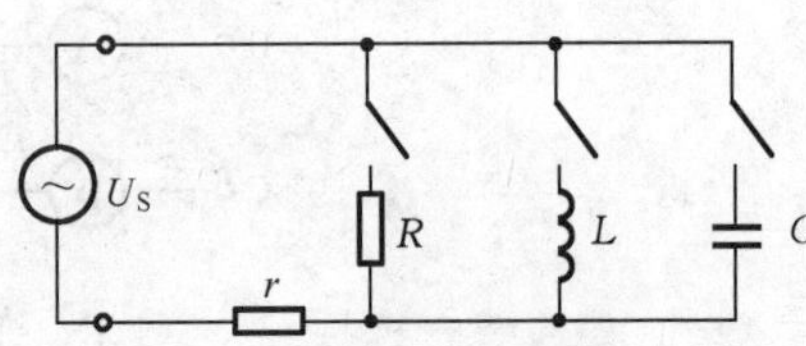

实训图 4.2　阻抗频率特性测试电路

图中R、L、C为被测元件，r为电流取样电阻。改变信号源频率，分别测量每一元件两端的电压，而流过被测元件的电流I，则可由U_r/r计算得到。

(2) 用双踪示波器测量阻抗角。

元件的阻抗角（即被测信号u和i的相位差ϕ）随输入信号的频率变化而改变，阻抗角的频率特性曲线可以用双踪示波器来测量，如实训图 4.3 所示。阻抗角的测量方法如下。

① 在“交替”状态下，先将两个Y轴输入方式开关置于“⊥”位置，使之显示两条直线，调Y_A和Y_B移位，使二直线重合，再将两个Y轴输入方式置于“AC”或“DC”位置，然后再进行相位差的观测。测量过程中两个Y轴移位钮不可再调动。

② 将被测信号u和i分别接到示波器Y_A和Y_B两个输入端上，调节示波器上有关的控制旋钮，使荧光屏上出现两个比例适当而稳定的波形，如实训图 4.3 所示。

③ 从荧光屏水平方向上数得一个周期所占的格数n，相位差所占的格数m，则实际的阻抗角(相位差)ϕ为

$$\phi = m \times \frac{360}{n}$$

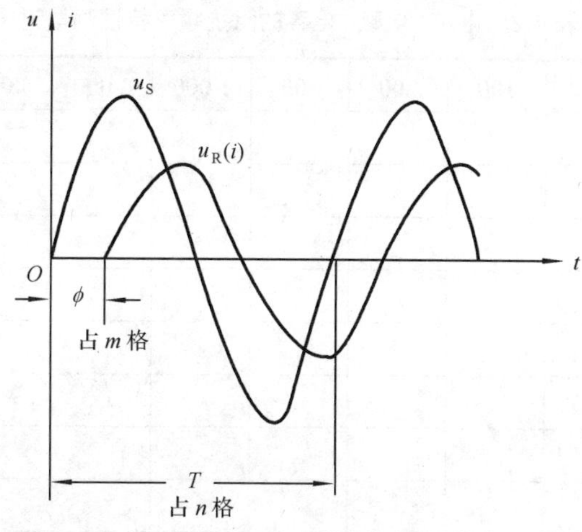

实训图 4.3 相位差的观测

3. 实训仪器与设备（见实训表 4.1）

实训表 4.1 实训仪器与设备

序号	名　　称	参数及范围	数量	备注
1	函数信号发生器	15 Hz~150 kHz	1	
2	晶体管毫伏表	1 mV~300 V	1	
3	双踪示波器		1	
4	被测电路元件	$R = 1\ \text{k}\Omega$，$C = 1\ \mu\text{F}$ $L = 15\ \text{mH}$，$r = 100\ \Omega$	1	

4. 实训内容与步骤

(1) 测量电阻、电感、电容的阻抗频率特性。

实验线路如实训图 4.2 所示，取 $R=1\ \text{k}\Omega$，$L=15\ \text{mH}$，$C=1\ \mu\text{F}$，$r = 100\ \Omega$。

① 将函数信号发生器输出的正弦信号作为激励源接至实验电路的输入端，并用晶体管毫伏表测量，使激励电压的有效值为 $U_S=3\ \text{V}$，并保持不变(注意：晶体管毫伏表属于高阻抗电表，测量前必须先用测笔短接两个测试端钮，使指针逐渐回零后再进行测量)。

② 调信号源的输出频率从 100 Hz 逐渐增至 5 kHz，并使开关分别接通电阻、电感、电容三个元件，用晶体管毫伏表分别测量 U_R、U_L、U_C 及相应的 U_r 之值，并通过计算得到各频率点时的 R、X_L 与 X_C 之值，记入实训表 4.2 中。

实训表 4.2　电阻、电感、电容的阻抗频率特性测量记录表

	频率 f/kHz	100	200	500	1 000	2 000	3 000	4 000	5 000
电阻	U_r/mV								
	$I_R=(U_r/r)$/mA								
	$R=(U/I_R)$/kΩ								
电感	U_r/mV								
	$I_R=(U_r/r)$/mA								
	$X_L=(U/I_L)$/kΩ								
电容	U_r/mV								
	$I_C=(U_r/r)$/mA								
	$X_C=(U/I_C)$/kΩ								

(2) 测量电感、电容的阻抗角频率特性（见实训表 4.3）。

调信号发生器的输出频率，从 0.1～20 kHz，用双踪示波器观察元件在不同频率下阻抗角的变化情况，测量信号一个周期所占格数 n/cm 和电压与电流的相位差所占格数 m/cm，计算阻抗角 ϕ，数据记入实训表 4.2 中。

实训表 4.3　电感、电容的阻抗角频率特性

元件	f/kHz	0.1									20
电感	n/cm										
	m/cm										
	ϕ/(°)										
电容	n/cm										
	m/cm										
	ϕ/(°)										

5. 实训报告

(1) 根据两表实验数据，在坐标纸上分别绘制电阻、电感、电容三个元件的阻抗频率特性曲线和电感、电容元件的阻抗角频率特性曲线。

(2) 根据实验数据，总结、归纳出本次实验的结论。

(3) 思考题：

① 测量电阻、电感、电容元件的频率特性时，如何测量流过被测元件的电流？为什么要与它们串联一个小电阻？

② 如何用示波器观测阻抗角的频率特性？

③ 在直流电路中，电容和电感的作用如何?

实训五　单相交流电路及功率因数的提高

1. 实训目的

(1) 研究正弦稳态交流电路中电压、电流相量之间的关系。

(2) 了解日光灯电路的特点，理解改善电路功率因数的意义并掌握其方法。

2. 实训原理

(1) 交流电路中电压、电流相量之间的关系在单相正弦交流电路中，各支路电流和回路中各元件两端的电压满足相量形式的基尔霍夫定律，即

$$\sum \dot{I}=0 \quad 和 \quad \sum \dot{U}=0$$

实训图 5.1 所示的 RC 串联电路，在正弦稳态信号 $\dot{U}$ 的激励下，电阻上的端电压 $\dot{U}_R$ 与电路中的电流 $\dot{I}$ 同相位，当 R 的阻值改变时，$\dot{U}_R$ 和 $\dot{U}_C$ 的大小会随之改变，但相位差总是保持 90°，$\dot{U}_R$ 的相量轨迹是一个半圆，电压 $\dot{U}$ 、$\dot{U}_R$ 与 $\dot{U}_C$ 三者之间形成一个直角三角形。

即
$$\dot{U}=\dot{U}_R+\dot{U}_C$$

相位角
$$\phi=\arctan(U_C/U_R)$$

改变电阻值 R 时，可改变 ϕ 角的大小，故 RC 串联电路具有移相的作用。

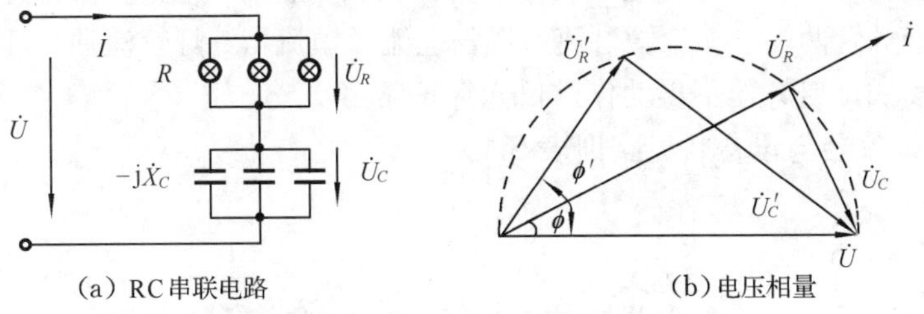

(a) RC 串联电路　　(b) 电压相量

实训图 5.1　RC 串联电路及电压相量

(2) 交流电路的功率因数。

交流电路的功率因数定义为有功功率与视在功率之比，即

$$\cos\phi=P/S$$

其中 ϕ 为电路的总电压与总电流之间的相位差。

交流电路的负载多为感性的（如日光灯、电动机、变压器等），电感与外界交换能量本身需要一定的无功功率，因此功率因数比较低($\cos\phi<0.5$)。从供电方面来看，在同一电压下输送给负载一定的有功功率时，所需电流就较大，若将功率因数提高（如 $\cos\phi=1$ ），所需电流就可小些。这样既可提高供电设备的利用率，又可减少线路的能量损失。所以，功率因数的大小关系到电源设备及输电线路能

否得到充分利用。

为了提高交流电路的功率因数，可在感性负载两端并联适当的电容，如实训图 5.2 所示。并联电容以后，对于原电路所加的电压和负载参数均未改变，但由于 I_C 的出现，电路的总电流 $\dot{I}$ 减小了，总电压与总电流之间的相位差ϕ减小，即功率因数 cosϕ得到提高。

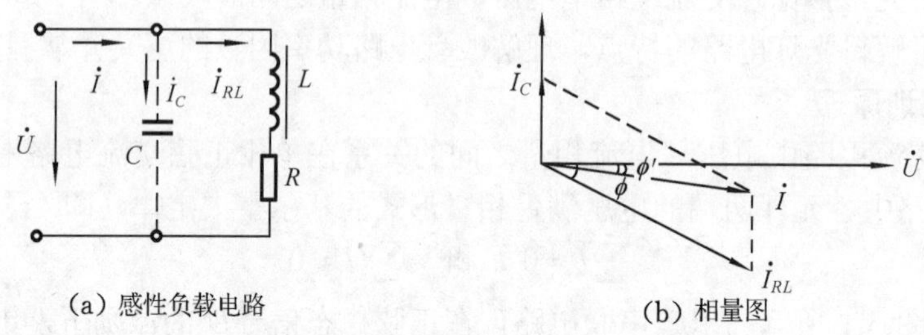

实训图 5.2　交流电路的功率因数及改善

(3) 日光灯电路及功率因数的提高。

日光灯电路由灯管(电阻值 R)、镇流器(电感值 L)和启辉器组成，补偿电容器的电容量为 C，用以改善电路的功率因数，如实训图 5.3 所示。其工作原理如下。

当接通 220 V 交流电源时，电源电压通过镇流器施加于启辉器两电极上，使极间气体导电，可动电极(双金属片)与固定电极接触。由于两电极接触不再产生热量，双金属片冷却复原使电路突然断开，此时镇流器产生一较高的自感电势经回路施加于灯管两端，使灯管迅速启燃，电流经镇流器、灯管流通。灯管启燃后，两端压降较低，启辉器不再动作，日光灯正常工作。

3. 实训仪器与设备（见实训表 5.1）

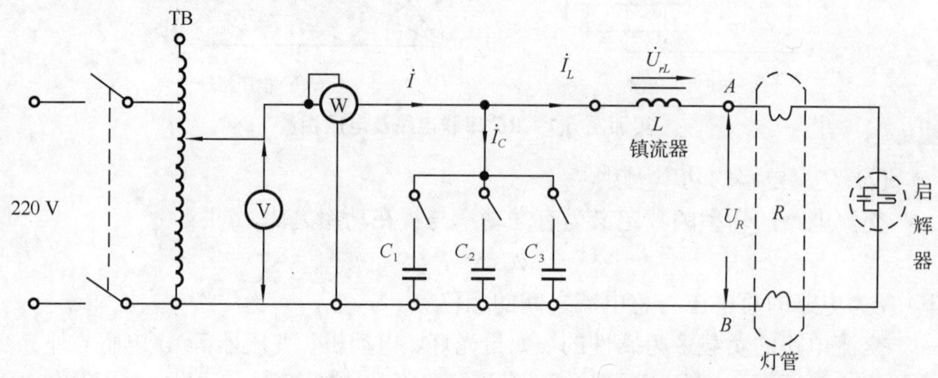

实训图 5.3　日光灯电路及功率因数的提高

实训表 5.1　实训仪器与设备

序号	名　　称	参数及范围	数量	备注
1	自耦调压器	0～220 V	1	
2	交流电流表	0～5 A	1	
3	交流电压表	0～300 V	1	
4	单相瓦特表	D34-W 或其他	1	
5	白炽灯泡	10 W/220 V	3	
6	镇流器	与 30 W 灯管配用	1	
7	启辉器		1	
8	电容器	1 μF，2.2 μF，4.7 μF/400V	各 1	
9	日光灯灯管	30 W	1	
10	电流插座		3	

4. 实训内容与步骤

(1) 用一只 220 V/10 W 的白炽灯泡和 4.7 μF/450 V 的电容器组成如实训图 5.3 所示的实验电路，经指导教师检查后，接通市电，将自耦调压器输出调至 220 V。记录 U、U_R、U_C 值，验证电压三角形关系。改变亮灯盏数(即改变 R)和并联电容值 C，重复测量，数据记入实训表 5.2 中。

实训表 5.2　验证电压三角形关系

负载情况		测量值			计算值		
R	C	U / V	U_R / V	U_C / V	U' （U_R,U_C 组成直角三角形) /V	误差 ΔU/V	ϕ
10 W×3	1 μF						
10 W×2	4.7 μF						
10 W×1	2.2 μF						

(2) 日光灯线路接线与测量。

按实训图 5.3 组成线路，经指导教师检查后接通交流 220 V 电源，调节自耦调压器的输出，使其输出电压缓慢增大，直到日光灯刚刚启辉点亮为止，按实训表 5.3 记录各表数据。然后将电压调至 220 V，测量功率 P，电流 I，电压 U、U_L、U_R 等值，计算镇流器等值电阻 r 和等效电感 L。

实训表 5.3　日光灯电路的测量

日光灯	测量值					计算值		
工作状态	U/V	I/A	P/W	U_R/V	U_L/V	P_r/W	r/Ω	L/H
启辉状态								
正常工作								

(3) 并联电路——电路功率因数的改善。

按实训图 5.3 组成实验线路。经指导老师检查后，接通市电，将自耦调压器的输出调至 220 V，按实训表 5.4 记录功率表、电压表读数，通过一只电流表和三个电流插孔分别测得三条支路的电流，改变电容值，进行重复测量。

实训表 5.4　日光灯电路功率改善的测量

C/μF	测量数值						计算值	
	P/W	U/V	I/A	I_L/A	I_C/A	$\cos\phi$	I' /A	$\cos'\phi$
1								
2.2								
3.2								
4.7								
5.7								
6.9								

5. 实训注意事项

(1) 本实训用交流电 220 V，务必注意人身安全和实验设备安全。

(2) 功率表要正确接入电路，读数时要注意量程和实际读数的折算关系。

(3) 线路接线要正确，日光灯不能点亮时，应检查启辉器及其接触是否良好。

6. 实训报告

(1) 完成数据表格中的计算，进行必要的误差分析。

(2) 根据实验数据，分别绘出电压、电流相量图，验证相量形式的基尔霍夫定律。

(3) 讨论改善电路功率因数的意义和方法。

(4) 装接日光灯线路的心得体会及其他感受。

(5) 思考题：

① 在日常生活中，当日光灯上缺少了启辉器时，人们常用一根导线将启辉器的两端短接一下，然后迅速断开，使日光灯点亮，或用一只启辉器去点亮多只同类型的日光灯，这是为什么？

② 为了提高电路的功率因数，常在感性负载上并联电容器，此时增加了一条电流支路，试问电路的总电流是增大还是减小，此时感性元件上的电流和功率是否改变？

实训六　三相交流电路的研究

1. 实训目的

(1) 掌握三相负载作星形连接、三角形连接的方法，验证在这两种接法下，线、相电量之间的关系。

(2) 充分理解三相四线供电系统中中线的作用。

2. 实训原理

在三相电源对称的情况下，三相负载可以接成星形（Y接）或三角形(△接)。三相四线制电源的电压值一般是指线电压的有效值。如“三相 380 V 电源”是指线电压 380 V，其相电压为 220 V，而“三相 220 V 电源”则是指线电压 220 V，其相电压为 127 V。

(1) 负载作 Y 接。

当负载采用三相四线制连接时，即在有中线的情况下，不论负载是否对称，线电压 U_l 是相电压 U_p 的 $\sqrt{3}$ 倍，线电流 I_l 等于相电流 I_p，即

$$U_l = \sqrt{3}U_p\text{，}\ \ I_l = I_p$$

当负载对称时，各相电流相等，流过中线的电流 $I_0=0$， 所以可以省去中线。

若三相负载不对称而又无中线(即三相三线制 Y 接)时，$U_p \neq 1/\sqrt{3}\,U_l$，负载的三相电压不再平衡，各相电流也不相等，致使负载轻的那一相因相电压过高而遭受损坏，负载过大的那一相也会因相电压过低不能正常工作。

所以，不对称三相负载作 Y 连接时，必须采用三相四线制接法，即 Y_0 接法，而且中线必须牢固连接，以保证三相不对称负载的每相电压维持对称不变。

(2) 负载作△接。

当三相负载作△接时，不论负载是否对称，其相电压均等于线电压，即 $U_l=U_p$。若负载对称时，其相电流也对称，相电流与线电流之间的关系为 $I_l=\sqrt{3}\,I_p$；若负载不对称时，相电流与线电流之间不再是 $\sqrt{3}$ 关系，即 $I_l \neq \sqrt{3}\,I_p$。

当三相负载作△接时，不论负载是否对称，只要电源的线电压 U_l 对称，加在三相负载上的电压 U_p 仍是对称的，对各相负载工作没有影响。

(3) 三相电源及相序的判断。

为防止三相负载不对称而又无中线时相电压过高而损坏灯泡，本实验采用“三相 220 V 电源”，即线电压为 220 V，可以通过三相自耦调压器来实现。

三相电源的相序是相对的，表明了三相正弦交流电压到达最大值的先后次序。

判断三相电源的相序可以采用实训图 6.1 所示的相序指示器电路，它是由一个电容器和两个瓦数相同的白炽灯连接成的 Y 接不对称三相电路。假定电容器所接的是 A 相，则灯光较亮的一相接的是电源的 B 相，灯光较暗的一相即为电源的

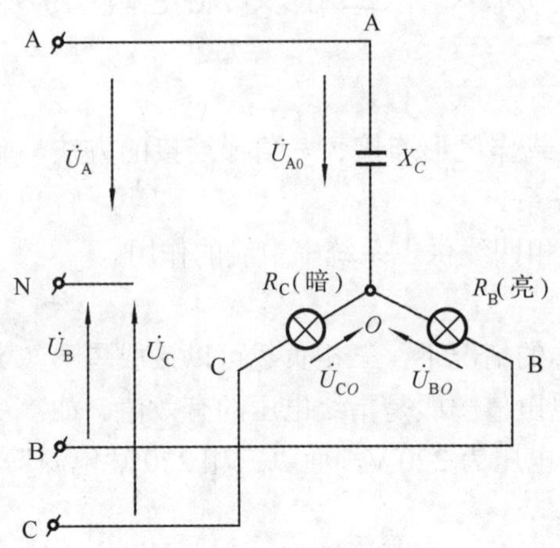

实训图 6.1 相序指示器电路

C 相(可以证明此时 B 相电压大于 C 相电压)。

3. 实训仪器与设备（见实训表 6.1）

实训表 6.1 实训仪器与设备

序号	名 称	参数及范围	数量	备 注
1	交流电压表		1	
2	交流电流表		1	
3	万用表		1	
4	三相自耦调压器		1	
5	三相灯组负载	220 V/10 W 白炽灯	9	
6	电流插孔		6	
7	电容器	4.7 μF /400 V	1	

4. 实训内容与步骤

(1) 三相负载作 Y 接。

按实训图 6.2 连接实验电路，三相对称电源经三相自耦调压器接到三相灯组负载，首先检查三相调压器的旋柄是否置于输出为 0 V 的位置（即逆时针旋到底的位置），经指导教师检查合格后，方可合上三相电源开关，然后调节调压器的旋柄，使输出的三相线电压为 220 V。

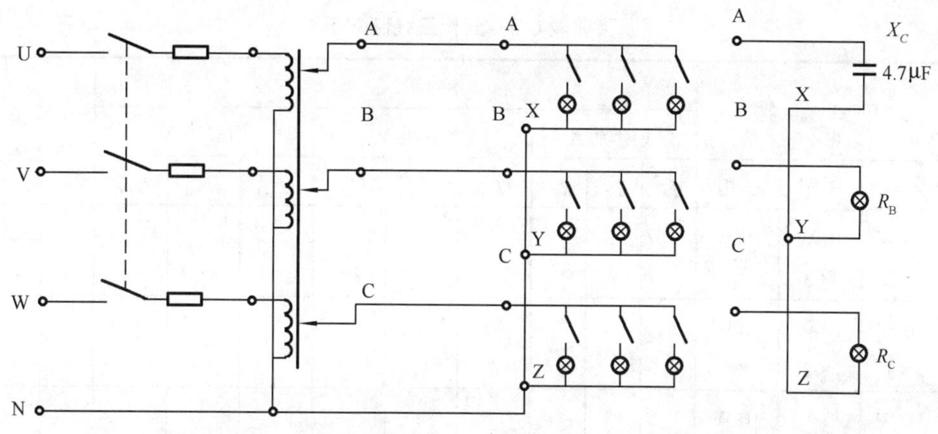

实训图 6.2　三相负载的 Y 接

① 三相四线制 Y_0 接(有中线)。

按实训表 6.2 要求，测量有中线时三相负载对称和不对称情况下的线电压和相电压、线电流和中线电流之值，并观察各相灯组亮暗程度是否一致，注意观察中线的作用。

实训表 6.2　三相四线制 Y_0 接

负载情况			测量数据									中线电流 I_0/A
开灯盏数			线电流/A			线电压/V			相电压/V			
A 相	B 相	C 相	I_A	I_B	I_C	U_{AB}	U_{BC}	U_{CA}	U_{AO}	U_{BO}	U_{CO}	
10 W ×3	10 W ×3	10 W ×3										
10 W ×1	10 W ×2	10 W ×3										
10 W ×1	断路	10 W ×3										

② 三相三线制 Y 接(断开中线)。

将中线断开，测量无中线时三相负载对称和不对称情况下的各电量，特别注意不对称负载时电源与负载中点间的电压的测量。将所测得的数据记入实训表 6.3 中，并观察各相灯组亮暗的变化情况。

③ 判断三相电源的相序。

将 A 相负载换成 4.7 μF 电容器，B、C 相负载为相同瓦数的灯泡，根据灯泡的亮度判断所接电源的相序。

实训表 6.3　三相三线制 Y 接

开灯盏数			测量数据									中线电流 I_0/A
			线电流/A			线电压/V			相电压/V			
A 相	B 相	C 相	I_A	I_B	I_C	U_{AB}	U_{BC}	U_{CA}	U_{AO}	U_{BO}	U_{CO}	
10 W ×3	10 W ×3	10 W ×3										
10 W ×1	10 W ×2	10 W ×3										
10 W ×1	断路	10 W ×3										

(2) 三相三线制△接。

按实训图 6.3 改接线路，经指导教师检查合格后接通三相电源，并调节调压器，使其输出线电压为 220 V，并按实训表 6.4 的内容进行测试。

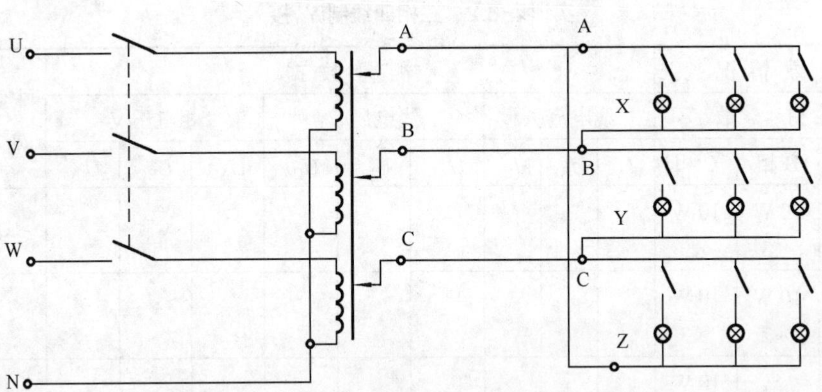

实训图 6.3　三相负载△接

实训表 6.4　三相三线制△接

负载情况	开灯盏数			线电压/V			线电流/A			相电流/A		
	AB 相	BC 相	CA 相	U_{AB}	U_{BC}	U_{CA}	I_A	I_B	I_C	I_{AB}	I_{BC}	I_{CA}
三相平衡												
三相不平衡												

5. 实训注意事项

(1) 本实验采用线电压为 380 V 的三相交流电源，经调压器输出为 220 V，实验时要注意人身安全，不可触及导电部件，防止意外事故发生。

(2) 每次接线完毕，同组同学应自查一遍， 确认正确无误后方可接通电源。实验中必须严格遵守“先接线、后通电”、“先断电、后拆线”的安全实验操作规则。

(3) Y 接负载作短路实验时，必须首先断开中线，以免发生短路事故。

6. 实训报告

(1) 用实验测得的数据验证对称三相电路中的 $\sqrt{3}$ 关系。

(2) 用实验数据和观察到的现象，总结三相四线供电系统中中线的作用。

(3) 不对称三角形连接的负载，能否正常工作？实验是否能证明这一点？

(4) 根据不对称负载三角形连接时的相电流值作相量图，并由相量图求出线电流之值，然后与实验测得的线电流作比较。

第 4 章　磁路与变压器

本章主要介绍磁路的基本概念，重点讨论单相变压器的结构、工作原理及其使用。对三相变压器亦作简单的介绍。

4.1　磁路的基本概念

变压器、电动机以及继电器、接触器等控制电器的内部结构都有铁芯和线圈，其目的都是为了当线圈通以较小电流时，能在铁芯内部产生较强的磁场，使线圈上感应出电动势或者对线圈产生电磁力。线圈通电属于电路问题，而产生的磁场大部分局限于铁芯内部，这种人为地使磁通集中通过的路径称为磁路。因此铁芯线圈的磁场就属于磁路问题。

4.1.1　磁路的基本物理量

1. 磁通 Φ

磁通 Φ 表示垂直穿过某一截面积 S 的磁力线总数，单位为韦伯(Wb)。

2. 磁感应强度(磁通密度)B

磁感应强度 B 表示磁场内某点的磁场强弱和方向的物理量，它是个矢量。规定其值等于垂直于矢量 B 的单位面积的磁力线数。计算公式为

$$B = \frac{\Phi}{S} \tag{4.1}$$

对于电流产生的磁场，磁感应强度的方向和电流方向满足右手螺旋定则。在国际单位制中，磁感应强度的单位是特斯拉(T)，即韦伯/米 ^{2}($1\text{T} = 1\text{Wb/m}^2$)。

3. 磁导率 μ

磁导率 μ 是一个用来表示磁场中介质导磁能力的物理量，单位为亨[利]/米(H/m)。

真空中的磁导率为常数，通常采用 μ_0 表示，其数值 $\mu_0 = 4\pi \times 10^{-7}$ H/m 。

一般材料的磁导率 μ 和真空磁导率 μ_0 的比值，称为该物质的相对磁导率 μ_r，即

$$\mu_r = \frac{\mu}{\mu_0} \tag{4.2}$$

μ_r 越大，介质的导磁性能就越好。以下是几种常用磁性材料的磁导率。

材 料 名 称	铸铁	硅钢片	镍锌铁氧体	锰锌铁氧体	坡 莫 合 金
相对磁导率($\mu_r = \mu/\mu_0$)	200～400	7 000～10 000	10～1 000	300～5 000	2×10^4～2×10^5

4. 磁场强度 H

磁场强度是计算磁场所用的物理量，反映的是电流的磁场，其强弱和方向均取决于电流，与介质无关。大小为磁感应强度和磁导率之比，即

$$H=\frac{B}{\mu} \tag{4.3}$$

在国际单位制中，磁场强度的单位是安/米(A/m)。

4.1.2 铁磁材料的磁性能

1. 高导磁性和磁化性

高导磁性指铁磁材料的磁导率很高，$\mu_r \gg 1$，具有被强烈磁化的特性。铁磁材料之所以具有良好的导磁性能，是由材料内部的结构决定的。在铁磁材料内部存在许多体积很小的磁性区域，这些天然小磁性区域叫磁畴。每个磁畴在无外磁场作用时，排列杂乱无章，极性任意取向，磁性相互抵消，对外不呈磁性。当磁畴受到磁场的作用时，排列无序的小磁畴将顺着外磁场的方向转向，形成一个与外磁场方向一致的附加磁场，使铁磁物质内部的磁感应强度大大增加，这种原来没有磁性，在外磁场的作用下而产生磁性的性质称为磁化性。非磁性材料内部由于没有磁畴结构，所以不能被磁化。

2. 磁饱和性

当外磁场(或励磁电流)增大到一定值时，磁性材料的全部磁畴的磁场方向都转向与磁场的方向一致，磁化磁场的磁感应强度 B_J 达到饱和值。这一特性称为磁饱和性。磁饱和性也可从铁磁材料的磁化曲线上看出，如图 4.1 所示。当外磁场逐渐增大时，铁磁材料中的小磁畴将随之逐渐转向，起初随外磁场的增加，磁感应强度 B 成正比增大(Oa 段)；接着磁感应强度 B 几乎呈直线上升(ab 段)，这之后，由于铁磁材料内部的磁畴几乎全部转向完毕，所以再增加外磁场，磁感应强度 B 几乎不能再增加，此时称为磁饱和(cs 段)。

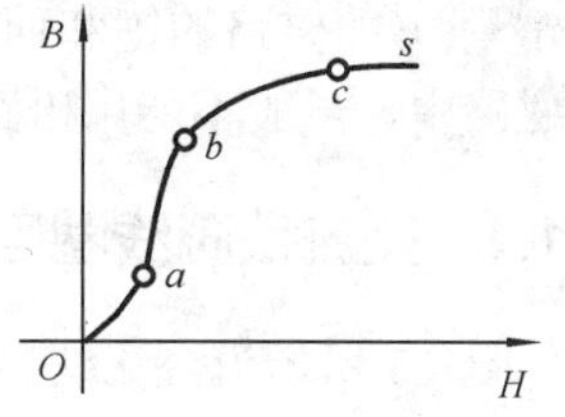

图 4.1 铁磁材料的磁化曲线

3. 磁滞性和剩磁性

当铁芯线圈中通有交变电流(大小和方向都变化)时，铁芯就受到交变磁化，电流变化时，B 随 H 而变化，当 H 已减到零值时，但 B 未回到零值，这种磁感应强度滞后于磁场强度变化的性质称磁性物质的磁滞性。当线圈中电流减到零($H=0$)，铁芯在磁化时所获得的磁性还未完全消失，这时铁芯中所保留的磁感应强度称为剩磁感应强度 B_r。

4.1.3 磁路的欧姆定律

如图 4.2 所示，设磁路由单一的铁磁材料构成，其横截面面积为 S，磁路的平均长度为 l。将磁路与电路相比较，可以知道，磁路中的磁通 Φ 相当于电路中的电流 I，电路中激发电流的因素是电压源电动势 U_S。那么磁路中激发磁通的因素是什么呢？通过实验发现，励磁电流 I 越大，产生的磁通就越多；线圈的匝数越多，产生的磁通也越多，把励磁电流 I 和线圈匝数 N 的乘积 NI 看做是磁路中产生磁通的源泉，称为磁通势 F。因此，磁路欧姆定律可表述为

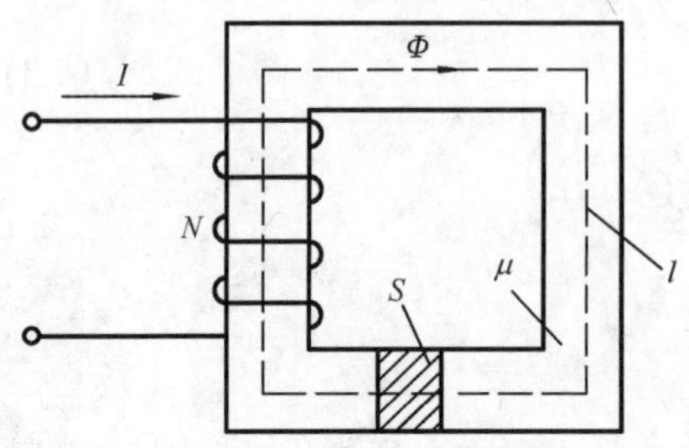

图 4.2　磁路中的各参数

$$\Phi = \frac{F}{R_m} = \frac{IN}{R_m} \tag{4.4}$$

式中，R_m 称为磁阻，反映了磁路中阻碍磁通的作用。磁阻的计算公式为

$$R_m = \frac{l}{\mu S} \tag{4.5}$$

式(4.5)显然与电路的电阻 $R = l/\rho S$ 形式相同，l 表示磁路的平均长度，单位为 m；S 是磁路的截面积，单位是 m^2；μ 是铁芯材料的磁导率，单位是 H/m(亨/米)。磁阻的单位是 H^{-1}(亨$^{-1}$)。

空气(非磁性物质)磁导率为常量，故其磁阻为常量；而磁性物质的磁导率不为常量(μ 随磁路的饱和而减小)，故其磁阻随磁路的饱和而增大。因此，在非线性磁路中，一般不能用磁路的欧姆定律进行定量计算，它常用作定性分析。

4.1.4 交流铁芯线圈电路

图 4.3 所示为交流铁芯线圈示意图。电源和绕组构成铁芯线圈的电路部分，铁芯构成铁芯线圈的磁路部分。当铁芯线圈通以正弦电流 i 时，电流 i 通过 N 匝线圈形成磁动势 $f = iN$，从而产生磁通。磁通的绝大部分通过铁芯而闭合，这部分磁通称为主磁通或工作磁通 Φ。此外还有很少的一部分磁通主要经过空气或其他非磁性物质而闭合，这部分磁通称为漏磁通 Φ_σ。这两个磁通在线圈中产生主磁电动势 e 和漏磁电动势 e_σ。它们的电磁关系有

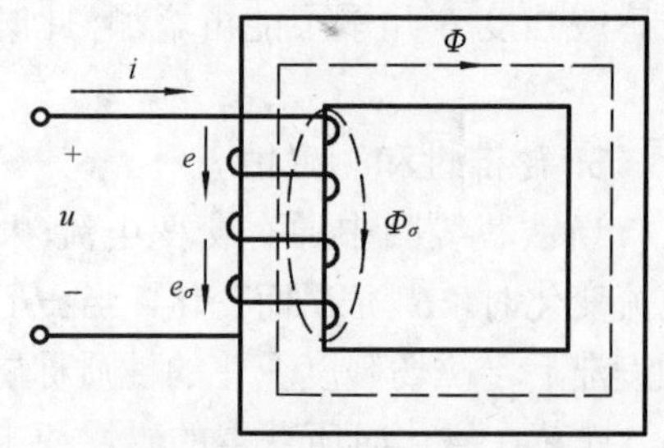

图 4.3　交流铁芯线圈示意图

$$u \rightarrow i(Ni) \rightarrow \Phi \rightarrow e$$
$$\quad \llcorner\!\!\longrightarrow \Phi_\sigma \rightarrow e_\sigma$$

主磁电动势由主磁通产生，设主磁通

$$\Phi = \Phi_{\mathrm{m}} \sin \omega t$$

根据法拉第电磁感应定律有

$$e = -N\frac{\mathrm{d}\Phi}{\mathrm{d}t} = -N\frac{\mathrm{d}(\Phi_{\mathrm{m}}\sin\omega t)}{\mathrm{d}t} = -N\omega\Phi_{\mathrm{m}}\cos\omega t$$
$$= 2\pi f N\Phi_{\mathrm{m}}\sin(\omega t - 90^\circ) = E_{\mathrm{m}}\sin(\omega t - 90^\circ)$$

式中，$E_{\mathrm{m}} = 2\pi f \Phi_{\mathrm{m}}$ 为主磁电动势 e 的幅值，e 的有效值为

$$E = \frac{E_{\mathrm{m}}}{\sqrt{2}} = \frac{2\pi \ f N\Phi_{\mathrm{m}}}{\sqrt{2}} = 4.44 fN\Phi_{\mathrm{m}} \tag{4.6}$$

它在时间相位上滞后主磁通 90°，写成相量形式为

$$\dot{E} = -\mathrm{j}4.44 fN\dot{\Phi}_{\mathrm{m}} \tag{4.7}$$

漏磁电动势是由漏磁通感应产生的，由于漏磁通主要经非磁性物质构成回路，磁路不饱和，Φ_σ与电流成线性关系，其漏感系数 L_σ为常数，所以有

$$\dot{E}_\sigma = -\mathrm{j}\omega L_\sigma \dot{I} = -\mathrm{j}X_\sigma \dot{I} \tag{4.8}$$

式中，$X_\sigma = \omega L_\sigma$称为漏磁感抗，它是由漏磁通引起的。

由图 4.3，根据 KVL 可写出

$$u + e + e_\sigma = iR$$

由式(4.7)和式(4.8)，上式可写成下列的相量形式

$$\dot{U} = -\dot{E} + R\dot{I} + \mathrm{j}X_\sigma \dot{I} = -\dot{E} + \dot{I}Z_\sigma \tag{4.9}$$

式中，$Z_\sigma = R + X_\sigma$为线圈漏阻抗，R 为线圈电阻。

因线圈漏阻抗压降很小，可忽略不计，于是有

$$\dot{U} = -\dot{E} \tag{4.10}$$

或者说

$$U \approx E = 4.44 fN\Phi_{\mathrm{m}} = 4.44 fNB_{\mathrm{m}}S \tag{4.11}$$

式中：B_{m} 为铁芯磁感应强度最大值；S 为铁芯截面积。

式(4.11)表明，当线圈匝数 N 及电源频率 f 一定时，铁芯中工作磁通的幅值的大小取决于励磁线圈外加电压的有效值，而与铁芯材料的尺寸无关。

交流铁芯线圈的功率损耗有两个方面：一是线圈电阻上的功率损耗 I^2R，又称为铜损 ΔP_{Cu}；另外一方面是处于交变磁化下的铁芯中的功率损耗，又称为铁损 ΔP_{Fe}，铁损是由磁滞和涡流产生的。

铁芯在反复交变的磁化过程中，内部磁畴的极性取向随着外磁场的交变来翻转，在翻转过程中，磁畴间相互摩擦而引起的能量损耗称为磁滞损耗。

铁芯不仅是导磁材料，同时也是导电材料，当穿过铁芯中的磁通发生变化时，在铁芯中将产生感应电流。这种感应电流在垂直于磁力线的平面内，呈旋涡状，

故称为涡流。涡流在铁芯电阻上引起的功率损耗称为涡流损耗。

为了提高磁路的导磁性能和减少铁芯的损耗，铁芯通常用厚度 0.35 mm 或 0.5 mm，且表面涂有绝缘漆的硅钢片叠制而成。采用这样的办法可将涡流限制在较小的截面内流通，加上硅钢的电阻率较大，从而大大减小了涡流及涡流损耗。

4.2 变 压 器

4.2.1 变压器的用途与结构

1. 变压器的用途

在输电方面，采用变压器将电压升高，这样可以减小输电线的截面积和减小线路上的电压降以及线路上的功率损耗。在用电方面利用变压器降压，以保证用电安全和满足用电设备的电压要求。在电子线路上，除电源变压器外，变压器还用来耦合电路，传递信号，并实现阻抗匹配。此外变压器还有许多特殊的用途。

2. 变压器的基本结构

变压器虽然种类很多，有电力变压器、控制变压器、电源变压器、焊接变压器、自耦变压器等，但其基本结构是相同的，都是由铁磁材料构成铁芯和绕在铁芯上的线圈(亦称绕组)两部分组成。变压器常见的结构形式有两类，心式变压器和壳式变压器。心式变压器如图 4.4(a)所示，它的特点是用绕组包围铁芯，用铁量少，构造简单，绕组的安装和绝缘处理比较容易，因此多用于容量较大的变压器中。壳式变压器如图 4.4(b)所示，它的特点是用铁芯包围绕组。这种变压器用铜量较少，多用于小容量的变压器。

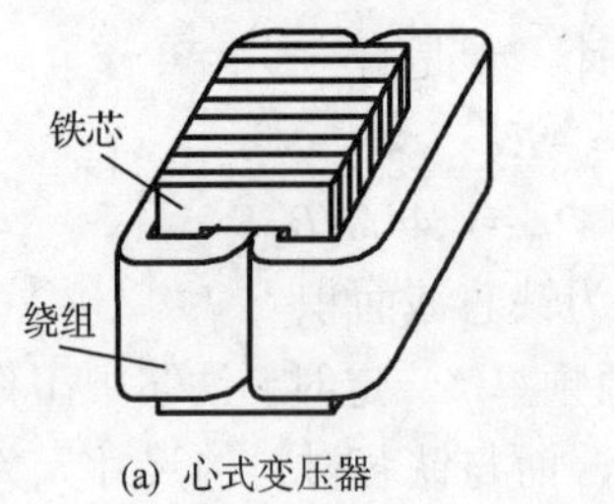

(a) 心式变压器

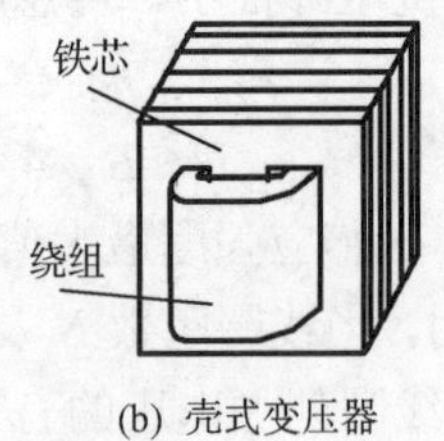

(b) 壳式变压器

图 4.4 变压器的两种类型

铁芯是变压器的磁路部分，绕组是变压器的电路部分，用绝缘铜线或铝线绕制。通常，电压高的绕组称为高压绕组，电压低的绕组称为低压绕组，低压绕组一般靠近铁芯放置，而高压绕组则置于外层。

为了便于分析，把与电源连接的一侧称为原边(或称初级绕组、一次绕组)，原边各量均用下脚标“1”表示，如 N_1、u_1、i_1 等；与负载连接的一侧称为副边(或称为次级绕组、二次绕组)，副边各量均用下脚标“2”表示，如 N_2、u_2、i_2 等。

4.2.2 变压器的工作原理

1. 变压器的空载运行与变换电压

如图 4.5 所示，当变压器原绕组接交流电源，副绕组不接负载，这种情况称为变压器空载运行。

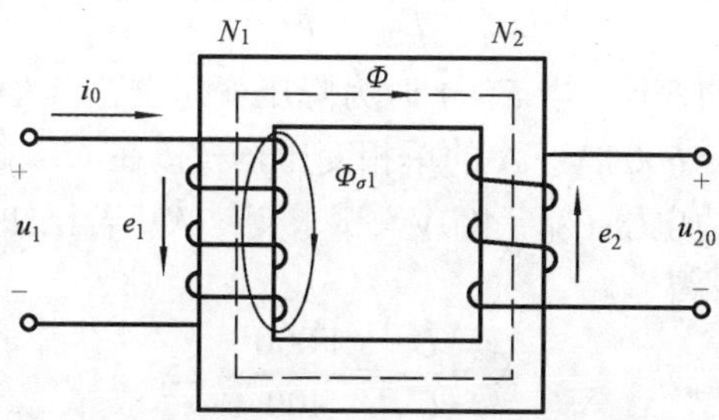

图 4.5 变压器空载运行工作原理图

在外加正弦交流电压 u_1 作用下，原绕组内便有交变电流 i_0 通过，由于副绕组开路，副绕组内没有电流，此时原绕组内的电流 i_0 称为空载电流。i_0 通过原绕组产生磁动势 i_0N_1，该磁动势产生的磁通绝大部分经过铁芯而闭合，并与原、副绕组交链，这部分磁通称为主磁通，用 $\varPhi$ 表示。主磁通 $\varPhi$ 穿过原绕组和副绕组，而在其中产生感应电动势 e_1 和 e_2，另有一小部分漏磁通 $\varPhi_{\sigma1}$ 不经过铁芯仅与原绕组本身交链而闭合，漏磁通 $\varPhi_{\sigma1}$ 在变压器中感应的电动势仅起电压降的作用，而且作用较小，故一般略去漏磁通 $\varPhi_{\sigma1}$ 及其产生的电压降的作用。上述的电磁关系可表示如下：

$$u_1 \longrightarrow i_0 \longrightarrow i_0N_1 \longrightarrow \varPhi \begin{cases} e_1=-N_1\dfrac{\mathrm{d}\varPhi}{\mathrm{d}t} \\ e_2=-N_2\dfrac{\mathrm{d}\varPhi}{\mathrm{d}t} \longrightarrow u_{20} \end{cases}$$

u_{20} 为副绕组的空载端电压。

根据基尔霍夫电压定律，按图 4.5 所规定的电压、电流和电动势的参考方向，可得

$$u_1 = i_0R_1 - e_1 = i_0R_1 + N_1\frac{\mathrm{d}\varPhi}{\mathrm{d}t}$$

$$u_{20} = e_2 = -N_2\frac{\mathrm{d}\varPhi}{\mathrm{d}t}$$

式中，R_1 为原绕组的电阻。用相量形式可写成

$$\dot{U}_1 = \dot{I}_0R_1 + (-\dot{E}_1)$$

$$\dot{U}_{20} = \dot{E}_2$$

在一般的变压器中，i_0很小，因而原绕组的电阻压降i_0R_1很小，故可近似认为

$$u_1 \approx -e_1 \quad 或 \quad \dot{U}_1 \approx -\dot{E}_1$$

因此有

$$\frac{\dot{U}_1}{\dot{U}_{20}} \approx -\frac{\dot{E}_1}{\dot{E}_{20}}$$

其有效值之比为

$$\frac{U_1}{U_{20}} \approx \frac{E_1}{E_{20}} = \frac{N_1}{N_2} = K \tag{4.12}$$

式中，K称为变压器的变比。当$K>1$时为降压变压器；当$K<1$时为升压变压器。

例 4.1 一台$S_N = 600\ kV \cdot A$的单相变压器，接在$U_1 = 10\ kV$的交流电源上，空载运行时，它的副边电压$U_{20} = 400V$，试求变比K；若已知$N_2 = 32$匝，试求N_1。

解 由式(4.12)可得

$$K \approx \frac{U_1}{U_2} = \frac{1\,000}{400} = 25$$

$$N_1 = KN_2 = 25 \times 32 = 800$$

2. 变压器的负载运行与变换电流

变压器的原绕组接上电源，副绕组接有负载，这种情况称为变压器的负载运行，如图4.6所示。

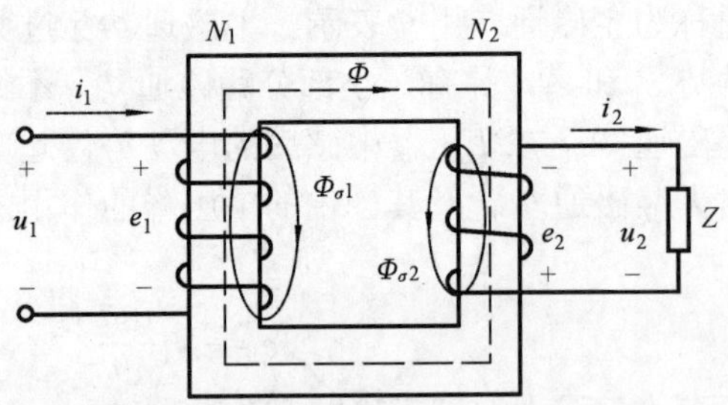

图 4.6 变压器负载运行工作原理图

变压器未接负载前其原边电流为i_0，它在原边产生磁动势i_0N_1，在铁芯中产生磁通Φ。接上负载后，副边电流i_2产生磁动势i_2N_2，它将阻碍主磁通Φ的变化，企图改变主磁通的最大值Φ_m。但是，当电源U_1和f一定时，由式(4.11)可知，E_1和Φ_m近似恒定。或者说，阻着负载电流i_2的出现，通过原边的电流i_0及其产生的磁动势i_0N_1必然随之增至i_1N_1以维持主磁通的最大值Φ_m基本不变，即与空载时的Φ_m大小几乎一样。因此，有负载时产生主磁通的原、副绕组的合成磁动势$(i_1N_1+i_2N_2)$应该与空载时产生主磁通的原绕组的磁动势i_0N_1差不多相等，即

$$i_1N_1 + i_2N_2 \approx i_0N_1$$

用相量表示，有

$$\dot{I}_1 N_1 + \dot{I}_2 N_2 \approx \dot{I}_0 N_1 \tag{4.13}$$

变压器的空载电流 $\dot{I}_0$ 主要用来励磁。由于铁芯的磁导率 μ 很大，故空载电流 I_0 很小，常可忽略不计，于是式(4.13)变为

$$\dot{I}_1 \approx -\frac{N_2}{N_1}\dot{I}_2$$

由上式可知，原、副绕组的电流关系为

$$\frac{I_1}{I_2} \approx \frac{N_2}{N_1} = \frac{1}{K} \tag{4.14}$$

式(4.14)表明变压器原、副绕组的电流之比近似与它们的匝数成反比。

3. 变压器变换阻抗

设变压器副边接一阻抗为 $|Z|$ 的负载，有

$$|Z| = \frac{U_2}{I_2}$$

这时从原边看进去的阻抗，即为反映到原边的阻抗 $|Z'|$，即

$$|Z'| = \frac{U_1}{I_1} = \frac{\dfrac{N_1}{N_2}U_2}{\dfrac{N_2}{N_1}I_2} = \left(\frac{N_1}{N_2}\right)^2 \frac{U_2}{I_2} = K^2|Z| \tag{4.15}$$

式(4.15)表明，在忽略漏磁阻抗影响下，只需调整匝数比，就可把负载阻抗变换为所需的、比较合适的数值，且负载的性质不变。这种做法通常被称为阻匹配。上述过程的图例见图 4.7。

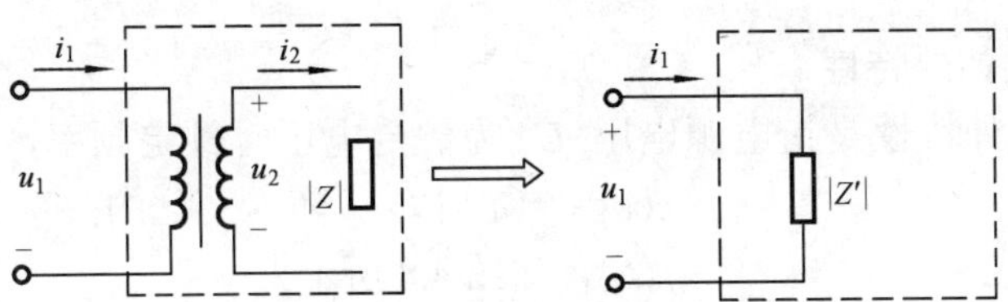

图 4.7　负载阻抗的等效变换

例 4.2　已知某收音机输出变压器的原边的匝数 $N_1 = 600$ 匝，副边匝数 $N_2 = 30$ 匝，原接阻抗为 16 Ω 的扬声器，现要改接成 4 Ω 的扬声器，求副边匝数应为多少？

解　原变比　$K = \dfrac{N_1}{N_2} = \dfrac{600}{30} = 20$

原边阻抗　$|Z'| = K^2|Z_1| = 20^2 \times 16\ \Omega = 6\,400\ \Omega$

扬声器改为 4 Ω 时，$|Z'| = K^2|Z_2| = \left(\dfrac{600}{N_2'}\right)^2 \times 4\ \Omega = 6\,400\ \Omega$

所以 $$N_2' = \sqrt{\frac{600^2 \times 4}{6\,400}} = \frac{600 \times 2}{80} = 15$$

4.2.3 变压器的使用

1. 变压器的额定值

变压器正常运行的状态和条件，称为变压器的额定工作情况，表示变压器额定工作情况的电压、电流和功率等数值，称为变压器的额定值，它标在变压器的铭牌上，也称为铭牌数据。

变压器的主要额定值有如下 4 项。

(1) 额定容量 S_N。变压器的额定容量是指它的额定视在功率，单位是伏・安(V・A)或千伏・安(kV・A)。对于单相变压器，$S_N = U_{2N}I_{2N}$；对于三相变压器，$S_N = \sqrt{3}\, U_{2N}I_{2N}$。

(2) 额定电压 U_{1N} 和 U_{2N}。原绕组的额定电压 U_{1N} 是指原绕组应加的电源电压或输入电压，副绕组的额定电压 U_{2N} 是指原绕组加上额定电压时副绕组的空载电压。在三相变压器中，额定电压 U_{1N} 和 U_{2N} 均为线电压。

(3) 额定电流 I_{1N} 和 I_{2N}。变压器额定电流 I_{1N} 和 I_{2N} 是根据绝缘材料所允许的温度而规定的原、副绕组中允许长期通过的最大电流值。在三相变压器中，I_{1N} 和 I_{2N} 均指线电流。

(4) 额定频率 f_N。我国规定工业标准频率为 50 Hz。

变压器的额定值取决于变压器的构造和所用的材料。使用变压器时一般不能超过其额定值。

2. 变压器的外特性

变压器的外特性是指电源电压 U_1 为额定电压，额定频率，负载功率因数 $\cos\phi_2$ 一定时，U_2 随 I_2 变化的关系曲线，即 $U_2 = f(I_2)$，如图 4.8 所示。

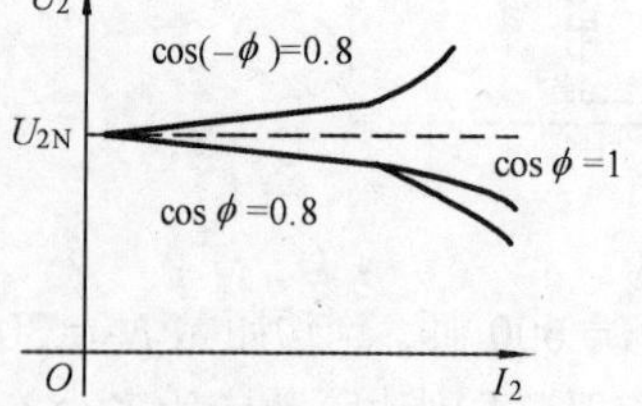

图 4.8 变压器的外特性

从外特性曲线可以看出，负载变化引起的变压器副边电压 U_2 的变化程度，既与原、副绕组的漏磁阻抗有关，又与负载的大小及性质有关。对于电阻性和电感性负载来说，U_2 随负载电流 I_2 的增加而下降，其下降程度还与负载的功率因数有关，功率因数越低，U_2 下降越快。对电容性负载来说，U_2 随 I_2 增加反而有所增加。

为反映电压 U_2 随 I_2 变化的程度，引入电压变化率

$$\Delta U = \frac{U_{20} - U_2}{U_{20}} \times 100\% \tag{4.16}$$

显然，电压变化率 ΔU 越小越好，说明变压器副边电压越稳定。一般变压器的漏

阻抗很小，故电压变化率不大，在 5%左右。

3. 变压器的损耗和效率

变压器的功率损耗，包括铁损 ΔP_{Fe}(磁滞损耗和涡流损耗)和铜损 ΔP_{Cu}(线圈导线电阻的损耗)。即

$$\Delta P = \Delta P_{Fe} + \Delta P_{Cu} \tag{4.17}$$

铁损和铜损可以用试验方法测量或计算求出，铜损与负载大小有关，是可变损耗；而铁损与负载大小无关，当外加电压和频率确定后，一般是常数。

变压器的效率是变压器输出功率与输入功率的比值，通常用百分数表示，即

$$\eta = \frac{P_2}{P_1} \times 100\% = \frac{P_2}{P_2 + \Delta P_{Fe} + \Delta P_{Cu}} \times 100\% \tag{4.18}$$

式中：P_1 为变压器的输入功率；P_2 为变压器的输出功率。

变压器的效率较高。大容量变压器在额定负载时的效率可达 98%～99%，小型变压器的效率为 70%～80%。变压器的效率还与负载有关，轻载时效率很低，因此应合理选用变压器的容量，以使变压器能够处在高效率情况下运行。

例 4.3 有一台额定容量为 50 kV·A、额定电压为 3 300/220 V 的变压器，高压绕组为 6 000 匝。试求：(1)低压绕组的匝数；(2)高压边和低压边的额定电流；(3)当原边保持额定电压不变，副边达到额定电流，输出有功功率为 39 kW，功率因数 $\cos\phi_2 = 0.8$ 时的副边端电压 U_2。

解 (1) 根据 $\frac{U_1}{U_{20}} = \frac{N_1}{N_2}$ 可得

$$N_2 = \frac{U_{20}}{U_1} N_1 = \frac{220}{3\,300} \times 6\,000 = 400$$

(2) 根据 $S_N = U_{2N} I_{2N}$ 可得

$$I_{2N} = \frac{S_N}{U_{2N}} = \frac{50 \times 10^3}{220}\ \text{A} = 227\ \text{A}$$

由

$$\frac{I_1}{I_2} = \frac{N_2}{N_1}$$

得

$$I_{1N} = \frac{N_2}{N_1} I_{2N} = \left(\frac{400}{6\,000} \times 227 \right)\ \text{A} = 15.1\ \text{A}$$

(3) 由 $P_2 = U_2 I_2 \cos\phi_2$ 可得

$$U_2 = \frac{P_2}{I_2 \cos\phi_2} = \frac{39 \times 10^3}{227 \times 0.8}\ \text{V} = 215\ \text{V}$$

4. 变压器绕组极性及连接方法

(1) 变压器绕组的同极性端(同名端)。

当电流流入两个线圈(或流出)时，若产生的磁通方向相同，则两个流入端称为同极性端(同名端)。或者说，当铁芯中磁通变化(增大或减小)时，在两线圈中产

生的感应电动势极性相同的两端为同极性端。常用“·”表示。图 4.9(a)中，A、a(或 X、x)绕向一致为同名端；图 4.9(b)中，A、x(或 X、a)绕向一致为同极性端。如果能观察出绕组的绕向时，只需根据其绕向就可确定同极性端。

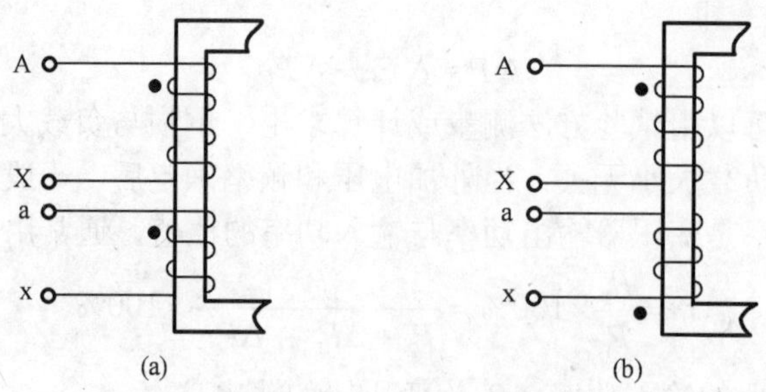

图 4.9 变压器绕组的同极性端

对于一台已制成的变压器，如引出端未注明极性或标记脱落，或绕组经过浸漆及其他工艺处理，从外观上已看不清绕组的绕向，通常用下述两种实验方法，测定变压器的同极性端。

第一种方法称为直流法。如图 4.10(a)所示，当开关 S 闭合的瞬间，如果电流计的指针正向偏转，则 1 和 3 是同极性端；若反向偏转，则 1 和 4 是同极性端。

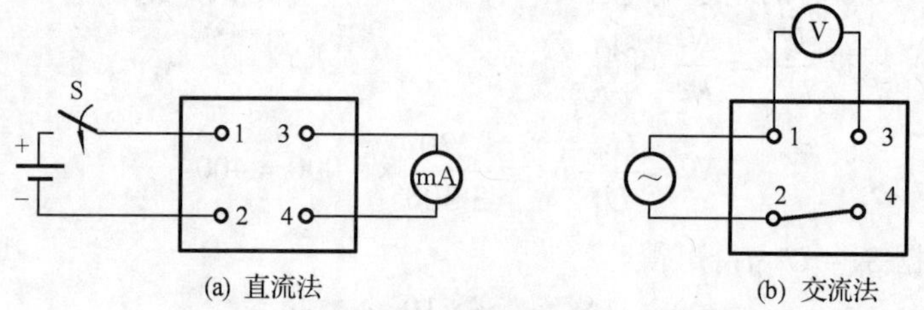

图 4.10 用实验方法测绕组的同极性端

第二种方法是交流法。如图 4.10(b)所示，将两个绕组 1—2 和 3—4 的任意两端(如 2 与 4)连接在一起，在其中一个绕组(如 1—2)的两端加一个比较低的便于测量的交流电压。用伏特计分别测量 1、3 两端的电压 U_{13} 和两绕组的电压 U_{12} 用 U_{34}。若 U_{13} 的数值是两绕组电压之差，即 $U_{13} = U_{12} - U_{34}$，则 1 和 3 是同极性端；若 U_{13} 是两绕组电压之和，即 $U_{13} = U_{12} + U_{34}$，则 1 和 4 是同极性端。

(2) 变压器绕组的连接方法。

有些单相变压器具有两个相同的原绕组和几个副绕组，这样可以适应不同的电源电压和供给几个不同的输出电压，在使用这种变压器时，必须依据同极性端相连地原则正确地连接，否则会损坏变压器。

例如，一台变压器的原绕组有相同的两个绕组，如图 4.11(a)1—2、3—4，假定每个绕组的额定电压为 110 V，当接到 220 V 的电源上时，应把两绕组的异极性端串联，如图 4.11(b)所示；接到 110 V 的电源上时，应把两绕组的同极性端并联，如图 4.11(c)所示。如果连接错误，譬如串联时将 2、4 两端连在一起，将 1、3 两端接电源，此时两个绕组的磁动势就互相抵消，铁芯中不产生磁通，绕组中也就没有感应电动势，绕组中将流过很大的电流，把变压器烧毁。

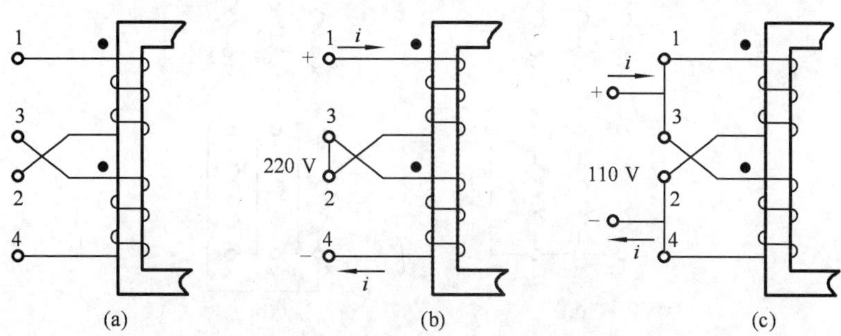

图 4.11　变压器绕组的正确连接

应该指出，只有额定电流相同的绕组才能串联，额定电压相同的绕组才能并联，否则，即使极性连接正确，也可能使其中某一绕组过载。

4.2.4　三相变压器

三相变压器是供电系统常用电器。现代电能的生产、传输和分配几乎都采用三相交流电，故三相变压器在电力系统被广泛采用。

图 4.12 是三相变压器结构示意图，从图中可以看出，三相变压器共有三个铁芯柱，每个铁芯柱都有一个原绕组和一个副绕组。原绕组的始端分别用 A、B、C 表示，其对应的末端用 X、Y、Z 表示；副绕组的始端分别用 a、b、c 表示，对应的末端用 x、y、z 表示，三相变压器的工作原理，从每一相看，和单相变压器完全一样。

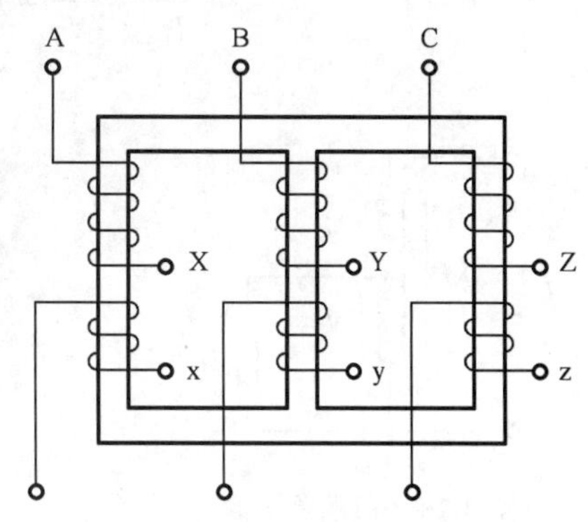

图 4.12　三相变压器结构示意图

三相变压器的连接组别较多,为了制造和使用方便，国家标准规定，三相双绕组电力变压器的标准连接有 5 种：Y，yn0；YN，y0；Y，y0；Y，d11；YN，d11。其中大写字母 Y 表示高压线组为星形连接方式，加 N 表示带中线；小写字母 y 或 d，表示低压绕组连接为星形或三角形，星形有中线引出时，后面加字母“n”(0 表示零点)。

图 4.13(a)所示为 Y，yn0 连接组的接线图,用于副边电压为 230～400 V 的配电

变压器，图 4.13(b)所示为 Y，d11 连接组的接线图。

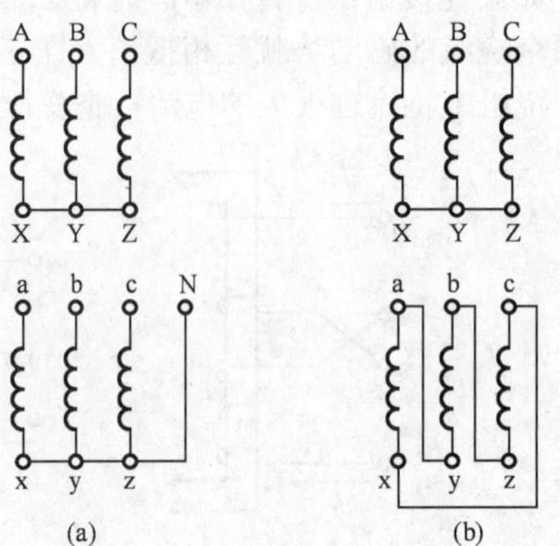

图 4.13　三相变压器的连接

4.2.5　特殊变压器

1. 自耦变压器

图 4.14 所示是一种自耦变压器电路示意图，它的副绕组是原绕组的一部分，因此原副绕组之间不仅有磁的联系，而且还有电的联系。原、副边电压、电流关系为

$$\frac{U_1}{U_2}=\frac{N_1}{N_2}=K\,,\qquad \frac{I_1}{I_2}=\frac{N_2}{N_1}=\frac{1}{K}$$

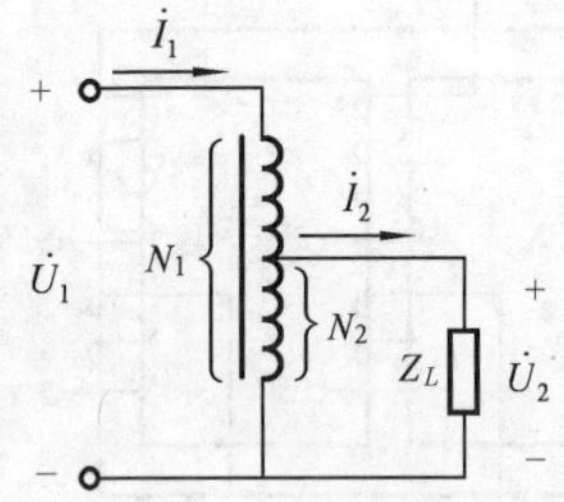

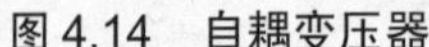

图 4.14　自耦变压器

图 4.15　调压器的外形和电路

实验室中常用的调压器是一种利用滑动触头可改变副绕组匝数的自耦变压器，其外形和电路图如图 4.15 所示。其原边额定电压为 220 V，副边输出电压为 0～250 V。使用时从安全角度考虑，需把电源的零线接至 1 端子。若把相线接在 1 端子，调压器输出电压即使为零(端子 5 和 4 重合，$N_2=0$)，但端子 5 仍为高电位，用手触摸时有危险。

2. 仪用互感器

仪用互感器是专门用于测量用的变压器。作用是将原边的高电压或大电流，按比例缩小为副边的低电压或小电流，以供测量或继电保护装置使用。仪用互感器按其用途不同，可分为电压互感器和电流互感器两种。

(1) 电流互感器。

电流互感器是一种将大电流转换为小电流的变压器，其接线图如图 4.16 所示。原绕组线径较粗，匝数很少，与被测电路负载串联；副绕组线径较细，匝数很多，与电流表及功率表、电度表、继电器的电流线圈串联。

为了工作安全，电流互感器的铁芯及副绕组的一端应该接地，正常运行时副绕组电路不允许开路。因为互感器不同于普通变压器，原边电流不取决于副边电流，而决定于被测主线路电流 I_1。所以当副边开路时，副边的电流和磁动势立即消失，原边电流成了励磁电流，使铁芯中的磁感应强度猛增，铁芯严重饱和，且严重过热，同时将在副绕组上产生很高的感应电动势，绝缘层可能被击穿，引起事故。

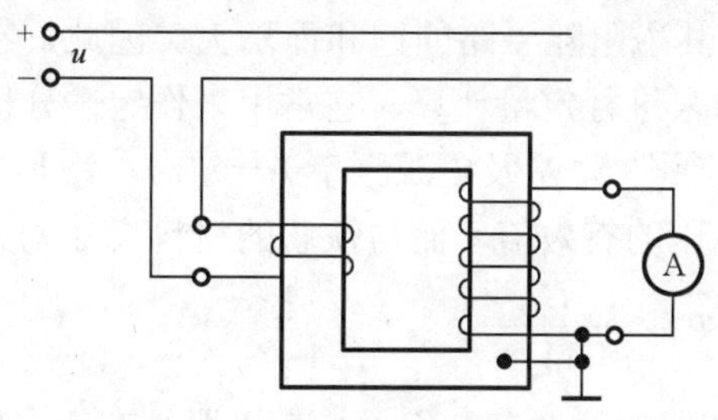

图 4.16　电流互感器接线图

图 4.17　钳形电流表

在实际工作中，经常使用钳形电流表，它是由一个特殊的电流互感器和一个电流表组合而成的，其铁芯像钳子，可以开合，如图 4.17 所示。测量时，张开铁芯，纳入被测电流的一根导线后闭合铁芯，则待测导线成为电流互感器的原绕组，只有一匝，这样可从电流表直接读出被测电流数值。电流表一般有几个量程，使用时应注意，被测电流不能超过电流表的最大量程。

(2) 电压互感器。

电压互感器实质上是一种变比较大的降压变压器，图 4.18 所示为电压互感器的接线图。电压互感器原绕组匝数较多，并联于待测电路两端；副绕组匝数较少，与电压表及电度表、功率表、继电器的电压线圈并联，用于将高电压变换成低电压。通常副边的额定电压规定为 100 V。使用时副边电路不允许短路，否则将产生比额定电流大得多的短路电流，烧坏互感器。为安全起见，必须将副绕组的一端与铁芯同时接地，以防止当绕组间的绝缘层损坏时副绕组上有高压出现。

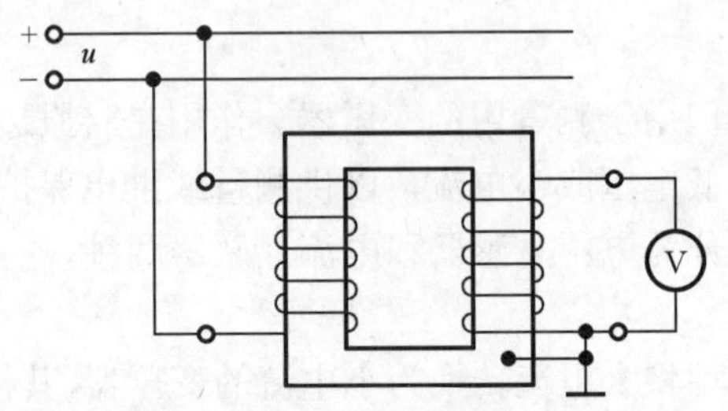

图 4.18　电压互感器的接线图

本 章 小 结

1. 铁磁材料具有高导磁性和磁化性、磁饱和性和磁滞性，因此大部分的电气设备都用铁磁材料构成磁路。

2. 磁路欧姆定律$\Phi=\dfrac{F}{R_m}=\dfrac{IN}{R_m}$，而$R_m=\dfrac{l}{\mu S}$。但由于磁性物质的磁导率不为常量($\mu$随磁路的饱和而减小)，故其磁阻随磁路的饱和而增大。因此，在非线性磁路，一般不能用磁路的欧姆定律来进行定量计算，它常用来作定性分析。

3. 对交流铁芯线圈来说，当线圈匝数 N 及电源频率 f 一定时，铁芯中主磁通幅值的大小取决于励磁线圈外加电压的有效值，而与铁芯的材料尺寸无关。即

$$\Phi_m \approx \frac{U}{4.44fN}$$

4. 所有的变压器都是由铁芯和绕组这两部分组成。变压器具有变电压，变电流和变阻抗的功能，这些变换与匝数的关系为

$$\frac{U_1}{U_2}=\frac{N_1}{N_2}=K,\quad \frac{I_1}{I_2}=\frac{N_2}{N_1}=\frac{1}{K}$$

$$|Z'|=\left(\frac{N_1}{N_2}\right)^2|Z|=K^2|Z|$$

5. 同极性端：当电流流入(或流出)两个线圈时，若产生的磁通方向相同，则两个流入端称为同极性端(同名端)。判断方法：若知道绕向用定义判断；若不知道绕向用交流法或直流法进行测量后再判断。

6. 三相双绕组电力变压器的标准连接有 5 种：Y，yn0；YN，y0；Y，y0；Y，d11；YN，d11。

7. 自耦变压器使用时应注意：①不要把原、副边搞错；②火线和零线不能接反；③调压从零位开始。

8. 严禁电流互感器的副边开路和电压互感器的副边短路运行。

习　题

4.1　变压器的铁芯起什么作用？不用行吗？

4.2　变压器能否用来变换直流电压?如将变压器接到与它的额定电压相同的直流电源上,会怎么样？

4.3　某铁芯变压器接上电源运行正常，有人为减少铁芯损耗而抽去铁芯，结果一接上电源，线圈就烧毁，为什么?

4.4　有一匝数为 100 匝，电流为 40 A 的交流接触器线圈被烧毁,检修时手头只有允许电流为 25 A 的较细导线，若铁芯窗口面积允许，问：重绕的线圈应为多少匝?

4.5　一台 220/36 V 的行灯变压器,已知原绕组 N_1 = 1 100 匝，试求副绕组匝数；若在副边接一盏 36 V、100 W 的白炽灯，问：原边电流为多少(忽略空载电流和漏阻抗压降)?

4.6　单相变压器的原边电压 U_1 = 3 300 V，其变比 K = 15，求副边电压 U_2；当副边电流 I_2 = 60 A 时，求原边电流 I_1。

4.7　电子线路，输出变压器带有一个负载 R = 8 Ω 的扬声器，为了在输出变压器的原边获得一个 29 Ω 的等效电阻，试求输出变压器的变比 K。

4.8　有一台单相变压器,容量为 10 kV·A，电压为 3 300 V/220 V，若要在它的副边接入 60 W、220 V 的白炽灯或 40 W、220 V、功率因数为 0.5(感性)的日光灯。试求：(1) 变压器满载运行时，可接白炽灯或日光灯各多少盏？(2) 原、副绕组的额定电流？

4.9　某三相变压器原绕组每相匝数 N_1 = 2 080 匝,副绕组每相匝数 N_2 = 80 匝。如果原边所加线电压 U_1 = 6 000 V，试求 Y、y 和 Y、d 两种接法时，副边的线电压和相电压。

4.10　连接在电压互感器副绕组端的电压表读数为 80 V，设在互感器铭牌上注明的变换系数为 10 000/100，试求被测电压?

实训七　小型变压器的拆装

1. 实训目的

(1) 掌握变压器的工作原理及接线方法。

(2) 掌握小型电源变压器的绕制方法。

2. 实训设备与材料

(1) 小型电源变压器 1 个。

(2) 手动绕线机 1 台。

(3) 剪刀、尖嘴钳、铁锤、木锤、刷子各一把。

(4) 铜导线。

(5) 绝缘材料：0.015 mm 电容器纸或白蜡纸、聚酯薄膜、表壳纸若干。

3. 实训内容与步骤

(1) 拆开。

拆开前，详细记录初级及次级线径、匝数、每层圈数、初次级层数、采用哪些相间绝缘、层间绝缘、底筒绝缘。拆开外壳后，松开变压器夹紧螺丝，松开铁芯，清刷硅钢片。

(2) 选择线径。

根据记录选取初次级导线直径。

(3) 选用绝缘材料。

(4) 选择线圈引线。

导线直径在 0.62 mm 以上时，不用另配引线，导线直径在 0.62 mm 以下时，应配引出线，用多股软线或耐热塑料软线，长度为 50~70 mm。

(5) 绕制线圈。

检查已裁剪好的各种绝缘材料是否有划痕，绕线机上的读数调为零，夹具拉力调合适，套上骨架，包上底筒绝缘，焊接引线。开始绕线，初级线圈绕在里面，次级线圈绕在外面。绕制完毕，外层用复合聚酯薄膜，电容器纸或黄蜡布各包一层，对接处多包一层。

(6) 浸漆。

一般变压器的绝缘材料多用纸类，吸湿性较大，故必须绝缘浸漆。目前常用有真空浸漆与普通浸漆，特殊的用环氧树脂浇铸工艺。这三种工艺都要烘 4 h 左右(温度不能太高，60～80℃)，然后放在真空中与普通漆中浸泡 15 min，直到不冒气泡为止。再滴干，晾干后烘干，时间为 14～18 h。用环氧树脂工艺的同样烘 4 h 左右，再浇注环氧树脂。

(7) 装配。

装配在平板上进行，硅钢片交错插入，要整齐。不整齐时，可用木锤敲打平整。各衔铁要紧闭，以减少磁阻与激励电流。铁芯与线圈间要有足够的绝缘强度，线圈内壁绝缘不能擦破。铁芯要紧，不能松，否则会引起噪声并且发热。

(8) 试验。

先测量绝缘电阻，低电变压器用 500 V 摇表，最低电阻为 1 kΩ/V，最少摇 1 min 为合格；而电压要求为加 1500～2000 V 电压，1 min 不击穿为合格。

4. 实训报告

(1) 工作过程。

(2) 心得体会。

第 5 章　异步电动机及其控制

本章共两大部分内容：第一部分主要讨论三相异步电动机的结构和工作原理、三相异步电动机的机械特性以及三相异步电动机的使用，对单相异步电动机作了简单的介绍。第二部分主要介绍常用的控制电器，主要讨论三相异步电动机的基本控制电路。最后对安全用电作了简单的介绍。

5.1　三相异步电动机

三相异步电动机由于具有结构简单、运行可靠、维护方便，效率较高、价格低廉等优点，因此被广泛地用来驱动各种金属切削机床、起重机械、鼓风机、水泵及纺织机械等，是工农业生产中使用得最多的电动机。

5.1.1　三相异步电动机的基本构造

三相异步电动机主要由两部分组成，固定不动的部分称为电动机定子，简称定子；旋转并拖动机械负载的部分称为电动机转子，简称转子。转子和定子之间有一个非常小的空气气隙将转子和定子隔离开来，根据电动机容量大小的不同，气隙一般在 0.4～4 mm 的范围内。转子和定子之间没有任何电气上的联系，能量的传递全靠电磁感应作用，所以这样的电动机也称感应式电动机。三相异步电动机的基本构造如图 5.1 所示。 电动机定子由支撑空心定子铁芯的钢制机座、定子铁芯和定子绕组线圈组成。定子铁芯由 0.5 mm 厚的硅钢片叠制而成。定子铁芯上的插槽是用来嵌放对称三相定子绕组线圈的。电动机转子由转子铁芯、转子绕组和转轴组成。转子铁芯由表面冲槽的硅钢片叠制而成一圆柱形。转子铁芯装在转轴上，转轴拖动机械负载。

异步电动机的转子有两种形式：鼠笼式转子和绕线式转子。

鼠笼式转子绕组像一个圆柱形的笼子，如图 5.2 所示，在转子心槽中放置铜条(或铸铝)，两端用端环短接。额定功率在 100 kW 以下的鼠笼式异步电动机的转子绕组端环及作冷却用的叶片常用铝铸成一体。由于鼠笼式转子结构简单，因此这种电动机运用最为广泛。

绕线异步电动机的转子绕组同定子绕组一样也是三相的，它连接成星形。每相绕组的始端连接在三个铜制的滑环上，滑环固定在转轴上。环与环，环与转

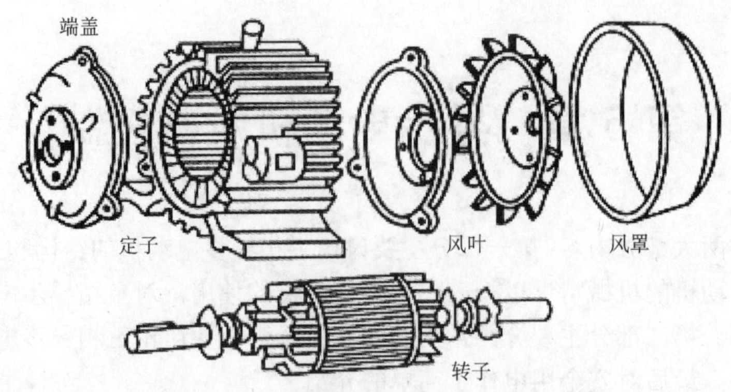

图 5.1　三相异步电动机结构示意图

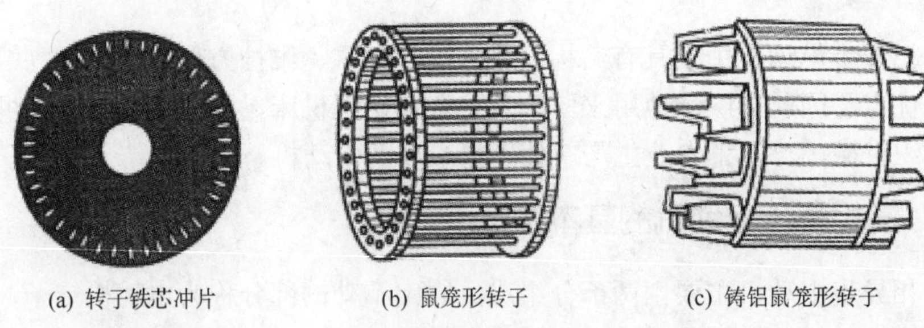

图 5.2　鼠笼式转子结构示意图

轴之间都是互相绝缘的，通过与滑环滑动接触的电刷和转子绕组的三个始端与外电路的可变电阻相连接，用于启动和调速。绕线异步电动机转子构造如图 5.3 所示。

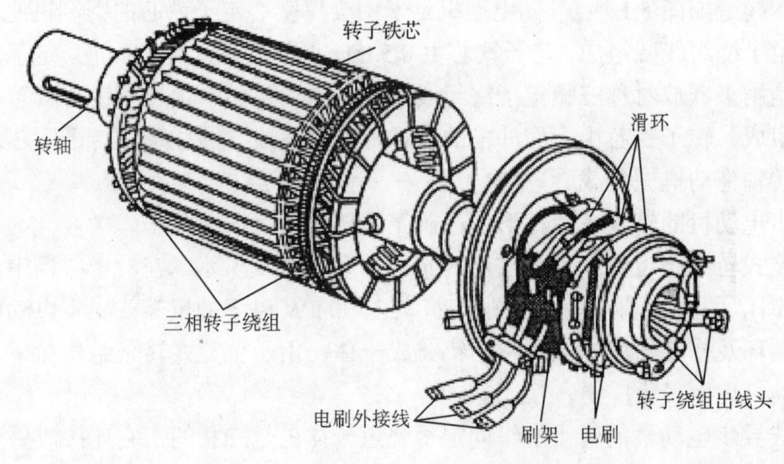

图 5.3　绕线异步电动机转子结构示意图

绕线异步电动机的结构比鼠笼式的复杂，价格较高，一般用于要求具有较大启动转矩以及有一定调速范围的场合，如大型立式车床和起重设备等。

鼠笼式电动机和绕线式电动机只是在转子的结构上不同，工作原理是相同的。

5.1.2　三相异步电动机的工作原理

三相异步电动机的定子绕组接通三相交流电源后，在定子中就会产生一个连续的旋转磁场，旋转磁场与转子绕组内的感应电流相互作用，产生电磁转矩，转子就可以转动起来。

1. 旋转磁场

(1) 旋转磁场的产生。

三相异步电动机的定子绕组嵌放在定子铁芯槽内，按一定规律连接成三相对称结构。三相绕组 U_1U_2、V_1V_2、W_1W_2 在空间上互成 120°，把它们连接成星形，如图 5.4 所示。当三相绕组接上三相对称电源时，电流的参考方向如图 5.4 所示，则三相绕组中便有三相对称电流。

$$\begin{cases} i_u = I_m \sin\omega t \\ i_v = I_m \sin(\omega t - 120^\circ) \\ i_w = I_m \sin(\omega t + 120^\circ) \end{cases}$$

三相对称电流的波形图如图 5.5 所示。

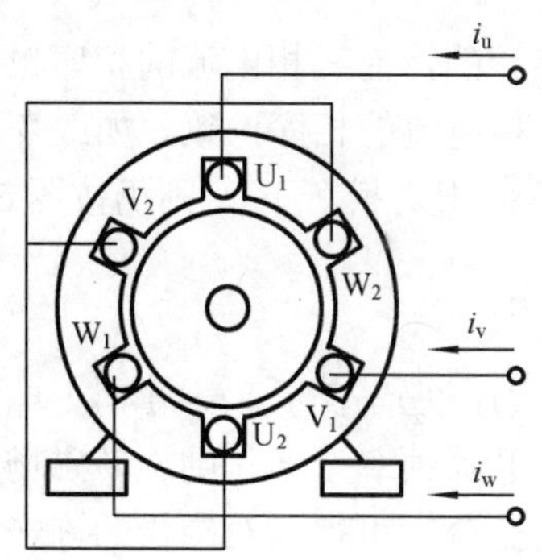

图 5.4　三相定子绕组的布置

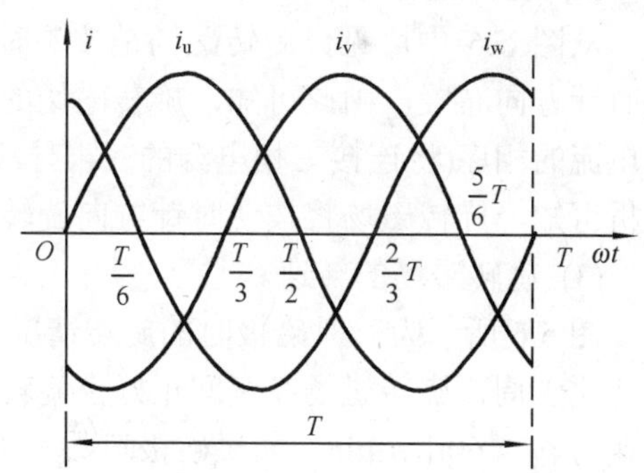

图 5.5　三相对称电流的波形图

由波形图可知，在 $t = 0$ 时，$i_u = 0$，i_v 为负，说明实际电流的方向与 i_v 的参考方向相反，即 V_2 端流进，V_1 端流出；i_w 为正，说明实际电流方向与 i_w 的参考方向一致，即 W_1 端流进，W_2 端流出。合成磁场的方向由右手螺旋定则判断可知是自上而下，如图 5.6(a)所示。

当时间到达 $t = \dfrac{T}{3}$ 时，i_u 为正，电流方向与 i_w 的参考方向一致，即 U_1 端流进，

U_2端流出；$i_V = 0$； i_W为负，电流方向与 i_W的参考方向相反，即 W_2端流进，W_1端流出。合成磁场的方向在空间顺时针方向转过了 120°，如图 5.6(b)所示。

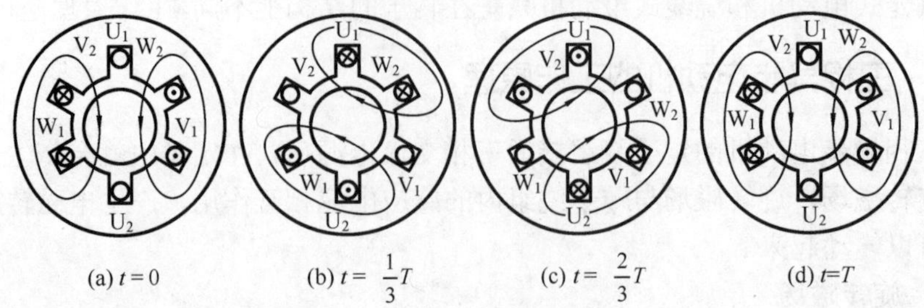

图 5.6　三相电流产生的旋转磁场

当时间到达$t = \dfrac{2}{3}T$时，i_u为负，电流方向与 i_W的参考方向相反，即 U_2端流进，U_1端流出；i_V为负，电流方向与 i_W的参考方向一致，即 V_1端流进，V_2端流出；$i_W = 0$。合成磁场的方向在空间顺时针方向又转过了 120°，如图 5.6(c)所示。

当时间到达 $t = T$ 时，三相电流与 $t = 0$ 时的情况相同，合成磁场的顺时针方向又转过 120°，回到 $t = 0$ 时的位置，如图 5.6(d)所示。

由此可见，三相绕组通入三相交流电流时，将产生旋转磁场。如果绕组对称，电流也对称，则这个磁场的大小便恒定不变。

(2) 旋转磁场的方向。

从图 5.6 中可见，旋转磁场是按顺时针方向旋转的，而三相电流的相序也按顺时针方向布置，由此可知，旋转磁场的方向与三相电流的相序一致。如改变三相电流的相序(将连接三相电源的三根导线中的任意两根对换一下)，则仍按图 5.6 分析可知，旋转磁场将按逆时针方向旋转。

(3) 旋转磁场的转速。

图 5.6 所示为一对磁极时的旋转情况。磁极对数用“p”表示，$p = 1$ 时，电流每变化一周，旋转磁场在空间正好也旋转一周。设电源频率为 f_1，则旋转磁场的转速为 $n_0 = 60f_1$ r/min。如果磁极对数不为 1，则根据分析可得 p 对磁极的旋转磁场的转速为

$$n_0 = \frac{60 f_1}{p} \text{ r / min} \tag{5.1}$$

式中：f_1为电源频率；p 为磁极对数；n_0为旋转磁场的转速，亦称为同步转速。

我国工业用电频率为 50 Hz。对一台具体的电动机来说，磁极对数是确定的，因此，n_0 也是确定的，如 $p = 1$ 时，$n_0 = 3\,000$ r/min；$p = 2$ 时，$n_0 = 1\,500$ r/min；$p = 3$ 时，$n_0 = 1\,000$ r/min 等。

2. 三相异步电动机的转动原理

如图 5.7 所示，当定子对称的三相绕组中通入对称的三相电流时，则可产生转速为同步转速 n_0，转向与电流的相序一致的旋转磁场(图中为顺时针方向)。固定不动的转子绕组就会与旋转磁场相切割，在转子绕组中产生感应电动势，其方向可用右手定则来判断。由于转子绕组自身闭合，感应电动势便会在转子绕组中产生感应电流从而使转子绕组成为载流导体。

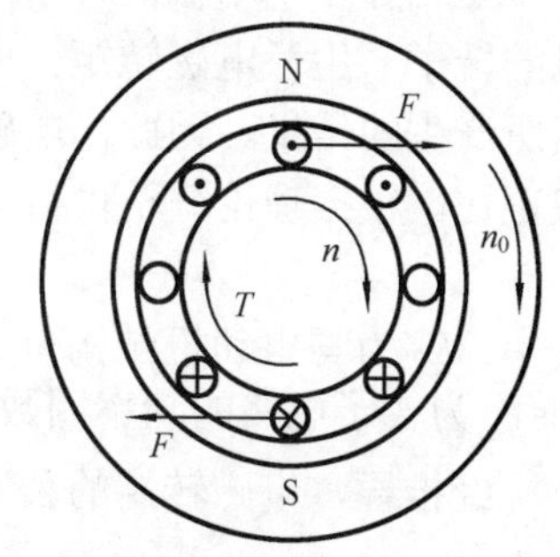

图 5.7　异步电动机转动原理

载流转子导体在旋转磁场中受到电磁力的作用，方向可用左手定则判断。这些电磁力对转轴形成电磁转矩 T，其方向与旋转磁场的转向一致。于是转子是在电磁转矩的作用下，沿着旋转磁场的转向转动起来，转速为 n。

异步电动机的转速 n 总是小于并接近同步转速 n_0。如果 $n = n_0$，则转子与旋转磁场间无相对运动，转子导体将不再切割磁力线，因而其感应电动势、感应电流和电磁转矩就不能形成，转子也就不能转动了。因此，转子的转速与同步转速不能相等，且 $n<n_0$，这就是“异步”的含义。又因转子电流是由电磁感应产生的，所以又称感应电动机。

电动机的同步转速与转子的转速之差称为转速差，转速差与同步转速的比值称为转差率，用 s 表示，即

$$s=\frac{n_0-n}{n_0}\times 100\% \tag{5.2}$$

式中，s 为分析异步电动机运行的一个重要参数。当 $n=0$ 时(启动瞬间)，$s=1$，转差率最大；当 $n=n_0$(理想空载情况)时，$s=0$。一般 s 在 0~1 之间变化。稳定运行时工作转速与同步转速比较接近，因此，s 较小。通常异步电动机的 s =2%～8%。

例 5.1　有一台三相异步电动机，其额定转速 $n = 1\,460$ r/min，试求电动机在额定负载时的转差率 (电源频率 $f_1 = 50$ Hz)。

解

$$n\approx n_0=\frac{60f}{p}$$

$$p=\frac{60f_1}{n}=\frac{60\times 50}{1\,460}=2.05\text{，取 } p=2$$

$$n_0=\frac{60f_1}{p}=\frac{60\times 50}{2}=1\,500$$

$$s=\frac{n_0-n}{n_0}=\frac{1\,500-1\,460}{1\,500}\times 100\%\approx 2.7\%$$

5.1.3 三相异步电动机的电磁转矩和机械特性

1. 三相异步电动机的电磁转矩

三相异步电动机的转子电流与旋转磁场相互作用产生电磁力，电磁力对电动机的转子产生了电磁转矩。由此可见，电磁转矩是由转子电流和旋转磁场共同作用所产生的结果。因此，电磁转矩 T 的大小与转子电流以及旋转磁场每极的磁通成正比。根据理论分析可得

$$T = K_T \Phi I_2 \cos\phi_2 \tag{5.3}$$

式中：K_T 为与电动机结构有关的常数；Φ 为旋转磁场每极的磁通；I_2 为转子电流；$\cos\phi_2$ 为转子电路的功率因数。

经推导，电磁转矩的公式还可表示为

$$T = KU_1^2 \frac{sR_2}{R_2^2 + (sX_{20})^2} \tag{5.4}$$

式中：K 是一常数；U_1 为定子绕组相电压的有效值；R_2 为转子每相绕组的电阻；X_{20} 为转子静止时转子电路漏磁感抗，通常也是常数。

从式(5.4)可知，三相异步电动机的转矩与每相电压的有效值的二次方成正比，也就是说，当电源电压变动时，对转矩产生较大的影响。此外，转矩与转子电阻也有关。当电压和转子电阻一定时，电磁转矩 T 是转差率 s 的函数，其关系曲线如图 5.8 所示，通常称 $T=f(s)$曲线为异步电动机的转矩特性曲线。

由转矩特性可以看到，当 $s=0$ 时，即 $n=n_0$ 时，$T=0$，这是理想空载运行状态，随着 s 的增大，T 也增大；但到达最大值 T_{max} 以后，随着 s 的增大，T 反而减小，最大转矩 T_{max} 称为临界转矩，与其对应的 s_m 称为临界转差率。

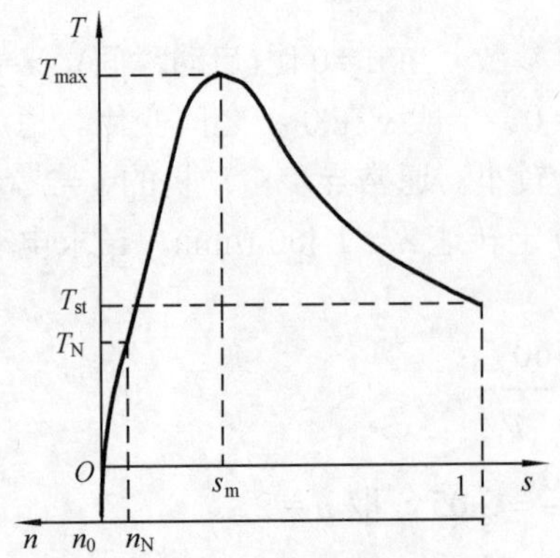

图 5.8 三相异步电动机的转矩特性

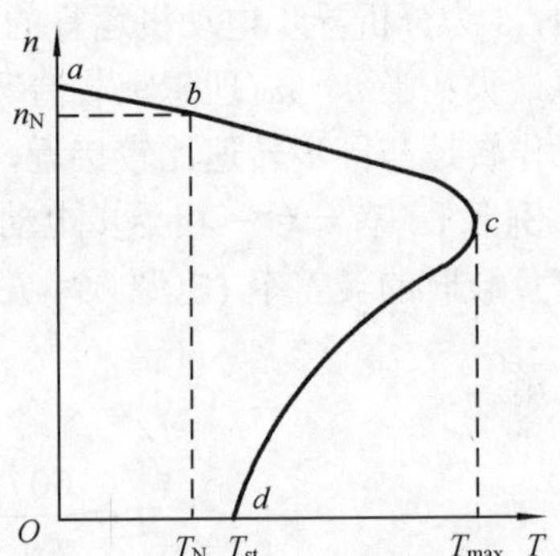

图 5.9 三相异步电动机的机械特性

2. 三相异步电动机的机械特性

由 $n=(1-s)n_0$，可将 $T=f(s)$转换为 $n=f(T)$，这就是异步电动机的机械特性。$n=f(T)$曲线称为电动机的机械特性曲线，如图 5.9 所示。

为了理解三相异步电动机机械特性的特点，下面着重讨论几个反映电动机工作的特殊运行点。

(1) 额定转矩 T_N。

额定转矩对应于图 5.9 所示机械特性上的 b 点。额定转矩是电动机在额定负载时的转矩。额定负载转矩可从电动机铭牌数据给出的额定功率 P_{2N}(注意：电动机铭牌数据给出的功率是输出到转轴上的机械功率，而不是电动机消耗的电功率)和额定转速 n_N 求得

$$T_N = \frac{P_{2N} \times 10^3}{\dfrac{2\pi\, n_N}{60}} = 9\,550 \frac{P_{2N}}{n_N} \tag{5.5}$$

式中：功率的单位是 kW；转速的单位是 r/min；转矩的单位是 N·m。在电动机运行过程中，负载通常会变化，如电动机机械负载增加时，打破了电磁转矩和负载转矩间的平衡，此时负载转矩大于电磁转矩，电动机的速度将下降，同时，旋转磁场对于转子的相对速度加大以及旋转磁场切割转子导条的速度加快，都将导致转子电流 I_2 增大，从而电磁转矩增大，直到同负载转矩相等为止，这样电动机就维持一个略低于原来转速的速度平稳运转。所以如图 5.9 所示，电动机有载运行一般工作在机械特性较为平坦的 ac 段。

电动机转速随负载的增加而下降得很少的机械特性称为硬特性。电动机的转速随负载的增加而下降得很多的机械特性称为软特性。因此，从图 5.9 中可看出，三相异步电动机的硬特性表现显著。

(2) 最大转矩 T_{max}。

最大转矩 T_{max} 是表示电动机所能产生的最大电磁转矩值，它对应于图 5.9 所示机械特性上的 c 点，又称临界转矩。最大转矩对应的转差率称为临界转差率，用 s_m 表示，经推导可得临界转差率为

$$s_m = \frac{R_2}{X_{20}} \tag{5.6}$$

将其代入式(5.4)，可得

$$T_{max} = K_T' \frac{U_1^2}{2X_{20}} \tag{5.7}$$

由此可见，T_{max} 与电源电压 U_1 的二次方成正比，与 X_{20} 成反比，而与 R_2 无关；而 s_m 与 R_2 成正比，与 X_{20} 成反比。T_{max} 与 U_1 及 R_2 的关系曲线分别如图 5.10 和图 5.11 所示。

当异步电动机的负载转矩超过最大转矩 T_{max} 时，电动机将发生“堵转”的现象，此时电动机的电流是额定电流的数倍，若时间过长，电动机会剧烈发热，以致烧坏。

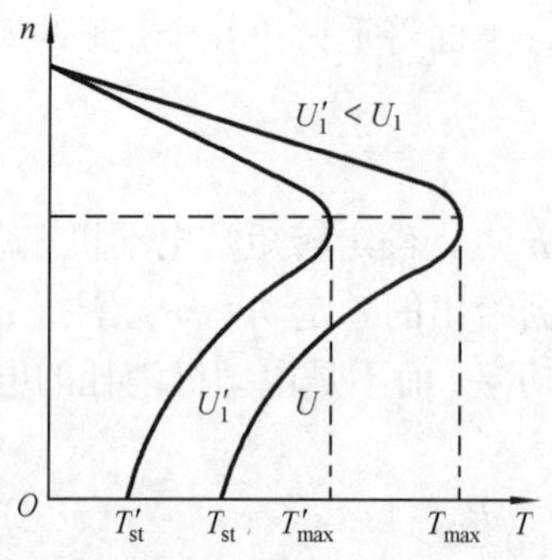

图 5.10　U_1变化的$n=f(T)$曲线(U_1为常数)

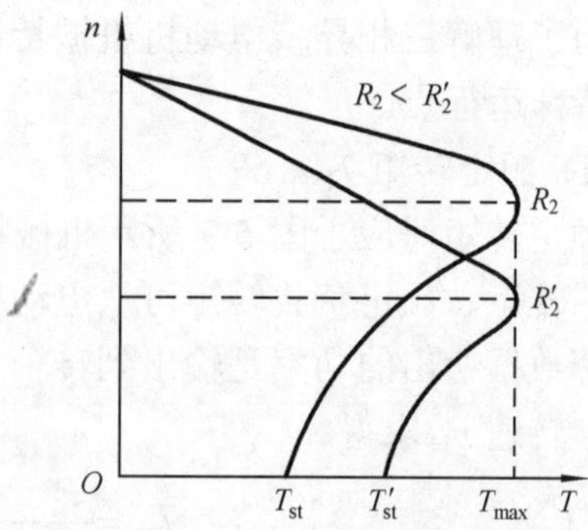

图 5.11　R_2变化的$n=f(T)$曲线(R_2为常数)

电动机短时容许的过载能力，通常用最大转矩 T_{max} 与额定转矩 T_N 的比值来表示，称为过载系数 λ，即

$$\lambda=\frac{T_{max}}{T_N} \tag{5.8}$$

一般三相异步电动机的过载系数为 1.8～2.2。

(3) 启动转矩 T_{st}。

启动转矩 T_{st} 对应于图 5.9 所示机械特性上的 d 点，启动转矩 T_{st} 是电动机运行性能的重要指标。因为启动转矩的大小将直接影响到电动机拖动系统的加速度的大小和加速时间的长短。如果启动转矩小，电动机的启动会变得十分困难，有时甚至难以启动。在电动机启动时，$n=0$，$s=1$，将 $s=1$ 代入式(5.4)可得

$$T_{st}=K_T'\frac{sR_2U_1^2}{R_2^2+(X_{20})^2} \tag{5.9}$$

由式(5.9)可以看出，异步电动机的启动转矩同电源电压 U_1 的二次方成正比，再参看图 5.10 所示，当 U_1 降低时，启动转矩 T_{st} 明显降低。结合刚才讨论过的最大转矩可以看出，异步电动机对电源电压的波动十分敏感，运行时，如果电源电压降得太多，会大大降低异步电动机的过载和启动能力，这个问题在使用异步电动机时要充分重视。由式(5.7)并结合图 5.11，当转子电阻 R_2 适当加大时，最大转矩 T_{max} 没有变化(最大转矩同 R_2 无关)，但启动转矩 T_{st} 会加大。这是因为转子电路电阻增加后，提高了转子回路的功率因数，转子电流的有功分量增大，因而启动转矩增大。

只有当启动转矩大于负载转矩时，电动机才能启动。通常将机械特性上的启动转矩与额定转矩之比称为启动转矩倍数

$$K_{st}=\frac{T_{st}}{T_N} \tag{5.10}$$

它反映电动机启动负载能力。星形系列三相异步电动机的 $K_{st}=1.7～2.2$。

5.1.4 三相异步电动机的使用

1. 铭牌数据

正确地选择异步电动机，就要详细了解电动机的铭牌数据，电动机铭牌提供了许多有用的信息，上面标有电动机的型号、规格和有关技术参数。下面以 Y180M-4 型电动机铭牌为例，来说明铭牌上各个数据的意义。

三相异步电动机		
型号　Y180M-4	功率　18.5 kW	频率　50 Hz
电压　380 V	电流　35.9 A	接法　△
转速　1 470 r/min	绝缘等级　E	功率因数　0.86
效率　0.91	温升　60℃	工作方式　连续
出厂编号×××××	出厂日期××××××	×××××电机厂

(1) 型号。为了适应不同用途和不同工作环境的需要，电动机可制成不同的系列和种类，每种电动机用不同的型号表示。型号说明如下：

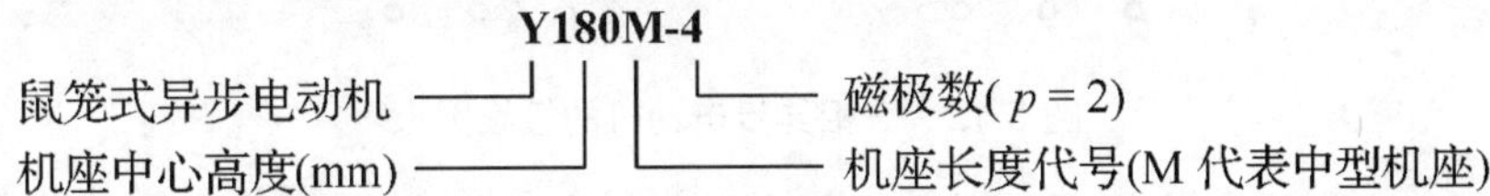

(2) 额定功率和效率。铭牌上所标额定功率值是指电动机在额定电压、额定频率、额定负载下运行时轴上输出的额定机械功率 P_N。效率就是电动机铭牌上给出的功率同电动机从电网输入电功率的比值。

(3) 额定频率。指电动机定子绕组所加交流电源的频率，我国工业用交流电标准频率为 50 Hz。

(4) 额定电压。铭牌上所标的额定电压是指电动机在额定运行时定子绕组上加的额定线电压值。Y 系列三相异步电动机的额定电压统一为 380 V。

(5) 额定电流。铭牌所标的额定电流值是指电动机在额定运行时定子绕组的额定线电流值。当电动机空载或轻载时，都小于这个电流值。

(6) 功率因数。因为电动机是电感性负载，定子相电流比定子相电压滞后一个 ϕ 角，$\cos\phi$ 就是电动机的功率因数。三相异步电动机功率因数较低，在额定负载时为 0.7～0.9，而在轻载和空载时更低，空载时只有 0.2～0.3。因此，必须正确选择电动机的容量，使电动机能保持在满载下工作。

(7) 额定转速。铭牌所给出的额定转速是电动机在额定电压、额定功率、额定频率下运行时每分钟的转数。电动机所带负载不同转速略有变化。轻载时稍快，重载时稍慢些。如果是空载，接近同步转速。

(8) 接法。表示电动机在额定电压下定子三相绕组的连接方法。一般电动机定子三相绕组的首、尾端均引至接线板上，国家标准规定用符号 U_1、V_1、W_1 分别表示电动机三相绕组线圈的首端，用符号 U_2、V_2、W_2 分别表示电动机三相绕组线圈的尾端。电动机的六个线头可以接成星形和三角形，如图 5.12 所示。但必须按铭牌所规定的接法连接，才能正常运行。

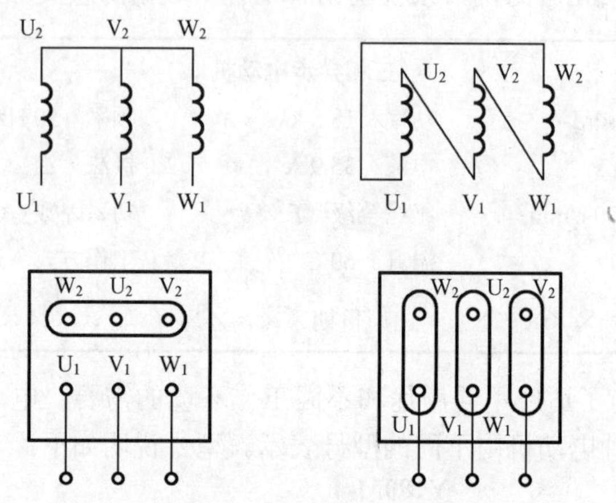

图 5.12　三相异步电动机的接线图

(9) 工作方式。这一项是指电动机在连续工作制，还是短时或断续工作制下运行。若标为"连续"，表示电动机可在额定功率下连续运行，绕组不会过热；若标为"短时"，表示电动机不能连续运行，而只能在规定的时间内依照额定功率短时运行，绕组不会过热；若标为"断续"，表示电动机的工作是短时的，但能多次重复运行。

(10) 绝缘等级及温升。指电动机定子绕组所用的绝缘材料允许的最高温度的等级。中小型电动机常用的绝缘分为 A、E、B、F、H 五级。目前一般电动机采用较多的是 E 级绝缘和 B 级绝缘。

温升是指电动机运行时定子铁芯和绕组温度高于环境温度的允许温差。

例 5.2　有一三相异步电动机，其铭牌给出额定数据为：$P_N = 7.5$ kW，$n_N = 1\,470$ r/min，$U_1 = 380$ V，$\eta = 86.2\%$，$\cos\phi = 0.81$。试求：(1)额定电流；(2)额定转差率；(3)额定转矩；(4)若该电动机的 $T_{st}/T_N = 2.0$，在额定负载下，电动机能否采用 Y/△方法启动？

解　(1) 额定电流

$$I_N = \frac{P_N}{\eta\sqrt{3}U_1\cos\phi} = \frac{7.5\times10^3}{0.862\times\sqrt{3}\times380\times0.81}\text{ A} = 16.3\text{ A}$$

(2) 由 $n = 1\,470$ r/min 可知，其磁极对数 $p = 2$，同步转速 $n_0 = 1\,500$，所以

$$s = \frac{n_0 - n}{n_0} \times 100\% = \frac{1\,500 - 1\,470}{1\,500} \times 100\% = 2\%$$

(3) 额定转矩

$$T_N = 9550\frac{P_N}{n_N} = 9\,550 \times \frac{7.5}{1\,470}\ \text{N} \cdot \text{m} = 48.7\ \text{N} \cdot \text{m}$$

(4) 星形接法时的启动转矩是三角形接法时启动转矩的三分之一，即

$$T_{stY} = \frac{1}{3}T_{st\triangle} = \frac{1}{3} \times 2.0 \times 48.7\ \text{N} \cdot \text{m} = 32.47\ \text{N} \cdot \text{m}$$

此时，电动机星形接法时的启动转矩小于负载转矩 48.7 N·m，故不能采用Y/△方法启动。

2. 三相异步电动机的启动

电动机接通电源，转速由零上升到稳定值的过程称为启动过程。启动开始时，$n = 0$，$s = 1$，由于电动机转子处于静止状态，旋转磁场以最快速度扫过转子绕组，此时转子绕组感应电动势是最高的，因而产生的感应电流也是最大的，通过气隙磁场的作用，电动机定子绕组也出现非常大的电流。一般启动电流 I_{st} 是额定电流 I_N 的 5～7 倍。 对于这样大的启动电流，如果频繁启动，将引起电动机过热。对于大容量的电动机，在启动的这段时间内，甚至引起供电系统过负荷，电源线的线电压因此而产生波动，这可能严重影响其他用电设备的正常工作。为了减小启动电流，同时又有足够大的启动转矩，必须采用适当的启动方法。

(1) 直接启动。

直接启动就是用闸刀开关和交流接触器将电动机直接接到具有额定电压的电源上(见图 5.13)。此时 I_{st} 是额定电流 I_N 的 5～7 倍，而 $K_{st} = 1.7$～2.2。直接启动法的优点是操作简单，无须很多的附属设备；主要缺点是启动电流较大。鼠笼式异步电动机能否直接启动，要视三相电源的容量而定。通常在一般情况下，10 kW 以上的异步电动机，就不允许直接启动了，必须采用能够减小启动电流的其他启动方法。

(2) 降压启动。

这种方法是用降低异步电动机端电压的方法来减小启动电流。由于异步电动机的启动转矩与端电压的二次方成正比，所以采用此方法时，启动转矩会同时减小。该方法只适用于对启动转矩要求不高的场合，即空载或轻载的场合。

● Y/△启动法。这种启动法适用于正常运行时绕组为三角形连接的电动机，电动机的三相绕组的六个出线端都要引出，并接到转换开关上。启动时，将正常运行时三角形接法的定子绕组改接为星形连接，启动结束后再换为三角形连接。这种方法只适用于中小型鼠笼式异步电动机。图 5.14 所示的是这种方法的电路图。

由第 3 章三相交流电路知识可推得：星形连接时的启动电流为三角形连接直接

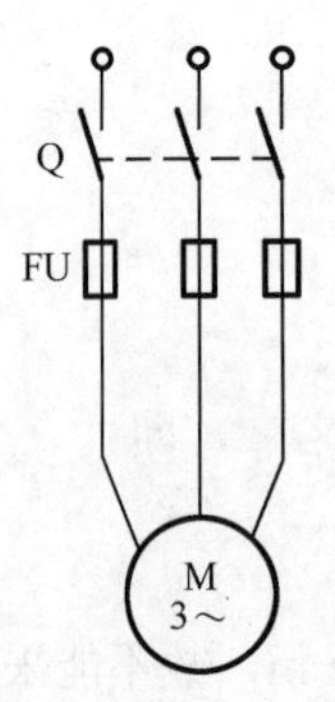

图 5.13　直接启动线路

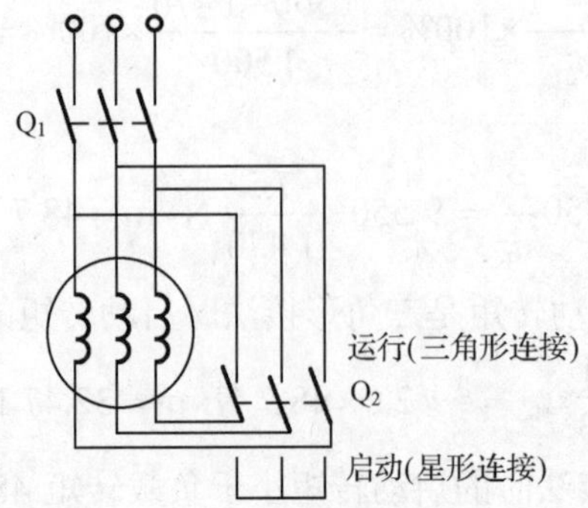

图 5.14　Y/△启动电路图

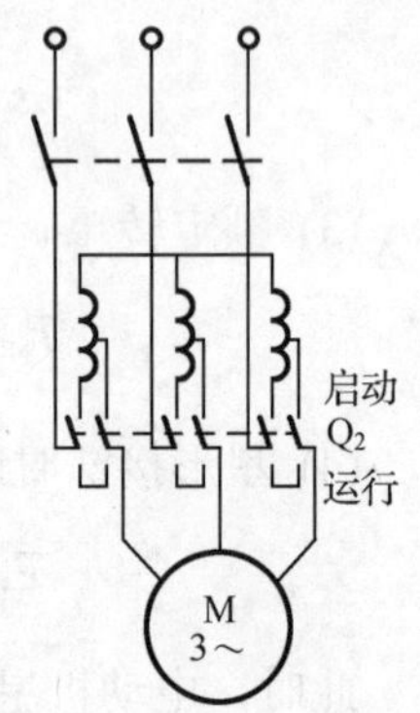

图 5.15　自耦变压器降压启动线路

启动时的三分之一，其启动转矩也为后者的三分之一。

$$\begin{cases} I_{\mathrm{Y}} = \dfrac{1}{3} I_{\triangle} \\ T_{\mathrm{Y}} = \dfrac{1}{3} T_{\triangle} \end{cases} \tag{5.11}$$

Y/△启动设备简单，成本低，操作方便，动作可靠，使用寿命长。目前，4～100 kW 异步电动机均设计成 380 V 的三角形连接，因此这种方法应用非常广泛。

● 自耦变压器启动法。这种方法用三相自耦变压器来降低启动时加在定子绕组上的电压，如图 5.15 所示。启动前先将 Q_2 扳至“启动”位置，电源电压经自耦变压器降压后送到定子绕组上。启动完毕，将 Q_2 扳至“运行”位置，自耦变压器被切除，三相电源直接接在电动机定子绕组上，在额定电压下正常运行。

用这种方法启动时，有

$$\begin{cases} I'_{\mathrm{st}} = \dfrac{1}{K_{\mathrm{a}}^2} I_{\mathrm{st}} \\ T'_{\mathrm{st}} = \dfrac{1}{K_{\mathrm{a}}^2} T_{\mathrm{st}} \end{cases} \tag{5.12}$$

式中：I_{st}、T_{st} 分别为直接启动的启动电流和启动转矩；I'_{st}、T'_{st} 分别为自耦变压器启动时的启动电流和启动转矩；K_{a} 为自耦变压器的变比。

自耦变压器常备有 3 个抽头，其输出电压分别为电源电压的 80%、60%和 40%，可以根据对启动转矩的不同要求选用不同的输出电压。

● 绕线式电动机的启动。绕线异步电动机可以在转子电路中串接电阻启动，图 5.16 为原理接线图。启动时，转子绕组电路中接入外接电阻，在启动过程中逐步切除启动电阻，启动完毕后将外接电阻全部短接，电动机进入正常运行状态。

转子电路接入电阻以后，减小了启动电流，同时，由于转子电路电阻的增加，可使启动转矩增大，可见，其启动性能优于鼠笼式电动机，故常用于启动频繁及启动转矩要求较大的生产机械上(如起重机械等)。

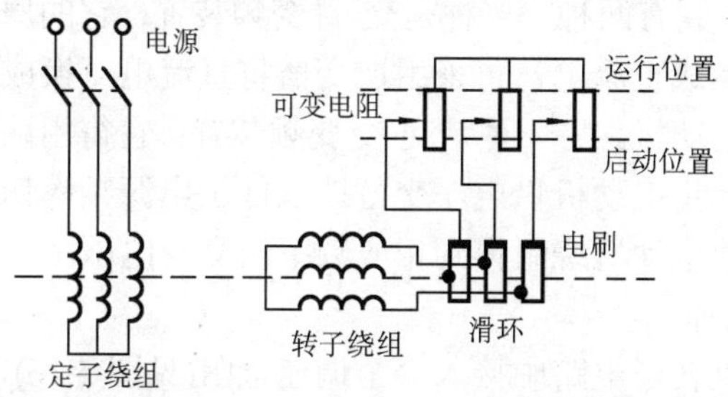

图 5.16　绕线异步电动机启动线路图

3. 三相异步电动机的调速

调速就是电动机在同一负载下得到不同的转速，以满足生产过程的需要。有些生产机械，为了加工精度的要求，例如一些机床，需要精确调整转速。另外，像鼓风机、水泵等流体机械，根据所需流量调节其速度，可以节省大量电能。所以三相异步电动机的速度调节是它的一个非常重要的应用方面。

从异步电动机的转速公式

$$n = (1-s)n_0 = (1-s)\frac{60 f_1}{p}$$

可知，异步电动机可以通过三种方式进行调速：①改变电动机旋转磁场的磁极对数 p；②改变供电电源的频率 f_1；③改变转差率 s。下面分别介绍这几种调速方法。

(1) 变极调速。

变极调速就是改变电动机旋转磁场的磁极对数 p，从而使电动机的同步转速发生变化而实现电动机的调速，通常通过改变电动机定子绕组的连接实现，这种方法的优点是操作设备简单；缺点是只能有级调速，调速的级数不可能多，因此只适用于不要求平滑调速的场合。改变绕组的连接可以有多种方法，可以在定子上安装一套能变换为不同磁极对数的绕组；也可以在定子上安装两套不同磁极对数的单独绕组；还可以混合使用这两种方法以得到更多的转速。

应当指出的是，变极调速只适用于鼠笼式异步电动机，因为鼠笼转子的磁极对数能自动随定子绕组磁极对数的变化而变化。

(2) 变频调速。

异步电动机的变频调速是一种很好的调速方法。异步电动机的转速正比于电源的频率 f_1，若连续调节电动机供电电源的频率，即可连续改变电动机的转速。随着电力电子技术的发展，很容易大范围且平滑地改变电源频率，因而可以得到平滑的无级调速，且调速范围较广，有较硬的机械特性。因此，这是一种比较理想的调速方法，是交流调速的发展方向。

工频电源频率是固定的 50 Hz，所以要改变电源频率 f_1 来调速，需要一套变频装置，目前变频装置有两种。一种是交-直变频装置；它的原理是先用可控硅整流装置将交流电转换成直流电，再采用逆变器将直流电变换成频率可调、电压值可调的交流电供给电动机。另一种是交-交变频装置；它得用两套极性相反的晶闸管整流电路向三相异步电动机供电，交替地以低于电源频率切换正、反两组整流电路的工作状态，使电动机绕组得到相应频率的交变电压。

(3) 变转差率调速。

在绕线式电动机转子电路中接入一个调速电阻(见图 5.16)，改变电阻的大小，就可以调速。在同负载转矩下，增大调速电阻，转差率 s 上升，转速 n 下降。这种调速方法的优点是设备简单、调速平滑，但能量消耗大，在起重设备上使用较多。

4. 三相异步电动机的制动

在生产实际中，经常要求电动机能够在很短的时间内停止运转，这就是电动机的制动工作状态。所谓制动是指电动机的转矩 T 与电动机转速 n 的方向相反时的情况，此时电动机的电磁转矩起制动作用，使电动机很快停下来。

(1) 电源反接制动。

若异步电动机正在稳定运行时，将其连至定子电源线中的任意两相反接，电动机三相电源的相序突然转变，旋转磁场也立即随之反向，转子由于惯性的原因仍在原来的方向上旋转，此时旋转磁场转动的方向同转子转动的方向刚好相反。转子导条切割旋转磁场的方向也同原来相反，所以产生的感应电流的方向也相反，由感应电流产生的电磁转矩也同转子的转向相反，对转子产生强烈制动作用，电动机转速迅速下降为零，使被拖动的负载快速刹车(见图 5.17)。这时，需及时切断电源，否则电动机将反向启动旋转。

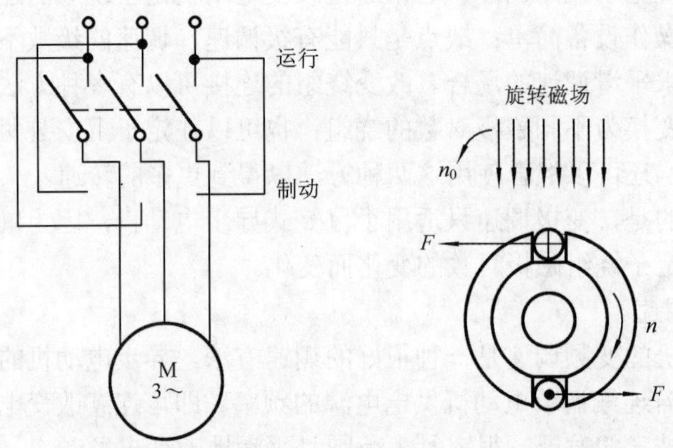

图 5.17　三相异步电动机的电源反接制动

这种制动的特点是制动时在转子回路产生很大的冲击电流，从而也对电源产生冲击。为了限制电流，在制动时，常在鼠笼式电动机定子电路中串接电阻限流。在电源反接制动下，电动机不仅从电源吸取能量，而且还从机械轴上吸收机械能(由机械系统降速时释放的动能转换而来)并转换为电能，这两部分能量都消耗在转子电阻上。 这种制动方法的优点是制动强度大，制动速度快；缺点是能量损耗大，对电动机和电源产生的冲击大，也不易实现准确停车。

(2) 能耗制动。

使用异步电动机电源反接制动的方法来实现准确停车有一定困难，因为它容易造成反转，能耗制动则能较好地解决这个问题。能耗制动方法就是在电动机切断三相电源的同时，将一直流电源接到电动机三相绕组中的任意两相上(见图5.18)，使电动机内产生一恒定磁场。由于异步电动机及所带负载有一定的转动惯量，电动机仍在旋转，转子导条切割恒定磁场产生感应电动势和电流，与磁场作用产生电磁转矩，其方向与转子旋转方向相反，对转子起制动作用。在它的作用下，电动机转速迅速下降，此时机械系统存储的机械能被转换成电能后消耗在转子电路的电阻上，所以称能耗制动。

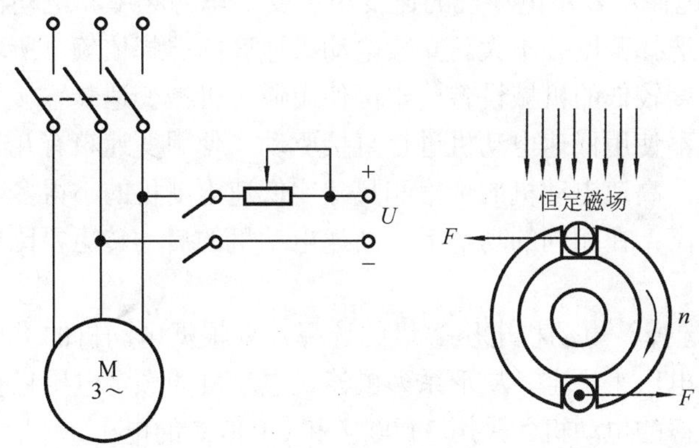

图 5.18 三相异步电动机的能耗制动

这种制动方式的特点是通过调节激磁直流电流的大小，来对制动转矩的大小进行调节，从而实现准确停车。当转速等于零时，转子不再切割磁场，制动转矩也随之为零。

(3) 发电反馈制动。

异步电动机的发电反馈制动主要用于起重机械。当重物快速下放时，由于受重物拖动，转子转速 n 将会超过同步转速 n_0，且转子导体切割旋转磁场的磁力线所产生的感应电动势、感应电流和电磁力矩的方向将与原来相反，如图 5.19 所示。也就是说，电磁转矩变为制动转矩，使重物不至于下降过快。此时重物的位能已

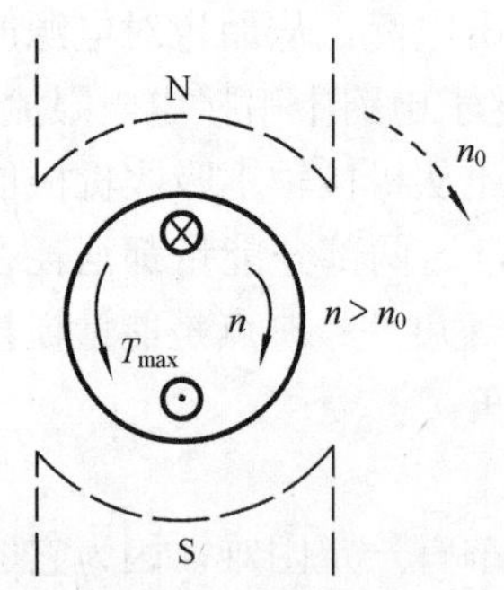

图 5.19　异步电动机的发电反馈制动

转换为电能反馈到电网中去了，电动机也转入了发电运行状态，因此，这种制动方式称为发电反馈制动。

5. 三相异步电动机的选择

在实际工作中，从技术的角度来考虑，选择一台异步电动机通常从以下几个方面进行。

(1) 电动机类型的选择。根据电动机工作的环境、工作性质和条件要求，合理地选择电动机的类型。

(2) 功率的选择。功率的选择实际上也就是容量的选择，选择太大，容量没得到充分利用，既增加投资，也增加运行费用。如选得过小，电动机的温升过高，影响寿命，严重时，可能还会烧毁电动机。对于长期运行(长时工作制)的电动机，可选其额定功率 P_N 等于或略大于生产机械所需的功率；对于短时工作制或重复短时工作制的电动机，可以选择专门为这类工作制设计的电动机；也可根据间歇时间的长短选择长时制电动机，电动机功率的选择要比生产机械负载所要求的功率小一些。

(3) 转速的选择。异步电动机的速度由于受到电源频率和电动机旋转磁场磁极对数的限制，选择范围并不大。一般电动机速度的选择依赖于所驱动的机械负载速度。对于速度较低的机械设备，宁可使用通过机械变速装置转换过的速度较高的电动机，而不使用低速电动机进行直接驱动。使用变速箱有几个优点：对于给定的输出功率，高速电动机的价格和尺寸比低速电动机的小得多，但其效率和功率因数却比较高；在相同的功率下，高速电动机的启动转矩要比低速电动机大得多。

(4) 电压的选择。电动机电压等级的选择，要根据电动机的类型，功率以及使用地点的电源电压来决定。星形系列鼠笼式电动机的额定电压只有 380 V 一个等级。只有大功率的电动机才采用 3 000 V 和 6 000 V 的电压。

(5) 极端的工作条件的影响。上面是选用异步电动机的一般原则。但是在实际工程实践中，除了将电动机正常工作这一方面作为选择电动机的主要依据外，有时也要把电动机极端工作条件的因素考虑进去。对于异步电动机而言，极端的工作条件主要来自机械过载和电网电压波动。

标准的异步电动机可以在短时间内承受两倍的机械过载，但过载时间过长会引起电动机过热，过热会损坏电动机的绝缘并影响电动机的使用寿命。一些开启式电动机可以承受 15%的过载，容许温度比额定负载时的温度高 10 ℃。在特殊、紧急的情况下，在空气流通条件较好时，开启式电动机可过载 25%，但是并不鼓励这样做，因为这将导致电动机内部绕组的温度过高，而可能致使电动机发生烧毁。

由于异步电动机的转矩同电源电压的二次方成正比，因此，如果定子电压减少 10%，电磁转矩几乎下降 20%。异步电动机有非常大的启动电流，在电源线上产生较大的压降，所以，定子电压下降往往发生在电动机启动的时候，由此所产生的结果是启动转矩小于负载转矩，电动机根本启动不了。这样，持续流入定子绕组的大电流，会使定子绕组过热而烧毁电动机。另一方面，当电动机在额定负载情况下旋转运行时，如果电源电压过高，则每极下的磁通将增大，这将引起电动机的铁损和激磁电流加大，因而使电动机温度上升，功率因数降低。如果三相电压不平衡，将引起三相电流不平衡，最终导致定子铁芯和转子铁芯的铁损增加，使电动机的温度上升。如果三相电源的不平衡度为 3.5%，大约使电动机温度升高 15 ℃。所以三相电源的线电压的不平衡度不能超过 2%。

这些问题，在选择电动机时，都应加以重视。只有这样全面考虑了各方面的因素，才能对电动机做出合理、正确的选择。

5.2 单相异步电动机

单相异步电动机是由单相交流电源供电的一种感应式电动机。由于使用方便，故在家用电器和医疗器械中得到广泛应用。但与同容量的三相感应电动机相比，单相异步电动机的体积较大，运行性能差，因此只做成几十到几百瓦的小容量电动机。

5.2.1 单相异步电动机的转动原理

从构造上来看，单相异步电动机和鼠笼式异步电动机差不多，转子也是鼠笼结构，定子也是嵌放在定子槽内；所不同的是三相电动机有三相绕组，而单相电动机只有一相绕组。三相电动机的定子绕组通过对称三相电流时，会在定子空间产生一个旋转磁场，旋转磁场切割转子绕组，在转子绕组中产生感应电流，感应电流同磁场作用而产生电磁转矩使电动机旋转起来。由于单相异步电动机只有一相绕组，当绕组通过正弦交流电时，在交流电的正半周期间，产生的磁场从零到最大值，又从最大值到零按正弦规律进行变化。在交流电的负半周期间，磁场的方向与正半周时相反，同样，产生的磁场从零到负的最大值，又从负的最大值到零按正弦规律进行变化，这样的磁场称为脉动磁场。也就是说脉动磁场的空间轴线不变化，只是磁场随交流电流的变化在方向和强弱上按正弦规律变化，并不旋转。既然磁场不旋转，在转子上不能产生感应电流，也就不能产生电磁转矩，所以电动机也就不能够旋转了。

我们换个方式再来说明这个问题。当单相感应电动机的定子绕组接入电源时，绕组就会产生一个脉动磁势。我们可以把这个不旋转的脉动磁势分解成两个大小

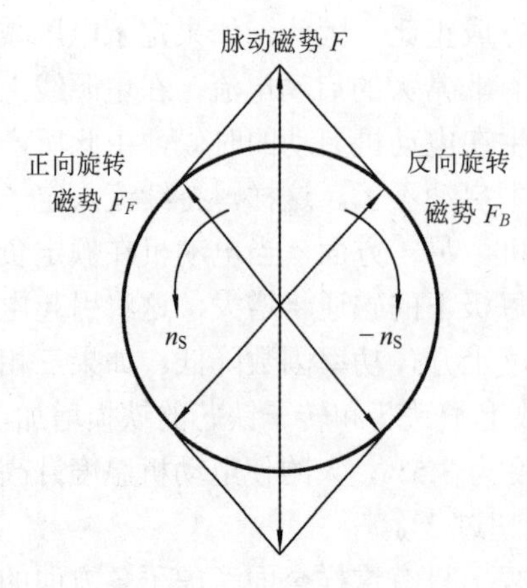

图 5.20 分解脉动磁势

相等，旋转方向相反、旋转速度相同的磁势 F_F 和 F_B，这就是双旋转磁场理论，如图 5.20 所示。

这两个旋转磁场分别切割转子绕组，在绕组上分别产生各自的感应电流，由此又产生各自的电磁转矩。由于两个旋转磁势大小相同，转速相同，转动方向相反，所以产生的两个感应电流也大小相同，方向相反。由此分别产生的电磁转矩也大小相同，方向相反，所以作用在电动机转子上的合成转矩为零，电动机静止不动。也就是说，单相电动机的启动转矩等于零，这是它的特点，也是一个缺点。如果借助一个外力(机械力)，把转子沿不论哪个方向转动一下，那么电动机就会沿那个方向启动，继续旋转下去。这是因为转子不论向哪个方向转动，两个旋转磁场对转子的相对转速发生了变化，其中的一个旋转磁场相对转子的转速变小了(不难想象，转速变小的磁场是指和转子旋转方向相同的那个旋转磁场)，另一个旋转磁场相对转子的转速变大了。这样，转子上的感应电流的平衡被打破，在两个方向上产生的电磁转矩也就不相等了，因此电动机就沿着启动的方向旋转起来了。

5.2.2 单相异步电动机的启动方法

从前面的分析可知，单相电动机无启动转矩。为了产生一个旋转磁场，在定子上另装一个空间位置不同于主绕组的启动绕组，而且启动绕组的电流在时间相位上也不同于主绕组。常用的方法有电容分相法和罩极法。

1. 电容分相法

图 5.21 所示的为电容分相式单相异步电动机的接线原理图；图 5.22 为主绕组和启动绕组电流波形。定子绕组由空间上相差 90°的主绕组 AX 和启动绕组 BY 构成。为了使启动绕组电流相位与主绕组电流相位相差 90°，通常在启动绕组回路中串联一个电容器。其目的是在定子空间产生一个旋转磁场，使电动机启动旋转。

和分析三相旋转磁场的方法一样，在空间位置相差 90°，流过电流相位差 90°的两个绕组，也同样能产生旋转磁场，如图 5.23 所示。

在此旋转磁场的作用下，鼠笼式转子将跟着一起转动。电动机启动后，当转速达到额定值时，串在启动绕组 BY 支路上的离心开关 S 断开，电动机就处于单相运行了。

如果电动机需要反转，不能像三相异步电动机那样通过调换两根电源线来实

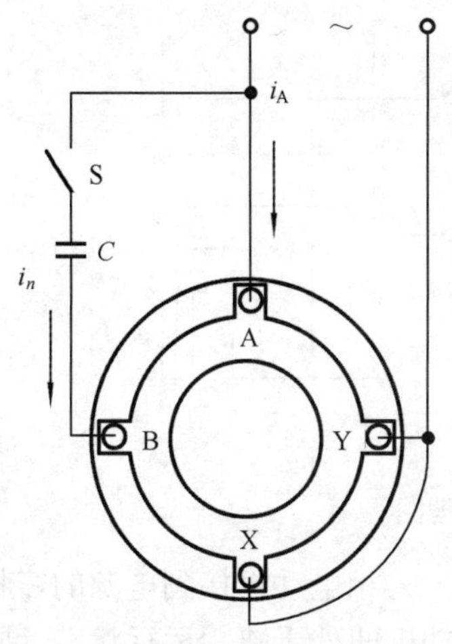

图 5.21　电容分相法接线原理图

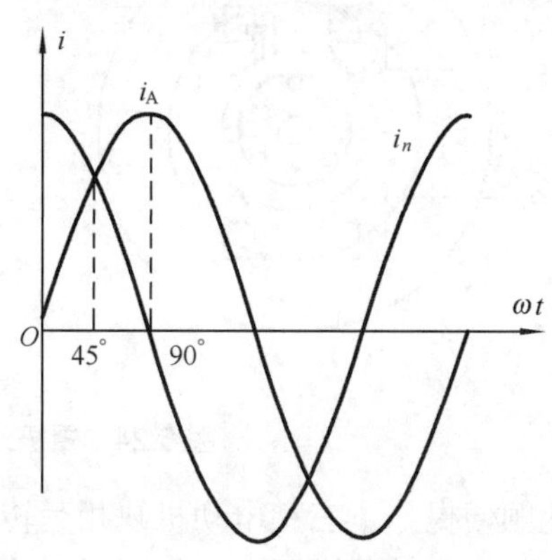

图 5.22　主绕组和启动绕组电流波形

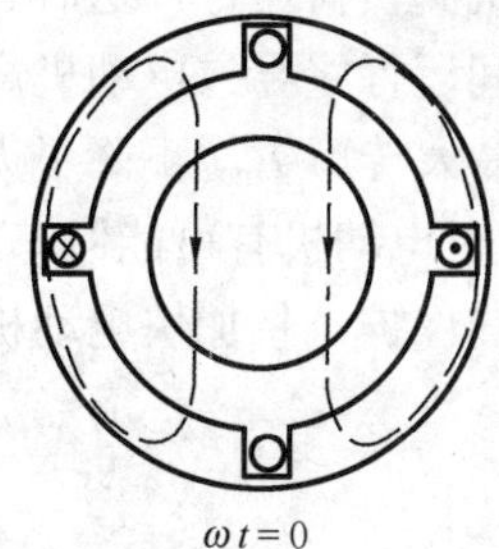

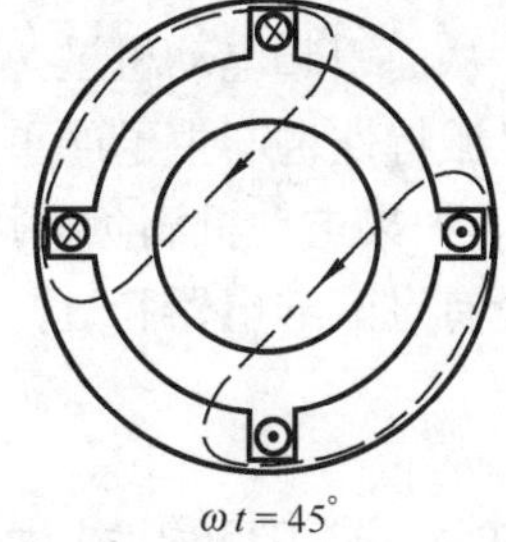

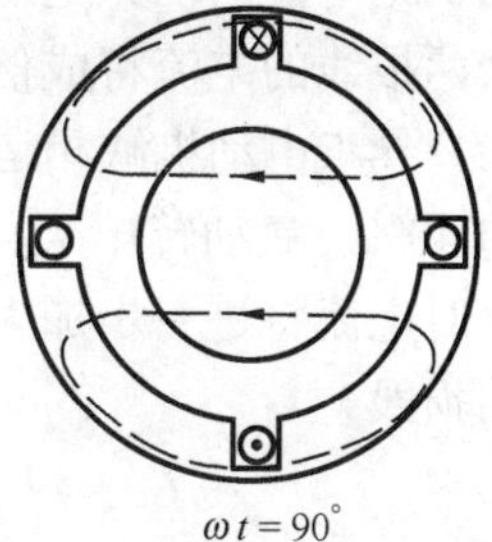

图 5.23　启动时单相异步电动机的旋转磁场

现，而要把启动电容串入主绕组支路，使电动机达到反转的效果。

2. 罩极法

罩极式单相电动机的定子多做成凸极式。结构如图 5.24(a)所示。在磁极一侧开一小槽，用短路铜环套在磁极的窄条一边，它相当于一个副绕组，每个磁极的定子绕组串联后接单相电源。当电源接通后，磁极下的磁通分为两部分：即 Φ_1 与 Φ_2。由于短路铜环的作用，罩极下的 Φ_1 与在短路环下的 Φ_2 之间产生了相位差，于是气隙内形成的合成磁场将是一个有一定推移速度的移行磁场，使电动机产生一定的启动转矩(见图 5.24(b))。

罩极法得到的启动转矩较小，但因结构简单，故多用于小型家用电器中。 单相异步电动机运行时，气隙中始终存在着反转的旋转磁场，使得推动电机旋转的电磁转矩减少，过载能力降低。同时反转磁场还会引起转子铜损和铁损的增加，因此，单相电动机的效率和功率因数都比三相异步电动机低。

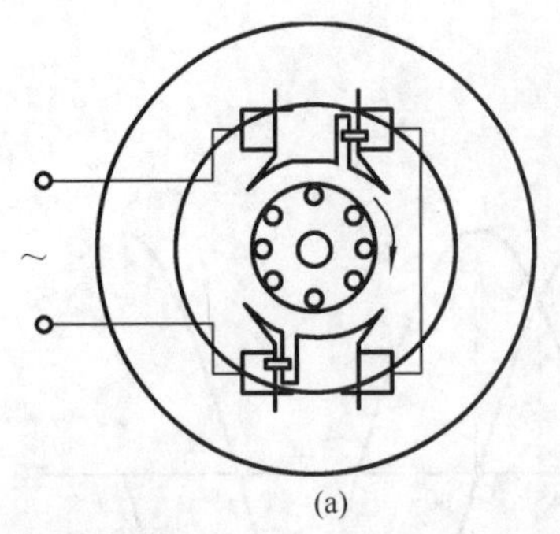

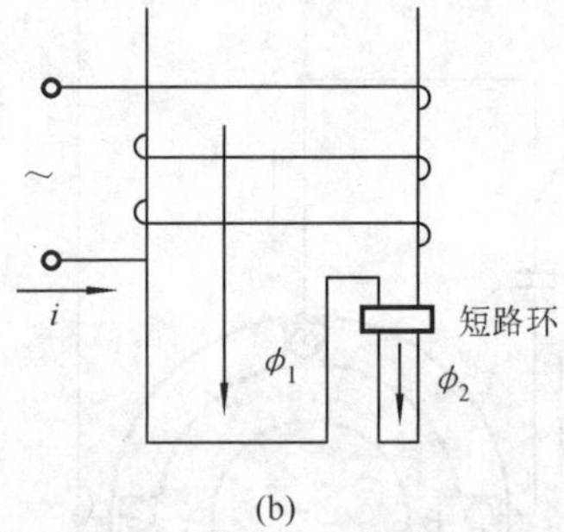

图 5.24　罩极法接线原理图

在此顺便提一下三相电动机缺相运转的问题。三相电动机接到电源的三相电源中，若由于某种原因断开一相，此时的三相电动机即处于缺相运行状态。同单相电动机运行的原理一样，电动机还会继续旋转。如果在启动时就少了一相，电动机则不能启动。电动机处于缺相运行状态时，如果电动机满负荷运行，这时其余两根线的电流将成倍增加，从而引起电动机过热，长时间运行将导致电动机烧毁。异步电动机缺相运行对机械特性也产生了严重影响，最大转矩 T_{max} 下降了大约 40%，启动转矩 T_{st} 等于零。如果电动机满负荷运行，此时电动机有可能停车，这时电流将进一步加大，若没有过流继电器和过热继电器的保护，将加快电动机的损毁。

5.3　常用控制电器

对电动机和生产机械实现控制和保护的电工设备叫做控制电器。控制电器的种类很多，按其动作方式可分为手动和自动两类。手动电器的动作是由工作人员手动操纵的，如刀开关、组合开关、按钮等。自动电器的动作是根据指令、信号或某个物理量的变化自动进行的，如各种继电器、接触器、行程开关等。

5.3.1　手动电器

1. 刀开关

刀开关又叫闸刀开关，一般用于不频繁操作的低压电路中，用来接通和切断电源，或用来将电路与电源隔离，有时也用来控制小容量电动机的直接启动与停机。

刀开关由闸刀(动触点)、静插座(静触点)、手柄和绝缘底板等组成。刀开关一般与熔断器串联使用，以便在短路或过负荷时熔断器熔断而自动切断电路。刀开关的外形及符号如图 5.25 所示。

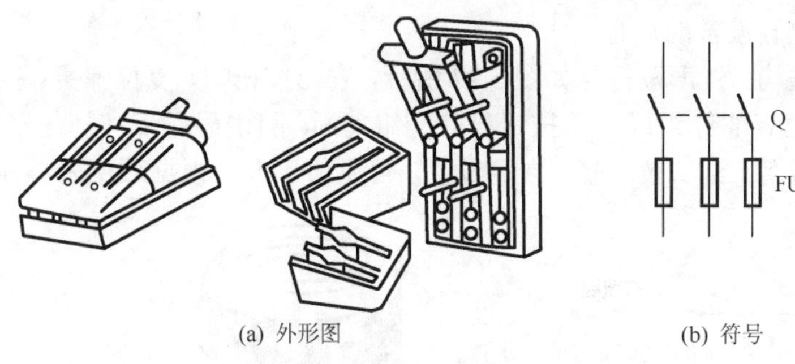

(a) 外形图　　(b) 符号

图 5.25　刀开关的外形图及其符号

刀开关的种类很多。按极数(刀片数)分为单极、双极和三极；按结构分为平板式和条架式；按操作方式分为直接手柄操作式、杠杆操作机构式和电动操作机构式；按转换方向分为单投和双投等。

刀开关的额定电压通常为 250 V 和 500 V，额定电流在 1 500 A 以下。

安装刀开关时，电源线应接在静触点上，负荷线接在与闸刀相连的端子上。对有熔体的刀开关，负荷线应接在闸刀下侧熔体的另一端，以确保刀开关切断电源后闸刀和熔体不带电。在垂直安装时，手柄向上合为接通电源，向下拉为断开电源，不能反装，否则会因闸刀松动自然落下而误将电源接通。

刀开关的选用主要考虑回路额定电压、长期工作电流以及短路电流所产生的动热稳定性等因素。刀开关的额定电流应大于其所控制的最大负荷电流。用于直接启停 3 kW 及以下的三相异步电动机时，刀开关的额定电流必须大于电动机额定电流的 3 倍。

2. 组合开关

组合开关又称转换开关。常用的组合开关有 HZ10 系列，其外形如图 5.26 所示。三极组合开关有 3 对静触头，分别装在 3 层绝缘底板上，静触头一端固定在胶木盒内，另一端伸出盒外，以便和电源或负载相连接。3 个动触头是两个磷铜片或硬紫铜片和消弧性能良好的绝缘钢纸板铆合而成的，和绝缘垫板一起套在附有手柄的绝缘方杆上，每次可使绝缘方杆按正或反方向作 90° 转动，带动 3 个动触头分别与 3 对静触头接通或断开，完成电路的通断动作。

图 5.26　组合开关外形图

组合开关主要用于接通或切断电路、换接电源、控制小型鼠笼式三相异步电动机的启动、停止、正反转或局部照明。

3. 按钮

按钮主要用于远距离操作继电器、接触器接通或断开控制电路，从而控制电动机或其他电气设备的运行。

按钮的结构、外形及符号如图 5.27 所示，它由按钮帽、复位弹簧、接触元件、支持件和外壳等部件组成。该按钮只有一组动断(常闭)静触点和一组动合(常开)静触点。按钮帽有红、黄、蓝、白等颜色，可供值班人员根据颜色来辨别和操作。

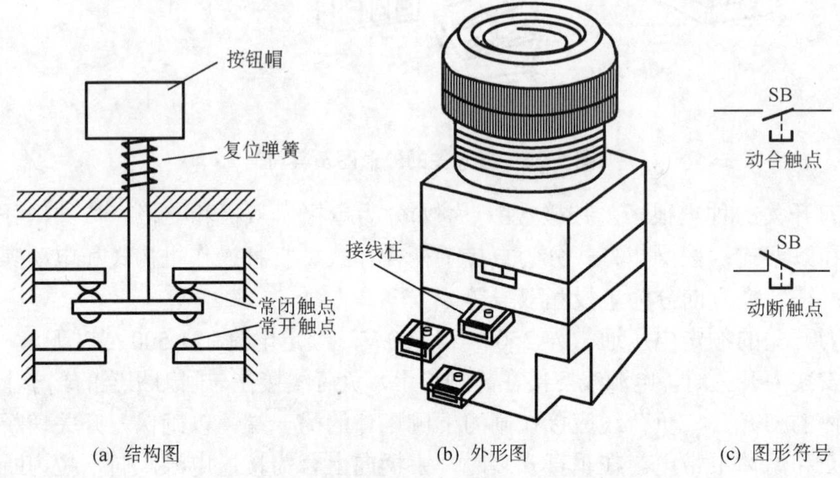

图 5.27　按钮结构、外形图及其图形符号

按钮的触点分常闭(动断)触点和常开(动合)触点两种。常闭触点是按钮未按下时闭合、按下后断开的触点。常开触点是按钮未按下时断开、按下后闭合的触点。按钮按下时，常闭触点先断开，然后常开触点闭合；松开后，依靠复位弹簧使触点恢复到原来的位置。按钮内的触点对数及类型可根据需要组合，最少具有一对常闭触点或常开触点。

按钮触点的接触面积小，其额定电流一般只有 5 A。

5.3.2　自动电器

1. 熔断器

熔断器俗称保险丝，主要作短路或过载保护用，串联在被保护的线路中。线路正常工作时如同一根导线，起通路作用；当线路短路或通过熔体的电流达到或超过某一额定值，在一定时间内熔体将因过热而熔断，从而切断故障电流，使线路及电气设备免遭损坏。

熔体是熔断器的主要部分，根据熔点的高低一般可分为低熔点和高熔点两类，低熔点熔断器是由铅、锡及其合金制成；高熔点熔断器是由银、铜和铝等制成。熔体切断故障电流有时会产生电弧，在要求切断能力较强的场合，可以采用充有石英砂填料的封闭式熔断管。它是在用陶瓷制成的熔断管内装上熔体和石英砂，在切断故障电流产生电弧时，颗粒石英砂与电弧接触后，能吸收电弧产生的热量使之快速冷却而熄灭电弧。另有一种管式熔断器是把熔体装在空心的有机纤维管中，熔体熔断时电弧所产生的高温可使有机纤维管放出大量绝缘气体从而熄灭电弧。

常用的熔断器有管式、插入式及螺旋式三种形式，如图 5.28 所示。

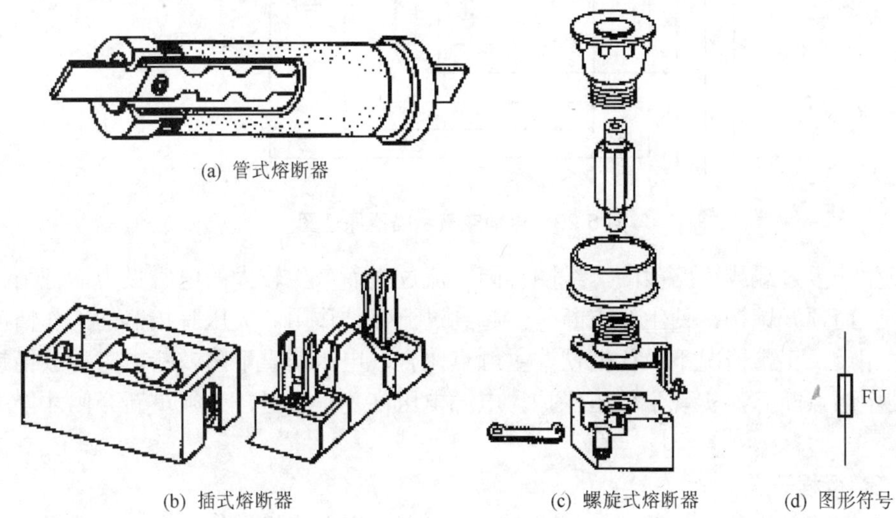

(a) 管式熔断器　(b) 插式熔断器　(c) 螺旋式熔断器　(d) 图形符号

图 5.28　熔断器外形图及其图形符号

选择熔体额定电流的方法如下所述。

(1) 作为电灯支线的熔体，应使

熔体额定电流≥支线上所有电灯的工作电流之和

(2) 作为一台电动机的熔体，应使

熔体额定电流≥电动机的启动电流÷2.5

如果电动机启动频繁，应使

熔体额定电流≥电动机的启动电流÷(1.6～2)

(3) 作为几台电动机合用的总熔体，应使

熔体额定电流= (1.5～2.5)×容量最大的电动机的额定电流
+其余电动机的额定电流之和

2. 断路器

断路器又叫自动空气开关或自动开关，它的主要特点是具有自动保护功能，当发生短路、过载、欠电压等故障时能自动切断电路，起到保护作用。

图5.29 为装有(电磁)脱扣器(即保护装置)的自动空气断路器原理图。断路器的脱扣机构是一套连杆装置，有过流脱扣器和欠压脱扣器等，它们都是电磁铁。主触点闭合后就被锁钩锁住。在正常情况下，过流脱扣器的衔铁是释放着的，一

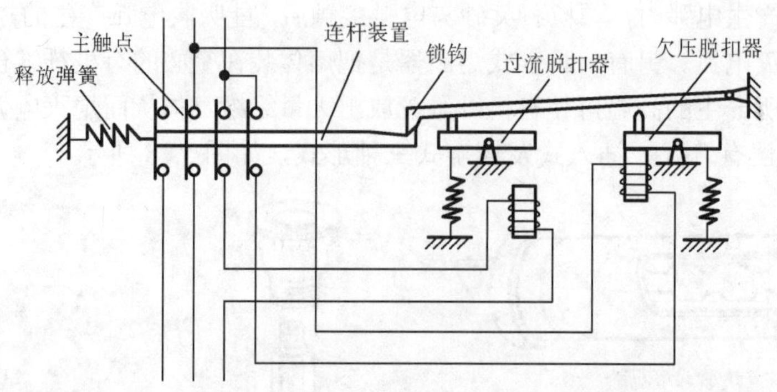

图 5.29　自动空气断路器原理图

旦发生严重过载或短路故障，线圈会因电流过大而产生较大的电磁吸力，把衔铁往下吸而顶开锁钩，使主触点断开，起到过流保护作用。欠压脱扣器的工作情况与之相反，正常情况下吸住衔铁，主触点闭合，电压严重下降或断电时释放衔铁而使主触点断开，实现了欠压保护。电源电压恢复正常时，必须重新合闸才能工作。

3. 行程开关

行程开关也称为位置开关(见图 5.30)。主要用于将机械位移变为电信号，以实现对机械运动的电气控制。当机械的运动部件撞击触杆时，触杆下移使常闭触点断开，常开触点闭合；当运动部件离开后，在复位弹簧的作用下，触杆回复到原来位置，各触点恢复常态。

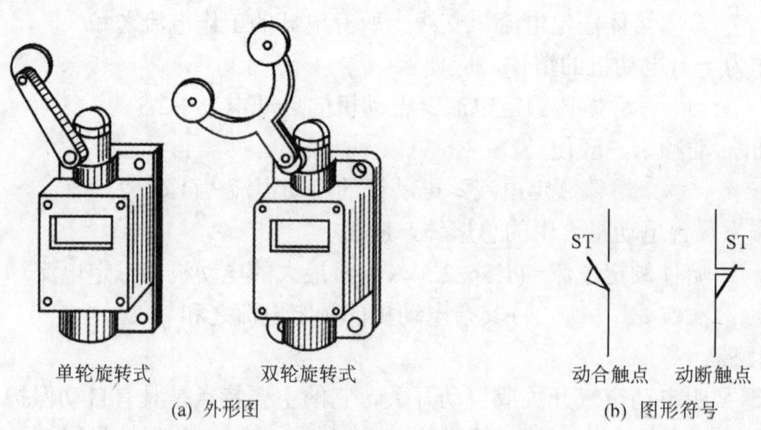

(a) 外形图　　(b) 图形符号

图 5.30　行程开关的外形图及其图形符号

4. 交流接触器

交流接触器是一种依靠电磁力作用来接通和切断带有负载的主电路或大容量

控制电路的自动切换电器，它与按钮配合使用，可以对电动机进行远距离自动控制。另外，交流接触器还具有欠压保护和零电压保护功能。交流接触器的结构示意图及图形符号如图 5.31 所示。

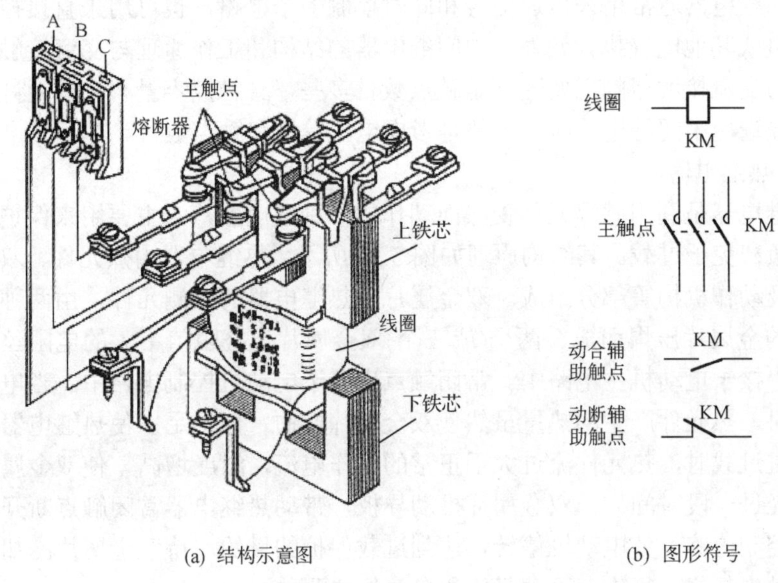

图 5.31　交流接触器结构示意图及图形符号

交流接触器主要由触点、电磁操作机构和灭弧装置三部分组成。触点用来接通、切断电路，它由动触点、静触点和弹簧组成。电磁操作机构实际上就是一个电磁铁，它包括吸引线圈、山字形的静铁芯和动铁芯，当线圈通电，动铁芯被吸下，使动合触点闭合。主触点断开瞬间会产生电弧，可能灼伤触点或造成切断时间延长，故触点位置有灭弧装置。

根据用途不同，交流接触器的触点分主触点和辅助触点两种。主触点一般比较大，接触电阻较小，用于接通或分断较大的电流，常接在主电路中；辅助触点一般比较小，接触电阻较大，用于接通或分断较小的电流，常接在控制电路(或称辅助电路)中。

接触器是电力拖动中最主要的控制电器之一。在设计它的触点时已考虑到接通负荷时的启动电流问题，因此，选用接触器时主要应根据负荷的额定电流来确定。如一台 Y112M-4 三相异步电动机，额定功率 4 kW，额定电流为 8.8 A，选用主触点额定电流为 10 A 的交流接触器即可。除电流之外，还应满足接触器的额定电压不小于主电路额定电压。

5. 继电器

继电器是一种根据电量(电压、电流)或非电量(热、时间、转速、压力等)的变化使触点动作，接通或断开控制电路，以实现自动控制和保护电气设备的电器。其种类很多，有中间继电器、热继电器、时间继电器等类型。

(1) 中间继电器。

中间继电器通常用来传递信号和同时控制多个电路，也可用来直接控制小容量电动机或其他电气执行元件。中间继电器的结构和工作原理与交流接触器基本相同，与交流接触器的主要区别是触点数目多些，且触点容量小，只允许通过小电流。在选用中间继电器时，主要是考虑电压等级和触点数目。

(2) 热继电器。

热继电器是利用感温元件受热而动作的一种继电器，它主要用来保护电动机或其他负载免于过载。其结构原理如图 5.32 所示。热继电器由热元件、双金属片和触点及动作机构等部分组成。双金属片是热继电器的感测元件，由两种不同膨胀系数的金属片压焊而成。两个(或三个)双金属片上绕阻值不大的电阻丝作为热元件，串接于电动机主电路中。常闭触点串接于电动机控制电路中。当电动机正常运行时，热元件产生的热量虽然使双金属片弯曲，但不足以使热继电器动作。当电动机过载时，热元件流过大于正常的工作电流，温度增高，使双金属片更加弯曲，经过一段时间后，双金属片推动导板，带动热继电器常闭触点断开，切断电动机控制电路，使电动机停转，达到过载保护的目的。待双金属片冷却后，才能使用触点复位。复位有手动复位和自动复位两种。

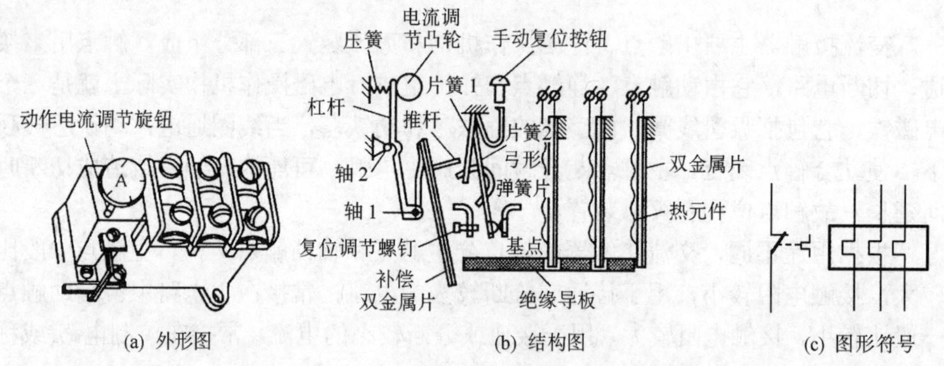

图 5.32 热继电器外形、结构图及图形符号

选用热继电器时，应根据负载(电动机)的额定电流来确定其型号和加热元件的电流等级。

(3) 时间继电器。

时间继电器是电路中控制动作时间的设备，它利用电磁原理或机械动作原理来实现触头的延时接通和断开。按其动作原理与构造不同，可分为电磁式、空气阻尼式、电动式和电子式等时间继电器。

图 5.33 所示是空气阻尼式时间继电器结构示意图，它分为通电延时和断电延时两种类型。

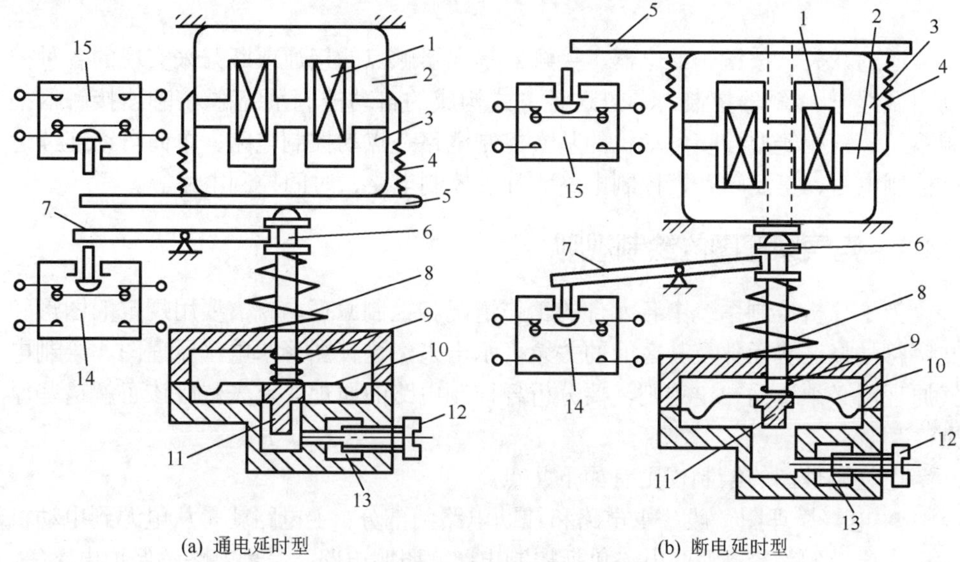

图 5.33　空气阻尼式时间继电器结构示意图

1—线圈；2—铁芯；3—衔铁；4—弹簧；5—推板；6—活塞杆；7—杠杆；8—塔形弹簧；9—弱弹簧；10—橡胶膜；11—活塞；12—螺杆；13—进气孔；14，15—微动开关

图 5.33(a)为通电延时型时间继电器，当线圈 1 通电后，铁芯 2 将衔铁 3 吸合，同时推板 5 使用微动开关 15 立即动作。活塞杆 6 在塔形弹簧 8 的作用下，带动活塞 11 及橡胶膜 10 向上移动，由于橡胶膜下方气室的空气稀薄，形成负压，因此活塞杆 6 不能迅速上移。当空气由进气孔 13 进入时，活塞杆才逐渐上移。移到最上端时，杠杆 7 才使微动开关 14 动作。延时时间即为自电磁铁吸引线圈通电时刻到微动开关 14 动作为止的这段时间。通过调节螺杆 12 来改变进气孔的大小，就可以调节延时时间。

当线圈 1 断电时，衔铁 3 在复位弹簧 4 的作用下将活塞 11 推向最下端。因活塞被往下推时，橡皮膜下方气室内的空气，都通过橡皮膜 10、弱弹簧 9 和活塞 11 肩部所形成的单向阀，经上气室缝隙顺利排掉，因此，延时与不延时的微动开关 14 和 15 都能迅速复位。

将电磁机构翻转 180°安装后，可得到图 5.33(b)所示的断电延时型时间继电器。它的工作原理与通电延时型时间继电器相似，微动开关 14 是在吸引线圈断电后延时动作的。空气阻尼式时间继电器的优点是结构简单、寿命长、价格低，还附有不延时的触点，所以应用较为广泛。缺点是准确度低，延时误差大(±10%～±20%)，在要求延时精度高的场合不宜采用。

时间继电器的图形符号和文字符号详见附录 A 和附录 B。

5.4 三相异步电动机的基本控制电路

通过开关、按钮、继电器、接触器等电器触点的接通或断开来实现的各种控制叫做继电-接触器控制，通过这种方式构成的自动控制系统称为继电-接触器控制系统。三相笼型异步电动机的基本控制电路有点动控制电路、单向自锁连续运行控制电路、正反转互锁控制电路、行程控制电路、时间控制电路等。

5.4.1 电气原理图的绘制规则

为了分析控制系统中各元件的工作情况和控制原理，就需要用规定的图形和文字符号将这些元件及其之间的关系表示出来，这种图形叫电气原理图。绘制电气原理图必须遵循一定规则，要分析各控制电路的原理，首先就应该了解这些原则。

电气原理图的绘制规则有如下几点。

● 电气原理图一般分主电路和辅助电路两部分：主电路就是从电源到电动机大电流通过的路径；辅助电路包括控制电路、照明电路、信号电路及保护电路等，由继电器和接触器的线圈、继电器的触点、接触器的辅助触点、按钮、照明灯、信号灯、控制变压器等电器元件组成。

● 控制系统内的全部电机、电器和其他器械的带电部件，都应在原理图中表示出来。

● 电气原理图中各电器元件不画实际的外形图，而采用国家规定的统一标准图形符号，文字符号也要符合国家标准规定。附录 A 和附录 B 摘录了一些常用的图形和文字符号。

● 电气原理图中，各个电气元件和部件在控制线路中的位置，应根据便于阅读的原则安排。同一电气元件的各个部件可以不画在一起。例如，接触器、继电器的线圈和触点可以不画在一起。

● 电气原理图中元件、器件和设备的可动部分，都按没有通电和没有外力作用时的开闭状态画出。例如，继电器、接触器的触点，按吸引线圈不通电状态画；按钮、行程开关的触点按不受外力作用时的状态画等。

● 电气原理图的绘制应布局合理、排列均匀，为了便于看图，可以水平布置，也可以垂直布置。本书为了看图方便，均采用水平布置。

● 电气元件应按功能布置，并尽可能按工作顺序排列，其布局顺序应该是从上到下，从左到右。电路垂直布置时，类似项目宜横向对齐；水平布置时，类似项目应纵向对齐。如接触线圈属于类似项目，纵向布置时，接触器线圈应横向对齐。水平布置时，接触器线圈应纵向对齐。

● 电气原理图中，有直接联系的交叉导线连接点，要用黑圆点表示；无直接联系的交叉导线连接点不画黑圆点。

5.4.2　三相鼠笼式异步电动机的直接启动控制电路

用刀开关和组合开关都能对电动机实现直接启动控制，但只能是手动控制，无法实现遥控和自控。而采用接触器加按钮就可实现遥控和自控。

1. 点动控制电路

所谓点动控制，就是当按下按钮时电动机转动，松开按钮时电动机就停转。

图 5.34 为三相异步电动机点动控制电路，其中图(a)是接线原理图，图(b)是电气原理图。电气原理图一般都由主电路和控制电路两部分组成，主电路是指直接给电动机绕组供电的电路，控制电路是指对主电路实施控制的电路。在图 5.34(b)中，主电路由三相电源、刀开关 Q、熔断器 FU、交流接触器 KM 主触点、电动机定子绕组等组成。习惯上，将主电路画在电路图的左侧。

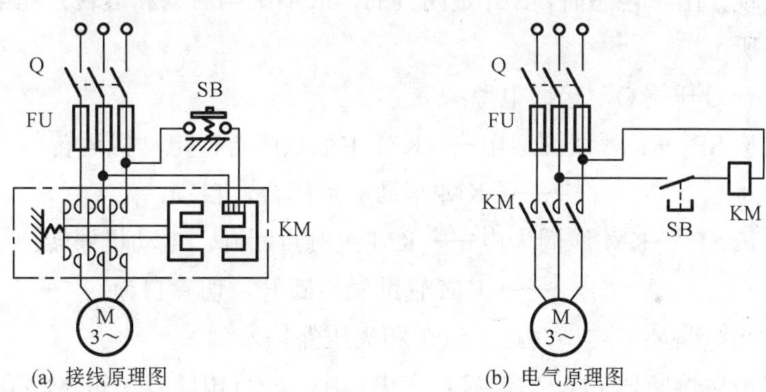

(a) 接线原理图　　(b) 电气原理图

图 5.34　点动控制电路

控制电路由电源、按钮 SB、交流接触器 KM 吸引线圈等组成。习惯上，将控制电路画在电路图的右侧。

结合图 5.34(a)可以知道点动控制的动作过程为：

合上刀开关 Q 接通电源；

按下 SB→KM 线圈通电→KM 主触点闭合→电动机运转；

松开 SB→KM 线圈失电→KM 主触点断开→电动机停转。

刀开关 Q 起隔离电源的作用，当需要对电动机或电路进行检修时，拉开刀开关 Q，以隔离电源确保安全。

点动控制电路有很多实际应用，例如机床工作台的移动等。

2. 单向连续运行控制电路(启停控制电路)

如果对点动控制电路进行一些改进，就可以使电动机在不按着按钮的情况下

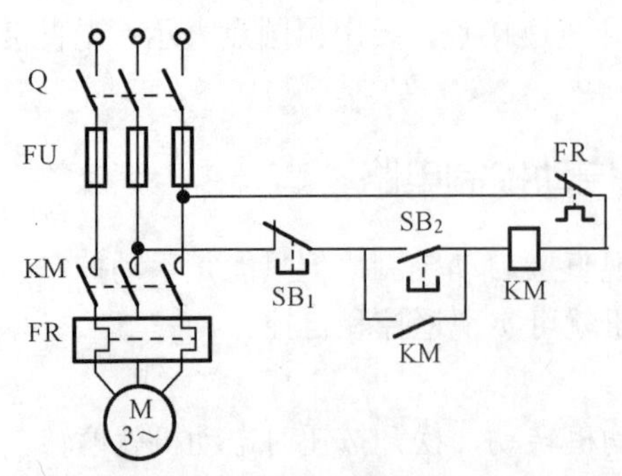

图 5.35　单向连续运行控制电路

连续运行，这就是单向运行控制电路，如图 5.35 所示。

主电路由三相电源、刀开关 Q、熔断器 FU、交流接触器 KM 主触点、热继电器 FR 的热元件、电动机定子绕组等组成。

控制电路由电源、按钮 SB、交流接触器 KM 吸引线圈、启动按钮 SB_2+KM 动合辅助触点、停止按钮 SB_1 等组成。

启动按钮 SB_2 两端的 KM 动合辅助触点起自锁作用，当按下启动按钮 SB_2 使 KM 线圈通电，此辅助触点闭合，即使松开按钮后，仍保持线圈持续通电，电动机继续运转。若要停车，只需按停止按钮 SB_1 使接触线圈断电，电动机停转，同时解除自锁。由于常态时，SB_1 是闭合的，故不影响启动和运转。此电路的启、停过程如下所示。

启动：合刀开关 Q，接通电源；

按 SB_2→KM 线圈通电⟶ KM 主触点闭合，电动机运转

└⟶ KM 辅助触点闭合，自锁；

停转：按 SB_1→KM 线圈失电⟶ KM 主触点断开，电动机停转；

└⟶ KM 辅助触点断开，切除自锁。

另外，此电路还可实现短路、过载和失压保护。

短路保护靠熔断器 FU，它串接在主电路中，一旦电路发生短路故障，熔体熔断，使电动机脱离电源。

过载保护靠热继电器 FR，当电动机负载过大，电压过低或缺相运行时，都将引起电动机电流过大，如长时间过电流会使热继电器的热元件发热，使其串接在控制电路的动断触点断开，接触器 KM 线圈断电，切断主电路使电动机停转。同时 KM 辅助触点也断开，解除自锁。故障排除后重新启动时，需先按下 FR 复位按钮，使 FR 的动断触点复位(闭合)。

失压和欠压保护靠交流接触器本身。当电压降至低于工作电压的 85%时，因接触器吸引线圈的电磁吸力不足，衔铁自行释放，使主、辅触点自行复位，切断电源，电动机停转，同时解除自锁。

3. 多地点控制电路

如图 5.36 所示，这个电路可以实现对同一台电动机两地的控制。

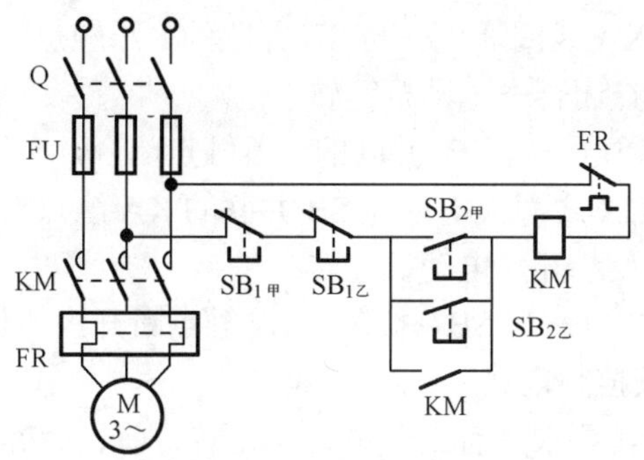

图 5.36　两地控制电路

启动按钮 $SB_{2甲}$和停止按钮 $SB_{1甲}$安装在甲地，启动按钮 $SB_{2乙}$和停止按钮 $SB_{1乙}$安装在乙地，不管在甲地操作还是在乙地操作都能对电动机进行控制。启停过程和单向运行控制电路相同。

从图中可以看出，要实现多地点控制，其接线原则是所有启动按钮并联，所有停止按钮串联。

4. 点动/连续运行控制电路

在生产过程中，经常需要电动机既能点动运行，又能连续运行。图 5.37 所示电路既能控制电动机点动运行，又能控制电动机连续运行。

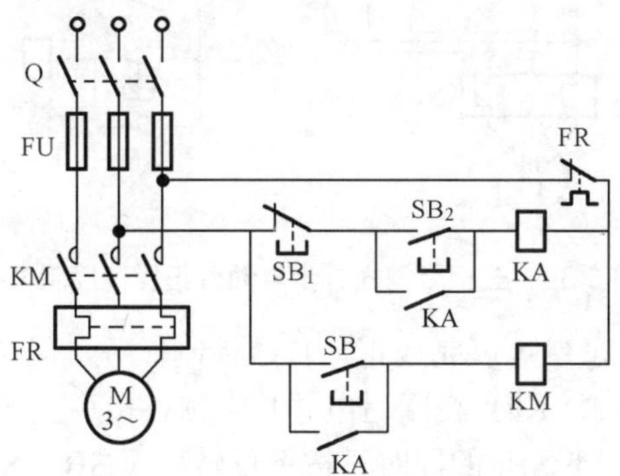

图 5.37　点动/连续运行控制电路

图中 KA 为中间继电器。需要点动控制时，电动机动作过程如下：

(1) 合下刀开关 Q 接通电源；

(2) 按下 SB→KM 线圈通电→KM 主触点闭合→电动机运转；

(3) 松开 SB→KM 线圈失电→KM 主触点断开→电动机停转。

需要单向连续运行控制时，电动机动作过程如下：

启动：合下刀开关 Q 接通电源；

按 SB_2→KA 线圈通电→与 SB 并联的 KA 触点闭合→KM 线圈通电→KM 主触点闭合→电动机运转；

KA 线圈通电→与 SB_2 并联的 KA 触点闭合，自锁；

停转：按 SB_1→KA 线圈失电→与 SB 并联的 KA 触点断开→KM 线圈失电→KM 主触点断开，电动机停转；

KA 线圈失电→与 SB_2 并联的 KA 触点断开，切除自锁。

5. 正、反转互锁控制电路

各种生产机械常常要求具有上、下、左、右、前、后等正、反两个方向的运动，这就要求电动机能够正、反两个方向的运动。对于三相异步电动机可借助正、反向接触器改变定子绕组相序来实现。图 5.38 为三相鼠笼式异步电动机实现正反转的控制电路。图中，KMF、KMR 分别为正、反转接触器，它们的主触点按线的相序不同，KM_F 按 U→V→W 相序接线，KMR 按 V→U→W 相序接线，即 U、V 两相对调，所以两个接触器分别工作时，电动机的旋转方向不一样。

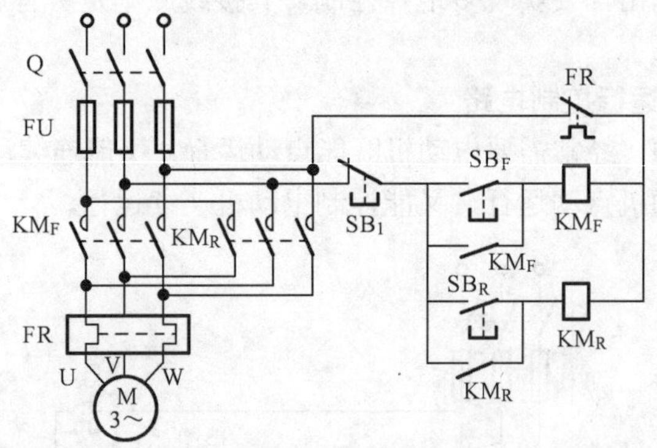

图 5.38　三相鼠笼式异步电动机正反转控制电路

图 5.38 所示电路虽然可以完成正反转的控制任务，但这个电路是有缺点的，在按下正转按钮 SB_F 时，KM_F 线圈通电并且自锁，接通正序电源，电动机正转。若发生错误操作，在按下 SB_F 的同时又按下反转按钮 SB_R，KM_R 线圈通电并自锁，此时在主电路中将发生 U、V 两相电源短路的事故。

为了避免上述事故的发生，就要求保证两个接触器不能同时工作。这种在同一时间两个接触器只允许一个工作的控制作用称为互锁或联锁。图 5.38 为带互锁的正反转控制电路。

在这个控制电路中，正、反两个接触器中互串了一个对方的动断触点，这对动断触点称为互锁触点或联锁触点。这样当按下正转启动按钮 SB_F 时，正转接触器 KM_F 线圈通电，主触点闭合，电动机正转。与此同时，由于 KM_F 的动断辅助触点断开而切断了反转接触器 KM_R 的线圈电路。因此，即使按错了反转按钮 SB_R，也不会使反转接触器的线圈通电工作。同理，在反转接触器 KM_R 动作后，也保证了正转接触器 KM_F 的线圈不能再工作。

但是，图 5.39 所示电路也有一个缺点，即在正转过程中要求反转时必须先按下停止按钮 SB_1，让 KM_F 线圈断电，互锁触点 KM_F 闭合，这样才能按反转按钮使电动机反转，这给操作带来了不方便。为了解决这个问题，常采用复式按钮和触点互锁的控制电路，如图 5.40 所示。

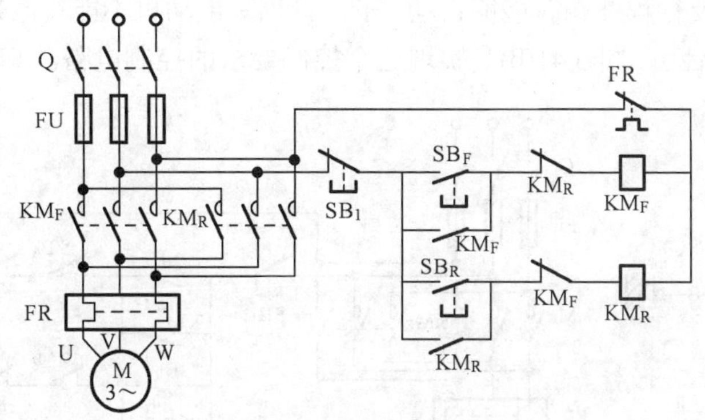

图 5.39　三相鼠笼式异步电动机带互锁正反转控制电路

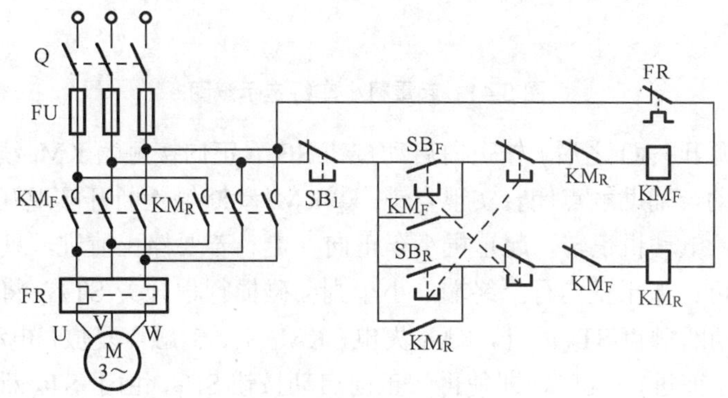

图 5.40　三相鼠笼式异步电动机双重互锁正反转控制电路

图 5.40 中，保留了由接触器动断触点组成的互锁，并添加了由按钮 SB_F 和 SB_R 的动断触点组成的机械互锁。这样，当电动机由正转变为反转时，只需按下反转按钮 SB_R，便会通过 SB_R 的动断触点断开 KM_F 电路，KM_F 起互锁作用的触点闭合，接通 KM_R 线圈控制电路，实现电动机的反转。

5.4.3　三相鼠笼式异步电动机的行程控制电路

所谓行程控制就是根据生产机械运动部件的位置或行程距离来进行控制，如起重机运动到预定位置要求自动停止；机床工作台运动到预定位置时要求自动往复运动。可见，行程控制实质上就是电动机的正反转控制，只是在行程的终端加行程开关，利用行程开关来实现行程控制。

1. 限位控制电路

图 5.41(a)是起重机小车行走示意图，在小车行程的正反两个终端分别安装了行程开关 ST_A 和 ST_B。起重机小车的控制要求是小车可以正、反两个方向行走；当行走到正、反行程终端时能够自动停止，此时，电动机不能在原来的方向启动，但可以反方向启动。图 5.41(b)是实现这个控制要求的控制电路，其动作过程如下。

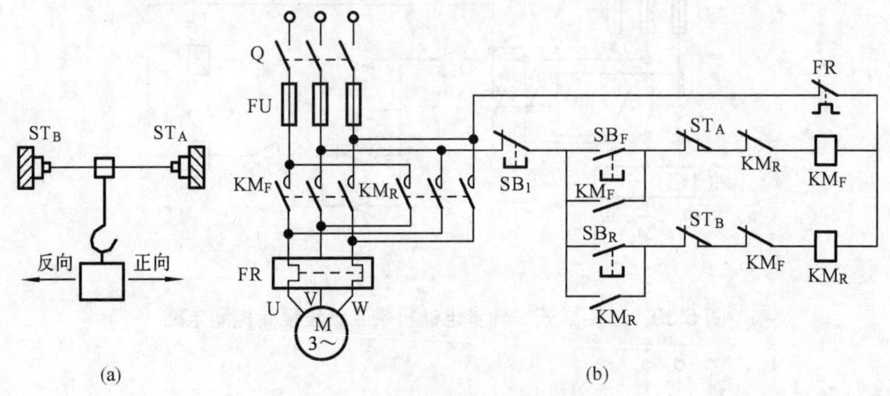

图 5.41 起重机小车行走示意图

合上电源开关 Q 之后，按正向启动按钮 SB_F，正向接触器 KM_F 线圈通电，然后，①KM_F 动合辅助触点闭合实现自锁；②KM_F 动断触点断开实现互锁；③KM_F 主触点闭合，电动机正转，起重机小车正向行走。若要停止前进，只需按下停止按钮 SB_1 即可。如果正向行至终端，小车则会碰撞行程开关 ST_A，将串接在正向控制电路的动断触点 ST_A 断开，KM_F 失电，KM_F 主、辅触点复位，电动机停转(起重机小车停止前进)。此时，即使再按正向启动按钮 SB_F，由于 ST_A 断开，正向接触器 KM_F 线圈也无法得电，因此电动机不会转动(起重机小车不动)；但反向可以动作。

若要后退，可按反向启动按钮 ST_B，反向接触器 KM_R 线圈通电，然后，①KM_R 动合辅助触点闭合实现自锁；②KM_R 动断触点断开实现互锁；③KM_R 主触点闭合，电动机反转，起重机小车反向行走。若要停止后退，只需按下停止按钮 SB_1 即可。如果反向行至终端，小车则会碰撞行程开关 ST_B，将串接在正向控制电路的动断触点 ST_B 断开，KM_R 失电，KM_R 主、辅触点复位，电动机停转(起重机小车反向停止)。

2. 自动往复行程控制电路

有些生产机械如刨床、铣床等要求工作台在一定距离内做往复自动循环运行。实现这一控制要求的电路称为自动往复行程控制电路，如图 5.42 所示。

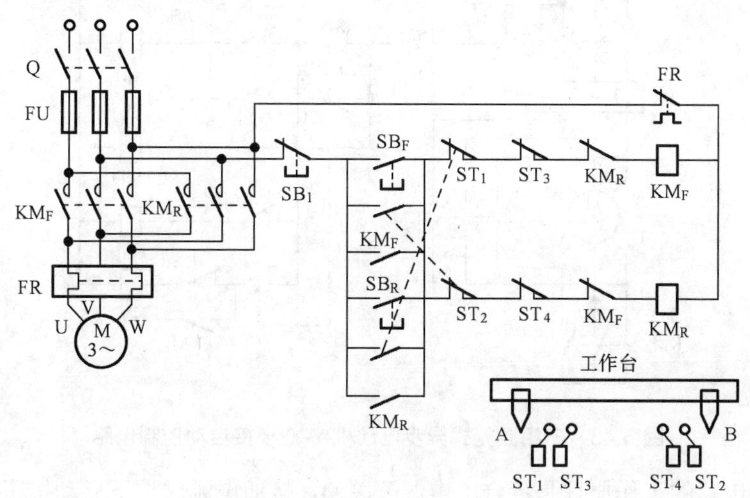

图 5.42　自动往复行程控制电路

当电动机正转，工作台前进到某个预定位置，工作台上的撞块 A 压下行程开关 ST_1 顶杆，使 ST_1 的动断触点断开，正转接触器 KM_F 线圈失电，电动机停转，与此同时，并联在反转按钮 SB_R 两端的 ST_1 动合触点闭合，反转接触器 KM_R 线圈通电(此时串接下来在该回路的 KM_F 动断触点已复位)，电动机反转，工作台自动后退。当撞块离开行程开关 ST_1 位置时，其触点复位，准备下次动作。至于后退，当撞块 B 压下行程开关 ST_2 顶杆，电动机停转后又正转，工作台重复前面的前进过程。

若要工作台停止运行，只要按下停止按钮 SB_1 即可。行程开关 ST_3 和 ST_4 是起极限保护作用的。

5.4.4　三相鼠笼式异步电动机的时间控制电路

在自动控制系统中，经常需要延迟一定的时间或定时地接通或断开某些控制电路以满足生产的要求。如三相异步电动机的 Y-△换接启动，这就需要采用时间继电器来实现延时控制。图 5.43 是利用时间继电器的三相鼠笼式异步电动机 Y-△换接启动控制电路。其中，启动按钮 SB_2 是双联复合按钮，一个动合触点，一个动断触点。KT 是通电延时时间继电器，其中一个是延时断开的动断触点，一个是瞬时闭合的动合触点，KM_2 是星形连接的接触器，KM_3 是三角形连接的接触器。

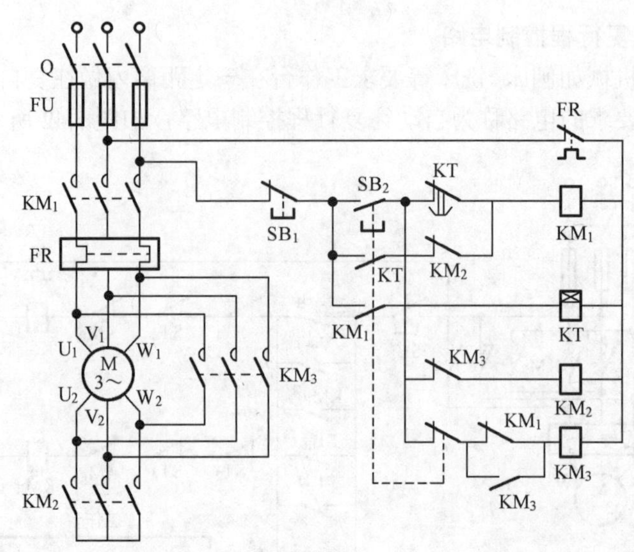

图 5.43 三相鼠笼式异步电动机 Y-△换接启动控制电路

控制电路的工作原理是：合上电源开关 Q，接通电源。按下启动按钮 SB_2，其中动合触点闭合，使 KM_1、KM_2、KT 线圈通电，同时 SB_2 的动断触点断开，保证 KM_3 失电。KM_1、KM_2 主触点闭合，电动机便在星形连接情况下启动。经过一定的延时间隔，KT 时间继电器的延时断开的动断触点断开，KM_1 线圈失电：①KM_1 主触点断开，电动机脱离电源；②KM_1 动断辅助触点复位(重新闭合)，KM_3 通电。

其结果为 KM_3 的动断辅助触点断开，KM_2 失电，KM_2 主触点断开，解除电动机星形连接；KM_3 主触点闭合，电动机变成三角形连接(实现 Y-△转换)；KM_2 动断辅助触点复位(重新闭合)，KM_1 线圈又得电，其主触点重新闭合，电动机便在三角形连接的情况下运行。

此控制电路是在接触器 KM_1 断电的情况下进行 Y-△转换的，以避免 KM_2 尚未断开而 KM_3 已闭合造成电源短路，同时让 KM_2 在电动机脱离电源时断开，不产生电弧，从而延长触点使用寿命。

5.5 安 全 用 电

在使用电能的过程中，如果不注意安全用电，就有可能造成人身触电伤亡事故或电气设备的损坏，甚至影响到电力系统的安全运行。因此，在使用电能的同时，必须注意安全用电，以保证人身、设备、电力系统三方面的安全，防止事故发生。

5.5.1 电流对人体的危害

人体因触及带电体而承受过大的电流，以致引起死亡或局部受伤的现象，称为触电。根据触电后受伤害的程度不同，触电可分为电击和电伤两种。电击是指电流通过人体而使内部脏器受伤，以致死亡的触电事故，这是最危险的触电事故。电伤是指人体外部由于电弧或熔体熔断溅起的金属球等造成烧伤的触电事故。

触电对人体的伤害程度与通过人体电流的频率、大小、通电时间和流经人体的途径有关。实践证明，频率为 50～100 Hz 的电流对人体危害最大。当超过 50 mA 的工频电流通过人体时会造成呼吸困难、肌肉痉挛、中枢神经受损害以致死亡。电流流过大脑或心脏时最易造成死亡事故。通过人体的电流大小决定于作用在人体上的电压和人体电阻值。通常人体电阻为 800 Ω 至几万欧姆。皮肤干燥时电阻高，出汗时电阻低。人体电阻若以 800 Ω 计，触及 36 V 的电源时，通过人体电流为 45 mA，对人体安全不构成威胁。所以一般情况下，规定 36 V 的交流电为安全电压。

5.5.2 安全用电措施

(1) 建立健全各种安全操作规程和安全管理制度，加强安全教育，普及安全用电的基本知识。

(2) 电气设备应有保护接地或保护接零装置。在正常情况下，电气设备的外壳是不带电的，但其绝缘损坏后，外壳就会带电，此时人体触及就会触电。通常对电气设备实行保护接地或保护接零，这样即使电气设备因绝缘损坏漏电，人体触及它也不会导致触电。

● 保护接地就是将电气设备的外壳、金属框架用电阻很小的导线与大地极可靠地连接。如图 5.44(a)所示。它通常采用埋在地下的自来水管作为接地体，适于 1 000 V 以下，电源中线不直接接地的供电系统中的电气设备的安全保护。采用保护接地后，电气设备的外壳与大地做了可靠连接，且接地装置的电阻很小，当人体接触到漏电的设备外壳时，外壳与大地形成两条并联支路，由于人体电阻大，故大部分电流经接地支路流入大地，从而保护了人身安全，接地电阻越小人越安全。电力部门规定接地电阻不得超过 4 Ω。

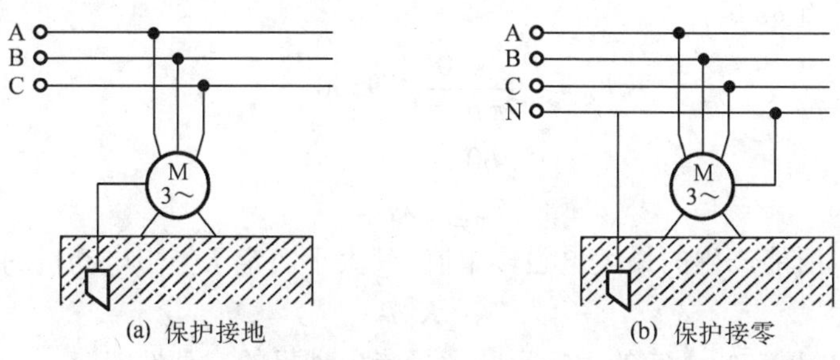

图 5.44 保护接地与保护接零

● 保护接零就是将电气设备的外壳、金属框架用电阻很小的导线和供电系统中的零线可靠地连接，如图 5.44(b)所示。它适用于 220 V/380 V，中性线直接接地的三相四线制供电系统中的电气设备的安全保护。当电气设备的绝缘损坏发生短路时，由于中性线的电阻很小，因而短路电流很大，短路电流将使电路中的保护电器动作，或使熔体熔断而切断电源，从而消除触电危险。

(3) 安装漏电保护装置。漏电保护装置的作用，主要是防止由电气设备漏电引起的触电事故和单相触电事故。

(4) 对一些特殊电气设备(如机床局部照明，携带式照明灯等)以及在潮湿场所、矿井等危险环境下，必须采用安全电压(36 V、24 V、12 V)供电。

本 章 小 结

1. 电动机主要由定子和转子组成。三相异步电动机的定子铁芯槽中嵌放着对称的三相绕组，转子有鼠笼式和绕线式两种结构。

2. 三相异步电动机的转动原理。

①电生磁：在三相定子绕组中通入三相交流电流产生旋转磁场；②磁生电：旋转磁场切割转子绕组，在转子绕组中产生感应电动势(电流)；③电磁共生转矩：转子感应电流与旋转磁场相互作用产生电磁转矩，驱动电动机旋转。

3. 旋转磁场的方向与转速。旋转磁场的方向与三相电流的相序一致。旋转磁场的转速，亦称为同步转速

$$n_0 = \frac{60 f_1}{p} \mathrm{r/min}$$

4. 转差率 s。$s = \frac{n_0 - n}{n_0} \times 100\%$，转子转速 n 恒小于同步转速 n_0，即转差存在是异步电动机旋转的必要条件；转子的转向与旋转磁场方向一致。

5. 电磁转矩 $$T = KU_1^2 \frac{sR_2}{R_2^2 + (sX_{20})^2}$$

6. 三个特征转矩。

额定转矩 $$T_{\mathrm{N}} = \frac{P_{2\mathrm{N}} \times 10^3}{\frac{2\pi n_{\mathrm{N}}}{60}} = 9550 \frac{P_{2\mathrm{N}}}{n_{\mathrm{N}}}$$

最大转矩 $$T_{\max} = \lambda T_{\mathrm{N}}$$

它表示电动机所能产生的最大电磁转矩值，其大小决定了异步电动机的过载能力。

启动转矩 $$T_{\mathrm{st}} = K_{\mathrm{st}} T_{\mathrm{N}}$$

即 $n = 0$ 时的电磁转矩，它的大小反映了异步电动机的启动性能。

7. 三相异步电动机的启动有直接启动和降压启动，常用的降压启动方法有Y-△换接法和自耦变压器启动法。

8. 鼠笼式异步电动机的调速有变频调速和变极调速，变频调速是发展趋势。

9. 三相异步电动机的制动有反接制动和能耗制动。

10. 单相异步电动机常用的启动方法有电容分相法和罩极法。

11. 控制电器是电气控制的基本元件，分手动电器(如刀开关、组合开关、按钮等)和自动电器(如各种接触器，继电器，行程开关等；接触器用在主电路中，而继电器用在控制电路中)。

12. 控制电路中，通常把整个电路分为主电路和控制电路两部分。控制电路具有短路保护，过载保护和失压保护功能。其中起短路保护作用的是熔断器；起过载保护作用的是热继电器；起失压保护作用的是接触器的电磁系统和自锁触点。

习　题

5.1　如何改变三相异步电动机的旋转方向？

5.2　有一台三相异步电动机，其额定转速 $n = 975$ r/min，试求电动机的磁极对数和在额定负载下的转差率(电源频率 $f = 50$ Hz)。

5.3　有 Y112M-2 型和 Y160M1-8 型异步电动机各一台，其额定功率都是 4 kW，但前者额定转速为 2 890 r/min，后者为 720 r/min，试比较它们的额定转矩，并由此来说明电动机的磁极对数、转速和转矩之间的关系。

5.4　三相异步的数据铭牌如下：电压，220 V/380 V；接法，△/Y；功率，3 kW；转速，2 960 r/min；功率因数，0.88；效率，0.86。试回答下列问题：

(1) 若电源的线电压为 220 V 时，定子绕组应如何连接？I_N、T_N 应各为多少？

(2) 若电源的线电压为 380 V 时，定子绕组应如何连接？I_N、T_N 应各为多少？

5.5　某异步电动机的额定功率为 15 kW，额定转速为 970 r/min，频率为 50 Hz，最大转矩 $T_{max} = 295.36$ N·m，试求电动机的过载系数。

5.6　有一 Y225M-4 型三相异步电动机，其额定数据如下表所示。试求：(1)额定电流 I_N；(2)额定转差率 s_N；(3)额定转矩 T_N、最大转矩 T_{max}、启动转矩 T_{st}。

功率	转速	电压	频率	效率	功率因数	I_{st}/I_N	T_{st}/T_N	T_{max}/T_N
45 kW	1 480 r/min	380 V	50 Hz	92.3%	0.88	7.0	1.9	2.2

5.7　在题 5.6 中，(1)如果负载转矩为 510.2 N·m，试问：在 $V = V_N$ 和 $V = 0.9V_N$ 两种情况下电动机能否启动？(2)采用 Y-△变换启动时，求启动电流和启动转矩；又当负载转矩为额定转矩 T_N 的 80%和 50%时，电动机能否启动？

5.8　三相异步电动机在断了一根电源线后，为何不能启动？若在运行中断了一根线却能运转，为什么？

5.9　异步电动机有几种调速方法？各种调速方法有何优缺点？

5.10　异步电动机有哪几种制动方法？各有何特点？

5.11　一台三角形连接的三相鼠笼式异步电动机，若在额定电压下启动，流过每相绕组的启动电流 $I_{st}=20.84$ A，启动转矩 $T_{st}=26.39$ N·m，试求下面两种情况下的启动电流和启动转矩：

(1) Y-△换接启动；

(2) 用电压比 $K=2$ 的自耦补偿器启动。

5.12　熔断器有何用途?如何选择?

5.13　交流接触器有何用途?主要由哪几部分组成?各起什么作用？

5.14　在电动机主电路中既然装有熔断器，为什么还要装热继电器？它们各起什么作用？

5.15　何为自锁?何为互锁?

5.16　题 5.16 图中哪些能实现点动控制？哪些不能？为什么？

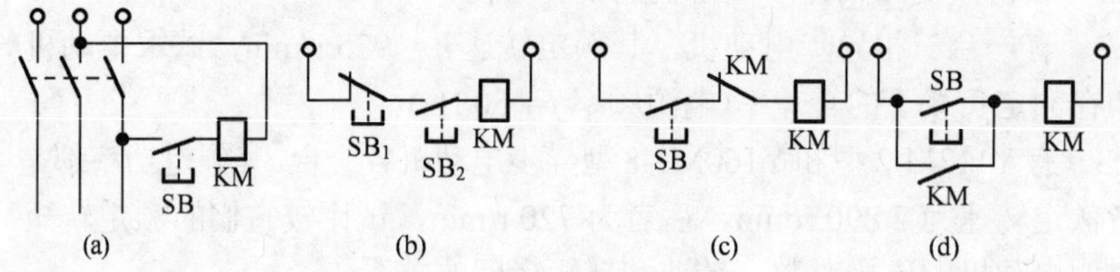

题 5.16 图

5.17　判断题 5.17 图所示各控制电路是否正确，为什么？

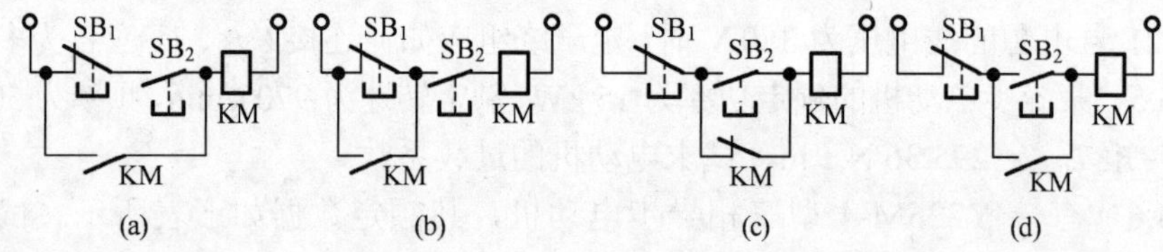

题 5.17 图

5.18　画出异步电动机单相运行控制电路，并说明每一个元件的作用。

5.19　试画出异步电动机既能点动又能单向连续运行的控制电路。

5.20　保护接地与保护接零有什么区别?

实训八 三相异步电动机正反转控制

1. 实训目的

(1) 通过对三相鼠笼式异步电动机正反转控制线路的安装接线，掌握由电气原理图接成实际操作电路的方法。

(2) 加深对电气控制系统各种保护、自锁、互锁等环节的理解。

(3) 学会分析、排除继电器-接触器控制线路故障的方法。

2. 实训原理

三相鼠笼式异步电动机，可以通过相序的更换来改变电动机的旋转方向。本实验给出两种不同的正反转控制线路具有如实训图 8.1 及实训图 8.2 所示的特点。

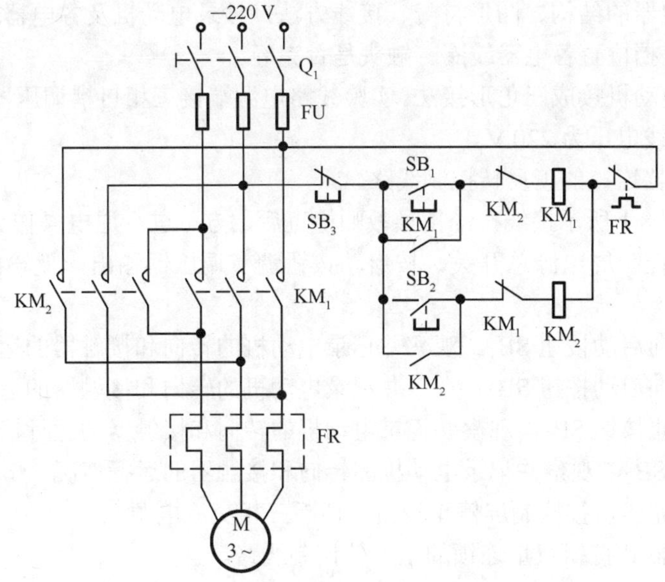

实训图 8.1 三相鼠笼式异步电动机正反转控制线路(一)

(1) 电气互锁。为了避免接触器 KM_1(正转)、KM_2(反转)同时得电吸合造成三相电源短路，在 KM_1(KM_2)线圈支路中串接有 KM_2(KM_1)常闭触头，它们保证了线路工作时 KM_1、KM_2 不会同时得电(见实训图 8.1)，以达到电器互锁目的。

(2) 电气和机械双重互锁除电气互锁外，可再采用复合按钮 SB_1 与 SB_2 组成的机械互锁环节(见实训图 8.2)，以求线路工作更加可靠。

(3) 线路具有短路、过载、失压、欠压保护等功能。

3. 实训仪器与设备（见实训表 8.1）

实训表 8.1　三相异步电动机正反转控制实训的仪器和设备

序号	名　称	参数及范围、型号	数量	备　注
1	三相交流电源	220 V	1	
2	三相异步电动机		1	
3	交流接触器	CJ46-9	1	
4	复合按钮		2	
5	热继电器	JR16B-20/3D	1	
6	交流电压表		1	
7	万用电表		1	

4. 实训内容与步骤

认识各电器的结构、图形符号、接线方法，抄录电动机及各电器铭牌数据，并用万用表Ω挡检查各电器线圈、触头是否完好。

鼠笼式电动机接成三角形接法。实验线路电源端接三相自耦调压器输出端 U、V、W，供电线电压为 220 V。

(1) 接触器连锁的正反转控制线路。

按实训图 8.1 所示接线，经指导教师检查后，方可进行通电操作。

① 开启控制屏电源总开关，按启动按钮调节调压器输出，使输出线电压为 220 V。

② 按正向启动按钮 SB_1，观察并记录电动机的转向和接触器的运行情况。

③ 按反向启动按钮 SB_2，观察并记录电动机的转向和接触器的运行情况。

④ 按停止按钮 SB_3，观察并记录电动机的转向和接触器的运行情况。

⑤ 再按 SB_2，观察并记录电动机的转向和接触器的运行情况。

⑥ 实验完毕，按控制屏停止按钮，切断三相交流电源。

(2) 接触器和按钮双重连锁的正反转控制线路。

按实训图 8.2 所示接线，经指导教师检查后，方可进行操作。

① 按控制屏启动按钮，接通 220 V 三相交流电源。

② 按正向启动按钮 SB_1，电动机正向启动，观察电动机的转向及接触器的动作情况。按停止按钮 SB_3，使电动机停转。

③ 按反向启动按钮 SB_2，电动机反向启动，观察电动机的转向及接触器的动作情况。按停止按钮 SB_3，使电动机停转。

④ 按正向（或反向）启动按钮，电动机启动后，再去按反向（或正向）启动按钮，观察有何情况发生。

⑤ 电动机停稳后，同时按正、反向两只启动按钮，观察有何情况发生。

⑥ 失压与欠压保护实验：

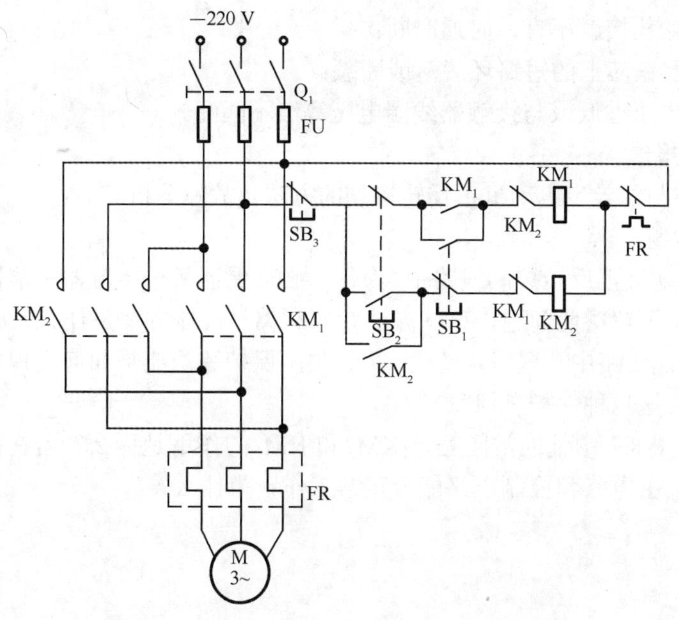

实训图 8.2　三相鼠笼式异步电动机正反转控制线路(二)

a．按启动按钮 SB_1（或 SB_2）启动电动机后，按控制屏停止按钮，断开实验线路三相电源，模拟电动机失压（或零压）状态，观察电动机与接触器的动作情况。随后，再按控制屏上的启动按钮，接通三相电源，但不按 SB_1（或 SB_2），观察电动机能否自行启动？

b．重新启动电动机后，逐渐减小三相自耦调压器的输出电压，直至接触器释放，观察电动机是否自行停转。

⑦ 过载保护实验：

打开热继电器的后盖，当电动机启动后，人为地拨动双金属片模拟电动机过载情况，观察电动机、电器的动作情况(注意：此项内容，较难操作且危险，有条件可由指导教师作示范操作)。实验完毕，将自耦调压器调回零位，按控制屏停止按钮，切断实验线路电源。

(3) 故障分析。

① 接通电源后，按启动按钮（SB_1 或 SB_2），接触器吸合，但电动机不转，且发出“嗡嗡”声响或电动机能启动，但转速很慢。这种故障来自主回路，大多是一相断线或电源缺相。

② 接通电源后，按启动按钮（SB_1 或 SB_2），若接触器通断频繁，且发出连续的劈啪声或吸合不牢，发出颤动声，此类故障原因可能是：

a. 线路接错，将接触器线圈与自身的常闭触头串在一条回路上了；

b. 自锁触头接触不良，时通时断；

c. 接触器铁芯上的短路环脱落或断裂；

d. 电源电压过低或与接触器线圈电压等级不匹配。

5. 实训报告

(1) 总结归纳异步电动机正反转控制的方法及故障分析。

(2) 思考题：

① 在电动机正反转控制线路中，为什么必须保证两个接触器不能同时工作？采用哪些措施可解决此问题，这些方法有何利弊，最佳方案是什么？

② 在控制线路中，短路、过载、失、欠压保护等功能是如何实现的？在实际运行过程中，这几种保护有何意义？

③ 实训图 8.2 中辅助常闭触点 KM_2 和 KM_1 的作用是什么？若在控制电路中将两者调接，主电路和控制电路能否正常工作？为什么？

第 6 章　半导体二极管和三极管

本章首先介绍本征半导体和杂质半导体的导电特性和 PN 结的单向导电性，然后介绍半导体二极管和三极管的结构、工作原理、特性曲线和主要参数。本章是学习电子技术和分析电子电路的基础。

6.1　半导体基本知识

自然界中的物质，按照它们导电能力的强弱可分为导体、半导体和绝缘体三大类。凡容易导电的物质(如金、银、铜、铝、铁等金属物质，原子结构最外层电子数少于 4 个，容易失去电子)称为导体；不容易导电的物质(如玻璃、橡胶、塑料、陶瓷等)称为绝缘体；导电能力介于导体和绝缘体之间的物质(如硅、锗、硒等)称为半导体。

半导体之所以得到广泛的应用，是因为它具有热敏性、光敏性、杂敏性等特殊性能。

(1) 热敏性：对温度的变化反应灵敏。当温度升高时，其电阻率减小，导电能力显著增强。利用半导体的这种热敏特性，可以制成各种热敏器件，用于温度变化的检测。但是，半导体器件对温度变化的敏感，也常常会影响其正常工作。

(2) 光敏性：某些半导体材料受到光照时，其导电能力显著增强。利用半导体的这种光敏特性，可以制成各种光敏器件，如光敏电阻、光电管等。

(3) 杂敏性：在纯净的半导体材料中掺入某种微量元素后，其导电能力将猛增几十万到几百万倍。利用半导体的这种特性，可以制成各种不同的半导体器件，如二极管、三极管、场效应管、晶闸管等。

6.1.1　本征半导体

本征半导体是一种纯净的具有完整晶体结构的半导体。常用的本征半导体是硅(Si)和锗(Ge)。它们都是 4 价元素，即在原子最外层轨道上各有 4 个价电子。其原子结构如图 6.1 所示。

下面以硅晶体为例来说明半导体的导电特性。

本征半导体硅晶体结构示意图如图 6.2 所示。由图 6.2 可见，各原子间整齐而有规则地排列着，使每个原子的最外层的 4 个价电子不仅受所属原子核的吸引，而且还受相邻 4 个原子核的吸引，每一个价电子都为相邻原子核所共用，形成了

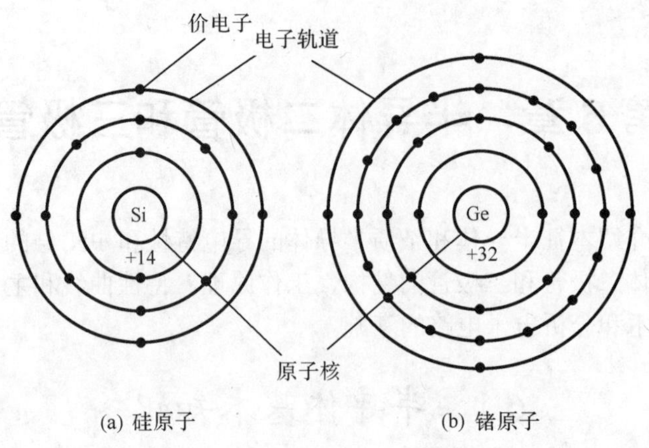

图 6.1 硅原子和锗原子结构图

共价键结构。每个原子核最外层等效有 8 个价电子，满足了稳定条件。

本征半导体在温度为绝对零度(−273.15℃)时，其共价键中的价电子被束缚得很紧，不能成为自由电子，这时的半导体不导电，在导电性能上相当于绝缘体。但在获得一定能量(温度增高或受光照)后，共价键中的有些价电子就会挣脱原子核的束缚，成为自由电子。温度愈高，晶体中产生的自由电子便愈多。自由电子是本征半导体中一种可以参与导电的带电粒子，叫做载流子。

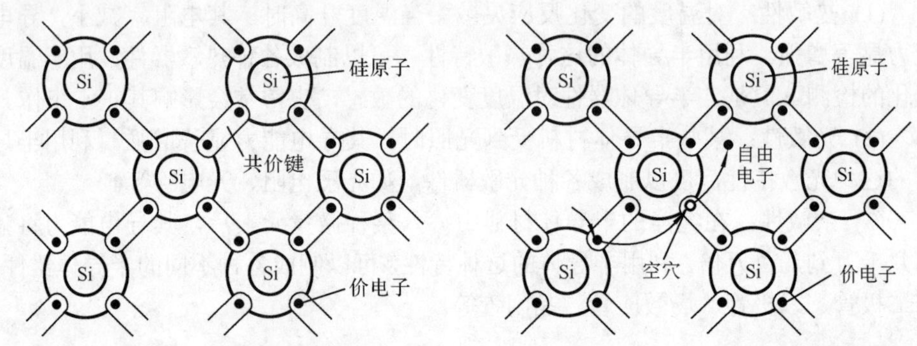

图 6.2 硅晶体共价键结构图　　图 6.3 自由电子与空穴的形成

价电子挣脱共价键的束缚而成为自由电子后，在共价键中就留下一个空位，称为“空穴”，也称为“载流子”(见图 6.3)。中性的原子因失去一个电子而带正电，同时形成了一个空穴，故也可以认为空穴带正电。

空穴的出现将吸引相邻原子的价电子离开它所在的共价键来填补这个空穴，因而这个相邻原子也因失去价电子而产生新的空穴。这个空穴又会被相邻的价电子填补而产生新的空穴，这种电子填补空穴的运动相当于带正电荷的空穴在运动，实际上，空穴是不动的，移动的只是价电子。于是空穴就可以被看做带正电荷的载流子。

在有外电场作用时，带负电的自由电子将逆着电场的方向作定向运动，形成电子电流；带正电的空穴则顺着电场方向作定向运动(实际上是共价键中的价电子在运动)，形成空穴电流。两部分电流方向相同，总电流为电子电流和空穴电流之和。

由此可见，半导体中有自由电子和空穴两种载流子，因而存在着电子导电和空穴导电两种导电方式，这是半导体导电的最大特点，也是在导电原理上与金属导电方式的本质区别。

由上述分析，已知外界的温度和光照变化将影响半导体内部载流子的数量，因此温度越高或光照越强，半导体的导电能力就越强。

在常温时，本征半导体虽然存在着自由电子和空穴两种载流子，但数目很少，因此导电能力很差。但如果在本征半导体中掺入微量的某种杂质后，其导电能力就可以增加几十万乃至几百万倍。

6.1.2 N 型半导体和 P 型半导体(统称为杂质半导体)

在本征半导体中掺入微量的杂质元素，就能制成具有特定导电性能的杂质半导体。根据掺入杂质元素性质的不同，杂质半导体可分为 N 型半导体和 P 型半导体两大类。

1. N 型半导体

在本征半导体硅(或锗)中掺入微量的五价元素，例如磷(P)，由于掺入磷的数量相对硅原子数量极少，所以本征半导体晶体结构不会改变，只是晶体结构中某些位置上的硅原子被磷原子取代，在磷原子的五个价电子中，只需四个价电子与相邻的四个硅原子组成共价键结构，多余的一个价电子不参加共价键，只受磷原子核的微弱吸引，很容易脱离磷原子而成为自由电子，磷原子则因失去了一个电子变成了正离子，称为空间电荷，如图 6.4 (a)所示。一个磷原子就增加一个自由电子，由于掺入磷原子的绝对数量很多，因此自由电子的数量很多。这种半导体以自由电子导电为主，因而称为电子导电型半导体，简称 N 型半导体。其中自由电子为多数载流子，空穴为少数载流子。

2. P 型半导体

在本征半导体硅(或锗)中掺入微量的三价元素，例如硼(B)，由于掺入硼的数量相对硅原子数量极少，所以本征半导体晶体结构不会改变，只是晶体结构中某些位置上的硅原子被硼原子取代，而硼原子只能提供三个价电子，它与相邻的四个硅原子组成共价键时，必有一个共价键因缺少一个电子而出现空穴，这个空穴将吸引邻近的价电子来填补，因而使硼原子成为负离子(空间电荷)，如图 6.4 (b)所示。一个硼原子就增加一个空穴，由于掺入硼原子的绝对数量很多，因此空穴的数量很多，这种半导体以空穴导电为主，因而称为空穴导电型半导体，简称 P 型半导体。其中空穴为多数载流子，自由电子为少数载流子。

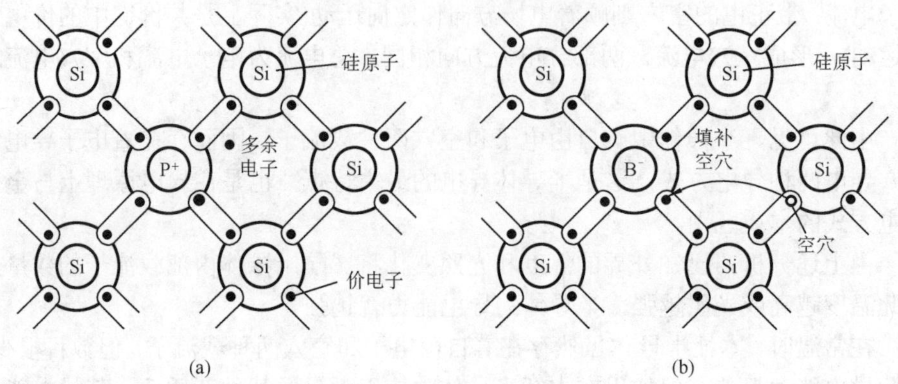

图 6.4 N 型半导体和 P 型半导体

6.1.3 PN 结

N 型或 P 型半导体的导电能力虽然比本征半导体大大增强，但仅用其中一种材料还不能直接制成半导体器件。通常是在一块晶片上，采取一定的掺杂工艺措施，在两边分别形成 P 型半导体和 N 型半导体，在两者的交界处就形成一个特殊的薄层，这个薄层就称为 PN 结。PN 结是构成各种半导体器件的基础。

1. PN 结的形成

图 6.5 所示是一块晶片(硅或锗)，两边分别形成 P 型半导体和 N 型半导体。图中⊖代表得到一个电子的三价杂质(例如硼)离子。⊕代表失去一个电子的五价杂质(例如磷)离子。由于 P 型半导体有大量的空穴和少量的电子，N 型半导体有大量的电子和少量的空穴，P 型半导体和 N 型半导体交界面两侧的电子和空穴浓度相差很大。因此空穴要向 N 区扩散，自由电子也要向 P 区扩散(所谓扩散就是物质从浓度大的地方向浓度小的地方运动)。扩散的结果在 P 区中靠近交界面的一边出现一层带负电荷的离子区，在 N 区中靠近交界面的一边出现一层带正电荷的离子区。于是在交界面附近形成一个空间电荷区，这个空间电荷区就是 PN 结。

正负电荷在交界面两侧形成一个内电场，方向由 N 区指向 P 区。内电场对多数载流子的扩散运动起阻挡作用，但又可以推动少数载流子(P 区的自由电子和 N 区的空穴)越过空间电荷区进入到另一侧。这种少数载流子在内电场作用下的运动称为少数载流子的漂移运动。PN 结的内电场的电位差约为零点几伏，宽度一般为几微米到几十微米。

2. PN 结的单向导电性

PN 结在无外加电压的情况下，扩散运动和漂移运动处于动态平衡。如果在

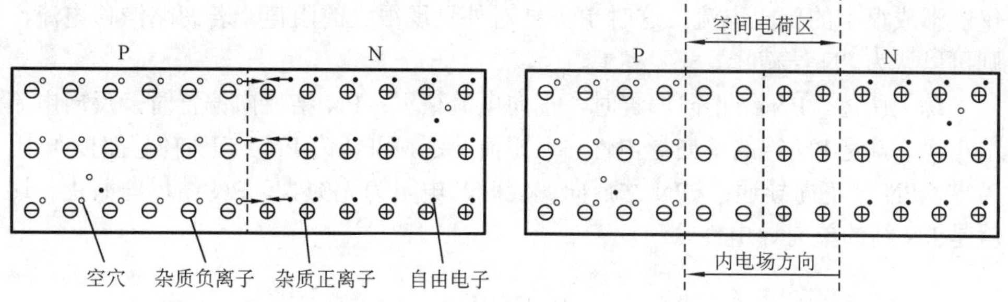

图 6.5　PN 结的形成及内电场

PN 结两端加上电压，就会打破载流子扩散运动和漂移运动的动态平衡状态。

(1) PN 结正向偏置——导通。

给 PN 结加上正向电压，即外电源的正极接 P 区，负极接 N 区(称正向连接或正向偏置)，如图 6.6(a)所示。由图可见，外电场将推动 P 区多子(空穴)向右扩散，与原空间电荷区的负离子中和，推动 N 区的多子(电子)向左扩散，与原空间电荷区的正离子中和，使空间电荷区变薄因而削弱了内电场，这将有利扩散运动的进行，从而使多数载流子顺利通过 PN 结，形成较大的正向电流，由 P 区流向 N 区。这时 PN 结对外呈现较小的阻值，处于正向导通状态。

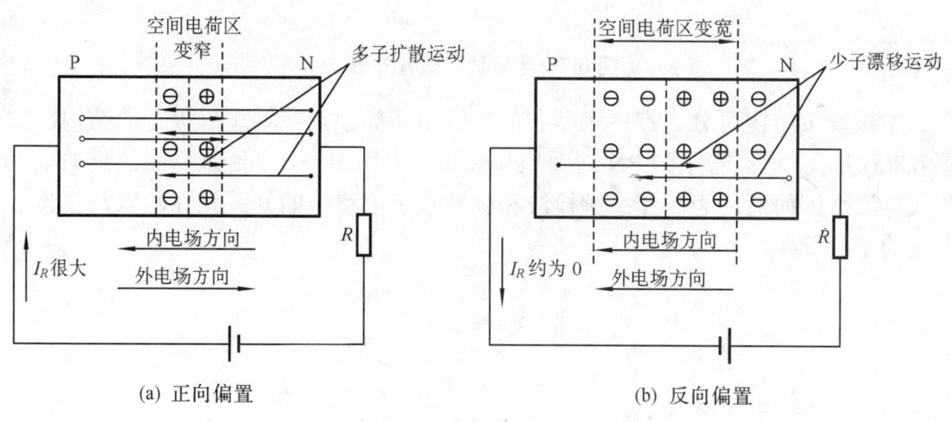

图 6.6　PN 结正向和反向偏置

(2) PN 结反向偏置——截止。

将 PN 结按图 6.6(b)所示方式连接，给 PN 结加上反向电压，即外电源的正极接 N 区，负极接 P 区(称 PN 结反向偏置)。由图可见，外电场方向与内电场方向一致，它将 N 区的多子(电子)从 PN 结附近拉走，将 P 区的多子(空穴)从 PN 结附近拉走，使 PN 结变厚，内电场增强，多数载流子的扩散运动更难进行，但使少数载流子的漂移运动增强。由于漂移运动是少子运动，因而漂移电流很小，所以仅能形成很小的反向电流，这时 PN 结对外呈现很大的阻值。若忽略漂移电流，则可以认为 PN 结截止。

综上所述，PN 结正向偏置时，正向电流很大；PN 结反向偏置时，反向电流很小，这就是 PN 结的单向导电性。理想情况下，可认为 PN 结正向偏置时，电阻为零，PN 结正向导通； PN 结反向偏置时，电阻为无穷大，PN 结反向截止。这就是 PN 结的单向导电性。

6.2 半导体二极管

6.2.1 二极管的结构

半导体二极管又称晶体二极管，简称二极管。在 PN 结两端接上相应的电极引线，外面用金属(或玻璃、塑料)管壳封装起来，就成为半导体二极管。常用的半导体二极管外形如图 6.7 所示。

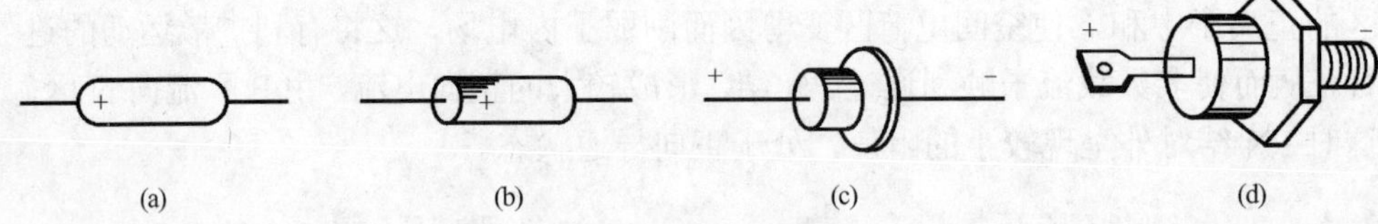

图 6.7 半导体二极管外形

二极管按结构可分为点接触型和面接触型两类。点接触型二极管的结构，如图 6.8(a)所示。这类管子的 PN 结面积和极间电容均很小，不能承受高的反向电压和大电流，因而适用于制作高频检波和脉冲数字电路中的开关元件，以及作为小电流的整流管。

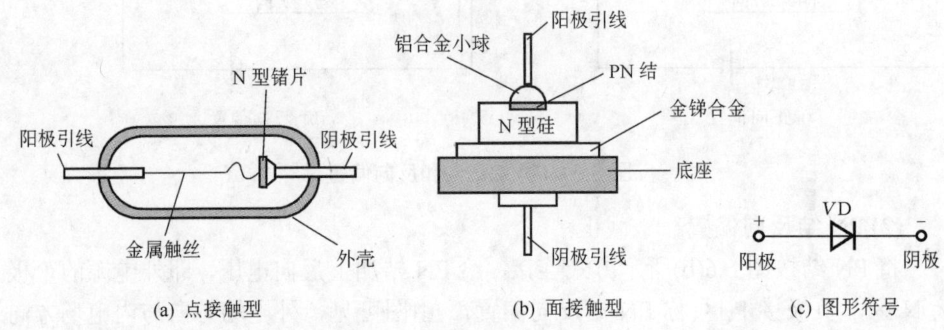

图 6.8 二极管的结构和图形符号

面接触型二极管的结构如图 6.8(b)所示。这种二极管的 PN 结面积大，可承受较大的电流，其极间电容大，因而适用于整流电路，而不宜用于高频电路中。

二极管的图形符号如图 6.8(c)所示。

6.2.2 二极管的伏安特性

二极管的伏安特性就是加在二极管两端的电压与流过二极管的电流之间的关系。也就是 PN 结的伏安特性，是非线性的，如图 6.9 所示。

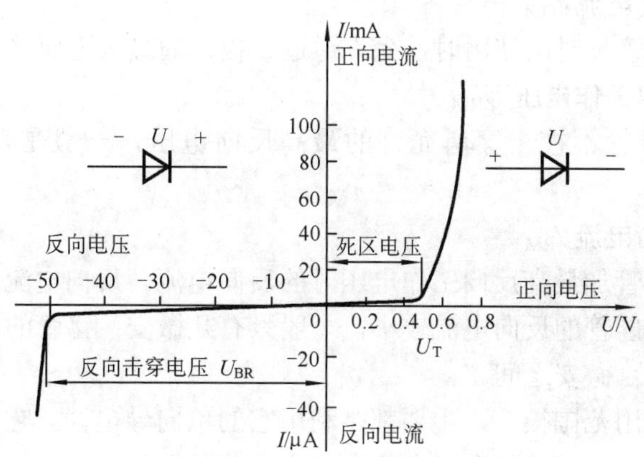

图 6.9 二极管的伏安特性曲线

1. 正向特性

当外加正向电压很低时，由于外电场还不能克服 PN 结内电场对多数载流子扩散运动的阻力，故正向电流很小，几乎为零。当正向电压超过一定值后，电流急剧上升，二极管处于正向导通。这个定值正向电压叫做死区电压 U_T。一般硅管的死区电压约为 0.5 V，锗管的死区电压约为 0.1 V。对理想二极管，认为 $U_T = 0$。二极管正向导通后，二极管的阻值变得很小，其压降很小，一般硅管的正向压降为 0.6～0.7 V，锗管的正向压降为 0.2～0.3 V。对理想二极管，认为正向压降为 0。

2. 反向特性

在二极管加反向电压时，由少数载流子漂移而形成的反向电流很小，且在一定电压范围内基本上不随反向电压的变化而变化，处于饱和状态，故这一段的电流称为反向饱和电流。对理想二极管，认为反向饱和电流为零，二极管处于反向截止状态。

3. 反向击穿特性

当反向电压增加到 U_{BR} 时，反向电流突然急剧增加，二极管失去单向导电性，这种现象称为击穿。产生反向击穿时加在二极管上的反向电压称为反向击穿电压

U_{BR}。反向击穿包括电击穿和热击穿，电击穿指反向电压去除后，二极管能恢复原来的性能；热击穿指反向电压去除后，二极管不能恢复原来的性能。

6.2.3　二极管的参数

二极管的参数是表征二极管的性能及其适用范围的数据，是选择和使用二极管的重要参考依据。二极管的主要参数有下面几个。

1. 最大整流电流 I_{OM}

它是指二极管长时间使用时，允许通过二极管的最大正向平均电流。

2. 最高反向工作电压 U_{RM}

它是指二极管不被击穿所允许的最高反向电压，一般是反向击穿电压的1/2~2/3。

3. 最大反向电流 I_{RM}

它是指二极管加最高反向工作电压时的反向电流。反向电流越小，管子的单向导电性越好。硅管的反向电流较小，一般只有几微安；锗管的反向电流较大，一般在几十至几百微安之间。

二极管的应用范围很广，主要都是利用它的单向导电性。它可用于整流、检波、元件保护以及在脉冲与数字电路中作为开关元件。

例 6.1　在图 6.10 所示电路中，二极管是导通还是截止？

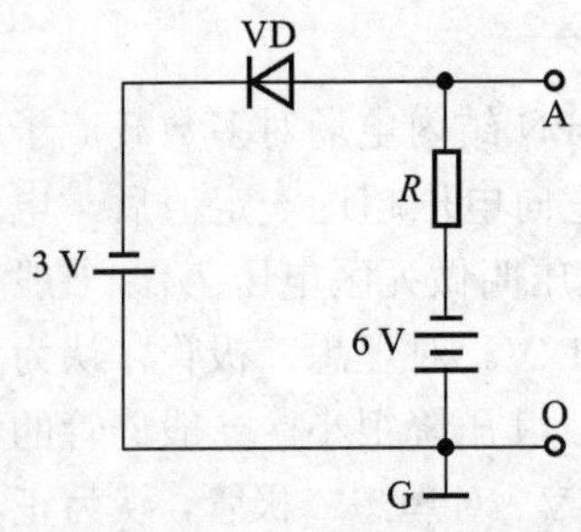

图 6.10　例 6.1 图

解　先将二极管 VD 拿开，比较二极管阳极与阴极的电位高低，若阳极电位高，则二极管 VD 导通；反之截止。

设两电源公共端 G 电位为 0，则二极管阳极电位为－6V，阴极电位为－3V，阳极电位低于阴极电位，故二极管 VD 截止。

例 6.2　如图 6.11(a)所示电路中，已知 E=5 V，输入电压 $u_i = 10\sin\omega t$，试画出输出电压 u_o 的波形图。

解　如图 6.11(b)所示画出输入电压 u_i 和 E 的波形。

0~1 段，$u_i<E$，二极管阳极电位低于阴极电位，VD 截止，$u_o=u_i$

1~2 段，$u_i>E$，二极管阳极电位高于阴极电位，VD 导通，$u_o=E$

2~3 段，$u_i<E$，二极管阳极电位低于阴极电位，VD 截止，$u_o=u_i$

3~4 段，$u_i>E$，二极管阳极电位高于阴极电位，VD 导通，$u_o=E$

4~5 段，$u_i<E$，二极管阳极电位低于阴极电位，VD 截止，$u_o=u_i$

由此画出输出电压 u_o 的波形图如图 6.11(c)所示。

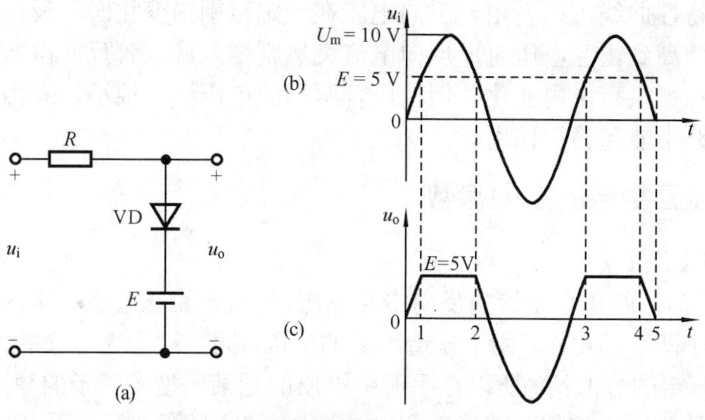

图 6.11　例 6.2 图

6.3　稳压二极管

稳压管是一种特殊的半导体二极管，其结构与普通二极管一样，实质上也是一个 PN 结。特殊之处在于它工作在反向击穿状态。应用时它在电路中与适当数值的电阻 R 配合(见图 6.12(a))后能起稳定电压的作用，故称为稳压管。其符号如图 6.12(b)所示。

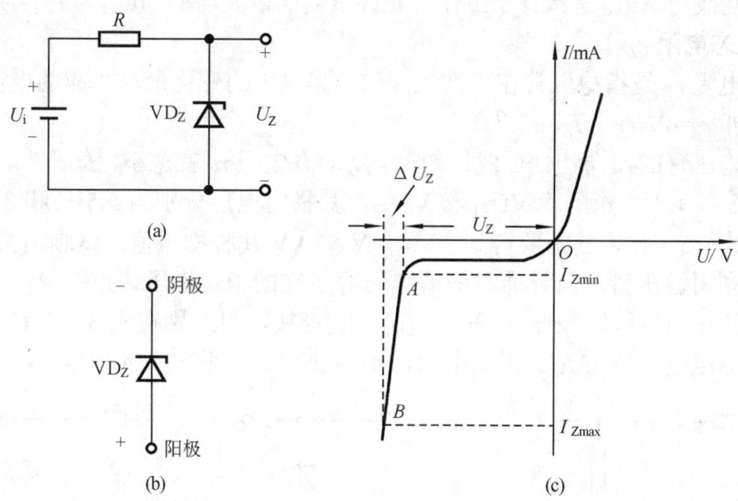

图 6.12　稳压二极管的伏安特性曲线及图形符号

6.3.1　稳压二极管的伏安特性

稳压二极管的伏安特性与普通二极管类似，其主要差别是稳压管的反向特性曲线比较陡，如图 6.12(c)所示。

由反向特性曲线可以看出，反向电压在一定范围内变化时，反向电流很小。当反向电压增高到击穿电压时，反向电流突然剧增，稳压管反向击穿。此时，反向电流虽然在很大范围内变化，但稳压管两端的电压变化很小。利用这一特性，稳压管在电路中能起稳压作用。

6.3.2 稳压二极管的主要参数

1. 稳定电压 U_Z

稳定电压 U_Z 就是稳压管的反向击穿电压，也就是稳压管在正常的反向击穿工作状态下管子两端的电压。由于制造工艺的原因，同一型号稳压管的 U_Z 并不完全相同，具有一定的分散性。所以在手册中给出的是某一型号管子的稳定电压范围。使用时要进行测试，按需要选择。例如 2CW18 稳压管的稳压值为 10～12 V。

2. 稳定电流 I_Z

稳定电流 I_Z 是指稳压管在稳定电压时的工作电流，其范围在 I_{Zmin}～I_{Zmax} 之间。最小稳定电流 I_{Zmin} 是指稳压管进入反向击穿区时的转折点电流。

3. 最大稳定电流 I_{Zmax}

最大稳定电流 I_{Zmax} 是指稳压管长期工作时允许通过的最大反向电流，其工作电流应小于 I_{Zmax}。

4. 最大耗散功率 P_M

最大耗散功率 P_M 是指管子工作时允许承受的最大功率，其值为 $P_M=I_{Zmax}\cdot U_Z$。

5. 动态电阻 r_Z

动态电阻 r_Z 是指稳压管在正常工作时，其电压的变化量与相应的电流变化量的比值。即 $r_Z=\Delta U_Z/\Delta I_Z$。

如果稳压管的反向特性曲线比较陡，则动态电阻 r_Z 就愈小，稳压性能就愈好。

例 6.3 有两个稳压管 VD_{Z1} 和 VD_{Z2}，其稳定电压分别为 5.5 V 和 8.5 V，正向压降均为 0.5 V，现分别要得到 3 V、6 V、14 V 几种稳压值，试画出其电路图。

解 利用稳压管反向导通时两端电压等于它的稳定电压，正向导通时两端电压等于它的正向压降，按图 6.13(a)、(b)、(c)连接，可分别得到 3 V、6 V、14 V 三种稳定电压值。图中 R 是限流电阻，不能缺少。假设 E>14 V。

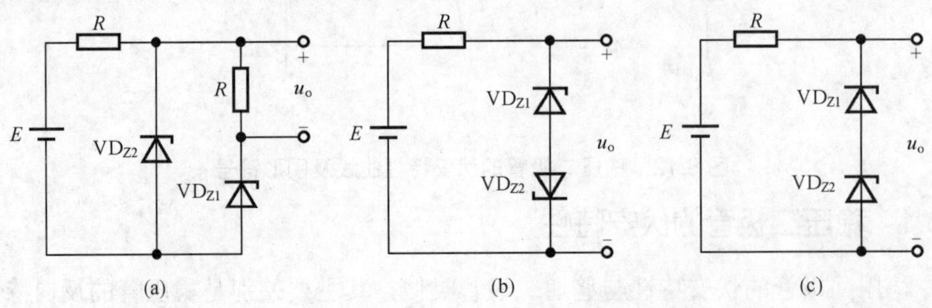

图 6.13 例 6.3 图

6.4 发光二极管

发光二极管(light emiting diode，简称 LED)，是一种直接把电能转换成光能的器件，没有热交换过程。它在正向导通时会发光，导通电流增大时，发光亮度增强。其外形和电路符号分别如图 6.14(a)、(b)所示。

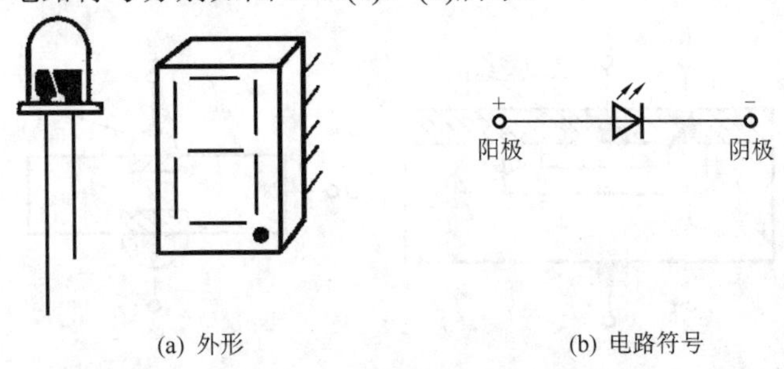

图 6.14 发光二极管的外形和电路符号

发光二极管应用很广，可作电器和仪器的指示灯，数字、字符显示器件，高亮度的大屏幕等。发光二极管还可作为光源器件将电信号转变为光信号，广泛应用于光电检测技术领域中。发光二极管具有如下特点：

(1) 低电压下工作，适合低压小型化电路；

(2) 小电流可得到高亮度，一般在零点几毫安就开始发亮，而且随着电流增大亮度增强；

(3) 发光响应速度快，为 10^{-8}～10^{-7} s；

(4) 容易与集成电路配合使用；

(5) 体积小、耐振动、耐冲击、发热少、功耗低、寿命长。

6.5 半导体三极管

半导体三极管常简称为晶体管或三极管，是一种重要的半导体器件。常见的一些三极管的外形如图 6.15 所示。

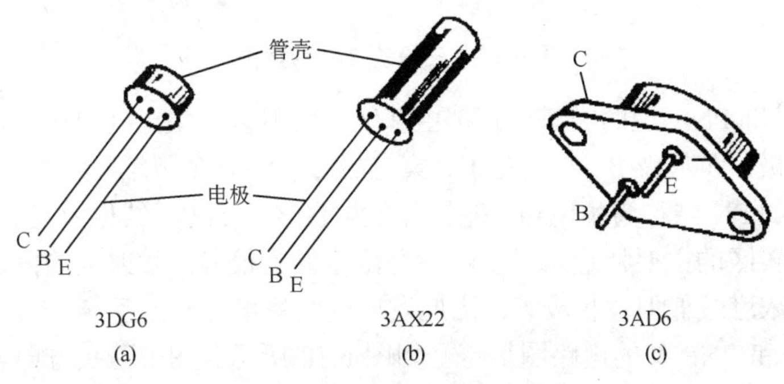

图 6.15 几种三极管的外形图

6.5.1　三极管的结构

三极管的结构，最常见的有平面型和合金型两种。图 6.16(a)为平面型(主要为硅管)，图 6.16(b)为合金型(主要为锗管)。它们都是通过一定的工艺在一块半导体基片上制成两个 PN 结，再引出三个电极，然后用管壳封装而成。

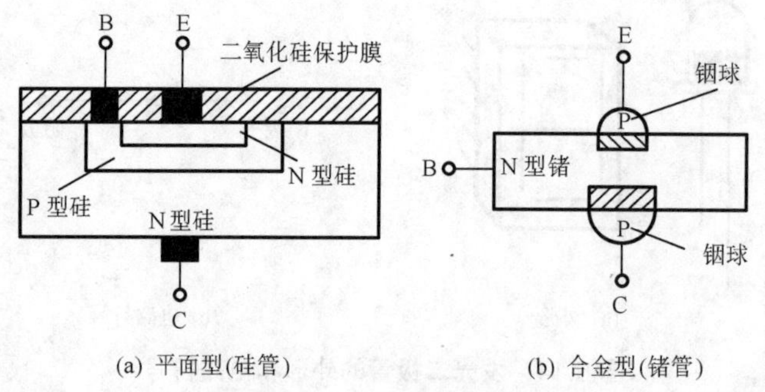

图 6.16　三极管芯结构

不论是平面型还是合金型，内部都是由 NPN 或 PNP 三层半导体材料构成，因此又把晶体管分为 NPN 型和 PNP 型两类。其结构示意图如图 6.17 所示。图 6.17(a)为 NPN 型，图 6.17(b)为 PNP 型。

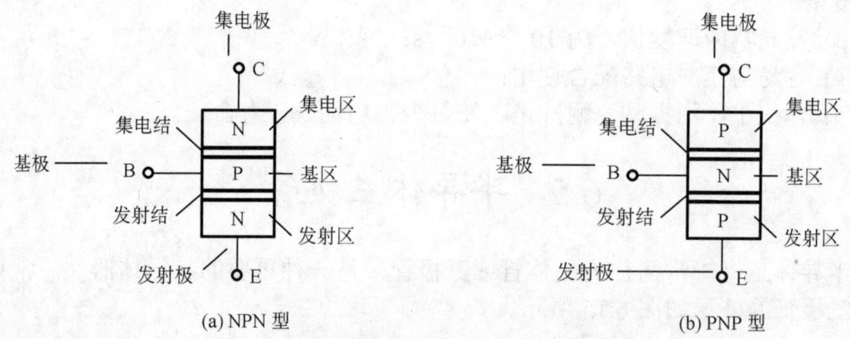

图 6.17　三极管结构示意图

NPN 型和 PNP 型两类三极管都由基区、发射区、集电区组成，每个区分别引出一个电极，即基极 B、发射极 E、集电极 C，每个管子有两个 PN 结，基区和集电区之间的 PN 结称为集电结，基区和发射区之间的 PN 结称为发射结。

晶体管各区的主要特点是：基区掺杂浓度低且很薄，发射区的掺杂浓度高，集电区掺杂浓度较低但体积较大，因此发射区与集电区不能互换。

NPN 型和 PNP 型的电路图形符号如图 6.18 所示。图中箭头方向表示电流方向。

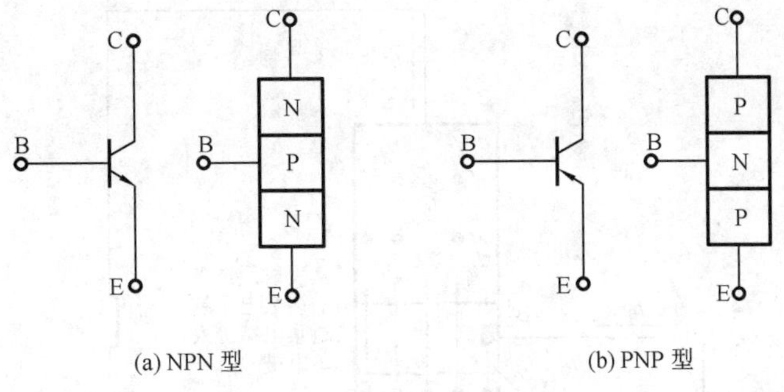

图 6.18　三极管的电路图形符号

三极管的型号、命名见附录 C。

6.5.2　三极管的电流分配和电流放大作用

三极管的主要作用是电流放大作用和开关作用。

三极管的基本放大电路如图 6.19 所示。

基极电源 E_B、基极电阻 R_B、基极 B 和发射极 E 组成输入回路。

集电极电源 E_C、集电极电阻 R_C、集电极 C 和发射极 E 组成输出回路，发射极 E 是公共电极。这种电路称为共发射极电路。

电路中 $E_B<E_C$，电源极性如图所示，这样就保证了发射结加的是正向电压(正向偏置)，集电结加的是反向电压(反向偏置)，这是三极管实现电流放大作用的外部条件。

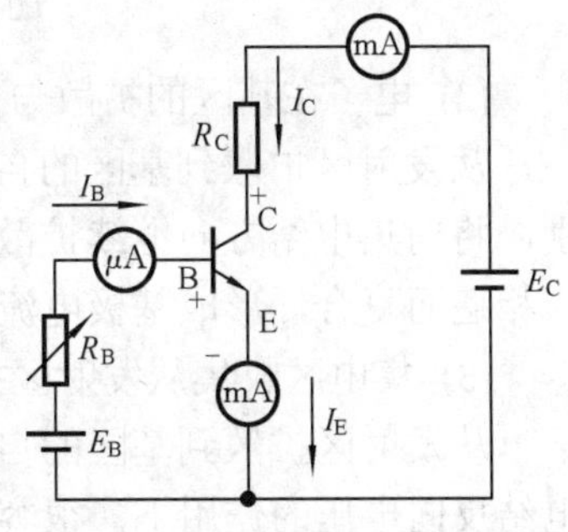

图 6.19　三极管的基本放大电路

调整基极电阻 R_B，则基极电流 I_B、集电极电流 I_C 和发射极电流 I_E 都会发生变化。通过实验可得出如下结论。

①
$$I_E = I_B + I_C$$

三个电流之间的关系符合基尔霍夫电流定律。

② I_C 比 I_B 大得多，且基本满足

$$I_C = \beta I_B$$

β 为电流放大倍数，大于 1，一般为几十至几百。

由此可以看出，由较小的基极电流 I_B 可以得到较大的集电极电流 I_C，这就是三极管的电流放大作用。

下面用载流子的运动来解释上述结论(以 NPN 型为例)，如图 6.20 所示。

(1) 发射区向基区扩散电子。

由于发射结加了正向电压，发射区的多数载流子(自由电子)很容易越过发射结扩散到基区，并不断从电源补充进电子，形成发射极电流 I_E。

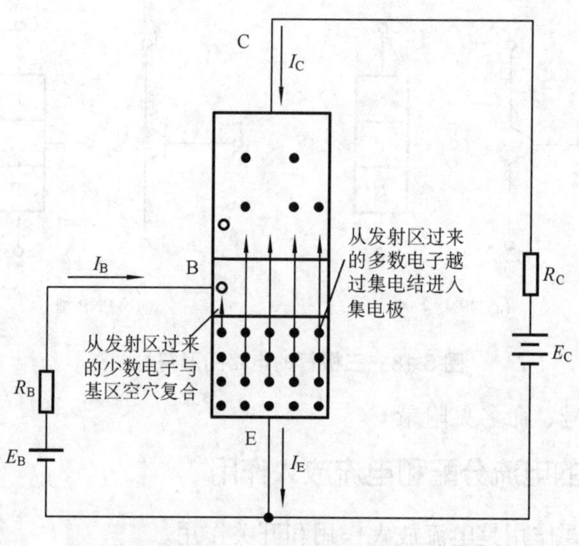

图 6.20 三极管中的电流分配

(2) 电子在基区的扩散与复合。

从发射区扩散到基区的自由电子在发射结附近与集电结附近由于浓度上的差别，将向集电结方向继续扩散。在扩散过程中，一部分自由电子将与基区中的空穴相遇而复合，形成基极电流 I_B。

(3) 集电区收集从发射区扩散过来的电子。

从发射区扩散到基区的自由电子在基区属于少数载流子，但数量很多，在集电结反向电压的作用下，很容易漂移过集电结被集电区收集，形成较大的集电极电流 I_C。

由上述分析可见，由发射区扩散到基区的自由电子，少部分与基区中的空穴相遇而复合，形成基极电流 I_B，绝大部分将越过集电结形成集电极电流 I_C。故 $I_E=I_B+I_C$。

6.5.3 三极管的特性曲线

三极管的特性曲线是指各极电压与电流之间的关系曲线，它是三极管内部载流子运动的外部表现。它反映三极管的性能，是分析放大电路的重要依据。因为三极管的共发射极接法应用最广，故以 NPN 管共发射极接法为例来分析三极管的特性曲线，图 6.21 所示为测量三极管特性的实验电路。

由于三极管有三个电极，它的伏安特性曲线比二极管更复杂一些，工程上常用到的是它的输入特性和输出特性。

1. 输入特性曲线

当 U_{CE} 不变时，输入回路中的基极电流 I_B 与基-射极电压 U_{BE} 之间的关系曲线

被称为输入特性，即

$$I_B = f(U_{BE})\Big|_{U_{CE}=常数}$$

当 U_{CE}≥1 V 时，在一定的 U_{BE} 条件下，集电结已反向偏置，且内电场已足够大，可以把从发射区扩散到基区的电子中的绝大多数拉到集电区。此时 U_{CE} 再继续增大，I_B 也就基本不变。因此当 U_{CE}≥1 V 以后，不同 U_{CE} 值的各条输入特性曲线几乎重叠在一起。所以通常只画 U_{CE}≥1 V 的一条输入特性曲线，如图 6.22 所示。

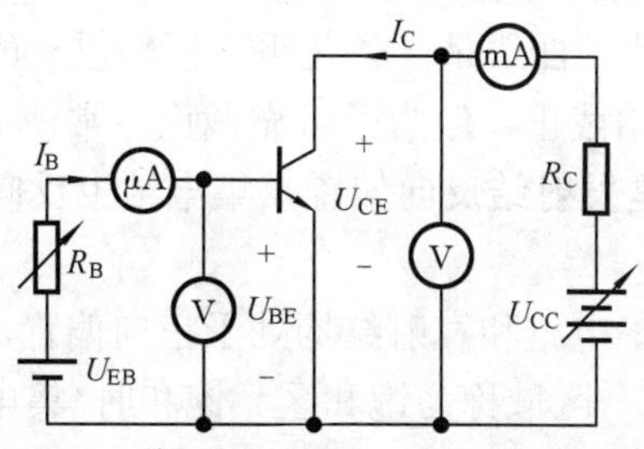

图 6.21　测量三极管特性的实验电路

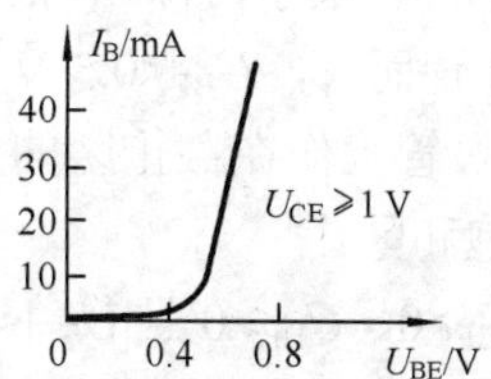

图 6.22　三极管的输入特性曲线

由三极管的输入特性曲线可看出：三极管的输入特性曲线是非线性的，输入电压小于某一开启值时，三极管不导通，基极电流 I_B 为零。这个开启电压又叫做阈值电压或死区电压。只有当 U_{BE} 电压大于死区电压时，三极管才会出现 I_B。对于硅管，其死区电压约为 0.5 V，对于锗管，其死区电压约为 0.2 V。当管子正常工作时，发射结压降变化不大，对于硅管为 0.6～0.7 V，对于锗管为 0.2～0.3 V。

2. 输出特性曲线

当 I_B 不变时，输出回路中的电流 I_C 与电压 U_{CE} 之间的关系曲线称为输出特性曲线，即

$$I_C = f(U_{CE})\Big|_{I_B=常数}$$

给定一个基极电流 I_B，就对应一条特性曲线，所以三极管的输出特性曲线是一个曲线族，如图 6.23 所示。

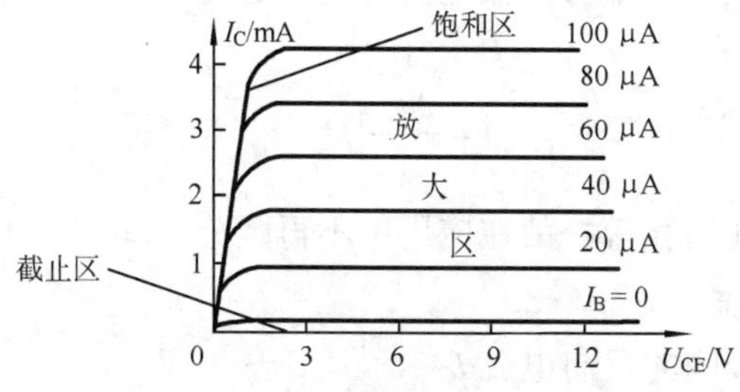

图 6.23　三极管的输出特性曲线

从输出特性曲线看出，它可以划分为三个区：放大区、截止区、饱和区。

(1) 放大区。

输出特性曲线的近于水平部分是放大区。在放大区，I_C 与 I_B 成正比关系，满足 $I_C=\beta I_B$，与 U_{CE} 变化无关。三极管工作在放大区时，发射结正向偏置，集电结反向偏置。

(2) 截止区。

$I_B=0$ 的曲线以下的 I_C 约为零的区域称为截止区。当 $I_B=0$ 时，$I_C=I_{CEO}$，由于穿透电流 I_{CEO} 很小，即 I_C 很小，输出特性曲线是一条几乎与横轴重合的直线。对 NPN 硅管而言，$U_{BE}<0.5$ V 时即已开始截止，但为了可靠截止，常使 $U_{BE}<0$。因此，三极管工作在截止区的外部条件是发射结反向偏置，集电结也反向偏置。

(3) 饱和区。

当 $U_{CE}>0$、$U_{BE}>0$ 且 $|U_{CE}|<|U_{BE}|$ 时，集电结和发射结均处于正向偏置，I_B 的变化对 I_C 的影响较小，两者不成比例，这一区域称为饱和区。饱和时，集电极电流 I_C 基本恒定，$I_C \approx U_{CC}/R_C$。三极管工作在饱和区的外部条件是发射结正向偏置，集电结也正向偏置。

6.5.4 三极管的主要参数

三极管的参数是表征管子性能和安全使用范围的物理量，是正确使用和合理选择三极管的依据。三极管的参数较多，这里只介绍主要的几个。

1. 电流放大系数

电流放大系数的大小反映了三极管放大能力的强弱。

(1) 共发射极直流电流放大系数 $\overline{\beta}$。

$\overline{\beta}$ 为三极管集电极电流 I_C 与基极电流 I_B 之比，即

$$\overline{\beta}=\frac{I_C}{I_B}$$

(2) 共发射极交流电流放大系数 β。

β 指集电极电流变化量与基极电流变化量之比，其大小体现了共射接法时，三极管的放大能力。即

$$\beta=\frac{\Delta I_C}{\Delta I_B}\bigg|_{U_{CE}=\text{常数}}$$

因 $\overline{\beta}$ 与 β 的值几乎相等，故在应用中不再区分，均用 β 表示。

2. 极间反向电流

(1) 集电极-基极间的反向电流 I_{CBO}。

I_{CBO} 是指发射极开路时，集电极-基极间的反向电流，也称为集电结反向饱和

电流。温度升高时，I_{CBO}急剧增大，温度每升高 10 ℃，I_{CBO}增大一倍。因此选管时应选I_{CBO}小且I_{CBO}受温度影响小的三极管。

(2) 集电极-发射极间的反向电流I_{CEO}。

I_{CEO}是指基极开路时，集电极-发射极间的反向电流，也称为集电结穿透电流。它反映了三极管的稳定性，其值越小，受温度影响也越小，三极管的工作就越稳定。它与集电结反向饱和电流I_{CBO}的关系为

$$I_{CEO}=(\beta+1)I_{CBO}$$

3. 极限参数

三极管的极限参数是指在使用时不得超过的极限值，以此保证三极管的安全工作。

(1) 集电极最大允许电流I_{CM}。

集电极电流I_C过大时，β将明显下降，I_{CM}为β下降到规定允许值(一般为额定值的 1/2～2/3)时的集电极电流。使用中若$I_C>I_{CM}$，三极管不一定会损坏，但β明显下降。

(2) 反向击穿电压$U_{(BR)CEO}$。

集电极-发射极 $U_{(BR)CEO}$是指基极开路时集电结不至于击穿，施加在集电极-发射极之间允许的最高反向电压。

(3) 集电极最大允许功率损耗P_{CM}。

当集电极电流通过集电结时，要消耗功率而使集电结发热，若集电结温度过高，则会引起三极管参数变化，甚至烧坏三极管。因此，规定当三极管因受热而引起参数变化不超过允许值时集电极所消耗的最大功率为集电极最大允许功率损耗P_{CM}。

根据管子的P_{CM}值，由$P_{CM}=I_CU_{CE}$可在三极管的输出特性曲线上作出P_{CM}曲线，称为集电极功耗曲线，如图 6.24 所示。

由三个极限参数I_{CM}、P_{CM}、$U_{(BR)CEO}$可共同确定三极管的安全工作区，如图 6.24 所示。三极管必须保证在安全区内工作，并留有一定的余量。

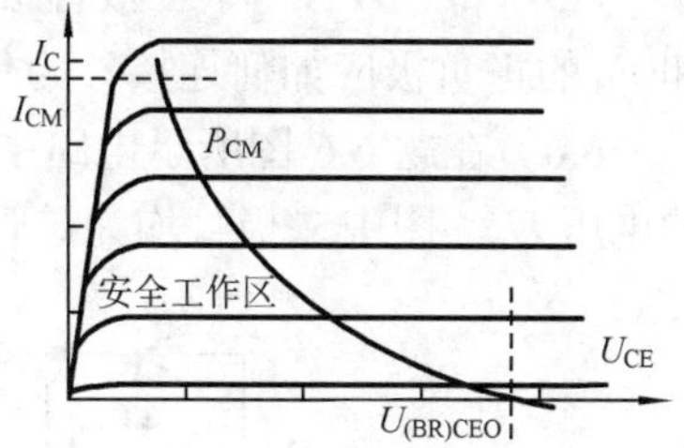

图 6.24　三极管集电极的功耗曲线和安全工作区

本 章 小 结

1. 半导体中有两种载流子：自由电子和空穴。本征半导体中掺入三价或五价元素杂质，可形成 P 型半导体和 N 型半导体。P 型半导体中，空穴是多数载流子，自由电子是少数载流子；N 型半导体中，自由电子是多数载流子，空穴是少数载流子。

2. PN 结具有单向导电性。加正向电压时导通，加反向电压时截止。

3. 半导体二极管具有单向导电性。利用这一特性，可用它来整流、检波等。稳压管是一种特殊二极管，可用来稳压。发光二极管正向导通时会发光。

4. 半导体三极管有三种工作状态。工作在放大状态时，集电结反偏、发射结正偏，集电极电流与基极电流成正比；工作在截止状态时，集电结和发射结均反偏，集电极电流基本为零，相当于开关断开；工作在饱和状态时，集电结和发射结均正偏，集电极电流不受基极电流控制，集电极和发射极间基本无电压降，相当于开关闭合。

5. 由于二极管、三极管等半导体元件是非线性元件，所以它们的伏安特性常用特性曲线图来表示。使用这些元器件时要注意考虑它们的主要参数。

习 题

6.1 什么是本征半导体？什么是杂质半导体？本征半导体和杂质半导体的载流子有何异同？

6.2 N 型半导体中的自由电子多于空穴，而 P 型半导体中的空穴多于自由电子，是否 N 型半导体带负电而 P 型半导体带正电？

6.3 什么是二极管的死区电压？为什么会出现死区电压？硅管和锗管的死区电压值约为多少？

6.4 怎样判断二极管的阳极和阴极？怎样判断二极管的好坏？

6.5 将一 PNP 型三极管接成共发射极电路，要使它具有电流放大作用，E_C 和 E_B 的正负极应如何连接？为什么？画出电路图。

6.6 在题 6.6 图所示电路中，二极管是导通还是截止？并求出 A、O 两点间的电压 U_o。图中二极管均为硅管，正向压降 $U_D = 0.6$ V。

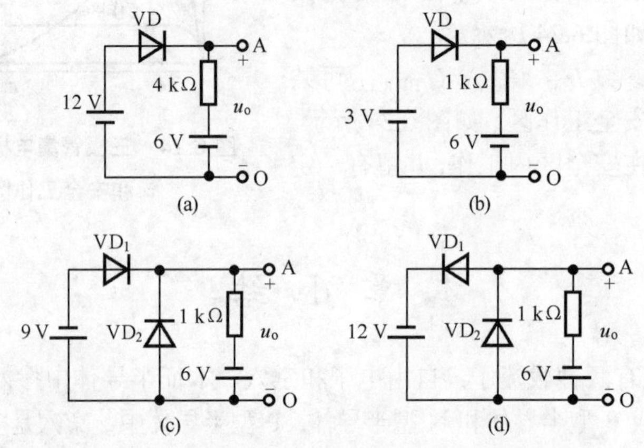

题 6.6 图

6.7 在题 6.7 图(a)中，u_i 是输入电压，其波形如图(b)所示，试画出与 u_i 对应的输出电压 u_o 的波形(假设二极管为理想二极管)。

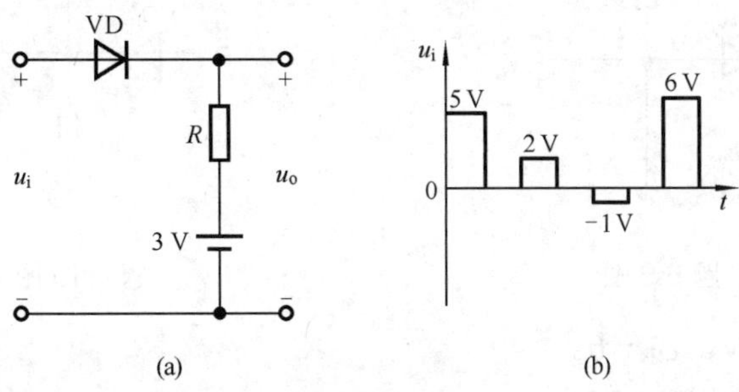

题 6.7 图

6.8 在题 6.8 图各电路中，$u_i = 10\sin\omega t$ V，$E = 5$ V，试分别画出各输出电压 u_o 的波形(假设二极管为理想二极管)。

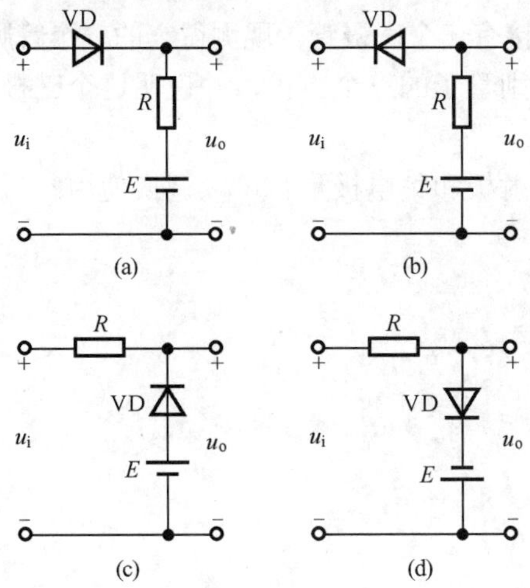

题 6.8 图

6.9 电路如题 6.9 图所示，试求出输出端 F 的电位 U_F 及 R 中通过的电流，并说明二极管是导通还是截止(假设二极管为理想二极管)。

(1) $U_A = U_B = 0$。

(2) $U_A = 3$ V，$U_B = 0$。

(3) $U_A = U_B = 3$ V。

6.10 电路如题 6.10 图所示，试求出输出端 F 的电位 U_F 及 R 中通过的电流，并说明二极管是导通还是截止(假设二极管为理想二极管)。

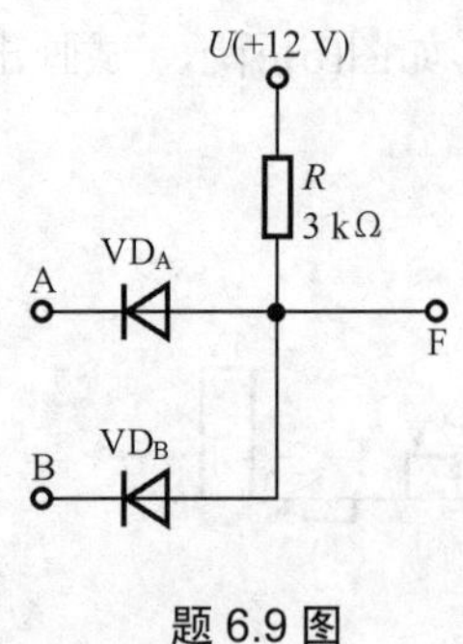

题 6.9 图

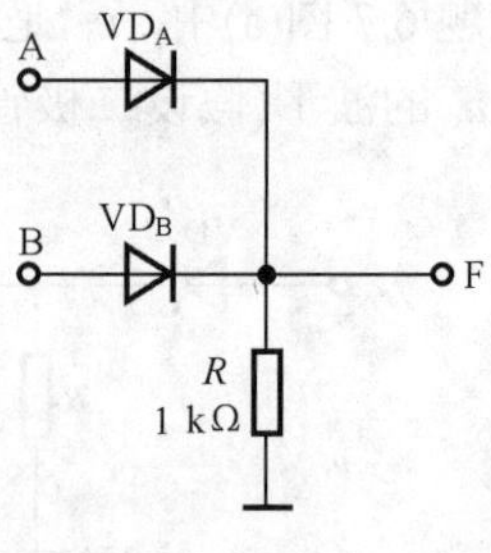

题 6.10 图

(1) $U_A = 10$ V，$U_B = 0$。

(2) $U_A = 6$ V，$U_B = 3$ V。

(3) $U_A = U_B = 5$ V。

6.11 有两个稳压管 VD_{Z1} 和 VD_{Z2}，其稳定电压分别为 6.5 V 和 9.5 V，正向压降均为 0.5 V，现分别要得到 0.5 V、3 V、6 V、7 V、16 V 几种稳压值，试分别画出其电路图。

6.12 放大电路中接有一个三极管，现测得它的三个管脚的电位分别为−9 V、−6 V、−6.2 V，试判别管子的三个电极，并说明这个三极管的类型(是硅管还是锗管)。

6.13 三极管的发射极和集电极是否可以调换使用？为什么？

第 7 章　交流放大电路

晶体管的主要用途之一是利用其组成放大电路，放大电路的主要作用是将微弱的电信号(电压、电流或电功率)放大成为所需要的较强的电信号，以便有效地进行观察、测量或控制较大功率的负载。例如在温度测控系统中，经常用热电偶或热电阻把温度的变化，转换成与其成比例变化的微弱电信号(一般为电压)，这样微弱的电信号不足以直接驱动显示器件来显示温度的变化情况，也不足以直接推动控制元件(如继电器)接通或切断加热电路。而使这样微弱的信号达到所需要的较大的电信号的中间变换电路，其中之一就是用晶体管构成的放大电路。又例如，在数控机床中，检测位置和速度的传感器将位置和速度等机械量转换成对应的微弱电信号，必须通过放大电路将其放大，得到一定的输出功率才能推动执行元件(电磁铁、电动机、液压机构等)完成需要的动作。又例如，收音机和电视，它们自天线收到的包含声音和图像信息的微弱电信号，必须由机内的放大电路将其放大后，才能推动扬声器和显像管工作。可见，放大电路的应用十分广泛，它是各种电子设备中最普遍的一种基本单元。

7.1　基本放大电路的组成及各元件的作用

7.1.1　基本放大电路的组成

图 7.1 为最基本的共射极交流放大电路(又称放大器)。由晶体管 T、电阻、电容、直流电源等组成。待放大的输入信号 u_i(通常可用一个理想电压源 u_S 和电阻 R_S 串联表示)加在基极和发射极之间(输入端)，输出信号 u_o 从集电极和发射极之间(输出端)输出。

图 7.1 所示的单管放大电路中有两个电流回路：一个是由发射极 E、信号源 u_i、电容 C_1、基极 B 回到发射极 E 的回路，称之为放大电路的输入回路；另一个是从发射极 E、集电极电源 E_C、集电极电阻 R_C、集电极 C 回到发射极 E 的回路，称之为放大电路的输出回路。

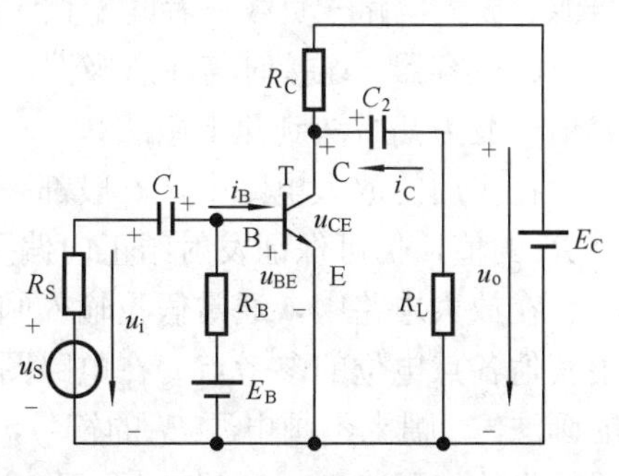

图 7.1　基本交流放大电路

因发射极为输入回路与输出回路的公共端，故称这种放大电路为共发射极放大电路。

7.1.2 放大电路中各元件的作用

1. 晶体管 T

它是放大元件，是放大器的核心。利用它的电流放大作用，使微小的输入电压 u_i 产生的微小的基极电流 i_B，控制电源 E_C 在输出回路中产生较大的与基极电流成比例的集电极电流 i_C，从而在负载上获得较大的与输入电压成比例的输出电压 u_o。

2. 集电极电源 E_C

它的一个作用是保证集电结反偏，发射结正偏，以使晶体管工作在放大状态；第二个作用是放大电路的能源。E_C 一般为几伏到几十伏。

3. 集电极电阻 R_C

将集电极的电流变化转换成集-射极间电压的变化，以实现电压放大。R_C 的阻值一般为几千欧到几十千欧。它可以是一个实际的电阻，也可以是继电器、发光二极管等器件，作为执行元件或能量转换元件。

4. 基极电源 E_B 和基极电阻 R_B

它们的作用是保证集电结反偏，发射结正偏，以使晶体管工作在放大状态，并提供大小适当的基极电流 I_B(简称偏流)，以使电路获得合适的静态工作点。R_B 的阻值较大，一般为几十千欧到几百千欧。

5. 耦合电容 C_1、C_2

电容 C_1、C_2 起到一个“隔直流通交流”的作用，C_1 隔断信号源与放大电路之间的直流通路，C_2 隔断放大电路与负载之间的直流通路；同时，C_1、C_2 使交流信号畅通无阻。当输入端加上信号电压 u_i 时，可以通过 C_1 送到晶体管的基极与发射极之间，而放大了的信号电压 u_o 则经过 C_2 从负载 R_L 两端取出。在图 7.1 所示电路中，C_1 左边、C_2 右边只有交流而无直流，中间部分为交直流共存。这样，信号源、放大电路、负载三者间无直流联系，互不影响。耦合电容 C_1、C_2 一般多采用电解电容器。连接时需注意极性，正极接高电位，负极接低电位。C_1 和 C_2 的电容值一般为几微法到几十微法。

在实用的放大电路中，一般都采用单电源供电，如图 7.2 所示。只要适当调整 R_B 的值，仍可保证发射结正向偏置，产生合适的基极偏置电流 I_B。

在放大电路中，通常假设输入回路与输出回路的公共端电位为零，作为电路中其他各点电位的参考点，在电路图上用接“地”符号表示。同时为了简化电路的画法，习惯上不画电源 E_C 的符号，而只在连接电源正极的一端标出它对参考点“地”的电压值 U_{CC} 和极性(“+”或“－”)。这样图 7.1 所示的共射极放大电路可画成如图 7.3 所示的简单形式。

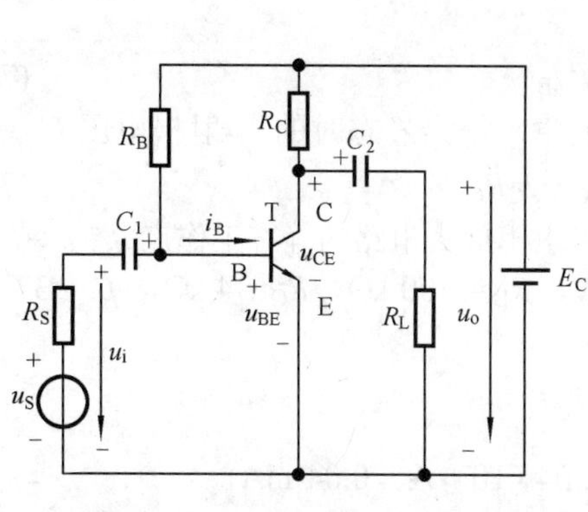

图 7.2 单电源基本放大电路

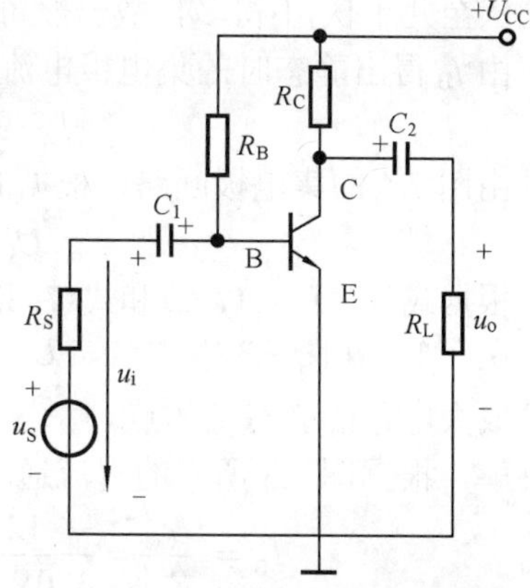

图 7.3 基本放大电路的简单形式

7.2 放大电路的直流通路和静态分析

放大电路中没有交流输入信号，即 u_i=0 时的工作状态，称为静态工作状态，简称静态。这时电路中仅有直流电源作用，电路中的电流和电压值均为直流，叫静态值。各个直流电流和电压用大写字母的平标和下标表示，如基极电流 I_B、集电极电流 I_C、发射极电流 I_E、基-射极电压 U_{BE}、集-射极电压 U_{CE} 等。

静态时电路中的 I_B、I_C、U_{CE} 的数值就叫放大电路的静态工作点。静态分析的目的就是确定放大电路的静态工作点。静态工作点可用放大电路的直流通路来计算。

图 7.4 是如图 7.3 所示放大电路的直流通路图。由于电容在直流电源的作用下相当于开路，图 7.3 可画成图 7.4 所示的形式，该电路叫放大电路的直流通路图。它包含有两个独立的回路：由直流电源 U_{CC}、基极电阻 R_B、三极管 VT 组成的基-射极基极回路；由直流电源 U_{CC}、集电极电阻 R_C、三极管 VT 组成的集-射极集电极回路。

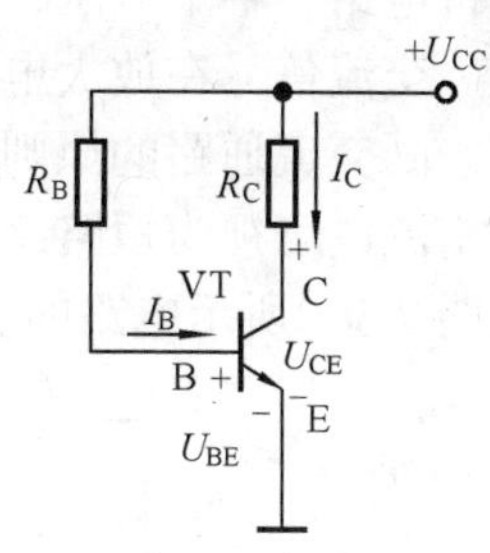

图 7.4 直流通路图

由图 7.4 所示的基极回路，根据 KVL 定律，可求出静态时的基极电流 I_B，由

$$U_{CC} = R_B I_B + U_{BE}$$

$$I_B = \frac{U_{CC} - U_{BE}}{R_B} \approx \frac{U_{CC}}{R_B} \tag{7.1}$$

由式(7.1)可知，基极电流 I_B 主要由 U_{CC} 和 R_B 决定。显然，当 U_{CC} 和 R_B 确定后，基极电流 I_B 就近似为一固定值，因此，常把这种电路称为固定式偏置放大电路，I_B 称为固定偏置电流，R_B 称为固定偏置电阻。

在式(7.1)中，U_{BE} 为三极管发射结的正向压降，硅管约为 0.6 V，比 U_{CC}(一般为几伏至几十伏)小得多，故一般可忽略不计。

由 I_B 得出静态时的集电极电流

$$I_C = \beta I_B \tag{7.2}$$

由图 7.4 的集电极回路，根据 KVL 定律，得出静态时的集-射极电压 U_{CE} 为

$$U_{CE} = U_{CC} - I_C R_C \tag{7.3}$$

根据式(7. 1), 式(7. 2) 和式(7. 3) 就可以求出放大电路的静态工作点 I_B、I_C、U_{CE}。

例 7.1 在图 7.3 中，已知 $U_{CC} = 12$ V，$R_B = 300$ kΩ，$R_C = 4$ kΩ，$\beta = 37.5$，试求放大电路的静态工作点。

解 根据图 7.3 所示的直流通路图可得出

$$I_B = \frac{U_{CC}}{R_B} = \frac{12}{300\times10^3} = 0.04\times10^{-3}\ \text{A} = 0.04\ \text{mA}$$

$$I_C = \beta I_B = 37.5\times0.04\ \text{mA} = 1.5\ \text{mA}$$

$$U_{CE} = U_{CC} - I_C R_C = (12-1.5\times4)\ \text{V} = (12-6)\ \text{V} = 6\ \text{V}$$

7.3 放大电路的交流通路和动态分析

7.3.1 放大电路的动态工作情况

在上述静态的基础上，放大电路接入交流输入信号 u_i，这时放大电路的工作状态称动态。

动态分析就是在静态值确定后，分析交流信号在放大电路中的传输情况，即分析电路中各个电压、电流随输入信号变化的情况。

交流信号在放大电路中的传输通道称为交流通路。

画交流通路的原则是：在交流信号频率范围内，电路中耦合电容的容抗很小，对交流电可视为短路；直流电源的内阻很小，可以忽略，视为短路。按此原则画出图 7.5(a)所示电路的交流通路如图 7.5(b)所示。

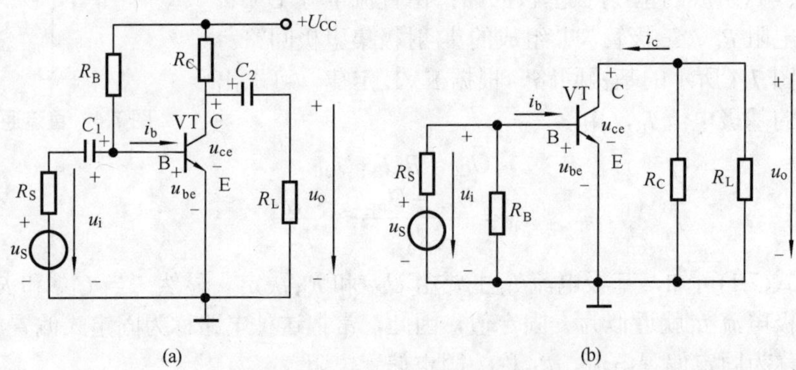

图 7.5 放大电路的交流通路

动态时，晶体管的各个电流和电压都含有直流分量和交流分量，即交直流共存，其中各个交流电流和电压瞬时值用小写字母的平标和下标表示，如 i_b、i_c、i_e、u_{ce}、u_{be} 等。电路中总电流和总电压是直流分量和交流分量的线性叠加，总电流和总电压的瞬时值平标用小写字母，下标用大写字母表示，如 i_B、i_C、i_E、u_{CE}、u_{BE} 等。设输入信号电压是正弦交流电压 $u_i = U_{im}\sin\omega t$，如图 7.6(a)所示。这时用示波器可观察到放大电路各个电压电流波形如图 7.6 所示。

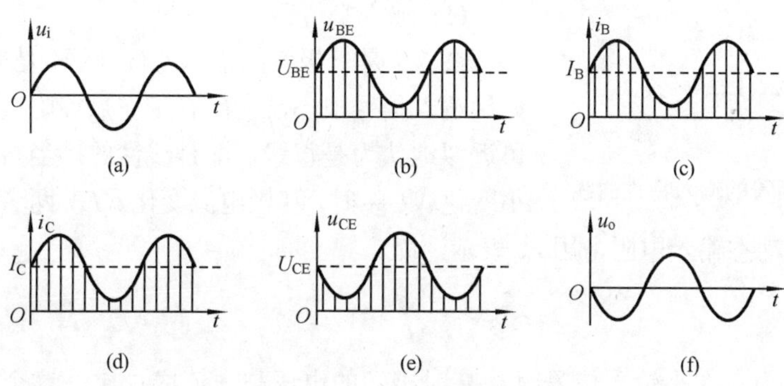

图 7.6　电压电流波形

$$u_{BE} = U_{BE}+u_{be} = U_{BE}+U_{im}\sin\omega t \tag{7.4}$$

$$i_B = I_B+i_b = I_B+I_{bm}\sin\omega t \tag{7.5}$$

$$i_C = I_C+i_c = I_C+I_{cm}\sin\omega t \tag{7.6}$$

$$u_{CE} = U_{CE}+u_{ce} = U_{CE}+U_{cem}\sin(\omega t+\pi) \tag{7.7}$$

由于耦合电容的隔直作用，放大电路的输出电压为

$$u_o = u_{ce} = U_{cem}\sin(\omega t+\pi) \tag{7.8}$$

综上所述可知：

(1) 放大电路在动态时各个总电流和电压是直流分量和交流分量的线性叠加；

(2) 电路中的 u_{be}、i_b、i_c 与 u_i 同相位，而 u_o 的波形与 u_i 反相。输出电压 u_o 与输入电压 u_i 相位相反，这是单管共射极放大电路的重要特点。

需要说明的是：输入电压 u_i 与输出电压 u_o 也是存在一定大小关系的，这可以通过下面的微变等效电路法求出。

7.3.2　微变等效电路

放大电路的主要作用是将微弱的输入信号放大到较大的输出信号。有时要计算输出电压与输入电压的比值，即放大倍数 A_u。这时用微变等效电路求解比较方便。

所谓微变等效电路，就是把由非线性元件晶体管组成的放大电路等效为线性电路，其中主要是把晶体管用一个线性元件的组合来等效，即晶体管的线性化。

只有在小输入信号的情况下才能采用微变等效电路。微变等效电路是在交流通路的基础上建立的，只能对交流电路等效，只能用来分析交流动态，计算交流分量，而不能用来分析计算直流分量。

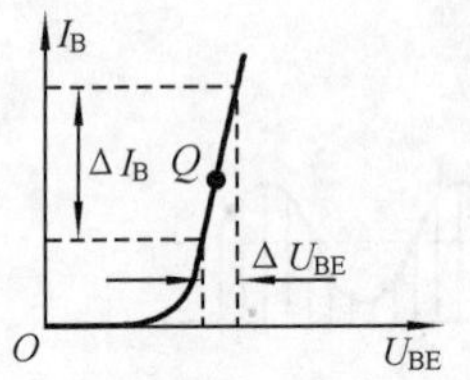

图 7.7　三极管的输入特性曲线

1. 晶体管微变等效电路

(1) 输入端等效。

图 7.7 是三极管的输入特性曲线，是非线性的。如果输入信号很小，在静态工作点 Q 附近的工作段可近似地认为是直线，即是线性的。当 u_{BE} 有一微小变化 ΔU_{BE} 时，基极电流变化 ΔI_B，两者的比值称为三极管的动态输入电阻，用 r_{be} 表示，即

$$r_{be} = \frac{\Delta U_{BE}}{\Delta I_B} = \frac{u_{be}}{i_b} \tag{7.9}$$

也可认为，在小输入信号时，基射极间的电压与电流成正比，这个比值叫晶体管的输入电阻。

即
$$r_{be} = \frac{u_{be}}{i_b}$$

同一个晶体管，静态工作点不同，r_{be} 值也不同。低频小功率管的输入电阻常用下式估算：

$$r_{be} = 300 + (\beta + 1)\frac{26}{I_E} \tag{7.10}$$

式中，I_E 为发射极静态电流，单位为 mA。r_{be} 的值一般为几百欧到几千欧。它是一个动态电阻。

(2) 输出端等效。

图 7.8 是三极管的输出特性曲线族，当输入信号很小时，输出特性曲线在放大区域内可认为呈水平线，集电极电流的微小变化 ΔI_C 仅与基极电流的微小变化 ΔI_B 有关，而与电压 u_{CE} 无关，故集电极和发射极之间可等效为一个受 i_b 控制的电流源，即

$$\beta = \frac{\Delta I_C}{\Delta I_B} \approx \frac{i_c}{i_b}$$

即可认为，i_c 的大小主要与 i_b 的大小有关，二者成线性关系，即 $i_c = \beta i_b$。

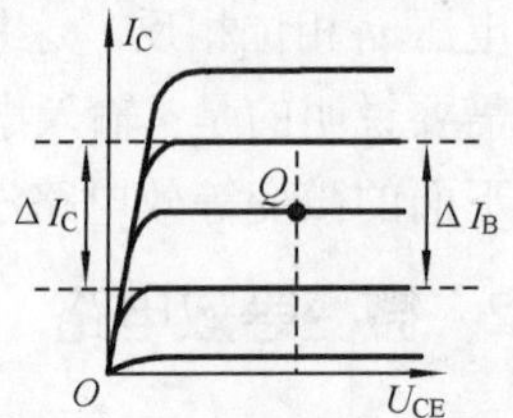

图 7.8　三极管的输出特性曲线

因此晶体管的输出回路可用一个受控电流源 $i_c=\beta i_b$ 来等效代替。

实际上，三极管的输出特性曲线并不完全与横轴平行，当 I_B 为常数时，

$$r_{ce}=\frac{\Delta U_{CE}}{\Delta I_C}=\frac{u_{ce}}{i_c} \tag{7.11}$$

即可认为，集射极间的电压 u_{ce} 与电流 i_c 成正比，这个比值叫晶体管的输出电阻，即 $r_{ce}=u_{ce}/i_c$。与受控电流源并联，也就是电流源 $i_c=\beta i_b$ 的内阻。r_{ce} 阻值很高，约几十千欧至几百千欧，所以在简化的微变等效电路中常把它忽略不画。

由上述方法得到的如图 7.9(a)所示的晶体管的微变等效电路如图 7.9(b)所示。

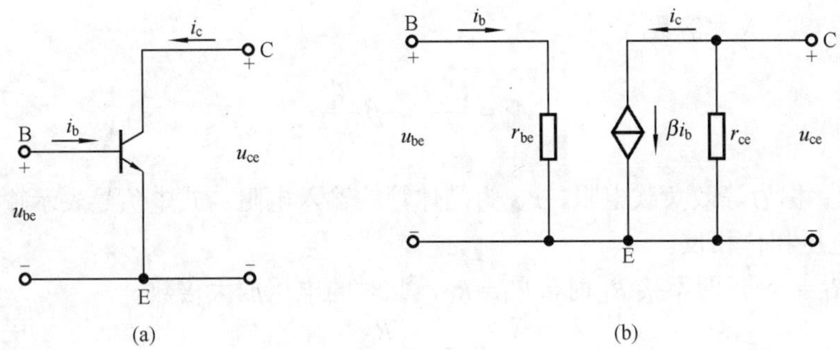

图 7.9　晶体管的微变等效电路

2. 放大电路微变等效电路的画法

对小信号输入放大电路进行动态分析时，要画出放大电路的微变等效电路。方法是：首先画出放大电路的交流通路图，再将晶体管用其微变等效电路代替(r_{ce} 可忽略)，即得到放大电路微变等效电路。图 7.10(a)是固定偏置放大电路(见图 7.5(a))的交流通路图，图 7.10(b)是放大电路的微变等效电路图(电流、电压为相量形式)。

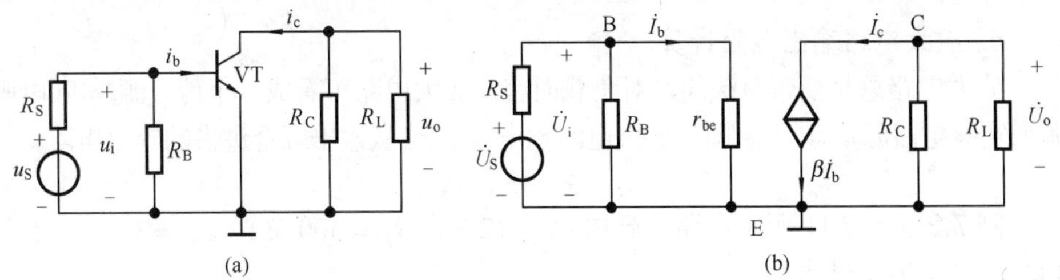

图 7.10　放大电路微变等效电路

3. 电压放大倍数的计算

下面以图 7.5(a)所示交流放大电路为例，用它的微变等效电路图 7.10(b)来进行电压放大倍数、输入电阻、输出电阻的计算。

放大电路的电压放大倍数 A_u 是输出电压与输入电压的相量之比，即

$$A_u = \frac{\dot{U}_o}{\dot{U}_i} \tag{7.12}$$

由图 7.10(b)输入回路可得

$$\dot{U}_i = \dot{I}_b r_{be} \tag{7.13}$$

由图 7.10(b)输出回路可得

$$\dot{U}_o = -\dot{I}_c R'_L = -\beta \dot{I}_b R'_L \tag{7.14}$$

式中

$$R_L' = R_C // R_L$$

所以电压放大倍数

$$A_u = \frac{\dot{U}_o}{\dot{U}_i} = -\beta \frac{R'_L}{r_{be}} \tag{7.15}$$

式中，R'_L 称为等效负载电阻，r_{be} 为晶体管的输入电阻。式中负号表示输入电压与输出电压相位相反。

若 $R_L = \infty$，即不接 R_L 时，$R'_L = R_C$，此时的电压放大倍数

$$A_u = -\beta \frac{R_C}{r_{be}}$$

不接 R_L 比接 R_L 时的电压放大倍数要高，R_L 愈小，电压放大倍数 A_u 愈低。

4. 放大电路输入电阻计算

放大电路对信号源来说，是一个负载，故可用一个等效电阻来代替。这个电阻就是从放大电路输入端看进去的放大电路本身的电阻，称为放大电路输入电阻 r_i，即

$$r_i = \frac{\dot{U}_i}{\dot{I}_i} = R_B // r_{be} \tag{7.16}$$

5. 放大电路输出电阻计算

放大电路总是要带负载的，对负载而言，放大电路可看成一个信号源(实际电压源或实际电流源)，其内阻即为放大电路输出电阻 r_o(从输出端看进去的等效电阻)。

$$r_o = R_C // r_{ce} \approx R_C \tag{7.17}$$

例 7.2 图 7.11 所示电路，已知 U_{CC}=12 V，$R_B = 300\ \text{k}\Omega$，$R_C = 3\ \text{k}\Omega$，$R_L = 3\ \text{k}\Omega$，$\beta = 50$，试求：

(1) R_L 接入和断开两种情况下电路的电压放大倍数 A_u；

(2) 输入电阻 r_i 和输出电阻 r_o。

解 先由直流通路图 7.11(b)求静态工作点

$$I_B = \frac{U_{CC} - U_{BE}}{R_B} \approx \frac{U_{CC}}{R_B} = \frac{12}{300}\ \mu\text{A} = 40\ \mu\text{A}$$

$$I_C = \beta I_B = 50 \times 0.04\ \text{mA} = 2\ \text{mA}$$
$$U_{CE} = U_{CC} - I_C R_C = (12 - 2 \times 3)\ \text{V} = 6\ \text{V}$$

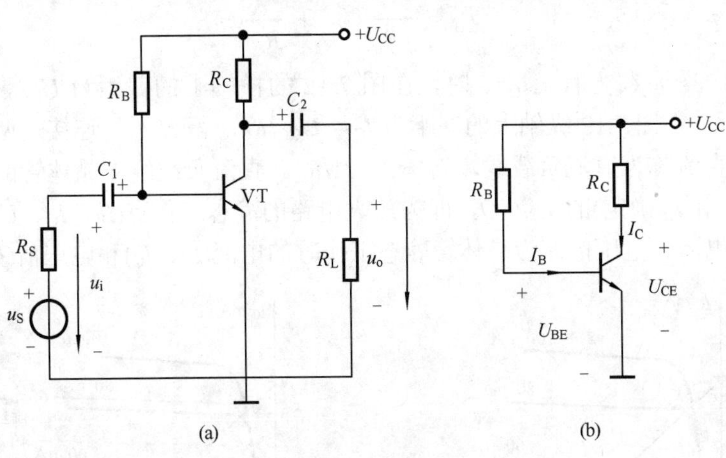

图 7.11　例 7.2 图

再求三极管的动态输入电阻

$$r_{be} = 300 + (1+\beta)\frac{26}{I_E} = \left(300 + (1+50)\frac{26}{2}\right)\Omega = 963\ \Omega = 0.963\ \ \text{k}\Omega$$

(1) R_L 接入时的电压放大倍数

$$A_u = -\frac{\beta R_L'}{r_{be}} = -\frac{50 \times \dfrac{3 \times 3}{3+3}}{0.963} = -78$$

R_L 断开时的电压放大倍数

$$A_u = -\frac{\beta R_C}{r_{be}} = -\frac{50 \times 3}{0.963} = -156$$

(2) 输入电阻

$$R_i = R_B \,//\, r_{be} = (300 \,//\, 0.963)\ \text{k}\Omega \approx 0.96\ \text{k}\Omega$$

输出电阻

$$R_o = R_C = 3\ \text{k}\Omega$$

7.4　静态工作点的稳定和分压式偏置放大电路

7.4.1　静态工作点的设置与稳定

1. 晶体管输出特性曲线上的静态工作点

晶体管的输出特性曲线如图 7.12 所示。

由前面的放大电路直流通路可知：

$$U_{CE}=U_{CC}-I_C R_C$$

$$I_C=-\frac{1}{R_C}U_{CE}+\frac{U_{CC}}{R_C}$$

这是一个直线方程，$I_C=0$ 时，在图 7.12 的横轴上的截距为 U_{CC}，得 M 点；$U_{CE}=0$ 时，在图 7.12 纵轴上的截距为 $I_C=U_{CC}/R_C$，得 N 点，连接这两点即为一直线，该直流称为直流负载线，斜率为 $-1/R_C$。直流负载线与晶体管的某条输出特性曲线(由 I_B 确定)的交点 Q，即为放大电路的静态工作点(I_B、I_C、U_{CE})。Q 点所对应的电流、电压值即为晶体管静态工作时的电流(I_B、I_C)和电压值(U_{CE})。

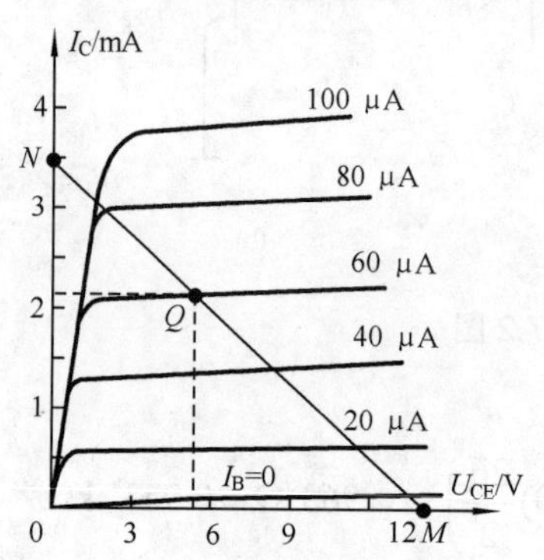

图 7.12　晶体管输出特性曲线

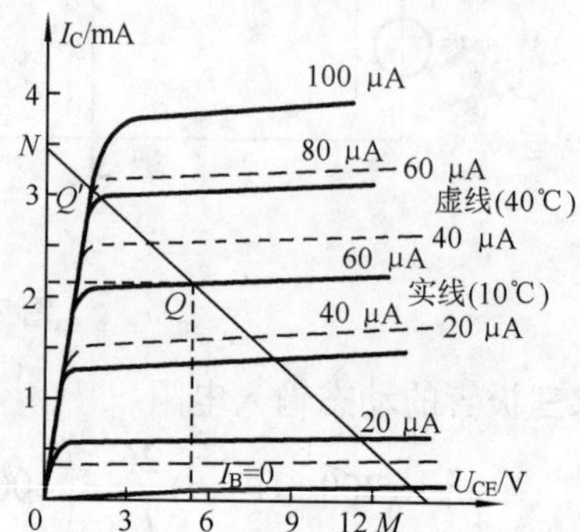

图 7.13　温度对静态工作点的影响

2. 温度对静态工作点的影响

对固定偏置放大电路，静态工作点是由基极电流和直流负载线共同确定的。因为电阻 R_B 和 R_C 阻值受温度的影响很小，显然偏流 I_B($I_B \approx U_{CC}/R_B$)与直流负载线的斜率($-1/R_C$)受温度的影响很小，可略去不计，但是集电极电流 I_C 是随温度变化的，当温度上升时 I_C 增大。温度升高使整个输出特性曲线向上平移，如图 7.13 虚线所示。在这种情况下，如果负载线和偏流 I_B 均未变化，则静态工作点将沿负载线向左上移动，进入饱和区，这时电流 i_c 不随 i_b 的变化而变化，引起饱和失真，严重时放大电路将无法正常工作。

7.4.2　常用的静态工作点稳定电路——分压式偏置放大电路

图 7.14(a)为分压式偏置放大电路，它能提供合适的偏流 I_B，又能自动稳定静态工作点，即温度变化时，I_C 不变，输出特性曲线不会向上平移，静态工作点不变。

1. 分压式偏置放大电路基本特点

与固定式偏置放大电路相比，该电路有两个基极电阻 R_{B1}、R_{B2}，多了射极电阻 R_E 及电容 C_E。

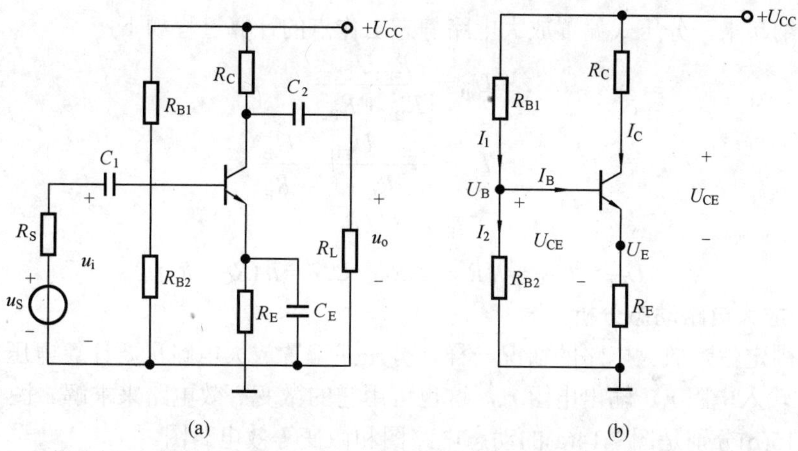

图 7.14　分压式偏置放大电路

2. 静态工作点的计算

先画出分压式偏置放大电路的直流通路图如图 7.14(b)所示，由直流通路图可见

$$I_1 = I_B + I_2 \tag{7.18}$$

若使

$$I_2 \gg I_B \tag{7.19}$$

则

$$I_1 \approx I_2 = \frac{U_{CC}}{R_{B1} + R_{B2}} \tag{7.20}$$

基极电位

$$U_B = I_2 R_{B2} = \frac{R_{B2} U_{CC}}{R_{B1} + R_{B2}} \tag{7.21}$$

由此可认为，U_B 与晶体管参数无关，即与温度无关，而仅由分压电路 R_{B1}，R_{B2} 的阻值决定。

由图 7.14(b)可知发射极电位

$$U_E = I_E R_E \tag{7.22}$$

所以

$$U_{BE} = U_B - U_E = U_B - I_E R_E \tag{7.23}$$

若使

$$U_B \gg U_{BE} \tag{7.24}$$

则

$$I_E = \frac{U_B - U_{BE}}{R_E} \approx \frac{U_B}{R_E} \tag{7.25}$$

$$I_C \approx I_E \tag{7.26}$$

当 R_E 固定不变时，I_C、I_E 也稳定不变。

综上可知，只要满足式(7.19)、式(7.24)两个条件，则 U_B、I_C、I_E 均与晶体管参数无关，不受温度变化的影响，从而静态工作点保持不变。

归纳起来，分压式偏置放大电路静态工作点的计算过程如下：

$$U_B = \frac{R_{B2}U_{CC}}{R_{B1}+R_{B2}} \tag{7.27}$$

$$I_C \approx I_E = \frac{U_B - U_{BE}}{R_E} \approx \frac{U_B}{R_E} \tag{7.28}$$

$$I_B = I_C/\beta \tag{7.29}$$

$$U_{CE} = U_{CC} - I_C R_C - I_E R_E \approx U_{CC} - I_C(R_C + R_E) \tag{7.30}$$

3. 放大电路动态分析

与固定偏置放大电路的情况一样，分压式偏置放大电路也要计算电压放大倍数 A_u、输入电阻 r_i、输出电阻 r_o，这也可用它的微变等效电路来求解。图 7.15(a)和图 7.15(b)分别是图 7.14(a)的动态电路图和微变等效电路图。

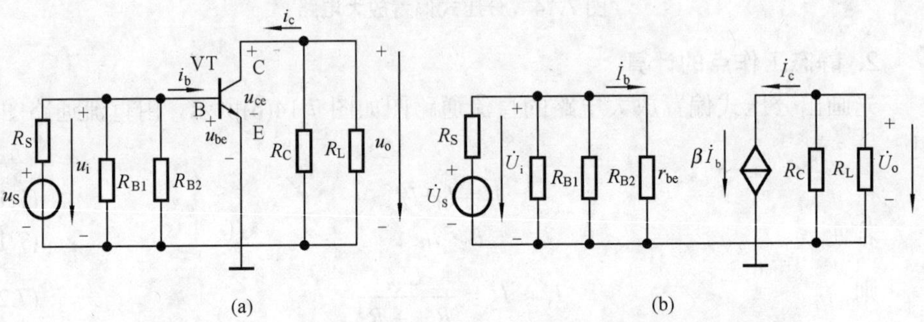

图 7.15　分压式偏置放大电路的动态电路图和微变等效电路图

参考前面的推导过程，得

电压放大倍数
$$A_u = -\frac{\beta R'_L}{r_{be}} \tag{7.31}$$

输入电阻
$$R_i = R_{B1} // R_{B2} // r_{be} \tag{7.32}$$

输出电阻
$$R_o = R_C \tag{7.33}$$

式中，R'_L 称为等效负载电阻，其值为 $R_C // R_L$，r_{be} 为晶体管的输入电阻。

式(7.31)中的负号表示输入电压与输出电压相位相反。

若 $R_L=\infty$，即不接 R_L 时，$R'_L=R_C$，此时的电压放大倍数

$$A_u = -\beta\frac{R_C}{r_{be}}$$

例 7.3　在图 7.14(a)分压式偏置放大电路中，已知 $U_{CC}=18$ V，$R_C=3$ kΩ，$R_E=1.5$ kΩ，$R_{B1}=33$ kΩ，$R_{B2}=12$ kΩ，晶体管的放大倍数 $\beta=60$，试求放大电路的静态值。

解　由前述公式(7.21)得基极电位

$$U_B = I_2 R_{B2} = \frac{R_{B2}}{R_{B1}+R_{B2}} U_{CC} = \frac{12}{33+12} 18\ \text{V} = 4.8\ \text{V}$$

集电极电流

$$I_C \approx I_E \approx \frac{U_B}{R_E} = \frac{4.8}{1.5}\ \text{mA} = 3.2\ \text{mA}$$

基极电流

$$I_B = I_C / \beta = (3.2/60)\ \text{mA} = 0.053\ \text{mA} = 53\ \mu\text{A}$$

集-射极压降

$$U_{CE} = U_{CC} - I_C R_C - I_E R_E = (18 - 3.2\times 3 - 3.2\times 1.5)\ \text{V} = 3.6\ \text{V}$$

例 7.4 图 7.14(a)所示分压式偏置放大电路中，已知 $U_{CC}=12$ V，$R_{B1}=20$ kΩ，$R_{B2}=10$ kΩ，$R_C=3$ kΩ，$R_E=2$ kΩ，$R_L=3$ kΩ，$\beta=50$。试估算静态工作点，并求电压放大倍数、输入电阻和输出电阻。

解 (1) 用估算法计算静态工作点。

$$U_B = \frac{R_{B2}}{R_{B1}+R_{B2}} U_{CC} = \frac{10}{20+10} \times 12\ \text{V} = 4\ \text{V}$$

$$I_C \approx I_E = \frac{U_B - U_{BE}}{R_E} = \frac{4-0.7}{2}\ \text{mA} = 1.65\ \text{mA}$$

$$I_B = \frac{I_C}{\beta} = \frac{1.65}{50}\ \text{mA} = 33\ \mu\text{A}$$

$$\begin{aligned} U_{CE} &= U_{CC} - I_C(R_C + R_E) \\ &= [12 - 1.65 \times (3+2)]\ \text{V} = 3.75\ \text{V} \end{aligned}$$

(2) 求电压放大倍数。

$$r_{be} = 300 + (1+\beta)\frac{26}{I_E} = \left[300 + (1+50)\frac{26}{1.65}\right]\ \Omega = 1100\ \Omega = 1.1\ \text{k}\Omega$$

$$A_u = -\frac{\beta R_L'}{r_{be}} = -\frac{50 \times \dfrac{3\times 3}{3+3}}{1.1} = -68$$

(3) 求输入电阻和输出电阻。

$$R_i = R_{B1} // R_{B2} // r_{be} = (20 // 10 // 1.1)\ \Omega = 0.994\ \text{k}\Omega$$

$$R_o = R_C = 3\ \text{k}\Omega$$

7.5 射极输出器

射极输出器的电路如图 7.16(a)所示。它与共射级放大电路的差别在于：三极管的集电极直接与电源$+U_{CC}$连接,无集电极电阻 R_C，输出电压取自发射极，故称它为射极输出器。由于直流电源$+U_{CC}$对交流信号而言相当于短路，输入电压加在基极与地(集电极)之间，输出电压加在射极与地(集电极)之间，故集电极成为交流输入与输出回路的公共端，因此射极输出器是一个共集电极电路。

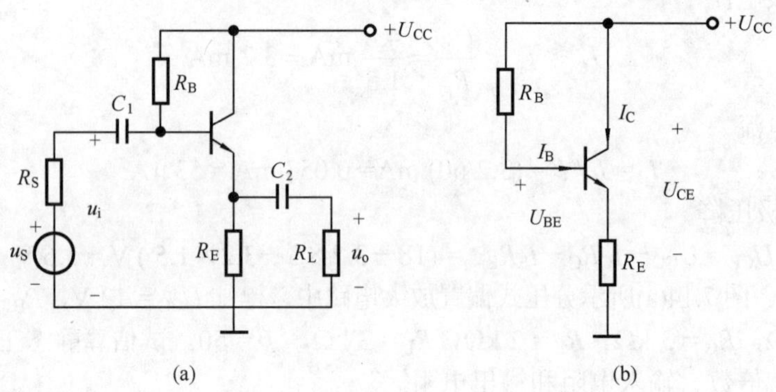

图 7.16　射极输出器

1. 静态工作点计算

由如图 7.16(b)射极输出器的直流通路，可确定静态工作点。

$$U_{CC}=U_{RB}+U_{BE}+U_{RE}=R_BI_B+U_{BE}+R_EI_E=R_BI_B+U_{BE}+(\beta+1)R_EI_B$$

$$I_B=\frac{U_{CC}-U_{BE}}{R_B+(1+\beta)R_E} \tag{7.34}$$

$$I_C=\beta I_B \tag{7.35}$$

$$I_E=I_B+I_C=(1+\beta)I_B \tag{7.36}$$

$$U_{CE}=U_{CC}-I_ER_E \tag{7.37}$$

2. 动态分析计算

图 7.17 为图 7.16(a)射极输出器的微变等效电路图。

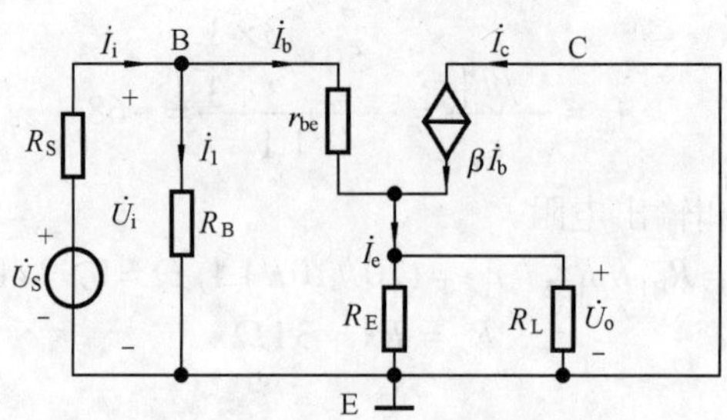

图 7.17　射极输出器的微变等效电路图

(1) 电压放大倍数 A_u。

由微变等效电路可得

$$\dot{U}_i=\dot{I}_b\,r_{be}+\dot{I}_e\,R_L' \tag{7.38}$$

由于 $$\dot{I}_e = (\beta+1)\dot{I}_b \tag{7.39}$$

所以 $$\dot{U}_i = \dot{I}_b r_{be} + (\beta+1)R'_L \dot{I}_b$$

$$= \dot{I}_b[r_{be} + (\beta+1)R'_L] \tag{7.40}$$

而 $$\dot{U}_o = \dot{I}_e R'_L = (\beta+1)\dot{I}_b R'_L \tag{7.41}$$

因此 $$A_u = \frac{\dot{U}_o}{\dot{U}_i} = \frac{(\beta+1)\dot{I}_b R'_L}{\dot{I}_b[r_{be} + (\beta+1)R'_L]} = \frac{(\beta+1)R'_L}{r_{be} + (\beta+1)R'_L}$$

$$\approx \frac{\beta R'_L}{r_{be} + \beta R'_L} \approx 1 \tag{7.42}$$

上述推导中，因为一般 $\beta R'_L >> r_{be}$。$R'_L = R_E // R_L$，称为等效负载电阻，r_{be} 为晶体管的输入电阻。

由此可以看出，射极输出器的电压放大倍数近似等于 1，但略小于 1，而且输出电压与输入电压同相位。这是它的显著特点。

(2) 输入电阻 r_i。

由微变等效电路可以看出

$$\dot{I}_i = \dot{I}_1 + \dot{I}_b = \frac{\dot{U}_i}{R_B} + \frac{\dot{U}_i}{r_{be} + (1+\beta)R'_L} \tag{7.43}$$

$$r_i = \frac{\dot{U}_i}{\dot{I}_i} = R_B // [r_{be} + (1+\beta)R'_L] \tag{7.44}$$

由式(7.44)可见，射极输出器的输入电阻是由偏置电阻 R_B 和 $r_{be}+(1+\beta)R'_L$ 并联而得的。通常 R_B 的阻值很大(几十千欧至几百千欧)，同时$(1+\beta)R'_L$ 也很大，因此射极输出器的输入电阻很高，可达几十千欧至几百千欧，比共射极放大器的输入电阻高得多。

(3) 输出电阻 r_o。

计算射极输出器的输出电阻时，需要将信号电压去除，保留内阻 R_S；在输出端去除负载 R_L，并外加一交流电压源，如图 7.18 所示。

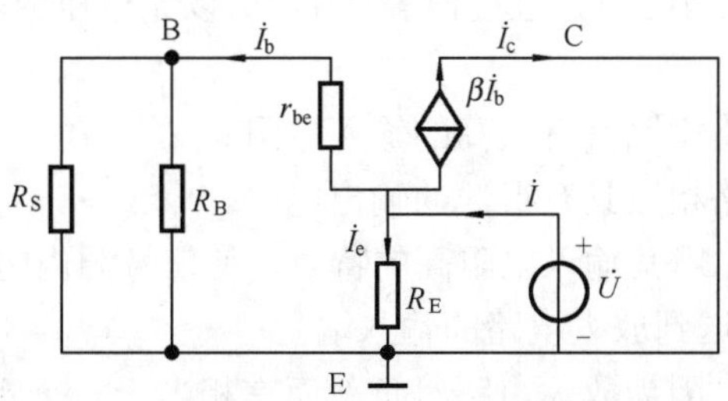

图 7.18 计算输出电阻的等效电路图

求出外加交流电压源产生的电流，进而求出输出电阻 r_o。

$$\dot{I}=\dot{I}_b+\beta\dot{I}_b+\dot{I}_e=\frac{\dot{U}}{r_{be}+R_S'}+\beta\frac{\dot{U}}{r_{be}+R_S'}+\frac{\dot{U}}{R_E} \tag{7.45}$$

$$r_o=\frac{\dot{U}}{\dot{I}}=R_E\ //\ \frac{r_{be}+R_S'}{1+\beta} \tag{7.46}$$

式中
$$R_S'=R_S\ //\ R_B$$

由式(7.46)可知射极输出器的输出电阻很小。一般为几十欧至几百欧。

例 7.5 图 7.16(a)所示电路，已知 $U_{CC}=12\text{ V}$，$R_B=200\text{ k}\Omega$，$R_E=2\text{ k}\Omega$，$R_L=3\text{ k}\Omega$，$R_S=100\Omega$，$\beta=50$。试估算静态工作点，并求电压放大倍数、输入电阻和输出电阻。

解 (1) 用估算法计算静态工作点。

$$I_B=\frac{U_{CC}-U_{BE}}{R_B+(1+\beta)R_E}=\frac{12-0.7}{200+(1+50)\times2}\text{ mA}$$
$$=0.0374\text{ mA}=37.4\ \mu\text{A}$$
$$I_C=\beta I_B=50\times0.0374\text{ mA}=1.87\text{ mA}$$
$$U_{CE}\approx U_{CC}-I_CR_E=(12-1.87\times2)\text{ V}=8.26\text{ V}$$

(2) 求电压放大倍数 A_u、输入电阻 r_i 和输出电阻 r_o。

$$r_{be}=300+(1+\beta)\frac{26}{I_E}=\left[300+(1+50)\frac{26}{1.87}\right]\Omega=1\,009\ \Omega\approx1\text{ k}\Omega$$

$$A_u=\frac{(1+\beta)R_L'}{r_{be}+(1+\beta)R_L'}=\frac{(1+50)\times1.2}{1+(1+50)\times1.2}=0.98$$

式中
$$R_L'=R_E\ //\ R_L=(2//3)\ \Omega=1.2\text{ k}\Omega$$

$$r_i=R_B//[r_{be}+(1+\beta)R_L']=\{200//[1+(1+50)\times1.2]\}\text{ k}\Omega=47.4\text{ k}\Omega$$

$$r_o\approx\frac{r_{be}+R_S'}{\beta}=\frac{1\,000+100}{50}\ \Omega=22\ \Omega$$

式中
$$R_S'=R_B\ //\ R_S=(200\times10^3\ //100)\ \Omega\approx100\ \Omega$$

3. 射极输出器的特点与用途

(1) 电压放大倍数小于 1，且近似等于 1，所以无电压放大作用，但仍具有电流放大作用。

(2) 与共射极电路相比具有很高的输入电阻。

(3) 与共射极电路相比具有很低的输出电阻。

(4) 用于输入级。用其输入电阻高的特点，使信号源内阻上的压降相对较小，使信号电压大部分传送到放大电路的输入端。

(5) 用于输出级。因为放大电路对负载而言相当于一个实际电压源(内阻为输出电阻)，因此用其输出电阻低的特点，当负载变化时，实际电压源内阻上的压降相对较小，从而保证负载上的输出电压变化很小。

7.6 多级放大电路

在实际应用中，通常放大电路的输入信号都很微弱，一般为毫伏或微伏数量级，输入功率常在 1 mW 以下。但放大电路的负载却需要较大的电压或一定的功率才能推动；而往往一个晶体管组成的单级放大电路的放大倍数是有限的，因此，在实际应用中要求把几个单级放大电路连接起来，使信号逐级放大，以满足负载的需要。由几个单级放大电路连接起来的电路称为多级放大电路。

在多级放大电路中，相邻两级间的连接称为级间耦合，实现耦合的电路称为级间耦合电路，其任务是把前一级的输出信号传送到下一级作为输入信号。对级间耦合的基本要求是：耦合电路对前后级放大器的静态工作点无影响；不引起信号失真；尽量减少信号电压在耦合电路上的损失。

常用的级间耦合方式有阻容耦合、变压器耦合和直接耦合三种。多级交流电压放大电路通常采用阻容耦合方式。如图 7.19 所示为两级阻容耦合放大电路，两级之间通过耦合电容 C_2 连接。由于电容有隔直作用，它可使前后两级放大电路的直流工作状态互不影响，所以各级放大电路的静态工作点可以单独计算。

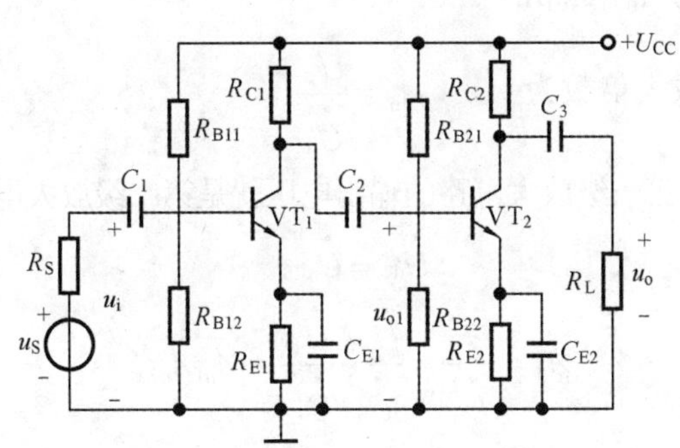

图 7.19 两级阻容耦合放大电路

多级放大电路电压放大倍数的计算。

当输入信号较小时，放大电路处于线性工作状态，则多级放大电路也可用微变等效电路来表示。图中每一级电压放大倍数的计算与单级放大电路相同。只是必须注意的是计算单级放大电路电压放大倍数时，应把后级放大电路的输入电阻 r_{i+1} 作为前级的负载电阻 R_{Li}。图 7.19 两级阻容耦合放大电路的微变等效电路如图 7.20 所示。

由图 7.20 可知，第一级的电压放大倍数为

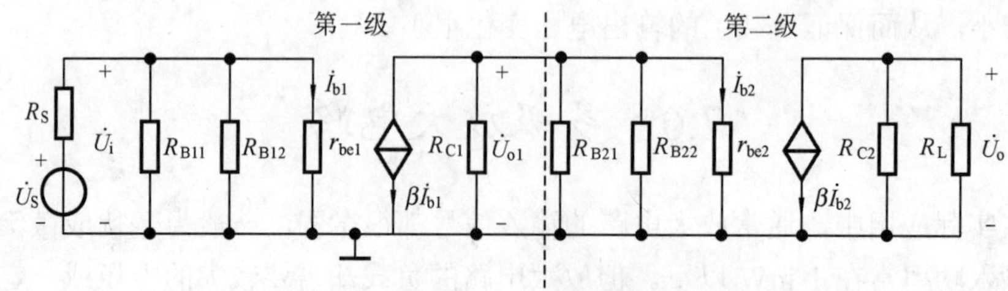

图 7.20　两级阻容耦合放大电路的微变等效电路

$$A_{u1}=\frac{\dot{U}_{o1}}{\dot{U}_{i1}}=-\beta_1\frac{R'_{L1}}{r_{be1}} \tag{7.47}$$

式中，$R'_{L1}=R_{C1}//R_{B21}//R_{B22}//r_{be2}$ 为第一级的等效负载电阻，$R_{B21}//R_{B22}//r_{be2}$ 是第二级的输入电阻 r_{i2}。

第二级的放大倍数为

$$A_{u2}=\frac{\dot{U}_{o2}}{\dot{U}_{i2}}=-\beta_2\frac{R'_{L2}}{r_{be2}} \tag{7.48}$$

$$R'_{L2}=R_{C2}//R_L$$

总的放大倍数为 $A_u=A_{u1}A_{u2}$ (7.49)

这是因为总的放大倍数为　$A_u=\dfrac{\dot{U}_o}{\dot{U}_i}$

由图 7.20 可知，第一级放大电路的输出电压就是第二级放大电路的输入电压，即

$$\dot{U}_{i2}=\dot{U}_{o1}$$

所以
$$A_u=\frac{\dot{U}_o}{\dot{U}_i}=\frac{\dot{U}_{o1}}{\dot{U}_i}\frac{\dot{U}_o}{\dot{U}_{i2}}=A_{u1}A_{u2}$$

由此可以推出 n 级放大电路总的放大倍数为

$$A_u=A_{u1}A_{u2}\cdots A_{un} \tag{7.50}$$

例 7.6　在图 7.19 所示两级阻容耦合放大电路中，已知 $U_{CC}=12$ V，$R_{B11}=30$ kΩ，$R_{B12}=15$ kΩ，$R_{C1}=3$ kΩ，$R_{E1}=3$ kΩ，$R_{B21}=20$ kΩ，$R_{B22}=10$ kΩ，$R_{C2}=2.5$ kΩ，$R_{E2}=2$ kΩ，$R_L=5$ kΩ，$\beta_1=\beta_2=50$，$U_{BE1}=U_{BE2}=0.7$ V。求：

(1) 各级电路的静态值；

(2) 各级电路的电压放大倍数 A_{u1}、A_{u2} 和总电压放大倍数 A_u；

(3) 各级电路的输入电阻和输出电阻。

解　(1) 静态值的估算。

第一级和第二级放大电路均为分压式偏置放大电路，按照相应的公式进行计算。
第一级：

$$U_{B1}=\frac{R_{B12}}{R_{B11}+R_{B12}}U_{CC}=\frac{15}{30+15}\times 12\ V=4\ V$$

$$I_{C1}\approx I_{E1}=\frac{U_{B1}-U_{BE1}}{R_{E1}}=\frac{4-0.7}{3}\ mA=1.1\ mA$$

$$I_{B1}=\frac{I_{C1}}{\beta_1}=\frac{1.1}{50}\ mA=22\ \mu A$$

$$U_{CE1}=U_{CC}-I_{C1}(R_{C1}+R_{E1})=[12-1.1\times(3+3)]\ V=5.4\ V$$

第二级：

$$U_{B2}=\frac{R_{B22}}{R_{B21}+R_{B22}}U_{CC}=\frac{10}{20+10}\times 12\ V=4\ V$$

$$I_{C2}\approx I_{E2}=\frac{U_{B2}-U_{BE2}}{R_{E2}}=\frac{4-0.7}{2}\ mA=1.65\ mA$$

$$I_{B2}=\frac{I_{C2}}{\beta_2}=\frac{1.65}{50}\ mA=33\ \mu A$$

(2) 求各级电路的电压放大倍数 A_{u1}、A_{u2} 和总电压放大倍数 A_u。
三极管 VT_1 的动态输入电阻为

$$r_{be1}=300+(1+\beta_1)\frac{26}{I_{E1}}=\left[300+(1+50)\times\frac{26}{1.1}\right]\Omega=1\ 500\ \Omega=1.5\ k\Omega$$

三极管 VT_2 的动态输入电阻为

$$r_{be2}=300+(1+\beta_2)\frac{26}{I_{E2}}=\left[300+(1+50)\times\frac{26}{1.65}\right]\Omega=1\ 100\ \Omega=1.1\ k\Omega$$

第二级输入电阻为

$$r_{i2}=R_{B21}\,//\,R_{B22}\,//\,r_{be2}=(20\,//\,10\,//\,1.1)\ k\Omega=0.94\ k\Omega$$

第一级等效负载电阻为

$$R'_{L1}=R_{C1}\,//\,r_{i2}=(3\,//\,0.94)\ k\Omega=0.72\ k\Omega$$

第二级等效负载电阻为

$$R'_{L2}=R_{C2}\,//\,R_L=(2.5\,//\,5)\ k\Omega=1.67\ k\Omega$$

第一级电压放大倍数为

$$A_{u1}=-\frac{\beta_1 R'_{L1}}{r_{be1}}=-\frac{50\times 0.72}{1.5}=-24$$

第二级电压放大倍数为

$$A_{u2}=-\frac{\beta_2 R'_{L2}}{r_{be2}}=-\frac{50\times 1.67}{1.1}=-76$$

两级总电压放大倍数为

$$A_u = A_{u1}A_{u2} = (-24)\times(-76) = 1\ 824$$

(3) 求各级电路的输入电阻和输出电阻。

第一级输入电阻为

$$r_{i1} = R_{B11} /\!/ R_{B12} /\!/ r_{be1} = (30 /\!/ 15 /\!/ 1.5)\ \text{k}\Omega = 1.3\ \ \text{k}\Omega$$

第一级的输入电阻就是两级放大电路的输入电阻。

第二级输入电阻在上面求出，为 0.94 kΩ。

第一级输出电阻为

$$r_{o1} = R_{C1} = 3\ \ \text{k}\Omega$$

第二级输出电阻为

$$r_{o2} = R_{C2} = 2.5\ \ \text{k}\Omega$$

第二级的输出电阻就是两级放大电路的输出电阻。

7.7 放大电路中的负反馈

在放大电路中，负反馈的应用是极为广泛的，采用负反馈的目的是为了改善放大电路的性能。

7.7.1 负反馈的基本概念

所谓反馈，就是将放大电路(或某一系统)输出端的电压(或电流)信号的一部分或全部，通过某种电路引回到放大电路的输入端。

反馈有正反馈和负反馈两种类型。若引回的反馈信号削弱了原输入信号，则为负反馈；若引回的反馈信号增强了原输入信号，则为正反馈。

图 7.21 为反馈放大电路的方框图。它主要包括两部分：其中标有 A 的方框为基本放大电路，它可以是单级或多级的；标有 F 的方框为反馈电路，它是联系输出和输入端的环节，多数由电阻元件组成。符号⊗表示比较环节，$\dot{X}_i$ 为输入信号，$\dot{X}_o$ 为输出信号，$\dot{X}_f$ 为反馈信号。

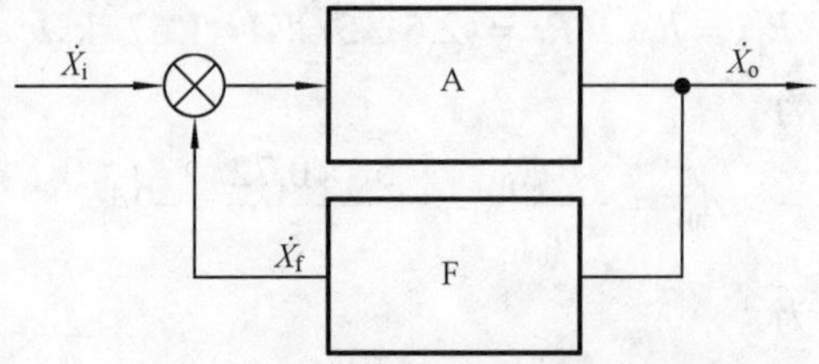

图 7.21 反馈放大电路的方框图

7.7.2 正反馈和负反馈的判别方法

一个具有反馈环节的放大电路，判别它是正反馈还是负反馈，常用一种简便而实用的方法叫瞬时极性法。其步骤为：

(1) 假设并标出输入端(基极)信号瞬时极性为“＋”；

(2) 集电极瞬时极性为“－”，发射极瞬时极性为“＋”，并在图中标出；

(3) 找到反馈线路，若反馈信号取出点的瞬时极性(“＋”或“－”)与引回点的瞬时极性(“＋”或“－”)相同则为正反馈，相反则为负反馈。

7.7.3 负反馈的基本类型及判别方法

(1) 从放大电路输出端看，分为电压反馈和电流反馈。

若反馈信号取自输出电压的正极，则为电压反馈，如图 7.22(a)所示。

若反馈信号取自输出电压的负极，则为电流反馈，如图 7.22(b)所示。

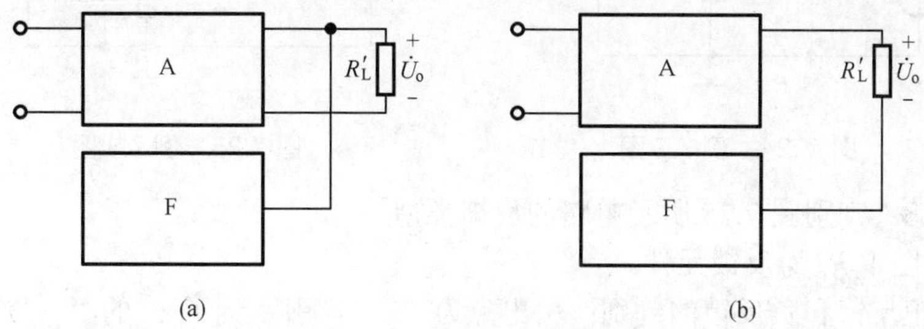

图 7.22 电压反馈和电流反馈

(2) 从放大电路输入端看，分为串联反馈和并联反馈。

若反馈信号引回到输入电压的负极，则为串联反馈；如图 7.23(a)所示。

若反馈信号引回到输入电压的正极，则为并联反馈；如图 7.23(b)所示。

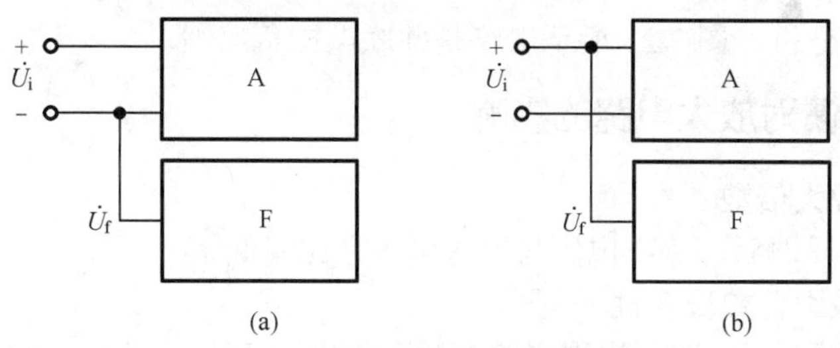

图 7.23 串联反馈和并联反馈

下面通过具体实例，用以上方法判别具体放大电路的反馈类型。

例 7.7 判别图 7.24 所示电路的反馈类型。

解 图中 R_E 为反馈元件。

(1) 正反馈和负反馈的判别：引出点为“＋”，引回到了 u_i 的“－”，故为负反馈。

(2) 电压反馈和电流反馈的判别：反馈信号取自输出电压 u_o 的负极，故为电流反馈。

(3) 串联反馈和并联反馈的判别：反馈信号引回到输入电压 u_i 的负极，故为串联反馈。

综合以上分析，图 7.24 所示电路是串联电流负反馈。

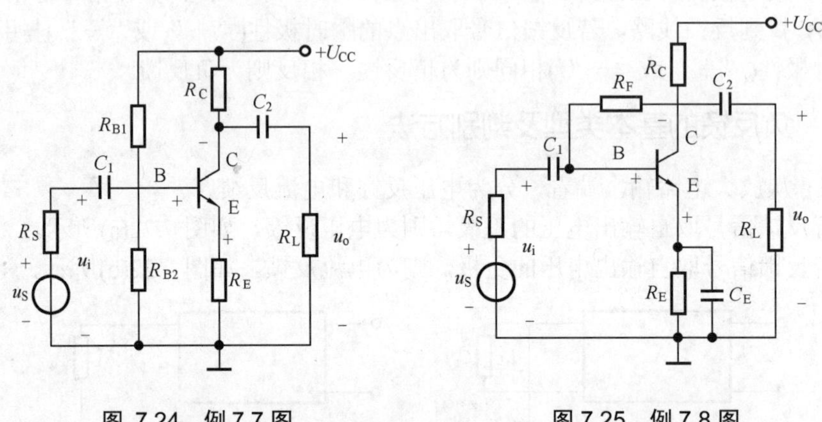

图 7.24　例 7.7 图　　　　图 7.25　例 7.8 图

例 7.8　判别图 7.25 所示电路的反馈类型。

解　图中 R_F 为反馈元件。

(1) 正反馈和负反馈的判别：引出点为“－”，引回到了 u_i 的“＋”，故为负反馈。

(2) 电压反馈和电流反馈的判别：反馈信号取自输出电压 u_o 的正极，故为电压反馈。

(3) 串联反馈和并联反馈的判别：反馈信号引回到输入电压 u_i 的正极，故为并联反馈。

综合以上分析，图 7.25 所示电路是并联电压负反馈。

7.7.4　负反馈对放大电路的影响

1. 降低放大倍数

指引入负反馈后，输出电压与输入电压之比降低了。

2. 提高放大倍数稳定性

指引入负反馈后，即使出现电路参数变化(例如环境温度的改变引起三极管参数和电路元件参数的变化)和电源电压波动，放大电路的放大倍数也能稳定不变。

3. 改善波形失真

有负反馈的放大电路，输出信号波形与输入信号波形更接近。

4. 改变放大电路的输入、输出电阻

不同类型的负反馈对放大电路的输入、输出电阻影响不同。串联负反馈使输

入电阻增大，并联负反馈使输入电阻减小，就如同电阻的串并联结论一样；电压负反馈能稳定输出电压，使输出电阻减小，电流负反馈能稳定输出电流，使输出电阻增大，就如同实际电压源和电流源结论一样。

7.8 功率放大电路

在实际工程中，往往要利用放大后的信号去控制某种执行机构，例如扬声器发音，使电动机转动，使仪表指针偏转，使继电器闭合和断开等。为了控制这些负载，要求放大电路既要有较大的电压输出，又要有较大的电流输出，即要有较大的功率输出。因此，多级放大电路末级通常为功率放大电路。

功率放大电路和电压放大电路并无本质的区别，但也有不同之处。电压放大电路要求有较高的输出电压，是工作在小信号状态下；而功率放大电路要求获得较高的输出功率，是工作在大信号状态下，这就构成了它的特殊性。

7.8.1 双电源互补对称式功率放大器(OCL)

1. 电路工作原理

图 7.26 所示为由两个射极输出器组成的互补对称式功率放大电路。根据 NPN、PNP 型晶体管导电极性相反的特性，由一只 NPN 型晶体管和一只 PNP 型晶体管组成互补对称功率放大电路。两个晶体管的基极接在一起作为输入端，发射极接在一起作为输出端，“地”作为输入输出的公共端，R_L 为负载电阻。电路由正负两组大小相等的电源供电。由于两管的基极都未加直流偏置电压，故静态时两管内均无电流通过，发射极电位为零，所以负载电阻可以不需电容直接接在发射极与地之间。故通常又称其为无输出电容的功率放大电路，简称 OCL 电路。

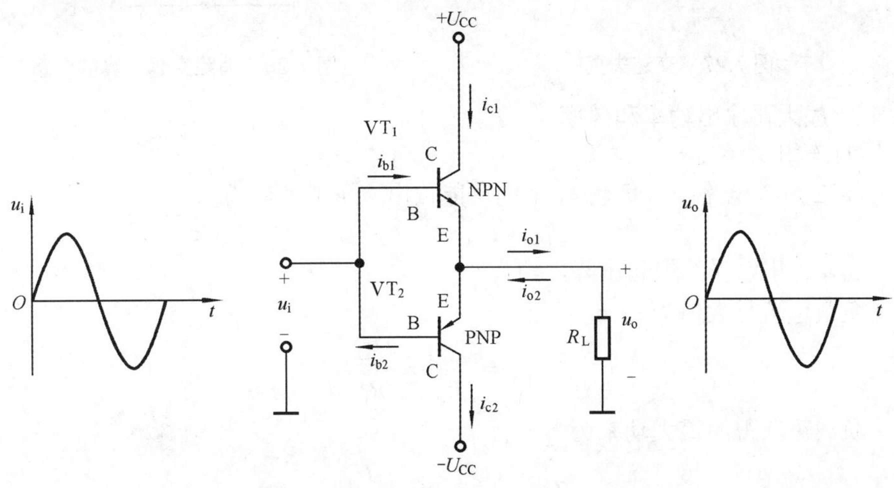

图 7.26 双电源互补对称式功率放大器

当输入端加上输入信号，在信号的正半周，VT_1(NPN)的BE结受正向电压而导通，VT_2(PNP)的BE结受反向电压而截止，电流由VT_1的发射极流向负载电阻，负载电阻上得到正半周输出波形；在信号的负半周，VT_1(NPN)的BE结受反向电压而截止，VT_2(PNP)的BE结受正向电压而导通，电流由负载电阻流向VT_2的发射极到负电源，负载电阻上得到负半周输出波形。在输入信号的一个周期内，VT_1、VT_2轮流导通，在负载电阻上叠加出一个完整的电压波形。

由于放大器未设置静态工作点，当输入信号小于晶体管死区电压时，晶体管处于截止状态，使放大信号在过零时产生失真，这种失真称为交越失真。如图7.27所示。为了克服交越失真，可给电路设置一个很低的静态工作点，使晶体管脱离死区即可。消除交越失真的电路如图7.28所示。电路在静态时，利用VD_1和VD_2的正向压降给 VT_1、VT_2的发射结提供一个正向偏置电压，该值稍大于两管的死区电压，使两管处于微导通状态，即可消除交越失真。

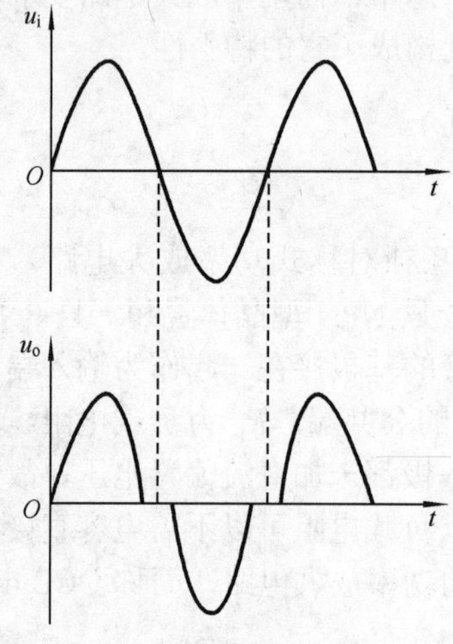

图7.27　交越失真

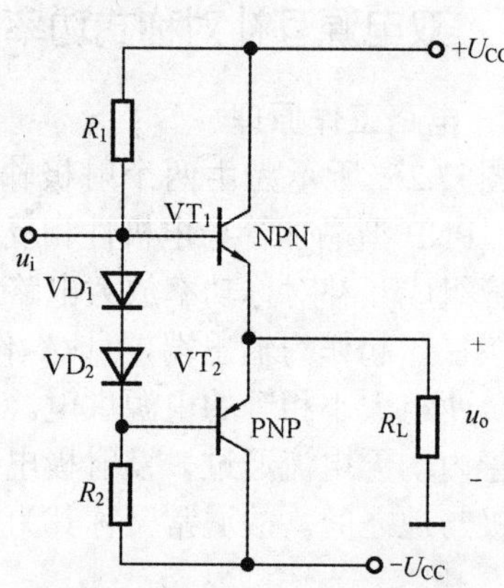

图7.28　消除交越失真的电路

2. 放大器输出功率和效率

(1) 输出功率。

OCL放大电路中，负载R_L上的可能输出电压最大值为

$$U_{OM}=U_{CC}-U_{CES}\approx U_{CC}$$

U_{CES}为集射极的饱和压降，约为0。

负载电流最大值为

$$I_{OM}=\frac{U_{OM}}{R_L}\approx\frac{U_{CC}}{R_L}$$

负载可获得的最大功率为

$$P_{OM}=\frac{U_{OM}}{\sqrt{2}}\frac{I_{OM}}{\sqrt{2}}=\frac{{U_{CC}}^2}{2R_L}$$

(2) 直流电源提供的最大功率 P_{EM}。

$$P_{EM}=2\frac{U^2_{CC}}{\pi R_L}$$

(3) 放大器最高效率。

$$\eta_M=\frac{P_{OM}}{P_{EM}}=78.5\%$$

一般情况下，当输入电压为 U_i(有效值)，则输出电压最大值为 $U_{OM}=\sqrt{2}A_uU_i$，电阻负载可获得的功率为 $P_O=U_O^2/R$，电源提供的功率 $P_E=2\frac{U_{CC}U_{OM}}{\pi R_L}$，效率为 $\eta=\frac{P_O}{P_E}$。

7.8.2 单电源互补对称式功率放大器(OTL)

1. 电路工作原理

双电源功率放大器由于使用正负两组电源，有时不太方便，所以可以利用电容器的充放电原理取代电路中的负电源，构成单电源互补对称式功率放大器，简称 OTL 电路，如图 7.29 所示。电路的工作原理为：R_1、R_2 两电阻的阻值相等，使两管的基极电位为 $\frac{1}{2}U_{CC}$，VD_1、VD_2 是为克服两管的死区电压而设置的偏置元件，使 VT_1、VT_2 处于微导通状态。电路在静态时两管发射极电位为 $\frac{1}{2}U_{CC}$，电容 C_o 被充电到 $\frac{1}{2}U_{CC}$，以代替 OCL 电路中的 $-U_{CC}$。

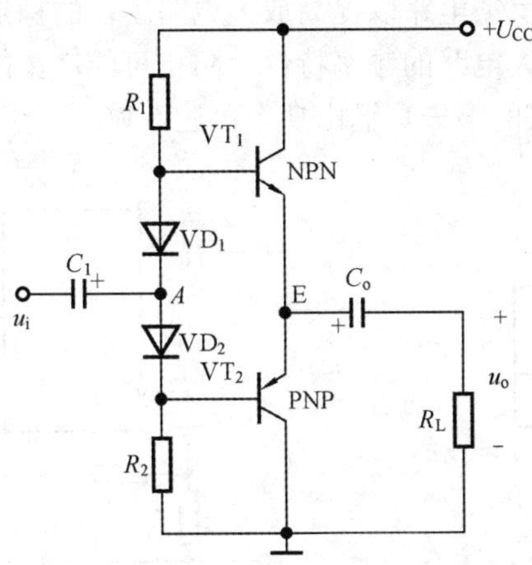

图 7.29 单电源互补对称式功率放大器

当 u_i 输入时，u_i 正半周 VT_1 导通，VT_2 截止，电容器充电，充电电流通过负载电阻 R_L，R_L 两端得到正半周输出电压；u_i 负半周 VT_1 截止，VT_2 导通，电容器通过 VT_2 放电，放电电流通过负载电阻 R_L，R_L 两端得到负半周输出电压。在输入信号的一个周期内，VT_1、VT_2 轮流导通，在负载电阻上叠加出一个完整的电压波形。

2. 放大器输出功率和效率

采用单电源供电的 OTL 电路，由于每只管子的工作电压是 $U_{CC}/2$，所以在计算输出功率 P_{OM} 时，U_{OM} 和 I_{OM} 只要用 $U_{CC}/2$ 代替 OCL 公式中的 U_{CC} 即可得到最大输出功率

$$P_{OM}=\frac{U_{CC}^2}{8R_L}$$

放大器最高效率仍为 78.5%。

7.8.3 集成功率放大器

集成化是低频功率放大器的发展方向。集成功率放大器具有内部参数一致性好、失真小、安装方便、适合大批量生产等特点，因此得到了广泛应用。集成功率放大器只需要外接少量元件，就可以组成适用的功率放大器。集成功率放大器的输出功率从大到小，有多种规格系列的产品供应，可根据不同用途选用。作为使用者，只要掌握放大器各个引脚的功能和使用方法即可。下面简单介绍国产 D2002 型集成功率放大器的使用。

图 7.30 所示的是 D2002 集成放大器的外形，它有五个引脚。图 7.31 是用 D2002 组成的低频功率放大电路。输入信号 u_i 经耦合电容 C_1 送到放大器的输入端 1；放大后的信号由输出端 4 经耦合电容 C_2 送到负载；5 为电源端，接 $+U_{CC}$，3 为接地端。R_1、R_2、C_3 组成负反馈电路以提高放大电路工作的稳定性；R_3、C_4 组成高通滤波电路，用来改善放大电路的频率特性，防止可能产生的高频自激振荡；负载为 4Ω的扬声器。该电路的不失真输出功率可达 5 W。

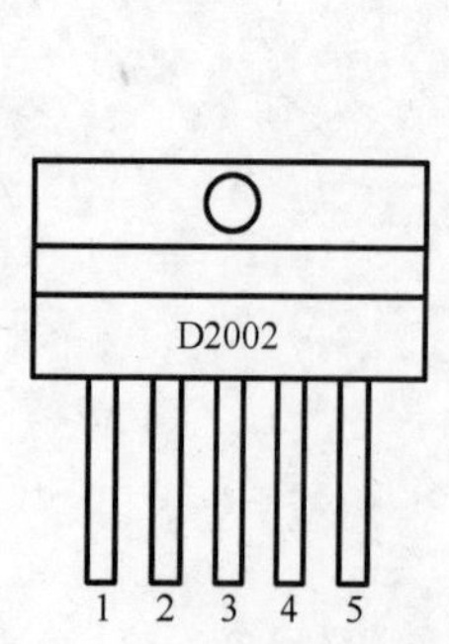

图 7.30 D2002 集成放大器的外形

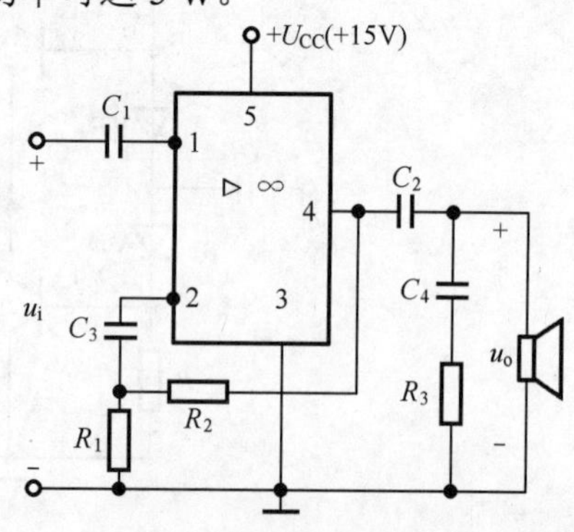

图 7.31 D2002 组成的低频功率大电路

7.9 场效应管及其放大电路

场效应晶体管是20世纪60年代发展起来的一种半导体器件，其外形与普通晶体管相似。它不但具有一般三极管体积小，重量轻，耗电省，寿命长等优点，而且还具有输入阻抗高(可达 $10^6 \sim 10^{12}\ \Omega$)，噪声低，热稳定性好，抗辐射能力强等优点，被广泛用于各种电子线路。普通晶体管是电流控制元件，通过控制基极电流达到控制集电极电流或发射极电流的目的，即需要信号源提供一定的电流才能工作。但场效应管则是电压控制元件，它的输出电流取决于输入信号电压的大小，基本不需要信号源提供电流。

场效应晶体管按其结构不同分为结型场效应晶体管和绝缘栅型场效应晶体管两种类型。本节仅对结型场效应晶体管及其放大电路作简单的说明。

7.9.1 结型场效应晶体管

1. 结构及符号

在一块N型硅半导体的两侧制作两个P区，便可构成N型沟道结型场效应晶体管。从N型半导体的两端引出两个电极，一个称为源极S，一个称为漏极D。两侧的P区连在一起，引出一个电极，称为栅极G。漏极和源极之间的N型区称为导电沟道，如图7.32(a)所示。结型场效应晶体管有N型沟道和P型沟道两种，它们的符号如图7.32(b)所示。

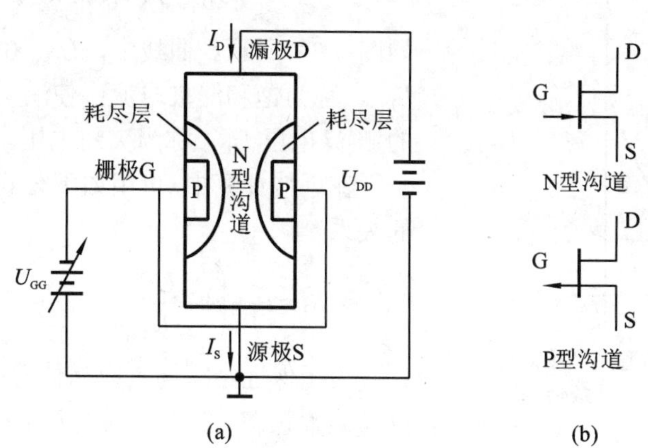

图7.32 结型场效应晶体管的结构示意图及符号

2. 工作原理

从图7.32(a)可以看出，在栅极和源极之间外加的是负电源 U_{GG}，在漏极和源极之间加的是正电源 U_{DD}。这样，栅极相对于源极和漏极来说总是处于低电位，即加在两个 PN 结上的都是反向偏压。由于反向偏置，栅极电流 $I_G=0$。当 $U_{GG}=0$，即 $U_{GS}=0$ 时，在漏极和源极之间的电场作用下，N 型半导体中的自由电子(多数载流子)通过导电沟道自源极向漏极运动而形成漏极电流 I_D。当 U_{GG} 从 0 开始逐渐变小时，随着 U_{GS} 逐渐降低，耗尽层逐渐变宽，导电沟道随之变窄，沟道电阻逐渐变大，漏极电流 I_D 必然要逐渐变小。当 U_{GS} 降低到一定程度，两个耗尽层合拢，导电沟道消失时，$I_D=0$，称场效应管处于夹断状态。由此可见，漏极电流受栅极-源极间电压 U_{GS} 的控制。其实电压的变化反映了一种电场的变化，从而改变了导电沟道的宽窄，以达到控制电流的目的。因此，场效应管是电压控制元件。这也是场效应管名称的由来。前面讲的半导体三极管集电极电流 I_C 受基极电流 I_B 的控制，所以三极管是电流控制元件。

由上可知，结型场效应管的工作情况与普通半导体晶体管不同。它的漏极电流 I_D 只在两个 PN 结间的导电沟道中通过，不像普通半导体晶体管那样要通过 PN 结；沟道中参与导电的只有一种极性的载流子(电子或空穴)，所以场效应管是一种单极型晶体管。而普通晶体管中参与导电的同时有两种极性的载流子(电子和空穴)，因此它们称为双极型晶体管。

3. 转移特性和输出特性

1) 转移特性

转移特性也就是输入特性曲线。是描述 U_{GS} 对 I_D 控制作用的曲线，它指当漏-源电压 U_{DS} 为常数时，漏极电流 I_D 与栅-源电压 U_{GS} 之间的关系曲线，即

$$I_D = f(U_{GS})\big|_{U_{DS}=\text{常数}}$$

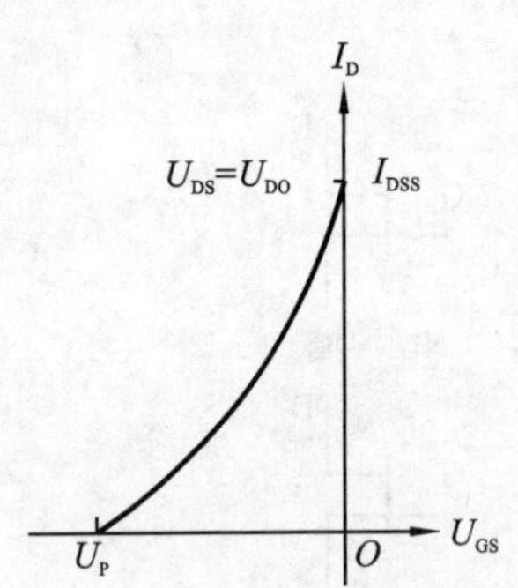

图 7.33　N 型沟道结型场效应晶体管的转移特性

如图 7.33 所示。曲线中，$U_{GS}=0$ 时的漏极电流 I_{DSS}，称为饱和漏极电流；使漏极电流接近于 0 的栅-源电压 U_P，称为夹断电压。

在近似计算中，可用如下公式表示 I_D 与 U_{GS} 的关系

$$I_D = I_{DSS}\left(1-\frac{U_{GS}}{U_P}\right)^2 \tag{7.51}$$

为了保证结型场效应晶体管中 PN 结工作在反向偏置状态，以维持其输入阻抗高的特点，结型场效应晶体管的输入端(栅极与源极之间)一般只加反向电压。

2) 输出特性

输出特性是指场效应晶体管栅-源电压 U_{GS} 一定时，漏极电流 I_D 和漏-源电压 U_{DS} 之间的关系曲线，其表达式为

$$I_D = f(U_{DS})\big|_{U_{GS}=\text{常数}}$$

因为对应于一个 U_{GS} 就有一条确定的曲线，所以输出特性为一族曲线，如图 7.34 所示。

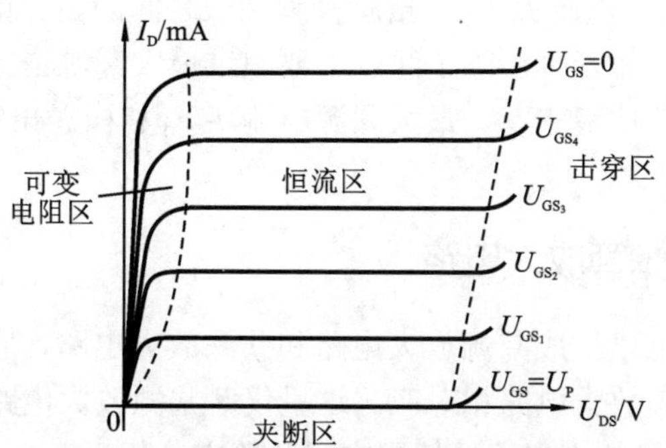

图 7.34　N 型沟道结型场效应晶体管的输出特性

场效应晶体管有三个工作区域，分别为可变电阻区、恒流区、夹断区，它们与三极管的饱和区、放大区、截止区相对应，特点如下。

(1) 可变电阻区　在这个区域中 U_{DS} 较小，漏极电流 I_D 随 U_{DS} 的增大而增大，其斜率取决于 U_{GS} 的大小，即 D、S 之间的等效电阻随 U_{GS} 的不同而改变，U_{GS} 越大，等效电阻越小，故称为可变电阻区。

(2) 恒流区(也称线性区)　在这个区域中，漏极电流 I_D 几乎不随 U_{DS} 变化，而只取决于栅-源电压 U_{GS}，U_{GS} 增大，I_D 随之增大，表现出如三极管放大区一样的恒流特性，故称为恒流区或线性区。场效应晶体管用于放大时，应工作在这个区域。

(3) 夹断区(也称截止区)　在这个区域中，当 $U_{GS}<U_P$ 时，I_D 近似为 0，管子夹断。

与三极管相类似，当管压降 U_{DS} 增大到一定值时，漏极电流 I_D 会骤然增大，使管子击穿；当管耗过大时，会因为温升过高而烧坏。

4. 结型场效应晶体管的主要参数

(1) 夹断电压 U_P　是指 U_{DS} 为指定值条件下，使 I_D 等于某一微小电流(通常为 5 μA)时栅-源电压 U_{GS} 的值。

(2) 饱和漏极电压 I_{DSS}　是指在一定的漏源电压 U_{DS} 下，栅极、源极短路(即 U_{GS}=0)时的漏极电流。

(3) 跨导 g_m　是指漏源电压 U_{DS} 一定时，漏极电流的变化量 ΔI_D 与栅源电压的变化量 ΔU_{GS} 之比，即

$$g_m = \frac{\Delta I_D}{\Delta U_{GS}}\bigg|_{U_{DS}=\text{常数}}$$

g_m 是衡量场效应晶体管放大能力的重要参数(相当于三极管的电流放大系数 β)，其数值既可以从转移特性上求得，又可以从输出特性上求得，单位为μA/V 或 mA/V。g_m 的大小与管子工作点的位置有关。

(4) 最大漏源击穿电压 BU_{DS}　指漏极和源极之间的击穿电压。

在使用场效应晶体管时，除了注意不要超过最大漏源击穿电压 BU_{DS} 外，还应不超过其最大耗散功率 P_{DM}、最大漏源电流 I_{DSM} 和栅源击穿电压 BU_{GS} 等极限参数。

7.9.2　场效应晶体管放大电路

场效应晶体管可以组成共源放大电路和共漏放大电路，它们分别与三极管的共射放大电路和共集放大电路相对应。这里仅对共源放大电路加以简单介绍。

1. 场效应晶体管放大电路的偏置方式和静态分析

和三极管放大电路一样，场效应管放大电路也必须设置合适的静态工作点，才能保证管子起放大作用。常用的偏置电路有两种，一种是自给栅极偏压的形式，如图 7.35 所示。

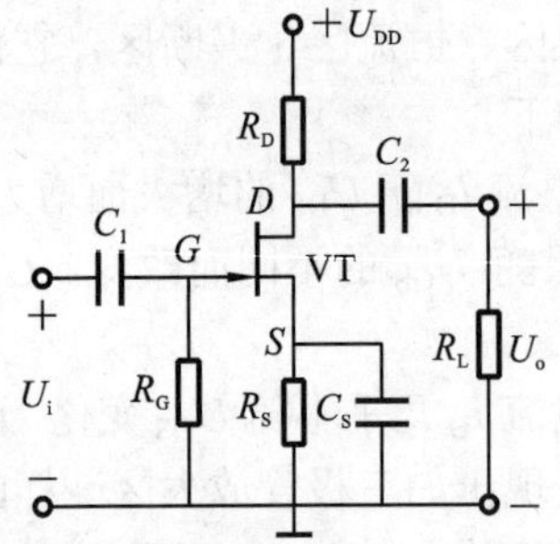

图 7.35　典型的自给偏压电路

首先对其静态工作点分析如下。

因为栅极电流等于 0， U_G=0，当漏极电流流过源极电阻 R_S 时，必然在 R_S 上产生电压 U_S，所以栅源电压

$$U_{GS}=U_G-U_S=-I_DR_S \tag{7.52}$$

可见，U_{GS} 是依靠自身的漏极电流 I_D 产生的，故称自给偏压。

将式(7.51)与式(7.52)联立，即可解出 U_{GS} 和 I_D。

由漏极回路可知

$$U_{DS}=U_{DD}-I_D(R_D+R_S) \tag{7.53}$$

场效应晶体管放大电路也可采用分压式工作点稳定电路，如图 7.36 所示。

在该电路中，因栅极不取电流，所以栅极电位

$$U_G=U_A=\frac{R_1}{R_1+R_2}U_{DD} \tag{7.54}$$

栅-源电压

$$U_{GS}=U_G-U_S=\frac{R_1}{R_1+R_2}U_{DD}-I_DR_S \tag{7.55}$$

其值应小于 0。

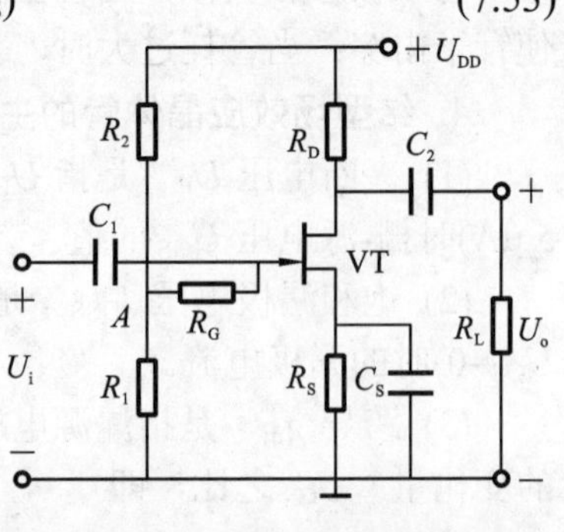

图 7.36　分压式工作点稳定电路

将式(7.55)与式(7.51)联立，即可解出 U_{GS} 和 I_D，并可通过式(7.53)求出 U_{DS}。

2. 共源放大电路的动态分析

图 7.35 与图 7.36 所示电路的输入回路与输出回路的公共端为源极，故称为共源放大电路。图 7.35 所示的交流通路如图 7.37 所示。漏极动态电流 $I_d = g_m U_{GS}$，方向如图中所标注。

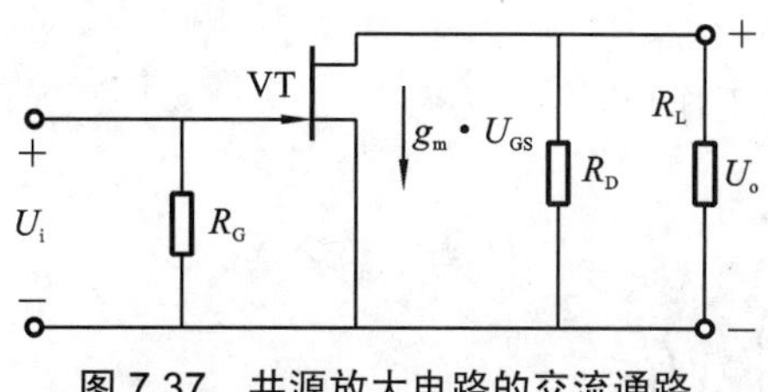

图 7.37　共源放大电路的交流通路

从图中可知 $U_i = U_{GS}$

输出电压 U_o 是漏极电流 I_d 在漏极电阻 R_D 与负载电阻 R_L 并联电阻上产生的压降，与规定的方向相反，即

$$U_o = -I_d(R_D // R_L) = -g_m U_{GS}(R_D // R_L)$$

所以电压放大倍数

$$A_u = \frac{U_o}{U_i} = \frac{-g_m U_{GS}(R_D // R_L)}{U_{GS}} = -g_m(R_D // R_L)$$

常写成

$$A_u = -g_m R'_L \tag{7.56}$$

$$R'_L = (R_D // R_L)$$

式中 g_m 可通过对式(7.51)求导得到

$$g_m = \left.\frac{\Delta I_D}{\Delta U_{GS}}\right|_{U_{DS}=\text{常数}}$$

可写成

$$g_m = \frac{dI_D}{dU_{GS}} = \frac{dI_{DSS}\left(1-\frac{U_{GS}}{U_P}\right)^2}{dU_{GS}}$$

所以

$$g_m = -\frac{2I_{DSS}}{U_P}\left(1-\frac{U_{GS}}{U_P}\right) \tag{7.57}$$

由于栅极不取电流，栅-源之间电阻 r_{GS} 为无穷大，所以放大电路的输入电阻

$$R_i = R_G \tag{7.58}$$

当场效应管工作在线性区，I_d 仅受 U_{GS} 的控制，呈现恒流特性，所以电路的输出电阻

$$R_o = R_D \tag{7.59}$$

在实际电路中，电阻 R_G 至少为几兆欧，可见场效应晶体管放大电路的输入电

阻远大于三极管放大电路的输入电阻。由于 g_m 数值较小，故场效应管放大电路的电压放大能力比三极管放大电路的电压放大能力差得多。

例 7.9 在图 7-35 所示电路中，已知：$U_{DD}=20\ V$，$R_G=1\ M\Omega$，$R_D=20\ k\Omega$，$R_S=5\ k\Omega$，$R_L=20\ k\Omega$，场效应晶体管的 $U_P=-5\ V$，$I_{DSS}=2\ mA$，试求：

(1) 电路的静态工作点；

(2) 电路的 A_u、R_i、R_o。

解 (1) 求解静态工作点。

根据 $U_{GS}=-I_DR_S$，有

$$U_{GS}=-I_D\times 5$$

根据 $I_D=I_{DSS}\left(1-\dfrac{U_{GS}}{U_P}\right)^2$，有

$$I_D=2\times\left(1-\frac{U_{GS}}{-5}\right)^2$$

将 U_{GS} 的表达式代入 I_D 表达式，有

$$I_D=2\times\left(1-\frac{-5I_D}{-5}\right)^2$$

$$2I^2_D-5I_D+2=0$$

得

$$I_D=0.5\ mA$$

$$U_{GS}=(-0.5\times 5)\ V=-2.5\ V$$

$$U_{DS}=U_{DD}-I_D(R_D+R_S)=[20-0.5\times(20+5)]\ V=7.5\ V$$

(2) 求解 A_u、R_i、R_o。

首先求 g_m。

$$g_m=-\frac{2I_{DSS}}{U_P}\left(1-\frac{U_{GS}}{U_P}\right)=-\frac{2\times 2}{-5}\left(1-\frac{-2.5}{-5}\right)mA/V=0.4\ mA/V$$

电压放大倍数 $A_u=-g_mR'_L=-0.4\times\left(\dfrac{20\times 20}{20+20}\right)=-4$

输入电阻 $R_i=R_G=1\ M\Omega$

输出电阻 $R_o=R_D=20\ k\Omega$

本 章 小 结

1. 放大电路有固定偏置放大电路、分压式偏置放大电路和射极输出器等。这三种基本放大电路都要计算静态工作点和电压放大倍数、输入电阻、输出电阻。计算时应根据不同放大电路选用不同公式。

2. 放大电路的静态分析就是求解静态工作点，利用放大电路的直流通路图，利用 KVL 和欧姆定律就可以求出静态工作点。

3. 放大电路的动态分析就是求解电压放大倍数、输入电阻、输出电阻等参数。当电路工作于低频小信号时，可利用放大电路的微变等效电路求出上述参数。

4. 固定偏置放大电路的静态工作点受温度变化的影响。分压式偏置放大电路则能稳定静态工作点，基本不受温度变化的影响。

5. 射极输出器具有输入电阻高，输出电阻低的特点，电压放大倍数近似等于 1。

6. 多级放大电路总的电压放大倍数等于各级电压放大倍数的乘积。

7. 负反馈电路有电压反馈和电流反馈，有串联反馈和并联反馈。注意反馈类型的判别方法。

8. 多级放大电路末级一般是功率放大电路，用来输出较大的功率。实践中常用的功率放大电路是互补对称电路。

9. 结型场效应管工作在线性区时，有放大作用。栅-源极之间需加负偏压，输入电流近似为 0。场效应晶体管是用栅-源极之间的电压来控制漏极电流的。由它构成的放大电路输入电阻很大，并有一定的电压放大倍数。

习　题

7.1　使用微变等效电路的条件和作用是什么？

7.2　如题 7.2 图所示固定偏置放大电路，已知 $U_{CC}=12$ V，$R_B=240$ kΩ，$R_C=3$ kΩ，$\beta=40$。

(1) 画直流通路图，计算静态工作点；

(2) 在静态($u_i=0$)时 C_1 和 C_2 上的电压各为多少？并标出极性。

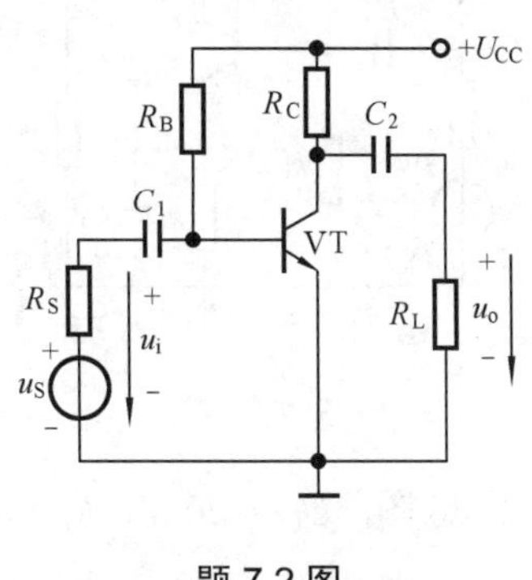

题 7.2 图

7.3　放大电路同题 7.2。如改变 R_B，使 U_{CE}=3 V，试求 R_B 的大小；如改变 R_B，使 $I_C=1.5$ mA，R_B 又等于多少？

7.4　有一晶体管继电器电路，继电器的线圈作为放大电路的集电极电阻 R_C = 1 kΩ，继电器动作电流为 6 mA，β = 50，问：

(1) 基极电流多大时，继电器才能动作？

(2) 电源电压 U_{CC} 至少应大于多少伏，才能使此电路正常工作？

7.5　如题 7.2 图所示固定偏置放大电路，已知 U_{CC}=12 V，R_B=300 kΩ，R_C= 5 kΩ，β = 40，求：

(1) 静态工作点；

(2) 放大电路空载时的电压放大倍数；

(3) 接负载 R_L = 2 kΩ时的电压放大倍数；

(4) 画出放大电路的微变等效电路图。

7.6　如题 7.6 图所示分压式偏置放大电路，已知 U_{CC}=12 V，R_{B1} = 20 kΩ，R_{B2}=10 kΩ，R_E=2 kΩ，R_C=2 kΩ，β = 50，求静态工作点的 I_B、I_C、U_{CE}。

7.7　如题 7.6 图所示分压式偏置放大电路，已知 U_{CC}=12 V，R_{B1}=22 kΩ，R_{B2}= 4.7 kΩ，R_E = 1 kΩ，R_C = 2.5 kΩ，β = 50，求：

(1) 静态工作点和晶体管的输入电阻 r_{be}；

(2) 放大电路空载时的电压放大倍数；

(3) 接负载 R_L=4 kΩ时的电压放大倍数；

(4) 画出放大电路的微变等效电路图。

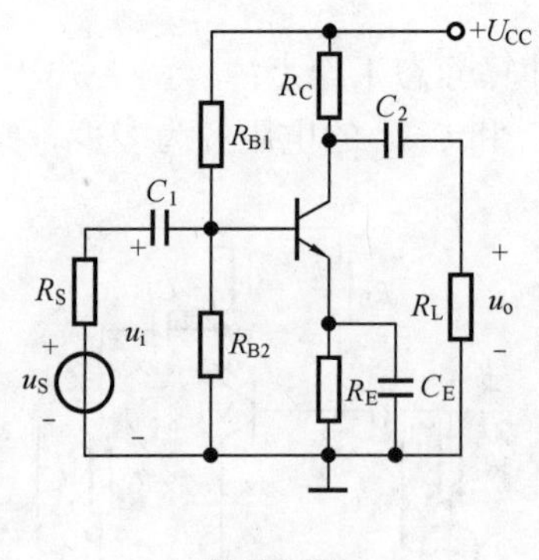

题 7.6 图

7.8　有一射极输出器如题 7.8 图，U_{CC} = 20 V，R_B = 80 kΩ，R_E = 800 Ω，R_L= 1.2 kΩ，β = 50，R_S = 0，求：

(1) 静态工作点 I_B、I_C、U_{CE} 和晶体管的输入电阻 r_{be}；

(2) 放大电路的输入电阻 r_i 和输出电阻 r_o；

(3) 放大电路的电压放大倍数 A_u。

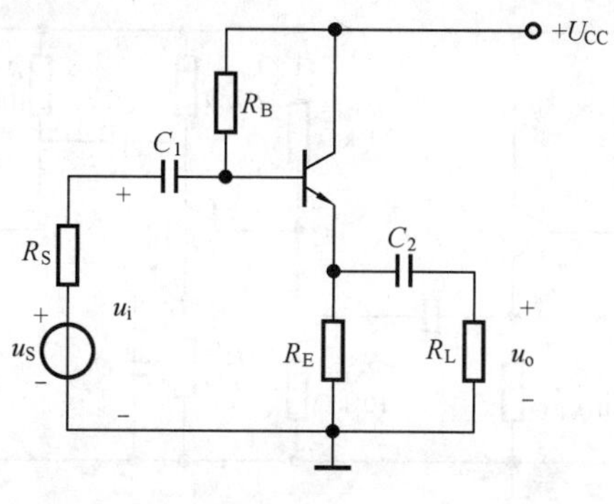

题 7.8 图

7.9 两级阻容耦合放大电路如题 7.9 图所示，已知晶体管 VT_1、VT_2 的 $\beta_1 = \beta_2 = 50$，$U_{CC} = 12$ V，$R_{B11} = 51$ kΩ，$R_{B12} = 8.6$ kΩ，$R_{B21} = 53$ kΩ，$R_{B22} = 7.5$ kΩ，$R_{E1} = 1$ kΩ，$R_{C1} = 3$ kΩ，$R_{E2} = 0.62$ kΩ，$R_{C2} = 2$ kΩ，$R_L = \infty$。

(1) 画出放大电路的微变等效电路图；

(2) 求第一级和第二级放大电路的静态工作点和电压放大倍数；

(3) 求放大电路的总电压放大倍数。

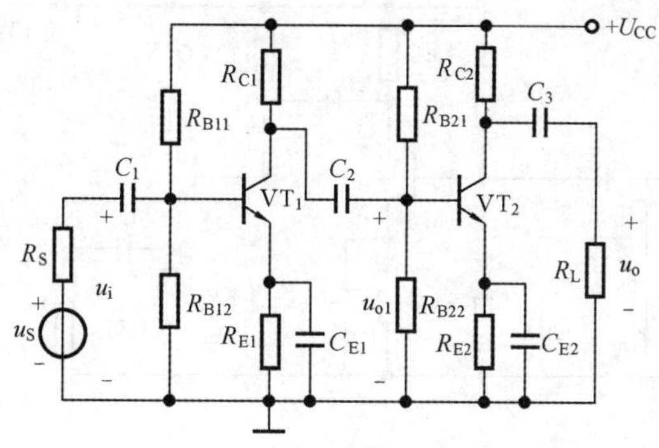

题 7.9 图

7.10 一个简易助听器由三级阻容耦合放大电路构成，输入级和输出级为射极输出器，中间级为分压式放大电路。如题 7.10 图所示，各晶体管的放大倍数 $\beta = 100$，$U_{BE} = 0.7$ V。用一个内阻 0.5 kΩ的动圈式声电转换器件检测声音信号，用一个内阻 0.5 kΩ的耳机作为电路的负载把放大后的声音传给使用者。

(1) 求放大电路各级静态工作点；

(2) 求放大电路各级及总输入电阻和输出电阻；

(3) 求各级电压放大倍数和总电压放大倍数。

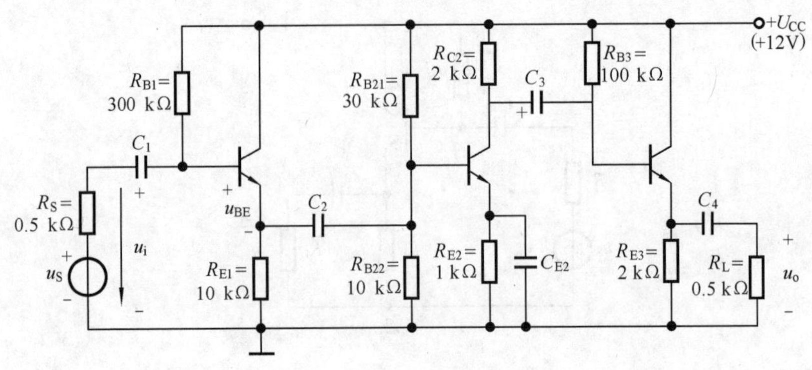

题 7.10 图

7.11　题 7.11 图是两级阻容耦合放大电路，已知 $\beta_1 = \beta_2 = 50$。

(1) 计算放大电路各级静态工作点；

(2) 画出微变等效电路图；

(3) 求各级电压放大倍数和总电压放大倍数；

(4) 后级采用射极输出器有何好处？

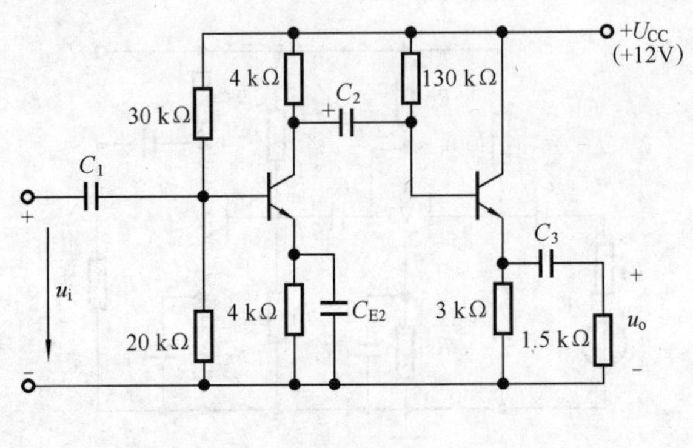

题 7.11 图

7.12　在题 7.12 图中，哪些电路图是负反馈？哪些电路图是正反馈？如果是负反馈，属于哪一类型？

7.13　双电源功率放大电路如图 7.26 所示。设 $U_{CC} = 20$ V，$R_L = 8\,\Omega$，求：

(1) 输入信号 $U_i = 10$ V(有效值)时，电路的输出功率，电源供给的功率及电路的效率；

(2) 输入信号 $U_{im} = 20$ V(最大值)时，电路的输出功率，电源供给的功率及电路的效率(可设 $A_u = 1$，集-射极压降为 0)。

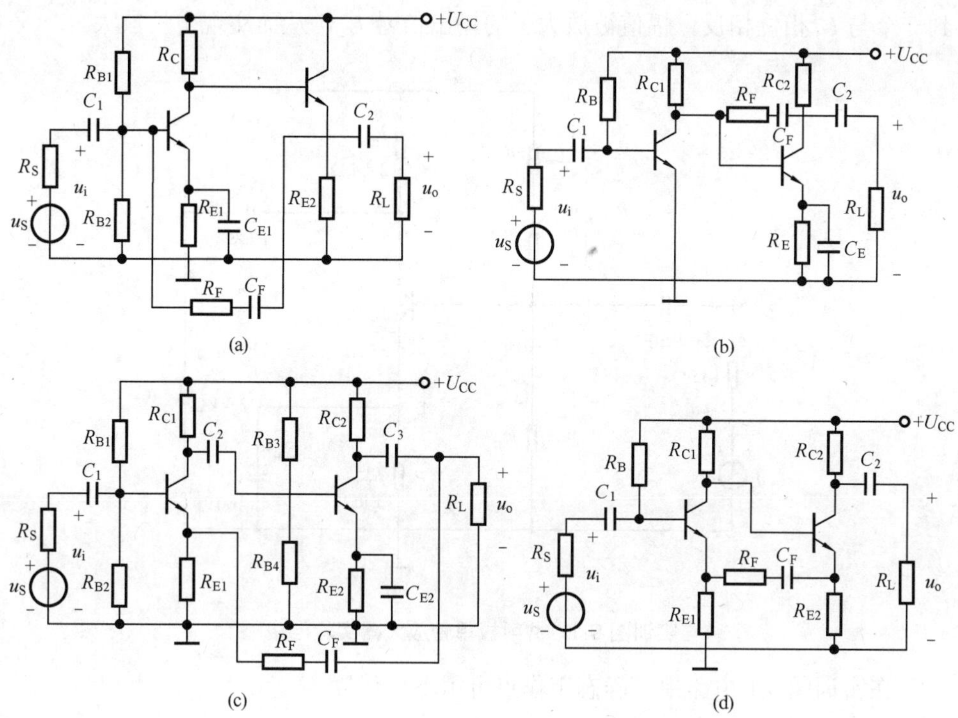

题 7.12 图

7.14　如图 7.35 所示电路，已知 $U_{DD} = 15$ V，$R_D = 5$ kΩ，R_S=3 kΩ，$R_G = 2$ kΩ，$R_L = 1$ MΩ，场效应管 $U_P = -6$ V，$I_{DSS} = 4$ mA，试求：

(1) 静态工作点；

(2) 电压放大倍数 A_u，输入电阻 R_i 和输出电阻 R_o。

实训九　晶体管共射极单管放大器

1. 实训目的

(1) 学会放大器静态工作点的调试方法，定性了解静态工作点对放大器性能的影响。

(2) 掌握放大器电压放大倍数、输入电阻、输出电阻及最大不失真输出电压的测试方法。

2. 实训原理

实训图 9.1 为典型的工作点稳定的阻容耦合单管放大器实验原理图。它的偏置电路采用 R_{B1} 和 R_{B2} 组成的分压电路，并在发射极中接有电阻 R_E，以稳定放大器的静态工作点。当在放大器的输入端输入信号 U_i 后，在放大器的输出端便可得

到一个与 U_i 相位相反，幅值被放大了的输出信号 U_o，从而实现电压放大。

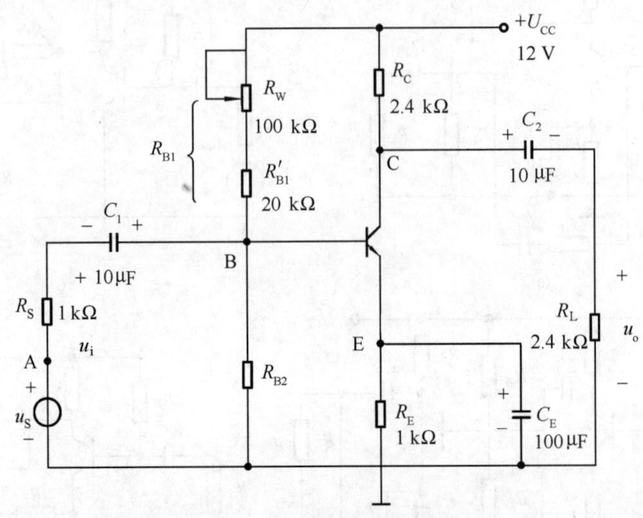

实训图 9.1　共射极单管放大器实验电路

在实训图 9.1 电路中，静态工作点可用下式估算

$$U_B \approx \frac{R_{B2}}{R_{B1}+R_{B2}}U_{CC}$$

$$I_E = \frac{U_B - U_{BE}}{R_E} \approx I_C$$

$$U_{CE} = U_{CC} - I_C(R_C + R_E)$$

电压放大倍数
$$A_u = -\frac{\beta R'_L}{r_{BE}} \quad (R'_L = R_C /\!/ R_L)$$

输入电阻
$$R_i = R_{B1} /\!/ R_{B2} /\!/ r_{BE}$$

输出电阻
$$R_o \approx R_C$$

放大器的测量和调试一般包括放大器静态工作点的测量与调试，消除干扰与自激振荡及放大器各项动态参数的测量与调试等。

(1) 放大器静态工作点的测量与调试。

① 静态工作点的测量。测量放大器的静态工作点，应在输入信号 $u_i=0$ 的情况下进行，即将放大器输入端与地端短接，然后选用量程合适的直流毫安表和直流电压表，分别测量晶体管的集电极电流 I_C，及各电极对地的电位 U_B、U_C 和 U_E。实验中为了避免断开集电极，通常采用测量电压，然后算出 I_C 的方法。

② 静态工作点的调试。静态工作点是否合适，对放大器的性能和输出波形都有很大影响。如工作点偏高，放大器在加入交流信号以后易产生饱和失真，如工

作点偏低则易产生截止失真，所以在选定工作点以后还必须进行动态调试，即在放大器的输入端加入一定的 u_i，检查输出电压 u'_o 的大小和波形是否满足要求。如不满足，则应调节静态工作点的位置。

电源电压 U_{CC} 和电路参数 R_C、R_B(R_{B1}、R_{B2})都会引起静态工作点的变化，但通常多采用调节偏置电阻 R'_{B1} 的方法来改变静态工作点。

(2) 放大器动态指标测试。

放大器动态指标包括电压放大倍数、输入电阻、输出电阻、最大不失真输出电压(动态范围)和通频带等。

① 电压放大倍数 A_u 的测量。调整放大器到合适的静态工作点，然后加入输入电压 u_i，在输出电压 u'_o 不失真的情况下，用交流毫伏表测出有效值 u_i 和 u'_o，则

$$A_u = \frac{u'_o}{u_i}$$

② 输入电阻 R_i 的测量。为了测量放大器的输入电阻，按实训图 9.2 所示电路，在被测放大器的输入端与信号源之间串入一已知电阻 R。在放大器正常工作的情况下，用交流毫伏表测出 U_S 和 U_i，则根据输入电阻的定义可得

$$R_i = \frac{U_i}{I_i} = \frac{U_i}{\frac{U_R}{R}} = \frac{U_i}{U_S - U_i} R$$

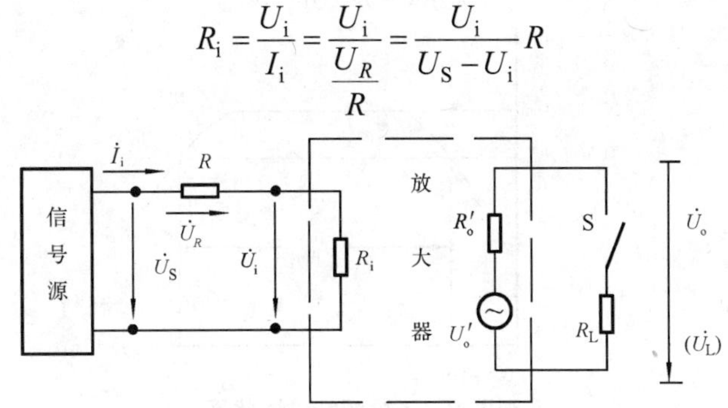

实训图 9.2　输入、输出电阻测量电路

测量时应注意：

a. 由于电阻 R 两端没有电路公共接地点，所以测量 R 两端电压 U_R 时必须分别测出 U_S 和 U_i，然后按 $U_R = U_S - U_i$ 求出 U_R 值；

b. 电阻 R 的值不宜取得过大或过小，以免产生较大的测量误差，通常取 R 与 R_i 为同一数量级为好，本实验可取 $R = 1 \sim 2\ \text{k}\Omega$。

③ 输出电阻 R_o 的测量。按实训图 9.2 所示电路，在放大器正常工作条件下，测出输出端不接负载 R_L 的输出电压 U_o 和接入负载后的输出电压 U_L，根据

$$U_L = \frac{R_L}{R_o + R_L} U_o$$

即可求出

$$R_o = \left(\frac{U_o}{U_L} - 1 \right) R_L$$

在测试中应注意，必须保持 R_L 接入前后输入信号的大小不变。

④ 最大不失真输出电压 U_{OPP} 的测量(最大动态范围)。为了得到最大动态范围，应将静态工作点调在交流负载线的中点。为此在放大器正常工作的情况下，逐步增大输入信号的幅度，并同时调节 R_W(改变静态工作点)，用示波器观察 U_o，当输出波形同时出现削底和缩顶现象时，说明静态工作点已调在交流负载线的中点。然后调整输入信号，使波形输出幅度最大且无明显失真时，用交流毫伏表测出 U_o(有效值)，则动态范围等于 $2/\sqrt{2}\,U_o$，或用示波器直接读出 U_{OPP} 来。

⑤ 放大器频率特性的测量。放大器的频率特性是指放大器的电压放大倍数 A_u 与输入信号频率 f 之间的关系曲线。单管阻容耦合放大电路的幅频特性曲线如实训图 9.3 所示，A_{um} 为中频电压放大倍数，通常规定电压放大倍数随频率变化降到中频放大倍数的 $1/\sqrt{2}$，即 $0.707A_{um}$ 所对应的频率分别称为下限频率 f_l 和上限频率 f_h，则通频带

$$f_{BW} = f_h - f_l$$

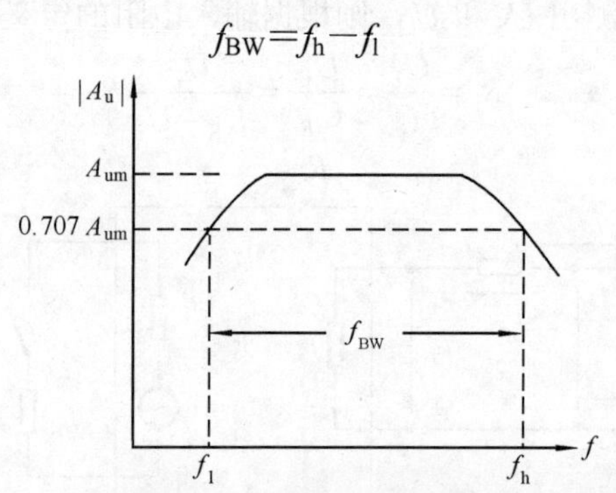

实训图 9.3 幅频特性曲线图

放大器的幅频特性就是测量不同频率信号时的电压放大倍数 A_u。为此可采用前述测量 A_u 的方法，每改变一个信号频率，测量其相应的电压放大倍数。测量时应注意取点要恰当，在低频段与高频段应多测几点，在中频段可以少测几点。此外，在改变频率时，要保持输入信号的幅度不变，且输出波形不得失真。

3. 实训仪器与设备（见实训表 9.1）

4. 实训内容与步骤

实验电路如实训图 9.1 所示，为防止干扰，各仪器的公共端必须连在一起，同时信号源、交流毫伏表和示波器的引线应采用专用电缆线或屏蔽线。如使用屏

蔽线，则屏蔽线的外包金属网应接在公共接地端上。

实训表 9.1　单级交流放大电路实验仪器与设备

序号	名　　称	型号与规格	数量	备　　注
1	直流电压表		1	
2	交流毫伏表		1	
3	直流毫安表		1	
4	频率计		1	
5	晶体管万用表	MF-20	1	
6	晶体管稳压电源	WYT-30V,2A	1	
7	低频信号发生器	XD-22	1	
8	双踪示波器	BS-601	1	
9	晶体管放大电路实验板		1	

(1) 测量静态工作点。

接通电源前，将 R_W 调至最大，放大器工作点最低，函数信号发生器输出旋钮旋至零。

接通+12 V 电源、调节 R_W，使 I_C＝2.0 mA(即 U_E＝2.0 V)，用直流电压表测量 U_B、U_E、U_C 的值，记入实训表 9.2 中。

实训表 9.2　静态工作点测量表

测　量　值			计　算　值		
U_B/V	U_E/V	U_C/V	U_{BE}/V	U_{CE}/V	$I_C(\approx I_E)$/mA

(2) 测量电压放大倍数。

在放大器输入端(B 点)加入频率为 1 kHz 的正弦信号，调节函数信号发生器的输出旋钮，使 U_i＝5 mV。同时用示波器观察放大器输出电压 U_o(R_L 两端)的波形，在波形不失真的条件下用交流毫伏表测量下述两种情况下的 U_o 值，并用双踪示波器观察 U_o 和 U_i 的相位关系，记入实训表 9.3 中。

实训表 9.3　电压放大倍数测量表

R_C/kΩ	R_L/kΩ	U_o/V	A_u	观察记录一组 U_o 和 U_i 波形
2.4	∞			
2.4	2.4			

(3) 观察静态工作点对电压放大倍数的影响。

置 $R_{C1}=2.4\ \text{k}\Omega$，$R_L=\infty$，$U_i$适量，调节 R_W，用示波器监视输出电压波形，在 U_o不失真的条件下，测量数组 I_C 和 U_o 值，记入实训表 9.4 中。

实训表 9.4　静态工作点对电压放大倍数的影响记录表

I_C/mA			2.0		
U_o/mV					
A_u					

(4) 观察静态工作点对输出波形失真的影响。

置 $R_C=2.4\ \text{k}\Omega$，$R_L=2.4\ \text{k}\Omega$，$U_i=0$，调节 R_W 使 $I_C=1.5$ mA，测出 U_{CE} 值。再逐步加大输入信号，使输出电压 U_o足够大但不失真。然后保持输入信号不变，分别增大和减小 R_W，使波形出现失真，绘出 U_o的波形，并测出失真情况下的 I_C 和 U_{CE} 值，记入实训表 9.5 中。每次测 I_C 和 U_{CE} 值时都要将信号源的输出旋钮旋至零。

实训表 9.5　静态工作点对输出波形失真的影响记录表

I_C/mA	U_{CE}/V	U_o 波形	失真情况	管子工作状态
1.5				

(5) 测量最大不失真输出电压。

置 $R_C=2.4\ \text{k}\Omega$，$R_L=2.4\ \text{k}\Omega$，按照实验原理(4)中所述方法，同时调节输入信号的幅度和电位器 R_W，用示波器和交流毫伏表测量 U_{OPP} 值，记入实训表 9.6 中。

实训表 9.6　最大不失真输出电压测量记录表

I_C/mA	U_i/mV	U_{Cm}/V	U_{OPP}/V

(6) 测量输入电阻和输出电阻。

置 $R_C=2.4\ \text{k}\Omega$，$R_L=2.4\ \text{k}\Omega$，$I_C=2.0$ mA。输入 $f=1$ kHz 的正弦信号(A 点输入)，在输出电压 U_o不失真的情况下，用交流毫伏表测出 U_S、U_i和 U_L。保持 U_S不变，断开 R_L，测量输出电压 U_o，记入实训表 9.7 中。

实训表 9.7　输入/输出电阻测量记录表

U_o/mV	U_i/mV	R_i/kΩ		U_L/V	U_o/V	R_o/kΩ	
		测量值	计算值			测量值	计算值

(7) 测量幅频特性曲线。

取 I_C＝2.0 mA，R_C＝2.4 kΩ，R_L＝2.4 kΩ。保持输入信号 U_i(B 点输入)的幅度不变，改变信号源频率 f，逐点测出相应的输出电压 U_o，记入实训表 9.8 中。

实训表 9.8　幅频特性曲线测量记录表

	f_l	f_o	f_h
f/kHz			
U_o/V			
$A_u=U_o/U_i$			

为了频率 f 取值合适，可先粗测一下，找出中频范围，然后再仔细读数。

5. 实训报告

(1) 列表整理测量结果，并把实测的静态工作点、电压放大倍数、输入电阻、输出电阻之值与理论计算值比较(取一组数据进行比较)，分析产生误差的原因。

(2) 总结 R_C、R_L 及静态工作点对放大器放大倍数、输入电阻、输出电阻的影响。

(3) 讨论静态工作点变化对放大器输出波形的影响。

(4) 分析讨论在调试过程中出现的问题。

第 8 章　集成运算放大器

本章首先介绍集成运算放大器的基本知识和主要参数，然后介绍理想运算放大器的分析方法，主要是如何求出输出电压与输入电压的关系，在此基础上具体介绍运算放大器的线性应用及线性运算电路，主要包括反相输入和同相输入运算电路的分析方法。最后简单介绍运算放大器的非线性应用和使用时应注意的问题。

8.1　集成运算放大器介绍

集成运算放大器是一种集成化的半导体器件，它实质上是一个电压放大倍数很高，输入电阻很大，输出电阻很低的直接耦合的多级交直流放大电路。

实际集成运算放大器有很多不同的型号，它们都是由输入级、中间级和输出级等部分组成。每一种型号的内部线路都不同，从使用的角度看，我们关注的只是它的参数和特性指标，以及使用方法。

运算放大器有扁平封装式、陶瓷或塑料双列直插式、金属圆壳式等几种，有 8～14 个管脚，它们都按一定顺序用数字编号，每个编号的管脚都连接着内部电路的某一特定位置，以便与外部电路连接。如图 8.1 所示。

集成运算放大器的图形符号如图 8.2 所示。

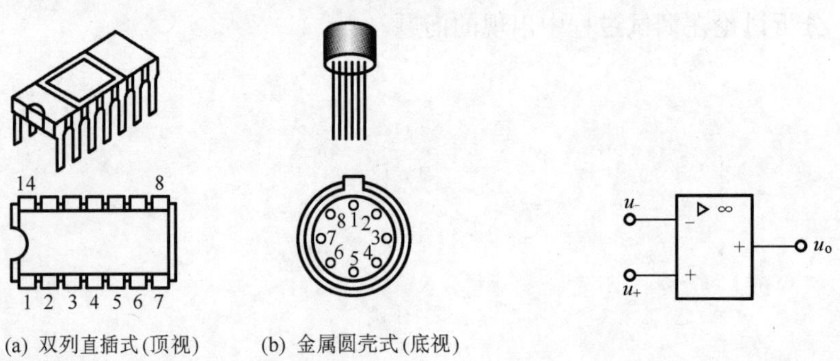

(a) 双列直插式(顶视)　　(b) 金属圆壳式(底视)

图 8.1　集成运算放大器的形式　　　图 8.2　集成运算放大器的图形符号

运算放大器有两个输入端（u_-和 u_+）和一个输出端（u_o），标有“－”号的输入端称为反相输入端，当输入信号从这一端输入时，输出信号与输入信号相位相反；标有“＋”号的输入端称为同相输入端，当输入信号从这一端输入时，输出信号与输入信号相位相同。

图 8.3 为 LM741 集成运算放大器的外形和管脚图。它有 8 个管脚，各管脚的用途分别如下。

2：反相输入端，由此端接输入信号，则输出信号与输入信号相位相反；

3：同相输入端，由此端接输入信号，则输出信号与输入信号相位相同；

6：输出端，由此端对地引出输出信号；

4：负电源端，接－15 V 的稳压电源；

7：正电源端，接＋15 V 的稳压电源；

1、5：外接调零电位器。

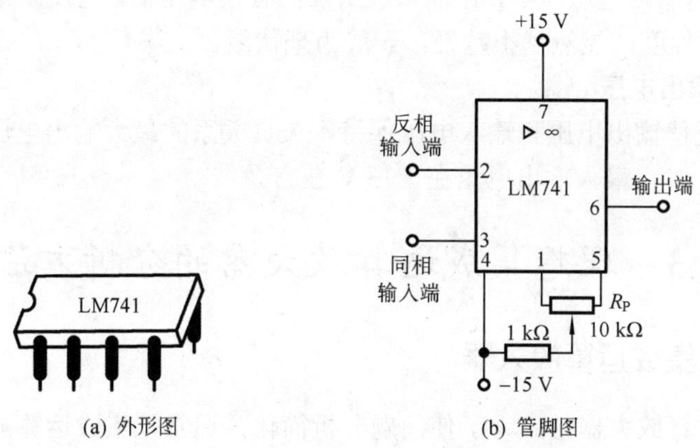

(a) 外形图　　(b) 管脚图

图 8.3　LM741 集成运算放大器的外形和管脚图

8.2　集成运算放大器的主要参数

运算放大器性能的好坏常用一些参数表征。这些参数是选用运算放大器的主要依据。

1. 差模开环电压放大倍数 A_{uo}

A_{uo} 指集成运放没有外接反馈电阻时的电压放大倍数，即 $A_{uo}=\dfrac{u_o}{u_+-u_-}$。它体现了集成运放的电压放大能力，一般在 10^4～10^7 之间。A_{uo} 越大，电路越稳定，运算精度也越高。

2. 共模抑制比 K_{CMRR}

K_{CMRR} 用来综合衡量集成运放的放大能力和抗温漂、抗共模干扰的能力，一般应大于 80 dB。

3. 差模输入电阻 r_{id}

运算放大器两个输入端之间的电阻 $r_{id}=\dfrac{\Delta U_{id}}{\Delta I_{id}}$ 叫差模输入电阻。通常希望 r_{id} 尽可能大一些。r_{id} 愈大，运算放大器精度愈高。

4. 输出电阻 r_o

输出电阻 r_o 是指运算放大器在开环状态下，输出端电压变化量与输出端电流变化量的比值。它的值反映运算放大器带负载的能力。其值越小带负载的能力越强，r_o 的值一般是几十欧姆到几百欧姆。

5. 输入失调电压 U_{io}

U_{io} 指为使输出电压为零，在输入级所加的补偿电压值。它反映差动放大部分参数的不对称程度，显然越小越好，一般为毫伏级。

6. 最大输出电压 U_{OPP}

U_{OPP} 指能使输出电压和输入电压保持不失真关系的最大输出电压。一般电源电压在±15 V 时，最大输出电压在±13 V 左右。

8.3 理想集成运算放大器的分析方法

8.3.1 理想集成运算放大器

在分析运算放大器时，为了使问题分析简化，通常把集成运算放大器看成理想运算放大器。实际集成运算放大器绝大部分接近理想运算放大器，符号如图 8.4 所示。理想集成运算放大器理想化的条件是：

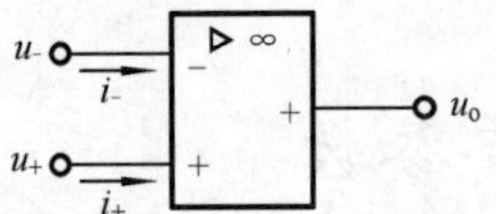

图 8.4 理想运算放大器符号

(1) 开环电压放大倍数 $A_{ud}\to\infty$；

(2) 差模输入电阻 $R_{id}\to\infty$；

(3) 输出电阻 $R_o\to 0$；

(4) 共模抑制比 $K_{CMRR}\to\infty$。

根据以上的理想化条件，当运放工作在线性状态（线性区）时，即输出电压随输入电压成比例变化，可推导出以下两个重要结论。

(1) 由于运算放大器输入电阻 $R_{id}\to\infty$，所以同向输入端和反向输入端流经运算放大器的电流为零，即

$$i_+=i_-=0 \tag{8.1}$$

由于两输入端输入电流为零，与断路相似，故称为“虚断”。

(2) 由于运算放大器开环电压放大倍数 $A_{ud}\to\infty$，而运算放大器的输出电压是有限值，所以有

$$(u_{+}-u_{-})=\frac{u_{o}}{A_{uo}}=0$$

即 $$u_{+}=u_{-} \tag{8.2}$$

式中：u_+和 u_-分别表示同相输入端和反相输入端的输入电压。

由此可见，两输入端好像短路，故称为“虚短”。

8.3.2 反相输入运算电路

指输入信号加在反相输入端与参考端之间，经运算放大器放大后的输出信号与输入信号相位相反。这是应用最广的一种输入方式，可构成反相比例、加法、微分、积分等运算电路。

1. 反相输入比例运算电路

图 8.5 所示电路为反相输入比例运算电路。它的输入信号电压 u_i 经过外接电阻 R_1 加到反相输入端，而同相输入端与地之间接一平衡电阻 R'。反馈电阻 R_F 跨接于输出端和反相输入端之间。该电路是电压并联负反馈电路。

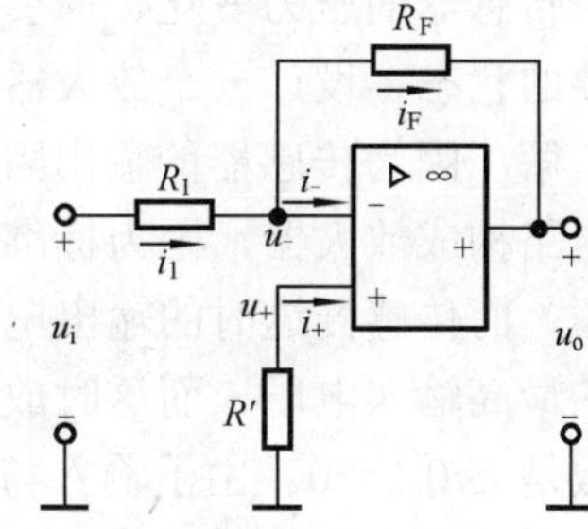

图 8.5 反相输入比例运算电路

根据运算放大器工作在线性区的两个结论分析可知

$$i_1=i_F，\ u_-=u_+=0$$

而 $$i_1=\frac{u_i-u_-}{R_1}=\frac{u_i}{R_1}$$

$$i_F=\frac{u_--u_o}{R_F}=-\frac{u_o}{R_F}$$

由此可得 $$u_o=-\frac{R_F}{R_1}u_i \tag{8.3}$$

式（8.3）中的负号表示输出电压与输入电压的相位相反。

闭环电压放大倍数为

$$A_f=\frac{u_o}{u_i}=-\frac{R_F}{R_1} \tag{8.4}$$

当 $R_F=R_1$ 时，$u_o=-u_i$，即 $A_f=-1$，该电路就成了反相器。

图中电阻 R' 称为平衡电阻，通常取 $R'=R_1 // R_F$，以保证其输入端的电阻平衡。

反相输入比例运算电路输入电阻较小，约等于 R_1（$r_i=u_i/i_1=R_1i_1/i_1=R_1$），输出阻抗较小。

例 8.1 在图 8.5 中，设 $u_i=-1$ V，$R_1=10$ kΩ，$R_F=50$ kΩ，求 u_o。

解 按照式（8.3），代入数据，得

$$u_o=-\frac{R_F}{R_1}u_i=-\frac{50}{10}(-1)\ \text{V}=5\ \text{V}$$

说明：当电路为书中（包括后面）介绍的几种典型运算放大器电路时，解题时可直接利用相应公式求出结果。对于一般的运算放大器电路，可利用理想运算放大器的分析方法加以求解。

例 8.2 有一电阻式压力传感器，其输出阻抗为 500 Ω，测量范围是 0～10 MPa，其灵敏度是+1 mV/0.1 MPa，现在要用一个输入电压值为 0～5 V 的标准表来测量这个传感器的压力变化，需要一个放大器把传感器输出的信号放大到标准表输入需要的状态，设计一个放大器并确定各元件参数。

解 因为传感器的输出阻抗较低，所以可采用由输入阻抗较小的反相输入比例电路构成放大器，因为标准表的最高输入电压对应着传感器 10 MPa 时的输出电压，而传感器这时的输出电压为 10 MPa×1 mV/0.1 MPa=100 mV，也就是放大器的最高输入电压，而这时放大器的输出电压应是 5 V，所以放大器的电压放大倍数是 5/0.1=50。由于输入与输出电压相位要相同，故在第一级放大器后再接一个反相器即可满足要求。根据这些条件来确定电路的参数。

(1) 取放大器的输入阻抗是信号源内阻的 20 倍，即

$$R_1=20\times0.5\ \text{k}\Omega=10\ \text{k}\Omega$$

(2) $R_F=50R_1=50\times10\ \text{k}\Omega=500\ \text{k}\Omega$

(3) $R'=R_1//R_F=\frac{10\times500}{10+500}\ \text{k}\Omega=9.8\ \text{k}\Omega$

(4) 运算放大器采用 LM741。

(5) 采用对称电源供电，电压可采用 10 V（因为放大器最高输出电压是 5 V）。

(6) $R_{F2}=R_{12}=50\ \text{k}\Omega$

(7) $R_2'=R_{12}//R_{F2}=25\ \text{k}\Omega$

整个放大电路如图 8.6 所示。

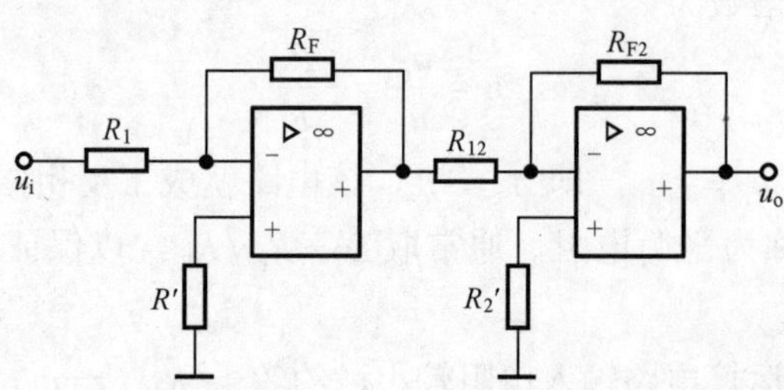

图 8.6 例 8.2 图

2. 反相加法运算电路

在反相输入比例运算电路的反相输入端加上若干个输入信号电压，就可以对多个输入信号实现代数相加运算。图 8.7 是具有两个输入信号的反相加法运算电路。

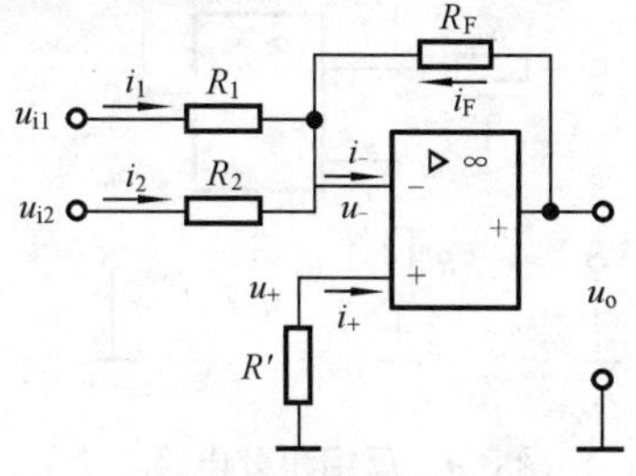

图 8.7　反相加法运算电路

根据运算放大器工作在线性区的两结论分析可知

$$i_F = i_1 + i_2\text{，}\quad u_- = u_+ = 0$$

$$i_1 = \frac{u_{i1}}{R_1}\text{，}\quad i_2 = \frac{u_{i2}}{R_2}\text{，}\quad i_F = -\frac{u_o}{R_F}$$

由此可得

$$u_o = -\left(\frac{R_F}{R_1}u_{i1} + \frac{R_F}{R_2}u_{i2}\right) \tag{8.5}$$

若 $R_1 = R_2 = R_F$，则

$$u_o = -(u_{i1} + u_{i2}) \tag{8.6}$$

可见输出电压与两个输入电压之间是一种反相输入加法运算关系。这一运算关系可推广到有更多个信号输入的情况。平衡电阻 $R' = R_1 // R_2 // R_F$。

例 8.3　反相加法运算电路如图 8.7 所示，设 $R_1 = R_2 = 10\ \text{k}\Omega$，$R_F = 50\ \text{k}\Omega$，$u_{i1} = 0.5\ \text{V}$，$u_{i2} = -1\ \text{V}$，试计算输出电压 u_o。

解　依式（8.5），代入数据，得

$$u_o = -\left(\frac{R_F}{R_1}u_{i1} + \frac{R_F}{R_2}u_{i2}\right) = -\left[\frac{50}{10}\times 0.5 + \frac{50}{10}\times(-1)\right]\text{V} = 2.5\ \text{V}$$

例 8.4　求图 8.8 所示电路中 u_o 与 u_{i1}、u_{i2} 的关系。

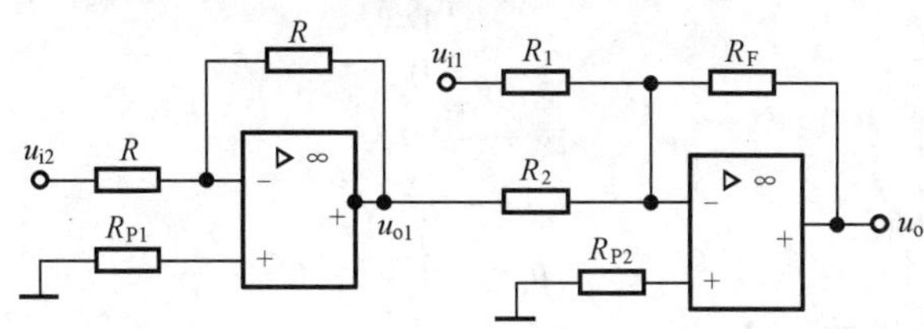

图 8.8　例 8.4 图

解　电路由第一级的反相器和第二级的反相加法运算电路级联而成。第一级的输出是第二级加法运算电路的一个输入。

$$u_{o1} = -u_{i2}$$

$$u_o = -\left(\frac{R_F}{R_1}u_{i1} + \frac{R_F}{R_2}u_{o1}\right) = \frac{R_F}{R_2}u_{i2} - \frac{R_F}{R_1}u_{i1}$$

3. 反相积分电路

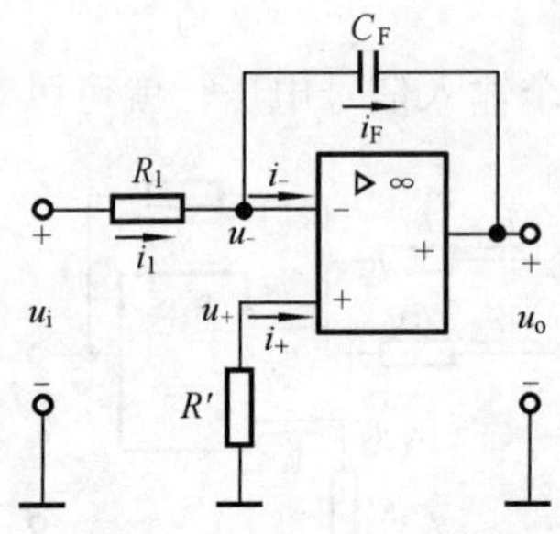

图 8.9 反相积分电路

把反相输入比例运算电路中的反馈电阻 R_F 换成电容 C_F，就构成了反相积分电路，如图 8.9 所示。

由于反相输入端虚地，$u_-=u_+=0$，且 $i_+=i_-=0$，由图可得

$$i_1=\frac{u_i-0}{R_1}=\frac{u_i}{R_1},\quad i_1=i_F=i_C$$

$$i_C=C_F\frac{du_C}{dt}=-C_F\frac{du_o}{dt}$$

由此可得

$$u_o=-\frac{1}{C_F}\int\frac{u_i}{R_1}dt=-\frac{1}{R_1C_F}\int u_i dt \tag{8.7}$$

输出电压与输入电压对时间的积分成正比。

若 u_i 为恒定电压 U，则输出电压 u_o 为

$$u_o=-\frac{U}{R_1C_F}t \tag{8.8}$$

例 8.5 图 8.9 所示积分电路中，设 $R_1=1\ \mathrm{M\Omega}$，$C_F=1\ \mu\mathrm{F}$，$U_i=1$ V，试求 $t=0$，0.2，0.6，1 s 时的输出电压 u_o 各为多少？

解 因 $R_1=1\mathrm{M\Omega}$，$C_F=1\ \mu\mathrm{F}$

$$R_1C_F=1\times10^6\times10^{-6}\ \mathrm{s}=1\ \mathrm{s}$$

依式（8.8）可知，

$$u_o=-\frac{U}{R_1C_F}t$$

当 t=0 s 时，　　$u_o=0$

当 t=0.2 s 时，　　$u_o=-0.2$ V

当 t=0.6 s 时，　　$u_o=-0.6$ V

当 t=1 s 时，　　$u_o=-1$ V

4. 反相微分电路

把反相输入比例运算电路中的电阻 R_1 换成电容 C_1，就构成了反相微分电路，如图 8.10 所示。

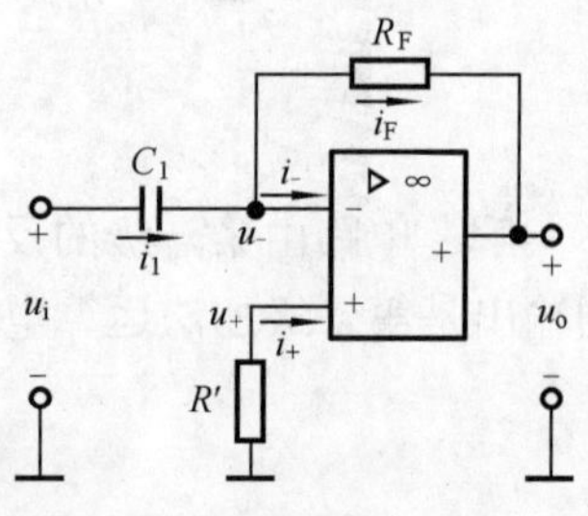

图 8.10 反相微分电路

由于反相输入端虚地，$u_-=u_+=0$，且 $i_+=i_-=0$，由图可得

$$i_C=i_1=i_F,\quad u_i=u_C$$

$$i_F = -\frac{u_o}{R_F}, \quad i_C = C_1\frac{du_C}{dt} = C_1\frac{du_i}{dt}$$

由此可得

$$u_o = -R_F C_1 \frac{du_i}{dt} \tag{8.9}$$

输出电压与输入电压对时间的微分成正比。

若 u_i 为恒定电压 U，则在 u_i 作用于电路的瞬间，微分电路输出一个尖脉冲电压，波形如图 8.11 所示。

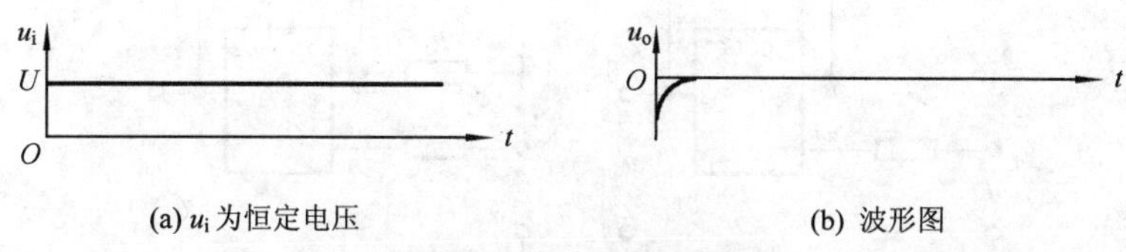

图 8.11　微分电路波形图

8.3.3　同相输入运算电路

指输入信号加在同相输入端与参考端之间，经运算放大器放大后的输出信号与输入信号相位同相。可构成同相比例、加法等运算电路。

1. 同相输入比例运算电路

图 8.12 所示电路为同相输入比例运算电路。它的输入信号电压 u_i 经过外接电阻 R_2 加到同相输入端，而反相输入端与地之间接一平衡电阻 R_1，反馈电阻 R_F 跨接在输出端与反相输入端之间，使电路工作在闭环状态。这是电压串联负反馈电路。

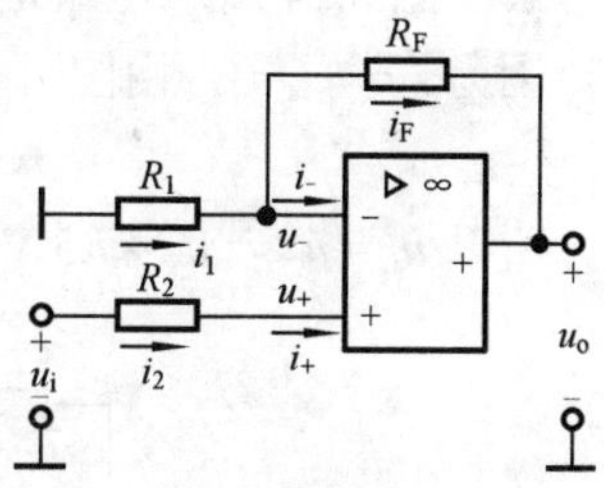

图 8.12　同相输入比例运算电路

根据运算放大器工作在线性区的两条结论分析可知

$$i_1 = i_F, \quad u_- = u_+ = u_i$$

而

$$i_1 = \frac{0-u_-}{R_1} = -\frac{u_i}{R_1}, \quad i_F = \frac{u_- - u_o}{R_F} = \frac{u_i - u_o}{R_F}$$

由此可得

$$u_o = \left(1+\frac{R_F}{R_1}\right)u_i \tag{8.10}$$

输出电压与输入电压的相位相同。

同反相输入比例运算电路一样，为了提高电路的对称性，电阻 $R_2 = R_1 // R_F$。闭环电压放大倍数为

$$A_f = \frac{u_o}{u_i} = 1 + \frac{R_F}{R_1}$$

可见同相比例运算电路的闭环电压放大倍数必定大于或等于 1。当 $R_1 = \infty$ 或 $R_F=0$ 时(见图 8.13)，$u_o = u_i$，即 $A_f = 1$，这时输出电压跟随输入电压作相同的变化，称为电压跟随器。

同相输入比例运算电路输入电阻较大，约等于 r_{id}，输出阻抗较小。

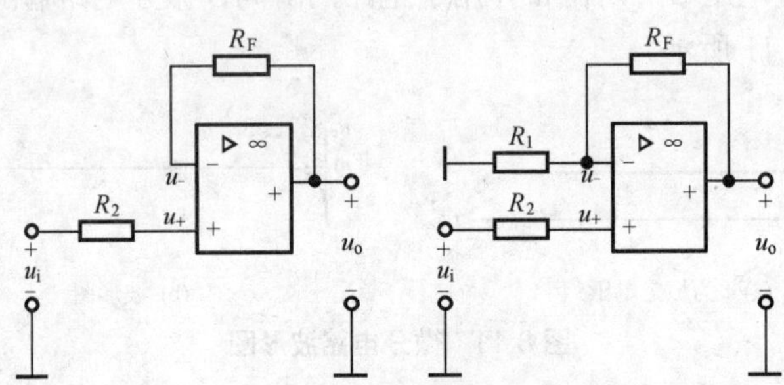

图 8.13 电压跟随器

例 8.6 如图 8.14 所示电路，试计算 u_o 的大小。

解 图 8.14 所示电路是一电压跟随器。

因为 $i_+ = i_- = 0$，由图可得

$$u_+ = [15 \times 15/(15+15)]\ \text{V} = 7.5\ \text{V}$$

所以 $u_o = u_- = u_+ = 7.5$ V

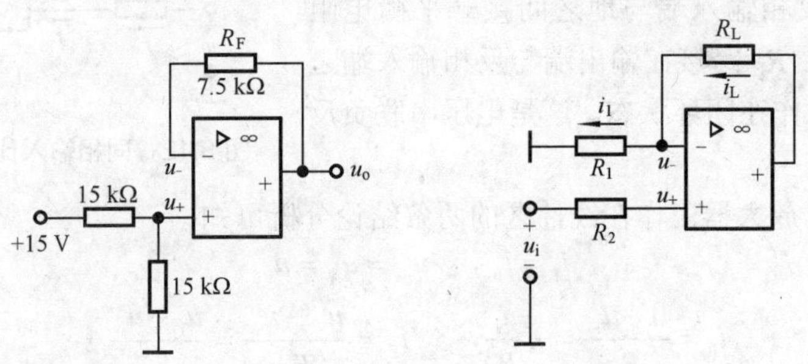

图 8.14 例 8.6 图　　　　图 8.15 例 8.7 图

例 8.7 如图 8.15 所示电路，试写出通过负载电阻 R_L 的电流 i_L 与输入电压 u_i 之间的关系式。

解 由图可知 $u_- = u_+ = u_i$，$i_L = i_1 = u_-/R_1 = u_i/R_1$

所以

$$i_L = \frac{u_i}{R_1}$$

这一关系式说明，通过负载电阻 R_L 的电流 i_L 的大小与负载电阻 R_L 无关，只要 u_i 和 R_1 恒定，负载中的电流 i_L 就恒定。图 8.15 所示电路是将电压转换为电流的电压-电流转换器。

例 8.8 有一电容式压力传感器，其输出阻抗为 1 MΩ，测量范围是 0~10 MPa，其灵敏度是+1 mV/0.1 MPa，现在要用一个输入电压值为 0~5 V 的标准表来显示这个传感器测量的压力变化，需要一个放大器把传感器输出的信号放大到标准表输入需要的状态，设计一个放大器并确定各元件参数。

解 因为传感器的输出阻抗（信号源内阻）很高，所以不能采用由输入阻抗较小的反相输入比例电路构成放大器，而须用高输入阻抗的同相输入比例电路构成放大器。因为标准表的最高输入电压对应着传感器 10 MPa 时的输出电压，而传感器这时的输出电压为 10 MPa×1 mV/0.1 MPa=100 mV，也就是放大器的最高输入电压，而这时放大器的输出电压应是 5 V，所以放大器的电压放大倍数是 5/0.1=50。根据这些条件来确定电路的参数。

(1) 取 R_1 =10 kΩ。

(2) R_F =（50－1）R_1 = 49×10 kΩ = 490 kΩ。

(3) $R_2 = R_1 // R_F = \dfrac{10\times 490}{10+490}\ \text{k}\Omega = 9.8\ \text{k}\Omega$。

(4) 运算放大器采用高输入阻抗的 CA3140。

(5) 采用对称电源供电，电压可采用 10 V（因为放大器最高输出电压是 5 V）。整个放大电路如图 8.12 所示。

2. 同相加法电路

在同相输入比例运算电路的同相输入端加上若干个输入信号电压，就可以对多个输入信号实现代数相加运算。图 8.16 是具有两个输入信号的同相加法运算电路。

对图 8.16 分析可知

$$i_2 = \frac{u_{i1} - u_+}{R_2}, \quad i_3 = \frac{u_{i2} - u_+}{R_3}$$

因为

$$i_+ = 0$$

所以

$$i_2 = -i_3$$

所以

$$\frac{u_{i1} - u_+}{R_2} = -\frac{u_{i2} - u_+}{R_3}$$

解得

$$u_+ = \left(\frac{u_{i1}}{R_2} + \frac{u_{i2}}{R_3}\right)\left(\frac{R_2 R_3}{R_2 + R_3}\right)$$

又

$$i_1 = i_F$$

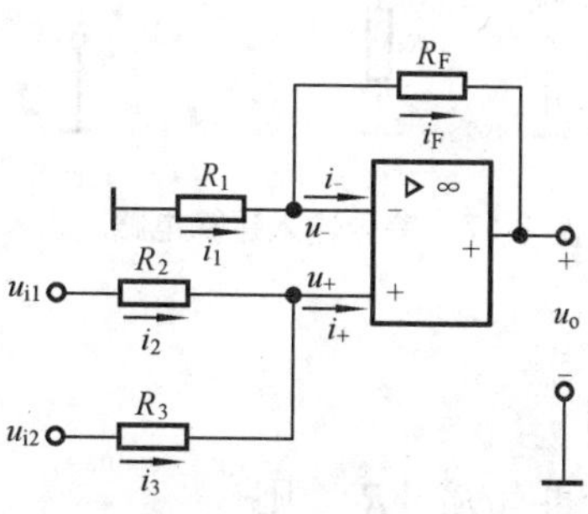

图 8.16 同相加法电路

且 $$i_1 = \frac{-u_-}{R_1}, \quad i_F = \frac{u_- - u_o}{R_F}$$

所以 $$\frac{-u_-}{R_1} = \frac{u_- - u_o}{R_F}$$

解得 $$u_- = \frac{R_1}{R_1 + R_F} u_o$$

由 $u_+ = u_-$ 可得 $$\left(\frac{u_{i1}}{R_2} + \frac{u_{i2}}{R_3}\right)\left(\frac{R_2 R_3}{R_2 + R_3}\right) = \frac{R_1}{R_1 + R_F} u_o$$

整理后得

$$u_o = \left(1 + \frac{R_F}{R_1}\right)\left(\frac{R_3 u_{i1} + R_2 u_{i2}}{R_2 + R_3}\right) \tag{8.11}$$

若选取 $R_2=R_3$，则

$$u_o = \frac{1}{2}\left(1 + \frac{R_F}{R_1}\right)(u_{i1} + u_{i2}) \tag{8.12}$$

若再有 $R_F=R_1$，则

$$u_o = u_{i1} + u_{i2} \tag{8.13}$$

实现了加法运算。

8.3.4 差分输入运算电路

当运算放大器的同相输入端和反相输入端都接有输入信号时，称为差分输入运算电路，如图 8.17 所示。对图分析可知

$$u_- = u_+ = \frac{R_3 u_{i2}}{R_2 + R_3}$$

$$i_1 = \frac{u_{i1} - u_-}{R_1}, \quad i_F = \frac{u_- - u_o}{R_F}$$

$$i_1 = i_F$$

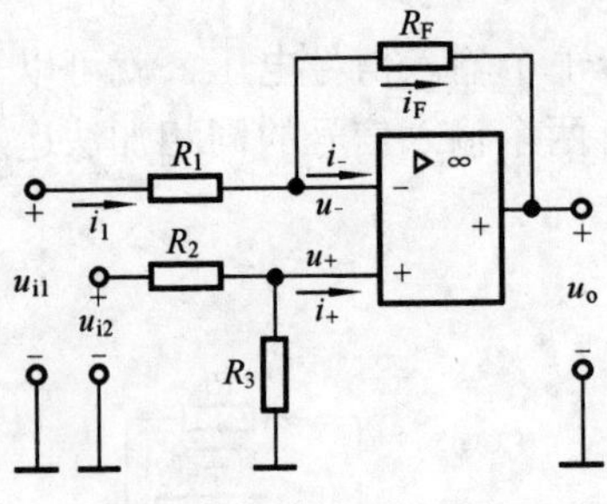

图 8.17 差分输入运算电路

综合上面的几个关系式可以解得

$$u_o = \left(1 + \frac{R_F}{R_1}\right)\frac{R_3 u_{i2}}{R_2 + R_3} - \frac{R_F}{R_1} u_{i1} \tag{8.14}$$

当 $R_3 = R_F$，$R_2 = R_1$ 时，

$$u_o = \frac{R_F}{R_1}(u_{i2} - u_{i1}) \tag{8.15}$$

若再有 $R_1 = R_F$，则

$$u_o = u_{i2} - u_{i1} \tag{8.16}$$

差分输入运算电路在测量与控制系统中得到了广泛的应用。

例 8.9 求图 8.18 所示电路中 u_o 与 u_i 的关系。

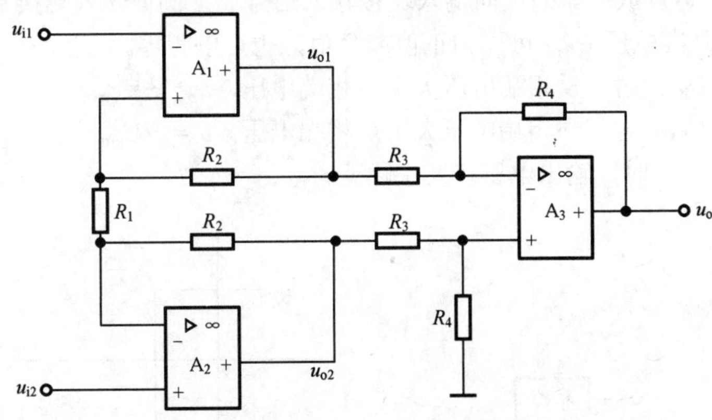

图 8.18 例 8.9 图

解 电路由两级放大电路组成。第一级由运算放大器 A_1、A_2 组成。根据运算放大器工作在线性区的两条结论分析可知，电阻 R_1 和 R_2 上的电流相等。

$$u_{1-} = u_{1+} = u_{i1}$$

$$u_{2-} = u_{2+} = u_{i2}$$

$$u_{i1} - u_{i2} = u_{1-} - u_{2-} = \frac{R_1}{R_1 + 2R_2}(u_{o1} - u_{o2})$$

故

$$u_{o1} - u_{o2} = \left(1 + \frac{2R_2}{R_1}\right)(u_{i1} - u_{i2})$$

第二级是由运算放大器 A_3 构成的差分放大电路，其输出电压为

$$u_o = \frac{R_4}{R_3}(u_{o2} - u_{o1}) = -\frac{R_4}{R_3}\left(1 + \frac{2R_2}{R_1}\right)(u_{i1} - u_{i2})$$

8.3.5 集成运算放大器的非线性应用

前面介绍的是集成运算放大器的线性应用，所有电路都有一个共同特点，就是反向输入端和输出端都有反馈电阻连接，使运算放大器工作在负反馈状态下，有虚短（$u_+=u_-$）和虚断（$i_+=i_-=0$）两个结论。当运算放大器工作在开环（输入/输出间无反馈）或加有正反馈时（同向输入端和输出端接有反馈电阻），由于电压放大倍数极高，因而输入端之间只要有微小电压，运算放大器便进入非线性工作区域，输出电压 u_o 达到最大值 U_{om}（近似等于运算放大器的正负电源电压值）。非线性时，仍然有 $i_+=i_-=0$ 的关系，但不存在 $u_+=u_-$ 的关系。

下面仅以电压比较器为例说明集成运算放大器的非线性应用。

图 8.19 为最简单的电压比较器电路。电路中无反馈环节，运算放大器在开环状态下工作。运算放大器的反向输入端接输入信号 u_i，同向输入端接基准（参考）电压 U_{REF}，基准电压 U_{REF} 可以为正值或负值，也可以为零。

当 $u_i > U_{REF}$ 时，反相端电压大于同相端电压，$u_o = -U_{om}$；

当 $u_i < U_{REF}$ 时，同相端电压大于反相端电压，$u_o = +U_{om}$；

当 $u_i = U_{REF}$ 时，输出电压将发生跳变。

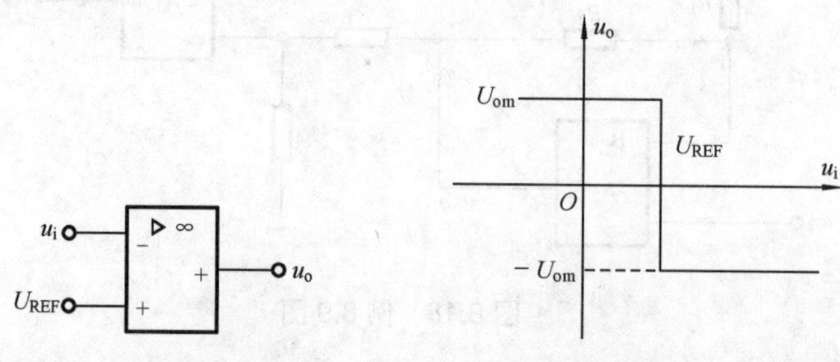

图 8.19　电压比较器　　　图 8.20　比较器的传输特性

输出电压与输入电压的关系称为电压比较器的传输特性，如图 8.20 所示。如果 $U_{REF} = 0$，当输入信号电压 u_i 每次过零时，输出电压都会发生跳变，这种比较器叫过零比较器。利用过零比较器可以实现信号的波形变换。

例如，若 $U_{REF} = 0$，输入电压 u_i 为正弦波如图 8.21（a）所示，则 u_i 每过零一次，比较器的输出电压就产生一次跳变，输出电压的波形如图 8.21（b）所示。可以看出，输出电压是与输入电压同频率的方波。

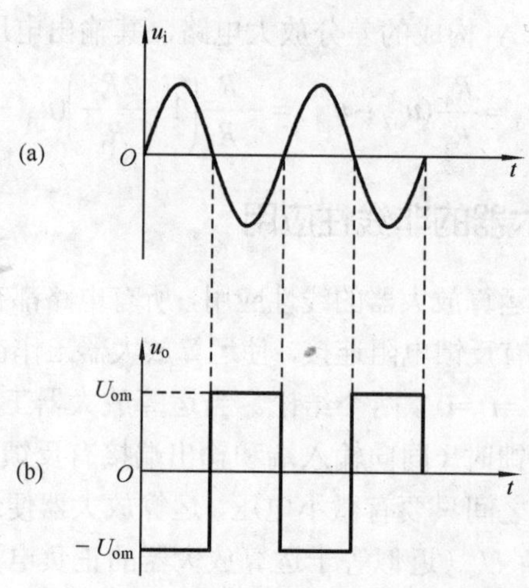

图 8.21　过零比较器的波形变换作用

例 8.10 图 8.22 为一监控报警装置。如需要对某一参数（如温度、压力等）进行监控时，可由传感器取得监控信号 u_i，U_{REF} 是参考电压。当 u_i 超过正常值上限 U_{REF} 时报警器灯亮，试说明工作原理。运算放大器的最大输出电压 U_{om}=13 V。

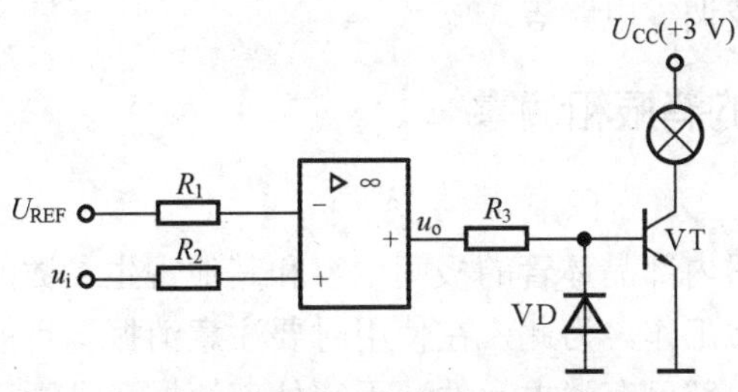

图 8.22　例 8.10 图

解　输入信号接在同相输入端，参考电压接在反相输入端。

当 u_i 超过正常值上限 U_{REF} 时，即 $u_i > U_{REF}$ 时，同相端电压大于反相端电压，$u_o=+U_{om}$，此时三极管集电结和发射结均正偏，工作在饱和状态，三极管导通，指示灯通电亮。

当 u_i 在正常值范围时，即 $u_i < U_{REF}$ 时，反相端电压大于同相端电压，$u_o=-U_{om}$，此时三极管集电结和发射结均反偏，工作在截止状态，三极管 VT 截止，指示灯断电不亮。

图中当 u_o 为 $+U_{om}$ 时，二极管 VD 截止，保证基极有较高正电位，保证三极管 VT 导通；当 u_o 为 $-U_{om}$ 时，二极管 VD 导通，由于电阻 R_3 的分压作用，基极电位约为负零点几伏，保证三极管 VT 截止。

8.4　集成运算放大器选用和使用中应注意的问题

目前，集成运算放大器应用很广，在选型、使用和调试时应注意以下问题。

8.4.1　集成运算放大器的选型

集成运算放大器按技术指标可分为通用型和专用型两大类。按每一集成片中运算放大器的数目可分为单运算放大器、双运算放大器和四运算放大器。

通常应根据实际要求来选用运算放大器。如无特殊要求，一般选用通用型运算放大器，因通用型既易得到，价格又较低廉；而对于有特殊要求的应选择专用型运算放大器。如测量放大器、模拟调节器、有源滤波器和采样-保持电路等，应选择高输入阻抗型运算放大器；精密检测、精密模拟计算、自控仪表等选择低温漂型运算放大器；快速模-数和数-模转换器等应选择高速型运算放大器等。

目前运算放大器的类型很多，型号标注又未完全统一，例如部标型号为 F007，国标型号为 CF741。因此选择元件时，必须先查有关产品手册，了解其指标参数和使用方法。选好后，再根据管脚图和符号图连接外部电路，包括电源、外接偏置电阻、消振电路及调零电路等。

8.4.2 集成运放的消振和调零

1. 消振

由于运算放大器内部晶体管的极间电容和其他寄生参数的影响，很容易产生自激振荡，破坏正常工作。为此，在使用时要注意消振。目前由于集成工艺水平提高，运算放大器内部已有消振元件，无须外部消振。是否已消振，可将输入端接“地”，用示波器观察输出端有无高频振荡波形，即可判断。

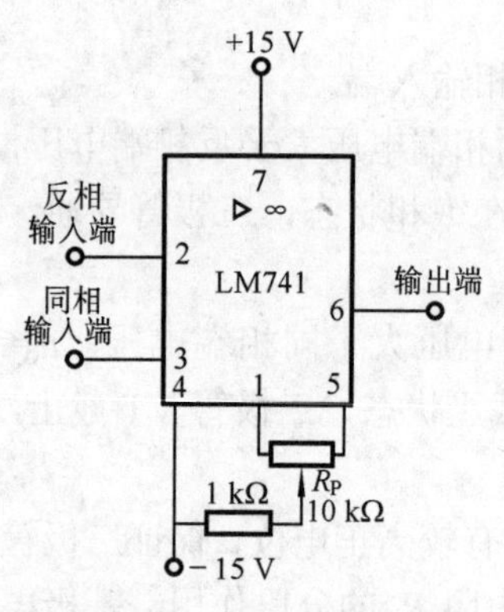

图 8.23　调零电路

2. 调零

由于运算放大器的内部参数不可能完全对称，以致当输入信号为零时，输出电压 U_o 不等于零。为此，在使用时要外接调零电路。

如图 8.23 所示的为 LM741 运算放大器的调零电路，由−15 V 电源、1 kΩ电阻和调零电位器 R_P 组成。调零时应将电路接成闭环。在无输入下调零，即将两个输入端均接“地”，调节调零电位器 R_P，使输出电压 U_o 为零。

8.4.3 集成运放的保护

1. 电源端保护

为了防止电源极性接反而损坏运算放大器，可利用二极管的单向导电性，在电源连接线中串接二极管来实现保护，如图 8.24 所示。

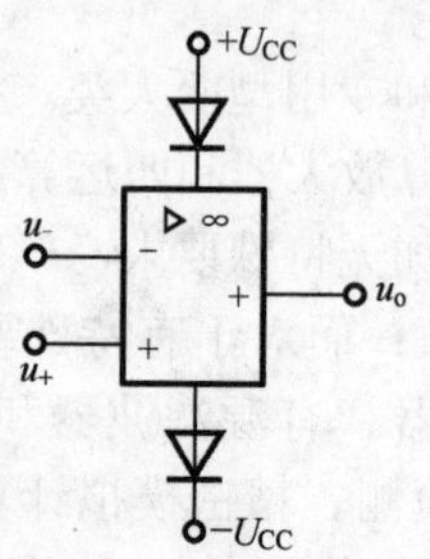

图 8.24　电源端保护

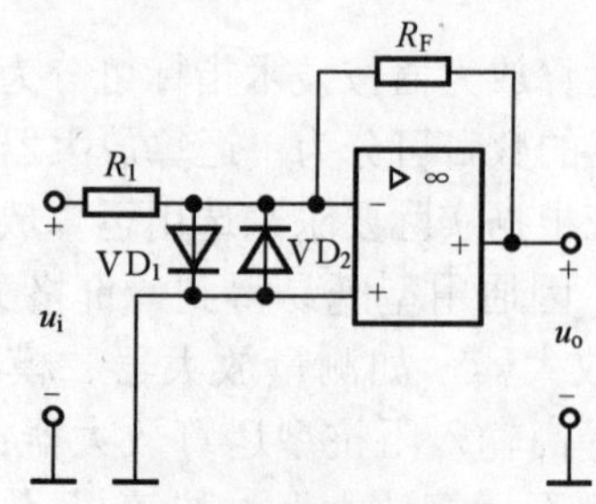

图 8.25　输入端保护

2. 输入端保护

当输入信号电压过高时会损坏运算放大器的输入级。为此，可在输入端接入反向并联的二极管，将输入电压限制在二极管的正向压降以下。如图 8.25 所示。

3. 输出端保护

为了防止输出电压过大，可用稳压管来保护。如图 8.26 所示，将两个稳压管反向串联再并接于反馈电阻 R_F 的两端。运算放大器正常工作时，输出电压 u_o 低于任一稳压管的稳压值 U_Z，稳压管不会被击穿，稳压管支路相当于断路，对运算放大器的正常工作无影响。当输出电压 u_o 大于一只稳压管的稳压值 U_Z 和另一只稳压管的正向压降 U_F 之和时，一只稳压管就会反向击穿，另一只稳压管正向导通。从而把输出电压限制在±（U_Z+U_F）的范围内。

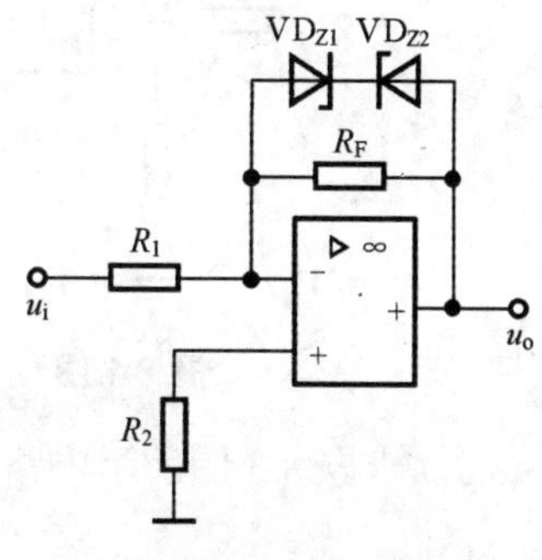

图 8.26　输出端保护

本 章 小 结

1. 运算放大器是一个电压放大倍数很高，输入电阻很大，输出电阻很低的直接耦合的多级交直流放大电路，它可以工作在线性和非线性两种状态。

2. 理想运算放大器在线性工作状态时有两个重要结论，即“虚短”和“虚断”。在分析实际运算放大器电路时一般把实际运算放大器看成理想运算放大器。

3. 线性运算放大器电路，要引入负反馈。典型的有同相输入、反相输入和差分输入电路。在分析具体运算放大器电路时，碰到上述典型电路可直接利用它们的计算公式，一般电路情况可自行推导。

4. 非线性运算放大器电路，可引入正反馈也可不引入反馈。非线性应用主要有电压比较器。

习　　题

8.1　在题 8.1 图运算电路中，已知 $R_{11}=R_{12}=R_{13}=R_F/2$，求：

（1）当 $u_{i1}=2$ V，$u_{i2}=3$ V，$u_{i3}=0$ 时，u_o 的值；

（2）当 $u_{i1}=2$ V，$u_{i2}=-4$ V，$u_o=3$ V 时，u_{i3} 的值。

8.2　如题 8.2 图所示，已知 $R_1=R_3=10$ kΩ，$R_2=R_F=20$ kΩ，$u_i=3$ V，试求输出电压 u_o。

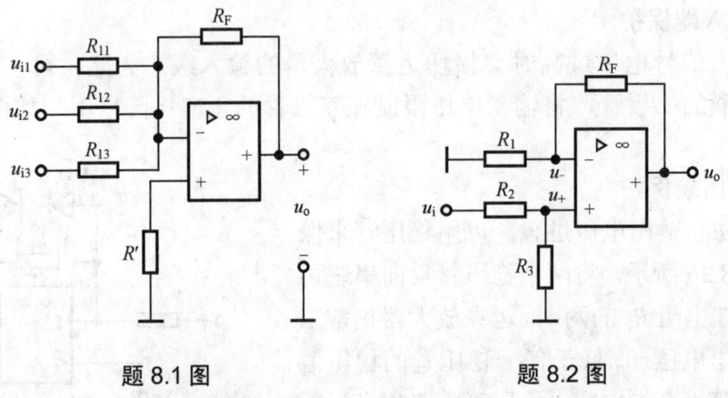

题 8.1 图　　　　　　题 8.2 图

8.3　求题 8.3 图所示电路 u_o 与 u_i 的关系。

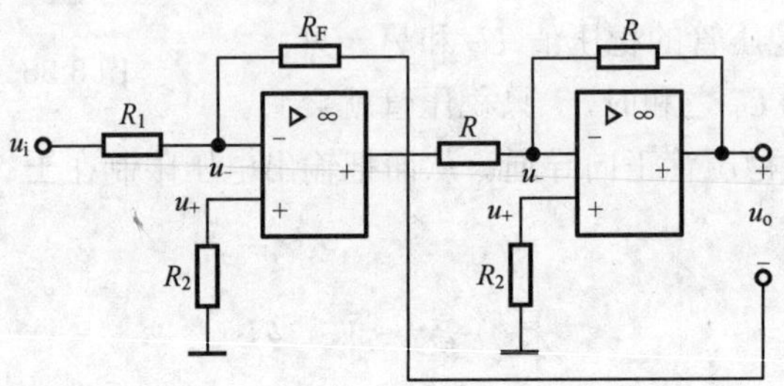

题 8.3 图

8.4　如题 8.4 图所示，已知 R_1=10 kΩ，R_F=40 kΩ，试求输出电压 u_o 。

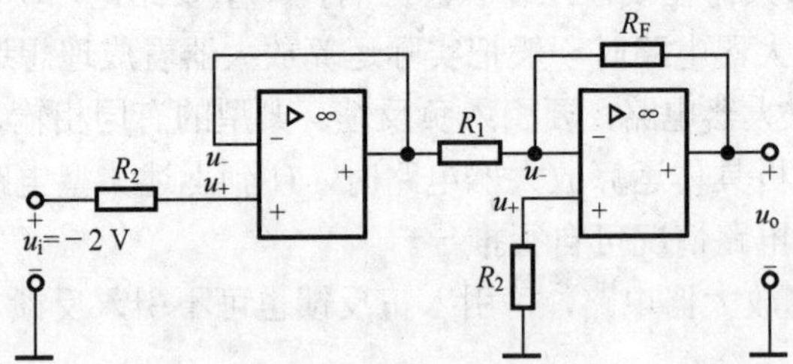

题 8.4 图

8.5　电路如题 8.5 图所示，已知 $R_1=R_2=R_F$，输入电压 u_{i1} 和 u_{i2} 的波形如图所示，试画出输出电压 u_o 的波形。

8.6　积分电路如图 8.9 所示。已知 R_1=20 kΩ，C_F=1 μF，u_i =－1 V，试求：输出电压 u_o 由零到 10 V（设为运算放大器的最大输出电压）所需要的时间是多少？超出这段时间后 u_o 如何变化？

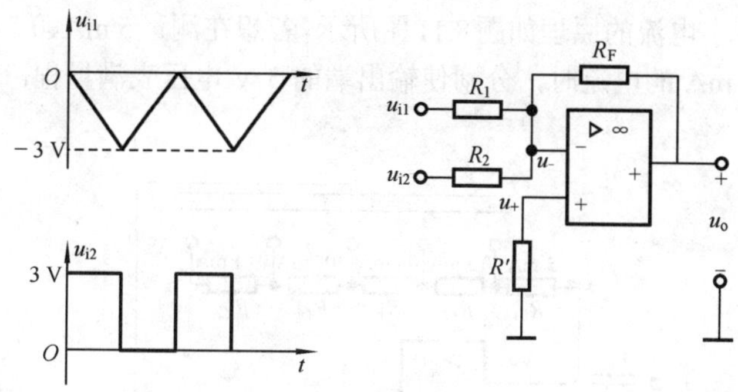

题 8.5 图

8.7　如题 8.7 图所示差分放大电路，已知 $R_1=R_2=5\ k\Omega$，$R_F=10\ k\Omega$，$u_{i1}=5\ V$，$u_{i2}=4\ V$，试求输出电压 u_o。

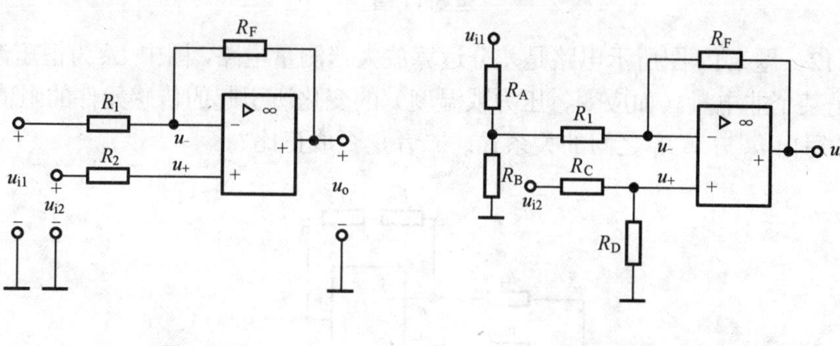

题 8.7 图　　　　题 8.8 图

8.8　在题 8.8 图运算电路中，已知 $R_A=R_B=R_D=100\ \Omega$，$R_C=200\ \Omega$，$R_1=5\ k\Omega$，$R_F=10\ k\Omega$，$u_{i1}=5\ V$，$u_{i2}=4\ V$，试求输出电压 u_o。

8.9　写出题 8.9 图所示电路的输出电流 i_o 与 E 的关系式，并说明其功能。当负载电阻 R_L 改变时，输出电流 i_o 有无变化？

8.10　试求题 8.10 图所示电路中输入、输出电压关系。

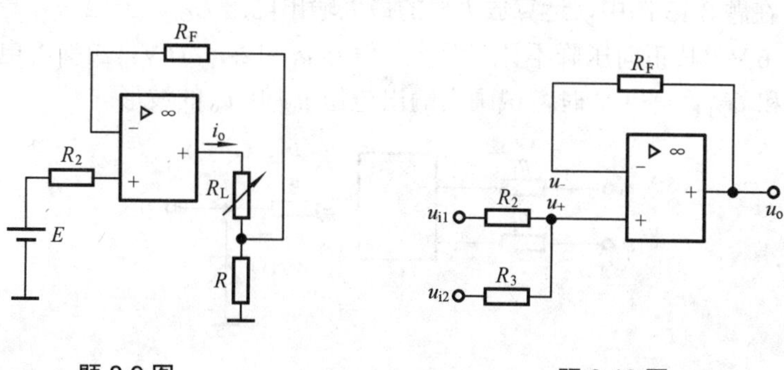

题 8.9 图　　　　题 8.10 图

8.11　测量小电流的原理如题 8.11 图所示，若想在测量 5 mA、0.5 mA、0.1 mA、0.05 mA、0.01 mA 的电流时，分别使输出端的 5 V 电压表满量程，求电阻 R_{F1}～R_{F5} 的阻值。

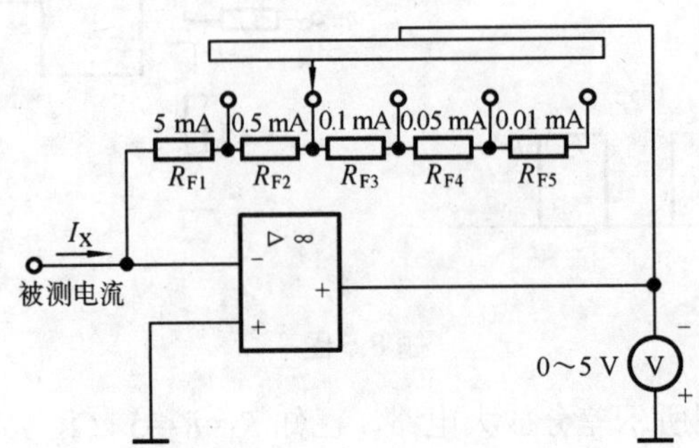

题 8.11 图

8.12　题 8.12 图所示电路是差分运算放大器测量电路，图中 U_S 为恒压源，若 ΔR_F 是某个非电量（如应变、压力或温度）的变化所引起的传感元件的阻值变化量。试写出 u_o 与 ΔR_F 之间的关系式；二者是否成正比？

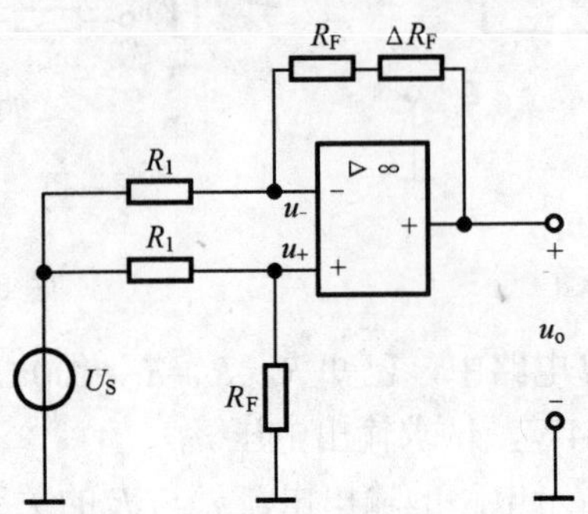

题 8.12 图

8.13　在题 8.13 图中，运算放大器的最大输出电压 $U_{OPP}=\pm 12$ V，稳压管的稳定电压 $U_Z=6$ V，其正向压降不计。设输入信号 $u_i=12\sin\omega t$ V，当参考电压分别为 $U_{REF}=3$ V 和 $U_{REF}=-3$ V 时，试画出输出电压 u_{o1} 和 u_o 的波形。

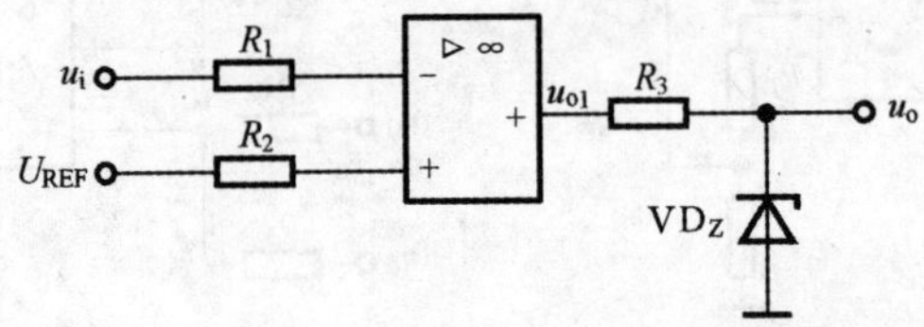

题 8.13 图

实训十　集成运算放大器的线性应用

1. 实训目的

(1) 研究由集成运算放大器组成的比例、加法、减法和积分等基本运算电路的功能。

(2) 了解运算放大器在实际应用时应考虑的一些问题。

2. 实训原理

集成运算放大器是一种具有高电压放大倍数的直接耦合多级放大电路。当外部接入不同的线性或非线性元器件组成负反馈电路时，可以灵活地实现各种特定的函数关系。在线性应用方面，可组成比例、加法、减法、积分、微分、对数等模拟运算电路。

集成运算放大器的管脚排列及符号如实训图 10.1 所示，各管脚的用途分别如下。

2：反相输入端，由此端接输入信号，则输出信号与输入信号相位相反；

3：同相输入端，由此端接输入信号，则输出信号与输入信号相位相同；

6：输出端，由此端对地引出输出信号；

4：负电源端，接－12 V 的稳压电源；

7：正电源端，接＋12 V 的稳压电源；

1、5：外接调零电位器。

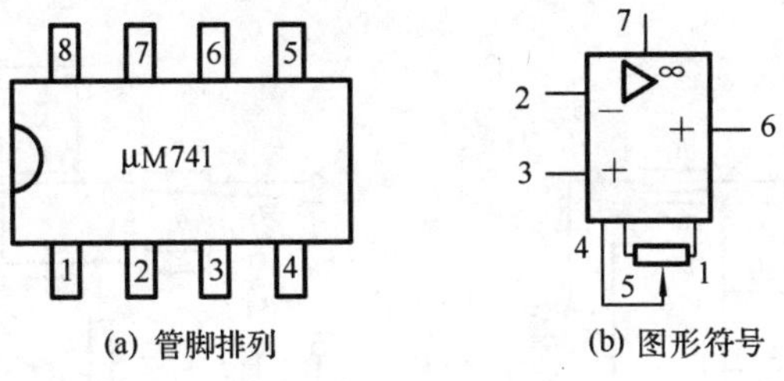

(a) 管脚排列　　(b) 图形符号

实训图 10.1　μM741 的管脚排列及图形符号

(1) 反相比例运算电路。

电路如实训图 10.2 所示，对于理想运放，该电路的输出电压与输入电压之间的关系为

$$u_o = -\frac{R_F}{R_1}u_i$$

为了减小输入偏置电流引起的运算误差，在同相输入端应接入平衡电阻。

$$R' = R_1 // R_F$$

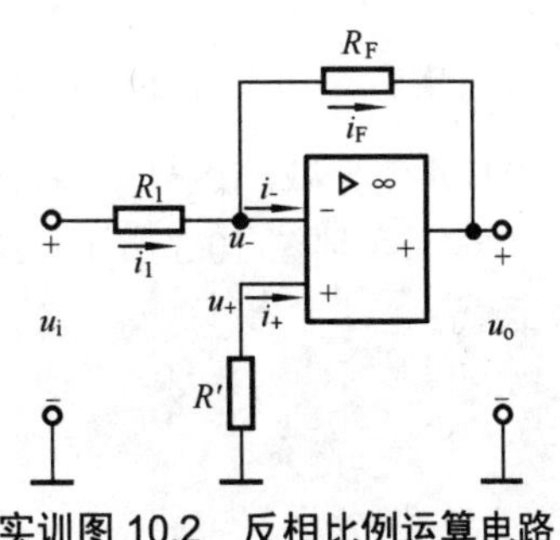

实训图 10.2　反相比例运算电路

(2) 反相加法运算电路。

电路如实训图 10.3 所示，输出电压与输入电压之间的关系为

$$u_o = -\left(\frac{R_F}{R_1}u_{i1} + \frac{R_F}{R_2}u_{i2}\right)$$

$$R' = R_1 // R_2 // R_F$$

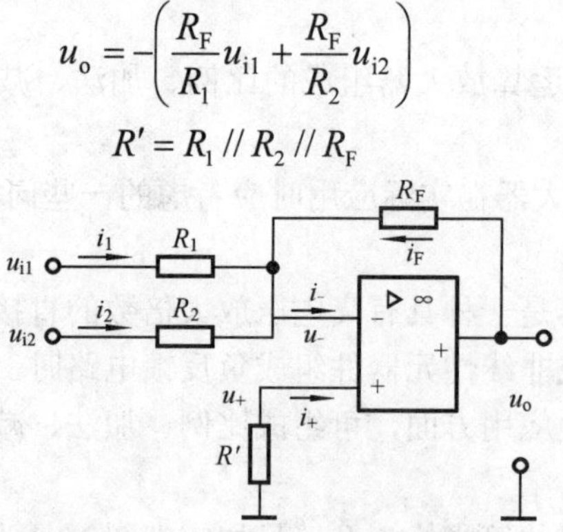

实训图 10.3 反相加法运算电路

(3) 同相比例运算电路。

实训图 10.4 是同相比例运算电路，它的输出电压与输入电压之间的关系为

$$u_o = \left(1 + \frac{R_F}{R_1}\right)u_i$$

当 $R_1 = \infty$ 或 $R_F=0$ 时 $u_o = u_i$，这时输出电压跟随输入电压作相同的变化，称为电压跟随器。

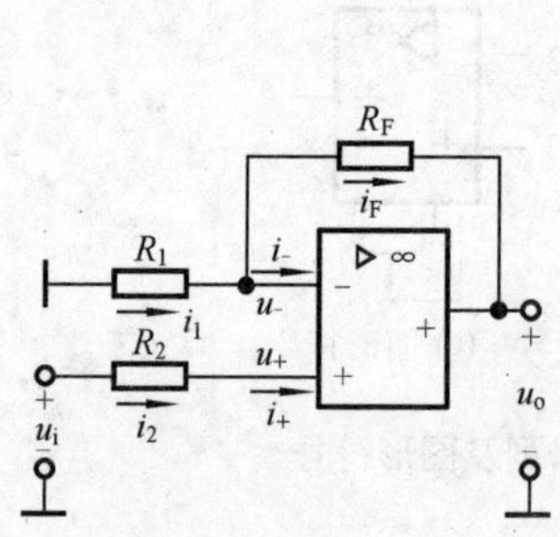

实训图 10.4 同相比例运算电路

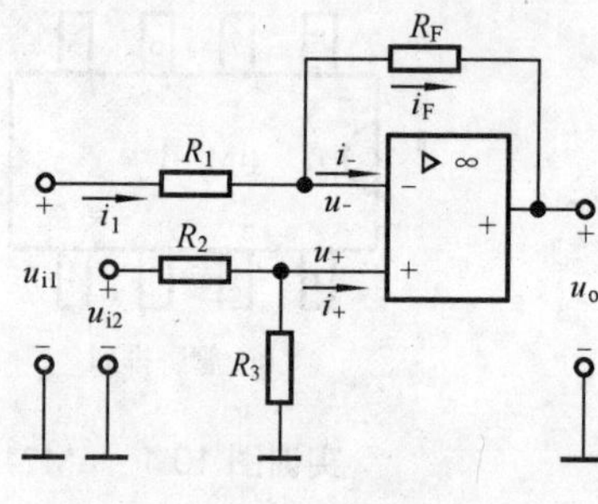

实训图 10.5 差分减法运算电路

(4) 差分减法运算电路。

对于实训图 10.5 所示的差分减法运算电路，当 $R_3 = R_F$，$R_2 = R_1$ 时，有如下关系式

$$u_o = \frac{R_F}{R_1}(u_{i2} - u_{i1})$$

(5) 积分运算电路。

反相积分运算电路如实训图 10.6 所示。在理想化条件下，有如下关系式

$$u_o = -\frac{1}{R_1 C_F}\int u_i \mathrm{d}t$$

(6) 微分运算电路。

反相微分运算电路如实训图 10.7 所示。在理想化条件下，有如下关系式

$$u_o = -R_F C_1 \frac{\mathrm{d}u_i}{\mathrm{d}t}$$

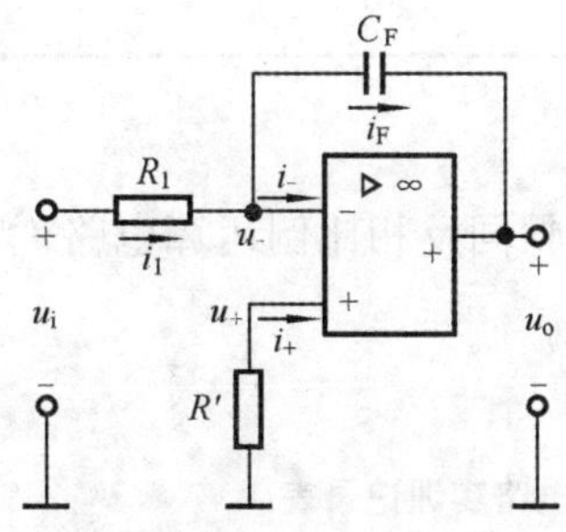

实训图 10.6　反相积分电路

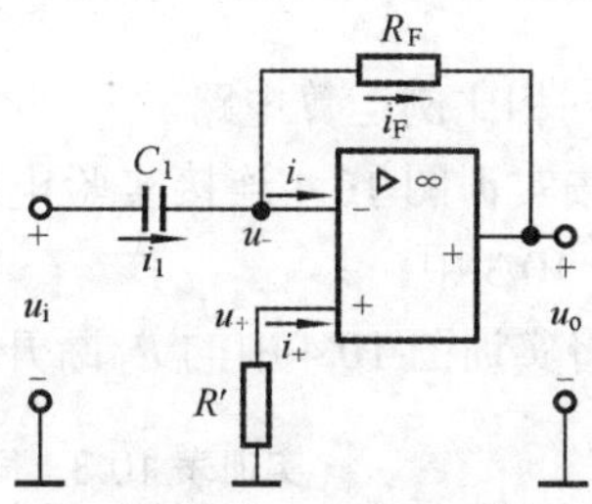

实训图 10.7　反相微分电路

3. 实训仪器与设备（见实训表 10.1）

实训表 10.1　集成运算放大器线性运用实训仪表与设备

序号	名　　称	型号与规格	数量	备　　注
1	直流电源		1	
2	函数信号发生器		1	
3	交流毫伏表		1	
4	直流电压表		1	
5	双踪示波器		1	
6	集成运算放大器	μM741	1	
7	电阻器	10 kΩ、1 kΩ、100 kΩ等	若干	
8	电容器	0.01 μF	若干	
9	导线		若干	

4. 实训内容与步骤

本实验中调零电位器为 R_P=100 kΩ，反馈电阻 R_F=100 kΩ，其他电阻为 10 Ω，平衡电阻根据计算选相近阻值的电阻。

(1) 反相比例运算电路。

① 按实训图 10.2 连接实验电路，接通±12 V 电源，输入端对地短路，进行

调零和消振。

② 输入 f=100 Hz，U_i=0.5 V 的正弦交流信号，测量相应的 U_o，并用示波器观察 U_o 和 U_i 的相位关系，记入实训表 10.2 中。

实训表 10.2　反相比例运算电路实训记录表

U_i/V	U_o/V	U_i 波形	U_o 波形	A_u	
				实测值	计算值

(2) 同相比例运算电路。

① 按实训图 10.4 连接实验电路。实验步骤同反相比例运算电路，将结果记入实训表 10.3 中。

② 将实训图 10.4 中的 R_1 断开，重复内容①。

实训表 10.3　同相比例运算电路实训记录表

U_i/V	U_o/V	U_i 波形	U_o 波形	A_u	
				实测值	计算值

(3) 反相加法运算电路。

① 按实训图 10.3 连接实验电路，调零和消振。

② 输入信号采用直流信号，信号按实训图 10.8 所示的方式从 G_1 和 G_2 点获得。实验时要注意选择合适的直流信号幅度以确保集成运放工作在线性区。用直流电压表测量输入电压 U_{i1}、U_{i2} 及输出电压 U_o，记入实训表 10.4 中。

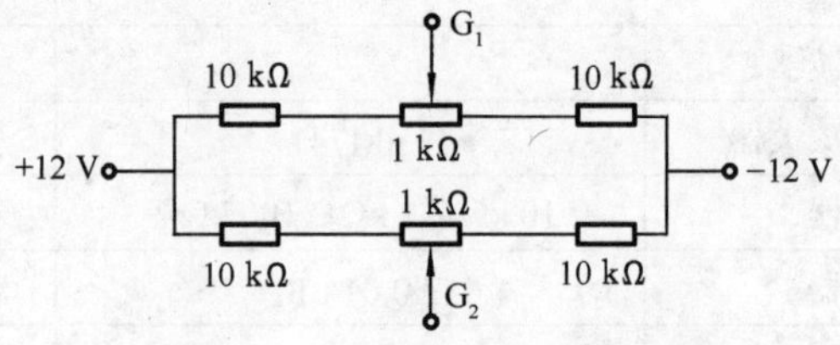

实训图 10.8　简易可调直流电源

实训表 10.4　反相加法运算电路实训记录表

U_{i1}/V					
U_{i2}/V					
U_o/V					

(4) 减法运算电路。

① 按实训图 10.5 连接实验电路，调零和消振。

② 采用直流输入信号，实验步骤同反相加法运算电路实验中的第二个步骤，记入实训表 10.5 中。

实训表 10.5 差分减速法运算电路实训记录表

U_{i1}/V					
U_{i2}/V					
U_o/V					

(5) 积分运算电路。

实验电路如实训图 10.9 所示。

① 打开 S_2，闭合 S_1，对运放输出进行调零。

② 调零完成后，再打开 S_1，闭合 S_2，使 $u_C(0)=0$。

③ 预先调好直流输入电压 $U_i=0.5$ V，接入实验电路，再打开 S_2，然后用直流电压表测量输出电压 U_o，每 5 s 读一次 U_o，记入实训表 10.6 中，直到 U_o 不继续明显增大为止。

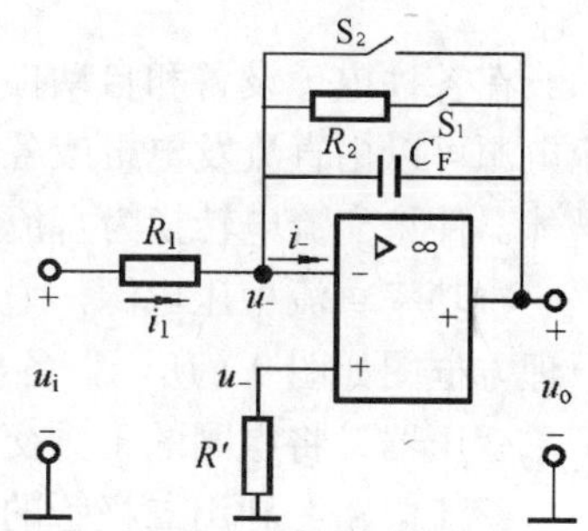

实训图 10.9 积分运算电路实训图

实训表 10.6 差分减速法运算电路实验记录表

t/s	0	5	10	15	20	25	30	…
U_o/V								

(6) 微分电路。

① 按实训图 10.7 连接实验电路，在函数发生器上调节输入方波信号 u_i，用示波器监视之，要求方波信号的周期为 1～5 ms。

② 把 u_i 信号加到微分电路的输入端，用示波器分别测量 u_i 和 u_o 的波形，画出波形图，并记录数据。

5. 实训报告

(1) 整理实验数据，画出波形图(注意波形间的相位关系)。

(2) 将理论计算结果和实测数据相比较，分析产生误差的原因。

(3) 分析讨论实验中出现的现象和问题。

第 9 章　直流稳压电源

本章主要介绍了将交流电变为直流电的整流、滤波和稳压电路等部分的组成及工作原理。

9.1　直流稳压电源的组成

在各种电子设备和自动控制装置中，一般需要非常稳定的直流电源供电。直流电源可以由直流发电机或各种电池提供，但比较经济实用的办法是利用各种半导体器件将交流电转换为直流电。

小功率直流稳压电源，通常由变压器、整流、滤波和稳压电路四部分组成，原理方框图如图 9.1 所示，各部分功能如下。

变压器：将电网的工频交流电压变换为符合整流需要的电压值。

整流电路：利用二极管的单向导电性将交流电转换成单向脉动直流电。

滤波电路：利用电容、电感等元件的储能特性，将脉动直流电压变为比较平滑的直流电压。

稳压电路：采取某些措施，使输出的直流电压在电源电压发生波动或负载变化时保持稳定。

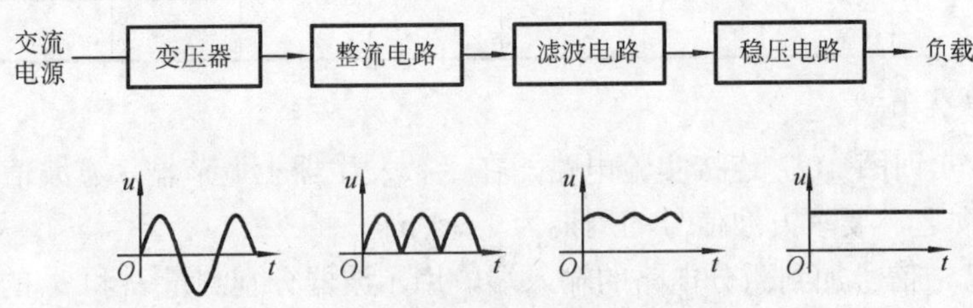

图 9.1　半导体直流电源原理方框图

9.2　整 流 电 路

利用具有单向导电性能的整流元件如二极管、晶闸管等，将交流电转换成单向脉动直流电的电路称为整流电路。

整流电路按输入电源相数可分为单相整流电路和三相整流电路，按输出波形和电路结构形式又可分为半波、全波和桥式整流电路。目前广泛使用的是桥式整流电路。为使问题简化，便于讨论，把二极管看做正向电阻为零、反向电阻为无穷大的理想元件。

9.2.1 单相半波整流电路

图 9.2 是单相半波整流电路。它是最简单的整流电路，由整流变压器、二极管和负载电阻组成。

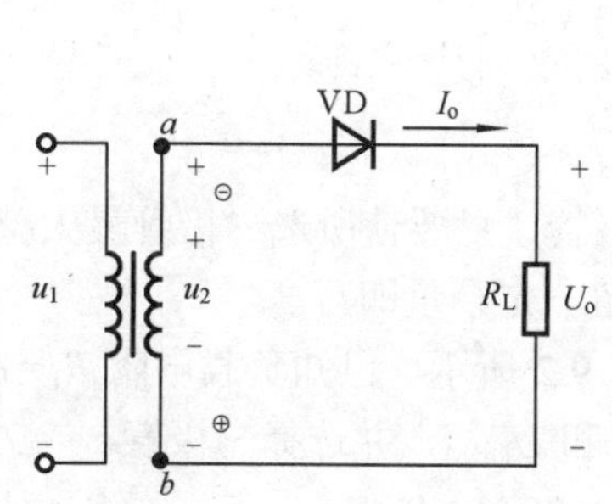

图 9.2 单相半波整流电路

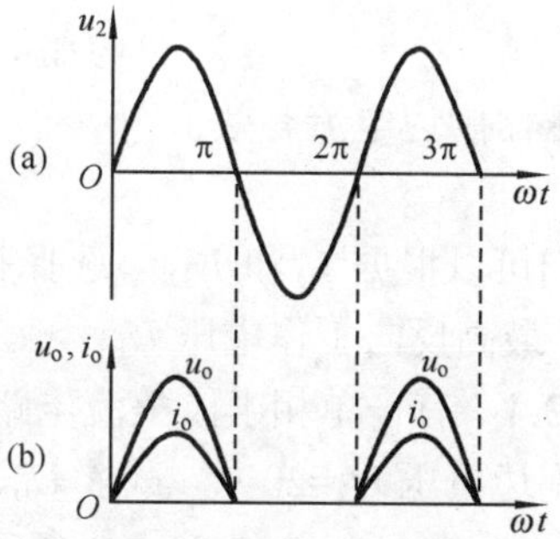

图 9.3 单相半波整流电路波形图

设变压器副边电压为

$$u_2 = \sqrt{2}U_2 \sin \omega t$$

波形如图 9.3(a)所示。由于二极管 VD 具有单向导电性，只有它的阳极电位高于阴极电位时才能导通。

当 u_2 为正半周时，其极性为上正下负，即 a 点电位高于 b 点，二极管 VD 承受正向电压而导通，此时有电流流过负载，并且和二极管上的电流相等，即 $i_o= i_d$。忽略二极管的电压降，则负载两端的输出电压等于变压器副边电压，即 $u_o=u_2$，输出电压 u_o 的波形与 u_2 相同。

当 u_2 为负半周时，其极性为上负下正，即 a 点电位低于 b 点，二极管 VD 承受反向电压而截止。此时负载上无电流流过，输出电压 $u_o=0$，变压器副边电压 u_2 全部加在二极管 VD 上。

因此，在负载电阻上得到的是半波整流电压 u_o，u_o 的半波波形与 u_2 的正半波波形相同。

负载电阻上得到的整流电压虽然是单方向的(极性一定)，但其大小是变化的，这叫单向脉动电压，常用一个周期的平均值来说明它的大小。

单相半波整流电压的平均值为

$$U_o = \frac{1}{2\pi}\int_0^{\pi}\sqrt{2}U_2 \sin \omega t \mathrm{d}(\omega t) = \frac{\sqrt{2}}{\pi}U_2 = 0.45U_2 \qquad (9.1)$$

流过负载电阻 R_L 的电流平均值为

$$I_o = \frac{U_o}{R_L} = 0.45\frac{U_2}{R_L} \tag{9.2}$$

流经二极管的电流平均值与负载电流平均值相等，即

$$I_D = I_o = 0.45\frac{U_2}{R_L} \tag{9.3}$$

二极管截止时承受的最高反向电压为 u_2 的最大值，即

$$U_{DRM} = U_{2M} = \sqrt{2}U_2 \tag{9.4}$$

变压器副边电流有效值

$$I_2 = 1.57I_o \tag{9.5}$$

我们可以根据 I_D 和 U_{DRM} 选择整流二极管，只要使所选二极管最大整流电流 $I_{OM}>I_D$，最高反向工作电压 $U_{RM}>U_{DRM}$ 并留一定余量即可。

例 9.1 有一单相半波整流电路，如图 9.2 所示，已知负载电阻 R_L=750 Ω，变压器副边电压 U_2=20 V，试求 U_o、I_o、I_D 和 U_{DRM}，并选择二极管。

解

$$U_o = 0.45U_2 = 0.45\times 20\ \text{V} = 9\ \text{V}$$

$$I_o = \frac{U_o}{R_L} = \frac{9}{750}\ \text{A} = 0.012\ \text{A} = 12\ \text{mA}$$

$$I_D = I_o = 12\ \text{mA}$$

$$U_{DRM} = U_{2M} = \sqrt{2}U_2 = \sqrt{2}\times 20\ \text{V} = 28.2\ \text{V}$$

查附录，二极管选用 2AP4（I_{OM}=16 mA，U_{RM}=50 V）。为了使用安全，二极管的最高反向工作电压 U_{RM} 要选得比 U_{DRM} 大一倍左右。

9.2.2 单相桥式整流电路

图 9.4(a)为单相桥式整流电路，它由四个二极管接成电桥的形式构成，R_L 为负载电阻。图 9.4(b)为它的简化画法。

下面来分析该电路的工作情况。

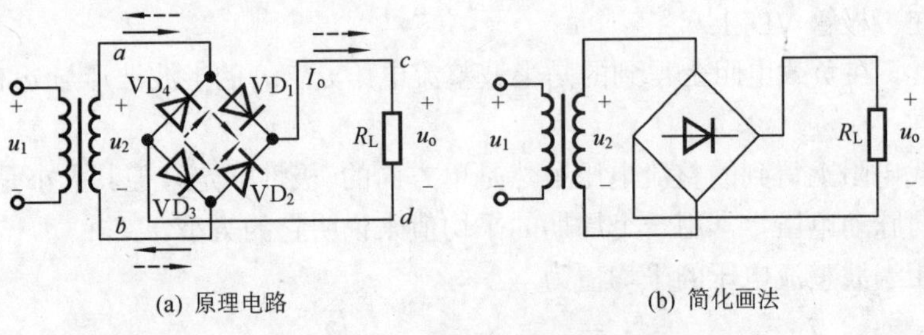

(a) 原理电路　　(b) 简化画法

图 9.4 单相桥式整流电路

设变压器副边电压为

$$u_2 = \sqrt{2}U_2 \sin \omega t$$

波形如图 9.5(a)所示。

u_2为正半周时，其极性为上正下负，a 点电位高于 b 点电位，二极管 VD_1、VD_3 承受正向电压而导通，VD_2、VD_4 承受反向电压而截止。此时电流的路径为：$a \to VD_1 \to c \to R_L \to d \to VD_3 \to b$，如图 9.5(a)中实线箭头所示。这时负载 R_L 上得到一个半波电压，如图 9.5(b)中的 0～π段所示。

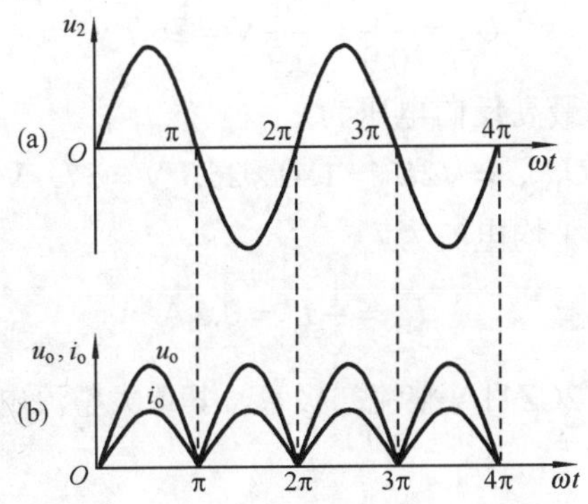

图 9.5　单相桥式整流电路波形图

u_2为负半周时，其极性为下正上负，b 点电位高于 a 点电位，二极管 VD_2、VD_4 承受正向电压而导通，VD_1、VD_3 承受反向电压而截止。此时电流的路径为：$b \to VD_2 \to c \to R_L \to d \to VD_4 \to a$，如图 9.4(a)中虚线箭头所示。因为电流均是从 c 经 R_L 到 d，所以负载 R_L 上得到一个与 0～π段相同的半波电压，如图 9.5(b)中的 π～2π段所示。

因此，当变压器副边电压变化一个周期时，在负载 R_L 上的电压 u_o 和电流 i_o 是单相全波脉动电压和电流。

单相桥式整流电压的平均值为

$$U_o = \frac{1}{\pi}\int_0^{\pi} \sqrt{2}U_2 \sin \omega t \mathrm{d}(\omega t) = 2\frac{\sqrt{2}}{\pi}U_2 = 0.9U_2 \tag{9.6}$$

流过负载电阻 R_L 的电流平均值为

$$I_o = \frac{U_o}{R_L} = 0.9\frac{U_2}{R_L} \tag{9.7}$$

每两个二极管串联导电半周（如 VD_1 和 VD_3 一起导电半周，VD_2 和 VD_4 一起导电半周），因此，流经每个二极管的电流平均值为负载电流的一半，即

$$I_D = \frac{1}{2}I_o = 0.45\frac{U_2}{R_L} \tag{9.8}$$

每个二极管在截止时承受的最高反向电压为 u_2 的最大值，即

$$U_{DRM} = U_{2m} = \sqrt{2}U_2 \tag{9.9}$$

变压器副边电流平均值

$$I_2=1.11I_o \tag{9.10}$$

例 9.2 试设计一台输出电压为 24 V，输出电流为 1 A 的直流电源，电路形式采用单相桥式整流电路，试确定变压器副边绕组的电压有效值，并选定相应的整流二极管。

解 变压器副边绕组电压有效值为

$$U_2 = \frac{U_o}{0.9} = \frac{24}{0.9}\text{ V} = 26.7\text{ V}$$

整流二极管承受的最高反向电压为

$$U_{DRM} = \sqrt{2}U_2 = 1.41 \times 26.7\text{ V} = 37.6\text{ V}$$

流过整流二极管的平均电流为

$$I_D = \frac{1}{2}I_o = 0.5\text{ A}$$

因此，可选用四只 2CZ11A 整流二极管，其最大整流电流为 1 A，最高反向工作电压为 100 V。

9.2.3 三相桥式整流电路

单相整流电路一般用在小功率场合，当某些供电场合要求输出功率较大（数千瓦）时，就不便于采用单相整流电路了，因为它会造成三相电网负载不平衡，影响供电质量。这种情况下，常采用三相桥式整流电路。

三相桥式整流电路如图 9.6 所示。电路由三相变压器和六个二极管组成。三相变压器原边接成三角形，副边接成星形，其三相电压 u_a、u_b、u_c 波形如图 9.7(a) 所示。六个二极管中，VD_1、VD_3、VD_5 阴极接在一起，成为整流器输出电压的正端；VD_2、VD_4、VD_6 的阳极接在一起，成为输出电压的负端；而 VD_1、VD_3、VD_5 阳极和 VD_2、VD_4、VD_6 的阴极，则分别连接到变压器副边的三相端点 a、b、c 上。

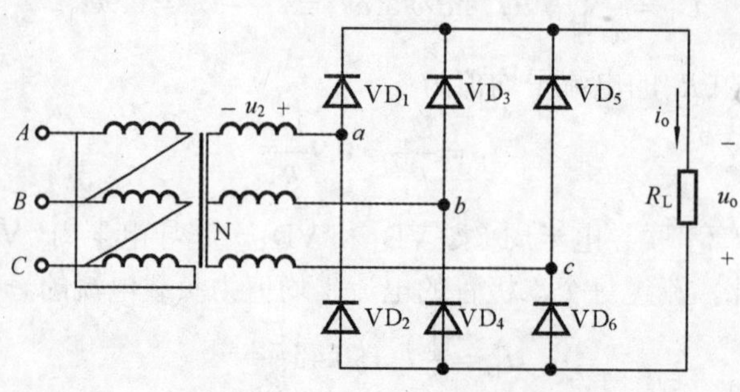

图 9.6 三相桥式整流电路

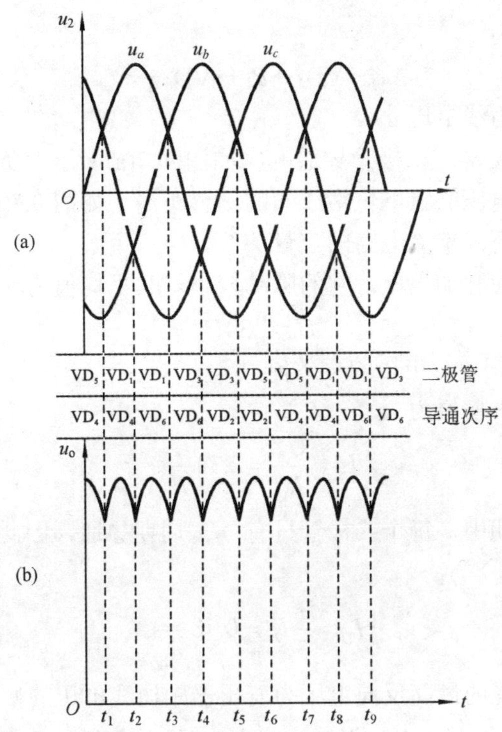

图 9.7　三相桥式整流电压的波形

图 9.7 中，因 VD_1、VD_3、VD_5 阴极接在一起，其阴极电位相同，所以阳极电位最高者导通；而 VD_2、VD_4、VD_6 的阳极接在一起，其阳极电位相同，所以阴极电位最低者导通。在 0～t_1 期间，c 相电压为正，b 相电压为负，a 相电压虽然也为正，但低于 c 相电压。因此在这段时间，c 点电位最高，b 点电位最低，于是二极管 VD_5 和 VD_4 导通。由于 VD_5 导通，VD_1 和 VD_3 的阴极电位基本上等于 c 点电位，因此 VD_1 和 VD_3 两管截止。由于 VD_4 导通，VD_2 和 VD_4 的阳极电位基本上等于 b 点电位，因此 VD_2 和 VD_4 两管截止。在这段时间内的电流通路为

$$c \to VD_5 \to R_L \to VD_4 \to b$$

加在负载上的电压为线电压 u_{cb}。

在 t_1～t_2 期间，a 点电位最高，b 点电位最低，于是二极管 VD_1 和 VD_4 导通。由于 VD_1 导通，VD_3 和 VD_5 的阴极电位基本上等于 a 点电位，因此 VD_3 和 VD_5 两管截止。由于 VD_4 导通，VD_2 和 VD_6 的阳极电位基本上等于 b 点电位，因此 VD_2 和 VD_6 两管截止。在这段时间内的电流通路为

$$a \to VD_1 \to R_L \to VD_4 \to b$$

加在负载上的电压为线电压 u_{ab}。同理，在 t_2～t_3 期间，a 点电位最高，c 点电

位最低，电流通路为

$$a \rightarrow VD_1 \rightarrow R_L \rightarrow VD_6 \rightarrow c$$

加在负载上的电压为线电压 u_{ac}。

后面时间依此类推。二极管导通顺序如图 9.7(a)所示。负载上所得整流电压 u_o 的大小等于三相电压的上下包络线间的垂直距离。如图 9.7(b)所示。

下面分析三相桥式整流电路的定量关系。

负载上的电压为脉动电压，它的脉动较小，其平均值为

$$U_o = 2.34U_2$$

式中，U_2 为变压器副边相电压的有效值。

负载中电流的平均值为

$$I_o = \frac{U_o}{R_L} = 2.34\frac{U_2}{R_L}$$

由于在一个周期中，每个二极管只有 1/3 周期导通，因此，每个二极管流过的平均电流为

$$I_D = \frac{1}{3}I_o = 0.78\frac{U_2}{R_L}$$

每个二极管承受的最高反向电压为变压器副边线电压的幅值，即

$$U_{DRM} = \sqrt{3}U_{2m} = \sqrt{3} \times \sqrt{2}U_2 = 2.45U_2$$

三相桥式整流电路与单相桥式整流电路相比，其优点是输出电压脉动小和三相负载平衡。

9.3 滤波电路

整流电路可以将交流电转换为直流电，但脉动较大；在某些应用中如电镀、蓄电池充电等可直接使用脉动直流电源。然而许多电子设备需要平稳的直流电源，这种电源中的整流电路后面还需加滤波电路将交流成分滤除，以得到比较平滑的输出电压。滤波通常是利用电容或电感的能量存储功能来实现的。常用的滤波电路有电容滤波、电感滤波和π形滤波。

下面讨论电容滤波电路的工作原理。

图 9.8 中，将单相半波整流电路中的负载并联一个电容就是最简单的滤波电路。电容两端的电压 u_C 就是负载两端的电压 u_o。交流电压 u_2 的波形如图 9.9(a)所示。假设电路接通时恰恰在 u_2 由负到正过零的时刻，这时二极管 VD 开始导通，电源 u_2 在向负载 R_L 供电的同时又对电容 C 充电。如果忽略二极管正向压降，电容电压 u_C 紧随输入电压 u_2 按正弦规律上升至 u_2 的最大值。然后 u_2 继续按正弦规律下降，u_C 也开始下降，但它们按不同的规律下降。电容 C 通过负载电阻 R_L 放

电，电容电压 u_C 按指数规律下降，由于放电时间常数（$\tau = R_L C$）较大，u_C 下降比 u_2 下降慢，当 $u_2 < u_C$ 时，二极管 VD 截止，电容 C 对负载电阻 R_L 按指数规律放电。当 u_C 降至低于 u_2 时（图 9.9(b)中 d 点），二极管又导通，电容 C 再次充电……这样循环下去，u_2 周期性变化，电容 C 周而复始地进行充电和放电，使输出电压脉动减小，如图 9.9(b)所示。电容 C 放电的快慢取决于放电时间常数的大小，时间常数越大，电容 C 放电越慢，输出电压 u_o 就越平坦，平均值也越高。

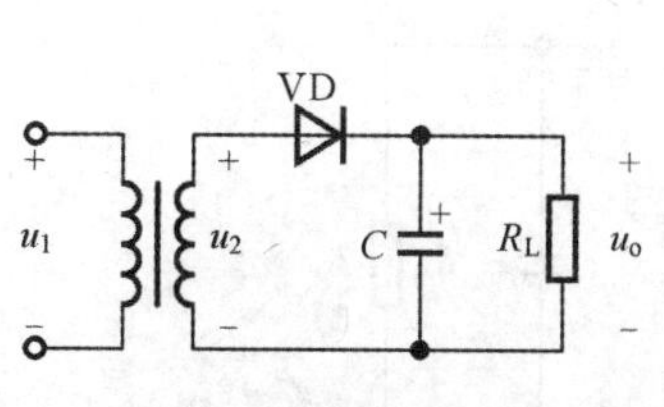

图 9.8　电容滤波电路

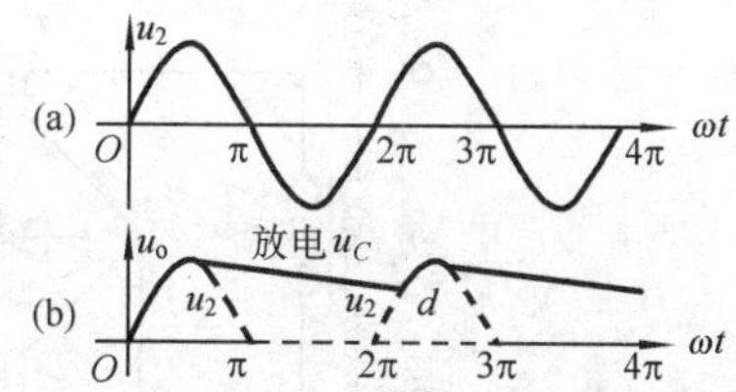

图 9.9　电容滤波电路波形图

从波形图 9.9(b)可以看出，输出电压的脉动大为减小，并且电压较高。在空载（$R_L=\infty$）时，$U_o=1.4U_2$，随着负载的增加（R_L 减小，I_o 增大），放电时间常数减小，放电加快，输出电压平均值 U_o 也就下降。

输出电压平均值 U_o 与输出电流 I_o（即负载电流）的变化关系曲线称为电路的外输出特性曲线。

单相半波整流、电容滤波电路的外输出特性曲线如图 9.10 所示。从图 9.10 中可见，电容滤波电路的输出电压在负载变化时波动较大，说明它的带负载能力较差，只适用于负载较轻且变化不大的场合。

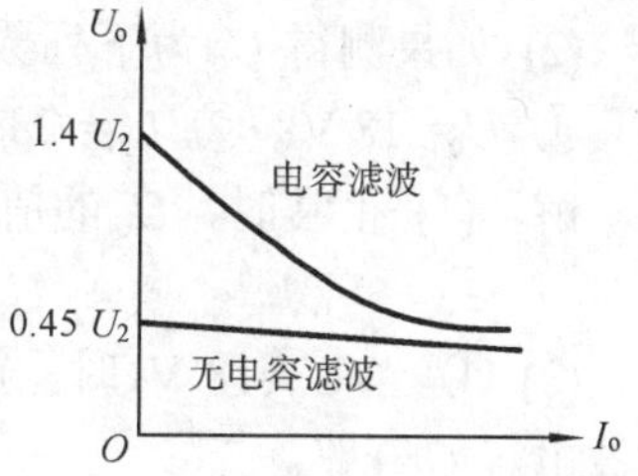

图 9.10　外输出特性曲线

一般常用如下经验公式估算电容滤波时的输出电压平均值。

半波：
$$U_o = U_2 \tag{9.11}$$
全波（如桥式）：
$$U_o = 1.2U_2 \tag{9.12}$$

采用电容滤波时，输出电压的脉动程度与放电时间常数有关系。放电时间常数大一些，脉动就小一些。为了获得较平滑的输出电压，一般要求 $R_L \geqslant (10\sim15)\dfrac{1}{\omega C}$，即

$$\tau = R_L C \geqslant (3\sim5)\frac{T}{2} \tag{9.13}$$

式中，T 为交流电压的周期。滤波电容 C 一般选择体积小，容量大的电解电容器。应注意，普通电解电容器有正、负极性，使用时正极必须接高电位端，如果接反

会造成电解电容器的损坏。

单相半波整流、电容滤波电路中，二极管承受的反向电压为 $u_{DR}=u_C+u_2$，当负载开路时，承受的反向电压最高，其值为

$$U_{DRM}=2\sqrt{2}U_2 \tag{9.14}$$

对于桥式整流、电容滤波电路如图 9.11 所示，二极管承受的最高反向电压 $U_{DRM}=\sqrt{2}U_2$。

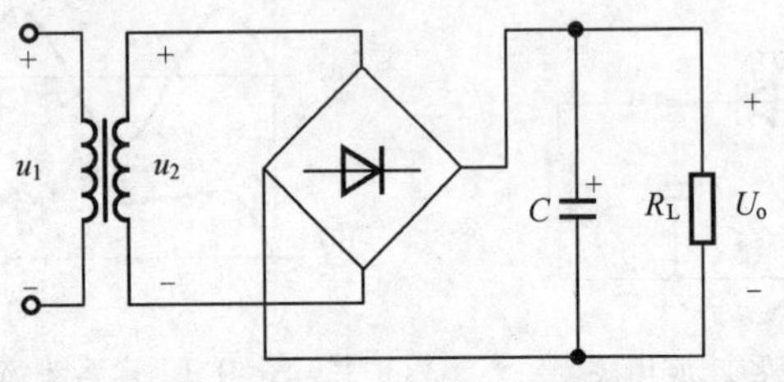

图 9.11 桥式整流滤波电路

例 9.3 在图 9.11 所示桥式整流、电容滤波电路中，U_2=20 V，R_L=40 Ω，C=1 000 μF。试问：

(1) 正常时 U_o 的值。

(2) 如果测得 U_o 为下列数值，可能出了什么故障？

① U_o= 18 V；② U_o= 28 V；③ U_o= 9 V。

解 (1) 正常时，U_o 的值应由下式确定

$$U_o=1.2U_2=1.2\times20\ \text{V}=24\ \text{V}$$

(2) ① 当 U_o=18 V 时，此时 U_o=0.9 U_2，电路成为桥式整流电路。故可判定滤波电容 C 开路。

② 当 U_o= 28 V 时，此时 U_o=1.4 U_2，电路成为整流滤波电路 $R_L=\infty$时的情况。故可判定负载电阻开路。

③ 当 U_o= 9 V 时，此时 U_o=0.45 U_2，电路成为半波整流电路。故可判定是四只二极管中有一只开路，同时电容 C 也开路。

例 9.4 设计一单相桥式整流、电容滤波电路。要求输出电压 $U_o=48$ V，已知负载电阻 $R_L=100$ Ω，交流电源频率为 50 Hz，试选择整流二极管和滤波电容器。

解 流过整流二极管的平均电流为

$$I_D=\frac{1}{2}I_o=\frac{1}{2}\frac{U_o}{R_L}=\frac{1}{2}\times\frac{48}{100}\text{A}=0.24\ \text{A}=240\ \text{mA}$$

变压器副边电压有效值为

$$U_2 = \frac{U_o}{1.2} = \frac{48}{1.2}\text{ V} = 40\text{ V}$$

整流二极管承受的最高反向电压为

$$U_{DRM} = \sqrt{2}U_2 = 1.41 \times 40\text{ V} = 56.4\text{ V}$$

因此，可选择 2CZ11B 作整流二极管，其最大整流电流为 1 A，最高反向工作电压为 200 V。

取 $$R_L C \geqslant 5 \times \frac{T}{2} = 5 \times \frac{0.02}{2}\text{ s} = 0.05\text{ s}$$

则 $$C \geqslant \frac{0.05}{100}\text{ F} = 500 \times 10^{-6}\text{ F} = 500\ \mu\text{F}$$

9.4 稳压电路

只经过整流和滤波的直流电源输出电压不稳定，它会随交流电源电压的波动、负载和温度的变化而变化。比如精密电子仪器、自动控制和计算装置等都需要很稳定的直流电源供电。为了得到稳定的直流输出电压，在整流滤波电路之后需要增加稳压电路。稳压电路的作用是当交流电源电压波动、负载和温度变化时，维持输出直流电压稳定。在小功率电源设备中，用得比较多的稳压电路有两种：一种是用稳压二极管组成的并联型稳压电路；另一种是串联型稳压电路。而大功率电源设备一般用开关型稳压电路。

9.4.1 稳压管稳压电路

稳压管稳压电路如图 9.12 所示，由稳压二极管 VD_Z 和限流电阻 R 组成，二者配合起稳压作用，稳压二极管 VD_Z 与负载电阻 R_L 并联后，再与限流电阻 R 串联。稳压电路接在整流滤波电路之后，整流滤波电路的直流输出电压是稳压电路的输入电压 U_C，稳压后的输出电压为 U_o。

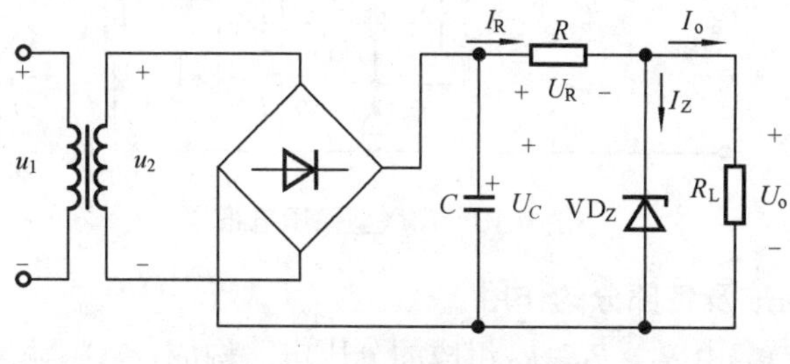

图 9.12 稳压管稳压电路

下面分析稳压电路的工作原理。

1. 负载电阻 R_L 不变，交流电源电压变化时的稳压情况

当交流电源电压增加时，整流滤波电路的直流输出电压 U_C 随之增加，起初负载电压 U_o 也随之增加。U_o 即为稳压管的反向电压。由稳压管的伏安特性可知，当 U_o 稍有增加时，稳压管的电流 I_Z 就会显著增加，结果使通过限流电阻 R 上的电流 I_R 和电压 U_R 迅速增大，从而使增大了的负载电压 U_o 的数值有所减小。这样一增一减，U_o 基本上保持不变。反之，当交流电源电压减小时，起初负载电压 U_o 随之减小，I_Z 就会显著减小，U_R 也相应减小，仍可保持 U_o 基本不变。这一稳压过程可表示如下：

$$u_2\uparrow\rightarrow U_C\uparrow\rightarrow U_o\uparrow\rightarrow I_Z\uparrow\rightarrow I_R\uparrow\rightarrow U_R\uparrow\rightarrow U_o\downarrow$$

2. 电源电压不变，负载电流变化时的稳压情况

假设交流电源电压不变，负载电阻 R_L 变小，负载电阻上的端电压 U_o 因而下降。只要 U_o 下降一点，稳压管的电流 I_Z 就会急剧减小，于是 I_R 和 U_R 均会随之减小，使得已经降低的 U_o 回升，而使得 U_o 基本保持不变。这一稳压过程可表示如下：

$$R_L\downarrow\rightarrow U_o\downarrow\rightarrow I_Z\downarrow\rightarrow I_R\downarrow$$
$$U_o\uparrow\leftarrow U_R\downarrow\leftarrow$$

可见，在这种稳压电路中，起自动调节作用的主要是稳压二极管 VD_Z，当输出电压 U_o 有较小变化时，将引起稳压管电流 I_Z 较大的变化，通过限流电阻 R 起到补偿作用，从而保持输出电压 U_o 基本稳定。

9.4.2 串联型稳压电路

图 9.13 为以晶体管为放大环节的串联型稳压电路。U_i 为滤波之后的直流电压。

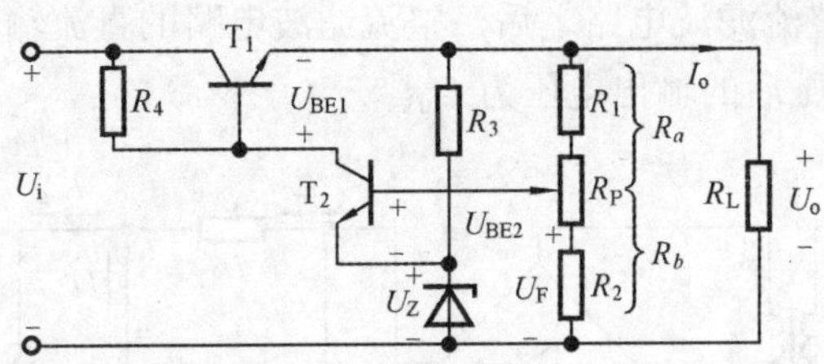

图 9.13 串联型稳压电路

1. 电路的组成及各部分的作用

(1) 取样环节。由 R_1、R_P、R_2 组成的分压电路构成，它将输出电压 U_o 分出一部分作为取样电压 U_F，送到比较放大环节。

(2) 基准电压。由稳压二极管 VD_Z 和电阻 R_3 构成的稳压电路组成，它为电路提供一个稳定的基准电压 U_Z，作为调整、比较的标准。

(3) 比较放大环节。由 T_2 和 R_4 构成的直流放大器组成，其作用是将取样电压 U_F 与基准电压 U_Z 之差放大后去控制调整管 VV_1。

(4) 调整环节。由工作在线性放大区的功率管 VT_1 组成，VT_1 的基极电流 I_{B1} 受比较放大电路输出的控制，它的改变又可使集电极电流 I_{C1} 和集、射电压 U_{CE1} 改变，从而达到自动调整稳定输出电压的目的。

2. 电路稳压工作原理

当输入电压 U_i 或输出电流 I_o 变化引起输出电压 U_o 增加时，取样电压 U_F 相应增大，使 VT_2 管的基极电流 I_{B2} 和集电极电流 I_{C2} 随之增加，VT_2 管的集电极电位 U_{C2} 下降，因此，VT_1 管的基极电流 I_{B1} 下降，使得 I_{C1} 下降，U_{CE1} 增加，U_o 下降，使 U_o 保持基本稳定。

同理，当 U_i 或 I_o 变化使 U_o 降低时，调整过程相反，U_{CE1} 将减小使 U_o 保持基本不变。

从上述调整过程可以看出，该电路是依靠电压负反馈来稳定输出电压的。

3. 电路的输出电压

设 VT_2 发射结电压 U_{BE2} 可忽略，则

$$U_F = U_Z = \frac{R_b}{R_a + R_b} U_o$$

或

$$U_o = \frac{R_a + R_b}{R_b} U_Z \tag{9.15}$$

用电位器 R_P 即可调节输出电压 U_o 的大小，但 U_o 必定大于或等于 U_Z。如 $U_Z = 6\ V$，$R_1=R_2=R_P=100\ \Omega$，则 $R_a+R_b=R_1+R_2+R_P=300\ \Omega$，$R_b$ 最大为 200 Ω，最小为 100 Ω。由此可知，输出电压 U_o 在 9~18 V 内连续可调。

9.4.3 开关型直流稳压电源

前面介绍的并联型稳压管稳压电路和串联型稳压电路，属于线性稳压电源。适用于小功率负载。而开关型直流稳压电源是一种大功率稳压电源，具有效率高、稳压范围宽、发热小、体积小等优点，现在已越来越广泛地替代了线性稳压电源而应用于各个领域。我们今天所用的彩电、微机上的主电源等几乎都是大功率的开关型稳压电源。下面简单介绍一种晶闸管整流型开关稳压电源。

图 9.14 为单相桥式晶闸管整流开关稳压电源的示意图。它由晶闸管整流电路，滤波电路，取样、放大及触发控制电路等组成。

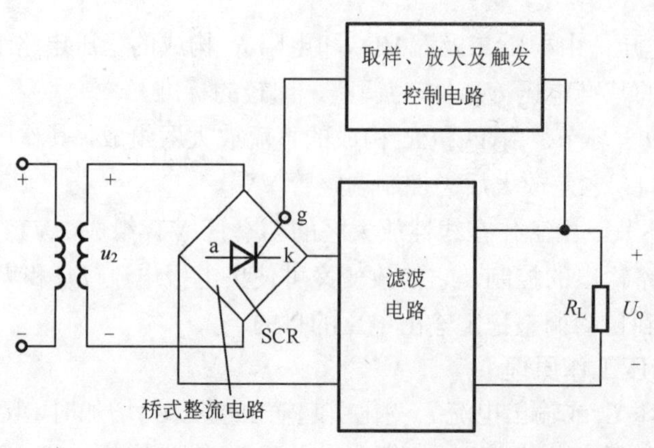

图 9.14　晶闸管整流开关稳压电源的示意图

晶闸管整流电路中的晶闸管（SCR）a 为阳极，k 为阴极，g 为控制极。它的导通条件是：晶闸管 SCR 的阳-阴极间正偏，控制极 g 加正触发电压。它的截止条件是：晶闸管 SCR 的阳-阴极间反偏。

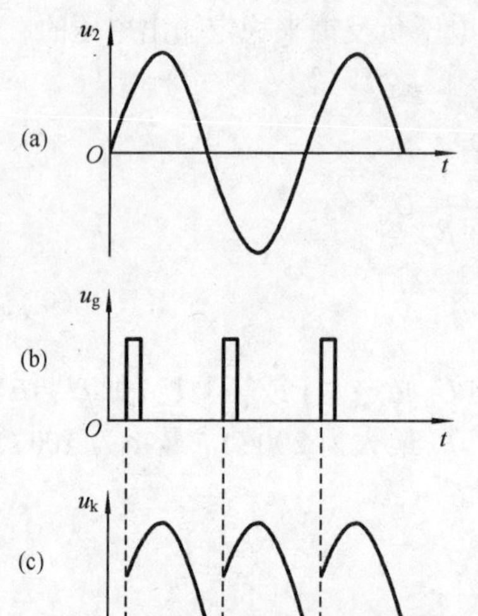

图 9.15　晶闸管整流电路波形图

1. 整流电路

将前面讨论的二极管桥式整流电路中的四个二极管换成四个晶闸管 SCR，控制四个晶闸管的不同触发时间，可得到整流电路波形如图 9.15(c)所示。输出电压平均值可以在 0~$0.9U_2$之间变化。

2. 滤波电路

一般可由二极管、电感和电容构成滤波电路。滤波电路的作用是将整流后的可变脉动直流电压变为平滑的直流电压。

3. 取样、放大及触发控制电路

触发电路是晶闸管整流开关稳压电源的关键部分。取样、放大主要指取合适的触发信号，决定晶闸管能否导通和在何时导通，从而决定整个开关电源输出直流电压的大小。

由上述分析可以看出，在上述电路中，通过控制晶闸管的触发时间，可以得到不同的输出电压。

4. 稳压过程

假设因为某种原因，使稳压电路输出的直流电压 U_o 有升高的趋势，这时通过取样、放大及触发控制电路的作用，晶闸管的触发时间会后移，使稳压电路输出

的直流电压 U_o 降低，起到稳定输出直流电压的作用。若稳压电路输出的直流电压 U_o 有下降的趋势，则晶闸管的触发时间会前移，使稳压电路输出的直流电压 U_o 增大，起到稳定输出直流电压的作用。

本 章 小 结

1. 单相半波整流电路的输出电压平均值与变压器副边电压的有效值之间的关系是 $U_o=0.45U_2$，通过二极管的电流等于负载电流，为 $I_D=I_L=U_o/R_L$，该类电路仅利用了交流电的半个周期。二极管承受的最高反向电压是 $U_{DRM}=\sqrt{2}\,U_2$。

2. 单相桥式整流电路的输出电压平均值与变压器副边电压的有效值之间的关系是 $U_o=0.9U_2$，通过二极管的电流等于负载电流的一半，为 $I_D=\frac{1}{2}I_L=\frac{1}{2}\frac{U_o}{R_L}$，该类电路利用了交流电的整个周期。二极管承受的最高反向电压是 $U_{DRM}=\sqrt{2}\,U_2$。

3. 半波整流滤波电路输出电压平均值为 $U_o=U_2$，二极管承受的最高反向电压是 $U_{DRM}=2\sqrt{2}\,U_2$。桥式整流滤波电路输出电压平均值为 $U_o=1.2U_2$，二极管承受的最高反向电压是 $U_{DRM}=\sqrt{2}\,U_2$。根据 $\tau=R_LC\geqslant(3\sim5)\frac{T}{2}$ 来选择电容器的容量。

4. 稳压电路有稳压管稳压电路、串联型稳压电路和开关型稳压电路。稳压电路的作用是当外部电源电压波动或负载变化时，能保持负载上电压稳定不变。

习　　题

9.1　在图 9.4 所示的单相桥式整流电路中，如果

(1) VD_3 接反；

(2) 因过电压 VD_3 被击穿短路；

(3) VD_3 虚焊断开，

试分别说明其后果如何。

9.2　在题 9.2 图中，已知 R_L=8 kΩ，直流电压表的读数为 110 V，二极管的正向压降忽略不计。试求：

(1) 直流电流表的读数；

(2) 交流电压表的读数。

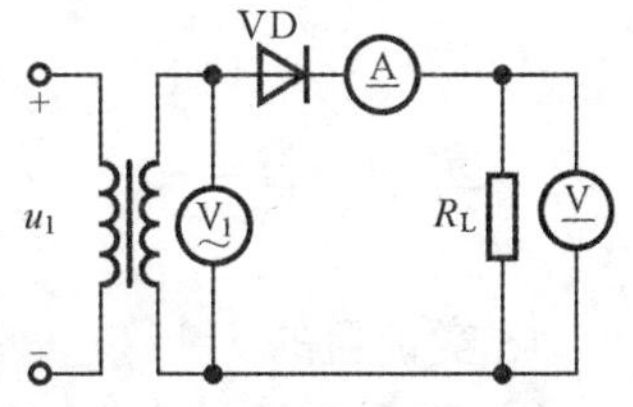

题 9.2 图

9.3　有一单相桥式整流电路，如图 9.4(b)所示，变压器副边电压的有效值 U_2=75 V，负载电阻 R_L=100 Ω，试计算电路的输出

电压 u_o、负载电流 I_o 以及二极管所承受的最大反向电压 U_{DRM}。

9.4 有一电压为 110 V，电阻为 55 Ω的直流负载，采用单相桥式整流供电。试计算：

(1) 变压器副边电压和电流的有效值；

(2) 二极管流过的电流平均值和所承受的最大反向电压，并选择二极管。

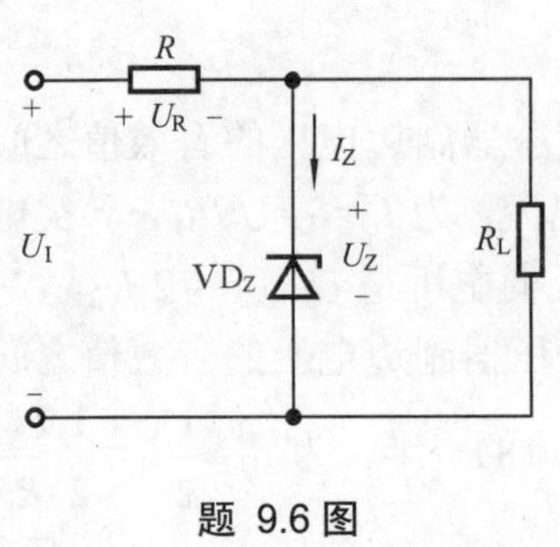

题 9.6 图

9.5 今要求负载电压 U_o=30 V，负载电流 I_o=150 mA，单相桥式整流电路带电容滤波。已知交流电源频率为 50 Hz，试选用管子型号和滤波电容。

9.6 题 9.6 图为一稳压二极管稳压电路。已知 U_I =12 V，限流电阻 R=10 Ω，负载电阻 R_L=52 Ω，稳压二极管 VD_Z 的稳定电压 U_Z=10 V，最大稳定电流 I_{Zmax}=20 mA。试计算稳压二极管的工作电流 I_Z。若负载电阻 R_L=5 Ω，I_Z 是否超过 I_{Zmax}？若超过，怎么办？

9.7 某稳压电路如题 9.7 图所示，试问：

(1) 输出电压 U_o 是多少？

(2) 电容 C_1、C_2 的极性如何？

(3) 负载电阻 R_L 的最小值约为多少？

(4) 如果将稳压管 VD_Z 接反，U_o 是多少？

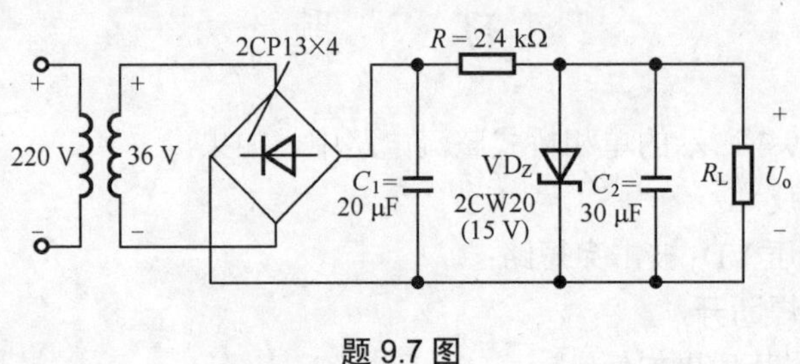

题 9.7 图

实训十一 半导体二极管单相整流滤波电路

1. 实训目的

(1) 熟悉电子示波器的使用方法。

(2) 掌握单相半波和单相桥式全波整流电路的工作原理。

(3) 观察不同滤波器的滤波作用。

2. 实训原理

利用半导体二极管的单向导电特性，可以通过整流电路将交流电变成单方向的脉动直流电。在单相半波整流电路中，负载电阻上的电压平均值 U_o 与变压器副边电压的有效值 U_2 的关系式为 $U_o=0.45U_2$；在单相桥式全波整流电路中，负载电阻上的电压平均值 U_o 与变压器副边电压的有效值 U_2 的关系式为 $U_o=0.9U_2$。通过半导体二极管整流，负载电阻上虽然得到了单方向的电压，但其大小不稳定，是脉动变化的。为了得到大小稳定的单方向电压（接近稳恒直流电压），可在负载电阻与整流电路之间加入滤波电路。滤波电路有电容滤波、电感滤波、复式滤波等多种形式。

3. 实训仪器与设备(见实训表 11.1)

实训表 11.1　二极管单相整流滤波电路实训仪器与设备

序号	名　称	型号与规格	数量	备　注
1	可调工频电源		1	
2	双踪示波器		1	
3	交流毫伏表		1	
4	直流电压表		1	
5	直流毫安表		1	
6	晶体二极管	1N4007	4	
7	电阻器	43 Ω、180 Ω	2	
8	电容器	22 μF	2	
9	导线		若干	

4. 实训内容与步骤

(1) 按实训图 11.1 接成半波整流电路。接通电源，用示波器分别观察变压器副边和负载电阻两端电压的波形，并将其描绘在实训表 11.2 中。然后分别测量变压器副边电压 U_2 和负载电阻两端电压 U_o 的数值，把数据记入实训表 11.2 中。

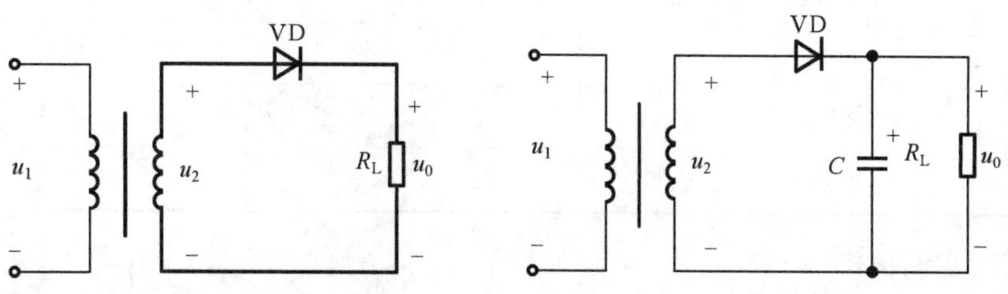

实训图 11.1　单相半波整流电路　　实训图 11.2　单相半波整流电容滤波电路

(2) 在半波整流电路中，按实训图 11.2 接入滤波电容，观察并描绘变压器副边电压和负载两端电压波形，然后分别测量两者数值，把结果记入实训表 11.2 中。

在半波整流电路中，按实训图 11.3 接入π形滤波器，观察并测量变压器副边电压和负载电阻两端电压，将结果描绘出来并记入实训表 11.2 中。

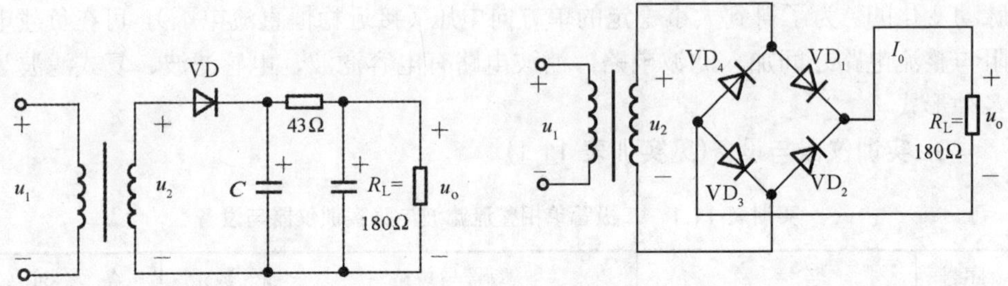

实训图 11.3　单相半波整流π形滤波电路　　　　实训图 11.4　单相桥式整流电路

(3) 按实训图 11.4 接成桥式全波整流电路。接通电源变压器原边电源。观察并描绘变压器副边电压和负载两端电压波形，然后分别测量两者数值，把结果记入实训表 11.2 中。

(4) 在桥式全波整流电路与负载电阻之间分别接入电容滤波和π形滤波器，观察并描绘变压器副边电压和负载两端电压波形，然后分别测量两者数值，把结果记入实训表 11.2 中。

实训表 11.2　二极管单相整流滤波电路实训记录表

整流类别		变压器副边电压 U_2		负载两端电压 U_0		$\frac{U_0}{U_2}$
		波形	测量值	波形	测量值	
半波整流	无滤波					
	电容滤波					
	π形滤波					
桥式全波整流	无滤波					
	电容滤波					
	π形滤波					

5. 实训报告

(1) 整理实验数据，画出波形图。

(2) 根据实验所得结果，总结分析半波与全波整流电路的效果有何不同？电容滤波和π形滤波的效果又有何区别？

(3) 分析半波整流与全波整流、电容滤波与π形滤波的实测值与理论值有无区别？为什么？

第 10 章　门电路与组合逻辑电路

电子技术中将需要处理的电信号分为两大类：一类为模拟信号，指在时间上和数值上连续变化的信号；另一类为数字信号，指在时间上和数值上离散(断续变化)的信号，也称为脉冲信号。处理模拟信号的电路称为模拟电路，处理数字信号的电路称为数字电路。前面介绍的交流放大电路和运算放大器均为模拟电路，第 10 章和第 11 章将讨论数字电路。

10.1　脉冲信号与数制

10.1.1　脉冲信号

数字电路中的工作信号通常都是持续时间很短的跃变信号，称为脉冲信号。脉冲信号波形有多种，最常见的有矩形波和尖顶波，如图 10.1 所示。数字电路处理的矩形脉冲或尖顶脉冲信号的实际波形并不像图 10.1 所示的那样理想，例如实际的矩形波如图 10.2 所示。

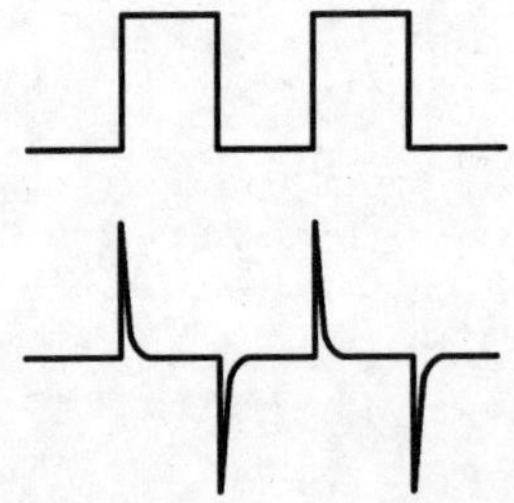

图 10.1　矩形波和尖顶波

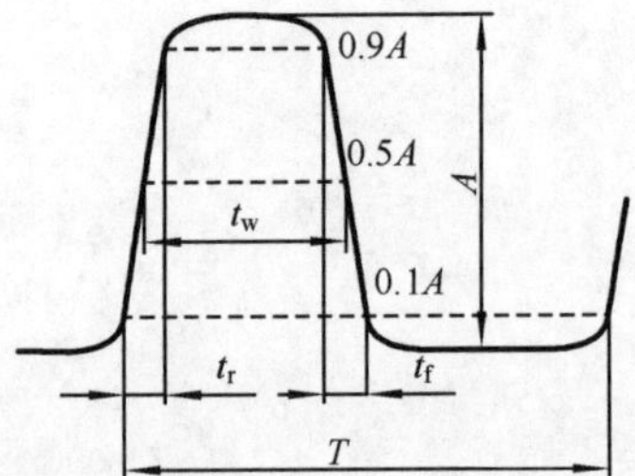

图 10.2　实际的矩形波和波形的主要参数

实际矩形脉冲波形的主要参数如下。

脉冲周期 T：周期性脉冲信号，相邻两个脉冲信号出现的时间间隔。

脉冲频率 f：周期性脉冲信号，每秒出现的脉冲次数。频率与周期的关系为

$$f = \frac{1}{T}$$

脉冲幅度 A：脉冲信号变化的最大值。

脉冲前沿 t_r：脉冲信号从 0.1A 上升到 0.9A 所需的时间。

脉冲后沿 t_f：脉冲信号从 0.9A 下降到 0.1A 所需的时间。

脉冲宽度 t_w：从脉冲前沿的 0.5A 处到后沿的 0.5A 处的时间间隔，也称为脉冲持续时间。

脉冲信号有正脉冲和负脉冲之分。如果脉冲信号跃变后的值比初始值高，则为正脉冲，如图 10.3(a)所示；反之，则为负脉冲，如图 10.3(b)所示。

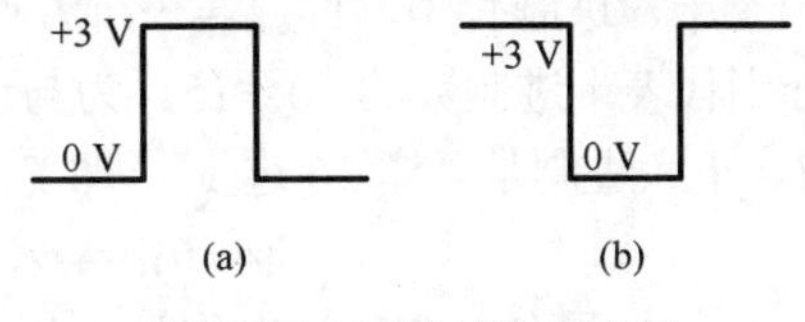

图 10.3　正脉冲和负脉冲

10.1.2　数制

所谓数制就是计数的方法。在日常生活中最常用的是十进制，而数字电路中广泛采用二进制、八进制和十六进制。下面介绍常用的十进制、二进制和十六进制及其之间的转换。

1. 十进制

十进制有 0，1，…，9 十个数码，“逢 10 进 1”，即 9+1=10。例如，一个十进制数可写成如下形式

$$756=7\times10^2+5\times10^1+6\times10^0$$

我们把 10^2、10^1、10^0 称为各相应位的权，例如，10^2 为 7 的位权，10 叫基数。上式等号右边的式子叫按权展开式。

2. 二进制

二进制有 0 和 1 两个数码，“逢 2 进 1”，即 1+1=10。例如，一个二进制数可写成如下形式

$$(11011)_2=1\times2^4+1\times2^3+0\times2^2+1\times2^1+1\times2^0$$

和十进制一样，2^4 等也称为各相应位的权。上式等号右边的式子叫按权展开式。注意，二进制的基数为 2。

(1) 二进制转换为十进制。

要将二进制转换为十进制，只需要将二进制数写成它的按权展开式，然后算出结果就是十进制数。如

$$(11011)_2=1\times2^4+1\times2^3+0\times2^2+1\times2^1+1\times2^0=(27)_{10}$$

(2) 十进制转换为二进制。

要将十进制转换为二进制，对整数位，只需要将十进制“除以 2 反序取余”即可。如

$$\begin{array}{rl}
2\underline{|27} & \\
2\underline{|13} & \cdots\cdots 余 1\\
2\underline{|6\ \ } & \cdots\cdots 余 1\\
2\underline{|3\ \ } & \cdots\cdots 余 0\\
2\underline{|1\ \ } & \cdots\cdots 余 1\\
0\ \ \ & \cdots\cdots 余 1
\end{array}$$

所以，$(27)_{10}=(11011)_2$。

3. 十六进制

十六进制有 0，1，2，…，9，A，B，C，D，E，F 十六个数码，其中 A～F 分别代表十进制数的 10～15。为与十进制数区别，规定十六进制数注有下标 16 或 H。十六进制是"逢 16 进 1"，即 F+1=10。例如，一个十六进制数可写成如下形式

$$(4E6)_{16}=4\times16^2+14\times16^1+6\times16^0$$

和上面一样，16^2 等也称为各相应位的权，上式等号右边的式子叫按权展开式。注意，十六进制的基数为 16。

(1) 十六进制转换为十进制。

要将十六进制数转换为十进制数，只需要将十六进制数写成它的按权展开式，然后算出结果就是十进制数。如

$$(4E6)_{16}=4\times16^2+14\times16^1+6\times16^0=(1254)_{10}$$

(2) 十进制转换为十六进制。

要将十进制转换为十六进制，对整数位，只需要将十进制数"除以 16 反序取余"即可。如

```
16|1254
16|78     ……余 6
16|4      ……余 14
   0      ……余 4
```

所以，$(1254)_{10}=(4E6)_{16}$。

要将十进制转换为十六进制，也可先将十进制转换为二进制数，再由二进制转换为十六进制数，因为每一个十六进制数都可以用 4 位二进制数表示，如$(1011)_2$表示十六进制的 B；$(0101)_2$ 表示十六进制的 5，等等。故可将二进制数从低位开始，每 4 位为一组写出其值，再从高位到低位读写，就是十六进制数。如

$$(27)_{10}=(00011011)_2=(1B)_{16}$$

下面比较一下上面三种数制的数码，见表 10.1。

表 10.1　三种数制的数码对应表

十进制	二进制	十六进制	十进制	二进制	十六进制
0	000	0	8	1000	8
1	001	1	9	1001	9
2	010	2	10	1010	A
3	011	3	11	1011	B
4	100	4	12	1100	C
5	101	5	13	1101	D
6	110	6	14	1110	E
7	111	7	15	1111	F

10.2 晶体管的开关作用

晶体管工作于放大区的情况已经在模拟电路部分进行了分析。晶体管除了放大作用外，还有另外一个重要用途，就是它的开关作用。利用晶体管的开关作用就能够制作许多用于数字电路的元件。

在模拟电路分析时我们已经知道，晶体管的输出特性曲线上有三个区，即放大区、饱和区、截止区，如图 10.4 所示。

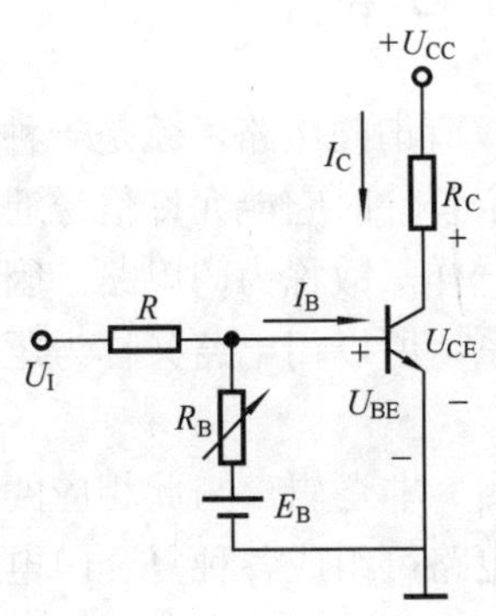

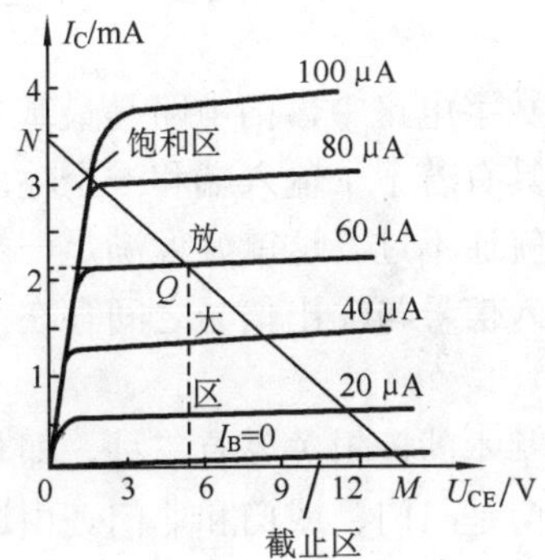

图 10.4　晶体管电路和输出特性曲线

1. 晶体管工作于放大区

当静态工作点在直流负载线中部时，晶体管工作于放大区。此时，发射结处于正向偏置，集电结处于反向偏置。晶体管的电压与电流有如下关系：

$$|U_{BE}|<|U_{CE}|$$

$$I_C=\beta I_B$$

$$U_{CE}=U_{CC}-R_C I_C$$

2. 晶体管工作于饱和区(相当于开关闭合导通)

发射结和集电结均处于正向偏置，I_B 和 I_C 不再满足线性正比关系。晶体管的电压与电流关系为

$$|U_{BE}|>|U_{CE}|$$

$$U_{CE}\approx 0$$

$$I_C\approx\frac{U_{CC}}{R_C}$$

集-射极间电压约为零，相当于开关闭合。

3. 晶体管工作于截止区(相当于开关断开截止)

发射结和集电结均处于反向偏置，此时

$$U_{BE}<0，I_B<0$$

$$I_C \approx 0, \quad U_{CE} \approx U_{CC}$$

集-射极间电流约为零，相当于开关断开。

由上可知：晶体管饱和时，集-射极间电压 U_{CE} 约为零，集电极与发射极之间如同一个开关的闭合；晶体管截止时，I_C 约为零，集电极与发射极之间如同一个开关的断开，这就是晶体管的开关作用。数字电路就是利用晶体管的开关作用进行工作的。

10.3　基本逻辑门电路

在数字电路中，门电路是最基本的逻辑元件。所谓门电路，就是一种开关电路。它具有若干个输入端和一个输出端，满足一定条件时它能允许信号通过，否则信号就通不过。这就好像满足一定条件才开门一样，故称为门电路。因为门电路的输入信号与输出信号之间存在一定的逻辑关系，所以门电路又称为逻辑门电路。

最基本的逻辑关系有三种，即与逻辑、或逻辑、非逻辑，与此相应的最基本的逻辑门是与门、或门和非门。由这三种基本门电路可组成各种复合门电路以及能实现复杂逻辑功能的组合逻辑电路。

10.3.1　三种基本逻辑关系

1. 与逻辑关系

图 10.5 所示的开关电路中，只有当开关 A 和 B 都闭合，灯 F 才亮；开关 A 和 B 中只要有一个断开，灯 F 就灭。

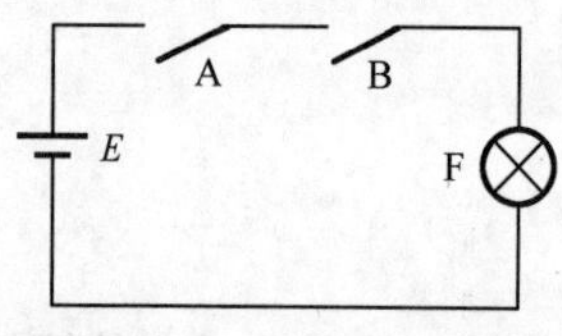

图 10.5　与逻辑控制电路

如果以开关闭合作为条件，灯亮作为结果，图 10.5 所示电路可以表示这样一种因果关系：“只有当决定一件事情(灯亮)的所有条件(开关 A、B)都具备(都闭合)，这件事情才能实现。”这种逻辑关系称为“**与**逻辑”，记为

$$F=A \cdot B$$

式中的“·”表示“**与**运算”或“逻辑乘”，与普通代数中的乘号一样，它可省略不写。上式称为输入与输出的逻辑表达式，读作“F 等于 A **与** B”或“F 等于 A 乘 B”。

2. 或逻辑关系

图 10.6 所示的开关电路中，开关 A 和 B 只要有一个闭合，灯 F 就亮。

如果以开关闭合作为条件，灯亮作为结果，图 10.6 所示电路可以表示这样一种因果关系：“决定一件事情(灯亮)的所有条件(开关 A、B)中只要有一条具备(开关

A 闭合或开关 B 闭合)，这件事情就能实现。”这种逻辑关系称为“**或**逻辑”，记为

$$F = A+B$$

式中的“+”表示“**或**运算”或“逻辑加”，读作“F 等于 A 加 B”或“F 等于 A **或** B”。

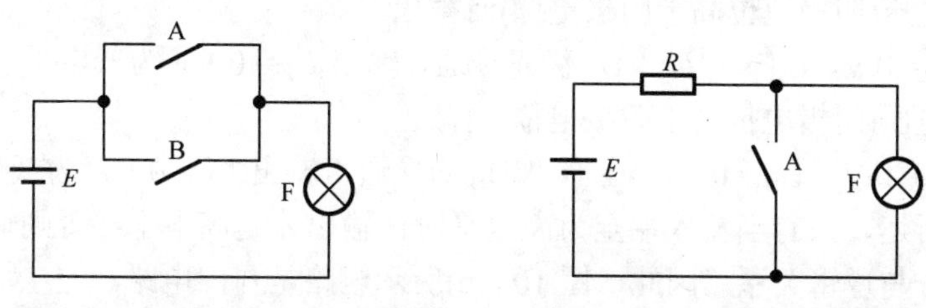

图 10.6 **或**逻辑控制电路　　　　图 10.7 **非**逻辑控制电路

3. **非**逻辑关系

图 10.7 所示的开关电路中，当开关 A 闭合时，灯 F 不亮；当开关 A 断开时，灯 F 亮。此电路表示的因果关系是：“条件的具备(开关 A 闭合)与事情的实现(灯亮)刚好相反。”这种逻辑关系称为“**非**逻辑”关系或“反逻辑”关系，记为

$$F = \overline{A}$$

式中：字母 A 上方的横线表示“**非**”或者“反”，读作“F 等于 A **非**”或“F 等于 A 反”。

10.3.2 基本逻辑门电路

1. **与**门

实现**与**逻辑关系的电路称为**与**门。图 10.8(a)所示是最简单的二极管**与**门电路。A、B 是它的两个输入端，F 是输出端。图 10.8(b)是它的逻辑符号。

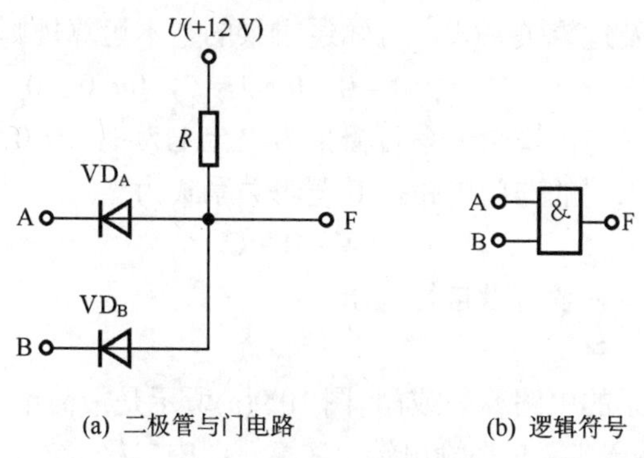

(a) 二极管与门电路　　　　(b) 逻辑符号

图 10.8 二极管**与**门电路

设输入及输出信号低电平为 0 V，高电平为 3 V。每个输入端都有高低电平两种状态。两个输入信号，有四种不同组合。为分析简便，忽略二极管正向压降。

(1) $U_A = U_B = 3$ V，VD_A、VD_B 均导通，输出 $U_F = 3$ V，为高电平。

(2) $U_A = 3$ V，$U_B = 0$ V，VD_B 优先导通，输出 U_F=0 V，为低电平，这时 VD_A 承受反向电压(阴极电位高于阳极电位)而截止。

(3) $U_A = 0$ V，$U_B = 3$ V，VD_A 优先导通，输出 $U_F = 0$ V，为低电平，这时 VD_B 承受反向电压(阴极电位高于阳极电位)而截止。

(4) $U_A = 0$ V，$U_B = 0$ V，VD_A、VD_B 均导通，输出 $U_F = 0$ V，为低电平。

综上所述，只有当输入端全为高电平时，输出才是高电平，否则输出均为低电平，符合**与**逻辑关系，因此，图 10.8(a)所示电路是**与**门电路。

用符号 1 和 0(称为逻辑 1 和逻辑 0)分别表示高电平和低电平(这样的逻辑体制称为正逻辑系统，反之称为负逻辑系统)，将逻辑电路所有可能的输入变量和输入变量之间的逻辑关系列成表格，称为逻辑状态表(或真值表)。上述**与**门电路逻辑状态表如表 10.2 所示。

表 10.2　与门电路逻辑状态表

输　入		输　出
A	B	F
1	1	1
1	0	0
0	1	0
0	0	0

输入信号与输出信号之间的关系满足**与**逻辑关系，即

$$F = A \cdot B$$

由逻辑状态表及逻辑关系式，可知逻辑乘的基本运算规则为

$$1 \cdot 1 = 1，1 \cdot 0 = 0，0 \cdot 1 = 0，0 \cdot 0 = 0$$

为便于记忆，对与门逻辑关系可概括为“全 1 为 1，有 0 为 0”。

对于有三个输入端的**与**门电路，其逻辑关系式为

$$F = A \cdot B \cdot C$$

它的逻辑状态表读者可以自行列出。

2. 或门

实现或逻辑关系的电路称为或门。图 10.9(a)所示是最简单的二极管或门电路。A、B 是它的两个输入端，F 是输出端。注意：图中二极管的方向以及电阻所接电源的极性和与门是不同的。图 10.9(b)是或门逻辑符号。

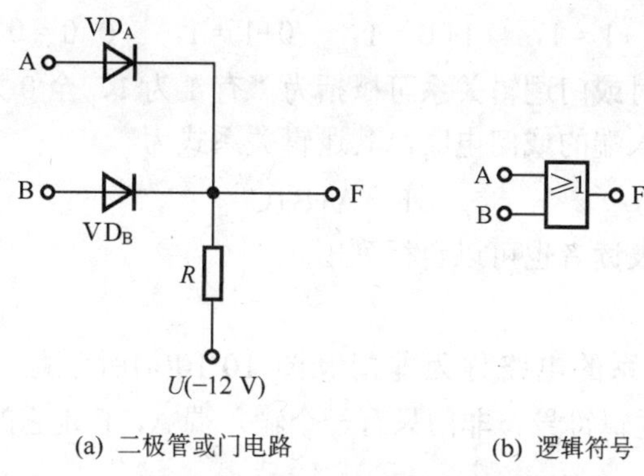

(a) 二极管或门电路 (b) 逻辑符号

图 10.9 二极管**或**门电路

与前面分析方法一样，设输入及输出信号低电平为 0 V，高电平为 3 V。每个输入端都有高低电平两种状态。两个输入信号，有四种不同组合。为分析简便，忽略二极管正向压降。

(1) $U_A = U_B = 3$ V，VD_A、VD_B 均导通，输出 $U_F = 3$ V。

(2) $U_A = 3$ V，$U_B = 0$ V，VD_A 优先导通，输出 $U_F = 3$ V，这时 VD_B 承受反向电压(阴极电位高于阳极电位)而截止。

(3) $U_A = 0$ V，$U_B = 3$ V，VD_B 优先导通，输出 $U_F = 3$ V，这时 VD_A 承受反向电压(阴极电位高于阳极电位)而截止。

(4) $U_A = 0$ V，$U_B = 0$ V，VD_A、VD_B 均导通，输出 $U_F = 0$ V。

综上所述，只要有一个输入端为高电平时，输出就是高电平；只有输入端均为低电平时，输出才是低电平，符合**或**逻辑关系，因此，图 10.9(a)所示电路是**或**门电路。

上述**或**门电路逻辑状态表如表 10.3 所示。

表 10.3 **或**门电路逻辑状态表

输 入		输 出
A	B	F
1	1	1
1	0	1
0	1	1
0	0	0

输入信号与输出信号之间的关系满足或逻辑关系，即

$$F=A+B$$

由逻辑状态表及逻辑关系式，可知逻辑或的基本运算规则为

$$1+1=1,\quad 1+0=1,\quad 0+1=1,\quad 0+0=0$$

为便于记忆，对**或**门逻辑关系可概括为“有 1 为 1，全 0 为 0”。

对于有三个输入端的**或**门电路，其逻辑关系式为

$$F=A+B+C$$

它的逻辑状态表读者也可以自行列出。

3. 非门

实现**非**逻辑关系的电路称为**非**门。图 10.10(a)所示是三极管非门电路。图 10.10(b)是它的逻辑符号。**非**门只有一个输入端 A，F 是它的输出端。

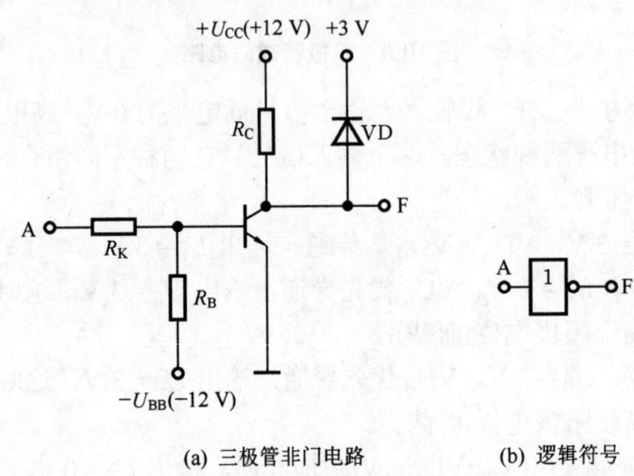

(a) 三极管非门电路　　(b) 逻辑符号

图 10.10 三极管非门电路

下面来分析**非**门电路的逻辑功能。三极管在**非**门电路中，不是工作在放大状态，而是工作在截止和饱和状态。

(1) 输入端 A 为高电平 1($U_A=3$ V)时，适当选取 R_K、R_B 之值，可使三极管深度饱和导通，使 $U_F=U_{CE}\approx 0$ V，即输出端 F 为低电平 0。

(2) 输入端 A 为低电平 0($U_A=0$ V)时，负电源 U_{BB} 经 R_K、R_B 分压使三极管基极电位为负，保证 A 为低电平 0($U_A=0$ V)时三极管可靠截止，使 $U_F\approx 3$ V(二极管导通)，即输出端 F 为高电平 1。

上述分析说明图 10.10(a)所示电路的输入与输出是相反的，即输入为 1 时、输出为 0，输入为 0 时、输出为 1，输出为输入的**非**，实现了**非**逻辑关系，故是**非**门电路。

非门的逻辑状态表如表 10.4 所示，**非**门的逻辑表达式为

$$F=\overline{A}$$

表 10.4 **非**门的逻辑状态表

输　入	输　出
A	F
1	0
0	1

逻辑**非**的基本运算规则为

$$\overline{0}=1,\quad \overline{1}=0$$

4. 与非门

与非门是由一个**与**门和一个**非**门直接相连构成的，其中**与**门的输出连接**非**门的输入。

与非门的逻辑电路图和逻辑符号如图 10.11(a)、(b)所示。**与非**门的逻辑表达式为

$$F=\overline{AB}$$

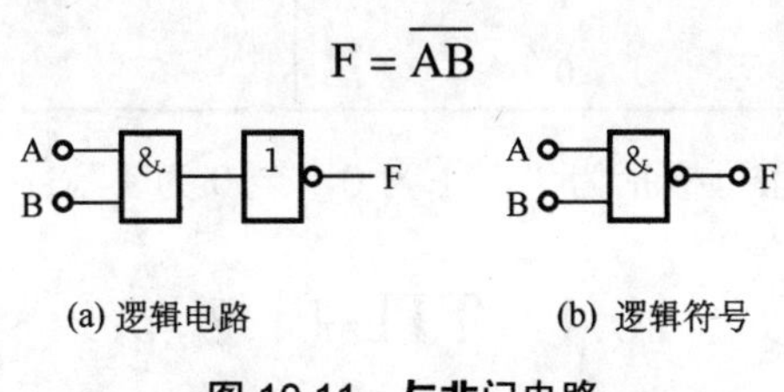

(a) 逻辑电路　　(b) 逻辑符号

图 10.11 **与非**门电路

与非门的逻辑状态表如表 10.5 所示。

表 10.5 **与非**门的逻辑状态表

输　入		输　出
A	B	F
1	1	0
1	0	1
0	1	1
0	0	1

与非门的逻辑关系可概括为“有 0 为 1，全 1 为 0”。

5. 或非门

或非门是由一个**或**门和一个**非**门直接相连构成的，其中**或**门的输出连接**非**门的输入。**或非**门的逻辑电路和逻辑符号如图 10.12(a)、(b)所示。

或非门的逻辑表达式为

$$F=\overline{A+B}$$

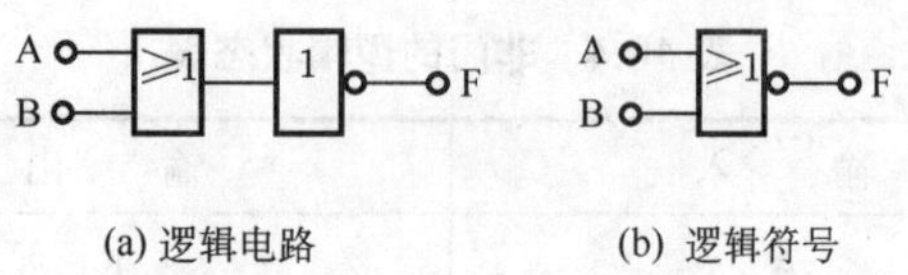

(a) 逻辑电路　　(b) 逻辑符号

图 10.12　**或非**门电路

或非门的逻辑状态表如表 10.6 所示。

表 10.6　**或非**门的逻辑状态表

输　入		输　出
A	B	F
1	1	0
1	0	0
0	1	0
0	0	1

或非门的逻辑关系可概括为“有 1 为 0，全 0 为 1”。

10.4　TTL 门电路

前述的各种逻辑门电路都是由二极管、三极管、电阻等分立元件组成的，它们称为分立元件门电路。目前数字电路中广泛采用的是集成逻辑门电路，它们具有高可靠性和微型化等特点。集成逻辑门电路中，最基本的门电路是**与**、**或**、**非**三种以及它们组成的**与非**、**或非**等电路。其中应用最普遍的是集成**与非**门电路。

10.4.1　TTL 与非门

1. TTL 与非门结构与主要参数

由于这种集成门电路的结构形式采用了半导体三极管，其**与**功能和**非**功能都是用半导体三极管实现的，所以，一般称为晶体管-晶体管逻辑**与非**门电路，简称 TTL **与非**门。

TTL 与非门的电路结构如图 10.13 所示。

在一块集成电路里，可以封装多个**与非**门，图 10.14 是 4 输入 2 门 TTL **与非**门的外管脚引线排列图，其外形为双列直插式，有 14 个管脚。

TTL **与非**门的主要参数有下列 5 个。

(1) 输出高电平 U_{OH}。它是指**与非**门输出端为高电平 1 时的电压值，一般规定 U_{OH}≥2.7 V。

当 TTL **与非**门输入全为高电平(3.6 V)时，输出为低电平，工作情况如图 10.13(a)所示。当 TTL **与非**门输入有低电电平(0.3 V)时，输出为高电平，工作情况如图 10.13(b)所示。

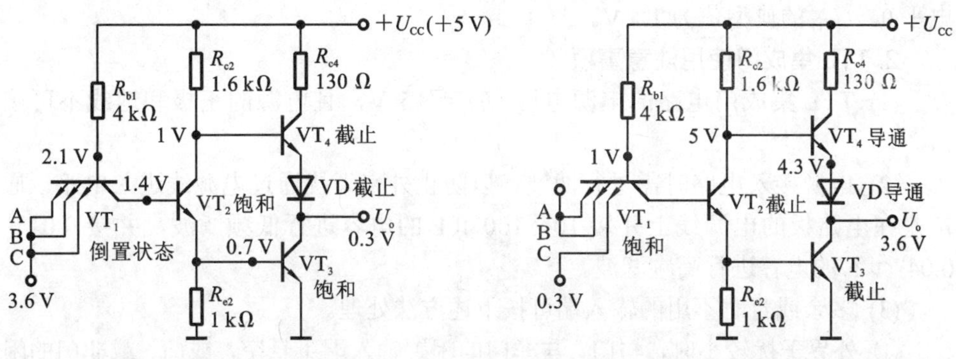

(a) 输入全为高电平时的工作情况　　(b) 输入有低电平时的工作情况

图 10.13　TTL 与非门电路及工作情况

(2) 输出低电平 U_{OL}。它是指**与非**门输出端为低电平 0 时的电压值，一般规定 $U_{OL} \leqslant 0.4$ V。

(3) 扇出系数 N。它是指一个**与非**门能够驱动同类**与非**门正常工作的最大数目，反映了**与非**门带负载的能力，一般情况下 $N \geqslant 8$。

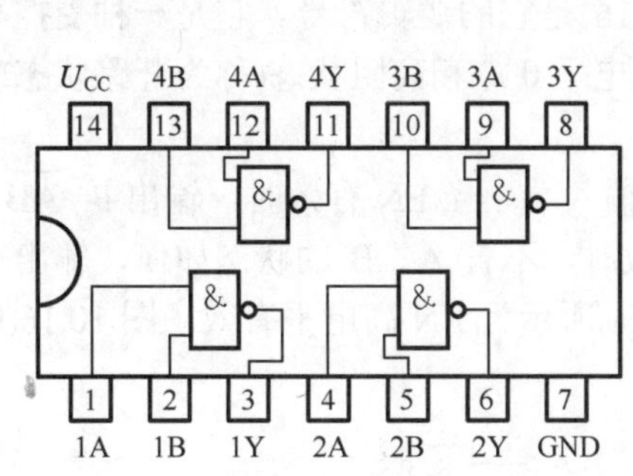

图 10.14　4 输入 2 门 TTL 与非门管脚排列图

图 10.15　TTL 与非门的传输延迟时间

(4) 平均传输延迟时间 t_{pd}。**与非**门工作时，其输出脉冲对于输入脉冲将有一定的时间延迟，如图 10.15 所示。从输入脉冲上升沿的 50%处起到输出脉冲下降沿的 50%处止的时间称为导通延迟时间 t_{pd1}；从输入脉冲下降沿的 50%处起到输出脉冲上升沿的 50%处止的时间称为截止延迟时间 t_{pd2}；t_{pd1} 和 t_{pd2} 的平均值称为平均传输延迟时间 t_{pd}，它是表示**与非**门电路开关速度的一个参数。t_{pd} 愈小，开关速度就愈快，允许输入信号的频率愈高，因此，此值愈小愈好。TTL **与非**门的平均传输延迟时间为 3～30 ns。

(5) 阈值电压 U_{TH}。阈值电压又称门槛电压，是指**与非**门输入信号高电平与低电平的分界电压值。一般认为，$U_I \geqslant U_{TH}$ 时，U_I 为高电平 1；$U_I < U_{TH}$ 时，U_I 为低电平 0。U_{TH} 的典型值为 1.4 V。

2. TTL 集成门使用注意事项

(1) TTL 集成门电路的电源电压 U_{CC} = +5 V，且电源的正极和地线不可接错。

(2) 电源接入电路时需进行滤波，以防止外来干扰通过电源线进入电路。通常是在电路板的电源线上并接 10～100 μF 的电容进行低频滤波，并接 0.01～0.047 μF 的电容进行高频滤波。

(3) 多余或暂时不用的输入端可按下述方法处理。

① 外界干扰较小时，**与**门、**与非**门的闲置输入端可悬空，**或**门、**或非**门的闲置输入端可接地。

② 外界干扰较大时，**与**门、**与非**门的闲置输入端直接接电源 U_{CC}。

③ 如前级的驱动能力较强时，可将闲置输入端与同一门的有用输入端并联使用。

④ 输出端不允许直接接电源 U_{CC}，不允许直接接地，不允许并联使用。

10.4.2 TTL 三态输出与非门(TSL)

三态输出**与非**门，简称三态门。图 10.16 是它的逻辑符号。它是一种受控**与非**门，且输出有三种状态：高电平 1 态，低电平 0 态和高阻状态(称为开路状态或禁止状态)。

逻辑符号中的 EN 为控制端，A、B 为输入端。当 EN 有效时，输出 $F=\overline{AB}$，三态门工作，且相当于**与非**门；当 EN 无效时，不管 A、B 的状态如何，输出端开路总处于高阻状态或禁止状态。图 10.16(a)所示为 EN 高电平有效，图 10.16(b)所示为 EN 低电平有效。

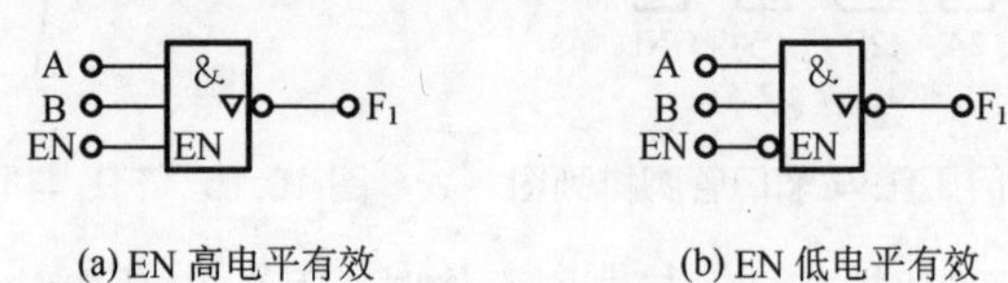

(a) EN 高电平有效　　(b) EN 低电平有效

图 10.16　三态门逻辑符号

10.5　组合逻辑电路

将基本的逻辑门电路组合起来，以实现各种复杂的逻辑功能，就是组合逻辑电路。用逻辑符号表示的逻辑电路，简称为逻辑图。

此类电路包括两类问题，一类是组合逻辑电路分析，另一类是组合逻辑电路设计。

这两类问题都要用到逻辑代数，下面先介绍逻辑代数的基本知识。

10.5.1 逻辑代数

逻辑代数又称布尔代数，它是研究逻辑函数与逻辑变量之间规律的一门应用数学，是分析和设计数字逻辑电路的数学工具。

它和普通代数一样，也是用大写字母A、B、C……来表示逻辑变量的，逻辑变量只有两种取值，即0和1。这里的0和1不代表数量的大小，而是表示两种对立的逻辑状态，称为逻辑0和逻辑1。例如，用“1”和“0”表示事物的“真”与“假”、电位的“高”与“低”、脉冲的“有”与“无”、开关的“闭合”与“断开”等。

在逻辑代数中，输出逻辑变量和输入逻辑变量的关系，称为逻辑函数，可表示为

$$F = f(A,B,C,\cdots)$$

其中：A、B、C为输入逻辑变量；F为输出逻辑变量。下面介绍基本逻辑运算。

1. 基本逻辑运算法则

与运算：$A\cdot 0=0$； $A\cdot 1=A$； $A\cdot A=A$； $A\cdot\overline{A}=0$。

或运算：$A+0=A$； $A+1=1$； $A+A=A$； $A+\overline{A}=1$。

非运算：$\overline{\overline{A}}=A$。

分别令A=0及A=1代入这些公式，即可证明它们的正确性。

2. 逻辑代数的基本定律

(1) 交换律。

$$A\cdot B=B\cdot A$$

$$A+B=B+A$$

(2) 结合律。

$$A\cdot B\cdot C=(A\cdot B)\cdot C=A\cdot(B\cdot C)$$

$$A+B+C=(A+B)+C=A+(B+C)$$

(3) 分配律。

$$A\cdot(B+C)=A\cdot B+A\cdot C$$

$$A+B\cdot C=(A+B)(A+C)$$

证明：
$$\begin{aligned}(A+B)(A+C)&=A\cdot A+A\cdot B+A\cdot C+B\cdot C\\&=A+A\cdot(B+C)+B\cdot C\\&=A\cdot[1+(B+C)]+B\cdot C\\&=A+B\cdot C\end{aligned}$$

(4) 吸收律。

$$A(A+B)=A$$

证明：$A(A+B)=AA+AB=A+AB=A(1+B)=A$

$$A+\overline{A}\cdot B=A+B$$

(5) 反演律(摩根定律)。

$$\overline{A\cdot B}=\overline{A}+\overline{B}$$

$$\overline{A+B}=\overline{A}\cdot\overline{B}$$

这可以用逻辑状态表 10.7 来证明。

表 10.7　反演律证明

A	B	$\overline{A}$	$\overline{B}$	$\overline{AB}$	$\overline{A}+\overline{B}$	$\overline{A+B}$	$\overline{A}\overline{B}$
0	0	1	1	1	1	1	1
1	0	0	1	1	1	0	0
0	1	1	0	1	1	0	0
1	1	0	0	0	0	0	0

3. 逻辑函数的化简

要实现同一种逻辑功能，可以用几种不同的逻辑电路来实现，因此，就会有几种不同的逻辑表达式，这些表达式会有简有繁。一般来说，表达式越简单，实现它的逻辑电路就越简单；同样，如果已知一个逻辑电路，按其列出的逻辑表达式越简单，则越有利于对电路逻辑功能进行分析，所以，在数字电路设计中，逻辑函数的化简是十分重要的环节。

在化简时，我们力图得到最简单的**与或**表达式(其结果为几个乘积项相加)，使得乘积项中的乘积因子最少，以减少**与**门的输入端及连线数；使乘积项最少，以减少**或**门的输入端及连线数。

下面举例说明如何利用逻辑代数的基本公式和定律，对逻辑函数进行化简和变换。

例 10.1　化简 $F=ABC+\overline{A}BC+B\overline{C}$。

解
$$F=ABC+\overline{A}BC+B\overline{C}=(A+\overline{A})BC+B\overline{C}$$
$$=BC+B\overline{C}=B(C+\overline{C})=B$$

例 10.2　化简 $F=ABC+A\overline{B}+A\overline{C}$。

解
$$F=ABC+A\overline{B}+A\overline{C}=ABC+A(\overline{B}+\overline{C})$$
$$=ABC+A\overline{BC}=A(BC+\overline{BC})=A$$

例 10.3　化简 $F=\overline{A}B+\overline{A}BCD(E+F)$。

解
$$F=\overline{A}B+\overline{A}BCD(E+F)=\overline{A}B$$

例 10.4 化简 $F=AB+\overline{A}C+\overline{B}C$。

解
$$F=AB+\overline{A}C+\overline{B}C=AB+(\overline{A}+\overline{B})C$$
$$=AB+\overline{AB}C=AB+C$$

例 10.5 化简 $F=\overline{(\overline{A}+A\overline{B})\cdot\overline{C}}$。

解
$$F=\overline{(\overline{A}+A\overline{B})\cdot\overline{C}}=\overline{(\overline{A}+A\overline{B})}+\overline{\overline{C}}$$
$$=\overline{(\overline{A}+A)(\overline{A}+\overline{B})}+C=\overline{\overline{A}+\overline{B}}+C$$
$$=AB+C$$

4. 逻辑图、逻辑表达式、逻辑状态表的相互转换

逻辑图、逻辑函数表达式、逻辑状态表是反映输入与输出逻辑关系的三种表示方法。要进行逻辑电路的分析与设计，必须掌握这三种表示方法之间的相互转换。

(1) 将逻辑图变换成逻辑函数表达式。

将逻辑图变换成相应的逻辑函数表达式比较简单，只要将**与**门(或**与非**门)各输入变量写成逻辑乘(或逻辑乘的**非**)，就可得到**与**门输出端的逻辑表达式，将**或**门(或者**或非**门)各输入变量写成逻辑加(或逻辑加的**非**)，就可得到**或**门输出端的逻辑表达式，将**非**门的输入变量求反，可得到**非**门输出端的逻辑表达式。由输入端一直推到输出端，逐级写出其逻辑表达式，即可得到逻辑图所对应的逻辑函数表达式。

例 10.6 写出图 10.17 所示逻辑电路的逻辑函数表达式。

解
$$F_1=\overline{A\cdot B}$$
$$F_2=\overline{A\cdot C}$$
$$F_3=\overline{B\cdot C}$$
$$F=\overline{F_1\cdot F_2\cdot F_3}$$
$$=\overline{\overline{A\cdot B}\cdot\overline{A\cdot C}\cdot\overline{B\cdot C}}$$

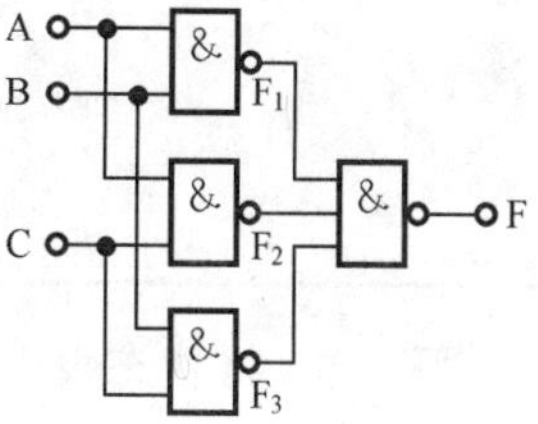

图 10.17 例 10.6 图

利用反演律可将上式化为
$$F=A\cdot B+A\cdot C+B\cdot C$$

(2) 根据逻辑函数表达式填写逻辑状态表。

写出输入变量的所有组合(2^n，n 为变量数)对应的输出值，列成表格，就是逻辑状态表。

例 10.7 写出 $F=\overline{A}\cdot B+A\cdot\overline{B}+B\cdot\overline{C}$ 的逻辑状态表。

解 表达式中有三个输入变量 A、B、C，有八种组合，用逻辑运算的方法求出输出值，见表 10.8。

表 10.8　例 10.7 的逻辑状态表

输　入			输　出
A	B	C	F
0	0	0	0
0	0	1	0
0	1	0	1
0	1	1	1
1	0	0	1
1	0	1	1
1	1	0	1
1	1	1	0

(3) 将逻辑状态表变换成逻辑函数表达式。

例 10.8　写出表 10.9 所示的逻辑函数表达式。

表 10.9　例 10.8 表

输　入		输　出
A	B	F
0	0	1
0	1	1
1	0	0
1	1	1

解　① 将状态表中 F=1 的输入变量写成逻辑乘。取值为 1 的逻辑变量写成变量本身，如 A；取值为 0 的逻辑变量写成变量本身的**非**，如 $\overline{A}$ 。

② 对于 F=1 的各种情况之间的关系，是**或**逻辑关系，所以将各个 F=1 的输入变量逻辑乘用逻辑加组合起来，即得到逻辑函数 F。

根据上述步骤写出表 10.9 对应的逻辑函数式为

$$F = \overline{A} \cdot \overline{B} + \overline{A} \cdot B + A \cdot B$$

$$= \overline{A} + A \cdot B$$

(4) 将逻辑函数表达式转换成逻辑图。

将逻辑函数表达式转换成逻辑图时，要视逻辑函数的具体形式，而采用不同的逻辑元件。逻辑乘用**与**门实现，逻辑加用**或**门实现，**非**运算用**非**门实现，**与非**

式用**与非**门实现，**或非**式用**或非**门实现，即可得到逻辑函数表达式相对应的逻辑图。

例 10.9 将逻辑表达式 $F=\overline{AB}+(A+B)C$ 转换为逻辑图。

解 按上述方法画出逻辑图如图 10.18 所示。

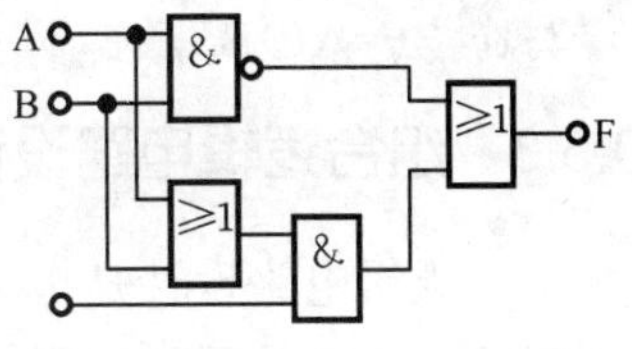

图 10.18 例 10.9 图

10.5.2 组合逻辑电路分析

组合逻辑电路分析是在电路结构给定后，研究电路的输出与输入之间的逻辑关系。分析的步骤大致如下。

已知逻辑图 → 写逻辑函数表达式 → 用逻辑代数化简或变换 → 列逻辑状态表 → 分析逻辑功能

例 10.10 分析图 10.19 的组合逻辑电路。

解 (1) 由逻辑图写出逻辑函数表达式。

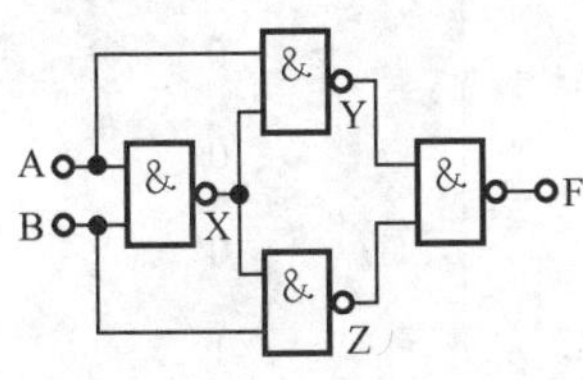

图 10.19 例 10.10 图

依次写出各个逻辑门输入变量与输出变量的逻辑函数表达式，可得出组合逻辑电路的输出与各个输入变量间的逻辑函数表达式：

$$X=\overline{A\cdot B}$$

$$Y=\overline{AX}=\overline{A\cdot\overline{AB}}$$

$$Z=\overline{BX}=\overline{B\cdot\overline{AB}}$$

$$F=\overline{YZ}=\overline{\overline{A\cdot\overline{AB}}\cdot\overline{B\cdot\overline{AB}}}$$

(2) 利用逻辑代数化简。

$$\begin{aligned}F&=\overline{YZ}=\overline{\overline{A\cdot\overline{AB}}\cdot\overline{B\cdot\overline{AB}}}\\&=A\cdot\overline{AB}+B\cdot\overline{AB}\\&=A(\overline{A}+\overline{B})+B(\overline{A}+\overline{B})\\&=A\overline{B}+B\overline{A}\end{aligned}$$

(3) 由逻辑函数表达式列出逻辑状态表(见表 10.10)。

表 10.10 例 10.10 逻辑状态表

A	B	F
0	0	0
0	1	1
1	0	1
1	1	0

(4) 分析逻辑功能。

由逻辑状态表可以看出，当输入端同为“1”或同为“0”时，输出为 0；当 A、B 的状态不同时，输出为 1。这种电路称为**异或**电路，写作“F=A⊕B”。

10.5.3 组合逻辑电路设计

组合逻辑电路设计是指按已知逻辑要求画出逻辑图。一般步骤是：首先根据实际问题的逻辑关系列出逻辑状态表，然后写出逻辑表达式，其次化简或变换，最后画出逻辑电路图。

例 10.11 设计一个逻辑电路供三人(A、B、C)表决使用。每人有一按键，如表示赞成，就按下此键，表示 1；如果不赞成，不按此键，表示 0。表决结果用指示灯来显示，如果多数赞成，则灯亮，F=1；反之灯不亮，F=0。

解 根据题意列出逻辑状态表如表 10.11 所示，共有八种组合情况。

表 10.11 三人表决电路逻辑状态表

输入			输出
A	B	C	F
0	0	0	0
1	0	0	0
0	1	0	0
0	0	1	0
1	1	0	1
1	0	1	1
0	1	1	1
1	1	1	1

根据逻辑状态表写出逻辑表达式

$$F = AB\overline{C} + A\overline{B}C + \overline{A}BC + ABC$$

将上式进行变换和化简，得

$$\begin{aligned} F &= AB\overline{C} + A\overline{B}C + \overline{A}BC + ABC + ABC + ABC \\ &= AB(\overline{C} + C) + BC(\overline{A} + A) + CA(\overline{B} + B) \\ &= AB + BC + CA \\ &= AB + C(A + B) \end{aligned}$$

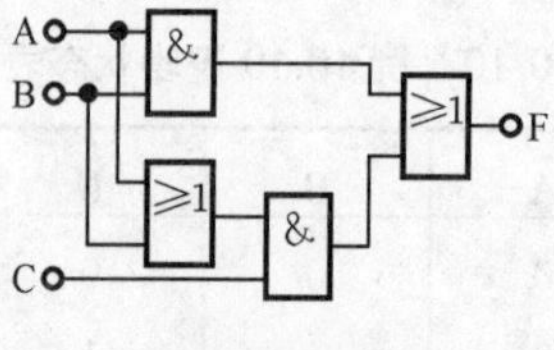

图 10.20 用**与**门和**或**门组成三人表决电路逻辑图

根据上面的逻辑表达式就可画出逻辑电路图，如图 10.20 所示。

10.6 加 法 器

加法器是用来进行二进制数加法运算的组合逻辑电路，是计算机中最基本的运算单元。

10.6.1 半加器

在二进制数加法运算中，要实现最低位的加法，必须有两个输入端(加数和被加数)、两个输出端(本位和数以及向高位的进位数)，这种加法逻辑电路称为半加器。

设 A 为被加数，B 为加数，S 为本位和，C 为向高位的进位数。根据半加规则可列出半加器的逻辑状态表如表 10.12 所列。

表 10.12 半加器逻辑状态表

输入		输出	
A	B	C	S
0	0	0	0
0	1	0	1
1	0	0	1
1	1	1	0

由逻辑状态表写出逻辑表达式

$$S = \overline{A}B + A\overline{B} = A \oplus B$$

$$C=AB$$

由逻辑式可画出逻辑图。S 是**异或**逻辑，C 是**与**逻辑，可用**异或**和**与**门实现。半加器的逻辑图和逻辑符号如图 10.21(a)、(b)所示。

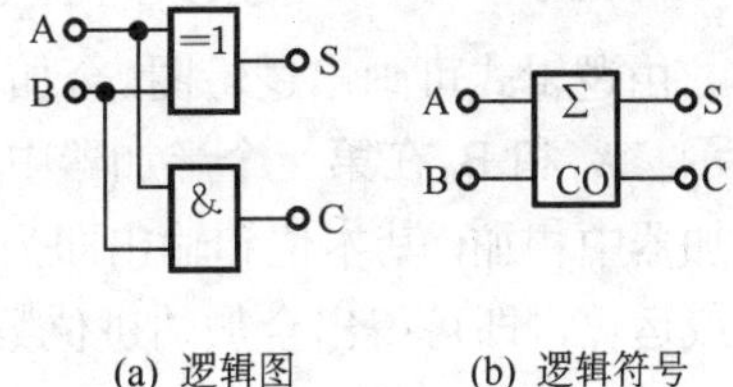

图 10.21 半加器逻辑图和逻辑符号

10.6.2 全加器

全加过程是被加数、加数以及低位向本位的进位数三者相加，所以全加器有三个输入端(加数、被加数以及低位向本位的进位数)、两个输出端(本位和数及向高位的进位数)。

设 A_n 为被加数，B_n 为加数，C_{n-1} 为低位向本位的进位数，S_n 为本位的全加和，C_n 为本位向高位的进位数。根据全加规则可列出全加器的逻辑状态表如表 10.13 所列。

表 10.13 全加器的逻辑状态表

输入			输出	
A_n	B_n	C_{n-1}	S_n	C_n
0	0	0	0	0
0	0	1	1	0
0	1	0	1	0
0	1	1	0	1
1	0	0	1	0
1	0	1	0	1
1	1	0	0	1
1	1	1	1	1

由逻辑状态表可分别写出 S_n 和 C_n 的逻辑表达式，并化简得

$$\begin{aligned}S_n &= \overline{A}_n\overline{B}_nC_{n-1} + \overline{A}_nB_n\overline{C}_{n-1} + A_n\overline{B}_n\overline{C}_{n-1} + A_nB_nC_{n-1} \\ &= (\overline{A}_nB_n + A_n\overline{B}_n)\overline{C}_{n-1} + (\overline{A}_n\overline{B}_n + A_nB_n)C_{n-1} \\ &= S'_n\overline{C}_{n-1} + \overline{S'_n}C_{n-1} \\ &= S'_n \oplus C_{n-1}\end{aligned}$$

式中，$S'_n = \overline{A}_nB_n + A_n\overline{B}_n = A_n \oplus B_n$ 是半加器中的半加和。

$$\begin{aligned}C_n &= \overline{A}_nB_nC_{n-1} + A_n\overline{B}_nC_{n-1} + A_nB_n\overline{C}_{n-1} + A_nB_nC_{n-1} \\ &= (\overline{A}_nB_n + A_n\overline{B}_n)C_{n-1} + A_nB_n(\overline{C}_{n-1} + C_{n-1}) \\ &= S'_nC_{n-1} + A_nB_n\end{aligned}$$

由逻辑式可画出逻辑图。全加器可由两个半加器和一个**或**门组成，如图 10.22(a)所示。A_n 和 B_n 在第一个半加器中相加，先得出半加和 S'_n，S'_n 再与 C_{n-1} 在第二个半加器中相加，其本位和输出即为全加和 S_n。两个半加器的进位输出再通过或门进行或运算，即可得出全加的进位数 C_n。全加器的逻辑符号如图 10.22(b)所示。

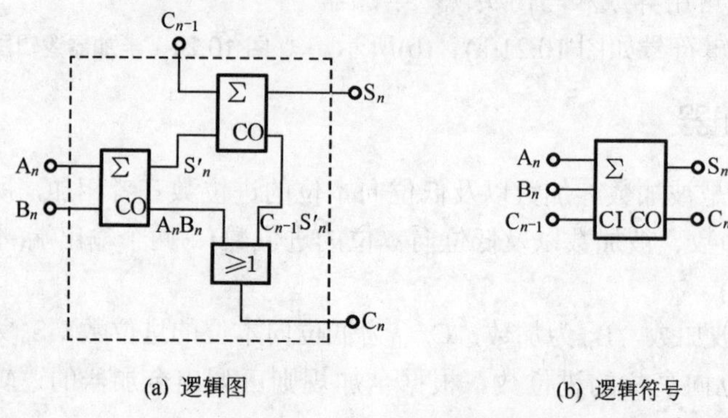

(a) 逻辑图　　(b) 逻辑符号

图 10.22 全加器逻辑图和逻辑符号

10.7 编　码　器

用来表示某种特定信息含义(例如十进制数码，字母 A、B、C 等，符号+、－、×、=等)的一串符号称为代码。把若干个二进制数码 0 和 1 按一定规律编排起来，这个过程就称为编码。具有这种逻辑功能的逻辑电路称为编码器。例如计算机的键盘就是由编码器组成的，每按一个键，编码器就将该键的含义转换为一个计算机能够识别的二进制代码，用它去控制机器的操作。

编码器的输入变量就是被编码的信号，一般用 N 表示要编码的信号个数的总和。输出信号是输入信号的编码，一般用 n 表示编成二进制代码的位数。因为 n 位二进制数有 2^n 种状态，可以表示 2^n 个信号，所以，要对 N 个信号进行编码时，所选定的二进制数的位数 n 要满足 $2^n > N$。

按照不同的需要，有二进制编码器、二-十进制编码器等。本节以二-十进制编码器(又称 BCD 编码器)为例，说明编码器的工作原理。

二-十进制编码器是将十进制的十个数码 0，1，2，…，9 编成二进制代码的逻辑电路。图 10.23 是一个二-十进制编码器逻辑图。它是一个具有十输入四输出变量的组合逻辑电路，I_0～I_9 是它的十个输入端，分别代表 0～9 十个数码。Y_3、Y_2、Y_1、Y_0 是它的四个输出端，组成四位二进制代码。但是四位二进制代码可以组成十六种状态，其中任何十种状态都可以表示 0～9 十个数码，所以必须选取其中的十种状态，去掉多余的六种状态，才能一一对应表示 0～9 这十个数码。

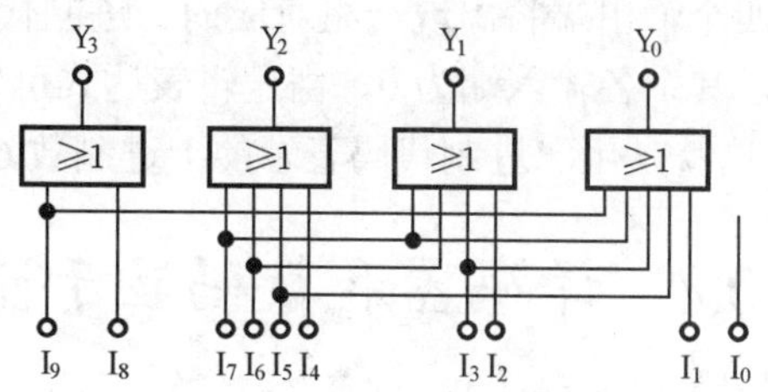

图 10.23　8421 编码器

最常用的 BCD 编码方式是在四位二进制代码的十六种状态中取出前面的十种状态，即用 0000～1001 来表示十进制数的 0～9 十个数码，去掉后面的六种状态 1010～1111，见表 10.14 所列。编码表是把待编码的信号和对应的二进制代码列成的表格。从表中可以看出，二进制各位的 1 所代表的十进制数从高位到低位依次是 8、4、2、1，它们被称为 8421BCD 编码，简称 8421 编码。

表 10.14　8421 编码表

输　入	输　出			
十进制数	Y_3	Y_2	Y_1	Y_0
0(I_0)	0	0	0	0
1(I_1)	0	0	0	1
2(I_2)	0	0	1	0
3(I_3)	0	0	1	1
4(I_4)	0	1	0	0
5(I_5)	0	1	0	1
6(I_6)	0	1	1	0
7(I_7)	0	1	1	1
8(I_8)	1	0	0	0
9(I_9)	1	0	0	1

由逻辑图和编码表都可写出如下逻辑表达式：

$$Y_3 = I_8 + I_9$$

$$Y_2 = I_4 + I_5 + I_6 + I_7$$

$$Y_1 = I_2 + I_3 + I_6 + I_7$$

$$Y_0 = I_1 + I_3 + I_5 + I_7 + I_9$$

当输入某个十进制数码时，只要使相应的输入端为高电平，其余各输入端都为低电平，编码器的四个输出端将出现一组对应的二进制代码。例如，当输入十进制数 6 时，使 I_6=1，其余各输入端为 0，由逻辑表达式可以求出输出端 Y_3=0，Y_2=1，Y_1=1，Y_0=0，这就是用二进制代码表示的十进制数 6。

10.8　译码器和数码显示器

译码是编码的逆过程，是指将编码后代表某种含义的二进制代码，翻译成相应信息的过程，表现为某种电路输出状态(高、低电平或脉冲)。实现译码功能的电路称为译码器。译码器一般是具有多输入多输出的组合逻辑电路，输入为二进制代码，输出为与输入代码相对应的特定信息。

1. 二进制译码器

将 n 位二进制代码翻译成 2^n 种输出信号的电路，称为 n-2^n 线译码器。例如，把 2 位二进制代码译成 4 种输出信号，3 位二进制代码译成 8 种输出信号等。

例如，常用的 3 位二进制译码器 74LS138，输入代码为 3 位，输出信号为 8 个，故又称为 3-8 线译码器。图 10.24 是译码器的逻辑示意图。表 10.15 为其真值表。

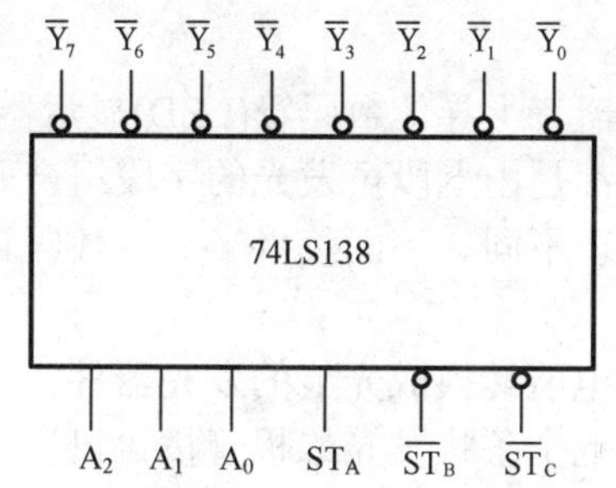

图 10.24　74LS138 译码器的逻辑示意图

表 10.15　74LS138 真值表

输　入					输　出							
ST_A	$\overline{ST_B}+\overline{ST_C}$	A_2	A_1	A_0	$\overline{Y_0}$	$\overline{Y_1}$	$\overline{Y_2}$	$\overline{Y_3}$	$\overline{Y_4}$	$\overline{Y_5}$	$\overline{Y_6}$	$\overline{Y_7}$
×	1	×	×	×	1	1	1	1	1	1	1	1
0	×	×	×	×	1	1	1	1	1	1	1	1
1	0	0	0	0	0	1	1	1	1	1	1	1
1	0	0	0	1	1	0	1	1	1	1	1	1
1	0	0	1	0	1	1	0	1	1	1	1	1
1	0	0	1	1	1	1	1	0	1	1	1	1
1	0	1	0	0	1	1	1	1	0	1	1	1
1	0	1	0	1	1	1	1	1	1	0	1	1
1	0	1	1	0	1	1	1	1	1	1	0	1
1	0	1	1	1	1	1	1	1	1	1	1	0

由表 10.14 可见：①ST_A、$\overline{ST_B}$、$\overline{ST_C}$ 为译码器工作状态控制端，其中只要有一个信号无效(指$ST_A=0$、$\overline{ST_B}=1$和$\overline{ST_C}=1$)，译码器的所有输出均为高电平 1，译码器不工作；②ST_A、$\overline{ST_B}$、$\overline{ST_C}$ 三个信号全部有效时，译码器工作，正常译码，且只有一个输出为低电平 0，其余输出均为高电平 1，如输入代码为 $A_2A_1A_0$=011，输出只有 $\overline{Y_3}=0$，这样就实现了把输入代码译成特定信号的作用。

2. 二-十进制显示译码器

在数字仪表、计算机及其他数字系统中，经常需要将数字和运算结果以人们习惯的十进制数字形式显示出来，这就要用二-十进制显示译码器，它能够把以二-十进制代码表示的结果作为输入进行译码，并用其输出去驱动数码显示器件，从而显示出十进制数字。在显示器件中，应用较广泛的是七段数码显示器，相应的就需要使用七段显示译码器。

(1) 七段数码显示器。

常见的七段数码显示器有半导体数码管(LED)显示器、液晶(LCD)显示器和荧光数码管显示器等。它们都是由七段可发光的字段组合而成，组字原理相同，但发光字段的材料和发光原理不同。下面仅以半导体数码管为例，说明七段数码显示器的组字原理。

发光二极管是一种将电能转换成光能的发光器件。当外加正向电压时，它可发出清晰悦目的光线。将七个条状发光二极管按“日”字形排列封装在一起即成半导体发光数码管，见图 10.25(a)。七个条状发光二极管组成七个字段，利用这七个字段的不同发光组合，便可显示出 0，1，2，…，9 十个不同的数字，由七个字段的不同发光组合所显示的数字图形如图 10.25(b)所示。

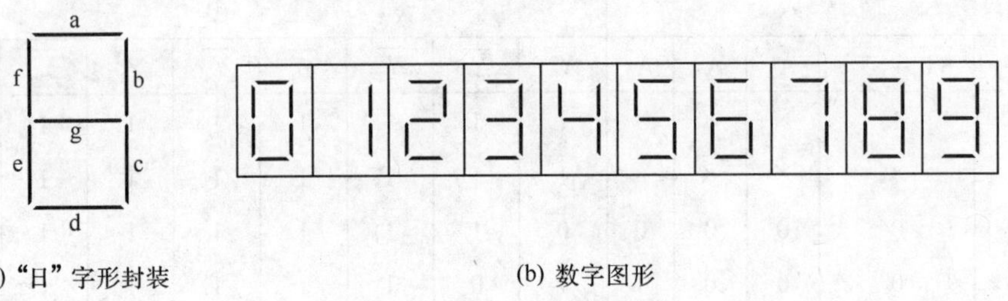

(a)“日”字形封装　　(b) 数字图形

图 10.25　七段显示的数字图形

半导体发光数码管各发光二极管的连接方式有共阴极接法和共阳极接法两种，如图 10.26 所示。对于共阴极接法的数码管，某字段加有高电平时发光，反之不发光；对于共阳极接法的数码管，某字段加有低电平时发光，反之不发光。

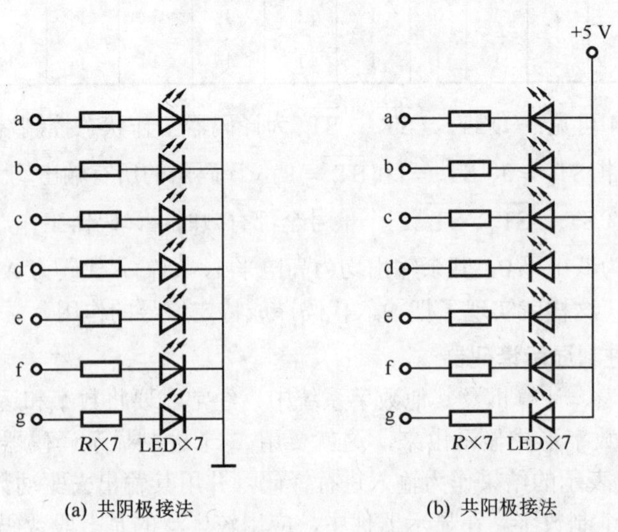

(a) 共阴极接法　　(b) 共阳极接法

图 10.26　半导体发光数码管内部结构及接法

半导体数码管的七个字段的各端与七段显示译码器的相应输出端连接，当译码器输入端输入二进制代码时，即可使不同的字段发光而显示不同的字形。例如，若用共阴极接法：当输入为 1000 时，应使 abcdefg=1111111，七段全亮，显示出“8”字；当输入为 0000 时，abcdefg=1111110，只有 g 段不亮，显示出“0”字；当输入 0001 时，abcdefg=0110000，b、c 段亮，显示出“1”字。若用共阳极接法：当输入为 1000 时，abcdefg=0000000，七段全亮，显示出“8”字；当输入 0000 时，abcdefg=0000001，只有 g 段不亮，显示出“0”字；当输入 0001 时，abcdefg=1001111，b、c 段亮，显示出“1”字；等等。因此，驱动数码显示器的七段显示译码器，也分为共阴极和共阳极接法两种，使用时数码显示器和显示译码器的类型要一致。

(2) 七段显示译码器。

七段显示译码器的作用是将 4 位二进制代码(8421BCD 码)代表的十进制数字，翻译成显示器输入所需要的 7 位二进制代码(abcdefg)，以驱动显示器显示相应的数字。因此，常把这种译码器称为“代码译码器”。

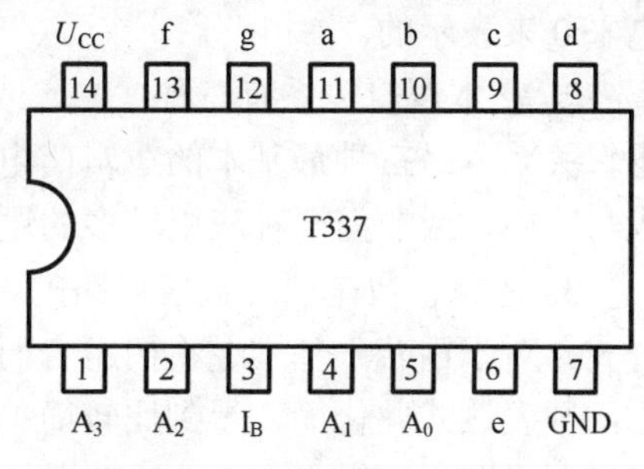

图 10.27　T337 引线排列图

七段显示译码器常采用集成电路。常见的有 T337 型(共阴极)、T338 型(共阳极)等。图 10.27 是七段显示译码器的外引线排列图，A_3、A_2、A_1、A_0 为四位二进制数码输入端，a～g 为输出端，分别接到七段液晶显示器的 a～g 端，均为高电平有效，I_B 为消隐输入端，高电平有效，即：$I_B = 1$，译码器可以正常工作；$I_B = 0$，显示器熄灭，不工作。“U_{CC}”通常取+5 V。表 10.16 为它的逻辑功能表，表中 0 指低电平，1 指高电平，×指任意电平。

表 10.16　七段显示译码器 T337 逻辑功能表

输入					输出							十进制数字
I_B	A_3	A_2	A_1	A_0	a	b	c	d	e	f	g	
0	×	×	×	×	0	0	0	0	0	0	0	
1	0	0	0	0	1	1	1	1	1	1	0	0
1	0	0	0	1	0	1	1	0	0	0	0	1
1	0	0	1	0	1	1	0	1	1	0	1	2
1	0	0	1	1	1	1	1	1	0	0	1	3
1	0	1	0	0	0	1	1	0	0	1	1	4
1	0	1	0	1	1	0	1	1	0	1	1	5

续表

输入					输出							十进制数字
I_B	A_3	A_2	A_1	A_0	a	b	c	d	e	f	g	
1	0	1	1	0	1	0	1	1	1	1	1	6
1	0	1	1	1	1	1	1	0	0	0	0	7
1	1	0	0	0	1	1	1	1	1	1	1	8
1	1	0	0	1	1	1	1	1	0	1	1	9

本章小结

1. 数字电路是工作在数字信号下的电路，也称为逻辑电路。数字电路是电子技术的重要分支，其应用范围非常广泛。数字电路中输入信号是用高电平 1 和低电平 0 来表示的。

2. 基本逻辑关系有三种：与、或、非。与门、或门、非门能分别实现这三种逻辑关系，是三种最基本的逻辑门电路。在基本逻辑门电路的基础上，还可以组成与非门、或非门两种应用较多的逻辑门。

3. 逻辑代数是研究数字电路的一种数学工具，要掌握其基本运算法则和常用公式。对于由若干基本逻辑门组合而成的组合逻辑电路，可以根据逻辑图写出逻辑函数表达式并化简，得到比较简单的表达式，列出逻辑状态表，分析其逻辑功能。逻辑图、逻辑函数表达式、逻辑状态表三者之间可以相互转换。

4. 编码器和译码器是两种典型的组合逻辑电路。编码器将某种信息转换为二进制代码，译码器则将二进制代码的特定含义翻译出来。译码是编码的逆过程。

习　题

10.1　将下列十进制数转换为二进制数：

5；8；12；30；51。

10.2　将下列十进制数转换为十六进制数：

97；573；785；1 356。

10.3　将下列各数转换为十进制数：

$(1001)_2$；$(01101001)_2$；$(101101001)_2$；$(16)_{16}$；$(EBC)_{16}$；$(796)_{16}$。

10.4　输入 A、B 的波形如题 10.4 图所示，分别画出**与**门、**或**门、**与非**门、**或非**门的输出波形图。

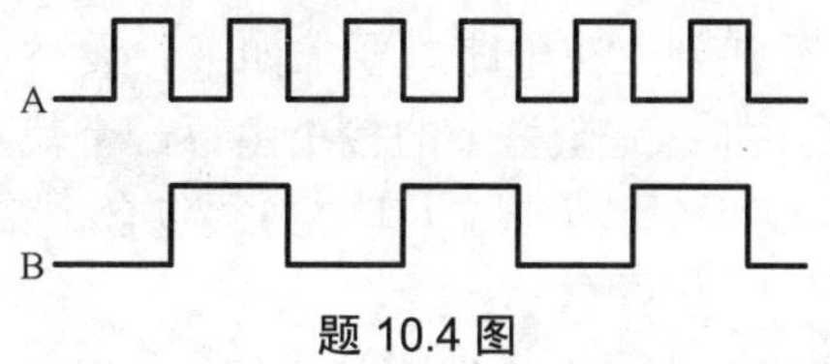

题 10.4 图

10.5 用逻辑代数的基本公式和定律，化简下列逻辑函数。

(1) $F = A\overline{B}C + \overline{A} + B + \overline{C}$；

(2) $F = ABC + AC\overline{D} + A\overline{C} + CD$；

(3) $F = A\overline{B}\,\overline{C} + ABC + \overline{A}\,\overline{B}C + \overline{A}B\overline{C}$；

(4) $F = AC(\overline{C}D + \overline{A}B) + BC + \overline{(\overline{B + AD} + CD)}$；

(5) $F = A\overline{B}C + \overline{A}BC + ABC + \overline{A}\,\overline{B}C$；

(6) $F = A + \overline{\overline{B} + \overline{CD}} + \overline{\overline{AD}\,\overline{B}}$。

10.6 用逻辑代数证明下列各式：

(1) $ABC + \overline{A} + \overline{B} + \overline{C} = 1$；

(2) $\overline{A}\,\overline{B} + A\overline{B} + \overline{A}B = \overline{A} + \overline{B}$；

(3) $\overline{A}B + \overline{A}BCD(E + F) = \overline{A}B$。

10.7 写出题 10.7 图所示逻辑电路的逻辑表达式。

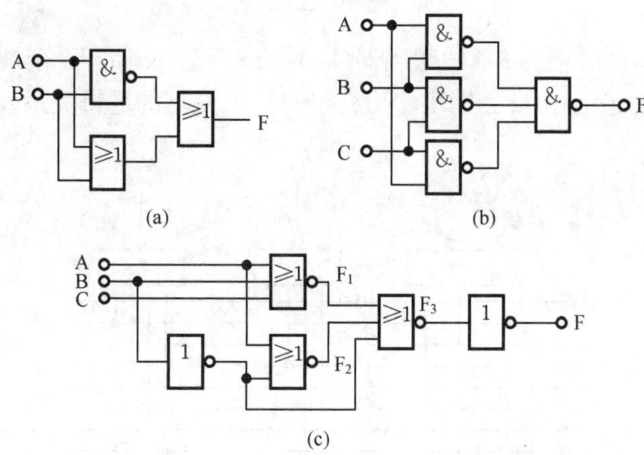

题 10.7 图

10.8 根据下列逻辑式，写出逻辑状态表，并画出逻辑电路图。

(1) $F = AB+BC$；

(2) $F = \overline{A + B} \cdot A \cdot \overline{BC}$；

(3) $F = A(B+C)+BC$；

(4) $F = (A+B) \cdot (B+C)$。

10.9　设计一个举重裁判表决电路。要求如下：设举重比赛有三个裁判，一个主裁判和两个副裁判，杠铃完全举上的裁决由每一个裁判按一下自己面前的按钮来确定，只有当两个或两个以上裁判(其中必须包含主裁判)判明成功时，表明举重成功的灯才亮。

10.10　设计一个交通报警控制电路。交通信号灯有红、绿、黄三种，三种灯分别单独工作或黄、绿灯同时工作时属正常情况，其他情况均属于故障情况，出现故障时输出报警信号。

10.11　题 10.11 图是一个照明灯两处开关控制电路(例如楼道照明)。单刀双掷开关 A 装在甲处，B 装在乙处。在甲处开灯后可在乙处关灯，在乙处开灯后也可在甲处关灯。由图可以看出，只有当两个开关都处于向上或都处于向下位置时，灯才亮；否则灯就不亮。试设计一个实现这种关系的逻辑电路。

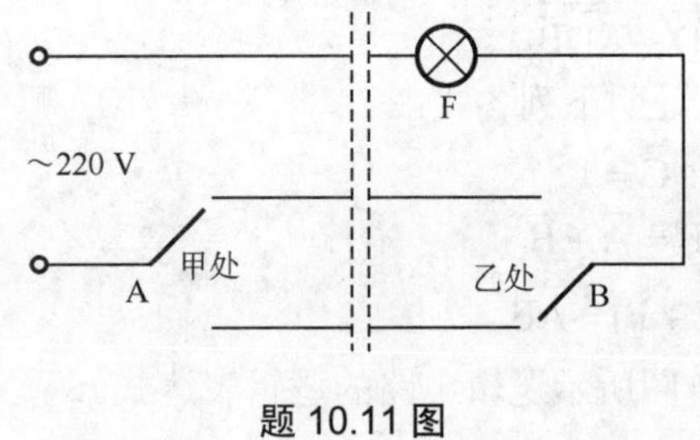

题 10.11 图

10.12　题 10.12 图为 8-3 线编码器。I_0~I_7 为 8 个输入端(即 8 个被编码的对象)，Y_0、Y_1、Y_2 为 3 个输出端。写出输出变量与输入变量的逻辑关系表达式。

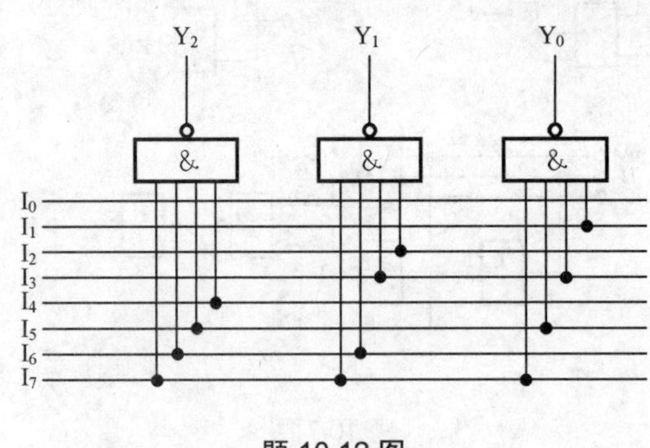

题 10.12 图

实训十二　组合逻辑电路的实验分析

1. 实训目的

(1) 认识各种组合逻辑门集成芯片及其各管脚功能的排列情况。

(2) 进一步熟悉各种常用门电路的逻辑符号及逻辑功能。

(3) 学会组合逻辑电路的实验分析方法。

(4) 验证半加器、全加器的逻辑功能。

2. 实训原理

(1) 常用逻辑门符号及逻辑表达式。

如实训图 12.1 所示：图(a)为**与**门，逻辑表达式为 $Q = AB$；图(b)为**或**门，逻辑表达式为 $Q = A + B$；图(c)为**与非**门，逻辑表达式为 $Q = \overline{AB}$；图(d)为**异或**门，逻辑表达式为 $Q = A \oplus B$；图(e)为**非**门，逻辑表达式为 $Q = \overline{A}$。

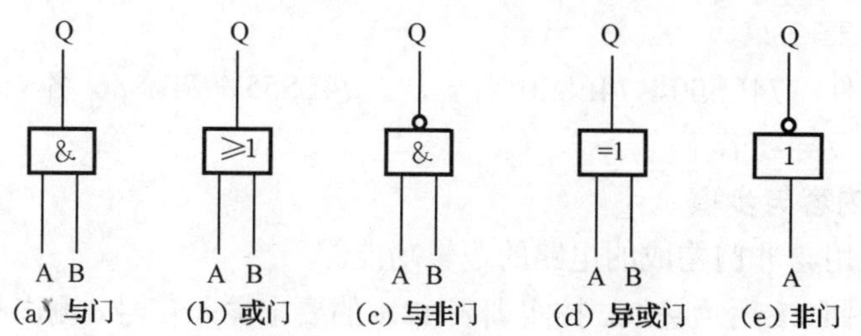

实训图 12.1　常用逻辑门图形符号

(2) 用**与非**门构成的半加器。

如实训图 12.2 所示，由电路图可得到以下关系式

$$Y = A \oplus B, \quad Z = AB$$

(3) 半加器的电路图和表达式。

对于实训图 12.3 所示的半加器电路，逻辑表达式为

$$S_n = A \oplus B, \quad C_n = AB$$

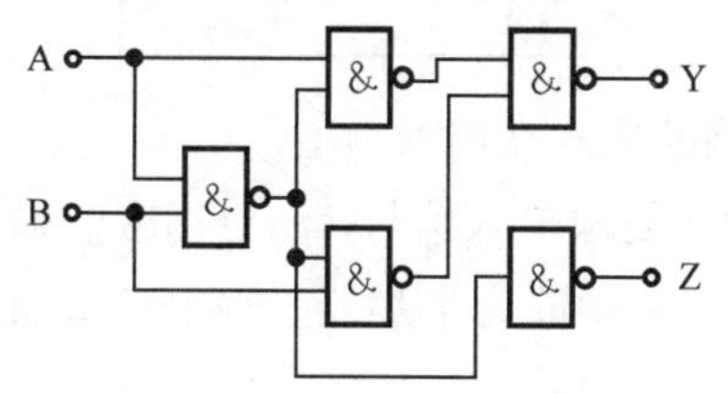

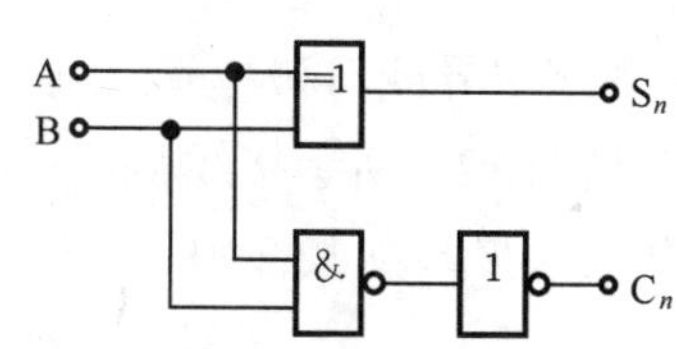

实训图 12.2　用与非门构成的半加器　　**实训图 12.3　半加器电路图**

对于实训图 12.4 所示的全加器电路，逻辑表达式为

$$S_n = A \oplus B \oplus C, \quad C_n = AB + (A \oplus B)C$$

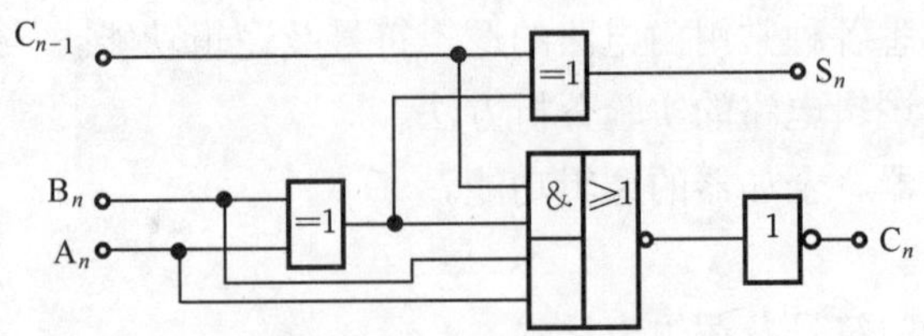

实训图 12.4 全加器电路图

3. 实训仪器与设备

(1) 数字逻辑实验箱 1 台。

(2) 万用表 2 只。

(3) 元器件：74LS00、74LS20 各一块，74LS55、74LS86 各一块。

(4) 电阻及导线若干。

4. 实训内容与步骤

(1) 测试用与非门构成的电路的逻辑功能。

按实训图 12.2 所示接线。按实训表 12.1 的要求输入信号，测出相应的输出逻辑电平，并填入实训表 12.1 中。分析电路的逻辑功能为半加器，写出逻辑表达式为

$$Y=A\oplus B,\quad Z=AB$$

实训表 12.1 逻辑电路实验记录表

A	B	Y	Z
0	0		
0	1		
1	0		
1	1		

实训表 12.2 半加器电路实验记录表

A	B	S_n	C_n
0	0		
0	1		
1	0		
1	1		

(2) 测试用**异或**门和**与非**门组成的电路的逻辑功能。

按实训图 12.3 所示接线。按实训表 12.2 要求输入信号，测出相应的输出逻辑电平，并填入实训表 12.2 中。分析电路的逻辑功能为半加器，写出逻辑表达式为

$$S_n=A\oplus B,\quad C_n=AB$$

(3) 测试用**异或**门、**非**门和**与或非**门组成的电路的逻辑功能。

按实训图 12.4 接线。按实训表 12.3 要求输入信号，测出相应的输出逻辑电平，并填入实训表 12.3 中。分析电路的逻辑功能为半加器，写出逻辑表达式为

$$S_n=A\oplus B\oplus C,\quad C_n=AB+(A\oplus B)C$$

实训表 12.3　全加器电路实验记录表

A_n	B_n	C_{n-1}	S_n	C_n
0	0	0		
0	0	1		
0	1	0		
0	1	1		
1	0	0		
1	0	1		
1	1	0		
1	1	1		

5. 实训报告

(1) 整理实验数据，填写表格。

(2) 根据表格数据写出逻辑表达式并概述电路的逻辑功能。

第 11 章　触发器和时序逻辑电路

第 10 章讨论的各种门电路及其组成的组合逻辑电路中，它们的输出变量状态仅由当时的输入变量的组合状态来决定，而与电路原来的状态无关，即它们不具有记忆功能。但是一个复杂的计算机或数字系统，要连续进行各种复杂的运算和控制，就必须在运算和控制过程中，暂时保存（记忆）一定的代码（指令、操作数或控制信号），这就需要利用本章将要讨论的触发器构成的具有记忆功能的逻辑电路（如寄存器和计数器），即时序逻辑电路。这种电路某一时刻的输出状态不仅和当时的输入状态有关，而且还和电路原来的状态有关。

触发器按其稳定工作状态可分为双稳态触发器、单稳态触发器、无稳态触发器。本书只讨论双稳态触发器，它是各种时序逻辑电路的基础。

11.1　双稳态触发器

双稳态触发器是构成时序逻辑电路的基本逻辑部件。它有两种相反的稳定输出状态：0 状态和 1 状态。在不同的输入情况下，它可以被置成 0 状态或 1 状态；当输入信号消失后，所置成的状态能够保持不变。

所以，双稳态触发器可以记忆 1 位二值信号。根据逻辑功能的不同，双稳态触发器可以分为 R-S 触发器（又分基本和可控两种类型）、J-K 触发器、D 触发器、T 触发器等；按照结构形式的不同，又可分为主从型触发器和维持阻塞型触发器等。

11.1.1　基本 R-S 触发器

基本 R-S 触发器由两个**与非**门交叉连接而成。图 11.1(a)是基本 R-S 触发器的逻辑电路，图 11.1(b)是它的逻辑符号，图中输入端引线上靠近方框的小圆圈表示触发器用负脉冲（0 电平）来置位或复位。$\overline{R}_D$、$\overline{S}_D$ 是信号输入端，Q、$\overline{Q}$ 是信号输出端。

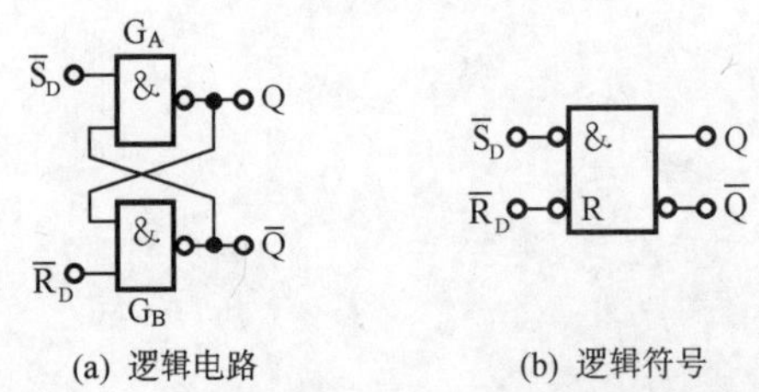

(a) 逻辑电路　　(b) 逻辑符号

图 11.1　基本 R-S 触发器逻辑电路和逻辑符号

在正常情况下，两个输出端 Q、$\overline{Q}$ 的逻辑状态能保持相反。一般把 Q 的状态规定为触发器的状态。

当 Q=1、$\overline{Q}$=0 时的状态称 1 状态（置位状态），当 Q=0、$\overline{Q}$=1 时的状态称 0 状态（复位状态），这就是触发器的两种稳定状态，所以称为双稳态触发器。

相对应的输入端 $\overline{S}_D$ 称为直接置 1 端（直接置位端），$\overline{R}_D$ 称为直接置 0 端（直接复位端），二者均是低电平有效。

下面分四种情况来分析基本 R-S 触发器输出与输入的逻辑关系。值得说明的是，触发器在正常情况下两个输入端总是加高电平。

（1）$\overline{R}_D=0$、$\overline{S}_D=1$。

由于 $\overline{R}_D=0$，**与非**门 G_B 有一个输入端为 0，不论 Q 为 0 还是 1，都有 $\overline{Q}=1$（**与非**门逻辑功能为“有 0 为 1”）；再由 $\overline{S}_D=1$、$\overline{Q}=1$ 可得 $Q=0$（**与非**门全 1 为 0）。即不论触发器原来处于什么状态都将变成 0 状态，这种情况称将触发器置 0 或复位。由于是在 $\overline{R}_D$ 端加输入信号（负脉冲）将触发器置 0，所以把 $\overline{R}_D$ 端称为触发器的置 0 端或复位端。

（2）$\overline{R}_D=1$、$\overline{S}_D=0$。

由于 $\overline{S}_D=0$，不论 $\overline{Q}$ 为 0 还是 1，都有 $Q=1$；再由 $\overline{R}_D=1$、$Q=1$ 可得 $\overline{Q}=0$。即不论触发器原来处于什么状态都将变成 1 状态，这种情况称将触发器置 1 或置位。由于是在 $\overline{S}_D$ 端加输入信号（负脉冲）将触发器置 1，所以把 $\overline{S}_D$ 端称为触发器的置 1 端或置位端。

（3）$\overline{R}_D=1$、$\overline{S}_D=1$。

假如在第一种情况中 $\overline{R}_D$ 由 0 变 1（即除去负脉冲），或在第二种情况中 $\overline{S}_D$ 由 0 变 1（即除去负脉冲），这样 $\overline{R}_D=1$、$\overline{S}_D=1$，则触发器保持原有状态不变，即 Q 原来为 1 还继续是 1，Q 原来为 0 还继续是 0，这就是触发器具有存储或记忆能力。

为什么能保持原有状态不变呢？假如在第一种情况，触发器处于 0 状态，即 $\overline{R}_D=0$、$\overline{S}_D=1$，$Q=0$，$\overline{Q}=1$，当 $\overline{R}_D$ 由 0 变 1（即除去负脉冲）时，G_B 门的另一个输入端就是 Q 仍为 0，其输出 $\overline{Q}$ 仍为 1，G_A 门两个输入均为 1，所以输出 Q=0，因此触发器能保持 0 态不变。

假如在第二种情况，触发器处于 1 状态，即 $\overline{R}_D=1$、$\overline{S}_D=0$，$Q=1$，$\overline{Q}=0$，当 $\overline{S}_D$ 由 0 变 1（即除去负脉冲）时，G_A 门的另一个输入端就是 $\overline{Q}$ 仍为 0，其输出 Q 仍为 1，所以输出 Q=1，触发器保持 1 态不变。

（4）$\overline{R}_D=0$、$\overline{S}_D=0$。

当 $\overline{S}_D$ 端和 $\overline{R}_D$ 端同时加负脉冲，无论初始状态为什么状态，两个**与非**门的输出端 Q 和 $\overline{Q}$ 都会变为 1，这时已不符合 Q 与 $\overline{Q}$ 相反的逻辑关系。同时，当负脉冲除去后，触发器将由各种偶然因素决定其最终状态，因此这种情况在使用中应禁止出现。

从上述分析可知，基本 R-S 触发器有两个稳定状态，即置位（置 1）或复位（置 0）状态。在直接置位端加负脉冲（$\overline{S}_D$=0）即可置位（Q=1），在直接复位端加负脉冲（$\overline{R}_D$=0）即可复位（Q=0）。负脉冲除去后，直接置位端和直接复位端都处于高电平（因为两个输入端平时固定接高电平），此时触发器保持相应负脉冲去掉前的状态（保持原状态不变），实现存储或记忆功能。但要注意负脉冲不可同时加在直接置位端和直接复位端。基本 R-S 触发器的真值表如表 11.1 所示。基本 R-S 触发器的工作波形如图 11.2 所示。

表 11.1　基本 R-S 触发器的真值表

$\overline{S}_D$	$\overline{R}_D$	Q	$\overline{Q}$
1	0	0	1
0	1	1	0
1	1	不变	不变
0	0	不定	不定

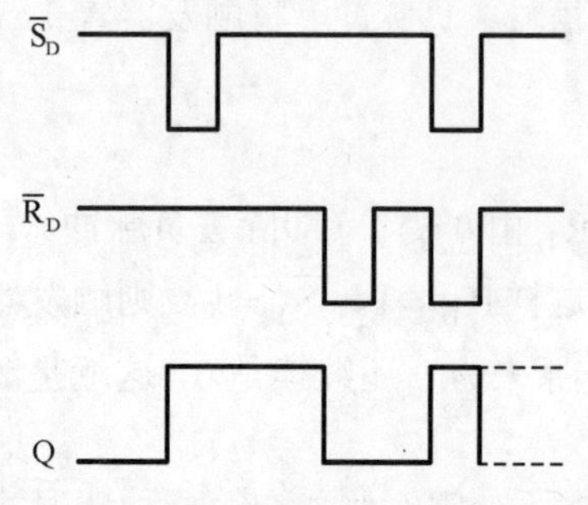

图 11.2　基本 R-S 触发器的工作波形

11.1.2　可控 R-S 触发器

为克服基本 R-S 触发器输出状态直接受输入信号控制的缺点，在基本 R-S 触发器的基础上增加两个控制门和一个触发信号，让输入控制信号经过控制门传送到基本触发器。如图 11.3(a)所示，**与非**门 G_A 和 G_B 构成基本 R-S 触发器，**与非**门 G_C 和 G_D 是控制门，S 和 R 是置 1 和置 0 信号输入端(高电平有效)，CP 是时钟脉冲，起触发信号的作用。这就是可控 R-S 触发器，其逻辑符号如图 11.3(b)所示。

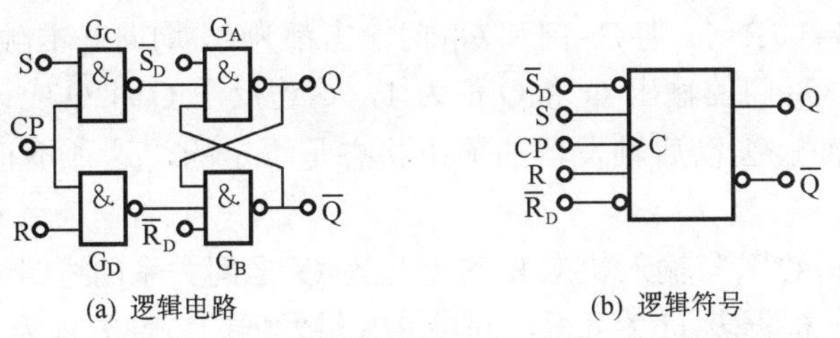

图 11.3　可控 R-S 触发器逻辑电路和逻辑符号

当时钟脉冲到来之前，即 CP=0，不论 R 和 S 端的电平如何变化，G_C 和 G_D 门的输出均为 1，基本 R-S 触发器保持原状态不变；只有当时钟脉冲到来之后，即 CP=1，触发器才按 R 和 S 端的输入状态来决定其输出状态；时钟脉冲过去后，输出状态保持不变。

$\overline{S}_D$ 和 $\overline{R}_D$ 是直接置位端和直接复位端，用来使触发器直接置 1 或置 0。它们不受时钟脉冲 CP 的控制，一般用在工作之初，预先使触发器处于某一给定状态，在工作过程中不用它们，让它们处于 1 态（高电平）。

触发器的输出状态与 R、S 端的输入状态的关系列在真值表 11.2 中。Q_n 表示时针脉冲到来之前触发器的输出状态，Q_{n+1} 表示时钟脉冲到来之后触发器的输出状态。

表 11.2　可控 R-S 触发器真值表

CP	R	S	Q_{n+1}	功　能
0	×	×	Q_n	保持
1	0	0	Q_n	保持
1	0	1	1	置 1
1	1	0	0	置 0
1	1	1	不定	不允许

当时钟脉冲（正脉冲）到来之后，CP 变为 1，触发器的输出状态就由 R、S 端的状态来决定。

(1) 如果 S=1、R=0，则 G_D 门输出仍保持 1，G_C 门输出将变为 0，而向 G_A 门送一个为 0 的负脉冲，触发器的输出端无论原来是什么状态都将变为 1 态，即 Q=1。

(2) 如果 S=0、R=1，则 G_C 门输出仍保持 1，G_D 门输出将变为 0，而向 G_B 门送一个为 0 的负脉冲，触发器的输出将变为 0 态，即 Q=0。

(3) 如果 S=0、R=0，则 G_C 门和 G_D 门输出都为 1，触发器的输出保持原来的状态不变，即 Q_{n+1}=Q_n。

(4) 如果 S=1、R=1，则 G_C 门和 G_D 门输出都为 0，均向基本触发器送负脉冲，使触发器 G_A、G_B 门的输出 Q 和 $\overline{Q}$ 都为 1，这违反了 Q 和 $\overline{Q}$ 应该相反的逻辑要求。当时钟脉冲过去以后触发器的输出状态是不定的，这种不正常的情况应避免出现。

触发器次态 Q^{n+1} 与输入状态 R、S 及现态 Q^n 之间关系的逻辑表达式称为触发器的特性方程。根据表 11.2 可得，同步 R-S 触发器的特性方程为

$$Q^{n+1}=S+\overline{R}Q^n \text{，} RS=0 \text{（约束条件）}$$

图 11.4 是可控 R-S 触发器的工作波形。可控 R-S 触发器具有前沿触发的特点。从图中可以看出，在时钟脉冲 CP 为高电平 1 期间，输出 Q 状态随 R、S 的变化可能翻转。

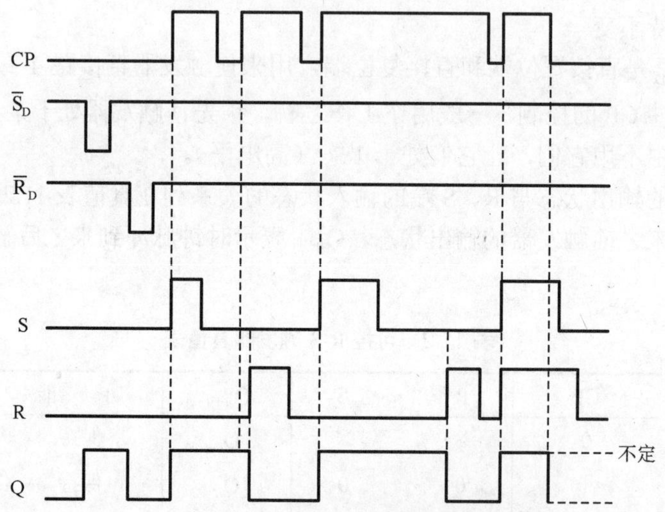

图 11.4 可控 R-S 触发器的工作波形

如果将可控 R-S 触发器的 $\overline{Q}$ 端连到 S、Q 端连到 R，在时钟脉冲端加上计数脉冲，如图 11.5 所示。这样的触发器具有计数的功能，来一个脉冲它能翻转一次，翻转的次数等于脉冲的数目，所以可以用它来构成计数器。

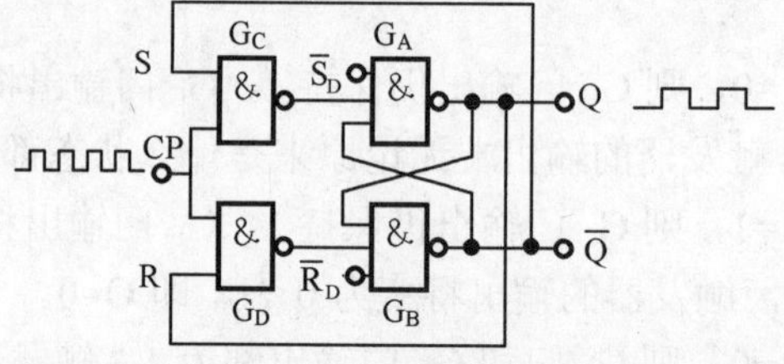

图 11.5 具有计数功能的可控 R-S 触发器

如在 Q=0、$\overline{Q}$=1 的状态下，在计数脉冲的作用下，将使触发器翻转到 Q=1、$\overline{Q}$=0 的状态。若触发脉冲能及时撤走，输出将保持这种状态。当再来一个触发脉冲时，又会使触发器翻转到 Q=0、$\overline{Q}$=1 的状态。看起来可控 R-S 触发器似乎能对计数脉冲实现正确计数，即使触发器适时地翻转。但实际上，这是有条件的，它要求在触发器翻转之后，计数正脉冲的高电平及时降下来，也就是说，要求计数脉冲宽度恰好合适。如果宽了，触发器会再次翻转，使触发器的翻转次数与触发脉冲的个数不相同，即在一个计数脉冲的作用下可能引起触发器两次或多次翻转，产生所谓“空翻”现象。因此，可控 R-S 触发器并不能作为实际的计数器使用。为避免“空翻”，计数器一般采用主从型触发器和维持阻塞型触发器构成。

11.1.3 J-K 触发器

J-K 触发器是一种功能比较完善，应用极广泛的触发器。图 11.6(a)是主从型 J-K 触发器的结构图，图 11.6(b)是它的逻辑图。它由两个可控 R-S 触发器串联而成，前一级称为主触发器，后一级称为从触发器。主触发器具有双 R、S 端，其中一对 R、S 端分别与从触发器的输出端 Q、$\overline{Q}$ 相连，另一对 R、S 端分别标以 K 和 J，作为整个主从触发器的输入端，从触发器的输出端作为整个主从触发器的输出端。主触发器的输出端与从触发器的输入端直接相连，用主触发器的状态来控制从触发器的状态。时钟脉冲直接控制主触发器，经过一个**非**门反相后控制从触发器。

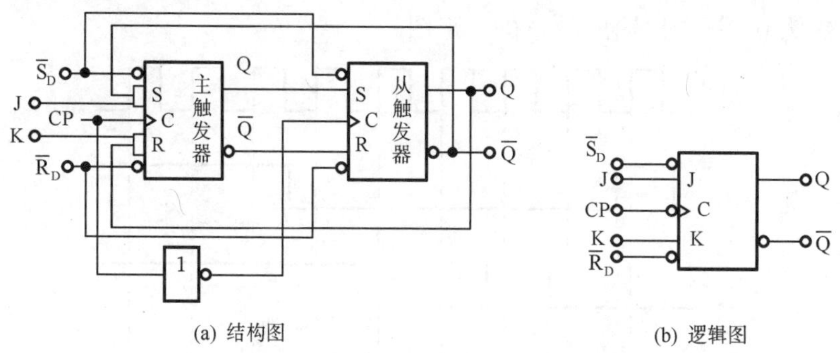

图 11.6 J-K 触发器结构图和逻辑图

当 CP=1 时，主触发器的状态由输入端 J、K 的信号和从触发器的状态来决定。但由于 $\overline{CP}$=0，从触发器被封锁，无论主触发器的输出状态如何变化，对从触发器均无影响，即 J-K 触发器的输出状态保持不变。

当 CP=0 时，主触发器被封锁，其状态不变。但由于 $\overline{CP}$=1，从触发器因受主触发器输出状态的控制，其输出状态将与主触发器的输出状态相同。

J-K 触发器的逻辑状态表如表 11.3 所列（具体分析略）。

表 11.3 J-K 触发器的逻辑状态表

J	K	Q_{n+1}	说 明
0	0	Q_n	输出状态不变
0	1	0	输出为 0
1	0	1	输出为 1
1	1	$\overline{Q}_n$	计数翻转

根据表 11.3 可得 J-K 触发器的特性方程为

$$Q^{n+1} = J\overline{Q}^n + \overline{K}Q^n$$

从逻辑状态表可以看出 J-K 触发器的逻辑功能为：

(1) J=0、K=0，时钟脉冲触发后，触发器的状态不变，即 $Q_{n+1}=Q_n$；

(2) J=0、K=1，不论触发器原来是何种状态，时钟脉冲触发后，输出均为 0 态；

(3) J=1、K=0，不论触发器原来是何种状态，时钟脉冲触发后，输出均为 1 态；

(4) J=1、K=1，时钟脉冲触发后，触发器的新状态与原来状态相反，即 $Q_{n+1}=\overline{Q}_n$，这种情况下，触发器具有计数功能。

主从触发器具有在时钟脉冲后沿触发的特点，该特点反映在逻辑符号中是在 CP 输入端靠近方框处用一小圆圈表示，如图 10.6(b)所示。

例 11.1 J-K 触发器的输入信号 J、K 及 CP 波形如图 11.7(a)所示。设触发器的初始状态为 0。试画出输出端 Q 的波形图。

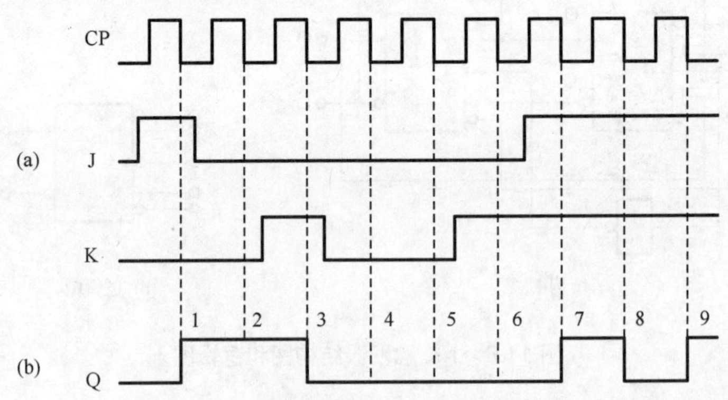

图 11.7 例 11.1 图

解 根据 J-K 触发器在时钟脉冲 CP 后沿触发的特点，结合 J-K 触发器的逻辑状态表，即在每个时钟脉冲 CP 的后沿，看输入 J、K 的状态组合决定输出是否改变。如在第 1 个脉冲后沿，J=1，K=0，Q=1；在第 2 个脉冲后沿，J=0，K=0，

Q=1 不变；在第 3 个脉冲后沿，J=0，K=1，Q=0；在第 4 个脉冲后沿，J=0，K=0，Q=0 不变；在第 5 个脉冲后沿，J=0，K=0，Q=0 不变；在第 6 个脉冲后沿，J=0，K=1，Q=0；在第 7 个脉冲后沿，J=1，K=1，Q 由 0 翻转为 1；在第 8 个脉冲后沿，J=1，K=1，Q 由 1 翻转为 0；在第 9 个脉冲后沿，J=1，K=1，Q 由 0 翻转为 1。所以由上述分析可画出输出端 Q 的波形如图 11.7(b)所示。

11.1.4 D 触发器

D 触发器也是一种应用广泛的触发器。图 11.8(a)、(b)为维持-阻塞型 D 触发器的电路图和逻辑符号。逻辑符号表明，维持-阻塞型 D 触发器是由 CP 脉冲的前沿触发的，该特点反映在逻辑符号中是在 CP 输入端靠近方框处没有小圆圈。因此 D 触发器是一种具有前沿触发特点的触发器，其输入输出之间的关系见逻辑状态表 11.4 所示。

表 11.4 D 触发器逻辑状态表

D	Q_{n+1}	说　明
1	1	输出状态与 D 端状态相同
0	0	

D 触发器的特性方程为

$$Q^{n+1} = D$$

它的逻辑功能是：当时针脉冲的前沿到来后，它的输出将成为 D 的状态。图 11.8(b)所示为维持-阻塞型 D 触发器的工作波形图。

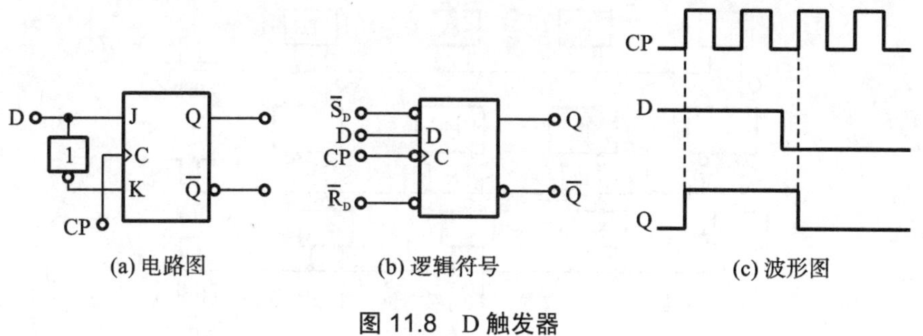

(a) 电路图　(b) 逻辑符号　(c) 波形图

图 11.8 D 触发器

11.2 寄 存 器

逻辑门和触发器可以组成各种逻辑部件，如寄存器和计数器。

寄存器用来暂时存放参与运算的数码和运算结果。一个触发器只能寄存一位二进制数码，要存多少位二进制数，就得用多少个触发器。常用的有 4 位、8 位、16 位寄存器。

寄存器存放数码的方式有并行和串行两种。并行方式就是数码各位从各对应位输入端同时输入到寄存器中，串行方式就是数码从一个输入端逐位输入到寄存器中。

从寄存器取出数码的方式也有并行和串行两种。在并行方式中，被取出的数码各位在对应的各位的输出端上同时出现；在串行方式中，被取出的数码在一个输出端逐位出现。

11.2.1 数码寄存器

这种寄存器只有寄存数码和清除数码的功能。图 11.9 是采用基本 R-S 触发器构成的 4 位并行输入数码寄存器。设输入的数码为“1011”，在寄存指令（正脉冲）到来之前，G_1～G_4 四个**与非**门输出全为 1。由于经过清零（复位），F_0～F_3 四个基本 R-S 触发器全处于 0 态。当寄存指令（正脉冲）到来时，由于第 1、2、4 位数码输入为 1，**与非**门 G_1、G_2、G_4 的输出均为 0，即输出一负脉冲，使 F_0、F_1、F_3 触发器置 1，而由于第 3 位数码输入为 0，**与非**门 G_3 的输出仍为 1，故 F_2 触发器的状态不变，仍为 0。这样，就把 4 位二进制数码存放进了这个 4 位数码寄存器内。若要取出时，可给**与非**门 G_5～G_8 加取出指令（正脉冲），各位数码就可从输出端 Q_3～Q_0 取出。在未给取出指令前，Q_3～Q_0 均为零。

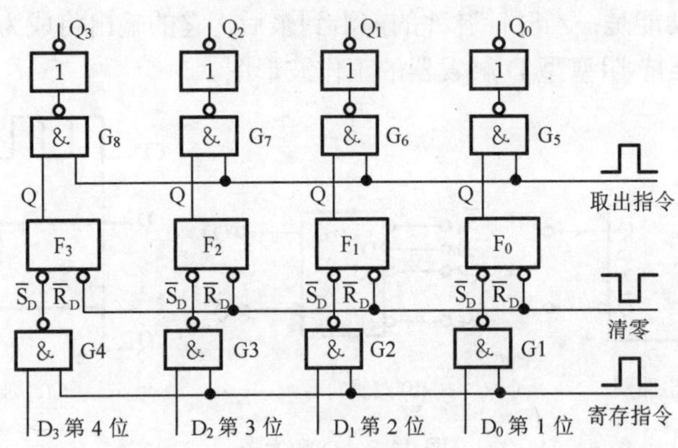

图 11.9 数码寄存器

11.2.2 移位寄存器

移位寄存器不仅能寄存数码，而且还具有移位功能。所谓移位，就是每当移位脉冲到来时，触发器的状态就向左或右移一位，也就是指寄存器的数码可以在移位脉冲的控制下依次进行移位。移位寄存器在计算机中应用广泛。

图 11.10 是由 J-K 触发器组成的 4 位左移位寄存器。F_0 接成主从型 D 触发器（后沿触发），数码由 D 端输入。设寄存的二进制数码为“1011”，按移位脉冲的工作节拍从高位到低位依次串行送到 D 端；工作之前先清零（所有触发器 Q 均为 0）。首先 D=1，第 1 个移位脉冲的后沿到来时触发器 F_0 翻转，Q_0=1，其他仍保持 0 态。接着 D=0，第 2 个移位脉冲的后沿到来使触发器 F_0 和 F_1 同时翻转，由于 F_1 的 J 端为 1，F_0 的 J 端为 0，所以 Q_1=1、Q_0=0，Q_2 和 Q_3 仍为 0。以后过程如表 11.5 所列，移位一次，存入一个新数码，直到第 4 个脉冲的后沿到来时，存数结束。可以看出，当第 4 个移位脉冲作用之后，1011 这 4 位数码就出现在四个触发器的 Q 端，这时可以从 Q_3、Q_2、Q_1、Q_0 取出这个数据。这种取数方式为并行输出。如果再继续经过四个移位脉冲，所存的 1011 逐位从 Q_3 端输出，这种取数方式为串行输出。

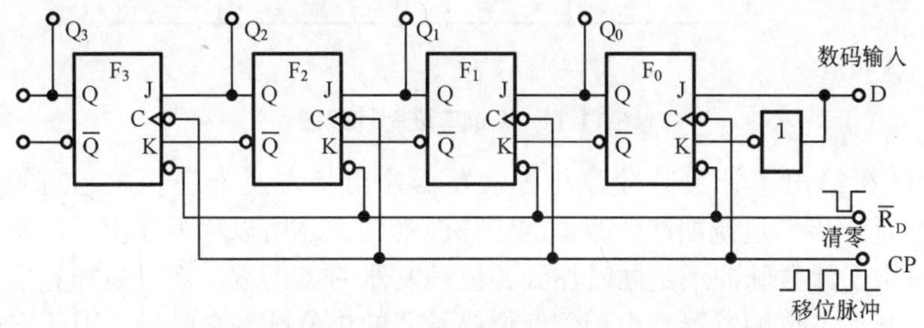

图 11.10 由 J-K 触发器组成的 4 位左移位寄存器

表 11.5 移位寄存器的状态表

移位脉冲数	寄存器中的数码				移 位 过 程
	Q_3	Q_2	Q_1	Q_0	
0	0	0	0	0	清零
1	0	0	0	1	左移一位
2	0	0	1	0	左移二位
3	0	1	0	1	左移三位
4	1	0	1	1	左移四位

11.3 计 数 器

二进制只有 0 和 1 两个数码。所谓二进制加法，就是“逢二进一”，即 0+1=1，1+1=10。也就是每当本位是 1，再加 1 时，本位就变为 0，而向高位进位，使高位加 1。如果要表示 n 位二进制，就要 n 个触发器。常用的二进制计数器是把四个触发器集成在一块芯片中的集成 4 位二进制计数器，如 74LS191。根据计数脉冲是否同时加在各触发器的时钟输入端，二进制计数器分为异步二进制计数器和同步二进制计数器。

下面通过结构简单的异步二进制加法计数器来说明计数器的工作原理。

由主从型 J-K 触发器构成的 4 位二进制计数器见图 11.11。其工作原理是每来一个计数脉冲，最低位触发器就翻转一次，而高位触发器是在低一位的触发器的 Q 输出端从 1 变为 0 时翻转。每个触发器的 J、K 端悬空，相当于 1。

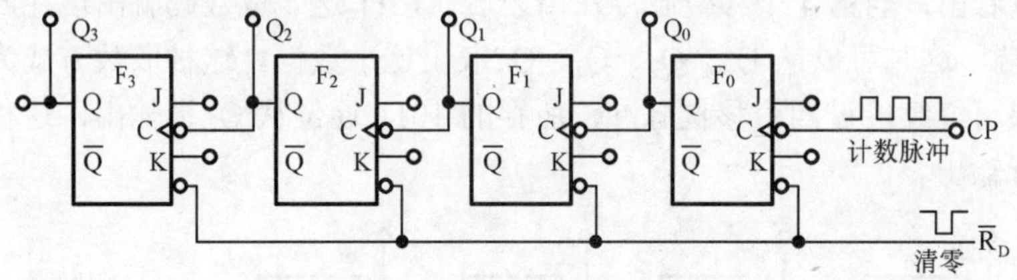

图 11.11　4 位二进制计数器

表 11.6 给出了计数脉冲数与各触发器输出状态及十进制数之间的关系。图 11.12 是异步二进制加法计数器的工作波形图。之所以称为异步二进制加法计数器，是由于计数脉冲不是同时加到各位触发器的 CP 端，而只是加到最低位的触发器，其他各位触发器则由相邻低位触发器的进位脉冲来触发，因此它们状态的变化有先有后，是异步的。

表 11.6　异步二进制加法计数器状态表

计数脉冲数	二进制数				十进制数
	Q_3	Q_2	Q_1	Q_0	
0	0	0	0	0	0
1	0	0	0	1	1
2	0	0	1	0	2
3	0	0	1	1	3
4	0	1	0	0	4
5	0	1	0	1	5
6	0	1	1	0	6
7	0	1	1	1	7
8	1	0	0	0	8
9	1	0	0	1	9
10	1	0	1	0	10

续表

计数脉冲数	二进制数				十进制数
	Q_3	Q_2	Q_1	Q_0	
11	1	0	1	1	11
12	1	1	0	0	12
13	1	1	0	1	13
14	1	1	1	0	14
15	1	1	1	1	15
16	0	0	0	0	0

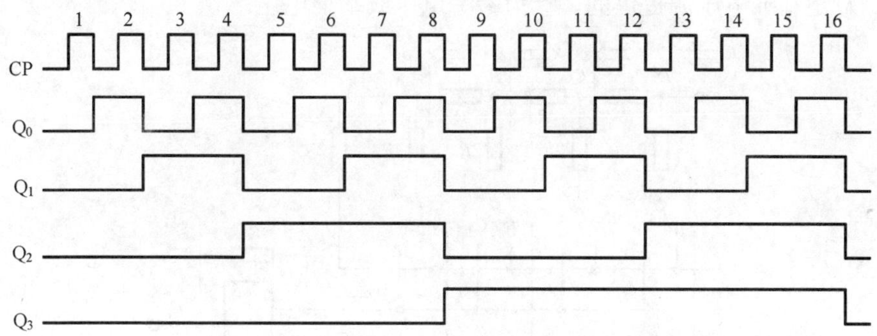

图 11.12 异步二进制加法计数器工作波形图

11.4 D/A 转换器

在电子技术中模拟量和数字量的互相转换是很重要的。例如，用电子计算机对某生产系统进行控制，首先要将被控制的模拟量转换为数字量，才能送到计算机中去进行运算和处理，然后又要将运算和处理得到的数字量转换为模拟量，去驱动执行机构实现对被控制模拟量的控制。再如在数字仪表中，也必须将被测的模拟量转换为数字量，才能实现数字显示。

能将数字量转换为模拟量的装置称为数/模转换器，简称 D/A 转换器或 DAC。能将模拟量转换为数字量的装置称为模/数转换器，简称 A/D 转换器或 ADC。

数/模转换器和模/数转换器是计算机与外部设备的重要接口，也是数字测量和数字控制系统的重要部件。随着微机和集成电路的发展，数/模转换器和模/数转换器应用越来越普遍。

数/模转换器输入的是数字量，输出的是模拟量。由于构成数字代码的每一位都有一定的“权”，因此为了将数字量转换成模拟量，必须将数字量中的每一位代码按其“权”转换成相应的模拟量，然后再将代表各位代码的模拟量相加即可得到与该数字量成正比的模拟量。这就是构成数/模转换器的基本思想。

数/模转换器种类很多，下面只介绍目前用得较多的 T 形电阻网络数/模转换器。图 11.13 为 4 位 DAC 原理电路，它用于对 4 位二进制数字量进行数/模转换。它由电子开关、T 形电阻求和网络、运算放大器和基准电压源等部分组成。

T 形电阻网络由 R 和 $2R$ 两种阻值的电阻构成。4 位数/模转换器 T 形电阻网络由 8 个电阻构成，n 位数/模转换器由 $2n$ 个电阻构成。它的输出端接到运算放大器的反相输入端。

运算放大器接成反相比例运算电路，它与 T 形电阻网络一起构成反相输入加法运算电路，它的输出是模拟电压 U_o。

U_R 是基准电压源提供的，称为参考电压或基准电压。

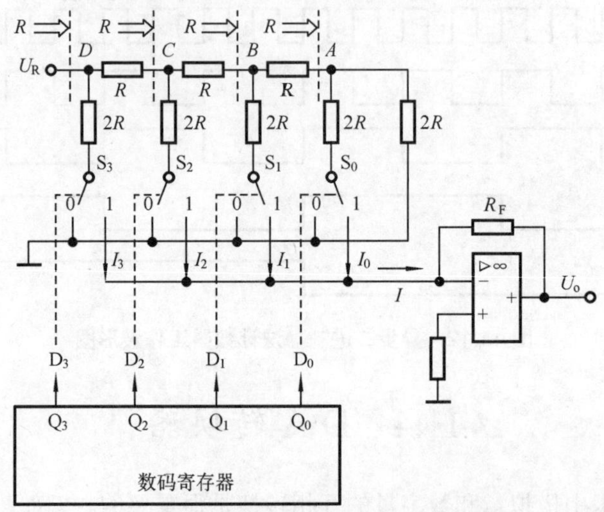

图 11.13 T 形电阻网络数/模转换器

S_3、S_2、S_1、S_0 是各位电子模拟开关，是由电子器件构成的。

D_3、D_2、D_1、D_0 是输入数字量，是存放在数码寄存器中的 4 位二进制数，各位数码分别控制相应位的电子模拟开关，当二进制数第 k 位 D_k=1 时，开关 S_k 接到位置 1 上，即将基准电源 U_R 经第 k 条支路电阻 R_k 的电流汇集到运算放大器的反相输入端。当 D_k=0 时，S_k 接到位置 0，则相应电流将直接流入地下。

下面分析输入数字量和输出模拟电压 U_o 间的关系。分析时注意到这个电阻网络的主要特点是：不论数字量 D_k 为 1 或为 0，每节电路的输入电阻都为 R，所以电路中 D、C、B、A 各节点的电位逐节减半，即 $U_D=U_R$，$U_C=U_R/2$，$U_B=U_R/4$，$U_A=U_R/8$。因此每节 $2R$ 支路中的电流也逐位减半。当 D_k 为 1 时，此电流引入运算放大器的反相输入端；当 D_k 为 0 时，此电流直接入地，对运算放大器的输出电压 U_o 无影响。

根据反相比例加法运算电路输出电压与各输入电压的关系式，可得图 11.13 所示电路的模拟输出量为

$$U_o = -\left(\frac{U_D}{2R}D_3 + \frac{U_C}{2R}D_2 + \frac{U_B}{2R}D_1 + \frac{U_A}{2R}D_0\right)R_F$$

$$= -\left(\frac{U_R}{2R}D_3 + \frac{U_R}{4R}D_2 + \frac{U_R}{8R}D_1 + \frac{U_R}{16R}D_0\right)R_F$$

$$= -\frac{U_R R_F}{16R}(2^3 D_3 + 2^2 D_2 + 2^1 D_1 + 2^0 D_0)$$

也可写成

$$U_o = KU_R(2^3 D_3 + 2^2 D_2 + 2^1 D_1 + 2^0 D_0)$$

式中，$K = -\frac{R_F}{16R}$。括号中的部分是 4 位二进制数按“权”的展开式，即其相应的十进制数。

由此推广到一般情况，若有 n 位二进制数 $D_{n-1}D_{n-2}D_{n-3}\cdots D_2D_1D_0$，其相应的十进制数

$$N = 2^{n-1}D_{n-1} + 2^{n-2}D_{n-2} + \cdots + 2^1 D_1 + 2^0 D_0$$

如果将其输入到 n 位数/模转换器中，相应的输出模拟电压

$$U_o = KU_R(2^{n-1}D_{n-1} + 2^{n-2}D_{n-2} + \cdots + 2^1 D_1 + 2^0 D_0)$$

式中，$K = -\frac{1}{2^n}\cdot\frac{R_F}{R}$。可见，输入的数字量被转换为模拟电压，而且输出模拟电压的大小直接与输入二进制数的大小成正比，从而实现了数字量到模拟电压的转换。

例如，对于 4 位数/模转换器，当 $D_3D_2D_1D_0 = 1111$ 时，$U_o = -\frac{15}{16}\cdot\frac{R_F}{R}\cdot U_R$；当 $D_3D_2D_1D_0 = 1001$ 时，$U_o = -\frac{9}{16}\cdot\frac{R_F}{R}\cdot U_R$。

其他类型的数/模转换器，电路形式各异，但输出模拟电压与输入的数字量的关系基本与上述关系相同。

随着集成电路技术的发展，由于数/模转换器应用十分广泛，所以制成了各种数/模集成电路芯片供选用。按输入的二进制数的位数分类有 8 位、10 位、12 位、16 位等。其集成芯片有多种型号，如 DAC0832 是带有双缓冲的、分辨率为 8 位的 D/A 转换器，功耗仅 200 mW。图 11.14 是 DAC0832 的原理框图，由图可见，它包含两个 8 位寄存器和一个 8 位 D/A 转换器。DAC0832 有两种工作方式。

(1) 单级缓冲。输入寄存器处于受控状态，数据寄存器处于直通状态，输入数据先送到输入寄存器，并立即送入 D/A 转换器完成数/模转换。这种方式一般用于一路 D/A 转换。

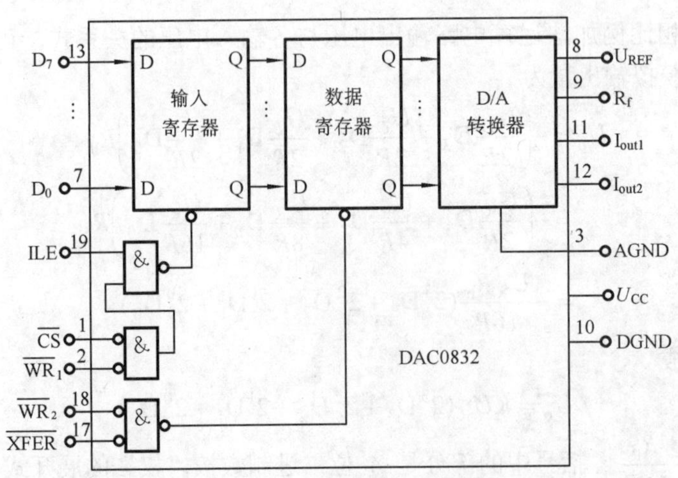

图 11.14　DAC0832 原理框图

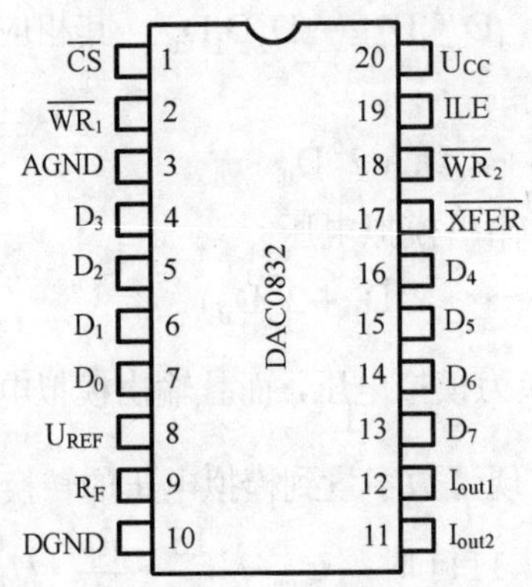

图 11.15　DAC0832 的管脚引线图

(2) 双级缓冲。两级寄存器均处于受控状态，数字量的输入锁存和 D/A 转换分两步完成，这种方式一般用于多路 D/A 的同步转换。因此，DAC0832 在运行过程中可以同时保留两组数据，一组是即将转换的数据，保存在 D/A 转换器中，另一组是下一组数据，保存在输入寄存器中。

图 11.15 是 DAC0832 的管脚引线图，各管脚功能简介如下。

I_{out1}、I_{out2}：电流（模拟信号）输出端。

$D_7 \sim D_0$：数据（数字信号）输入端。

R_F：反馈电阻，用作外接运算放大器的负反馈电阻，与 DAC 具有相同的温度特性。

U_{REF}：参考电压输入，可在+10～－10 V 之间选择。

U_{CC}：电源电压，可在+5～+15 V 之间选择。

AGND：模拟地。

DGND：数字地。

$\overline{CS}$：片选信号、低电平有效；$\overline{CS}=0$ 时，本芯片选通，可以运行。

ILE：输入寄存器选通信号，高电平有效。

$\overline{WR_1}$：写信号 1，低电平有效。当 $\overline{CS}=0$、$ILE=1$、$\overline{WR_1}=0$ 时，输入数据被送入输入寄存器；当 $\overline{WR_1}=1$ 时，输入寄存器中的数据被锁存，不能修改其

中的内容。

$\overline{XFER}$：传输控制信号，低电平有效。

$\overline{WR_2}$：写信号 2，低电平有效。当$\overline{XFER}=0$和$\overline{WR_2}=0$时，输入寄存器的内容被送入数据寄存器，并进行 D/A 转换。

图 11.16 是 DAC0832 与单片微型计算机 8031 的单缓冲方式接口电路，$\overline{CS}$和$\overline{XFER}$都和 8031 的地址选择线 P_{27} 相连，ILE 接高电平（+5 V），$\overline{WR_1}$ 和 $\overline{WR_2}$ 都由 8031 的写信号端控制。当 8031 的地址线选通 DAC0832 后，只要发出信号$\overline{WR}$（即$\overline{WR}=0$），就能一步完成数字量的输入锁存和 D/A 转换输出。

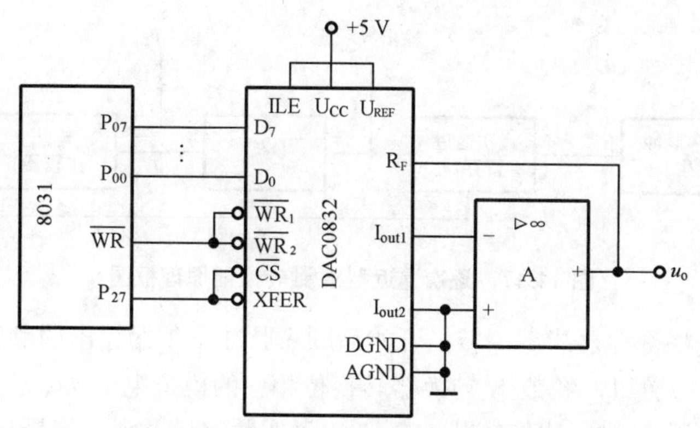

图 11.16 DAC0832 配接微机的典型电路

11.5 A/D 转换器

模/数转换器与数/模转换器相反，它的任务是将模拟量输入信号（如电压或电流信号）转换成数字量输出。模/数转换器类型也较多，下面只介绍目前用得较多的逐次逼近型模/数转换器。

它的工作原理可用天平称量过程作比喻说明。若有四个分别重为 8 g、4 g、2 g、1 g 的砝码，去称重 13 g 的物体，可采用表 11.7 步骤称量。

表 11.7 逐次逼近型称物示例

顺序	砝码重量	比 较 判 别	该砝码是保留或除去	暂时结果
1	8 g	砝码重量<待测物重量	保留	8 g
2	加 4 g	砝码总重量<待测物重量	保留	12 g
3	加 2 g	砝码总重量>待测物重量	除去	12 g
4	加 1 g	砝码总重量=待测物重量	保留	13 g

由上表可见，上述称量过程遵循如下几条。

(1) 按砝码重量逐次减半的顺序加入砝码。

(2) 每次所加砝码是否保留，取决于加入新砝码后天平上的砝码总重量是否超过待测物的重量：若超过，新加入的砝码应撤除；若未超过，新加砝码应保留。

(3) 直到重量最轻的一个砝码也试过后，天平上所有砝码重量的总和就是待测物重量。

逐次逼近型模/数转换器的工作原理与上述称物过程十分相似。逐次逼近型模/数转换器一般由顺序脉冲发生器、逐次逼近寄存器、数/模转换器和电压比较器等几部分组成，其原理框图如图 11.17 所示。

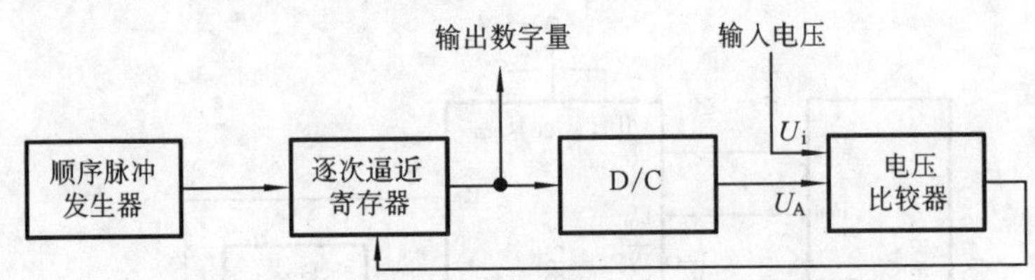

图 11.17　逐次逼近型模/数转换器原理框图

转换前先将寄存器清零。转换开始后顺序脉冲发生器输出的顺序脉冲首先将寄存器的最高位置 1，经数/模转换器转换位相应的模拟电压 U_A 送入比较器与待转换的输入电压 U_i 进行比较。若 $U_A > U_i$，说明数字量过大，将最高位的 1 除去，而将次高位置 1；若 $U_A < U_i$，说明数字量还不够大，应将这一位的 1 保留，还需将次高位置 1。这样逐次比较下去，一直到最低位比较完为止。最后，寄存器的逻辑状态（即其存数）就是输入电压 U_i 转换成的输出数字量。

因为模拟电压在时间上一般是连续变化的量，而要输出的是数字量（二进制数），所以在进行转换时必须在一系列选定的时间间隔对模拟电压采样，经采样保持电路得出的每次采样结束时的电压就是上述待转换的输入电压 U_i。

目前，一般用的大多是单片集成模/数转换器，其种类很多，例如 ADC0801、ADC0804、ADC0809 等。ADC0809 是 8 位逐次逼近型模/数转换器，在使用时可查阅产品手册，以了解其外引线排列及使用要求。

以 ADC0809 为例，它是采用 CMOS 工艺制成的逐次逼近型 A/D 转换器，有 8 路模拟量输入通道，输出为 8 位二进制数，最高转换速度约为 100 μs。ADC0809 的管脚引线如图 11.18 所示，各管脚功能简介如下。

$IN_0 \sim IN_7$：8 个模拟量输入通道，可以对 8 路不同的模拟输入量进行 A/D 转换。

ADDC、ADDB、ADDA（C、B、A）：通道号选择端口。例如：CBA=000，

选通 IN_0 通道；CBA=001，选通 IN_1 通道；CBA=101，选通 IN_5 通道；等等。

D_7～D_0：数字量输出端。

START：启动 A/D 转换，当 START=1 时，开始 A/D 转换。

EOC：转换结束信号，A/D 转换结束后 EOC 端发出一个正脉冲，作为判断 A/D 转换是否完成的检测信号，或作为向计算机申请中断（请求读转换结果进行处理）的信号。

OE：输出允许控制端，当 OE=1 时，将 A/D 转换结果送入数据总线（即读取数字量）。

CLK：实时时钟，可通过外接 RC 电路改变芯片的工作频率。

U_{CC}：电源电压，+5 V。

引脚名	引脚号	引脚号	引脚名
IN_3	1	28	IN_2
IN_4	2	27	IN_1
IN_5	3	26	IN_0
IN_6	4	25	ADDA
IN_7	5	24	ADDB
START	6	23	ADDC
EOC	7	22	ALE
D_4	8	21	D_0
OE	9	20	D_1
CLK	10	19	D_2
U_{CC}	11	18	D_3
REF(+)	12	17	D_7
GND	13	16	REF(−)
D_6	14	15	D_5

ADC 0809

图 11.18　ADC0809 的管脚引线图

REF（+）、REF（-）：外接参考电压端口，为片内 D/A 转换器提供标准电压，一般 REF（+）接+5 V，REF（-）接地。

GND：接地端。

ALE：地址锁存信号，高电平有效，当 ALE=1 时允许 C、B、A（通道号选择端口）所示地址读入地址锁存器，并将所选择通道的模拟量接入 A/D 转换器。

图 11.19 所示为 ADC0809 的典型应用连接方法，其中地址输入 CBA=000，是选中通道 IN_0 为输入通道（C、B、A 端可由计算机控制，以选择不同的模拟量输入通道）。由计算机发出的片选信号 $\overline{CS}$ 可使本片 A/D 转换器被选中，写控制信号 $\overline{WR}$ 控制 A/D 转换开始，读控制信号 $\overline{RD}$ 允许输出数字量。EOC 信号可作为 A/D 转换器的状态查询信号，也可作为向计算机申请中断处理的信号。

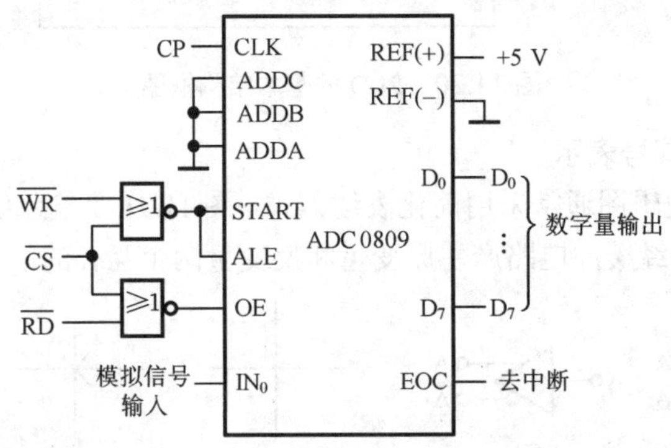

图 11.19　ADC0809 的典型应用连线图

除了逐次逼近型之外，A/D 转换器还有双积分型，其特点是抗干扰能力强，但转换速度不高。常用的双积分型 A/D 转换器如 MC14433 的精度为 $3\frac{1}{2}$ 位（指 4 位十进制数，但最高位只能是 0 或 1，通称“半位”，相当于 11 位二进制数），具有功耗低、功能完备、使用灵活等优点。但转换速度仅为 3~10 次/秒，主要用于各种数字式仪表中。

11.6 可编程逻辑器件简介

早期的可编程逻辑器件只有可编程只读存储器（PROM）、紫外线可擦除只读存储器（EPROM）和电可擦除只读存储器（EEPROM）三种。由于结构的限制，它们只能完成简单的数字逻辑功能。其后，出现了一类结构上稍复杂的可编程芯片，即可编程逻辑器件（PLD），它能够完成各种数字逻辑功能。典型的 PLD 由一个**与**门和一个**或**门阵列组成，而任意一个组合逻辑都可以用**与或**表达式来描述，所以 PLD 能以乘积和的形式完成大量的组合逻辑功能。

PLD 的基本结构如图 11.20 所示。它由输入缓冲、**与**阵列、**或**阵列和输出结构等四部分组成。其中**与**阵列和**或**阵列是电路的核心，由**与**门构成的**与**阵列用来产生乘积项，由**或**门构成的**或**阵列用来产生乘积项之和形式的函数。输入缓冲电路可以产生输入变量的原变量和反变量。输出结构相对于不同的 PLD 差异很大，有些是组合输出结构，有些是时序输出结构，还有些是可编程的输出结构。输出信号往往可以通过内部通路反馈到与阵列的输入端。

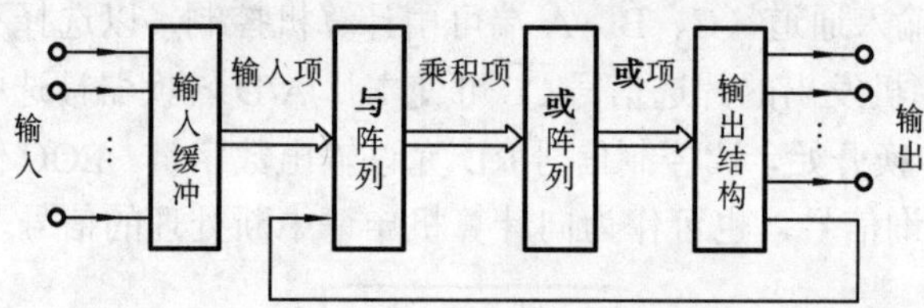

图 11.20 PLD 的基本结构框图

1. PLD 电路符号表示

PLD 器件的逻辑图通常采用简化表达方式，图 11.21 是输入缓冲电路的两种表达方式。输入信号经缓冲电路产生原变量和反变量两个互补的信号供**与**阵列使用。

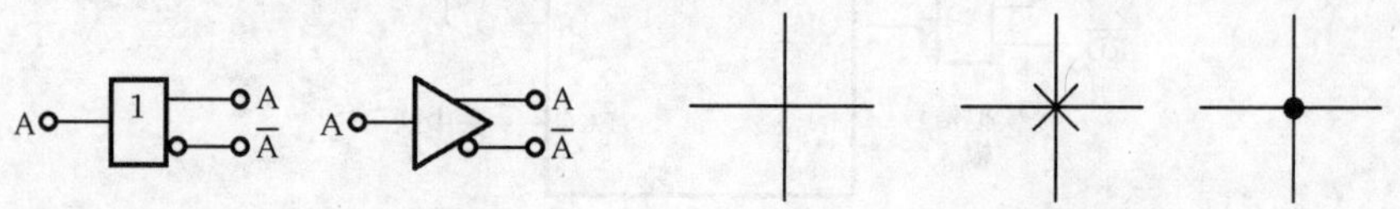

图 11.21 输入缓冲电路图　　图 11.22 交叉点上的连接

在门阵列中交叉点上的连接情况用图 11.22 的三种方式表达，其中：“•”表示由生产厂家连接好，不可编程；“×”表示可编程连接，用户可以在编程时将不需要的“×”去掉。

对有多个输入的 PLD **与**阵列如图 11.23(a)所示，可采用图 11.23(b)省略画法用一条输入线表达，凡是通过“•”或“×”与该输入线连接的输入信号都是该**与**门的一个输入信号，图 11.23 有三个输入信号加在该**与**门上，因而其输出为 $Z=\overline{I_2}+I_1+I_0$。

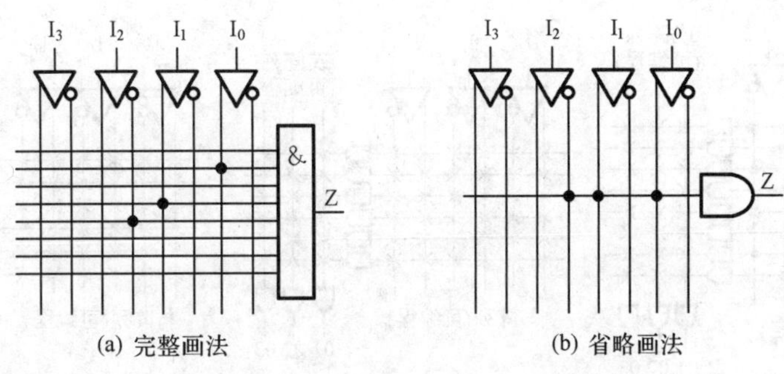

图 11.23 PLD 与阵列的省略画法

2. PLD 的分类

通常根据 PLD 的各个部分是否可以编程或组态，将 PLD 分为 PROM（可编程只读存储器）、PLA（可编程逻辑阵列）、PAL（可编程阵列逻辑）、GAL（通用阵列逻辑）四类，它们统称为简单 PLD，其特点如表 11.8 所示。

表 11.8 PLD 的分类

分　类	**与**阵列	**或**阵列	输出结构
PROM	固　定	可编程	固　定
PLA	可编程	可编程	固　定
PAL	可编程	固　定	固　定
GAL	可编程	固　定	可组态

图 11.24(a)所示的是用省略画法表达的 PROM 的阵列结构。PROM 是由固定的**与**阵列和可编程的**或**阵列组成，当**与**阵列有 n 个输入时，就会有 2^n 个输出（全译码），即要有 2^n 个 n 输入的**或**门存在。由于 PROM 是直接实现未经化简的**与或**表达式的每个最小项，因而在门的利用率上常常是不经济的。因此，PROM 阵列的全译码功能更适合于用作存储器。

图 11.24(b)所示的是省略画法表达的 PLA 的阵列结构。PLA 的**与**阵列和**或**阵

列均可以编程，因而可以实现经过逻辑化简的**与或**逻辑函数，**与或**阵列可以得到充分的利用，但迄今为止，由于缺少高质量的编程工具，PLA 的使用尚不广泛。

图 11.24(c)所示的是省略画法表达的 PAL（GAL）的阵列结构。PAL 的**与**阵列可编程，**或**阵列固定。每个输出是若干个乘积项之和。输出电路还可以具有 I/O 双向传送功能、包含寄存器和向**与**阵列的反馈。用户通过编程可以实现各种组合逻辑和时序逻辑电路。PAL 采用熔丝式双极型工艺，只能一次编程。但因工作速度快，开发系统完整，仍得到广泛应用。

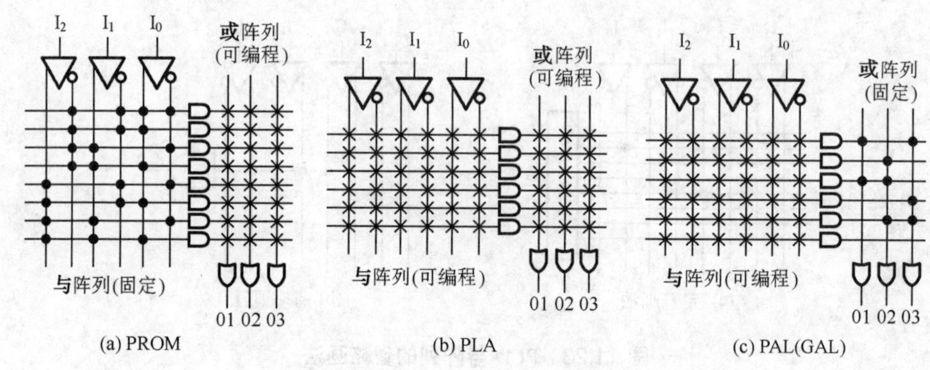

图 11.24 PLD 的结构示意图

GAL 的基本门阵列部分与 PAL 相同，也是**与**阵列可编程、**或**阵列固定。但其输出电路采用了逻辑宏单元，用户可以对输出方式自行组成。新一代的 GAL 产品的**或**阵列也可以编程，因而功能更强，使用更灵活。GAL 采用 EEPROM 的浮栅技术，实现了电可擦除功能，大大方便了用户的使用。CPLD 是从 GAL 的结构扩展而来的，但针对 GAL 的不足进行了改进。CPLD 采用 EECMOS 工艺，增加了内部互连线，改进了内部结构体系，比 GAL 性能更好，设计更加灵活。

可编程逻辑器件的种类很多，几乎每个大的可编程逻辑器件供应商都能提供具有自身结构特点的 PLD 器件。20 世纪 80 年代中期，Altera 和 Xilinx 分别推出了类似于 PAL 结构的扩展型 CPLD（complex programmable logic device，复杂可编程逻辑器件）和标准门阵列类似的 FPGA（field programmable gate array，现场可编程门阵列)，它们都具有体系结构和逻辑单元灵活、集成度高以及适用范围宽等特点。这两种器件兼容了 PLD 和通用门阵列的优点，可实现较大规模的电路，编程也很灵活。**与**门阵列与其他 ASIC（application specific IC，专用集成电路）相比，具有设计开发周期短、设计制造成本低、开发工具先进、标准产品无须测试、质量稳定以及可实时在线检验等优点，因此被广泛应用于产品的原形设计和产品生产（一般在 10 000 件以下）。此外，CPLD/FPGA 还具有静态可重复编程或在线动态重构特性，使硬件的功能可以像软件一样通过编程来修改，不仅使设计修改和产品升级变得十分方便，而且极大地提高了电子系统的灵活性和通用能力。几乎所有应用门阵列、PLD 和中小规模通用数字集成电路的场合均可应用 FPGA 和 CPLD 器件。

本 章 小 结

1. 时序逻辑电路具有记忆功能，它的输出状态不仅与输入状态有关，还与这次输入前电路的状态有关。

2. 记住基本 R-S 触发器的逻辑功能。基本 R-S 触发器的输出状态仅取决于 $\overline{S}_D$ 和 $\overline{R}_D$ 的状态。当 $\overline{S}_D=0$，$\overline{R}_D=0$ 时，输出状态不定，应禁止。

3. 记住可控 R-S 触发器的逻辑功能。可控 R-S 触发器的输出状态取决于 R、S 和时钟脉冲 CP 的状态。具有前沿触发的特点。当 R=1、S=1 时输出状态不定，应禁止。

4. 主从型 J-K 触发器具有在时钟脉冲后沿触发的特点，不管 J、K 状态如何，输出只可能在时钟脉冲后沿翻转。是否翻转取决于 J、K 的状态。没有禁止的情况。

5. 维持-阻塞型 D 触发器是一种具有前沿触发特点的触发器。它的逻辑功能为当时钟脉冲的前沿到来后，它的输出将成为 D 的状态。

6. 寄存器分为数码寄存器和移位寄存器两类。数码寄存器速度快但必须有较多的输入、输出端，而移位寄存器速度较慢但仅需要很少的输入、输出端。

7. 计数器分为加法和减法计数器，二进制和 n 进制计数器，同步和异步计数器。

8. 从应用实践出发，本章介绍了模拟量与数字量的转换。数/模转换器和模/数转换器往往是数字系统中不可缺少的组成部分，因此了解其原理和用途是很有意义的。

9. 通过对可编程逻辑器件基本结构和分类的简单介绍，希望读者对 PLC 及 FPGA 和 CPLD 有一个初步的概念，以扩展学生的视野。

习 题

11.1 说明时序逻辑电路和组合逻辑电路在功能上的不同之处。

11.2 基本 R-S 触发器的输入波形如题 11.2 图所示，试画出输出 Q 和 $\overline{Q}$ 的波形。设触发器的初始状态为 0。

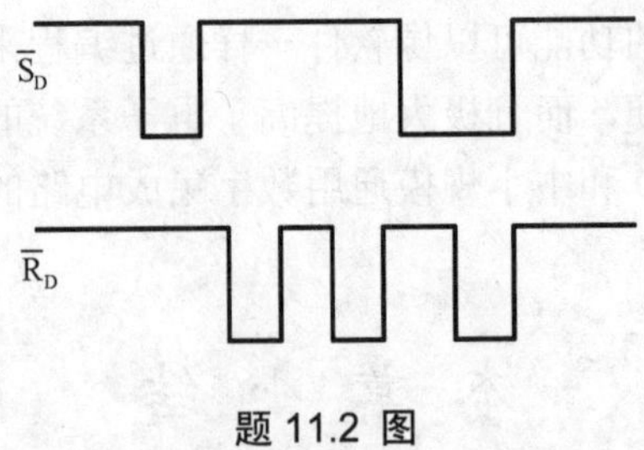

题 11.2 图

11.3　可控 R-S 触发器的输入 R、S 及时钟脉冲 CP 的波形如题 11.3 图所示，试画出输出 Q 和 $\overline{Q}$ 的波形。设触发器的初始状态为 0。

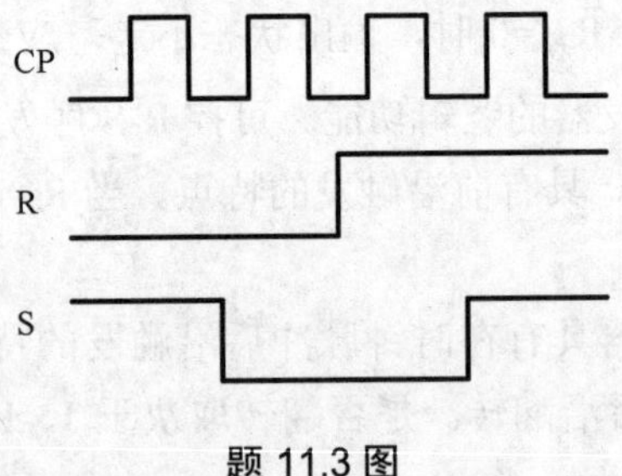

题 11.3 图

11.4　J-K 触发器的输入信号 J、K 及 CP 波形如题 11.4 图所示。设触发器的初始状态为 0，试画出输出端 Q 的波形图。

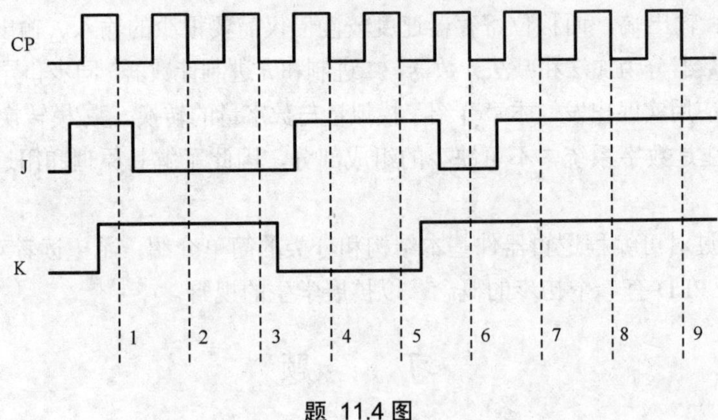

题 11.4 图

11.5　维持-阻塞型 D 触发器的输入信号 D 及 CP 波形如题 11.5 图所示。设触发器的初始状态为 0，试画出输出端 Q 的波形图。

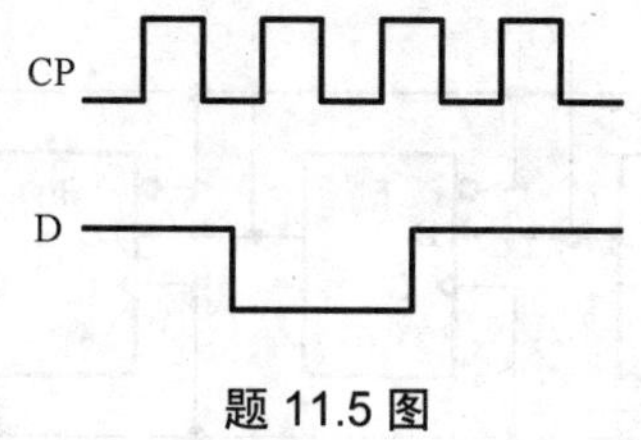

题 11.5 图

11.6　题 11.6 图所示电路，设两触发器初始状态为 0，A、CP 波形如图，画出输出 Q_1、Q_2 的波形。

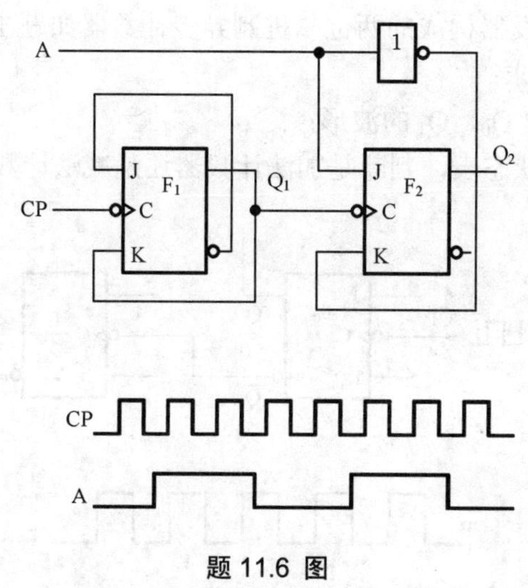

题 11.6 图

11.7　题 11.7 图所示电路，设两触发器初始状态为 0，CP 波形如图，画出输出 Q_1、Q_2 的波形。

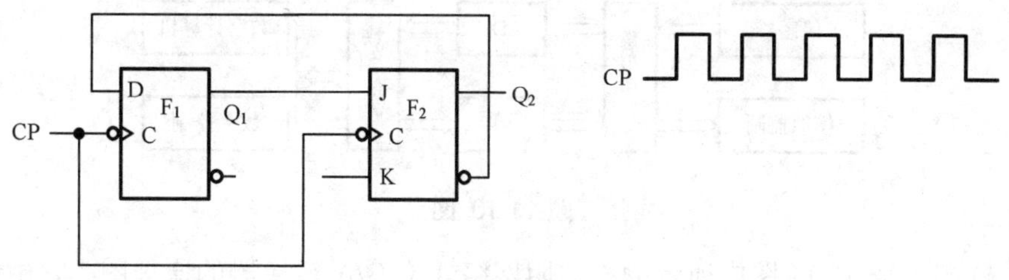

题 11.7 图

11.8　题 11.8 图所示电路是由四个 D 触发器组成的 4 位移位寄存器。设原存储数为 1101，待存入数为 1001，试说明其移位寄存的工作原理。

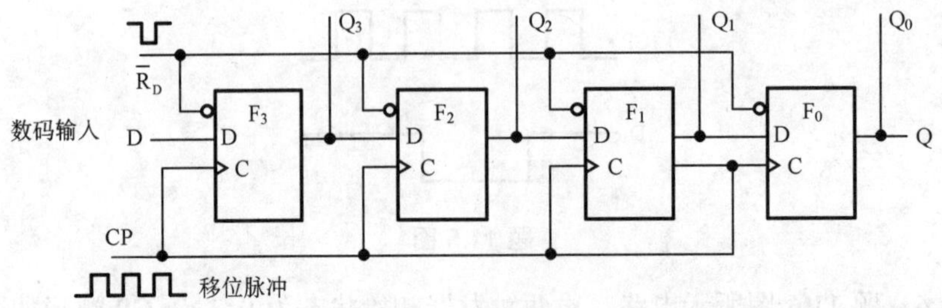

题 11.8 图

11.9　由 J-K 触发器构成的两位二进制异步计数器如题 11.9 图所示，其初始状态为 $Q_0=Q_1=1$。试求：

(1) 对照 CP 画出 Q_0、Q_1 的波形；

(2) 列出其计数状态表，判断是加法计数器还是减法计数器。

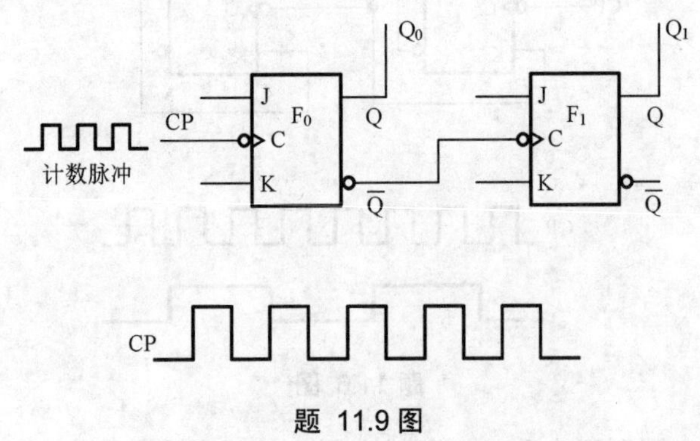

题 11.9 图

11.10　试分析题 11.10 图中所示框图的含义。

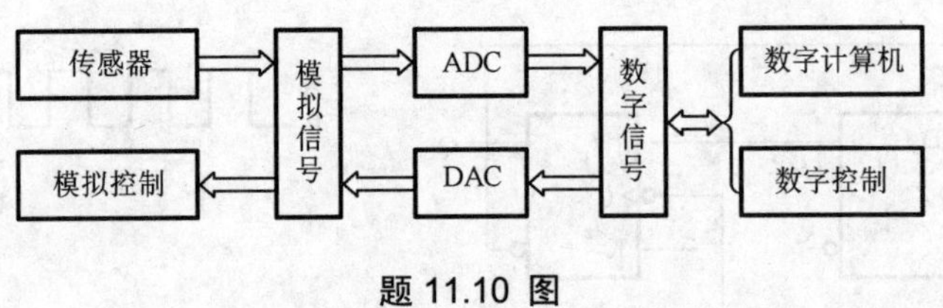

题 11.10 图

11.11　题 11.11 图中所示为权电阻网络 4 位 D/A 转换器的原理图。它由电子模拟开关权电阻求和网络、运算放大器和基准电压源等部分组成。电子模拟开关运算放大器和基准电压源的作用与本章所介绍的 T 形电阻网络 D/A 转换器中的相同。现对权电阻求和网络说明如下：对应于 n 位二进制数，权电阻求和网络由 n 个电阻组成（如图中的 R_0～R_3）。各电阻取值是按二进制数各位的权成反比减小的，即高一位的电阻值是相邻低位的电阻值的二分之一。试根据电路求出输出模

拟电压 U_o 与输入二进制数 $D_3D_2D_1D_0$ 的关系式。

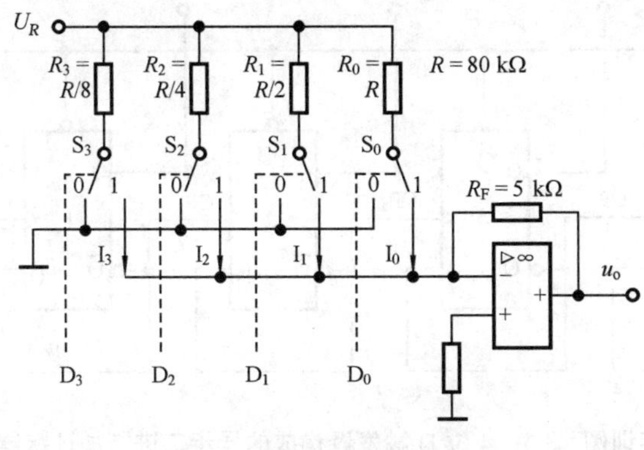

题 11.11 图

11.12 试举一实例，说明 D/A 转换器和 A/D 转换器的实际应用。

实训十三 计数器及其运用

1. 实训目的

(1) 熟悉和掌握用集成触发器构成计数器的方法。

(2) 了解和初步掌握中规模集成计数器的使用方法及功能测试。

(3) 掌握用中规模集成计数器构成任意进制计数器的方法。

2. 实训原理

(1) 计数器是用以实现计数功能的时序逻辑部件，计数器不仅可用来脉冲计数，还可用做数字系统的定时、分频和执行数字运算以及其他特定的逻辑功能。

(2) 计数器的种类很多：按材料可分有 TTL 型和 CMOS 型；按工作方式可分为同步计数器和异步计数器；根据计数制的不同又可分为二进制计数器、十进制计数器和 N 进制计数器；根据计数的增减趋势还可分为加计数器和减计数器等。

目前，无论是 TTL 集成计数器或 CMOS 集成计数器，品种都比较齐全。使用者只要借助于电子手册提供的功能表和工作波形图以及管脚排列图，即可正确地运用这些中规模集成计数器器件。

(3) 用 4 位 D 触发器构成的异步二进制加/减计数器。

实训图 13.1 所示电路是由 4 位 D 触发器构成的异步二进制加计数器。连接特点是：把 4 只 D 触发器都接成 T'触发器，使每只触发器的 D 输入端均与输出的 $\overline{Q}$ 端相连，接于相邻高位触发器的 CP 端作为其时钟脉冲输入。

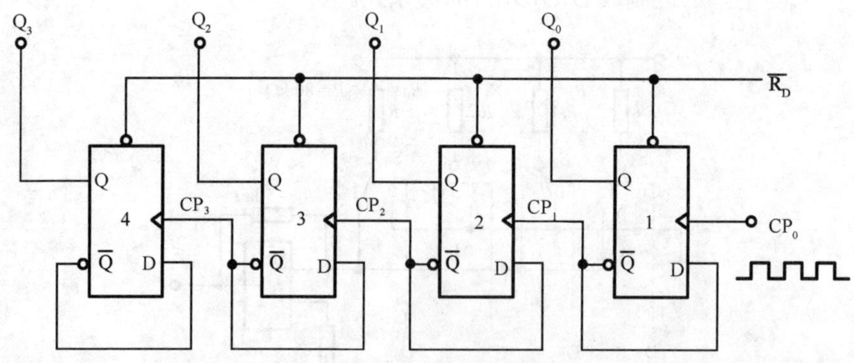

实训图 13.1　4 位 D 触发器构成的异步二进制加计数器

若把实训图 13.1 稍加改动，就可得到 4 位 D 触发器构成的二进制减法计数器。改动中只需把高位的 CP 端从与低位触发器 $\overline{Q}$ 端相连改为与低位触发器的 Q 端相连即可。

(4) 中规模的十进制计数器功能测试。

74LS192（或 CC40192）是 16 脚的同步集成计数器电路芯片，具有双时钟输入、清除和置数等功能，其管脚排列图及逻辑图符号如实训图 13.2 所示。

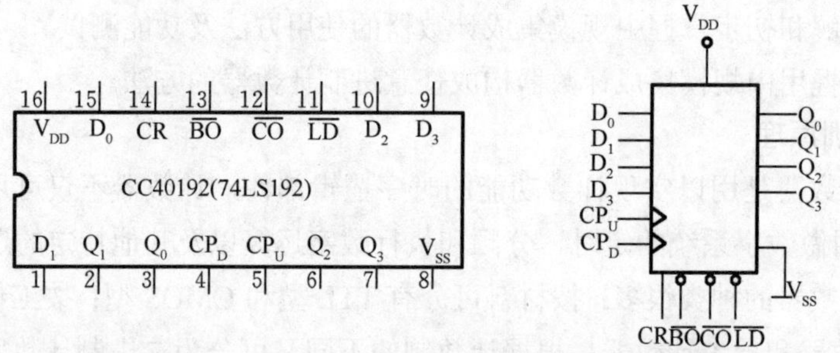

实训图 13.2　74LS192 集成计数器电路芯片

管脚 11 是置数端 $\overline{LD}$，管脚 5 是加计数端时钟脉冲输入端 CP_U，管脚 4 是减计数端时钟脉冲输入端 CP_D，管脚 12 是非同步进位输出端 $\overline{CO}$，管脚 13 是非同步借位输出端 $\overline{BO}$，管脚 15、1、10、9 分别为计数器输入端 D_0、D_1、D_2、D_3，管脚 3、2、6、7 分别是数据输出端 Q_0、Q_1、Q_2、Q_3，管脚 14 是清零端 CR，管脚 8 为“地”端（或负电源端），管脚 16 为正电源端，与+5 V 电源相连。

CC40192 与 74LS192 功能及管脚排列相同，二者可互换使用。测试方法按照实训表 13.1 进行，把测试结果填入实训表 13.1 中。

实训表 13.1　74LS192 测试记录表

输入								输出				功能
CR	$\overline{LD}$	CP_U	CP_D	D_3	D_2	D_1	D_0	Q_3	Q_2	Q_1	Q_0	
1	×	×	×	×	×	×	×					同步置数
0	0	×	×	d	c	b	a					异步清零
0	1	↑	1	×	×	×	×	8421BCD 码递增				减计数
0	1	1	↑	×	×	×	×	8421BCD 码递减				加计数

(5) 实现任意进制的计数器。

①用反馈清零法获得任意进制的计数器。

若要获得某一个 n 进制计数器时，可采用 m 进制计数器（必须满足 $m > n$）利用反馈清零法实现。例如，用一片 CC40192 获得一个六进制计数器，可按实训图 13.3 连接。

原理：当计数器计数至 4 位二进制数“0110”时，其两个为“1”的端子连接于**与非**门 “全 1 出 0”，再经过一个**与非**门“有 0 出 1”直接进入清零端 CR，计数器清零，重新从 0 开始循环，实现了六进制计数。

②用反馈预置法获得任意进制的计数器。

由三个 CC40192 可获得 421 进制计数器，其连接如实训图 13.4 所示。

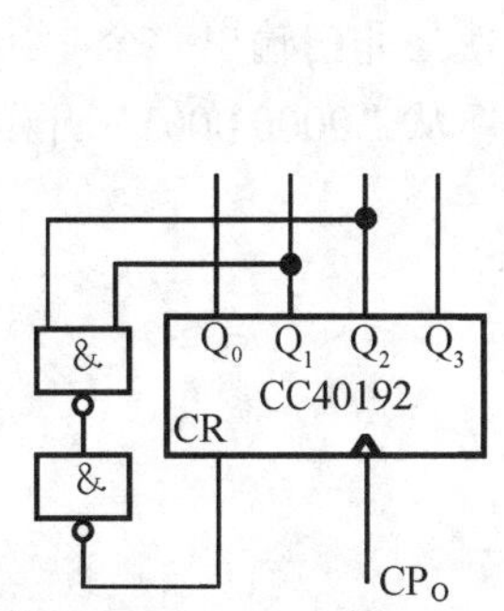

实训图 13.3　六进制计数器

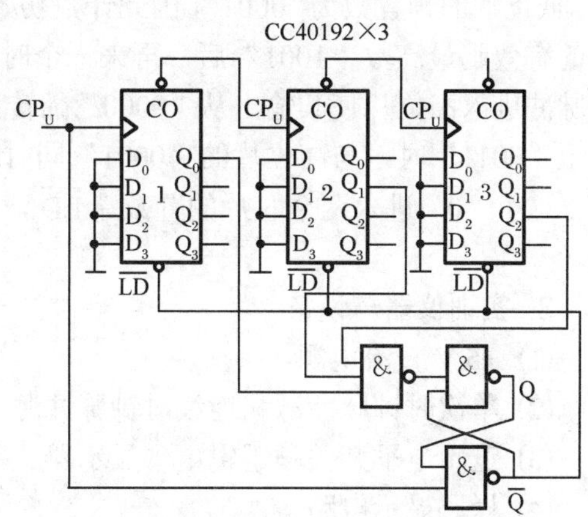

实训图 13.4　421 进制计数器

原理：只要高位片出现“0100”、次高位片出现“0010”、低位片出现“0001”时，三个“1”被送入**与非**门“全 1 出 0”，这个“0”被送入由两个**与非**门构成的

R-S 触发器的置“1”端，使$\overline{Q}$端输出的“0”送入三个芯片的置数端$\overline{LD}$，由于三个芯片的数据端均与地线相连，因此各计数器输出被“反馈置零”。计数器重新从“0000 0000 0000”计数，直到再来一个“0100 0010 0001”回零重新循环计数。

③ 用两片 CC40192 集成电路构成一个特殊的十二进制计数器。

在数字钟里，时针的计数是以 1~12 进行循环计数的。显然这个计数中没有“0”，那么我们就无法用一片集成电路实现，用两片 CC40192 构成十二进制计数器的电路图如实训图 13.5 所示。

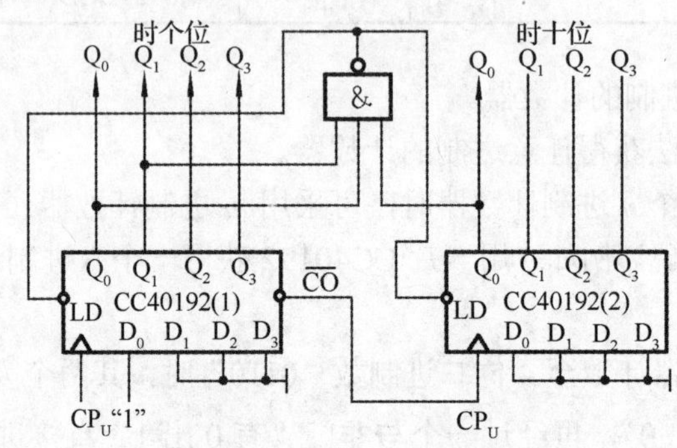

实训图 13.5 十二进制计数器

原理：芯片 1 为低位片，芯片 2 为高位片，两个芯片级联，即让芯片 1 的进位输出端$\overline{CO}$作为高位芯片的时钟脉冲输入，接于高位片的加计数时钟脉冲端 CP_U 上。低位片的预置数为“0001”，因此计数初始数为“1”，当低位片输出为 8421BCD 码的有效码最高数“1001”后，再来一个时钟脉冲就产生一个进位脉冲，这个进位脉冲进入高位片使其输出从“0000”翻转为“0001”，低位片继续计数，当又计数至“0011”时，与高位片的“0001”同时送入**与非**门，使与**非门**输出“全 1 出 0”，这个“0”进入两个芯片的置数端$\overline{LD}$，于是计数器重新从“0000 0001”开始循环。

3. 实训仪器与设备

(1) +5 V 直流电源。

(2) 单次时钟脉冲源和连续时钟脉冲源。

(3) 逻辑电平开关和逻辑电平显示器。

(4) 译码显示电路。

(5) 74LS74（或 CC4013）双 D 集成触发器芯片 2 只，74LS192（或 CC40192）集成计数器芯片 3 只，74LS00（或 CC4011）四 2 输入**与非**门集成电路 1 只，74LS20（或 CC4012）双 4 输入**与非**门 1 只。

(6) 相关实验设备及连接导线若干。

4. 实训内容与步骤

(1) 用 CC4013 或 74LS74 D 触发器构成 4 位二进制异步加法计数器。

① 按照原理图连线，注意异步清零端 $\overline{R}_D$ 接至逻辑开关输出插口，将低位 CP_U 端接单次脉冲源，输出端 Q_3、Q_2、Q_1、Q_0 接逻辑电平显示输入插口，各异步置位端 $\overline{S}_D$ 接高电平“1”。

② 异步清零后，逐个送入单次脉冲，观察并列表记录 Q_3～Q_0 的状态。

③ 将单次脉冲源改为 1 Hz 的连续时钟脉冲源，观察 Q_3～Q_0 的状态。

④ 把图示电路中低位触发器的 Q 端与高一位的 CP 端相连接，构成减法计数器，重新按照上述步骤实验观察，并列表记录 Q_3～Q_0 的状态。

(2) 测试 CC40192 或 74LS192 同步十进制可逆计数器的逻辑功能。

计数脉冲由单次脉冲源提供，清零端 CR、置数端 $\overline{LD}$、数据输入端 D_3 、D_2、D_1、D_0 分别接逻辑电平开关，输出端 Q_3、Q_2、Q_1、Q_0 接实验设备的一个译码显示输入相应插口 A、B、C、D；$\overline{CO}$ 和 $\overline{BO}$ 接逻辑电平显示插口。

(3) 按照 N 进制计数器实现的三个电路图连接电路，观察计数情况，记录在自制表格中（注意采用连续时钟脉冲源）。

5. 实训报告

(1) 实训原始数据记录。

(2) 实验数据分析计算结果。

(3) 思考题：

① 设计一个数字钟分针或秒针的六十进制计数器电路，用 CC40192 或 74LS192 同步十进制可逆计数器来实现。

② 用反馈清零法和反馈预置数法分别设计一个七进制计数器。

第 12 章　电力电子技术简介

电力电子技术是以电力为对象的电子技术，具体地说，就是利用电力电子器件对电能进行控制、转换和传输的技术。它的研究对象是电力电子器件的应用、电力电子电路的电能变换原理以及电力电子装置的开发与应用。电力电子技术的发展取决于电力电子器件的研制与应用。电力电子电路的根本任务是完成交流和直流电能的转换，其基本的转换形式可分为如下四种：一是将交流电能转换为直流电能，也称为整流，与前面所学的整流不同之处是能实现可控整流；二是将不可控的直流电能转换为可控的直流电能，也称为直流斩波；三是将直流电能变换为交流电能，也称为逆变；四是把交流电能的参数(幅值、频率)加以转换，称为交流变换电路，细分为交流调压和交流变频电路。电力电子电路一般由电力电子器件、电力变换电路和控制电路组成。电力电子技术是一门电力、电子、控制三大电气工程技术领域之间的交叉学科，目前已发展为多学科互相渗透的综合性技术学科。

电力电子器件也就是电力半导体器件，包括半导体整流器、大功率晶体管、晶闸管及其派生器件，以及其他大功率半导体器件。

本章首先介绍晶闸管及绝缘栅双极型晶体管的工作原理、主要参数，然后讨论这些器件在可控整流、逆变、变频、调压等方面的应用。

12.1　常用电力电子器件

电力电子器件根据不同的开关特性可分为如下三种类型。

(1) 不可控器件。这类器件通常为两端器件，只能改变加在器件两端间的电压极性，不能控制其开通和关断，如整流二极管等。

(2) 半控型器件。这类器件通常为三端器件，通过控制信号能够控制其开通而不能控制其关断。普通晶闸管及其派生器件属于这一类。

(3) 全控型器件。这类器件也为三端器件，通过控制信号既可以控制其开通，也可以控制其关断，因而也称为自关断器件。这类器件有可关断晶闸管(GTO)、电力晶体管(GTR)、电力场效应晶体管(P-MOSFET)、绝缘栅双极型晶体管(IGBT)等。

除上述分类法外，根据控制信号不同，电力电子器件还可分为如下两类。

(1) 电流控制型器件。电力晶体管(GTR)、晶闸管(SCR)、可关断晶闸管(GTO)等属此类。

(2) 电压控制型器件。电力场效应晶体管(P-MOSFET)绝缘栅双极型晶体管(IGBT)等属此类。

本节主要介绍晶闸管，双向晶闸管、可关断晶闸管及绝缘栅双极型晶体管。

12.1.1 晶闸管

晶闸管(SCR)又称可控硅，是一种大功率的半导体器件。晶闸管的种类很多，有普通型、双向型、可关断型和快速型等。它具有体积小，重量轻，效率高，动作迅速，维护简单，操作方便，寿命长，控制特性好等优点。其主要缺点是过载能力和抗干扰能力差，控制电路也比较复杂。

1. 基本结构

图 12.1(a)所示为螺旋式和平板式晶闸管的外形图，图 12.1(b)为晶闸管的图形符号。它具有三个电极，分别为阳极 A、阴极 K 和控制极 G。容量大的晶闸管一般采用平板式，容量小的晶闸管与大功率二极管外形相似，只是比二极管多了一个控制极。

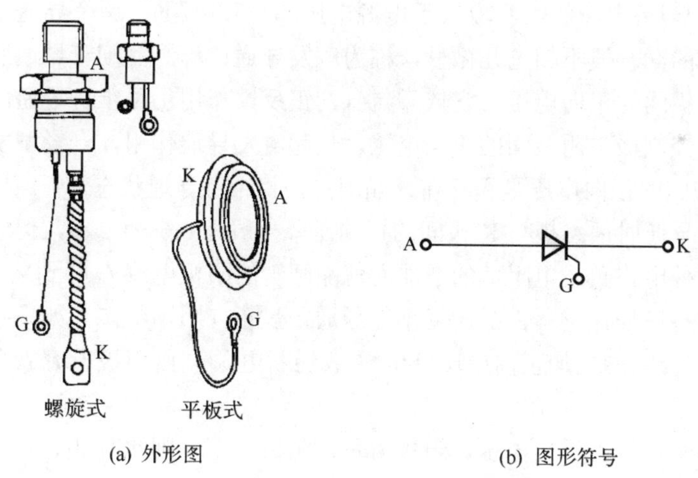

(a) 外形图　　(b) 图形符号

图 12.1　晶闸管的外形图和图形符号

晶闸管的内部结构示意图如图 12.2 所示，它由 PNPN 四层半导体构成，中间形成三个 PN 结：J_1、J_2、J_3。从外层 P_1 型半导体引出的电极是阳极 A，从外层 N_2 型半导体引出的电极是阴极 K，从中间 P_2 型半导体引出的电极是控制极 G。

2. 工作原理

为了说明晶体管的工作原理，我们把图 12.2(a)中的晶体管看成是 PNP(T_1)和

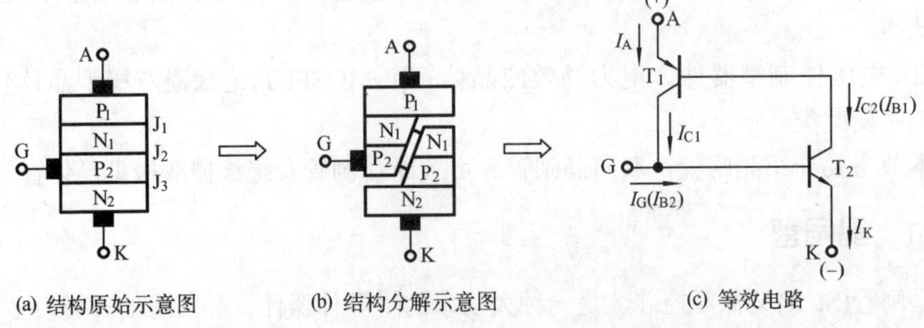

(a) 结构原始示意图　　(b) 结构分解示意图　　(c) 等效电路

图 12.2　晶闸管的结构示意图及等效电路

NPN(T_2)两个三极管组合而成，如图 12.2(b)所示。它们的等效电路如图 12.2(c)所示。

当阳极 A 与阴极 K 间加上正向电压、控制极 G 与阴极 K 间加上正向电压时，就产生控制极电流 I_G(即 I_{B2})，经 T_2 放大后，形成集电极电流 $I_{C2} = \beta_2 I_{B2}$。这个电流又是 T_1 的基极电流 I_{B1}，即 $I_{B1} = I_{C2}$；同样经 T_1 放大，产生集电极电流 $I_{C1} = \beta_1\beta_2 I_{B2}$，此电流又作为 T_2 的基极电流再行放大，如此往复循环，形成正反馈过程，从而使晶闸管完全导通(电流的大小取决于电源电压和负载电阻)。这个导通是在极短的时间内完成的，一般不超过几微秒，称为触发导通过程。晶闸管导通后即使失掉控制极与阴极间的正向电压，它依靠自身的正反馈作用仍可维持导通，并且不可控。因此，控制极与阴极间的正向电压，只起触发导通作用，一经触发后，不论 G 极与 K 极间的正向电压是否存在，晶闸管仍将维持导通状态。

晶闸管导通时，A 极与 K 极间的正向压降一般为 0.6～1.2 V，但应该注意的是，如果因外电路负载电阻值的增加而使晶闸管的阳极电流 I_A 降到某一数值时，就不能再维持正反馈过程，晶闸管不能导通，呈正向阻断状态。如果导通的晶闸管 A 极与 K 极间的外加正向电压降至零(或切断电源)，则阳极电流 I_A 降至零，晶闸管自行阻断。

如果晶闸管加上反向电压，阳极为负，阴极为正，则此时 J_1、J_3 结均呈反向电压，无论控制极是否加上正向触发电压，晶闸管均不导通，呈反向阻断状态。

综上所述可知，晶闸管导通的条件为：

(1) 阳极与阴极之间必须加上一定大小的正向电压；

(2) 控制极与阴极间必须加上正向触发电压。只有同时满足这两个条件，晶闸管才能导通，否则处于阻断状态。

3. 伏安特性

晶闸管的基本特性常用其伏安特性来表示，其阳极与阴极间的电压和电流的关系曲线如图 12.3 所示。

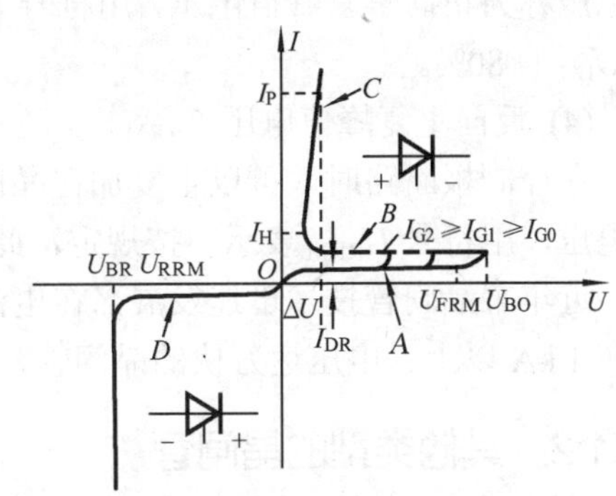

图 12.3　晶闸管的伏安特性曲线

晶闸管阳极与阴极间加上正向电压，控制极不加电压，J_1、J_3 结处于正向偏置，J_2 结处于反向偏置，晶闸管只流过很小的漏电流 I_{DR}，即特性曲线的 OA 段。此时晶闸管的阳极与阴极间呈现很大的电阻，处于“正向阻断状态”。当正向电压上升到转折电压 U_{BO} 时，J_2 结被击穿，漏电流突然增加，晶闸管由正向阻断状态突然变为导通状态。从图 12.3 可以看出，晶闸管导通后的正向特性(曲线 BC 段)与二极管的正向特性相似，本身的管压降很小，只有 1 V 左右，而通过的电流很大。晶闸管导通后，若电源电压减小或负载电阻增大时，正向电流就逐渐减小。当电流减小到某一数值时，晶闸管又从导通状态转为阻断状态，此时所对应的最小电流称作维持电流 I_H。

当晶闸管加上反向电压时，J_1、J_3 结处于反向偏置，J_2 结处于正向偏置。晶闸管只流过很小的反向漏电流 I_R，如图 12.3 中的 OD 段所示，此段特性与普通二极管的反向特性相似，晶闸管处于反向阻断状态。当反向电压增加到反向转折电压 U_{BR} 时，反向电流急剧增大，使晶闸管反向导通，并造成晶闸管永久性的破坏。

必须指出，在很大正向电压或反向电压作用下使晶闸管击穿导通，实际上是不允许的。通常应使晶闸管工作在正向阻断状态下，将正向触发电压加到控制极而使其导通。由图 12.3 可见，I_G 愈大，U_{BO} 愈小。当 I_G 足够大时，在阳极加上正向电压，晶闸管立即导通。利用这一点，就可以用几十毫安的极小电流控制几十、几百甚至上千安的极大电流。

4. 主要参数

晶闸管的参数很多，普通型晶闸管的主要参数及其意义如下。

(1) 额定正向平均电流 I_F。

在环境温度不大于 40 ℃和标准散热以及全导通的条件下，允许连续通过工频正弦半波电流的平均值称为额定正向平均电流。电流的大小常用有效值表示，因此晶闸管额定电流的有效值为其平均值的 1.57 倍。也就是说，额定正向平均电流为 100 A 的晶闸管，用在直流电路中，允许通过的电流是 157 A。

(2) 维持电流 I_H。

维持电流是指由通态到断态的最小电流。一般为几十至一百毫安。当 $I_A < I_H$ 时，晶闸管将自动关断。

(3) 正向重复峰值电压 U_{FRM}。

在控制极断路和晶闸管正向阻断条件下，可以重复加在晶闸管两端的正向峰值电压称为正向重复峰值电压，用符号 U_{FRM} 表示。按规定，此电压为正向转折电压 U_{BO} 的 80%。

(4) 反向重复峰值电压 U_{RRM}。

在控制极断路时，可以重复加在晶闸管两端的反向峰值电压称为反向重复峰值电压，用符号 U_{RRM} 表示。按规定，此电压为反向转折电压 U_{BR} 的 80%。

近年来晶闸管技术迅速发展，在电流电压等指标上有重大突破，已制造出电流在 1 kA 以上、电压达万伏的晶闸管，使用的频率也已高达几十千赫。

12.1.2 其他类型的晶闸管

1. 双向晶闸管

双向晶闸管是一种 NPNPN 五层三端器件，如图 12.4(a)所示。它相当于两个晶闸管($P_1N_1P_2N_2$ 和 $P_2N_1P_1N_4$)反向并联，但只有一个控制极 G，其等效电路如图 12.4(b)所示，图 12.4 (c)是它的图形符号。

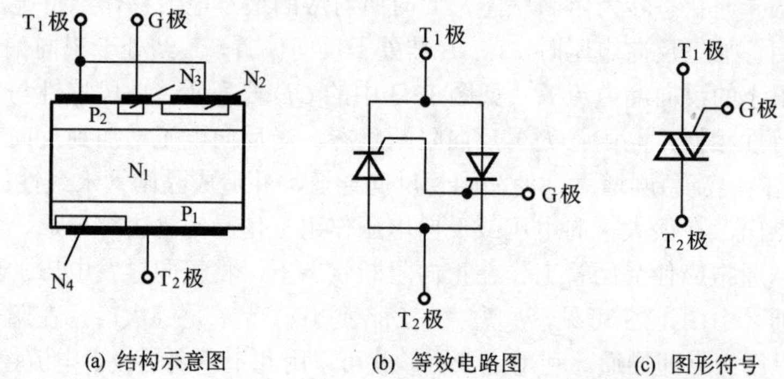

图 12.4 双向晶闸管的结构示意图、等效电路图和图形符号

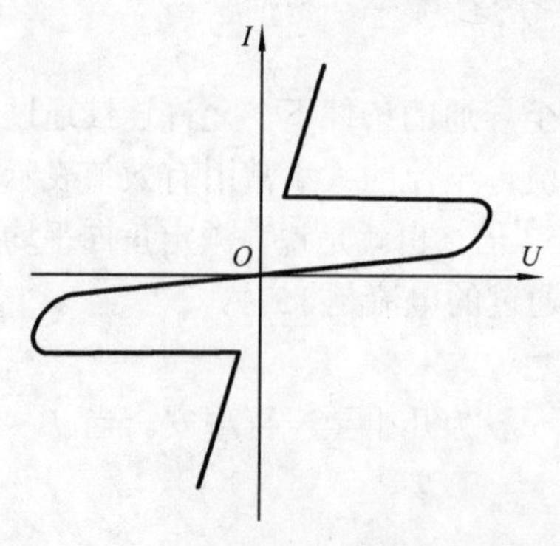

图 12.5 双向晶闸管的伏安特性曲线

图 12.5 是双向晶闸管的伏安特性。由图可见，它就是两个反向并联晶闸管的伏安特性，因而它的两个电极不能再称为阳极和阴极，而称为 T_1 极和 T_2 极，以 T_1 极为参考点，无论 T_2 极为正或负电位，控制信号总是加在控制极 G 和 T_1 极之间，而且无论控制极信号是正脉冲还是负脉冲，均可使晶闸管导通，故称为双向晶闸管。显然与只能用正脉冲触发的普通晶闸管相比，它的触发电路是比较简单的。

双向晶闸管是一种交流开关，主要用

于交流相位控制的调压电路、固体开关等。

2. 可关断晶闸管

普通晶闸管只能在控制极与阴极之间加正触发脉冲使其导通，而要使它关断则必须使阳极电流 I_A 小于维持电流 I_H，一般需要使阳极与阴极之间的电压为零或反向，才能使晶闸管关断。因此，普通晶闸管应用在直流电路或需要强制换流的逆变电路中就很不方便。

可关断晶闸管(GTO)用正控制脉冲信号触发导通，而用负脉冲信号关断。

可关断晶闸管和普通晶闸管一样，都是 PNPN 四层器件，都可用双晶体管等效电路模型分析，但是它们的阴极结构却有很大差别。可关断晶闸管的阴极细分为很多个，其周围由控制极包围，形成所谓多阴极结构，因而具有不同于普通晶闸管的性能。图 12.6(a)是可关断晶闸管的图形符号，图 12.6(b)是控制信号和阳极电流的波形。在控制极 G 上加正脉冲时可使其导通，出现阳极电流 i_A，在 G 上加负脉冲则关断，i_A=0。

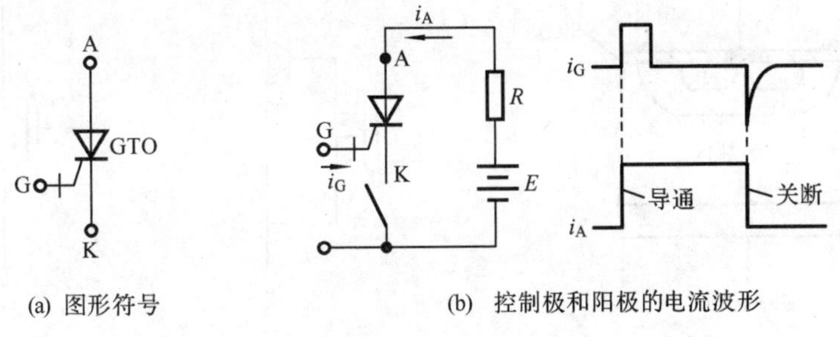

(a) 图形符号　　(b) 控制极和阳极的电流波形

图 12.6　可关断晶闸管的图形符号和电流波形

可关断晶闸管的导通原理与普通晶闸管是一样的，但关断机理却完全不同，这是由它的阴极结构决定的。虽然关断机理不同，但其结构都是因阳极电流减小到维持电流之下而关断，因而可关断晶闸管的伏安特性与普通晶闸管的也没有区别，主要参数也大多相似。可关断晶闸管特有的参数有最大可关断阳极电流 I_{ATO}、关断增益 $\beta_{OFF} = I_{ATO}/|-I_{GH}|$ (I_{GH} 为控制极负电流最大值)等。

12.1.3　绝缘栅双极型晶体管

常见的全控型器件有大功率双极型晶体管(GTR)、电力场控晶体管(PMOSFET)、绝缘栅双极型晶体管(IGBT)等。

GTR 是一种具有两种极性载流子(空穴及电子)均起导电作用的半导体器件，其结构与普通双极型晶体管相同。它与晶闸管不同，具有线性放大作用，但在变流应用中却是工作在开关状态，可以通过基极信号方便地进行通断控制。GTR 具有控制方便、开关时间短、高频特性好、通态压降较低等优点，但存在着耐压较低及二次击穿等问题。

PMOSFET 是一种单极型电压控制半导体器件，但它的结构与小功率 MOS 管有些不同，小功率 MOS 管的源极、门极和漏极都置于同一表面，是横向导电结构。而 PMOSFET 由于功率较大，故通常将漏极布置在与源极、门极相反的另一表面，是垂直导电结构。PMOSFET 也是依靠门源电压 U_{GS} 的高低来控制漏极电流 I_D 的大小，其特性曲线和小功率 MOS 管的类似，但电压、电流的允许值要高得多。它具有驱动功率小、开关速度快等优点，但存在着通态压降较大等缺点。

IGBT 是一种 PMOSFET 与 GTR 的复合器件。图 12.7(a)是 IGBT 的结构示意图(图中只画出了一个单元，实际上每一单元与其他单元是互连的)，其原理示意图和图形符号见图 12.7(b)、(c)，它是以 PNP 型 GTR 为主导元件、N 沟道 MOSFET 为驱动元件的复合结构器件。

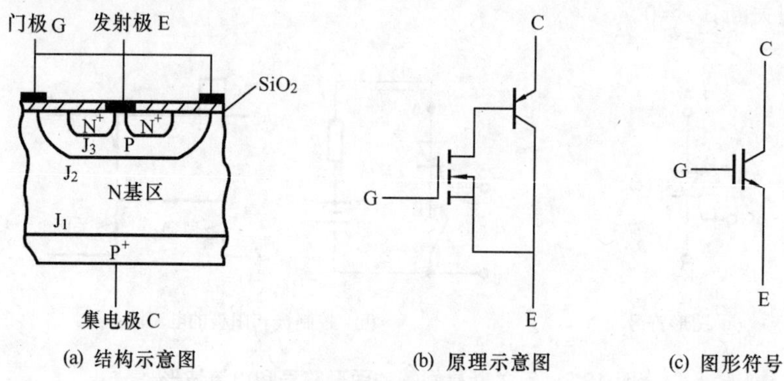

(a) 结构示意图　　(b) 原理示意图　　(c) 图形符号

图 12.7　IGBT 的结构、原理示意图及图形符号

IGBT 的开通与关断由门极控制，当门极加一定的正向电压时，位于门极 G 下方的 P 基区表面形成 N 型导电沟道，NMOS 管导通，为 PNP 管提供基极电流，PNP 管导通，即 IGBT 导通。PNP 管的基极电流路径为：集电极 C→P^+→N 基区→N 沟道(图中未画出)→N^+→发射极 E。PNP 管的集电极电流则是从集电极 C 经 P^+、N 基区、P 流入发射极 E。当栅极加上反向电压时，NMOS 管的沟道消失，PNP 型晶体管没有基极电流，IGBT 关断。

图 12.8 给出了 IGBT 的输出特性和转移特性曲线。输出特性曲线表示了集电极电流 I_C 与集电极-发射极间电压 U_{CE} 之间的关系。IGBT 输出特性的特点是集电极电流 I_C 由门极电压 U_G 控制，U_G 越大，I_C 越大。若在集电极-发射极间的反向电压作用下，则呈反向阻断状态，一般只存在微小的反向漏电流。IGBT 的转移特性曲线表示了门极电压 U_G 对集电极电流 I_C 的控制关系。

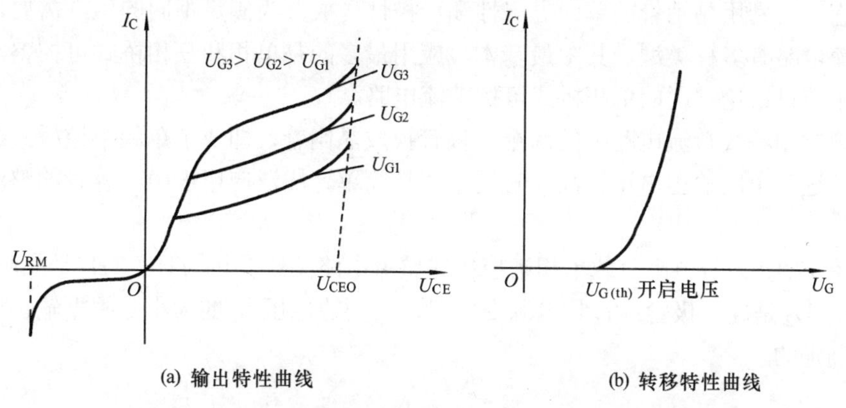

图 12.8 IGBT 的输出特性和转移特性曲线

IGBT 结合了 MOSFET 和 GTR 两者的优点：用 MOSFET 作为输入部分，器件成为电压型驱动，驱动电路简单，输入阻抗高，开关速度易提高；用 GTR 作为输出部件，器件的导通压降低，容量容易提高。

IGBT 的驱动电路有分立元件门极驱动电路和集成化栅极驱动电路两种。图 12.9 是一个分立元件的栅极驱动电路图。当 u_i 为高电平时，T_1 导通，T_2 也导通，I_{C2} 在 R_3 上产生电压降 U_{R3}，使 IGBT 导通；当 u_i 为低电平时，T_1、T_2 均截止，I_{C2}、U_{R3} 均近似为零，则 IGBT 关断。

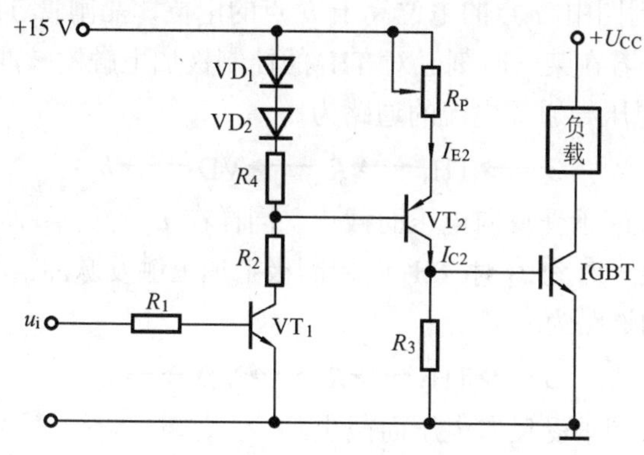

图 12.9 IGBT 的分立元件驱动电路图

12.2 可控整流电路

可控整流电路的作用是将交流电变换为电压大小可以调节的直流电，以供给直流用电设备，如直流电动机的转速控制、同步发电机的励磁调节、电镀和电解等。它主要利用晶闸管的单向导电性和可控性构成。为满足不同的生产需要，可控整流电路有多种类型，其中最基本、应用最多的是单相和三相桥式可控整流电路。本节只讨论常用的单相桥式可控整流电路。

把单相桥式整流电路中的两个二极管换成晶闸管，即成了单相半控桥式整流电路。这种电路输出电压较高，触发电路较简单，广泛应用于中小容量的整流电路中。

图 12.10 为带电阻负载单相半控桥式整流电路图。图中：TH_1、TH_2 是晶闸管；VD_1、VD_2 是硅二极管；T_r 是电源变压器，其副边电压 u_2 的大小是根据输出电压 u_o 而确定的。

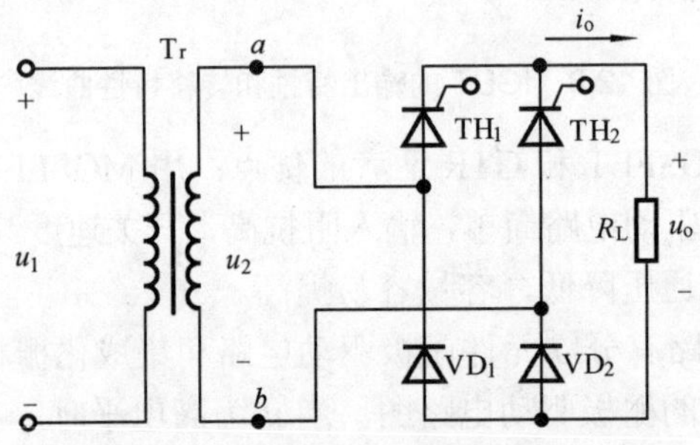

图 12.10　单相半控桥式整流电路图

在 u_2 的正半周图中 a 点的电位高于 b 点的电位，晶闸管 TH_1 和二极管 VD_2 处于正向电压下，若在某一时刻 t_1 对 TH_1 的控制极加上触发脉冲信号 u_g，则 TH_1 和 VD_2 承受正向电压导通，电流的通路为

$$a \longrightarrow TH_1 \longrightarrow R_L \longrightarrow VD_2 \longrightarrow b$$

此时，TH_2 和 VD_1 因承受反向电压而截止。同样在 u_2 的负半周，TH_2、VD_1 承受正向电压。若在某一时刻 t_2 对 TH_2 的控制极上加上触发脉冲信号 u_g，则 TH_2 和 VD_1 导通，电流的通路为

$$b \longrightarrow TH_2 \longrightarrow R_L \longrightarrow VD_1 \longrightarrow a$$

此时，TH_1 和 VD_2 因承受反向电压而截止。

从晶闸管承受正向电压开始，直到它加上 u_g 而触发导通的这段时间所对应的电角度用α表示，称作控制角，又叫移相角或触发角，而电角度$\alpha \sim \pi$的区间是晶闸管的导通范围，常用θ表示，称作导通角。很显然$\alpha + \theta = \pi$。故改变α角的大小，则可改变输出电压 u_o 的波形和大小，α愈小，θ愈大，则输出电压的平均值也愈高。

输出电压的平均值 U_o 与控制角 α 的关系为

$$U_o = \frac{1}{\pi}\int_\alpha^\pi \sqrt{2}\,U_2\sin\omega t\mathrm{d}(\omega t) = 0.9U_2\frac{1+\cos\alpha}{2}$$

电阻负载中电流的平均值 I_o 为

$$I_o = \frac{U_o}{R_L} = 0.9\frac{U_2}{R_L}\cdot\frac{1+\cos\alpha}{2}$$

单相半控桥式整流电路的输出电压与电流的波形如图 12.11 所示。晶闸管 TH_1、TH_2 所承受的最大反向电压为 u_2 的峰值，即 $\sqrt{2}\,U_2$。选择晶闸管的最大反向电压 U_{RM}=(1.5～2) $\sqrt{2}\,U_2$。

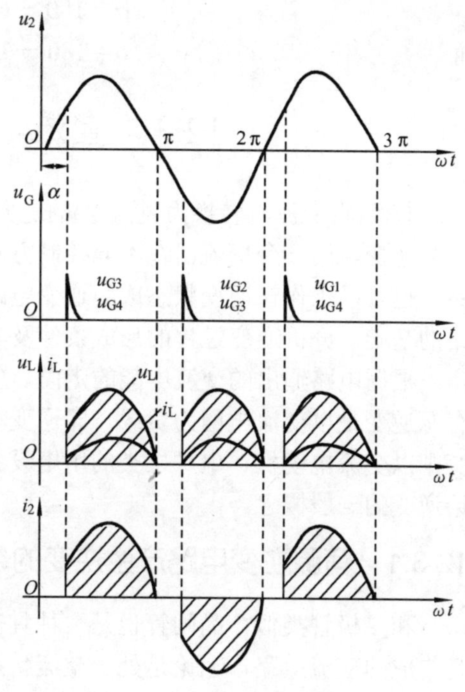

图 12.11　接电阻性负载时单相半控桥式整流电路的输出电压与电流波形图

二极管承受的最大反向电压也是 $\sqrt{2}\,U_2$。流过晶闸管和二极管的电流平均值为负载电流平均值的 1/2，故选择二极管的电流和电压分别为

$$I_D \geqslant \frac{1}{2}I_o$$

$$U_{DRM} \geqslant \sqrt{2}U_2$$

变压器副边电流 i_2 的有效值 I_2 与负载电流 i_o 的有效值相同，为

$$I_2 = \frac{1}{R_L}\sqrt{\frac{1}{\pi}\int_\alpha^\pi(\sqrt{2}U_2\sin\omega t)^2\mathrm{d}(\omega t)} = \frac{U_2}{R_L}\sqrt{\frac{1}{2\pi}\sin2\alpha + \frac{\pi-\alpha}{\pi}}$$

例 12.1　有一电阻值为 6 Ω 的负载，要求 0～60 V 的可调电压，采用单相半控桥式整流电路，直接由 220 V 交流电压供电，试计算负载端电压为 60 V 时晶闸管的导通角。

解　因

$$U_o = 0.9U_2\frac{1+\cos\alpha}{2}$$

$$\cos\alpha = \frac{2U_o}{0.9U_2} - 1 = \frac{2\times60}{0.9\times220} - 1 = -0.394$$

$$\alpha = 180^\circ - 66.8^\circ = 113.2^\circ$$

而

$$\theta = 180^\circ - 113.2^\circ = 66.8^\circ$$

12.3 直流-交流逆变电路

整流(将交流电转换为直流电)的逆向过程，即将直流电转换为交流电的过程，称为逆变。同一台变流器在不同控制方式下，既可以工作在整流状态成为整流电路，也可以工作在逆变状态成为逆变电路，因而对逆变电路的分析，是在整流电路的基础上分析逆变过程的形成条件及其控制特点。

根据电路输出的交流电能的走向，逆变电路可分为有源逆变和无源逆变两类。有源逆变是以交流电网为负载，即逆变输出的交流电能回输到交流电网；无源逆变则以交流电动机、电炉之类的用电设备为负载。本节仅以有源逆变电路为例讨论逆变的一般概念。

12.3.1 有源逆变电路产生逆变的条件

和二极管类似，晶闸管也是一种具有单向导电性的半导体器件，因而由晶闸管构成的交流电路，无论是处于整流状态还是逆变状态，电流都只能由晶闸管的阳极流向阴极。

对于整流电路而言，其直流端(输出端)的负载可以是电阻、电感之类的无源元件，也可以是具有反电动势的装置，如直流电动机或电池等。但对于逆变电路，其直流端(输入端)只能是具有反电动势的装置或直流电源。

在整流状态下，晶闸管只能在承受正向电压时导通，如图 12.12(a)所示。图中整流电路是由晶闸管构成的桥式电路。这里假定负载为直流电源，其直流等效内阻为 R，电动势为 E。由图可见，整流电路的输出电压应大于反电动势 E，才能维持整流电流的流通。

当电路工作于逆变状态时，直流电源电动势 E 的方向与它在整流电路中的方

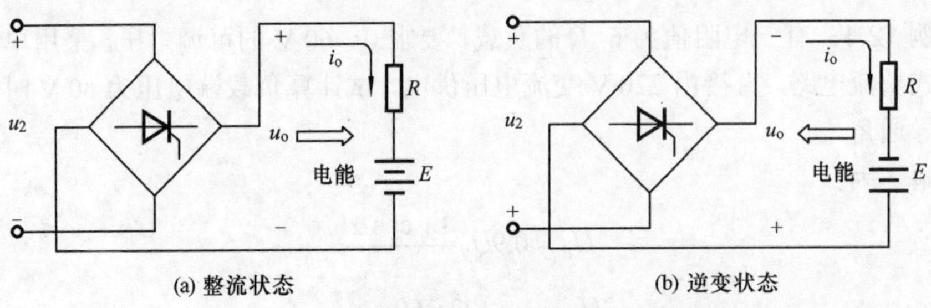

(a) 整流状态　　(b) 逆变状态

图 12.12　整流状态与逆变状态下的交流电路

向相反，如图 12.12(b)所示。在图中，由于晶闸管的单向导电性，电流的方向不可能改变，因而此时整流电压 u_o 的极性必须为负，且保持$|u_o|<|E|$，才能维持 i_o 的流通。要使 u_o 的极性反过来，晶闸管的阳极电位应处于交流电压的负半周，但由于直流侧有外接的直流电动势 E 存在，故晶闸管仍能承受正向电压而导通。

由以上分析可见，变流电路处于逆变状态所应具备的条件是：

(1) 直流端应接具有直流电动势 E 的装置(如直流发电机、电池等)，E 的方向应与晶闸管电流方向一致；

(2) 直流端的直流平均电压 u_o 的极性必须为负，且$|u_o|<|E|$。

12.2 节所讨论的单向半控桥式整流电路不可能输出负电压，因此该电路不可能实现逆变。桥式电路必须采用全控方式才可能在逆变状态下工作。

常用的晶闸管有源逆变电路有三相半波逆变电路和三相桥式逆变电路两种。本节以三相半波电路为例，说明有源逆变电路的基本原理。

12.3.2 具有反电动势负载的三相半波可控整流电路

电路如图 12.13(a)所示，由三相变压器供电，次级绕组接成星形(图中未画出初级绕组)，三个晶闸管分别接在三个次级绕组上，它们的阴极连接在一起，经负载与变压器绕组中性点相接，称为晶闸管的共阴极接法。负载为直流电源，其等效内阻为 R，电动势为 E，对于电路输出电压 u_o 来说，是个反电动势。

变压器次级绕组三相正弦波相电压 u_a、u_b、u_c 相互之间有 120°的相位差，如

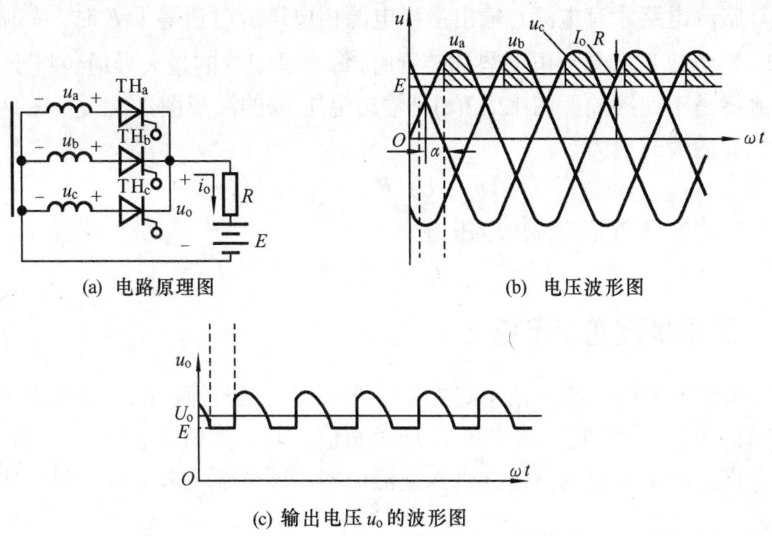

图 12.13 三相半波可控整流电路及波形图

图 12.13(b)所示。由于三个晶闸管的阴极连接在一起，故只有瞬时值最高的那一相晶闸管才可能被触发导通，此时另两个晶闸管因承受反向电压而不可能导通，如图 12.14 所示。在 $\omega t_1 \sim \omega t_2$ 期间，u_a 电压最高，只有 TH_a 可以导通；在 $\omega t_2 \sim \omega t_3$ 期间，u_b 电压最高，故只有 TH_b 可以导通。依此类推，三个晶闸管将轮流导通，每个晶闸管导电时的最大导通角度是 120°。ωt_1、ωt_2、ωt_3 等点称为自然换相点，在三相可控整流电路中，把自然换相点作为计算控制角α的起点。对于三相半波整流电路，若负载为电阻 R，控制角$\alpha=0°$，则相当于一个不可控的二极管整流电路，其输出电压 u_o 的波形如三相半波整流电路中所示。

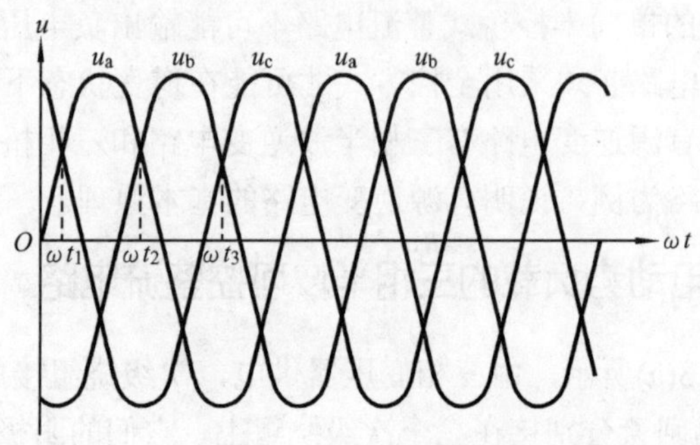

图 12.14　三相电压波形图

当负载为具有反电动势 E 的装置时，其波形如图 12.13(b)所示。由图可见：只有当电压瞬时值最高且其值大于 E 时，该相晶闸管才能因承受正向电压而被触发导通，整流电路才有电流 i_o 输出；当电源相电压瞬时值等于 E 时，晶闸管被关断。因此，当负载为具有反电动势的装置时，每个晶闸管的最大导通角将小于 120°，输出电流将是不连续的。图 12.13(c)是输出电压 u_o 的波形图，U_o 是 u_o 的平均值。输出电流 i_o 的瞬时值为

$$i_o = (u_o - E)/R \quad (u_o > E \text{时})$$

可见晶闸管导通时的输出电压为

$$u_o = E + i_o R$$

12.3.3　三相半波逆变电路

如前所述，要使三相半波电路处于逆变状态，其直流端的电动势 E 需反接，如图 12.15(a)所示，且直流端电压 u_o 应为负值，其平均值 $U_o < E$。由图可见，此时电流由直流端电压正端流出并进入交流电网，即交流电源吸收功率，实现了有源逆变。

如图 12.15(b)所示，在 ωt_1 时刻(u_a 由正到负过零的瞬间)触发晶闸管 TH_a，虽然此时 $u_a = 0$，但由于电动势 E 的作用，TH_a 仍然因承受正向电压而导通，此后

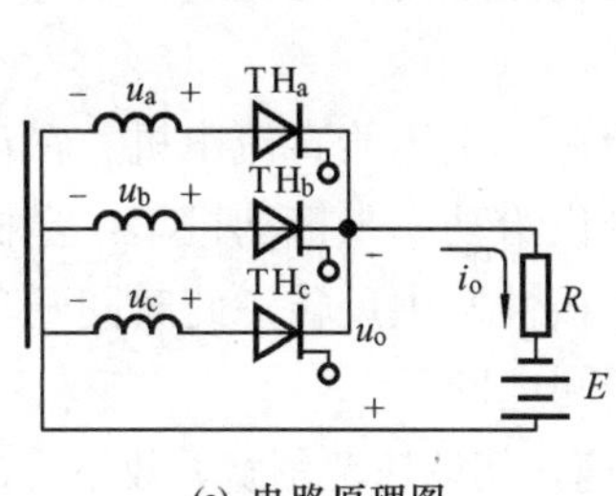

(a) 电路原理图

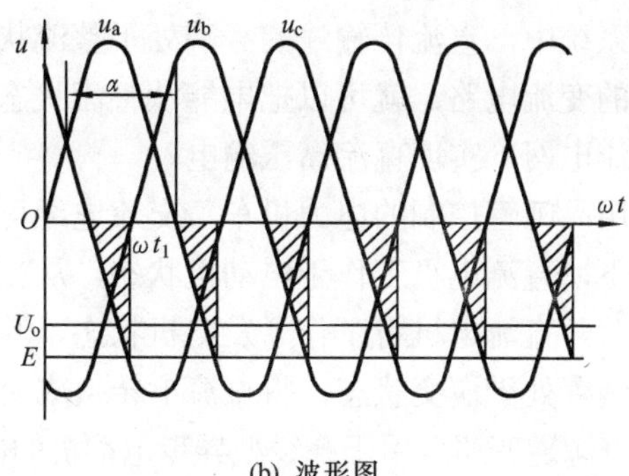

(b) 波形图

图 12.15 三相半波逆变电路及波形图

电路输出负电压 $u_o = u_a$。由于此时 $|E| > |u_o|$，故晶闸管仍维持导通，直到 $u_a = E$ 时，晶闸管才关断。到 ωt_2 时刻，电压 u_b 开始进入负半周，此时触发晶闸管 TH_b 使其导通，再重复以上过程。由图可见，三个晶闸管每隔 120° 依次轮流被触发一次，每个晶闸管的导通角很小，电流 i_o 也是不连续的。

为了使电流连续，通常在电路中串联一个大电感线圈(即电抗器)L，如图 12.16(a)所示，当晶闸管在 ωt_1 时刻被触发导通后，在 $|u_a| < |E|$ 时，除了向交流电网输送电能之外，还将部分能量储存到 L 中。当 $|u_a| > |E|$ 时，电感 L 便开始释放能量，仍使晶闸管 TH_a 承受正向电压而继续维持导通，电流 i_o 的方向不变。到 ωt_2 时，晶闸管 TH_b 被触发，此时 $u_b > u_a$，故 TH_b 管导通，使 TH_a 管因承受反向电压而关断。其波形如图 12.16(b)所示，因电感 L 的作用，i_o 的大小基本恒定不变。

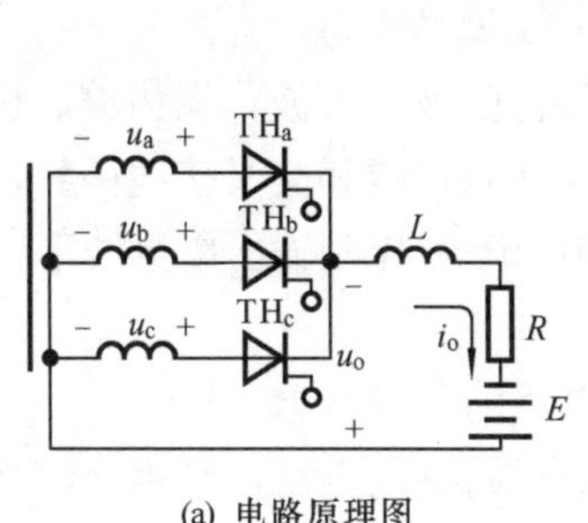

(a) 电路原理图

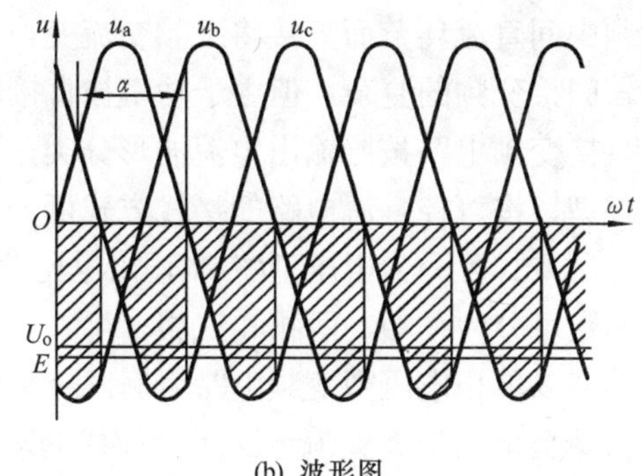

(b) 波形图

图 12.16 接有电感线圈的三相半波逆变电路及波形图

12.3.4 有源逆变的应用

有源逆变电路可用于高压直流输电，其传输效率比交流输电高得多。在直流输电系统中，直流传输线的一端处于整流状态的变流电路，另一端则接处于逆变状态的变流电路，就可以把电能从整流状态一端的交流电网传送到逆变状态一端的交流电网，实现直流高压输电。

用晶闸管控制的电力机车，交流电经可控整流后，供电给直流电机。在正常情况下，直流电机工作于电动机状态，从交流电网供给功率来拖动机车；当机车下坡时，直流电机将工作于发电机状态，其电动势极性发生反转，此时同一套晶闸管装置处于逆变状态，将直流电转换成交流电送回电网。

有源逆变还可用于绕线型异步电动机的串级调速，其调速范围宽、效率高，适用于较大容量交流电动机的调速。在电力拖动系统中，采用两组反向并联的晶闸管三相全控桥式电路，可实现所谓四象限工作方式，即直流电动机既可正转或反转，又可作为电动机或发电机(即制动方式)运行，以实现电机的快速可逆控制。

除了有源逆变之外，还有无源逆变。它是将直流电经逆变电路转换为负载(如交流电动机、电炉等)所需要的各种频率和电压的交流电，它们在交流电动机的调速、感应加热、不间断电源等方面应用十分广泛。

12.4 交流-交流变频电路

变频电路是用于改变交流频率的装置，以获得不同于电网频率或频率可调的交流电源，可应用于交流电动机的变频调速、感应加热等场合。

变频有两种方式。一种是间接变频，即先通过整流电路将一种频率的交流变换为直流，再通过逆变电路将直流变换为另一种频率的交流；另一种是直接变频，即无须中间直流环节而直接将工频交流变换为频率可调的交流。直接变频电路的结构较间接变频的复杂，但由于功率被直接转换，故效率较高。

直接变频电路按照输出电流波形分类，可分为正弦波、方波、锯齿波、梯形波等类型，按可控整流电路的接线方式可分为反向并联接线和交叉接线两种，按输出控制方式可分为电压型(控制输出电压波形)和电流型(控制输出电流波形)，按输出相数可分为单相、两相和三相。

本节以单相电压型变频电路为例，介绍变频电路的一般概念。

由两个单相半波整流电路组合而成的双半波(全波)整流电路，是由次级绕组有中间抽头的整流变压器供电，两个次级电压 u_a 和 u_b 大小相等、相位相反，故两个整流管轮流导电，在负载电阻 R_L 上便得到同一方向的输出电压。如将电路中的二极管换成晶闸管，如图 12.17(a)所示，并在同一控制角 α 下轮流触发两个晶闸管，即得到双半波可控整流电路，其波形如图 12.17(b)所示。

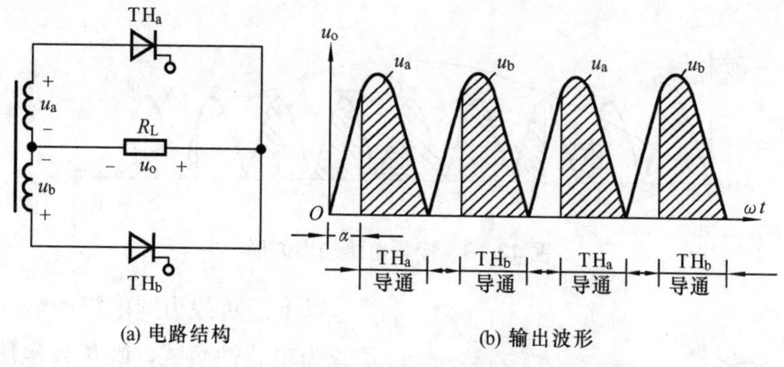

(a) 电路结构

(b) 输出波形

图 12.17　单相双半波整流电路及波形图

将两组双半波整流电路反向并联，即构成常用的单相变频电路，如图 12.18(a)所示。由图可见：当正组整流电路工作时(此时反组被封锁，即不被触发)，负载端的输出电压 u_o 为正；当反组整流电路工作时(此时正组被封锁)，负载端电压的极性相反。只要以低于电源的频率交替切换正、反两组整流电路的工作状态，在负载端即可获得交流电压，如图 12.18(b)所示，图中 U_o 为 u_o 的平均值。如在输出端接入滤波环节，即可得到矩形波输出。

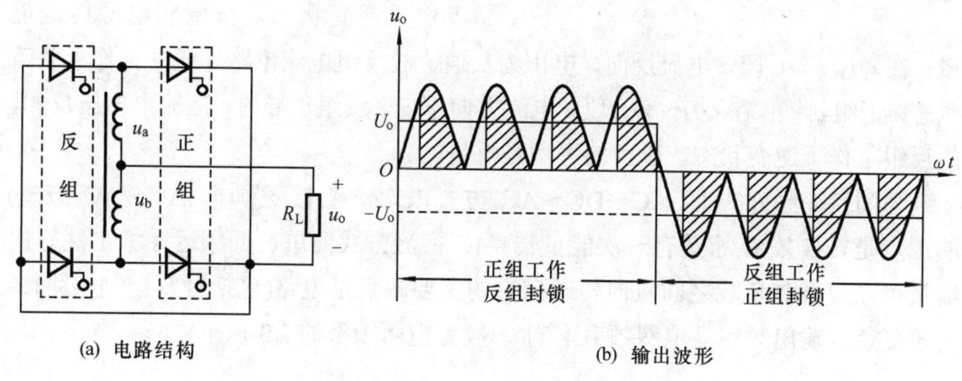

(a) 电路结构

(b) 输出波形

图 12.18　反向并联双半波可控整流电路及波形图

如果在每组整流电路的半周期内，使导通的晶闸管控制角α由 90°逐步减小到 0°，然后再逐步增大到 90°，则该整流电路输出电压的平均值从零增加到最大，然后减小到零，因而只有控制角在 0°～90°之间以某种既定的规律变化，即可在输出端获得按正弦规律(或其他规律)变化的平均电压，如图 12.19 所示。这种工作方式称为α调制方式。在这种工作方式下，正、反组变流电路轮流工作，输出电压的每个半周期内包含电源电压的 n 个半周期，即输出电压中基波分量的频率为电源频率的 $1/n$。采用这种工作方式，输出电源的频率难以连续改变。

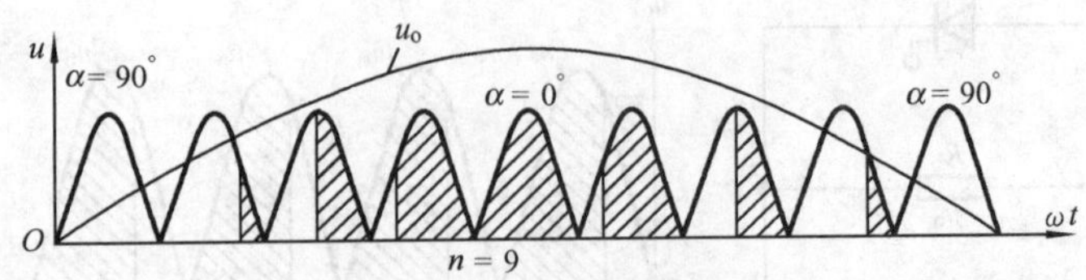

图 12.19　变频电路输出波形

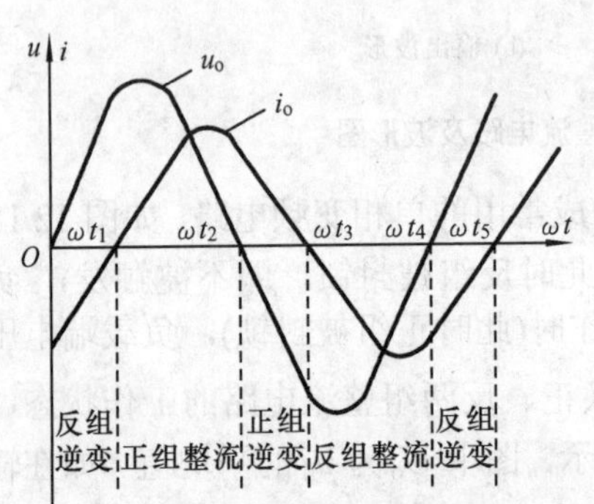

图 12.20　接感性负载时变频电路的工作状态

以上是负载为纯电阻的情况。如果负载为电感性负载，则负载电压、电流不同相，如图 12.20 所示。由于晶闸管具有单向导电性，故在负载电流 i_o 的正半周(ωt_1～ωt_3 段)，正组变流电路工作，反组封锁。其中：在 ωt_1～ωt_2 段，电压为正，工作于整流状态，电源向负载传输能量；在 ωt_2～ωt_3 段，电流方向不变，但输出电压反相，故正组仍导通，工作于逆变状态，负载向电源传送能量；在 ωt_3～ωt_4 段，电流反向，电压为负值，故反组电流电路导通并工作于整流状态，正组封锁；在 ωt_4～ωt_5 段，电流方向不变，反组仍导通，但输出电压反相，故反组工作于逆变状态。以后的过程是重复的。

与间接变频方式(即 AC～DC～AC 方式)比较，直接变频(即 AC～AC 方式)的优点是转换效率高(只有一次能量转换)、换流方式简单、低频运行稳定性好，能量可在电源和负载之间双向传送；它的主要缺点是电路(包括触发控制电路)结构较复杂，输出频率受电网频率限制(一般为电网频率的 1/3 以下)。

12.5　调 压 电 路

前面说过，利用晶闸管可控整流电路可以调节直流输出电压。但在工程上还经常需要调节交流电源电压，如交流电动机的转速控制、交流电焊机的焊接功率输出、加热炉的温度控制、电光源(如舞台照明、家用台灯等)的亮度控制等。

按照控制方式分类，交流电压电路可分为相位控制、通断控制和脉宽控制等类型，并有单相和三相之分。

12.5.1 相位控制交流调压电路

在交流电源和负载之间，用两个反向并联的晶闸管相连，即构成交流调压电路，如图 12.21(a)所示。它的控制方式与整流电路相似，当交流电源电压 u 在正半周时，调节控制角α触发晶闸管 TH_1 使其导通，当 u 下降到零时，TH_1 自动关断。当 u 为负半周时，TH_2 在控制角为$\pi+\alpha$时被触发导通，而到 u 向上过零时自动关断。以后的过程是重复的。

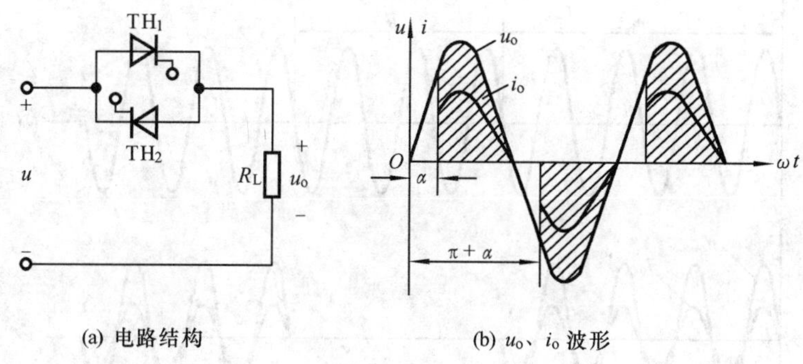

(a) 电路结构　　(b) u_o、i_o 波形

图 12.21　相位控制交流调压电路及波形图

电阻 R_L 上的输出电压有效值为

$$U_o = U\sqrt{\frac{\pi-\alpha}{\pi}+\frac{1}{2\pi}\sin 2\alpha}$$

式中，U 为电源电压 u 的有效值。可见只要调节控制角α，即可调节输出交流电压的有效值。

由于两个晶闸管 TH_1 和 TH_2 反向并联，故它们的控制极触发电路必须隔离，一般采用脉冲变压器实现(脉冲变压器的两个副绕组分别向两管的控制极输出触发脉冲)脉冲变压器原、副边绕组之间的绝缘耐压，以使其能够承受电源电压。

由于双向晶闸管相当于两个反向并联的晶闸管，且可分别用正、负脉冲触发，故用双向晶闸管构成相控交流调压电路(见图 12.22)更为简单。

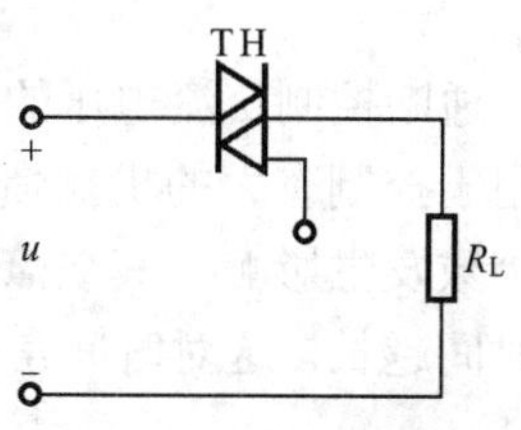

图 12.22　双向晶闸管相控交流调压电路

相位控制交流调压的优点是电路简单，通过调节控制角α，可以平滑调节输出电压的有效值；其缺点是输出电压含有较多的谐波分量，波形不理想，且当α角较大时，电源的功率因数将降低，而且经常要采取滤波和防干扰措施。

12.5.2 通断控制交流调压电路

通断控制交流调压电路的电路结构与相位控制方式相同，如图 12.21 所示。这种方式是控制晶闸管连续导通 m 个电源周期，然后再关断 n 个电源周期，改变 m、n 的比值，就改变了一个通断周期(即 $m+n$ 个电源周期)输出电源的有效值，如图 12.23 所示。电源电压分别在正、负半周过零时使 TH_1 或 TH_2 触发导通，它们分别在每半周电流过零时自动关断。

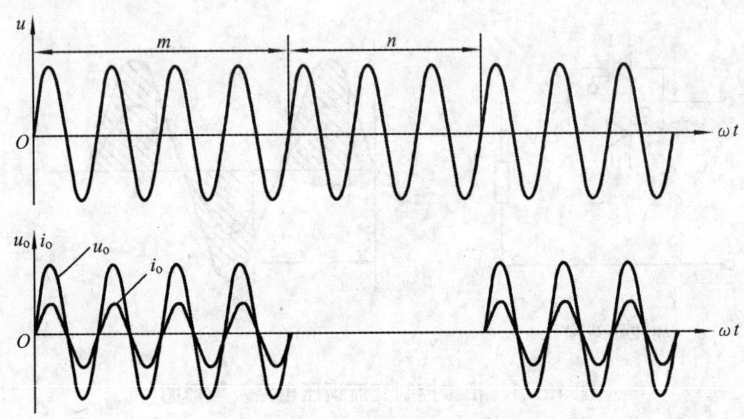

图 12.23 通断控制交流调压波形

若导通和关断时间均为电源电压周期的整数倍，设导通 m 个电源电压周期，关断 n 个周期，则输出电压有效值为

$$U_{\text{o}} = \sqrt{\frac{m}{m+n}}U = \sqrt{D}U$$

式中，U 为电源电压 u 的有效值，$D=m/(m+n)$，称为周期占空比。

输出电流在一个通断周期内的有效值为

$$I_{\text{o}} = \sqrt{D}\,\frac{U}{R_{\text{L}}}$$

通断控制交流电压的优点是改变周期占空比即可调压，也就调整了负载功率，常用于控制有大的机械惯性和热惯性的负载功率，且当α较大时也不会对电源功率因数发生影响；其缺点是负载电压不连续，而且输出功率越小，负载电压间断的时间越长，这对时间常数小的小惯性负载(如电动机或其他机械装置)是不利的。

12.5.3 脉宽控制交流调压电路

用可关断晶闸管(GTO)代替普通晶闸管，如图 12.24(a)所示，即可构成脉宽控制交流调压电路。

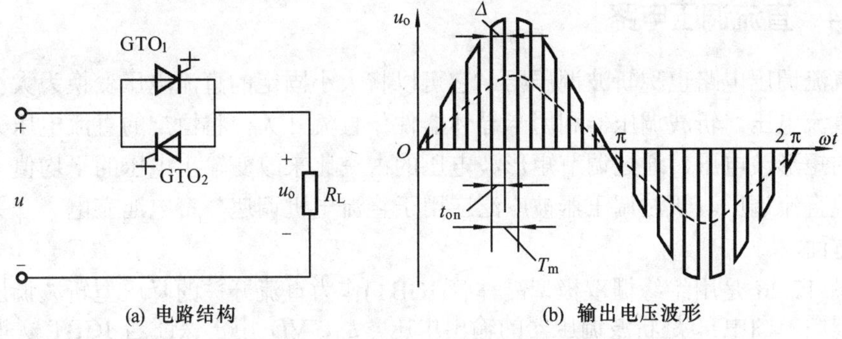

(a) 电路结构　　(b) 输出电压波形

图 12.24　脉宽控制交流调压电路及波形图

所谓脉宽控制，是将交流电压波形分割成若干宽度为Δ的脉冲，改变脉宽Δ即可改变输出电压的大小，如图 12.24(b)所示。利用 GTO 的控制极 G 可控制关断的特性，对电压实现斩波控制。设斩波周期为 T_m，GTO 每次导通时间为 t_{on}，则斩波占空比为

$$\rho = \frac{t_{on}}{T_m}$$

式中，T_m 是固定的，改变 t_{on} 即改变 ρ 就可以改变输出电压的有效值或输出功率。若 $T_m \ll T$ (电源电压周期)，则输出电压有效值为

$$U_o = \sqrt{\rho} U$$

式中，U 为电源电压有效值。

为使负载更接近于正弦波形的电压或电流，可在调压电路与负载之间接入 L_o-C_o 滤波环节，如图 12.25 所示。在电源和 GTO 之间也可接入 L_i-C_i 滤波环节，以消除调压电路对交流电网的谐波干扰。

脉宽控制调压的突出优点是在调节输出功率时可以保证输出电压、电流为正弦波，对于电动机或变压器这类负载，避免了由于波形畸变而引入的谐波损耗，也减小了对电网的谐波干扰。

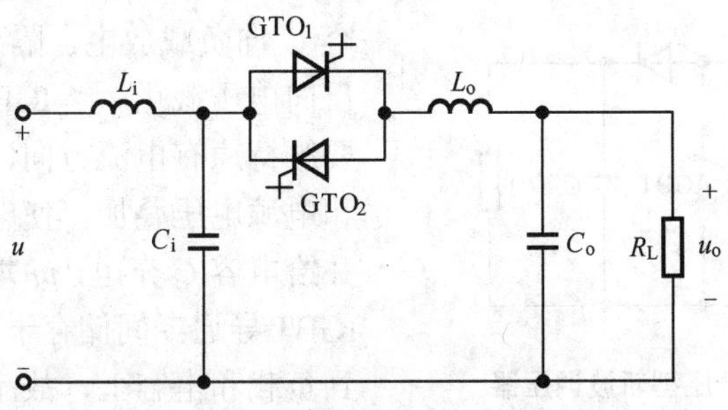

图 12.25　接入滤波环节的脉宽控制调压电路

12.5.4 直流调压电路

直流调压电路也称斩波调压器，它可以将大小固定的直流电压变换为大小可调的直流电压。斩波调压器利用半导体器件作直流开关，将恒定的直流电压变为断续的矩形波电压，通过调节矩形波电压的占空比来改变输出电压的平均值，从而实现直流调压。斩波调压器被广泛应用于直流电机调速、畜电池充电、开关电源等方面。

图 12.26 是用绝缘栅双极型晶体管(IGBT)作为直流开关的降压型斩波调压器的原理图。图中 u_L' 是斩波调压器的输出电压，L_d、VD 用于保证当 IGBT 关断时负载上有续流，如果 L_d 很大，负载 R_L 上的电流非常平滑，u_L 为一直流电压。图 12.26 中，当 IGBT 导通时，$u_L' = E$；当 IGBT 截止时，$u_L' = 0$。故负载侧电压 u_L 的平均电压(忽略 L_d 的电阻)为

$$U_L = \frac{T_{on}}{T_{on} + T_{off}} E$$

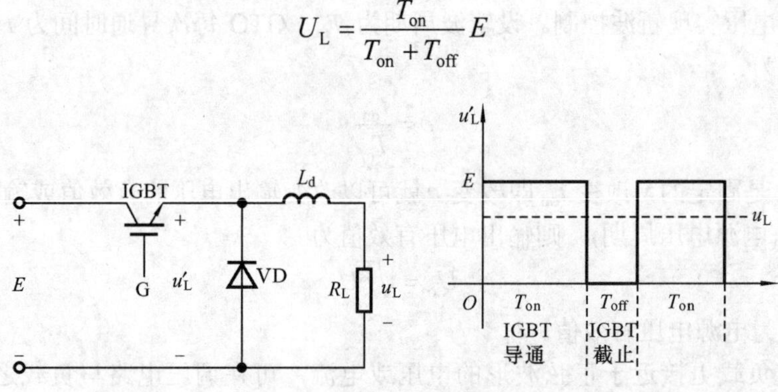

图 12.26　降压型斩波调压器原理图

通过改变 IGBT 的通断时间即可改变负载侧的直流电压。

图 12.27 是用 IGBT 作为直流开关的升压型斩波调压器的原理图，它利用电压储能释放时产生的电压来提高输出电压。当 IGBT 导通时，电源 E 加在电感 L 上，L 开始储能，电流 i_L 增大，同时电容 C 向负载放电，隔离二极管 VD 承受反向电压截止。当 IGBT 关断时，电感 L 要维持原有电流方向，其自感电动势 e_L 和电源电压叠加，使电源 i_L 流入负载，并给电容 C 充电，u_C 增加。在此过程中，IGBT 导通期间储存于电感 L 的能量释放到负载和电容上，故流经电感 L 的电流 i_L 是衰减的。由于 T_{on}、T_{off} 很小，L 很大，

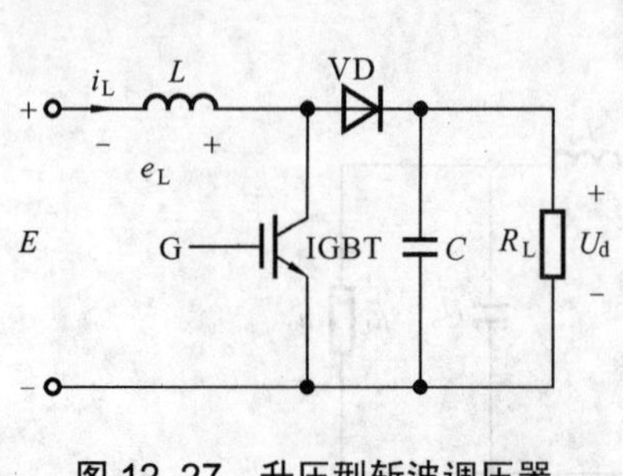

图 12. 27　升压型斩波调压器原理图

电流 i_L 的变化不甚明显，可以近似认为 $i_L = I_L$ 保持不变，则在 IGBT 导通期间由电源输入到电感 L 的能量为

$$W_{in} = EI_L T_{on}$$

在 IGBT 关断期间，电感释放至负载上的能量为

$$W_{out} = EI_L T_{off} = (U_d - E) I_L T_{off}$$

假定

$$W_{in} = W_{off}$$

可得

$$U_d = \frac{T_{on} + T_{off}}{T_{off}} E > E$$

因此这是一个升压斩波调压器。

12.6 异步电动机的电子控制

异步电动机是现代化生产中广泛应用的一种动力设备。为了满足生产工艺和自动化的要求，必须配备控制装置对电动机的运行状态进行控制。

采用接触器和继电器等控制电器可以实现异步电动机的启动、停机及有级调速等控制，但它是断续控制，控制速度慢，控制精度低，在很多场合难以适应生产工艺的要求。随着晶闸管和功率晶体管等功率半导体器件及计算机技术的迅速发展，目前已广泛采用电子技术来实现对异步电动机的启动、停机及速度的控制。由于异步电动机的电子控制装置具有反应快、控制特性好、可靠性高、体积小和重量轻等特点，已逐渐成为异步电动机控制系统中的重要设备。

本节对异步电动机的软启动、软停止及变频调速作简要介绍。

12.6.1 异步电动机的软启动

异步电动机的软启动是指在设定好的启动时间 t_{st} 内，使电动机的端电压从某个起始值 U_s(为预先设定的初始转矩对应的电压，初始转矩可在一定范围内调节)开始，线性增加至 100%额定电压，如图 12.28 所示。

软启动方式提供了平滑、无级的加速过程，减小了转矩的波动，减轻了对负载装置中齿轮、联轴器和传动皮带的损害，也减少了启动电流对配电网的冲击，有效地改善了异步电动机的启动性能。

在有些场合，不希望电动机突然停止，如皮带传输机、升降机等。此时可采用软停止方式，在进行停机时，使电动机端电压逐渐减小，如图 12.29 所示。停机的时间 t_p 可以预先设定。软停止方式可减轻对负载的冲击或液体的溢出。

目前，性能优良的电子式电动机控制器已得到了广泛应用。这种控制器除具有上述软启动、软停止功能外，还有其他多种控制功能，如限流启动、全压启动、

快速软启动、泵控制和准确停车等。

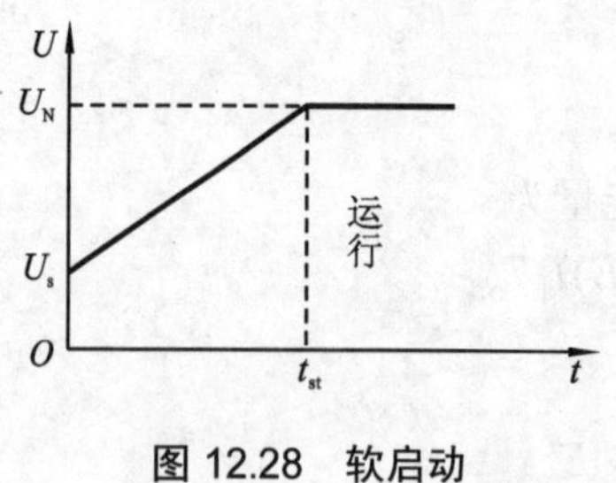

图 12.28 软启动

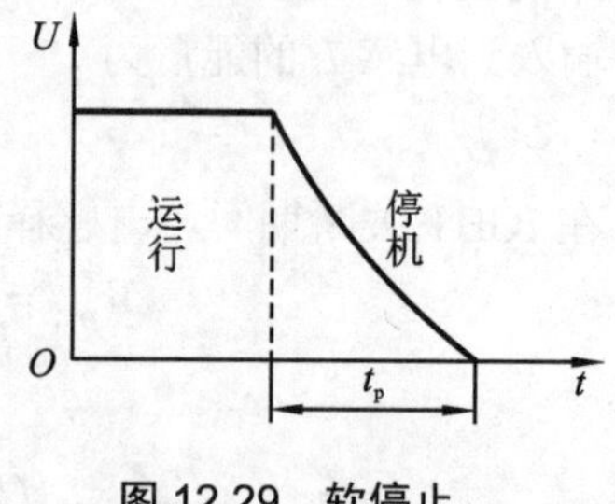

图 12.29 软停止

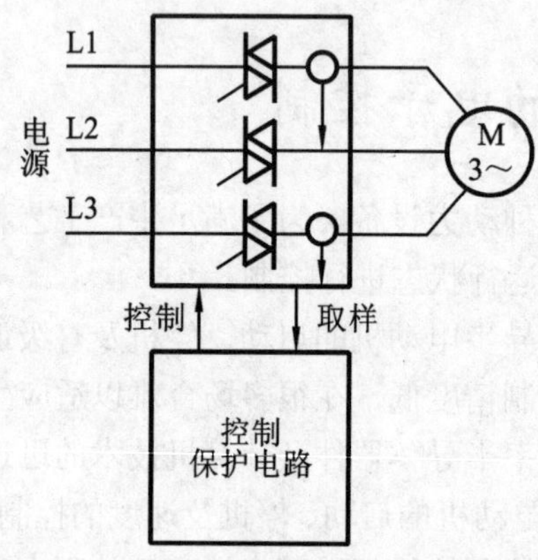

图 12.30 电子式电动机控制器原理框图

电子式电动机控制器的原理框图如图 12.30 所示。图中主电路采用晶闸管或 IGBT 等大功率器件，控制电路从主电路中取样获得数据，经微处理机处理后产生触发信号控制功率器件，从而使电动机的电压或电流符合启动或停机时的要求。

作为一个示例，下面简单介绍一个智能电动机控制器。该控制器按额定工作电流分为 5 A、9 A、16 A、24 A、35 A、54 A、68 A、97 A 等多个等级，可根据所控制的电动机功率选用相应的等级。额定工作电压有 200~240 V、380~480 V、500~600 V 等几种，均为三相交流电压。启动方式有软启动、限流启动和全压启动等三种。图 12.31 是控制器的外部接线图。图中主接线端子 L1、L2、L3 为输入端，通过刀开关和三相电源相连；T_1、T_2、T_3 为输出端，通过热继电器的热元件和电动机相接。输入端和输出端不得倒置。10、20、30、40 等是控制电路的接线端子，分别和外部的启动按钮、停止按钮、热继电器动断触点、隔离变压器二次绕组相连接，以便由外部设备对控制器进行操作。端子 50、60 之间是一个辅助触点(动合触点)，当控制器工作时该触点闭合。

该控制器在使用时应进行工作状态选择和时间设置。状态选择和时间设置是通过控制器上的 15 个小型拨动开关(每个开关有 ON 和 OFF 两个位置)和一个数字式旋钮开关(共有 10 个位置)来实现的。其中开关 1~9 用于工作状态选择，开关 13~15 用于启动时间设置(分为 2 s、5 s、10 s、15 s、20 s、25 s、30 s 共七挡)。开关 10~12 用于停止时间设置(分为 5 s、10 s、15 s、25 s、35 s、45 s、55 s、100 s 共八挡)，旋钮开关用于软启动时初始转矩大小或限流启动时限流水平的设置。限流启动方式可在启动时间内将启动电流限制为某个数值，限流水平可在额定电流的 0.25、0.5、1、2、2.5、3、3.5、4.5、5、5.5 倍中选择一种。

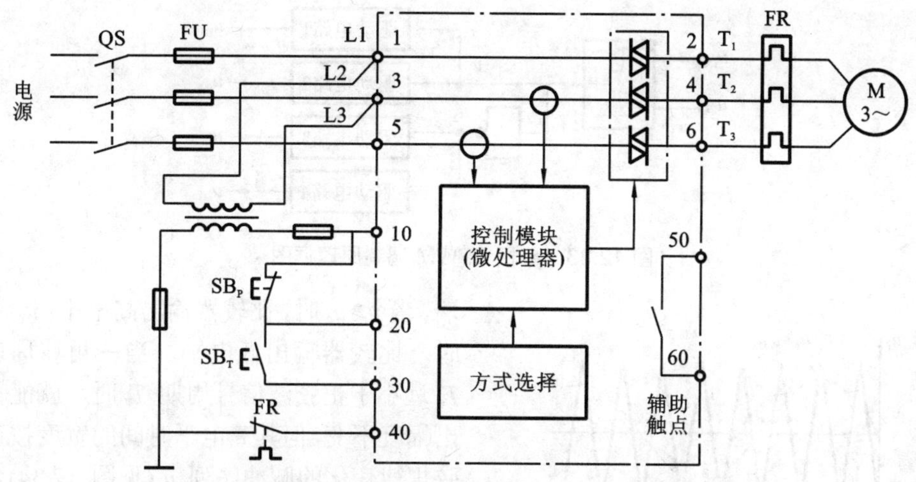

图 12.31　某智能电动机控制器的外部接线图

12.6.2　异步电动机的变频调速

变频调速是通过变频技术把 50 Hz 的工频电源变换成频率可以改变的交流电源，从而调节异步电动机转速的一种方法，是目前交流电动机一种较好的调速方法。它既能在宽广的范围内实现无级调速，又可获得良好的运行特性，已成为现代电气传动的一个重要发展方向。

变频调速电路有多种类型。图 12.32 所示为单相异步电动机变频调速电路原理图，它由单相桥式整流电路、滤波电容 C_0 和 VT_1~VT_4 四个功率管(IGBT)构成的逆变电路组成。整流电路把工频交流电变换成直流电，经电容器 C_0 滤波后再由逆变电路变换成频率可调的交流电作为单相异步电动机的供电电源。

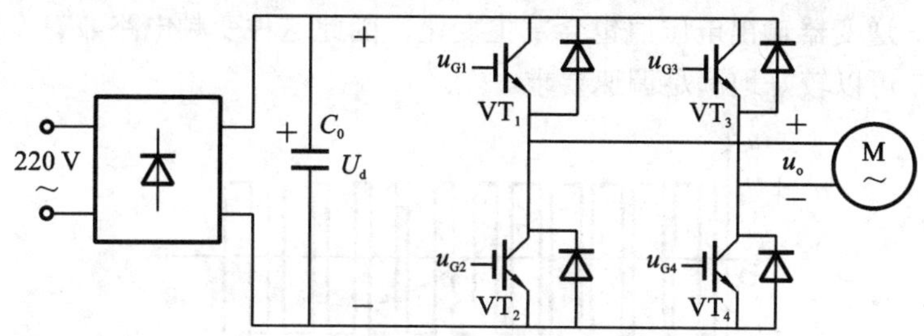

图 12.32　单相异步电动机变频调速原理图

逆变电路是直流/交流的变换装置，其工作方式有多种，正弦波脉宽调制(SPWM)是一种性能较好的方式。这种调制方式采用正弦波参考信号 u_r 对等幅三角波 u_c 进行调制，原理框图如图 12.33 所示。它由比较器、非门和驱动电路 1~驱动电路 4 组成，正弦波 u_r 和三角波 u_c 分别加于比较器的同相输入端和反相输入

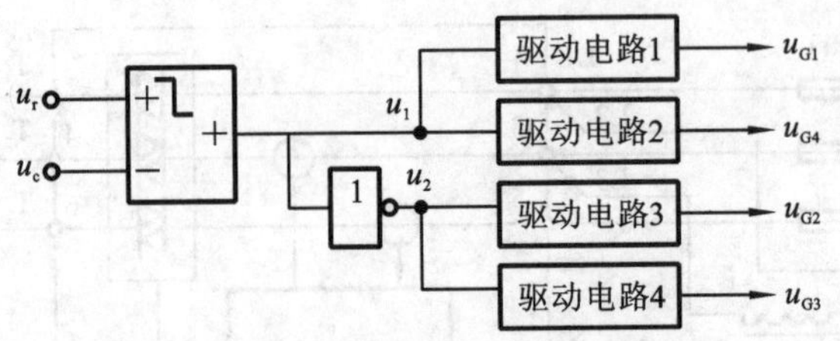

图 12.33 单相 SPWM 调制原理框图

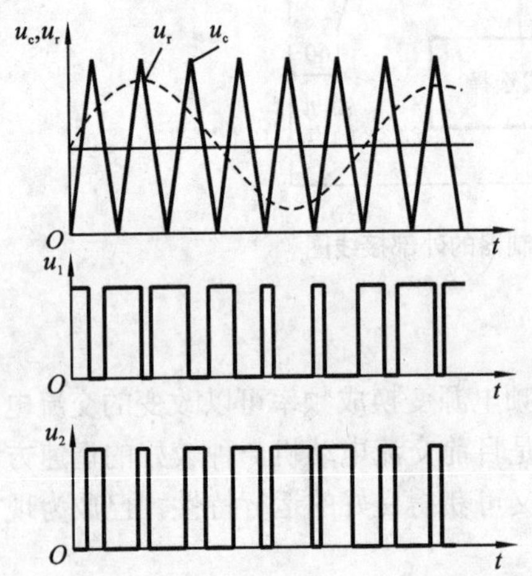

图 12.34 正弦波脉宽调制信号的产生

端。当 $u_r>u_c$ 时，比较器输出高电平；$u_r<u_c$ 时，比较器输出低电平。当三角波周期 T_c 远小于正弦波信号周期 T_r 时，就能输出幅度不变，但其高电平时间的宽度按正弦规律变化的脉冲序列 u_1(见图 12.34)。

u_1 经驱动电路 1、2 产生 u_{G1}、u_{G4}，分别驱动 VT_1、VT_4。同时，u_1 经非门反相后，得到高、低电平和 u_1 相反的脉冲序列 u_2，u_2 经驱动电路 3、4 产生 u_{G2}、u_{G3}，分别驱动 VT_2、VT_3。在这些信号的作用下，单相变频电路输出电压的波形如图 12.35 所示。从图中可知，单相异步电动机加上这种电源后，其工作状态与图 12.34 中虚线所示的正弦交流电压基本上相同。此时，该正弦交流电的频率与参考电压 u_r 相同，因此改变 u_r 的频率就可以改变逆变器输出电压的频率，从而达到单相异步电动机调速的目的。同时，改变参考电压 u_r 的幅度，逆变器输出电压值也会发生变化，因此这种变频电路兼有变频和调压双重功能，可以较好地满足调速要求。

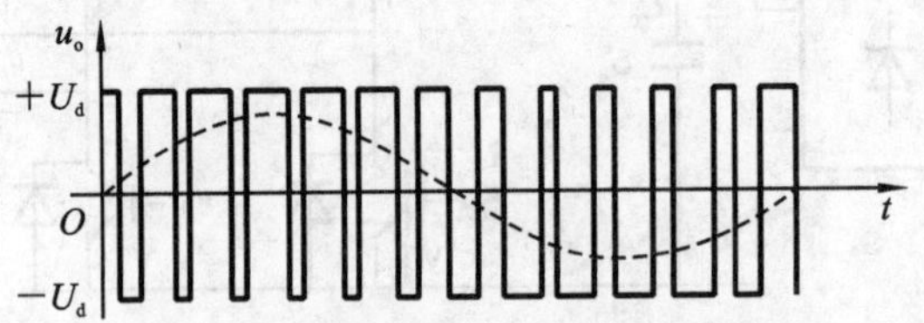

图 12.35 单相变频电路输出电压

图 12.36 所示为三相异步电动机变频调速原理电路。图中 VT_1~VT_6 组成三相逆变器，逆变器中各点的电压波形如图 12.37 所示。U 相、V 相和 W 相的参考电压分别为 u_{ru}、u_{rv}、u_{rw}(见图 12.37(a))，它们对三角波进行脉宽调制，得到逆变电路的一组控制电压 u_{G1}、u_{G3} 和 u_{G5}(见图 12.37(b))，分别驱动功率管 VT_1、VT_3、

VT_5；另一组互补电压 u_{G2}、u_{G4} 和 u_{G6} 分别与 u_{G1}、u_{G3} 和 u_{G5} 反相(图中未画出)，分别驱动 VT_2、VT_4、VT_6。当 VT_1 和 VT_4 导通时，$u_{UV}=U_d$；当 VT_2 和 VT_3 导通时，$u_{UV}=-U_d$。u_{VW}、u_{WU} 也可类似地求得。于是可画出变频器输出电压(即电动机输入电压)u_{UV}、u_{VW}、u_{WU} 的波形如图 12.37(c)所示。从电压波形图中可以看出，电动机输入端等效电压为正弦三相电压。该三相电压的频率可以通过调节三相正弦参考电压的频率来改变。因此只要改变三相参考电压的频率，就可以对三相电动机实现变频调速。

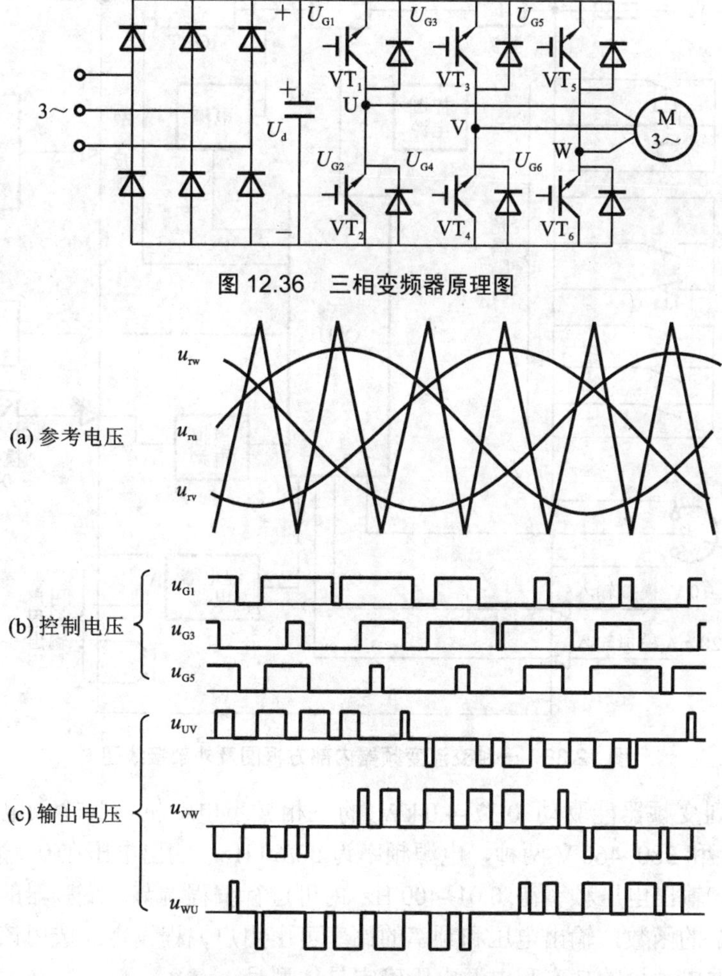

图 12.36　三相变频器原理图

图 12.37　三相变频电路电压波形

变频电路中驱动逆变器的正弦波脉宽调制控制电路已大量采用数字集成电路，它具有功能全、可靠性高、体积小、功耗低等特点，同时还有完善的保护以及程序控制等功能，给应用带来了极大的方便。

现在，计算机技术和变频技术已经互相融合，并形成一体化的变频装置。

作为一个示例，图 12.38 给出某系列交流变频器的内部方框图及外部接线图。图中主电路中包括 CPU 和由 IGBT 构成的逆变器。以 16 位微处理器为中心的控制电路具有产生三相准正弦波脉宽调制驱动信号、过电流和欠电压保护、转速控制和转向改变、转速指示和通信等多种功能。

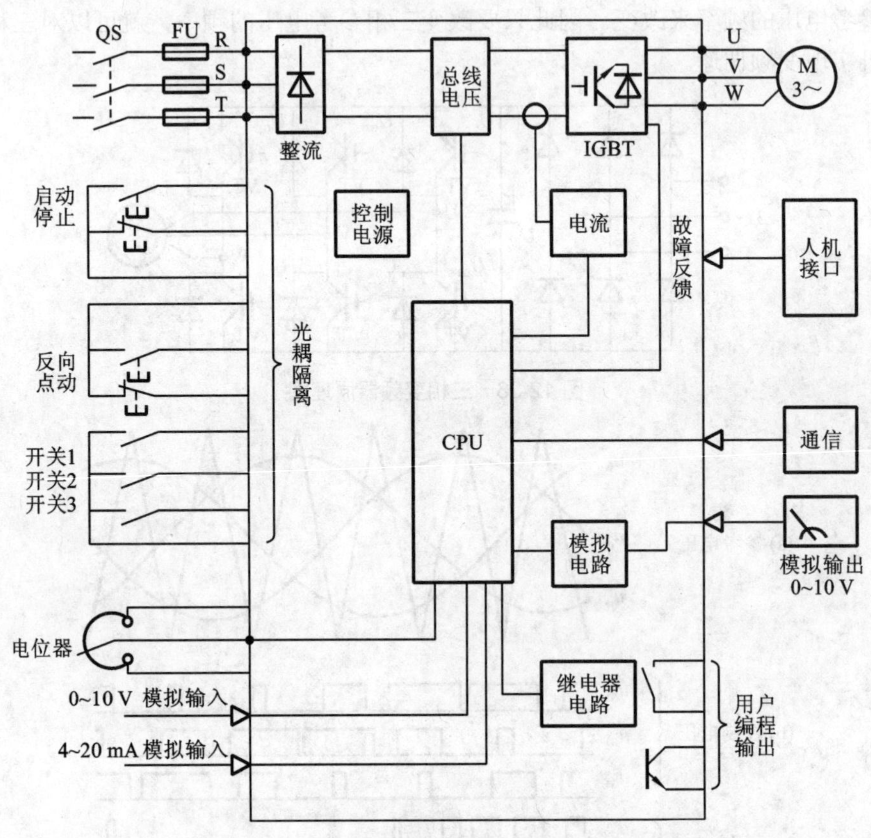

图 12.38　一种交流变频器内部方框图及外部接线图

该系列变频器能驱动 0.37~4.0 kW 的三相异步电动机。其输入电压有三相 200~230 V 和 380~460 V 两种，电源频率为 50/60 Hz。输出电压在 0~输入电压范围内可调，输出电压频率在 0.01~400 Hz 内可进行编程调节。变频器的输出电压是输出频率的函数，输出电压和频率的比率可由用户编程设定。选用该系列变频器时应根据电动机的功率和电源电压确定具体型号。

这种变频器的接线方法已在图 12.38 中示出。变频器的 R、S、T 端接三相交流电源，U、V、W 端接三相异步电动机。其输入控制功能包括启动、停止、反转、点动和速度预置(可以利用开关 1、2、3 的不同组合在 0~400 Hz 范围内，设置七个预定频率)。还可以接受远程电位器输入和直流 0~10 V 或 4~20 mA 的模拟信号输入，实现频率调节。变频器能提供两路可设定的输出信号：一路为继电器触点输出；另一路为晶体管集电极开路输出，并提供一路直流 0~10 V 的模拟信号输出(用于表示频率)。通过串行接口外接的通信模块可以将变频器和上位控制站相连进行通信。人机接口模块(手持编程器)一方面可用于对变频器进行编程(输入编程信号)，另一方面可用于显示变频器的运行状态和诊断数据。因此变频器的使用是很方便的。

本 章 小 结

1. 晶闸管是一种大功率的半导体器件。要使晶闸管导通，除了必须在阳极与阴极间加正向电压外，控制极还需要加正向电压，同时要求阳极电流大于维持电流。晶闸管导通后，控制极即失去控制作用。只有当阳极与阴极间正向电压降到一定值，或断开、或反向、或使阳极电流小于维持电流时，才又恢复阻断。

双向晶闸管和可关断晶闸管是普通晶闸管的派生器件。双向晶闸管在承受正向或反向电压时均可触发导通，而可关断晶闸管导通后可用负脉冲将其强行关断。

常见的全控型器件有大功率双极型晶体管(GTR)、电力场控晶体管(PMOSFET)、绝缘栅双极型晶体管(IGBT)等。IGBT 结合了 PMOSFET 和 GTR 两者的优点，用 PMOSFET 作为输入部分，器件成为电压型驱动，驱动电路简单、输入阻抗高、开关速度易提高，用 GTR 作为输出部件，器件的导通压降低、容量容易提高，因此 IGBT 应用十分广泛。

2. 可控整流电路可以把交流电变换为电压大小可调的直流电压(电流)。控制加入触发脉冲的时刻来控制导通角的大小，从而改变输出的直流电压值。由晶闸管组成的可控制整流电路，不同的负载具有不同的特点。

3. 逆变电路可以把直流电能变换为交流电能。在逆变状态下，变流电路的直流端接有直流电源，晶闸管虽在电源电压的负半周工作，但由于电路直流端接有反电动势，故仍承受正向电压，其阳极电流方向并未改变，电能的传送方向是从直流端到交流端。

4. 变频电路是用于改变交流频率的装置。间接变频电路由整流电路和逆变电路组成，直接变频电路无须中间直流环节，其转换效率较高。

5. 调压电路分为交流调压和直流调压，它们均利用可控元件的通断来改变输出的电压。交流调压的控制方式有相位控制、通断控制和脉宽控制等几种。直流调压电路又称为斩波调压器，具体分为降压型和升压型等多种斩波调压器。

习　题

12.1　题 12.1 图是一个带电阻负载的单相半波可控整流电路，试画出 $U_2 = 60\,\text{V}$、$\alpha = 60^\circ$时，i_L、u_L、u_T 的波形，并求出 U_L 的值(假定晶闸管正向导通时的压降为零)。

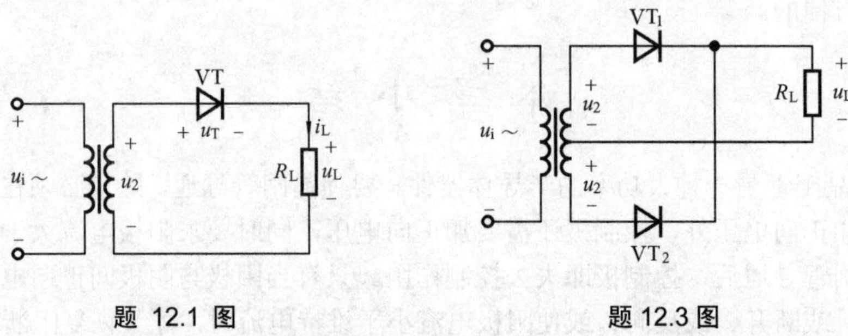

题 12.1 图　　　　题 12.3 图

12.2　单相桥式全控整流电路在控制角 $\alpha = 0$ 时，负载电压平均值为 50 V，现欲使负载电压降低一半，问：控制角 α 等于多少？若忽略晶闸管的正向导通压降，则 U_2 (有效值)为多少？

12.3　题 12.3 图电路的变压器二次侧电压 $u_2 = \sqrt{2} \times 50 \sin 314t\ \text{V}$，$R_L = 20\,\Omega$，触发脉冲的移相范围为 30°～150°，若忽略晶闸管的正向导通压降：（1）画出 α 为 30°和 150°时的 u_L 波形；（2）求出负载电压平均值 U_L 的调节范围；（3）求出每个晶闸管可能承受的最大反向电压和流过的最大正向平均电流。

12.4　单相交流调压电路中负载电阻 $R_L = 10\,\Omega$，电源电压 $u_1 = 220\sqrt{2}\sin 314t\ \text{V}$。试画出 $\alpha = 30^\circ$时输出电压 u_L 的波形图，并求出输出电压的有效值 U_L 及晶闸管能承受的最大正向和反向电压。

12.5　在升压型斩波调压器电路中，已知 $E = 10\,\text{V}$，IGBT 的触发周期(即 $T_{on} + T_{off} = T$)为 1 ms，要求升压到 $U_d = 20\,\text{V}$，试求 IGBT 的导通时间 T_{on}。

实训十四　单相桥式半控整流电路的研究

1. 实训目的

(1) 了解单结晶体管触发电路的工作原理及电路中各元件的作用。

(2) 了解实验电路图中所标点 A~D 的电压波形，掌握调试步骤和要点。

(3) 对单相半控桥整流电路电阻和电感负载工作情况的波形进行全面分析。

(4) 分析和排除实验中出现的问题。

2. 实训仪器与设备

本实训所需器材见实训表 14.1。

实训表 14.1　实训仪器与设备

序号	名　称	符号	规　格	数量	备　注
1	晶闸管	VT	KP5-7	2 个	
2	整流二极管	VD	ZP5-7	3 个	
3	单结晶体管触发电路板			1 块	
4	白炽灯	EL_1	60 W　220 V	1 个	
5	白炽灯	EL_2	100 W　220 V	1 个	
6	电抗器	L_d		1 台	可用 40 W 日光灯镇流器代替
7	双踪示波器			1 台	
8	万用表			1 块	

3. 实训内容与步骤

按实训图 14.1 接好电路，按下列步骤开始操作。

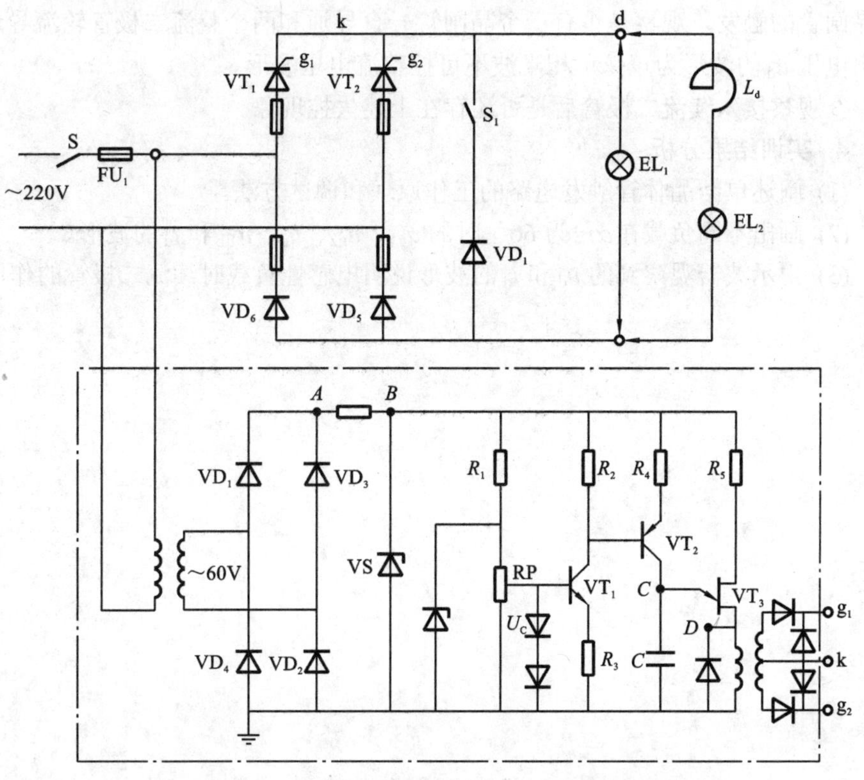

实训图 14.1　采用单结晶体管触发电路的单相半控桥

(1) 调试单结晶体管触发电路接通触发电路的电源，用示波器观看并记录触发电路中的各点波形：①整流输出；②削波；③单结晶体管发射极电压；④触发脉冲输出。

(2) 波形分析调节触发电路电位器上的电压 U_C，观察并记录单结晶体管发射极所接电容两端的锯齿波电压波形的变化，以及输出尖脉冲的移动情况并估算移相范围。

(3) 分析单相半控桥电路电阻性负载触发电路调试正常后，主电路接上电阻性负载(灯泡)并接通电源，用示波器观察并记录负载两端电压 u_d、晶闸管两端电压 u_T 以及整流二极管两端电压 u_D 的波形。改变控制角的大小，观察波形的变化，并记录负载两端电压 U_d。

(4) 分析带电阻电感负载。

①接上灯泡或电阻器与电抗器串联的负载，用示波器观察并记录在不同阻抗角 Φ 情况下，分为负载两端并接续流二极管和不并接二极管，在不同 α 角时的 u_d、i_d 及晶闸管两端电压 u_T 的波形。

②观察并记录不接续流二极管时的失控现象：当晶闸管导通时，切断其中一只晶闸管的触发，观察是否有一个晶闸管一直导通和两个整流二极管轮流导通，输出电压 u_d 的波形为正弦单相半波不可控整流电压波形。

③观察接入续流二极管后是否还存在上述失控现象。

4. 实训结果分析

(1) 阐述单结晶体管触发电路的工作原理和调试方法。

(2) 画出不同负载在 α 角为 60° 时的 u_{g1}、u_{g2}、u_d、u_{T1} 和 i_d 的波形。

(3) 由示波器观察到的 u_d 和 i_d 的波形说明电感性负载时续流二极管的作用。

第 13 章　电子电路仿真软件 EWB 的应用

13.1　EWB 概述

13.1.1　主要功能

Electronics Workbench(简称 EWB) 是基于 Windows 操作系统平台的电子设计软件，该软件有以下一些功能。

(1) 集成化工具。

一体化设计环境可将原理图编辑、SPICE 仿真和波形分析、仿真电路的在线修改、选用虚拟仪器和借助 14 种工具分析输出结果等操作在一个集成系统中完成。

(2) 仿真器。

交互式 32 位 SPICE 支持现有的模拟、数字和数/模混合元件，自动插入信号转换界面，支持多级层次化元件的嵌套，对电路的大小和复杂程度没有限制。只要提供原理图网表和输入信号，打开仿真开关就会在一定的时间内将仿真结果输出。

(3) 原理图输入。

鼠标点击并拖动界面，点点自动连线。分层的工作环境，手工调整元器件时自动重排线路，自动分配元器件的参考编号，对原理图尺寸大小没有限制。

(4) 分析。

虚拟测试设备能提供快捷、简单的分析，主要包括直流工作点、瞬态、交流频率扫描、傅里叶、噪声、失真度、参数扫描、零极点、传递函数、直流灵敏度、交流灵敏度、最差情况、蒙特卡洛法等 14 种分析工具，可以在线显示波形并具有很大的灵活性。

(5) 设计文件夹。

同时存储所有的设计电路信息，即将电路结构、SPICE 参数、所有使用模型的设置和拷贝全部存放在一个设计文件夹中，便于设计数据共享及丢失或损坏的数据恢复。

(6) 接口。

标准的 SPICE 网表，既可以输入其他 CAD 生产的 SPICE 网络连接表并形成原理图供 EWB 软件使用，也可以将原理图输出到其他 PCB 工具中直接制作线路板。

由上可见，EWB 软件仿真实验不受仪器仪表及元器件的限制，只要有计算机就可以进行仿真实验，使学生脱离具体实验项目的限制，提高了实验效率，增加了实验的深度和广度，充分发挥了他们的主观能动性和创造性。EWB 软件既可以实现硬件电路实验功能，又能为课程设计和毕业设计提供电路的仿真。因此，掌握 EWB 软件的应用十分有意义。

13.1.2 界面和元器件图标简介

双击桌面 EWB 图标，即可看到如图 13.1 所示的基本学习工作界面。EWB 模仿了一个实际的电子实验工作平台，在该平台上(实验电路工作区) 可以绘制电路原理图、连接虚拟仪器仪表、测试相关电路参数及显示相应波形。在基本工作区上方有菜单栏、工具栏和元件库栏，从菜单栏可以选择所需要的各种命令。从元件库栏可以选择所需要的图标，再选择该库中所需要的元件或仪表，通过使用鼠标拖放操作，可以安放元器件，完成实验电路连接；选中虚拟仪器图标库，通过鼠标拖放操作，可以安放仪器仪表，设置仪器仪表参数，观察测试结果。按下仿真开关可以控制电路运行和停止。在基本工作区下方是电路描述窗口，在其窗口内根据需要输入有关电路的介绍或说明(图中未示出) 。

图 13.2 所示为 EWB 工具栏和元件库栏的各个图标，并给出了详细的标注。

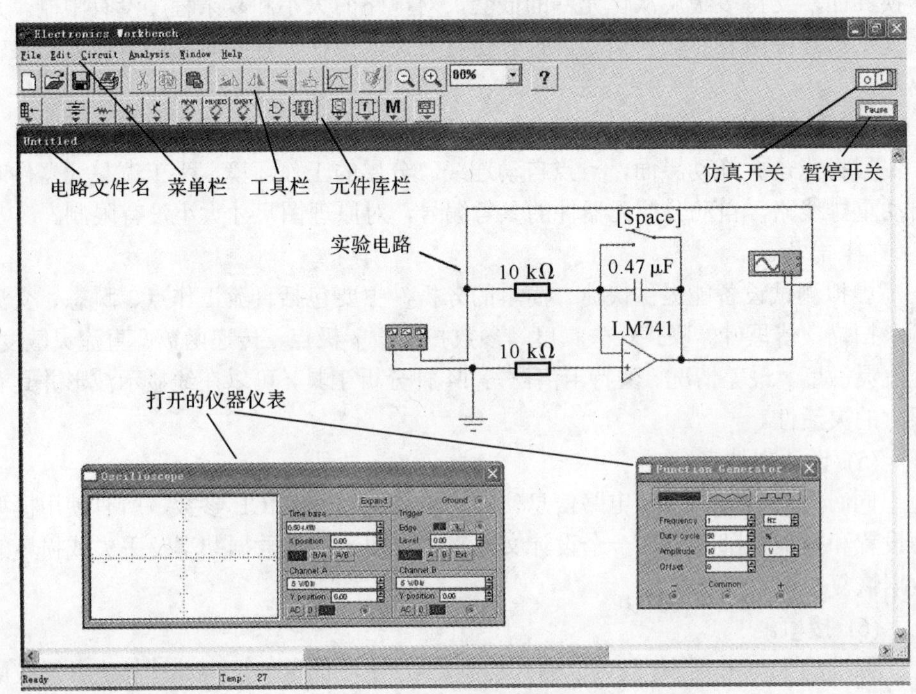

图 13.1　EWB 界面

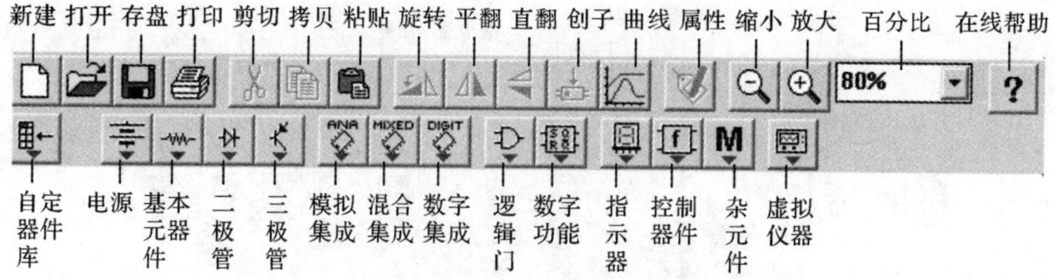

图 13.2　图标标注

EWB 电子工作平台提供了丰富的元器件库。根据不同的类型分成电源、基本元器件图标库、二极管图标库、三极管图标库、模拟集成电路图标库、混合集成电路图标库、数字集成电路图标库、逻辑门电路图标库、数字功能图标库、指示器图标库、控制器件图标库、杂元件图标库和虚拟仪器库。它们是以图标的形式显示在电子工作平台的基本操作界面上。图 13.3 所示为信号源(电源) 图标库，图 13.4 所示为基本元器件图标库，图 13.5 所示为二极管图标库，图 13.6 所示为三极管图标库，图 13.7 所示为模拟集成电路图标库，图 13.8 所示为混合集成电路图标库，图 13.9 所示为数字集成电路图标库，图 13.10 所示为逻辑门电路图标库，图 13.11 所示为数字功能图标库，图 13.12 所示为指示器图标库，图 13.13 所示为控制器件图标库，图 13.14 所示为杂元件图标库，图 13.15 所示为虚拟仪器库。

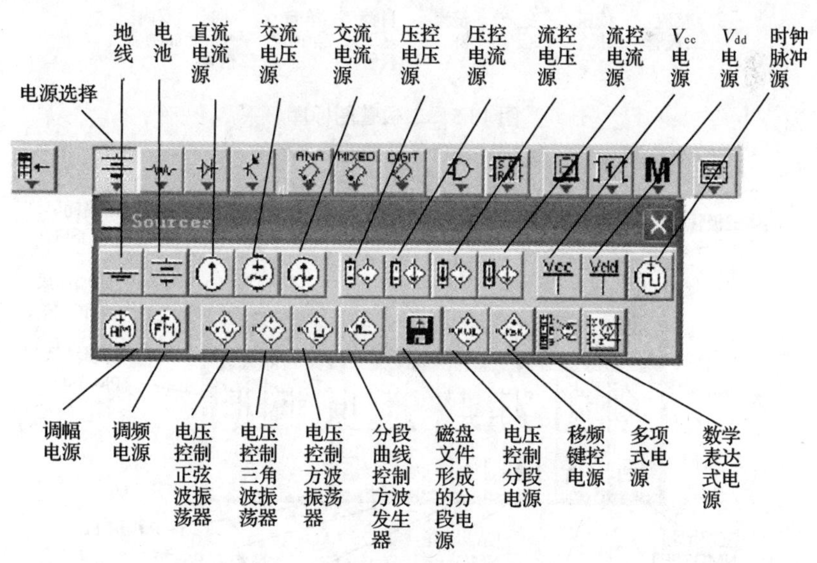

图 13.3　信号源(电源) 图标库

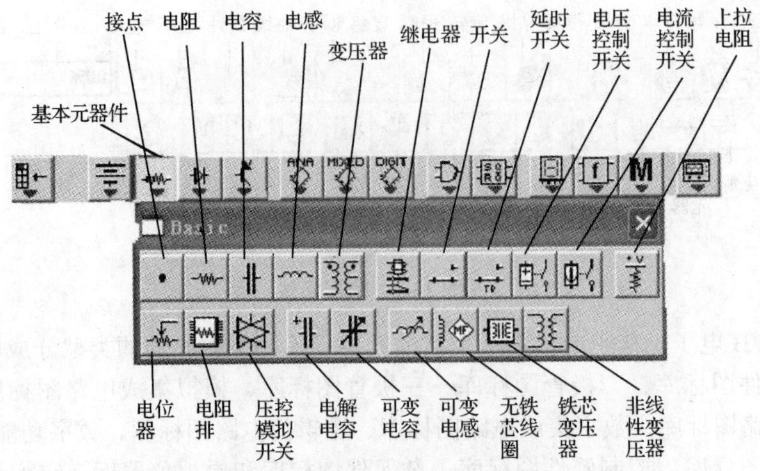

图 13.4　基本元器件图标库

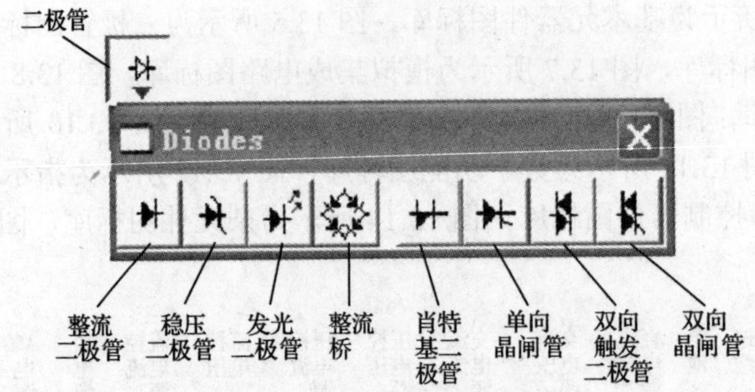

图 13.5　二极管图标库

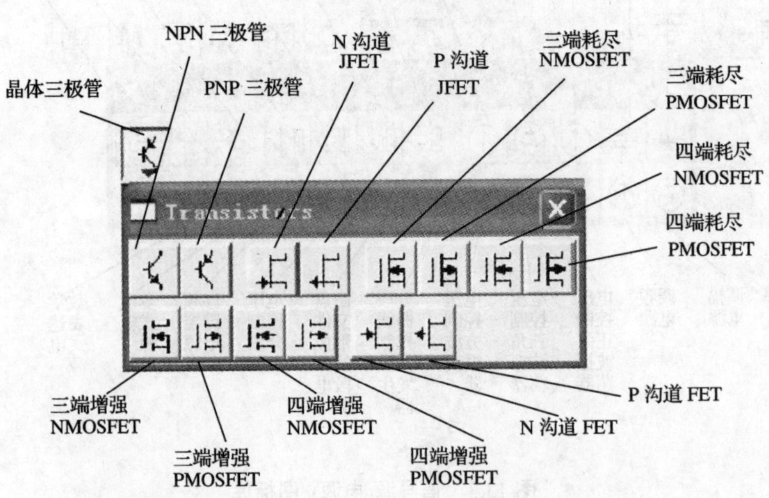

图 13.6　三极管图标库

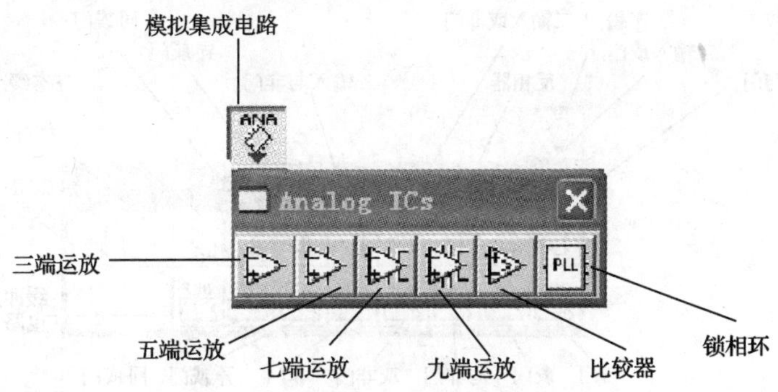

图 13.7　模拟集成电路图标库

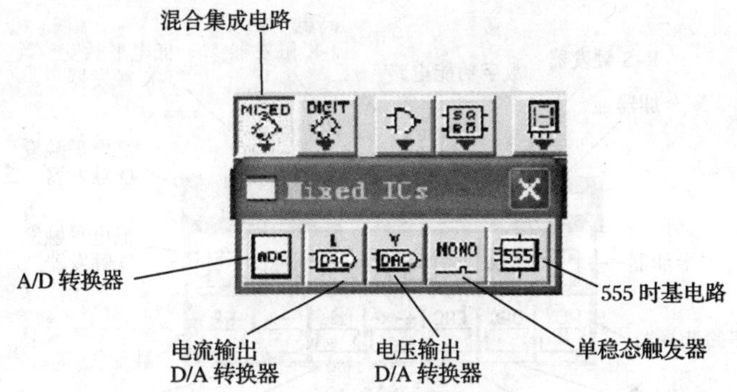

图 13.8　混合集成电路图标库

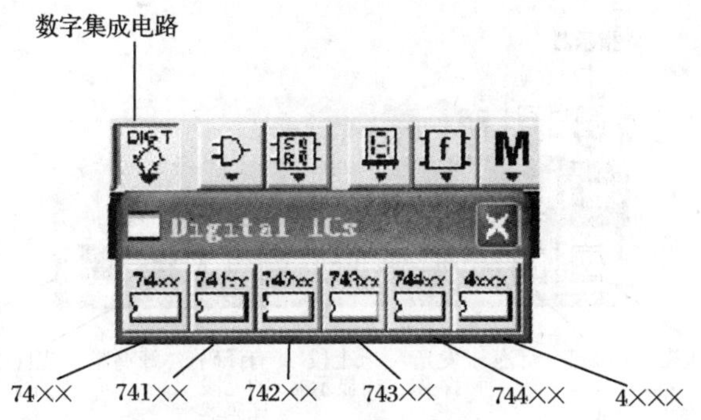

图 13.9　数字集成电路图标库

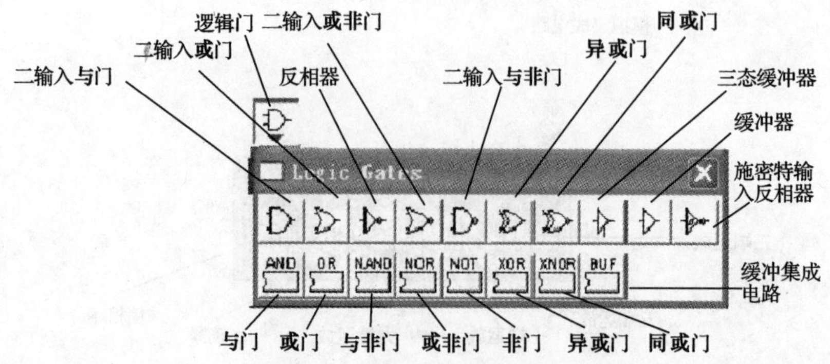

图 13.10　逻辑门电路图标库

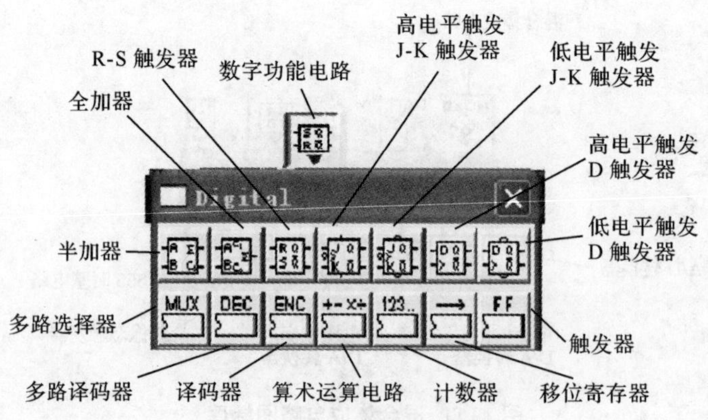

图 13.11　数字功能图标库

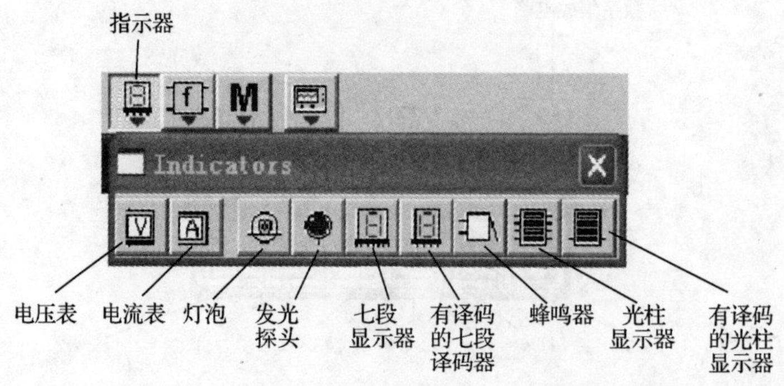

图 13.12　指示器图标库

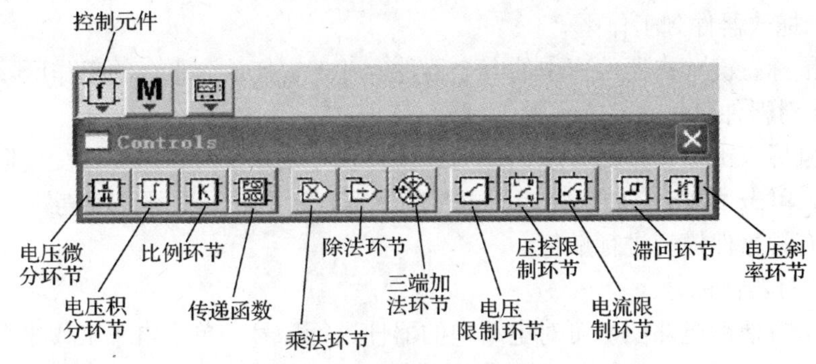

图 13.13　控制器件图标库

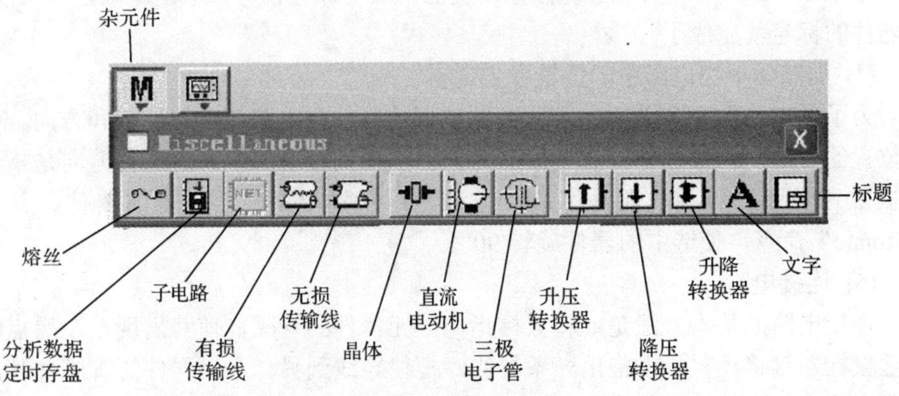

图 13.14　杂元件图标库

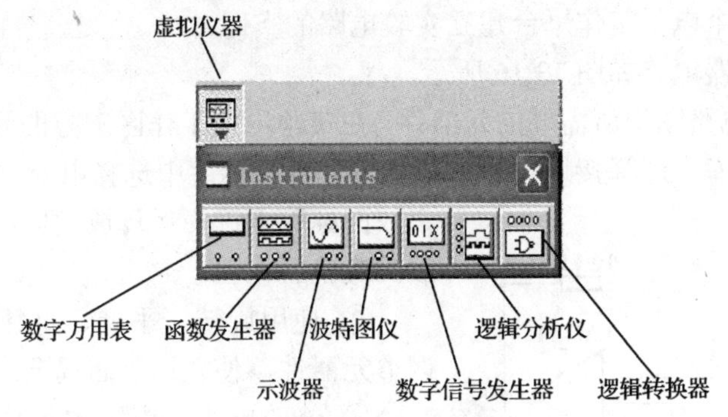

图 13.15　虚拟仪器库

13.2　在电子工作平台上建立实验电路

在 EWB 电子工作平台上建立实验电路的步骤如下。

(1) 拖放器件到工作区。

用鼠标左键单击器件库中的一个器件，并把它拖放到平台的工作区。

(2) 对器件赋值。

用鼠标双击器件，例如双击电阻，就出现一个赋值对话框。改变电阻的数值和单位，单击“确定”便可完成对电阻的赋值。除了对无源器件赋值外，EWB还可以对有源器件模型进行赋值。

(3) 对器件标号。

为了方便读电路图，可对电路中的器件进行标号。单击电子工作平台菜单条上的“Circuit”，就会出现一个下拉菜单，再单击电路菜单的“元件属性”选项中的标签命令“Label”，就会出现标签设置框。填上标签代号，单击“确定”，对有关器件的标号就完成了。

(4) 调整器件在电路中的位置和方向。

为了使电路图整齐美观，可适当调整有关器件在电路图中的位置和方向。调整位置的方法是用鼠标单击有关器件并把它拖放到合适的地方。调整方向是指器件横放还是竖放、顺放还是倒放，方法是用鼠标单击想要放置的器件，并用“Rotate”命令，使选中的器件旋转90°。

(5) 连接电路。

连接电路的基本方法是：将鼠标指向某元器件的管脚，使其出现一个黑点，按住鼠标左键移动鼠标会拖出一条导线，拉住导线到另一个元器件的管脚使其出现一个黑点，松开鼠标左键，则点对点的导线连接完成。该线不会和其他元器件、仪器仪表发生连接。

下面举一个电子工作平台建立实验电路的实例。

方波发生器电路如图13.16所示。

① 根据电路图中所需要的元器件，在实验电路工作区上方的元件图标中，分别从电源图标库中选择接地符号，从基本元件图标库中选择电容、电阻，从模拟集成图标库中选择运算放大器，用鼠标分别拖放到实验工作区。

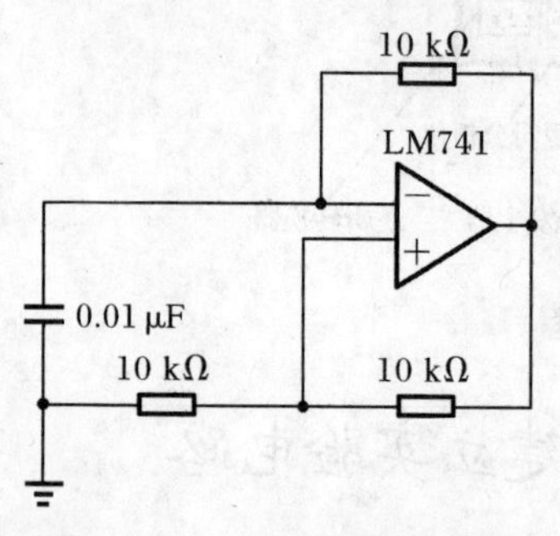

图13.16　方波发生器电路

② 使用旋转、平翻、直翻、移动等方法调整元器件，使之达到布局要求。

③ 修改电容、电阻的参数，选择运算放大器的型号。

④ 连接导线，完成电路图绘制。

⑤ 从虚拟仪器图标中选择示波器，用鼠标拖放到实验工作区，示波器的通道A、通道B分别和电路图的输入端、输出端相接。用鼠

标双击示波器图标打开面板，接通仿真开关即可从示波器屏幕上看到相应的波形。

⑥ 输出实验结果。

输出实验结果的方法很多，这里只介绍打印的输出方法。

在完成电路图的绘制并测试完成后，如果需要打印输出时，可用鼠标单击打印图标，这时会出现一个打印选项设置对话框，如图 13.17 所示。

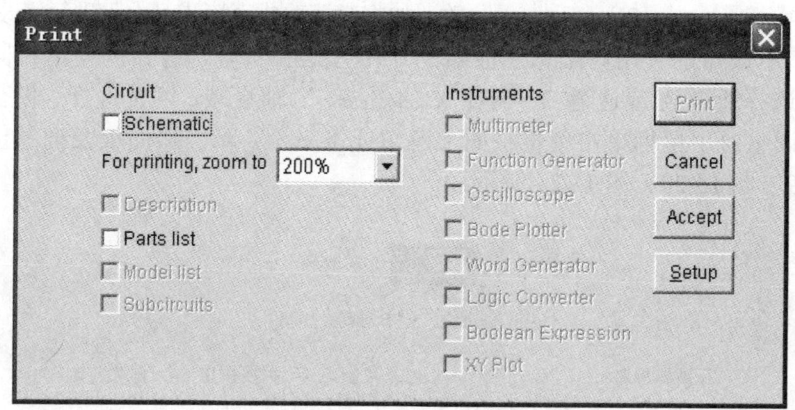

图 13.17　打印选项设置对话框

打印选项设置对话框包括电路、仪器两类输出的设置。电路包括原理图、说明、元件表、模型、子电路。仪器只能选择当前使用的仪器仪表，如选择示波器、数字万用表等，电路图中没有的仪器仪表是不能选择的。各项设置完成后按“Print”按钮即可。

13.3　使用虚拟仪器仪表

13.3.1　模拟仪器仪表的使用

模拟仪器仪表主要包括数字万用表、函数发生器、示波器、波特图仪(扫频仪)及电压表、电流表。这些仪器仪表(除波特图仪) 在接入电路并开启仿真开关之后，若改变其在电路的测试点，则显示的数据和波形也会相应变化，而不用重新启动电路。虚拟仪器与实际的仪器仪表的操作非常相似，这使仿真实验的操作非常方便，也更加直观。

(1) 数字万用表的使用。

这是一种可以自动调整量程的数字多用途表，其电阻挡的阻值和分贝挡的标准电压值，电压挡、电流挡的内阻都可以任意设置。

(2) 数字电压表、数字电流表的使用。

EWB 提供了没有台数限制的数字电压表和数字电流表，可以根据测试要求选

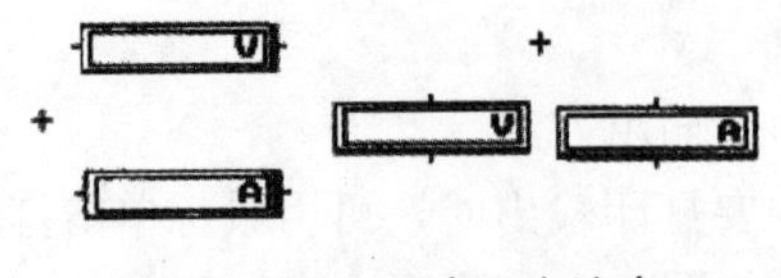

图 13.18　电压表、电流表

用。用鼠标单击工作区上方的指示图标库，再用鼠标将电压表或电流表拖放到需要的位置，可以使用旋转图标改变仪表的放置方向，如图 13.18 所示。如果需要调整参数，可使鼠标指向仪表，双击左键打开选项设置对话框进行修改，如将交流改成直流或对内阻进行修改等。

(3) 示波器的使用。虚拟示波器的使用方法和实际示波器的使用相同，根据需要选择通道 A 或通道 B，调整 X 轴扫描、Y 轴衰减、触发选择、耦合方式等项，调整时用鼠标单击单位栏的上三角或下三角。示波器面板及调整位置如图 13.19、图 13.20、图 13.21 所示。

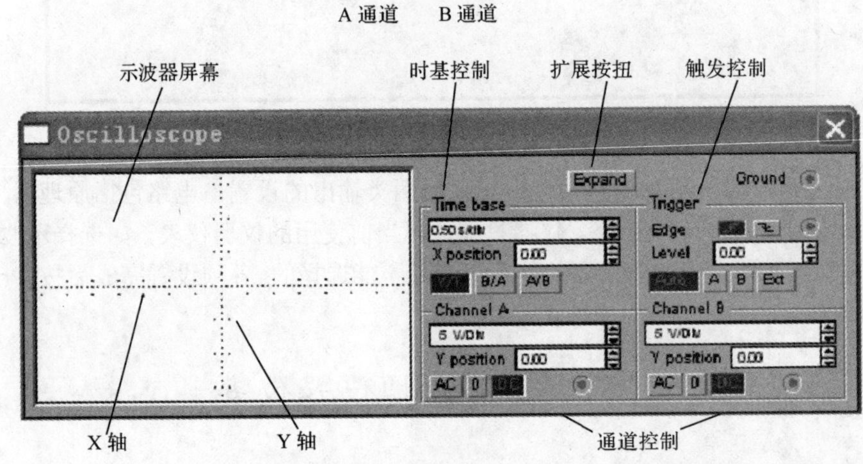

图 13.19　示波器图标及面板

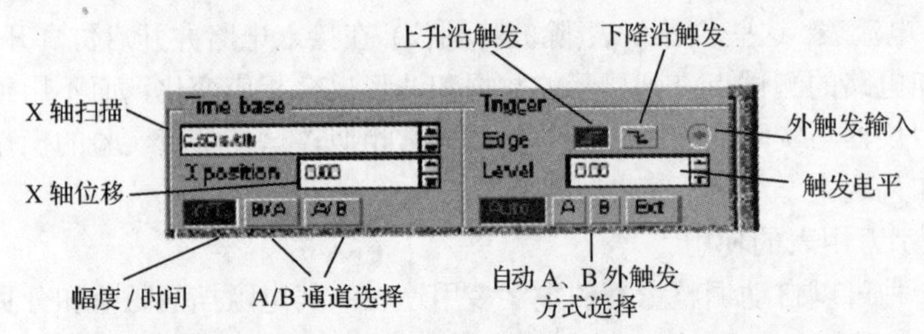

图 13.20　示波器时基和触发方式调整

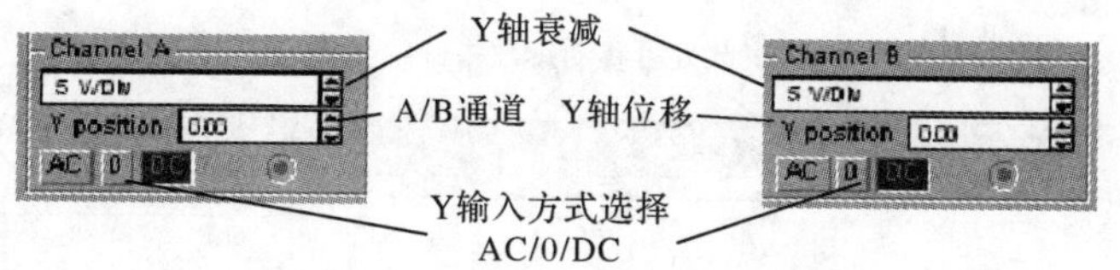

图 13.21 示波器 Y 轴通道的设置调整

为了能在示波器上得到稳定满屏幕的波形，可以在设置分析菜单的分析选项对话框中设置，如图 13.22 所示。

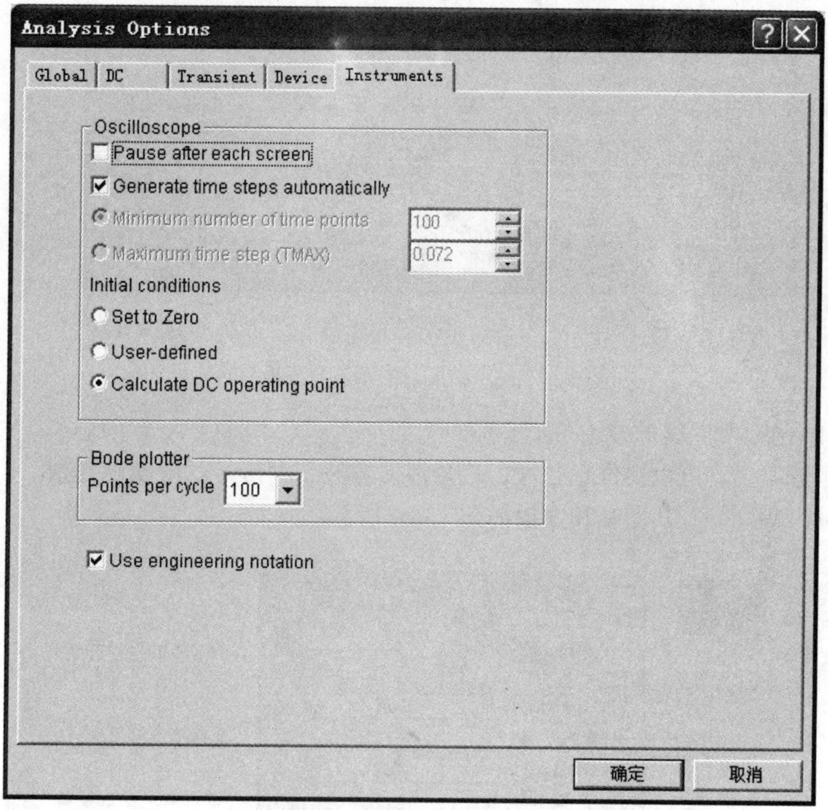

图 13.22 分析选项设置对话框

如果需要更细致地观察测量波形，可以使用放大功能。按下扩展按钮“Expand”会出现如图 13.23 所示的示波器扩展屏幕。用鼠标拖曳读数指针即可进行精确的测量。

示波器显示波形的颜色可以通过设置导线的颜色确定。按缩小按钮“Reduce”可以恢复屏幕大小，按下相反按钮“Reverse”可以改变屏幕背景颜色，按下保存按钮“Save”可以按 ASCII 码格式存储波形读数。

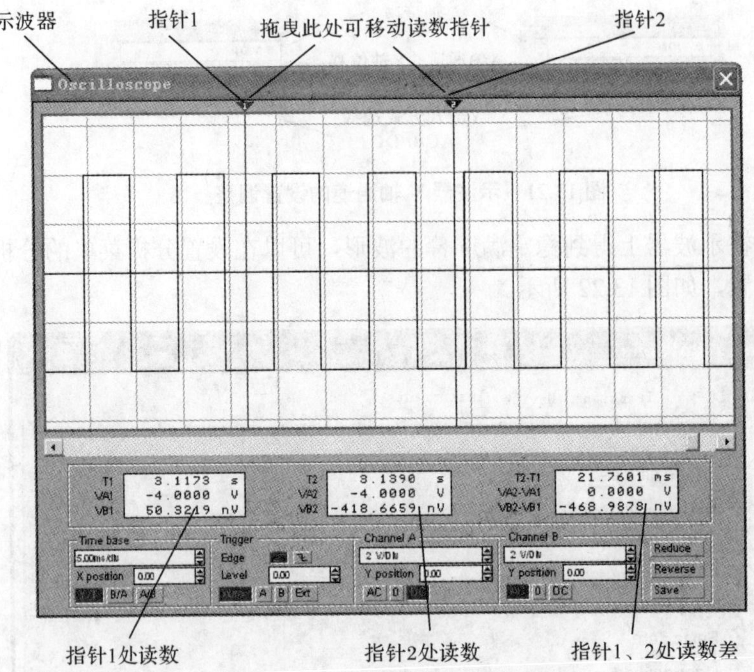

图 13.23　扩展后的示波器面板

(4) 函数发生器的使用。

函数发生器可以提供正弦波、三角波、方波三种信号，可以设置频率、占空比、输出幅度等，其图标和面板如图 13.24 所示。

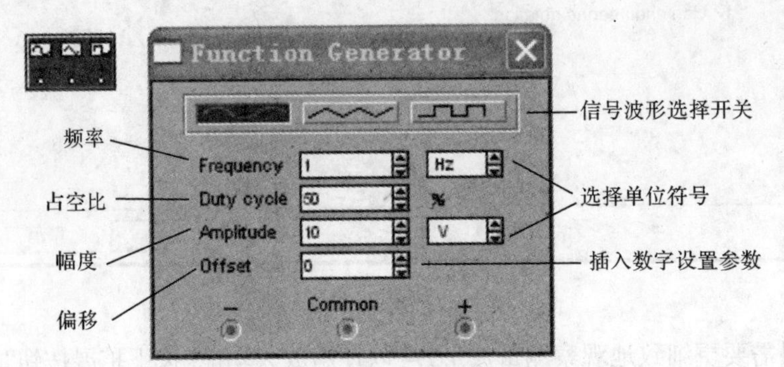

图 13.24　函数发生器图标和面板

(5) 波特图仪的使用。

波特图仪类似实验室用的扫频仪，可以测量和显示电路的幅频特性、相频特性。波特图仪有“IN”和“OUT”两个端口，对应接到电路输入、输出端口的“+”端和“－”端。在使用波特图仪时，必须在电路的输入端接入 AC(交流)信号，对频率没有特殊要求，频率测量的范围由波特图仪的参数设置决定。波特图仪面板如图 13.25 所示。

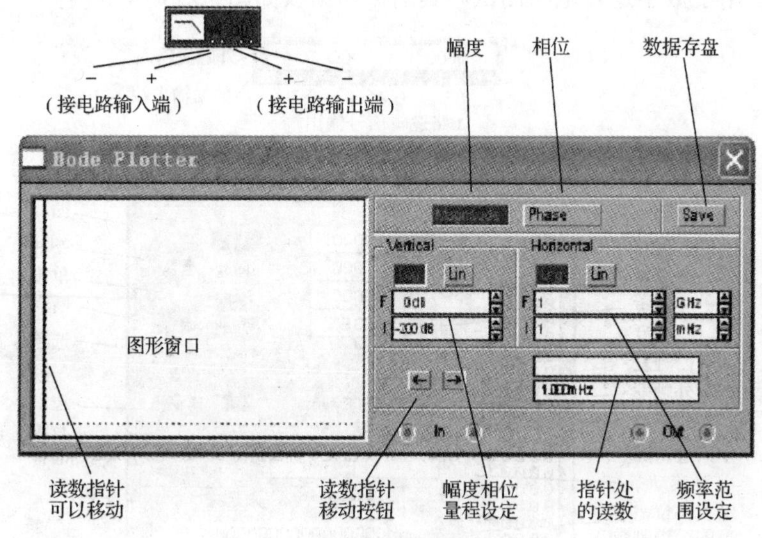

图 13.25　波特图仪面板

仿真启动后可以修改波特图仪的参数，如坐标范围及在电路上的测试点，但修改后最好重新仿真，保证曲线的完整与准确。波特图仪参数设置如图 13.26 所示。

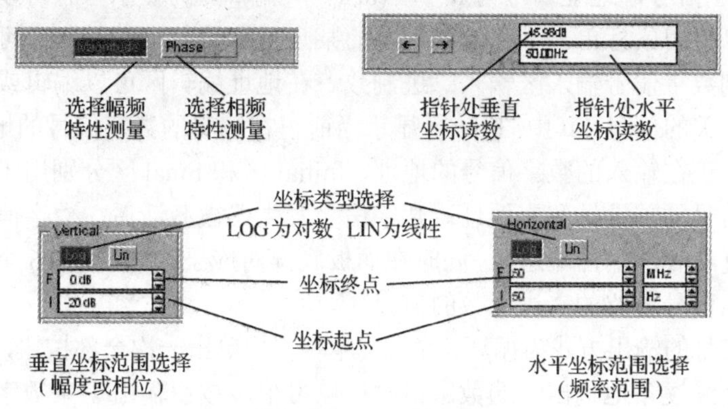

图 13.26　波特图仪参数设置

13.3.2　数字仪器仪表的使用

数字仪器仪表包括数字信号发生器、逻辑分析仪、逻辑转换器。

(1) 数字信号发生器的使用。

数字信号发生器实际上是一台多路逻辑信号源，它能产生 16 路(位) 同步逻辑信号，用于数字逻辑电路测试。其图标和面板如图 13.27 所示。

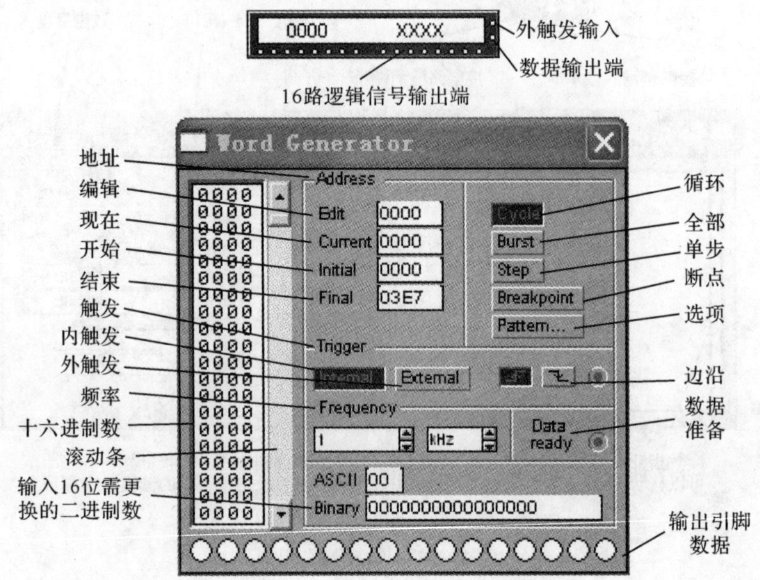

图 13.27 数字信号发生器面板

在信号编辑区，16 bit 的数字信号以 4 位十六进制数编辑和存放。可以存放 1 024 条数字信号，地址编号为 0~3FF(hex) ，编辑区的显示内容可以通过滚动条前后移动。使用鼠标单击十六进制数区的某一行，输入十六进制数可以在面板下面的二进制数字信号输入区输入二进制数。在地址编辑区可以编辑或显示与数字信号地址有关的信息，其中：Edit 区显示当前正在编辑的数字信号的地址，Current 区显示当前正在输入的数字信号的地址，Initial 区和 Final 区分别用于编辑和显示输出数字信号的首地址和末地址。数字信号发生器被激活后，数字信号将按照一定规律逐行从底部输出端送出，同时在面板底部对应于输出端的 16 个小圆圈内实时显示输出信号各位的二进制数的值。

数字信号的输出方式为循环、全部、单步，如单击一次全部按钮，则从首地址到末地址连续逐条地输出一遍数字信号；单击单步按钮输出 1 条数字信号，这种方式适合于对电路进行单步调试；单击循环按钮会不断地按全部的方式输出数字信号。全部和循环方式的输出快慢节奏是由输出频率决定的。选中某地址的数字信号后，单击“断点”按钮则该地址被设置为断点，在使用全部方式输出时，当运行到该地址时输出暂停，再按 F9 键或仿真“暂停”按钮可恢复运行。

当选择内触发方式时，数字信号的输出由按钮启动运行。当选择外触发方式时，需要接入外触发的脉冲信号，还要设置上升沿触发或下降沿触发，此后单击输出方式按钮，待触发脉冲到来时启动输出。此外，在输出端还能得到与输出数字信号同步的时钟脉冲输出。

单击选项按钮可得到如图 13.28 所示的选项对话框。对话框包括清除、打开、存盘、加计数、减计数、右移、左移等项内容，用于对编辑区的数字信号进行相应的操作，其中后 4 个选项用于在编辑区生成按一定规律排列的数字信号，如选择加计数编码，则按 0000～03FF 排列；选择右移编码，则按 8000，4000，2000，…逐步右移一位的规律排列；依此类推。

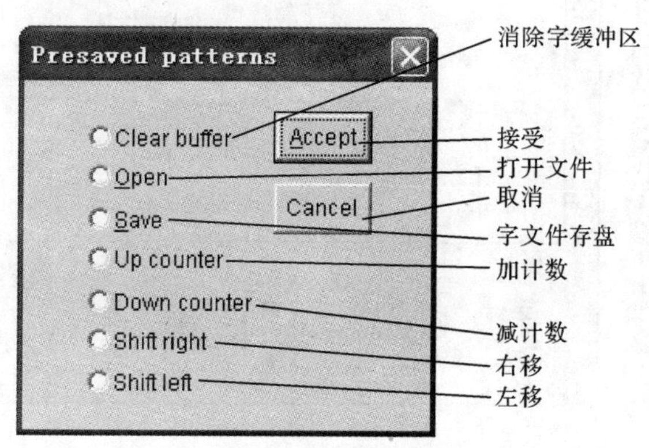

图 13.28 选项设置对话框

数字信号的文件后缀为“.dp”。选择“Open”选项，可将已经存在的文件调出使用。

(2) 逻辑分析仪的使用。

虚拟逻辑分析仪和实际的仪器相似，可以同步记录和显示 16 路数字信号。可以用于数字逻辑信号的高速采集和时序分析，是分析复杂数字信号的有力工具。逻辑分析仪的图标和面板如图 13.29 所示，面板左边的 16 个小圆圈对应 16 个输入端，小圆圈内实时显示各路输入逻辑信号的当前值，从上到下依次为最低位至最高位。通过修改连接导线颜色来区分显示不同的波形，波形显示的时间轴值可通过修改时间刻度设置予以确定。拖曳读数指针可以读取波形的数据，面板下面的大方框中显示读数指针 T1 处和 T2 处的时间读数及读数指针 T2 和 T1 的差值，在小框内显示逻辑读数(4 位十六进制数)。

触发方式有多种选择，单击触发模式设置按钮会弹出如图 13.30(b)所示的触发模式选择对话框，可以输入 A、B、C 三个触发字，三个触发字的识别方式通过图 13.30(a) 所示的内容来选择。触发字的某一位设置为“×”时，则该位为(0，1)都可以，如图 13.31 所示。三个触发字的默认设置均为“××××××××××××××××”，表示只要第一个输入逻辑信号到达，逻辑值(0，1)，逻辑分析仪均被触发并开始进行波形采集，否则必须满足触发字的组合条件才能触发。

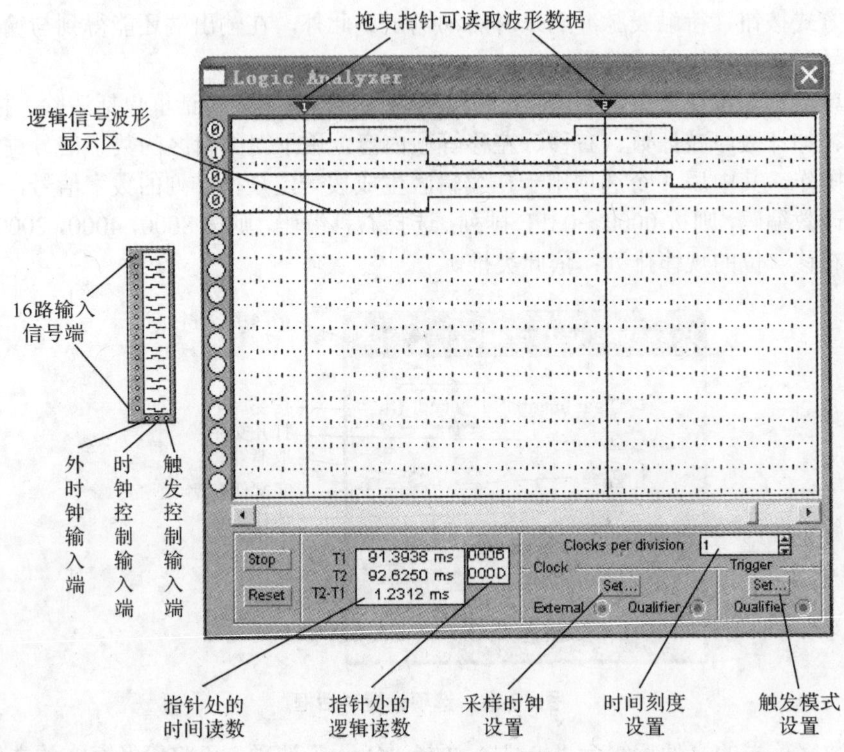

图 13.29　逻辑分析仪的图标和面板

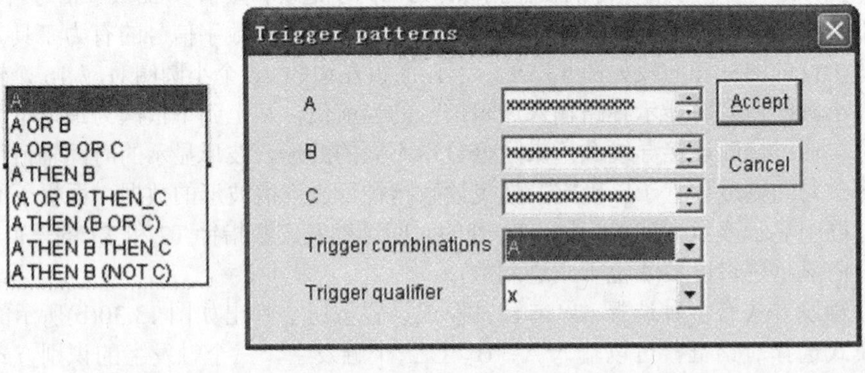

A
A OR B
A OR B OR C
A THEN B
(A OR B) THEN_C
A THEN (B OR C)
A THEN B THEN C
A THEN B (NOT C)

Trigger patterns

A　xxxxxxxxxxxxxxxx
B　xxxxxxxxxxxxxxxx
C　xxxxxxxxxxxxxxxx
Trigger combinations　A
Trigger qualifier　x
Accept
Cancel

(a)　　　　(b)

图 13.30　触发模式选择设置

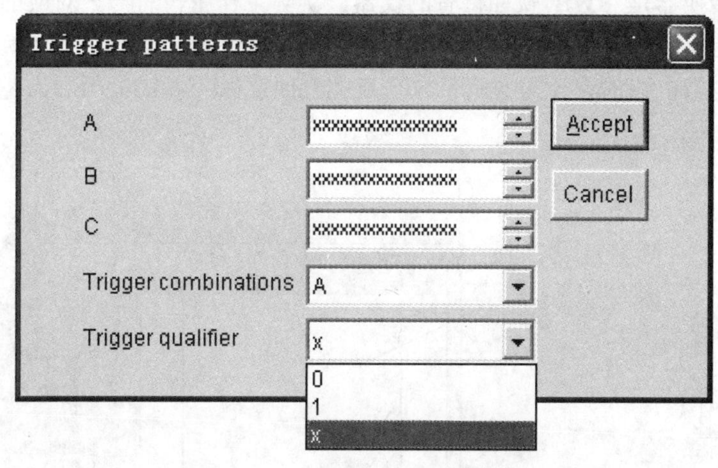

图 13.31　触发模式选择设置对话框

单击时钟区的采样时钟按钮将得到波形采集的选项设置对话框，如图 13.32 所示，可以选择内部时钟或外部时钟、上升沿有效或下降沿有效。如果选择内部时钟可以设置频率。另外，对时钟限定进行设置可以决定输入时钟的控制方式：若使用默认方式“×”，表示时钟总是开放，不受时钟控制输入的限制；若设置为“1”，表示时钟控制为“1”时开放时钟，逻辑分析仪可以进行取样；若设置为“0”，表示时钟控制为“0”时开放时钟。逻辑分析仪除可以进行取样外，也可以设置逻辑分析仪触发前的点数、触发后的点数及触发电平等。

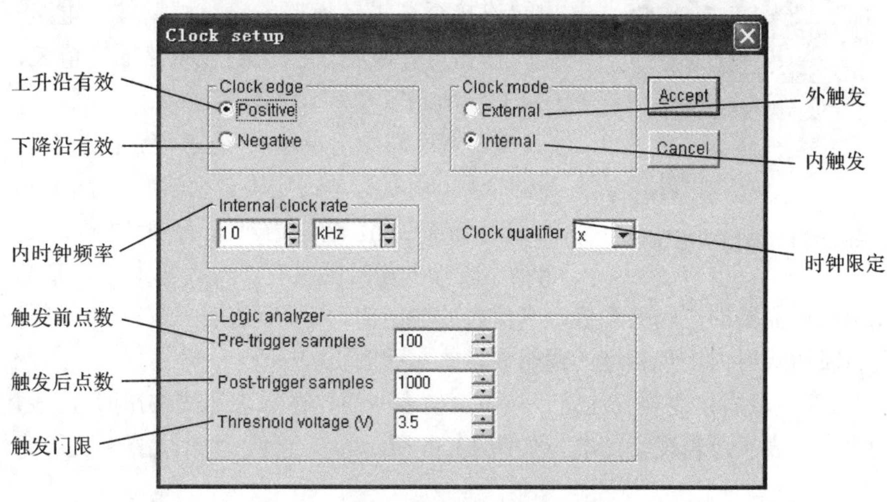

图 13.32　时钟设置选择对话框

(3) 逻辑转换器的使用。

逻辑转换器是 EWB 软件特有的仪器，实际工作中没有与之对应的设备。逻辑转换器能够完成真值表、逻辑表达式和逻辑电路三者之间的相互转换，这一功能给数字逻辑电路的设计与仿真带来了很大方便，如图 13.33 所示为逻辑转换器的图标和面板。

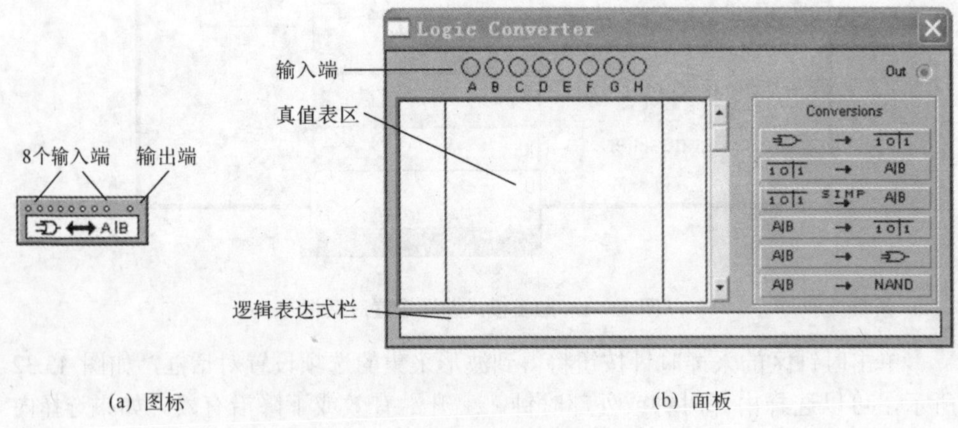

(a) 图标　　(b) 面板

图 13.33　逻辑转换器的图标和面板

转换功能的使用如图 13.34 所示。

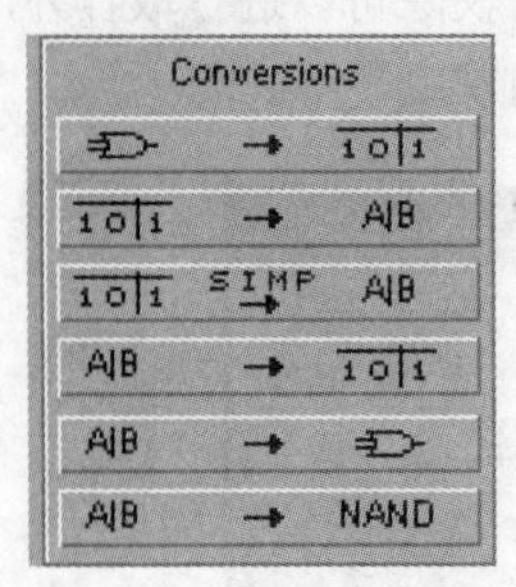

图 13.34　转换功能按钮

① 电路图导出真值表　先画出逻辑电路图，电路输入端连接至逻辑转换器的输入端，电路输出端连接至逻辑转换器的输出端，按下电路→真值表按钮可在真值表区得到该电路的真值表，如图 13.35 所示。

② 真值表导出逻辑表达式　首先根据输入信号的个数，用鼠标单击逻辑转换器面板上面输入端的小圆圈(A～H)，选定输入信号。此时真值表区会自动出现输入信号的所有组合，输出列全部为 0，可以根据所需要的逻辑关系修改真值表的输出值。按下真值表→逻辑表达式按钮，在逻辑表达式栏内出现相应的逻辑表达式，如图 13.36 所示。

③ 真值表简化逻辑表达式　按下真值表→简化逻辑表达式按钮即可。表达式中的“′”表示逻辑变量的**非**，如图 13.36 所示。

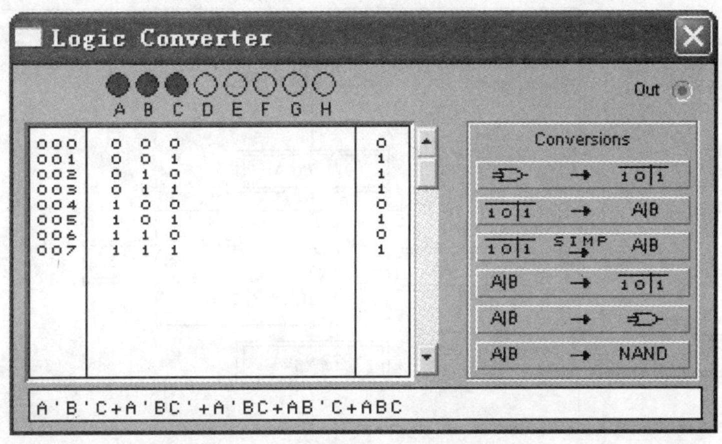

图 13.35　逻辑转换器转换面板 A

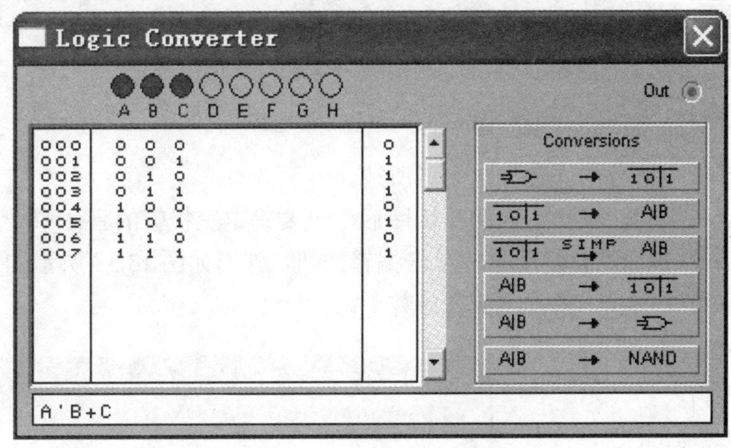

图 13.36　逻辑转换器转换面板 B

13.4　综合应用实例

例 13.1　单管放大电路的静态测试。

解　按图 13.37 所示连接电路，其中：电阻在基本元器件库，电源、接地符号在电源元件库，三极管在三极管图标库，电压表、电流表在指示器图标库，数字万用表在虚拟仪器图标库。用鼠标拖放元器件、仪表到电子工作平台，调整元器件、仪表布局。修改元器件的标称值：用鼠标双击电阻修改电阻的标称值，用鼠标双击三极管在适当的图标库中选择三极管。连接导线，打开仿真开关，电压表、电流表将显示测量值，然后和计算值进行比较。将电压表、电流表用数字万用表代替，重做上述内容。修改三极管的放大倍数，再进行仿真，观察对电路的影响。

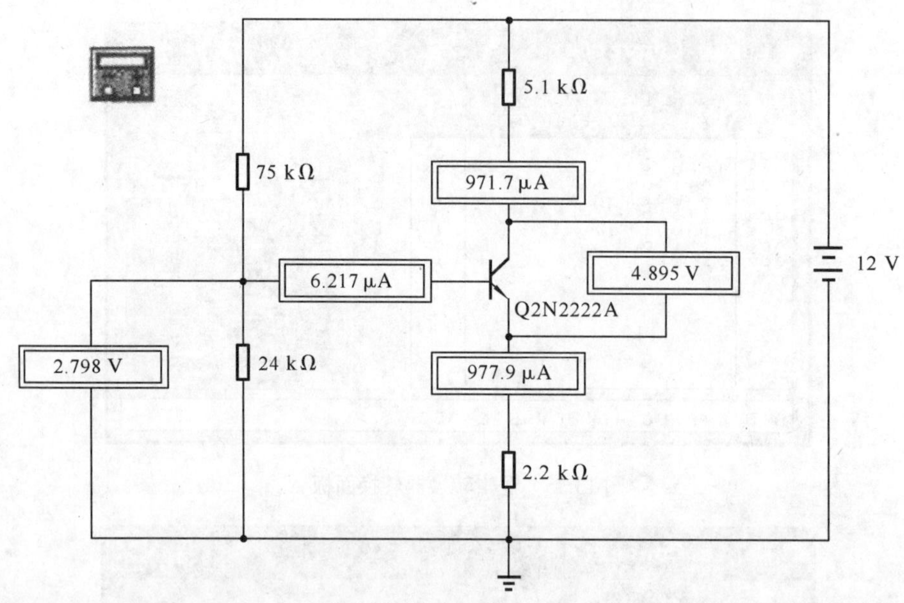

图 13.37　单管放大电路

三极管放大倍数的修改方法如下所述。

当激活三极管，选择适当的图标库后，还要确定三极管的具体型号，此时编辑按钮“Edit”被激活，使用鼠标单击编辑按钮，弹出如图 13.38 所示的选项设置对话框，就可以修改三极管的放大倍数了。

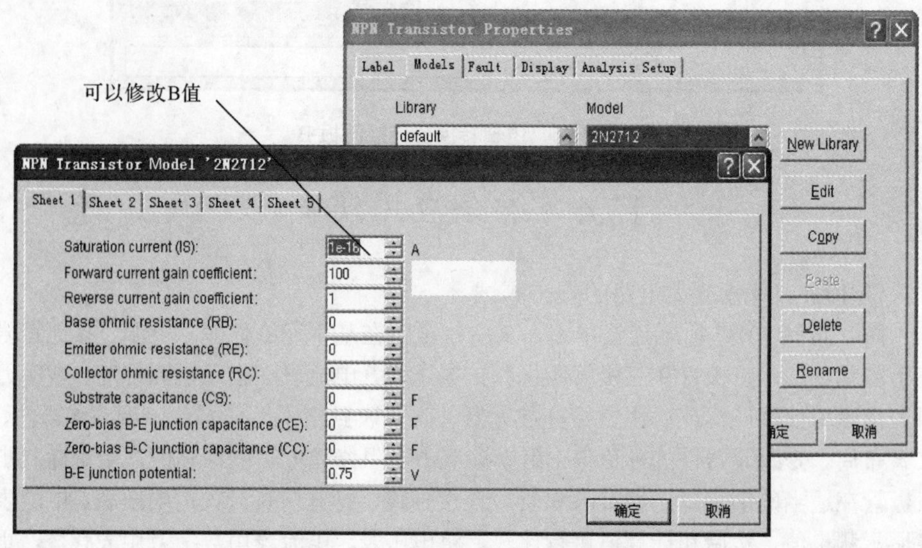

图 13.38　模型的选项设置对话框

例 13.2 高通滤波电路的仿真实验。

解 按图 13.39 所示连接电路，用鼠标拖放元器件、仪器到电子工作平台。调整元器件、仪器布局。修改元件的标称值：双击运算放大器，在选择框中打开运算放大器库，选择理想的运算放大器或具体型号的运算放大器。进行适当的调整后连接导线，用鼠标双击仪器图标打开仪器，调整仪器的设置选项，接通仿真开关进行仿真实验。观察示波器、波特图仪的波形，并和理论值相比较，如图 13.40、图 13.41 所示。

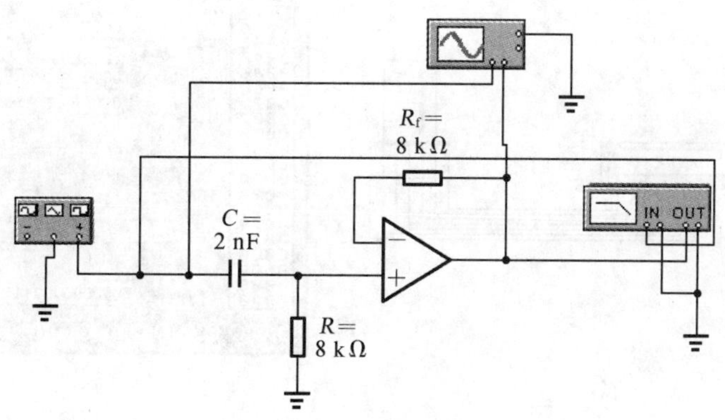

图 13.39 高通滤波电路

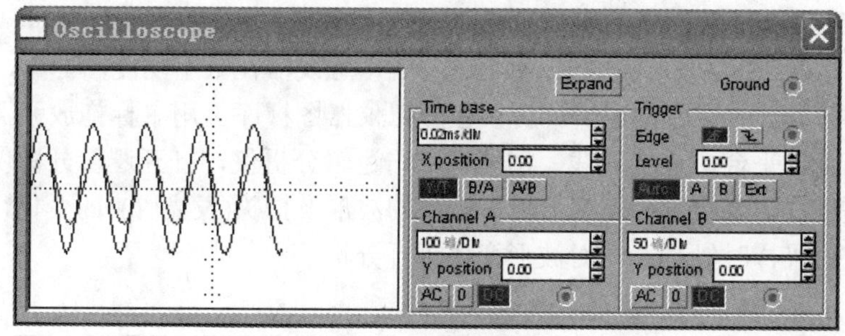

图 13.40 示波器显示的波形

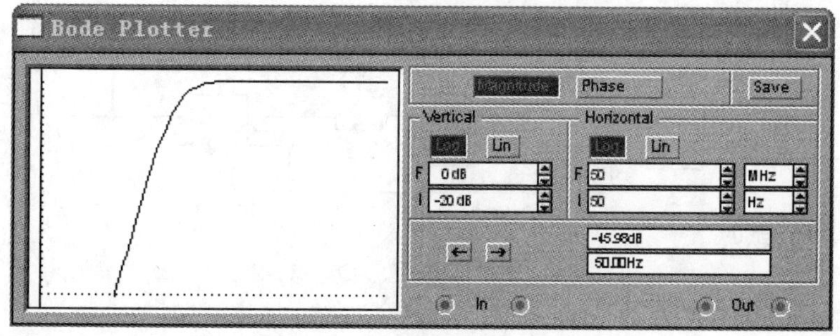

图 13.41 波特图仪显示的波形

例 13.3 数字信号发生器的数字设置及数码显示实验。

解 按图 13.42 所示连接电路，其中：数字信号发生器在虚拟仪器图标库，数码管在指示器图标库。用鼠标拖曳仪器、元器件到电子工作平台，连接导线。用鼠标双击数字信号发生器，设置从 0～F 相应的数字，选择单步、循环、全部、断点等项内容，接通仿真开关进行仿真实验观察数码管的显示结果。

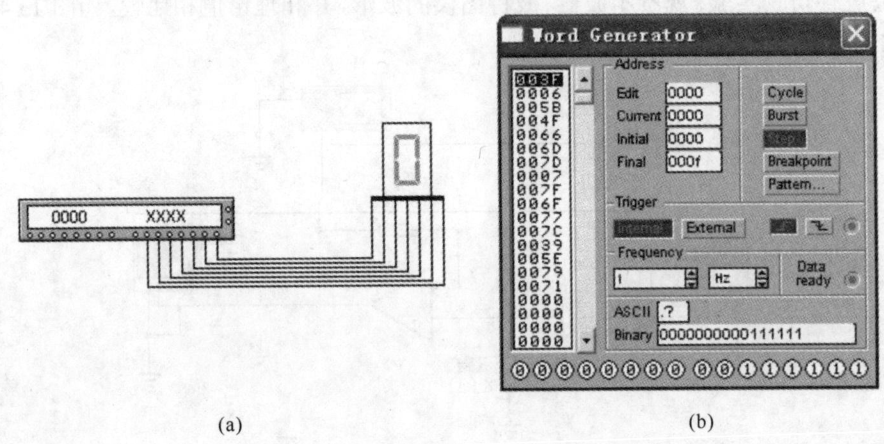

图 13.42 数字信号发生器及打开的面板

例 13.4 J-K 触发器的应用实验。

解 按图 13.43 所示连接电路，其中：J-K 触发器在数字功能图标库，探头(发光管) 在指示器图标库，逻辑分析仪在虚拟仪器图标库。用鼠标拖放元器件、仪器到电子工作平台，连接导线。用鼠标双击逻辑分析仪，打开逻辑分析仪，接通仿真开关进行仿真实验。观察逻辑分析仪的波形及探头(发光管) 的变化，修改逻辑分析仪的采样时钟频率，对波形变化进行分析。

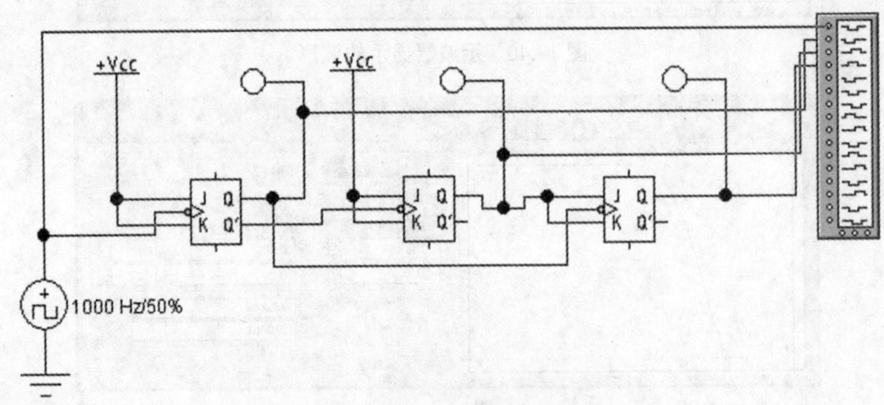

图 13.43 J-K 触发器应用电路

例 13.5 由电路导出真值表和逻辑表达式及电路。

解 如图 13.44 所示，其中：逻辑门在逻辑门图标库，逻辑转换器在虚拟仪器图标库。用鼠标将逻辑门、逻辑转换器拖放到电子工作台，按图 13.44 连接导线。用鼠标双击逻辑转换器图标将其面板打开，按下电路→真值表按钮得到真值表，按下真值表→逻辑表达式按钮得到逻辑表达式 A'B'C+A'BC+AB'C+ABC，按下真值表→简化逻辑表达式按钮得到化简的逻辑表达式 A'B+C，按下逻辑表达式→电路按钮、逻辑表达式→**与非**电路按钮，得到如图 13.45 所示的电路。

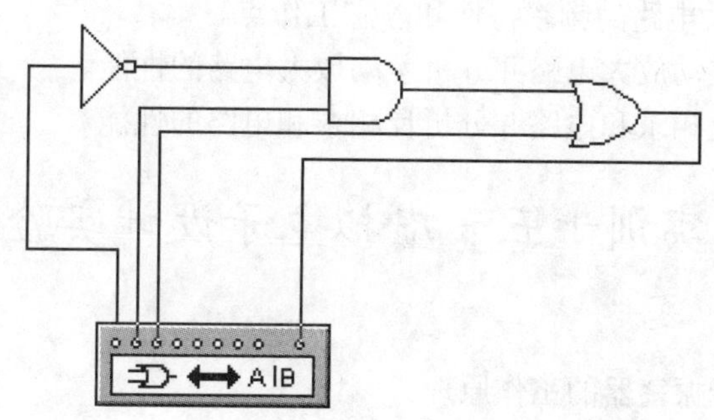

图 13.44 逻辑转换器与电路的连接

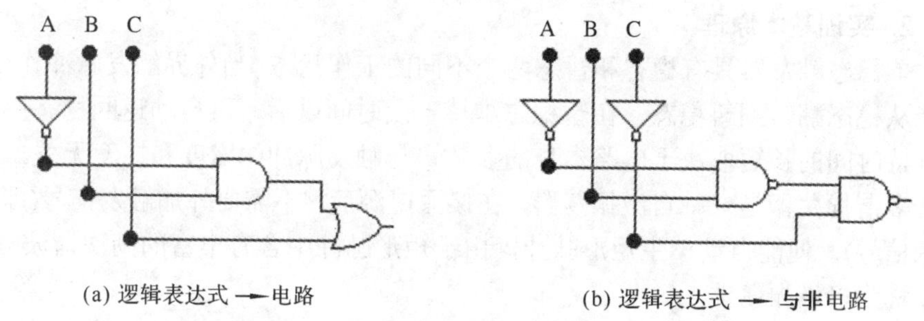

(a) 逻辑表达式 →电路　　(b) 逻辑表达式 → 与非电路

图 13.45 逻辑表达式转换为电路和与非电路

本 章 小 结

1. EWB 软件是基于 Windows 操作系统平台的电子设计软件，可将原理图编辑、仿真和波形分析、选用虚拟仪器、分析输出结果集于一体，是大家学习电子技术知识及实验不可多得的学习工具。

2. EWB 软件模仿了一个实际的电子实验工作平台。EWB 电子工作平台提供了丰富的元器件库。

3. 在 EWB 软件上建立实验电路的步骤如下：拖放元器件及仪器、仪表等到工作区，对需要赋值和标号的元器件进行赋值和标号，调整元器件和仪器、仪表在电路中的位置和方向，最后连接电路并进行电路仿真。

4. 常用虚拟仪器、仪表有数字万用表、示波器、函数发生器、波特图仪、数字信号发生器和逻辑分析仪等。

习　题

13.1　建立单管共发射极放大电路，并分析共发射极放大电路的放大性能，分析共发射极放大电路的频率特性和静态工作点。

13.2　建立差动放大电路并分析差动放大电路的性能。

13.3　建立反相求和电路并分析反相求和电路的性能。

实训十五　虚拟电子设计实验

1. 实训目的

(1) 了解多谐振荡器的工作原理。

(2) 用 555 定时器设计一个多谐振荡器。

(3) 改变电路参数，观察输出信号的变化。

2. 实训基本原理

单稳态触发器具有稳态和暂态两个不同的工作状态。当外界触发脉冲作用下，它能从稳态翻转到暂稳态，在暂稳态维持一段时间以后，再自动返回稳态；暂稳态维持时间的长短取决于电路本身的参数，与触发脉冲的宽度和幅度无关。

多谐振荡器是一种自激振荡器，在接通电源后，不需要外加触发信号(即没有输入信号)，便能自动产生矩形脉冲，由于矩形脉冲中含有丰富的高次谐波分量，所以称为多谐振荡器。

先将 555 定时器构成施密特触发器，再将施密特触发器的输出端经 RC 积分电路接回到它的输入端，即可构成多谐振荡器，且其电容 C 的电压 U_C 将在 $1/3U_{CC}$ 和 $2/3U_{CC}$ 之间反复振荡。

电容电压 U_C 与输出电压 U_o 的波形如实训图 15.1 所示。

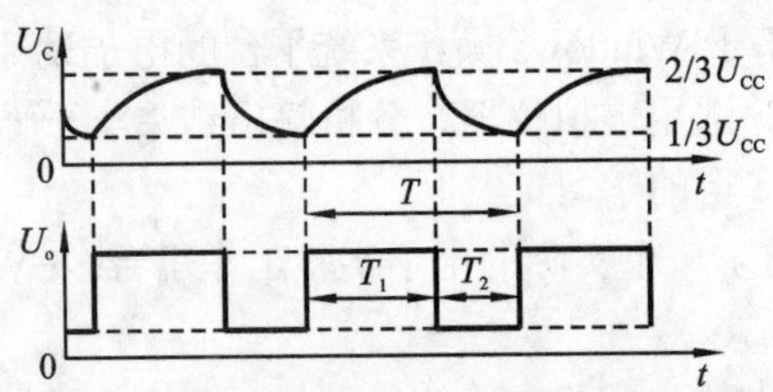

实训图 15.1　多谐振荡器 U_C 与 U_o 的波形图

充电时间：$$T_1=(R_1+R_2)C\ln\frac{U_{CC}-U_{T^-}}{U_{CC}-U_{T^+}}=(R_1+R_2)C\ln 2$$

放电时间：$$T_2=R_2C\ln\frac{U_{CC}-U_{T^+}}{U_{CC}-U_{T^-}}=R_2C\ln 2$$

振荡周期：$$T=T_1+T_2=(R_1+2R_2)C\ln 2$$

振荡频率：$$f=\frac{1}{T}$$

占空比：$$q=\frac{T_1}{T}=\frac{R_1+R_2}{R_1+2R_2}>50\%$$

注：U_{T^-} 即 $1/3U_{CC}$，U_{T^+} 即 $2/3U_{CC}$。

3. 实训仪器与设备

(1) 5V 直流电源 1 个。

(2) 555 定时器 1 个。

(3) 双踪示波器 1 台。

(4) 电容器 10 μF、0.01 μF 各 1 个。

(5) 电阻 10 kΩ 2 个。

4. 实训内容与步骤

(1) 用 555 定时器构成多谐振荡电路。所需元件：电源、电阻、电容。将 555 定时器的阈值端 THR 与第 2 脚 TRI 相连，并对地接入 10 μF 的电容 C，THR 与 7 脚间接入 10 kΩ 电阻 R_2，7 脚 DIS 与电源之间接入 10 kΩ 电阻 R_1，复位端 RES 接高电平，5 脚 CON 通过 0.01 μF 的滤波电容接地。

(2) 输出端 3 脚接示波器。

(3) 打开示波器，打开仿真开关，观察输出端的仿真波形。

(4) 改变电容值，观察输出端的仿真波形。

(5) 改变电阻值，观察输出端的仿真波形。

(6) 移动示波器的游标，观察并计算仿真波形的周期、占空比。

5. 实训数据及结论

多谐振荡器实验电路如实训图 15.2 所示。

在实训图 15.2 所示参数的作用下，此多谐振荡器的振荡频率和占空比分别为

$$f=\frac{1}{(10+2\times10)\times10^3\times10\times10^{-6}\times\ln 2}\text{ Hz}=0.33\text{ Hz}$$

$$q=\frac{T_1}{T}=\frac{20}{30}=66.7\%$$

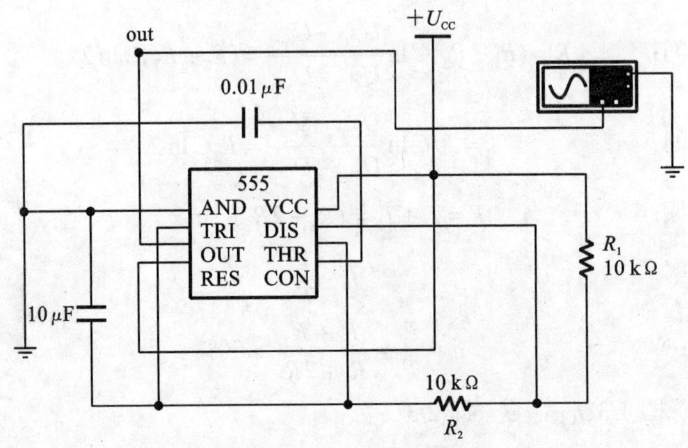

实训图 15.2 555 多谐振荡器

结论：实训图 15.2 所示电路构成的多谐振荡器的占空比始终大于 50%，且在电容 C 的充电时间里输出高电平，在放电时间里输出低电平。输出矩形波的频率取决于外接电阻、电容的值。

部分习题参考答案

第 1 章

1.7 $U_a=-8\text{ V}$，$U_b=-6\text{ V}$，$U_c=-4\text{ V}$，$U_d=-2\text{ V}$

1.8 (a) $R_{ab}=4\ \Omega$；(b) $R_{ab}=1\ \Omega$；(c) $R_{ab}=0.5\ \Omega$

1.9 $U=1\text{ V}$，$R_1=45\text{ k}\Omega$，$R_2=200\text{ k}\Omega$

1.10 (a) $2I+U-3=0$；(b) $I+U-2=0$

1.11 $I=-2\text{ A}$，$U=90\text{ V}$

1.12 (a) $I=1\text{ A}$，$U=20\text{ V}$；(b) $I=2\text{ A}$，$U=20\text{ V}$

1.13 $I=-3\text{ A}$，$U=10\text{ V}$

1.14 $R=7\ \Omega$

1.15 $I=-1\text{ A}$，$U=7\text{ V}$

1.16 (1) $U=66.7\text{ V}$，$I_2=I_3=8.33\text{ mA}$；(2) $U=80\text{ V}$，$I_2=10\text{ mA}$，$I_3=0\text{ A}$；(3) $U=0\text{ V}$，$I_2=0\text{ A}$，$I_3=50\text{ mA}$

1.17 $U=10\text{ V}$

1.18 $U_{ab}=-2\text{ V}$

1.19 (a) $U_{\text{oc}}=0.2\text{ V}$，$R_{\text{o}}=0.6\ \Omega$；(b) $U_{\text{oc}}=1.33\text{ V}$，$R_{\text{o}}=0.67\ \Omega$

1.20 $U=2.8\text{ V}$

第 2 章

2.1 $u_c(0+)=100\text{ V}$，$i_c(0+)=-3.3\text{ A}$，$u_c(\infty)=60\text{ V}$，$i_c(\infty)=0\text{ A}$

2.2 $u_c(0+)=10\text{ V}$，$i_c(0+)=-1.25\text{ A}$，$u_{R1}(0+)=-3.75\text{ V}$，$u_{R2}(0+)=6.25\text{ V}$

2.3 $i_L(0+)=0\text{ A}$，$i(0+)=1\text{ A}$，$u_L(0+)=8\text{ V}$，$i_L(\infty)=5\text{ A}$，$i(\infty)=5\text{ A}$，$u_L(\infty)=0\text{ V}$

2.4 $i_L(0+)=2\text{ A}$，$i(0+)=6\text{ A}$，$u_L(0+)=-8\text{ V}$，$i_L(\infty)=0\text{ A}$，$i(\infty)=6\text{ A}$，$u_L(\infty)=0\text{ V}$

2.5 (a) $2\times10^{-3}\text{ s}$；(b) $2\times10^{-2}\text{ s}$；(c) 0.03 s

2.6 $u_c(t)=100-50e^{-1\,000t}\text{ V}$，$i_c(t)=2.5e^{-1\,000t}\text{ A}$

2.7 $i(t)=10+20e^{-500t}\text{ mA}$

2.8 $u_c(t)=40-20e^{-400t}\text{ V}$，$i_c(t)=0.04e^{-400t}\text{ A}$

2.9 $i_L(t)=0.5+0.5e^{-500t}\text{ A}$，$u_L(t)=-50e^{-500t}\text{ V}$

2.10 (1) $u_c(t)=7.2(1-e^{-166.7t})\text{ V}$，$u_c(t)=7.2e^{-66.7t}\text{ V}$

第 3 章

3.1 (1) $T = 0.02$ s，$f = 50$ Hz，$\phi = 60^\circ$；(2)$T = 2$ s，$f = 0.5$ Hz，$\phi = 30^\circ$

3.2 $I = 0.354$ A

3.3 (1) $\psi = 75^\circ$；(2) $\psi = 45^\circ$

3.4 $u = 5\sin(\omega t+53.1^\circ)$ V

3.5 (1) $\dot{I} = 10\angle(-30^\circ)$ A；(2) $\dot{U} = 110\angle(-45^\circ)$ V

3.6 (1) $u = 100\sin(\omega t+45^\circ)$ V；(2) $i = 157.6\sin(\omega t - 26.6^\circ)$ A

3.7 (1) 电阻；(2) 电容；(3)电感

3.8 (a) $Z = 5+\text{j}10\ \Omega$；(b) $Z = 10 - \text{j}5\ \Omega$；(c) $Z = 1 - \text{j}\ \Omega$

3.9 $R = 16.1\ \Omega$，$I = 13.6$ A

3.10 $I = 2.5$ A

3.11 $X_C = 22.75\ \Omega$，$I_C = 9.67$ A

3.12 $R = 12\ \Omega$，$L = 58.7$ mH

3.13 $I_\text{m} = 0.25$ A，$U_{C\text{m}} = 100$ V，$U_{L\text{m}} = 1.5$ V

3.14 $R = 37.6\ \Omega$，$L = 72.8$ mH

3.15 设电压相量为 $\dot{U} = U\angle 0^\circ$ V，$\dot{I} = 5\angle(-53.1^\circ)$ A，$i = 5\sqrt{2}\sin(\omega t - 53.1^\circ)$ A

3.16 $P = 176.8$ W，$Q = -176.8$ var(容性)，$\cos\phi = 0.707$

3.17 $\dot{I} = 80.9\angle(-33.8^\circ)$ A

3.18 $\cos\phi = 0.545$，$R = 6\ \Omega$，$X = 9.23\ \Omega$

3.19 $I = 0.303$ A，$R = 436\ \Omega$，$C = 2.24\ \mu$F

3.20 $\omega_0 = 10^4$ rad/s，$Q = 10$

3.21 $f_0 = 987.5$ kHz，$Q = 161$

3.22 $I_\text{Y} = 22$ A，$I_\triangle = 65.8$ A

3.23 $I_\text{a} = 2$ A，$I_\text{b} = 2$ A，$I_\text{c} = 5.5$ A，$I_\text{l} = 3.5$ A

3.24 (1) $I_\text{l} = 4.23$ A，$P = 968$ W；(2) $I_\text{l} = 12.7$ A，$I_\text{p} = 7.33$ A，$P = 2\,904$ W

3.25 $R = 15\ \Omega$，$X_L = 16.1\ \Omega$

第 4 章

4.4 160 匝

4.5 180 匝，0.455 A

4.6 $U_2 = 220$ V，$I_1 = 4$ A

4.7 $K = 1.9$

4.8 (1) 可接白炽灯 166 盏或日光灯 125 盏；(2) $I_{2\text{N}} = 45.45$ A，$I_{1\text{N}} = 3.03$ A

4.9 Y，y 接法：$U_{2\text{p}} = 133.2$ V，$U_{2\text{l}} = 230.8$ V；Y，d 接法：$U_{2\text{p}} = 133.2$ V，$U_{2\text{l}} = 133.2$ V

4.10 8 000 V

第 5 章

5.2 $p = 3$，$s = 2.5\%$

5.3 $T_{N1} = 13.2\ N \cdot m$，$T_{N2} = 53.1\ N \cdot m$

5.4 (1) $I_N = 10.4\ A$，$T_N = 9.68\ N \cdot m$

5.5 $\lambda = 2$

5.6 $I_N = 84.2\ A$，$s_N = 1.3\%$，$T_N = 290.4\ N \cdot m$，$T_{max} = 638.8\ N \cdot m$，$T_{st} = 551.8\ N \cdot m$

5.7 (1) $U = U_N$时能启动，$U = 0.9\ U_N$时不能启动；(2) $I_Y = 196.7\ A$，$T_Y = 183.9\ N \cdot m$。负载转矩为额定转矩的 80%时不能启动，负载转矩为额定转矩的 50%时可以启动

5.11 (1) $I_{st} = 6.95\ A$，$T_{st} = 8.8\ N \cdot m$；(2) $I_{st} = 5.21\ A$，$T_{st} = 6.6\ N \cdot m$

第 6 章

6.6 (a) 11.4 V；(b) 6 V；(c) −0.6 V；(d) −0.6 V

6.9 (1) $U_F = 0\ V$，$I_R = 4\ mA$；(2) $U_F = 0\ V$，$I_R = 4\ mA$；(3) $U_F = 3\ V$，$I_R = 3\ mA$

6.10 (1) $U_F = 10\ V$，$I_R = 10\ mA$；(2) $U_F = 6\ V$，$I_R = 6\ mA$；(3) $U_F = 5\ V$，$I_R = 5\ mA$

6.12 PNP，锗管

第 7 章

7.2 (1) $I_B = 0.05\ mA$，$I_C = 2\ mA$，$U_{CE} = 6\ V$；(2) $U_{C1} = 0.6\ V$，$U_{C2} = 6\ V$

7.3 $R_B = 160\ k\Omega$；$R_B = 320\ k\Omega$

7.4 (1) $I_B = 0.12\ mA$；(2) $U_{CC} = 6\ V$

7.5 (1) $I_B = 0.04\ mA$，$I_C = 1.6\ mA$，$U_{CE} = 4\ V$；(2) $A_u = -207$；(3) $A_u = -59$

7.6 设 $U_{BE} = 0.6\ V$，$I_B = 0.034\ mA$，$I_C = 1.7\ mA$，$U_{CE} = 5.2\ V$

7.7 (1) 设 $U_{BE} = 0.6\ V$，$I_B = 0.03\ mA$，$I_C = 1.51\ mA$，$U_{CE} = 6.7\ V$，$r_{be} = 1.18\ k\Omega$；(2) $A_u = -106$；(3) $A_u = -65$

7.8 (1) $U_{BE} = 0.6\ V$，$I_B = 0.16\ mA$，$I_C = 8\ mA$，$U_{CE} = 13.6\ V$，$r_{be} = 0.45\ k\Omega$；(2) $r_i = 18.5\ k\Omega$，$r_o = 8.8\ \Omega$；(3) $A_u = 0.98$

7.9 (2) 设 $U_{BE} = 0.6\ V$，$I_{B1} = 0.022\ 6\ mA$，$I_{C1} = 1.13\ mA$，$U_{CE1} = 7.48\ V$，$r_{be1} = 1.47\ k\Omega$，$I_{B2} = 0.028\ 8\ mA$，$I_{C2} = 1.44\ mA$，$U_{CE2} = 8.23\ V$，$r_{be2} = 1.22\ k\Omega$，$A_{u1} = -25$，$A_{u2} = -75$；(3) $A_u = 1\ 875$

7.10 (1) $I_{B1} = 8.6\ \mu A$，$I_{C1} = 0.86\ mA$，$U_{CE1} = 3.4\ V$，$I_{B2} = 23\ \mu A$，$I_{C2} = 2.3\ mA$，$U_{CE2} = 5.1\ V$，$I_{B3} = 37\ \mu A$，$I_{C3} = 3.7\ mA$，$U_{CE3} = 7.4\ V$；(2) $r_{i1} = 82\ k\Omega$，$r_{o1} = 37.9\ \Omega$，$r_{i2} = 1.21\ k\Omega$，$r_{o2} = 2\ k\Omega$，$r_{i3} = 29.3\ k\Omega$，$r_{o3} = 29\ \Omega$；(3) $A_{u1} = 1$，$A_{u2} = -130$，$A_{u3} = 1$，$A_u = -130$

7.11 (1) $I_{B1} = 21\ \mu A$，$I_{C1} = 1.05\ mA$，$U_{CE1} = 3.6\ V$，$I_{B2} = 40\ \mu A$，$I_{C2} = 2\ mA$，$U_{CE2} = 6\ V$；(3) $A_{u1} = -116$，$A_{u2} = 1$，$A_u = -116$

7.13 (1) $P_o = 12.5$ W，$P_E = 22.5$ W，$\eta = 55.6\%$；(2) $P_o = 25$ W，$P_E = 31.85$ W，$\eta = 78.5\%$

第 8 章

8.1 (1) $u_o = -10$ V；(2) $u_{i3} = 0.5$ V

8.2 $u_o = 3$ V

8.3 $u_o = 2\dfrac{R_F}{R_1}u_i$

8.4 $u_o = 8$ V

8.5 $u_o = -(u_{i1}+u_{i2})$

8.6 0.2 s

8.7 $u_o = 2$ V

8.8 $u_o = -1$ V

8.9 $i_o = E/R$

8.10 $u_o = (R_3u_{i1}+R_2u_{i2})/(R_2+R_3)$

8.11 $R_{F1} = 1\ \text{k}\Omega$，$R_{F2} = 9\ \text{k}\Omega$，$R_{F3} = 40\ \text{k}\Omega$，$R_{F4} = 50\ \text{k}\Omega$，$R_{F5} = 400\ \text{k}\Omega$

8.12 $u_o = -\dfrac{\Delta R_F}{1+R_F}U_S$

第 9 章

9.2 (1) 13.75 mA；(2) 244 V

9.3 $U_o = 67.5$ V，$I_o = 0.675$ A，$U_{DRM} = 106$ V

9.4 (1) $U_2 = 122$ V，$I_2 = 1.8$ A；(2) $I_D = 1$ A，$U_{DRM} = 172$ V

9.5 $I_D = 75$ mA，$U_{DRM} = 35.4$ V，$C = 250\ \mu$F

9.6 $I_Z = 8$ mA

9.7 (1) $U_o = -15$ V；(3) 2.2 kΩ；(4) $U_o = -0.7$ V

第 10 章

10.1 $(101)_2$，$(1000)_2$，$(1100)_2$，$(11110)_2$

10.2 $(61)_H$，$(23D)_H$，$(311)_H$，$(54C)_H$

10.3 9，105，369，22，3 772，1 942

10.5 (1) 1；(2) A+CD；(3) A+B+C；(5) C；(6) A+B

10.12 $Y_2 = \overline{I_4I_5I_6I_7}$，$Y_1 = \overline{I_2I_3I_6I_7}$，$Y_0 = \overline{I_1I_3I_5I_7}$

第 11 章

11.11 $U_o = -\dfrac{3}{16}U_R$

第 12 章

12.1　$U_L = 20.25$ V

12.2　$\alpha = 90^\circ$

12.3　(2) $U_L = 0.3 \sim 42$ V；(3) $U_{RM} = 141$ V，$I_o = 2.1$ A

12.4　197 V

12.5　0.5 ms

附录A　常用电动机电气图形符号

电能的发生和转换装置

名　称	图形符号	名　称	图形符号
直流发电机	 G	单相鼠笼式感应电动机	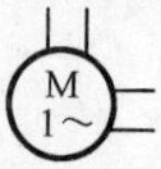 M 1～
直流电动机	 M	三相鼠笼式感应电动机	 M 3～
交流发电机	 G	三相绕线式转子感应电动机	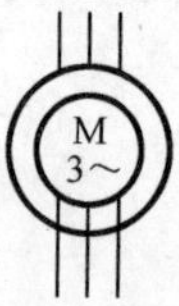 M 3～
交流电动机	 M ～		
直流伺服电动机	 SM	电抗器、扼流圈	
交流伺服电动机	 SM ～	电流互感器 脉冲变压器	
步进电动机	 M	双绕组变压器	 或 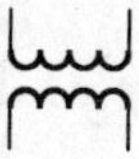
串励直流电动机	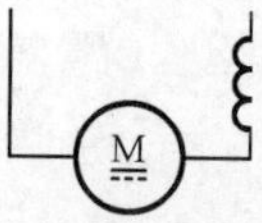 M	Y-△连接的三相变压器	 Y △
并励直流电动机	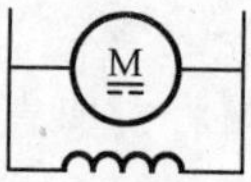 M	电压互感器	 或 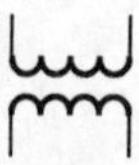
他励直流电动机	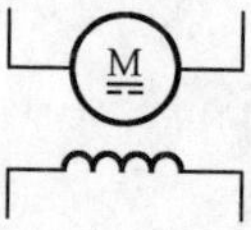 M	原电池或蓄电池	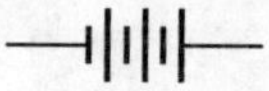

开关、控制和保护装置

名　　称	图形符号	名　　称	图形符号
开关 动合触点		热继电器动断触点	
动断触点		三级开关 （单线表示）	
延时闭合的 动合触点		三级开关 （多线表示）	
延时断开的 动合触点		接触器动合 触点	
延时闭合的 动断触点		接触器动断 触点	
延时断开的 动断触点		操作器件一般符号	
按钮开关 （动合按钮）		交流继电器线圈	~
按钮开关 （动断按钮）		热继电器的 驱动器件	
位置和限制开关 （行程开关）的 动合触点		熔断器一般符号	
位置和限制开关 （行程开关）的 动断触点		灯的一般符号	

附录B 电气设备常用基本文字符号

名称	符号		名称	符号	
	单字母	双字母		单字母	双字母
发电机	G	—	断路器	Q	QF
直流发电机	G	GD	自动开关	Q	QA
交流发电机	G	GA	转换开关	Q	QC
同步发电机	G	GS	刀开关	Q	QK
电动机	M	—	控制开关	S	SA
直流电动机	M	MD	行程开关	S	ST
交流电动机	M	MA	限位开关	S	SL
同步电动机	M	MS	按钮开关	S	SB
异步电动机	M	MA	继电器	K	—
鼠笼电动机	M	MC	时间继电器	K	KT
变压器	T	—	接触器	K	KM
电力变压器	T	TM	变阻器	R	—
升压变压器	T	TU	电阻器	R	—
降压变压器	T	TD	启动电阻器	R	RS
自耦变压器	T	TA	频敏电阻器	R	RF
绕组	W	—	电容器	C	—
电枢绕组	W	WA	电感器	L	—
定子绕组	W	WS	电抗器	L	—
转子绕组	W	WR	启动电抗器	L	LS
励磁绕组	W	WE	熔断器	F	FU
控制绕组	W	WC	热继电器	—	FR

附录C 半导体分立器件型号命名方法

(摘自 GB/T 249—1989)

本标准规定了半导体分立器件型号的命名方法，适用于各种半导体分立器件。半导体分立器件的型号由一～五部分组成，一～五部分的符号及其意义如下表所示。

第一部分		第二部分		第三部分		第四部分	第五部分
用阿拉伯数字表示器件电极数目		用汉语拼音字母表示器件的材料和极性		用汉语拼音字母表示器件的类别		用阿拉伯数字表示序号	用汉语拼音字母表示规格号
符号	意义	符号	意义	符号	意义		
2	二极管	A	N 型，锗材料	P	小信号管		
		B	P 型，锗材料	V	混频检波管		
		C	N 型，硅材料	W	电压调整管和电压基准管		
		D	P 型，硅材料	C	变容管		
3	三极管	A	PNP 型，锗材料	Z	整流管		
		B	NPN 型，锗材料	L	整流堆		
		C	PNP 型，硅材料	S	隧道管		
		D	NPN 型，硅材料	K	开关管		
		E	化合物材料	X	低频小功率晶体管 (f_a<3 MHz，P_e<1 W)		
				G	高频小功率晶体管 ($f_a \geqslant$3 MHz，P_e<1 W)		
				D	低频大功率晶体管 (f_a<3 MHz，$P_e \geqslant$1 W)		
				A	高频大功率晶体管 ($f_a \geqslant$3 MHz，$P_e \geqslant$1 W)		
				T	闸流管		
				Y	体效应管		
				B	雪崩管		
				J	阶跃恢复管		

示例：锗 PNP 型高频小功率晶体管

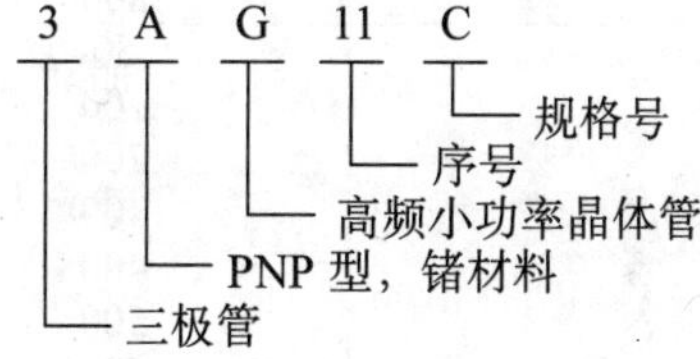

附录D 常用半导体器件的参数

一、二极管

(1) 检波与整流二极管。

参数		最大整流电流	最大整流电流时的正向压降	最高反向工作电压
符号		I_{OM}	U_P	U_{RM}
单位		mA	V	V
型号	2AP1	16	≤1.2	20
	2AP2	16		30
	2AP3	25		30
	2AP4	16		50
	2AP5	16		75
	2AP6	12		100
	2AP7	12		100
	2CP10	100	≤1.5	25
	2CP11			50
	2CP12			100
	2CP13			150
	2CP14			200
	2CP15			250
	2CP16			300
	2CP17			350
	2CP18			400
	2CP19			500
	2CP20			600
	2CP21	300		100
	2CP21A	300		50
	2CP22	300		200
	2CP31	250		25
	2CP31A	250		50
	2CP31B	250		100
	2CP31C	250		150
	2CP31D	250		250
	2CZ11A	1 000	≤1	100
	2CZ11B			200
	2CZ11C			300
	2CZ11D			400
	2CZ11E			500
	2CZ11F			600
	2CZ11G			700
	2CZ11H			800
	2CZ12A	3 000	≤0.8	50
	2CZ12B			100
	2CZ12C			200
	2CZ12D			300
	2CZ12E			400
	2CZ12F			500
	2CZ12G			600

(2) 稳压二极管。

参数		稳定电压	稳定电流	耗散功率	最大稳定电流	动态电阻
符号		U_Z	I_Z	P_Z	I_{ZM}	r_Z
单位		V	mA	mW	mA	Ω
测试条件		工作电流等于稳定电流	工作电压等于稳定电压	−60℃～+50℃	−60℃～+50℃	工作电流等于稳定电流
型号	2CW11	3.2～4.5	10	250	55	≤70
	2CW12	4～5.5	10		45	≤50
	2CW13	5～6.5	10		38	≤30
	2CW14	6～7.5	10		33	≤15
	2CW15	7～8.5	5		29	≤15
	2CW16	8～9.5	5		26	≤20
	2CW17	9～10.5	5		23	≤25
	2CW18	10～12	5		20	≤30
	2CW19	11.5～14	5		18	≤40
	2CW20	13.5～17	5		15	≤50
	2DW7A	5.8～6.6	10	200	30	≤25
	2DW7B	5.8～6.6	10		30	≤15
	2DW7C	6.1～6.5	10		30	≤10

(3) 开关二极管。

参数		反向击穿电压	最高反向工作电压	反向压降	反向恢复时间	零偏压电容	反向漏电流	最大正向电流	正向压降
单位		V	V	V	ns	pF	μA	mA	V
型号	2AK1	30	10	≥10	≤200	≤1		≥100	
	2AK2	40	20	≥20	≤200			≥150	
	2AK3	50	30	≥30	≤150			≥200	
	2AK4	55	35	≥35	≤150			≥200	
	2AK5	60	40	≥40	≤150			≥200	
	2AK6	75	50	≥50	≤150			≥200	
	2CK1	≥40	30	30	≤150	≤30	≤1	100	≤1
	2CK2	≥80	60	60					
	2CK3	≥120	90	90					
	2CK4	≥150	120	120					
	2CK5	≥180	180	180					
	2CK6	≥210	210	210					

二、三极管

(1) 3DG6。

参数符号		单位	测试条件	型号			
				3DG6A	3DG6B	3DG6C	3DG6D
直流参数	I_{CBO}	μA	$U_{CB}=10$ V	≤0.1	≤0.1	≤0.1	≤0.1
	I_{EBO}	μA	$U_{EB}=1.5$ V	≤0.1	≤0.1	≤0.1	≤0.1
	I_{CEO}	μA	$U_{CE}=10$ V	≤0.1	≤0.1	≤0.1	≤0.1
	U_{BES}	V	$I_B=1$ mA, $I_C=10$ mA	≤1.1	≤1.1	≤1.1	≤1.1
	h_{FE}	—	$U_{CB}=10$ V, $I_C=3$ mA	10～200	20～200	20～200	20～200
交流参数	f_T	MHz	$U_{CE}=10$ V, $I_C=3$ mA $f=30$ MHz	≥100	≥150	≥200	≥150
	G_P	dB	$U_{CB}=10$V, $I_C=3$ mA $f=100$ MHz	≥7	≥7	≥7	≥7
	C_{od}	pF	$U_{CB}=10$V, $I_C=3$ mA $f=5$ MHz	≤4	≤3	≤3	≤3
极限参数	$U_{CBO(BR)}$	V	$I_C=100$ μA	30	45	45	45
	$U_{CEO(BR)}$	V	$I_C=200$ μA	15	20	20	30
	$U_{EBO(BR)}$	V	$I_E=-100$ μA	4	4	4	4
	I_{CM}	mA	—	20	20	20	20
	P_{CM}	mW	—	100	100	100	100
	T_{lm}	℃	—	150	150	150	150

(2) 3DK4。

参数符号		单位	测试条件	型号			
				3DK4A	3DK4B	3DK4C	3DK4D
直流参数	I_{CBO}	μA	$U_{CB}=10$ V	≤1	≤1	≤1	≤1
	I_{EBO}	μA	$U_{EB}=10$ V	≤10	≤10	≤10	≤10
	U_{CES}	V	$I_B=50$ mA, $I_C=500$ mA	≤1	≤1	≤1	≤1
	U_{BES}	V	$I_B=500$ mA, $I_C=500$ mA	≤1.5	≤1.5	≤1.5	≤1.5
	h_{FE}	—	$U_{CB}=10$ V, $I_C=3$ mA	20～200	20～200	20～200	20～200
交流参数	f_T	MHz	$U_{CE}=1$ V, $I_C=50$ mA $f=30$ MHz, $R=5\ \Omega$	≥100	≥100	≥100	≥100
	C_{ob}	pF	$U_{CB}=10$V, $I_E=0$ $f=5$ MHz	≤15	≤15	≤15	≤15
开关参数	t_{on}	ns	$U_{CE}=26$ V, $U_{EB}=1.5$ V 脉冲幅度 7.5 V	50	50	50	50
	t_{off}	ns	脉冲宽度 1.5 μs 脉冲重复频率 1.5 kHz	100	100	100	100
极限参数	$U_{CBO(BR)}$	V	$I_C=100$ μA	20	40	60	40
	$U_{CEO(BR)}$	V	$I_C=200$ μA	15	30	45	30
	$U_{EBO(BR)}$	V	$I_E=-100$ μA	4	4	4	4
	I_{CM}	mA	—	800	800	800	800
	P_{CM}	mW	不加散热板	700	700	700	700
	T_{lm}	℃	—	175	175	175	175

参 考 文 献

[1] 秦曾煌．电工学(上册)[M]．5 版．北京：高等教育出版社，1999.

[2] 秦曾煌．电工学(下册)[M]．5 版．北京：高等教育出版社，1999.

[3] 林平勇．电工电子技术[M]．2 版．北京：高等教育出版社，2004.

[4] 潘兴源．电工电子技术基础[M]．上海：上海交通大学出版社，1999.

[5] 魏家轼．电工技术基础[M]．武汉：华中科技大学出版社，2002.

[6] 曾令琴．电工电子技术[M]．北京：人民邮电出版社，2004.

[7] 吕国泰．电子技术[M]．2 版．北京：高等教育出版社，2001.

[8] 张运波．工厂电气控制技术[M]．北京：高等教育出版社，2001.

[9] 叶挺秀．电工电子学[M]．北京：高等教育出版社，1999.

[10] 余成波．传感器与自动检测技术[M]．北京：高等教育出版社，2004.

[11] 刘继承．电子技术基础[M]．北京：科学技术出版社，2005.

[12] 王兆义．电工电子技术基础[M]．北京：高等教育出版社，2003.